苏州园林研究·叁

丛书主编　曹光树　周苏宁

# 园林美学的理性年轮

金学智　编著

中国建设科技出版社 有限责任公司

China Construction Science and Technology Press Co., Ltd.

北　京

**图书在版编目（CIP）数据**

园林美学的理性年轮 / 金学智编著 . —北京：中国
建设科技出版社有限责任公司，2025.1.—（苏州园林
研究）.—ISBN 978-7-5160-3697-6

Ⅰ.TU986.1-53

中国国家版本馆 CIP 数据核字第 20255WD205 号

**园林美学的理性年轮**
YUANLIN MEIXUE DE LIXING NIANLUN
金学智　编著

出版发行：**中国建设科技出版社**有限责任公司
地　　址：北京市西城区白纸坊东街 2 号院 6 号楼
邮政编码：100054
经　　销：全国各地新华书店
印　　刷：北京印刷集团有限责任公司
开　　本：787mm×1092mm　1/16
印　　张：29.25
字　　数：700 千字
版　　次：2025 年 1 月第 1 版
印　　次：2025 年 1 月第 1 次
定　　价：**128.00 元**

_____

本社网址：www.jskjcbs.com，微信公众号：zgjskjcbs
请选用正版图书，采购、销售盗版图书属违法行为
**版权专有，盗版必究**。本社法律顾问：北京天驰君泰律师事务所，张杰律师
举报信箱：**zhangjie@tiantailaw.com**　举报电话：（010）63567684
本书如有印装质量问题，由我社事业发展中心负责调换，联系电话：（010）63567692

# "苏州园林研究"丛书编委会

## 主编单位

苏州市风景园林学会

## 编委会主任（丛书主编）

曹光树　周苏宁

## 顾问

衣学领　詹永伟　金学智　曹林娣　刘　郎　王稼句

## 责任主编

周苏宁

## 编委（按姓氏笔画排序）

卜复鸣　毛安元　朱东辉　孙剑锋　张　军　陈建凯
罗　渊　周　军　周苏宁　赵志华　顾文华　徐学民
郭明友　曹光树　崔文军　嵇存海　程斯嘉　薛志坚

## 特约编辑

程斯嘉

## 策划编辑

时苏虹

邮箱：Szyl_bianjibu@126.com
联系电话：0512-67520628

"苏州风景园林"
微信公众号

苏州市风景园林学会
小程序

# 谈 园 林 研 究

  "苏州园林研究"系列丛书就要面世了，这是一件非常有意义的事情。苏州园林博大精深、历史悠久、文化深厚、艺术精湛，涵盖了众多学科，不仅是闻名海内外的世界文化遗产，而且历久弥新，绵延不绝，在当代和未来生态文明建设中展现出她的无穷魅力，发挥出她的多重价值和智慧。

  苏州园林是一座巨大的宝库，挖掘和研究犹如涓涓泉流，一直没有中断过。历史上就出现了明代计成的《园冶》，被誉为世界最古造园专著，还有同时代文震亨的《长物志》，被誉为"文人园"的结晶，这两部专著都出自苏州人之手，是苏州的骄傲，更是中国园林的骄傲。当代，经过几代人孜孜不倦的研究，也已相继结出了丰硕的成果，如童寯的《江南园林志》、刘敦桢的《苏州古典园林》、陈从周的《苏州园林》、金学智的《中国园林美学》、曹林娣的《姑苏园林——凝固的诗》，以及最近十多年来由苏州市园林和绿化管理局组织编写的"苏州园林风景绿化志丛书"、由苏州市风景园林学会组织编写的"苏州园林艺文集丛"等一大批研究著作，筑起了一座座高山。

  随着时代的发展，站在前人筑起的高山上，我们不禁要问："如何再向高峰攀登？"历史总是这样回响："站在巨人肩膀上！"这是继续攀登的不二法则。当前，我们已经跨进了"第二个百年"，踏上了为实现中华民族伟大复兴的中国梦而奋斗的新征程，许多新问题、新课题亟待我们去研究、解决，去创造新的成绩，做出更大的贡献。这就需要我们以问题为导向，加强研究，在新的机遇与挑战中，拿出"真金白银"的理论和对策，正如习近平总书记一再强调的"必须高度重视理论的作用"，"立时代潮头，通古今变化，发思想先声，繁荣中国学术"，"增强工作的科学性、预见性、主动性"。这些重要论述对我们具有很强的指导意义。

  那么，我们该如何开展研究？我认为，首先要勤读书。读书，不仅积蓄知识，更是对精神的历练，这方面的中外学者著述可谓汗牛充栋，但要真正潜心读书却并不容易，特别是在当今快速发展的时代，变化太快、诱惑太多，在快节奏、多压力的状态下，很多人抱怨"没有时间和精力读书"。怎么办？这使我想起著名教育家朱永新先生说过的他的读书习惯，即每天早起一小时、晚睡一小时，养成了习惯，收获了知识和能力，生命也多出了"十几年"。这个方法让我受益匪浅。由此，我希望在苏州园林系统形成良好的读书氛围，读历代经典，读当代精华，读前沿理论，读当下经验，丰富积累知识，真正"站在巨人肩膀上"，避免庸庸碌碌。

其二是善思辨。哲理明辨，这是我们先贤的优良传统，在苏州园林中尤多实例可循，例如造园的哲理中，寒冬腊月的梅花，"梅须逊雪三分白，雪却输梅一段香"，这句诗是意在言外：借雪与梅的争春，告诫我们事物各有所长和相互联系。如果是做人，就须取人之长，补己之短，才是正理。引申到研究上，就是要针对实际，存辩证思维，既要看到事物的表象，也要看到事物的实质；既要看到事物的正面，也要看到事物的反面；既要看到事物的区别，也要看到事物的联系，才能由表及里、由浅入深，在纷繁复杂的变化中，去粗取精、去伪存真，抓住主要矛盾，解决主要问题。这一辩证法既是研究工作必须遵循的法则，更是我们党的优良传统和不断取得胜利的法宝之一，亟待融会贯通到研究和实际工作中去。

其三是重总结。就是把通过学习、思辨而获得的新思想、新观点和在实践中形成的新体会、新经验，通过概括、归纳、总结，形成具有学术价值和借鉴推广价值的研究成果。在这方面，与全国同行相比，总体上讲，我们做得还不够，曾经有人这样说过，中国园林精华在苏州，学术研究水平却在外地。实事求是地讲，在总结提高上，我们的确做得很不够，例如对苏州古典园林的研究，当代的大家多数不是苏州人；又如，苏州的世界遗产保护工作在多个项目上处于全国领先水平，经验却没有推广出去；再如，苏州是全国第一个全域创建成为"国家生态园林城市群"的城市，这一在经济高速发展中的生态文明建设好经验却"默默无闻"；还有诸如公园城市、湿地城市、园林绿化固碳增汇行动、弘扬苏派盆景艺术、园林特色游园活动等方面的研究也显薄弱，甚至留有"空白"。这些都说明，研究工作何其重要，形成可复制、可推广的学术成果何其重要，必须高度重视！

当然，研究工作的方式方法远不止这些，但我认为勤读书、善思辨、重总结这三点是研究工作的关键环节，缺一不可。无论是做学术研究，还是做行政事务，任何攀登高峰者，都需要具备这三个基本素质。

苏州市风景园林学会（以下简称学会）作为苏州园林系统重要的学术团体，自1979年成立以来，四十多年间始终把学术研究作为首要工作，取得了一系列成绩，为苏州园林事业作出了很大贡献。如今，学会又在以往研究工作的基础上，策划和编写这一具有学术科研和科普价值的"苏州园林研究"系列丛书，在2022年正式推出，成为苏州市园林行业一个可持续出版的学术研究阵地，不断在新时代奋进中发挥学术智囊团和骨干作用，非常可贵。在生态文明建设的新时代，展示园林景区国际一流的窗口形象，建成举世闻名的园林之城，建设城乡绿化一体的公园城市，让举世闻名的园林之城更显魅力，更具活力，可谓适逢其时。我期待学会同仁们群策群力，扎实工作，把这个学术阵地办好，办出成果，多出精品佳作。

曹光树，苏州市园林和绿化管理局（林业局）党组书记、局长
2021年12月于苏州公园路

# 自 序 一

# 从"年轮"说起

年轮，是指树木的生长轮。

从生物学意义上说，年轮，是多年生木本植物茎的横断面上的同心环纹，它由树木的形成层每年的活动而产生，树木细胞的大小及颜色差异就形成了这种层次感。具体地说，一年四季的变化，每年反复一次，这在不同程度上影响着树木的生长。到了春季，由于生长条件适合，分裂出来的细胞较大，颜色较浅；当秋季来临，气温降低，分裂出来的细胞较小，颜色也较深。这样，树木所生出来的木材，其横断面上的细胞，由于它体积上的大小及颜色上的差异，就呈现出深淡交替的环状纹，这就是所谓"年轮"。年轮是鉴别植物年龄最可靠的依据之一。

而若从哲学的视角来深思探究，年轮则代表着时间的流逝、空间的拓展，它是成长的标志、积淀或象征，是生命的寓意、叠加和印痕，每一年都在增添、发展，并连结着对往昔的回忆以及向未来的推进……

我是从事园林美学研究的。园林美学的学术研究，当然需要感性的显现——建筑、花木、山水、泉石……但是更需要理性的思考、分析、综合、论证……用康德的哲学语言来概括，即由感性而知性，由知性而理性。于是，随着年龄的增长，时光的消逝，我一篇篇地写，一篇篇地发表，因此，这本文集逐年累积，便有了"年轮"的意义。

忆往昔，我的第一篇园林美学论文是发表在 1984 年《学术月刊》上的，但由此往前寻踪，更可遥远地追溯到我读大学的时代——1957 年，当时我读南京师范学院（其前身是金陵女子大学）二年级，据说金陵女子大学是在清代著名诗人袁枚随园的旧址上建立起来的。于是，我抱着好奇的心情，抒怀、考证、寻觅，并查阅了袁枚的《随园二十四咏·书仓》……此事又如烟地消失。后来，1991 年，南京师范大学（以下简称南师）举办九十周年校庆，我有幸被邀请参加这一盛大庆典，随即据笔记整理成短文《此情可待成追忆》（发表于南京师范大学学报编辑部编的《随园沧桑》一书，中国广播电视出版社，1992 年版），文中留下了"在学校所在地的随家仓，寻觅诗人袁枚及其随园的遗踪"这么一句，这似乎成了以后《随园杂考》的伏笔。

再说作为《此情可待成追忆》附录的《随园杂考》片段，仍然躺在我的笔记里。后来陆续作了些修改，发于自己的文集《苏园品韵录》（上海三联书店 2010 年版）。后来对此又作改动，最后置于本文集之中。以下拟将其作一简单的概述——

红学家们对《红楼梦》里大观园的考证，最早是胡适。他写于 1921 年的《红楼梦考证》里就说："袁枚在《随园诗话》里说《红楼梦》里的大观园即是他的随园。我们考随园的历史，可以信此说是不假的。"当时，作为特定时代的大学生，我们是不敢提及和听从胡适的，但确信随家仓和南师曾是袁枚"一造三改，所费无算"的随园旧址。首先，南师就位于宁海路随家仓对面，而袁枚在《随园二十四韵·书仓》里写道："聚书如聚谷，仓储苦不足。为藏万古人，多造三间屋。为问藏书者，几时君尽读。"可见这个"仓"，不是粮仓，而是书仓。这就是"随家仓"地名的由来。我为了"考证"，当时还把袁枚的《随园记》、袁起的《随园图说》等资料摘录下来，并跟着它们游览了纸上的园林，感到不胜神往！这些"考证"现在看来很幼稚可笑，却是我一生的涉园之开始，我人生之旅中与园林、与美学的接触，就是从此时开始的。

后来，1960年我大学毕业，分配到"园林之城"苏州工作。当时，旅游热尚未兴起，门票也极便宜，拙政园五分钱，狮子林三分钱，园子里的氛围也静悄悄的，便于我细细地游览、欣赏，逐渐地记录、累积，这才是我园林研究的真正始基。我逐渐爱上了苏州。

1984年，我把所收集到的苏州园林资料通过美学研究，系统地整合成书稿《苏州古典园林美学》寄给江苏文艺出版社，随即收到编辑朱建华先生来信，信中建议："苏州园林虽说'甲江南''甲天下'，但毕竟范围有限，缺少不同地方风格的比较，书稿内容也较单薄，显得有些不足……"我采纳了他的合理化建议。

1987年，我在《中国园林美学》（江苏文艺出版社1990年出版）的后记里写道：

> 园林之城——苏州，是我的第二故乡。
>
> 六十年代第一秋，我就在苏州生根了。当时闲来无事，就盘桓于游人并不太多的园林之中，常常流连忘返。园林的生活境界是颇多意趣的：坐石品泉，凭栏赏花，曲廊信步，幽香随衣，漫吟"庭院深深深几许"之类的名句，浓郁的诗情画意扑面而来。渐渐地，我成了园林迷，开始搜集、积累有关园林文化资料，并萌生了写作《苏州古典园林美学》之想。后来，我那由兴趣中心向四周泛出的情感涟漪又不断地扩大，波及苏州以外的各类园林：无锡的寄畅园、扬州的大明寺、杭州的西子湖、北京的颐和园……天与我时，地与我所，园林伴我度过了多少个春秋！
>
> 应该感谢江苏文艺出版社的编辑同志，是他启发我打消了《苏州古典园林美学》的原先设想，重构了《中国园林美学》的理论框架，经过多次放射线式的四出游览、寻访、调研，美学的视域宽广得多了，书稿的内容也丰富充实得多了。

十年后，我又将修订后的此书在北京出版，是为中国建筑工业出版社的第一版（2000年版），序言里提及了"可持续发展"及"天人合一"问题。后来，第二版（2005年版）又进一步加以增补修改，尝试着将"园林是生态艺术典范"这一理念贯穿全书。这三个版本虽然不多，在微观上也可算是"生命的叠加""成长的标志"，或者说是与时俱进了。特别是最后的一版，自2005年至2022年，17年间已印15次，几乎每年印一次。

与此相先后，在园林美学著作方面，我写了《苏州园林》（苏州大学出版社1999年版）、《苏园品韵录》（上海三联书店2010年版）、《园冶印谱》（古吴轩出版社2013年版）、《风景园林品题美学——品题系列的研究、鉴赏与设计》（中国建筑工业出版社2011年版）、

《园冶多维探析》上、下两卷本（中国建筑工业出版社 2017 年版）、《园冶句意图释》（中国建筑工业出版社 2019 年版）、《诗心画眼：苏州园林美学漫步》（中国水利水电出版社 2020 年版）等，其中的《园冶多维探析》《园冶句意图释》《园冶印谱》，被喻为"园冶研赏三部曲"。点数这一圈圈"年轮"，我想，对于一个人的一生来说，虽不能算多，但也不能算少了。

还需要说明的是，我一生单独发表（含极少量未发表的）在各地书报杂志上的园林美学或长或短的文章，不但数量颇多，而且时间极长，如果从读书时代（1957 年）开始孕育的《随园杂考》算起，我研究园林美学（我学术研究的另一重点是中国书法美学），至今已有六十余年的历史了，有必要通过遴选加以结集。这本《园林美学的理性年轮》，就是企图在这方面画一个圆满的句号。并以此"年轮"为喻的短文，作为自序之一。

至于书法美学方面的，业已结集为《书学众艺融通论》（苏州大学出版社 2022 年版），现拟将此书的"代前言"——《中国特色艺术美学的寻索》，作为自序之二，以冀通过两个自序窥见全人。

最后，需要说明，本书分两部分：一大部分是我集自己所写长篇理性论文以及少量短文，本书归类时一律在其后缀以一个"论"字；另一部分，是我所集他人对拙书的评论，或长或短，我均极为珍惜，本书归类时一律在其后缀以一个"评"字。

# 自 序 二

# 中国特色艺术美学的寻索

## ——《书学众艺融通论》代前言

路漫漫其修远兮，
吾将上下而求索！

——屈原《离骚》

这是一本我六十余年中以书学为主的自选文集，是继《苏园品韵录》（上海三联书店2010年版）、《诗心画眼：苏州园林美学漫步》（中国水利水电出版社2020年版）两本园林美学文集后的第三本文集。

记得2011年我的《风景园林品题美学》在北京举办了首发式暨学术座谈会，我回到苏州以后，《姑苏晚报》（2011.8.28）发表了以《寻梦品题，雕琢时光》为题对我的文化访谈。记者就我"古稀之年后又有奇峰突兀的大著问世"这个话题，进而问及如何理解"创造生命"的问题，我是这样回答的：本人"论著数量虽不多，但我将其视作生命的对象化。我认为，人不只是有一种生命，就我来说，除了自然生命外，还有学术生命，这两种生命不是同时按比例延续的"。这番话的内蕴当时还来不及诠释，现今至少还可再补一句，即学术界所说的"一加一不等于二"。如果学术生涯中就国内而言能率先有所发现，那么这一加一就有可能大于二了。

而今，又一个十年过去了，我已年届九旬，进入了真正的耄耋之境，这是自然生命的一个重要阶段，该回首往昔而屈指清算的，不是究竟写了多少文章，而是通过"雕琢时光"，究竟写了多少"大于二"的文章。当然，这并不是说收入本书的，篇篇都是"大于二"的。由于敝帚自珍的旧习，还是舍不得让六十年中散见于各报刊或长或短的文章自生自灭，故而适当地选入一些"等于一"的文章，以为陪衬，以为烘托，所谓"红花虽好，还需绿叶扶持"。

本书名为《书学众艺融通论》，其内容广及与书学或共存、或融通的诸多门类艺术，还包括众艺之间的相互融通。

先作一简要的交代。我是一个孤儿，之所以酷爱众艺，是由于将其作为孤苦伤悲境遇中的一种自我安慰、自我解脱，这正如上海《书法》杂志题为《雄视古今，求索上下——记书法美学家金学智先生》的采访所说："先生自幼失怙，继而失恃，孤苦伶仃，生活无依，读中学未竟，复遭失学。这连续的'三失'，在他心灵深处留下了累累创伤，然而又使他更发奋地刻苦自学。他钟情于书画、音乐、戏曲、诗文等传统艺术，藉以寄托自己苦寂的心灵。"是的，《老子》有言，"祸兮福之所倚"：伤悲，可以转化为审美愉悦；孤苦，可以转化为励志不渝；困顿，可以驱使我坚定地走上美学之路，可孕育出未来的学术丰收……

"却顾所来径，苍苍横翠微。"自1959年以来，我就由不自觉而逐渐走向自觉，对中国特色艺术美学作了六十余年不懈的深度探寻，在"上下求索"之路上力求有所发现，有所前进。概而括之，主要表现为如下四个层面。

## 一、"中"字当头：华夏艺术美学的建构基石

经过多年的探索打磨，在国内最早出版了《中国园林美学》（1990）和《中国书法美学》（1994），这两个学术体系的建构，在国内引起较大反响。如《中国园林美学》，被称为"园林美学第一家"，而就其版次和印刷次数来看，除江苏文艺出版社的外，中国建筑工业出版社的第二版，自2005年至今，17年间已印15次，几乎每年印一次，这在中国学术著作出版史上似较罕见，究其因是此版的改写，更贯穿了生态智慧，体现了前瞻眼光，符合于生态文明的时代主旋律。至于《中国书法美学》，1997年第2次印刷后，因责编病故、版子无存而绝版，但各报刊对此书不但所发评价文章颇多，而且从理论境层上评价颇高，被誉为"书法美学的当代文献""书法美学的宏伟建筑群"。

进入21世纪以来，我又主攻中国园林的经典——明代计成的《园冶》。在国内，我最早获致日本专家翻拍提供的内阁文库珍藏明版稀世孤本《园冶》后，就一路攻坚克难，终于撰成上下两卷、96万字的《园冶多维探析》。此书的撰写，历时七年之久，其间没有双休，没有春晚，还几次将书稿带进医院，但"衣带渐宽终不悔"。在出版社支持下，与编辑互动，最后两年间竟"七校其稿"。此书就其框架构建来说，它既是一本对经典及其多方研究的综论，又是一本对大量名言警句（包括长期来争议未解的众多难句）的析读；既是一本古籍的点评详注（包括十个版本的同时比勘），又是一本特为《园冶》所撰的专业工具书（辞书）……这个"四合一工程"，在出版史上也并不多见。与《园冶多维探析》的问世（2017）相先后，我还出版了《园冶印谱》（2013）和《园冶句意图释》（2019），这三本书体现了"三个一"，即对《园冶》中一系列名言警句，做到"一句一文，一句一图，一句一印"……

还需补提的是，中国古典建筑的飞檐反宇也是重要的中国特色，它早就受到了国内外学界的关注，有的西方学者认为起源于山岳崇拜意识，日本学者提出"喜马拉雅杉形"崇拜说，这均属猜想；有的西方学者则认为这是由西方经中亚帐幕发展而来，这未免荒谬；英国李约瑟认为起于实用（为了采光、易于泄泻雨水），这虽比较可靠，但缺少文化意识的寻根；还有如中外学者的美观说、技术结构说，又均只有共性而缺少个性。三十年前，我就在《华中建筑》（1992）发了《中西古典建筑比较——柱式文化特征与顶式文化特征》一文，追溯远古，提出了起源于"飞翔意识－乐舞文化"说，例证完全来自地道的中国文化传统，后又全文收入拙著《苏园品韵录》（2010），但《建筑中国》（中华书局，2021）一书综合研

究飞檐反宇起源说，却仍有疏漏，并未述及拙说，故这次再度收入本书，既为王先生补漏，又以此广求贤达匡正。

我就是这样地孜孜矻矻，一步一个脚印地前行于求索之路。我深感中国特色艺术美学应建立在"中"字当头的各门艺术美学的牢固基石之上。

## 二、艺术融通：中国传统文化的美学风采

中国艺术美学的特色，应体现在与西方美学鲜明的区别上。我通过研究认为，西方美学（以德国莱辛著名的《拉奥孔》为代表）侧重于强调艺术的各自独立性、相互差异性，而中国美学则侧重于强调艺术的综合性、相互融通性。在国内，我最早的艺术美学随笔《中国画的题跋及其他》（上海《文汇报》1961），就在理论上强调诗书画印的结合并联系传统画学作了简要的剖析论证；后来又通过与西方作进一步的比较，率先提出中国四类综合艺术划分法。①诗书画印：静态的综合艺术；②诗乐舞：动态的综合艺术（此现象西方虽也出现颇早，但中国文献可遥远地追溯到古老的《尚书·尧典》和汉代的《毛诗序》）；③中国园林：大型的静态综合艺术；④中国戏曲：大型的动态综合艺术。这四类划分法，见本书《中西美学的综合艺术观》一文及《中国园林美学》一书）。前文于1983年年底初步撰成后，恰逢1984年元旦，由文化部、中国文联、中国美协、湖南省文化厅暨湖南省文联等主办的"纪念齐白石诞生一百二十周年大会"在湖南湘潭举行，主办方所邀的与会者多为国内外名流，研究美学的请了三人：著名美学家王朝闻先生、李泽厚先生，还有一个就是无名之辈的我。晚间，我向李先生请教中西美学综合艺术观的不同，他说，我还没有把握作出你这样的结论。回苏后，我还是将有关四类划分法的论文发给《学术月刊》，很快被刊用了。

我感到：艺术融通，这是地道的中国美学特色、中国艺术风采、中国的传统文化精神，应予大力弘扬，六十年来，我正是朝着这一方向前行的。

## 三、线条艺术：种种门类艺术的突出表征

线条艺术，这指中国特有的书法。1960年，我从南京师范学院毕业后，执教于苏州中医专科学校，率先自编自刻并油印讲义《书法教学大纲》，尝试开设书法理论与实践（临池）课，以求传承中医用毛笔开处方的传统。这在国内高校中属于首例，《解放日报》还发了报道（当时苏州还没有一份报纸）。至于全国有关高校陆续开设书法专业，那至少是二三十年后的事了。改革开放后，我在著名美学家宗白华、李泽厚先生重视中国线条艺术的影响下，主张研究中国特色艺术美学应从书法开始，见《书学众艺融通论》里的《线条与旋律》（1982）、《书法与中国艺术的性格》（1984）、《研究中国美学从书法起步》（2009）等。我还通过"选字"的方法研究书法美学的辩证范畴，论文相继发表在上海刚创办的《书法研究》上。李泽厚先生来信说，他对此很感兴趣。我通过研究，认为书法是中国各类艺术的突出表征，可用它来绾结众艺，从而求得纵横贯穿，谐和互通。正因为如此，故而我将本书定名为《书学众艺融通论》，旨在弘扬书法这门最具中国特色而西方所没有的艺术，而弘扬中国书法，足以坚定民族自信、文化自信。而本书名则冀求将"艺术融通""线条艺术"两大特点合而为一。

中国园林美学的经典是明代计成的《园冶》，中国书法美学的经典则是唐代孙过庭的

《书谱》，二者犹如熠熠闪光的双子星座。我研究《书谱》始于 1979 年，第一篇论文《"违"与"和"——读〈书谱〉札记》，刊载于上海《书法研究》第 1 辑，当时《书法研究》还没有成为期刊。以后又陆续撰文四篇。2022 年，在整理本书时，又将以往五篇整合提升为长篇论文《孙过庭书艺、书论及籍贯行状考——兼探〈书谱序〉名实诸种悬案》，发于北京《中国书法》2022 年第 4 期上。此文以"大胆假设，小心求证"的推理法，深入历史的方方面面进行探究，基本解决了自唐太宗以来一千多年间关于孙过庭其人其书及籍贯等聚讼纷纭的一系列历史疑案。这是我在求索之路上用"滚雪球"方法所取得的一个研究成果。此文也选入本书，以求继续争鸣。

## 四、西学中用：绾结中西互动的学术纽带

强调中国特色，并不是与世界隔绝，闭关自守，而应中西相互学习，互鉴互通。长期以来，"西学中用"也是我科研的主要方法之一，1959 年，我引进西方美学将其融入中国美学来研究唐诗，这样的"对接"在全国亦属首例。当时古典文学研究不主张引用西方理论，而我在大学读书时就引用车尔尼雪夫斯基美学来阐发李白诗歌的美，写成《在李白笔下的自然美》，这遭到了老师的严厉批评和彻底否定，但是，北京《文学遗产增刊》却采用了，这坚定了我以中西结合方法研究唐诗美学的信心，尔后又写成关于王维、杜甫、白居易、李贺等一系列渗入西学的唐诗美学论文，颇有影响的如《王维诗中的绘画美》（1984），被中国外文局译成英文、法文刊于《中国文学》（1985.4）的英文版、法文版上，法国朋友对于"诗中有画"饶有兴趣，巴黎的孔帕（Comp'Act）出版社还意欲为我的姐妹作（另一篇为《白居易〈琵琶行〉中的音乐美》）出法文专著《唐诗探美》。这可说是体现我中西互动的一个尝试性的开端。

同样，以书为媒，也能推进国际学术文化交流互鉴，试列举数例如下：

> 对于我的《书概评注》，日本专家相川政行在日购到后，1993—1994 年间经日本振兴学术会联系中国国家教委国际合作司（今教育部国际合作与交流司）、亚非司（今外交部西亚北非司）发函，特地来苏（苏州，后文同）访问交流六天……

> 对于我的《中国园林美学》，新加坡国立大学萧驰教授在美国哈佛图书馆看到此书，回校后申请立项（《江南私家园林》），1996 年特来苏邀我合作研究……

> 对于我的《中国书法美学》上、下两卷本，1996 年北京大学哲学系教授、中华全国美学学会副会长叶朗先生应邀参加韩国书法艺术馆开馆典礼，将其作为礼品……

> 对于我的《中国园林美学》，2013 年素昧平生的日本园林文化研究家、摄影家田中昭三读到此书后，转辗曲折终于来苏，通过翻译，当面向我"请教"书页边上所写很多疑惑不解的问题。他知道我正在研究《园冶》，就主动说，会想方设法为我提供所急需的日本内阁文库本明版《园冶》。他又和我一起合作，去苏州各园拍摄能体现《园冶》名言句意的大量有关照片，供我选为书中插图。回国后他通过申请，三次去东京翻拍《园冶》孤本，并将其做成光盘寄来，信中以半通不通的"汉字"写道："我把 2 张 CD 寄给您。看了《园冶多维探析》目录，我觉得

这是关于《园冶》最高的研究书。为这样杰出的研究书，我的照片有用点儿我很高兴，感到非常骄傲……"这种无私的支持，让我铭感五内！于是在《园冶》版本方面，我在国内就领先了一步。

对于我的《园冶多维探析》，2012 年在武汉召开的纪念计成诞辰 430 周年国际研讨会上，我在主报告中提出了《园冶》的研究计划，得到了与会者的普遍认同，专家们得知我需要《园冶》国际影响方面的资料，英国利兹大学中文系高级讲师、翻译家夏丽森（Alison Hardie）女士，回国后立即寄来了《园冶》英译签名本；法国巴黎拉维莱特国立高等建筑学院硕士课程教师、建筑师、翻译家邱治平（Chiu Che Bing）先生，则让女儿从巴黎不远万里来到苏州，亲自把《园冶》法译签名本送到我手里；澳大利亚新南威士大学建筑学院冯仕达（Stanislaus Fung）教授，也把他的《园冶》系列论文发给我，后来他调至香港中文大学，去美国哈佛大学合作研究，发现该校所属弗朗西斯·洛布图书馆藏有英文选译打印本《园冶》（1934 年译），即将其复印本寄我。此本把《园冶》西译史的上限大大地推前了，远早于瑞典美术史家喜龙仁（Sirén）的选译（1949）。凡此种种，我的体会是只要所研究的项目具有一定开创性、国际性，外国的专家定会倾情支持的，学术研究是没有国界的。

多少年来，我在研究《园冶》的同时，也时时关注《园冶》的版本及国际影响问题，我在 2013 年所撰《园冶印谱序》中指出："放眼世界，20 世纪至今，欧洲则有英、法译本相继问世，此外，日、澳、英、法、荷、意、新加坡诸多国家及中国台湾地区，均出现可喜的研究成果……计成是属于世界的。"之后，我又相继写成《园冶版本知见录》《园冶版本叙评录》，进而又把视域扩大到全球，以"版本学""比较文化学""海外园冶学""海外中国学"为关键词，撰成《道不行，乘桴浮于海——经典〈园冶〉在海外》的论文。《园冶》研究给我的最大体悟，就是："越是中国的、民族的，就越是世界的。"

在学术方面要有所突破，往往需要借助于引用西学。关于书法的本质是什么？长期来众说纷纭、莫衷一是，我自己也曾困惑于"单质论"的小圈子，坐井以观天。困惑之余，我想到了"中学为体，西学为用"，于是在西方哲学史上从古希腊的亚里士多德一直求索到列宁的《哲学笔记》，并结合中国的"寻根说"，归纳出作为本体论的"多质观"和作为认识论的"多视角观"，二者交相为用，撰成《书艺本质论》上、下篇，先后发表在《文艺研究》上，开始破解了书法本质之谜，这一哲学方法论的提出和运用，在国内亦属首见。

对于我的写作风格，编辑们称是"古今中外，征引繁富"。2004 年，我应邀赴沈阳鲁迅美术学院作为期五天的讲座，其间，该院学报《美苑》的编辑对我作了访谈。谈到科研方法论问题时，我说："我主张古今中外彼此打通，任何论述和实例，只要有理，对我有用，就不管是哪国、哪派、哪家，都大胆地加以吸收引用。我把这称为'古今中外法'。"而《中国书法美学》的责编，在《编后赘语》里就将其概括为"古今中外交糅、文学艺术融通、思辨鉴赏结合，'由下而上、由上而下'往复的学术风格"。这一方法，对我来说是见效能的。

……

再回到本书的结集遴选问题上来。我六十年来长长短短的文章，除艺术随笔、美学小品等外，大抵是按计划有目标成组地撰写的，但选入本集时限于篇幅，每组只能遗憾地取其极少，弃其极多。如我与两位同窗合著的《历代题咏书画诗鉴赏大观》，我写有八九十篇之多，但仅选了其中三四篇，可谓微乎其微；我为《齐白石辞典》撰写了二十余则鉴赏文字，也只选赏印、赏书、赏画各一则；至于唐诗美学论文，撰有十余篇，基本上构成了一个系列，但只选了其中与本书关系最密切的王维一篇；至于"艺术养生论"，撰成了五篇（书、画、园、乐、舞）论文，但仅选了其中《寿从毫端来——书法养生功能论》一篇；至于鲁迅美学研究系列，遗憾地只能在一篇印学论文的注里引及《鲁迅论印章艺术美》中的几句话……

总之，这本文集并非我文章的全部，而只是其中一部分，但主要的、精粹的大多选在本书中了，特别是书法美学（前期被"单质观"所笼罩的若干篇论文统统未入选）以及篆刻美学、印章文化学方面的重要长篇论文，均无遗漏。

吴昌硕《刻印诗》云："诗文书画真有意，贵在深造求其通。"事实正是如此，从本质和总体上看，书法是联系众艺的纽带，体现众艺的表征。本书正是这样以书学为中心轴、贯穿线，借此通过具体赏析和深入领悟绘画、篆刻、诗文、雕塑、园林、建筑、音乐、舞蹈、摄影等众艺之美，进而管窥中国特色艺术美学的优秀传统。

《文心雕龙·时序》有"文变染乎世情"之语，可见，不同时期之文，有不同世情之美。本书所整合的六十年间一篇篇、一辑辑的文章，既能让自己窥见所经路上留下的一处处雪泥鸿爪，又能让人们看到时代所烙下的一串串文化痕迹，还能让人们看到笔者学术生涯中与时俱进，走向未来的一个个前行的脚印。

# 目 录

# 第一辑
# 园林美学论

中国古典建筑独树一帜的屋顶造型，表征着我们民族追求自由腾飞的理性精神和浪漫情调。

——《中西古典建筑比较》

人必须置身大自然的怀抱之中，保持生态平衡，这才能取得生存权利和生命活力。

——《园林养生功能论》

# 苏州古典园林的艺术综合性
## ——兼谈中、西美学的综合艺术观
### ·1984·

《学术月刊》1982 年 10 月号所载刘天华先生的《〈拉奥孔〉与古典园林——浅论我国园林艺术的综合性》（以下简称"刘文"），是一篇内容充实、饶有新意的园林美学论文。文中关于我国古典园林的综合性及其他方面的论述，均能给人以教益和启发。但是，文中有三个问题需要加以进一步探讨：第一，中国美学和西方美学在艺术综合性问题上，究竟表现了怎样不同的思想体系；第二，什么是综合艺术或艺术的综合性，怎样理解中国古典园林的艺术综合性；第三，中国古典园林的艺术综合性究竟有哪些具体表现，有什么审美功能。对于中国的古典园林，陈从周先生《苏州园林概述》一文曾从历史发展和比较的角度指出："明清以后，园林数目远胜前代……今存者……苏州又为各地之冠。""苏州园林在今日保存者为数最多，且亦最完整……故言中国园林，当推苏州了，我曾经称誉云：'江南园林甲天下，苏州园林甲江南。'"[①] 因此，对于上述三个问题，本文拟结合苏州古典园林来作一些尝试性的探讨，并就正于刘君及专家们。

## 一

应该说，中国美学和西方美学是纯然不同的两种思想体系，二者虽然也有共同之处，但更多地存在着各方面的大的差别，甚至可以这样说，它们在很多方面是截然相反的。就艺术综合性的问题来看，二者也是截然不同甚至是相反的。我们不妨作一些比较研究。

毫无疑义，莱辛的《拉奥孔》是西方美学史上里程碑式的名著，它的主旨中心不是论述艺术的综合性，恰恰相反，是划清诗（代表文学）和画（代表造型艺术）的界限，论述诗和画的区别的。莱辛指出："希腊的伏尔太（金按：即西摩尼德斯）有一句很漂亮的对比语，说画是一种无声的诗，而诗则是一种有声的画。这句话……容易使人忽视其中所含的不明确的和错误的东西"[②]。对于这一问题，莱辛一系列的细致的分析和警辟的论述，不

---

① 陈从周：《苏州园林概说》，《园林谈丛》，上海文化出版社 1980 年版，第 18、20 页。
② ［德］莱辛：《拉奥孔》，人民文学出版社 1982 年版，第 2 页。

但在西方当时的历史条件下有其特定的时代意义，而且在西方美学史、艺术史上的影响也是深远的，甚至可以说，它对中国今天的美学研究和艺术创作也有着积极的作用。不过，也应该看到，莱辛这部著作中存在着过分强调不同艺术之间的区别，而忽视其可以沟通，可以综合的理论局限性。虽然他在提纲、笔记中也提到"把多种美的艺术结合在一起，以便产生一种综合的效果"①，但是，他只认为诗、音乐以及舞蹈三者有沟通和综合的可能，而画和诗"就不能有完善的结合，不能从结合中产生综合的效果"②。莱辛对于艺术综合性问题，是准备有所论述的，但没有来得及开展。不过，他在《拉奥孔》中已定下了基调，他遗下来的提纲、笔记中也反映了他对艺术综合性的认可程度是极为有限的。中国美学则不同，它着重强调诗和画的共通性、综合性。苏轼在《书摩诘蓝田烟雨图》中评王维作品时提出的"诗中有画""画中有诗"，就是一个代表性的观点。这八个字在中国艺术史上的影响，不亚于莱辛《拉奥孔》在西方艺术史上的影响。令人惊异的是：二者在观点上是如此不同，却又都能对艺术实践起主要的积极作用。这是值得通过进一步的比较来加以探讨的。

这一现象之所以产生，不但是由于当时中国和西方的社会历史背景不同，民族的个性特点不同，而且还由于中国艺术和西方艺术的审美观念和传统品格不同。就以诗来说，西方叙事体裁的创作比较发达，理论家对此也很重视；西方关于"诗"的概念，除了指抒情诗，更主要的是指叙事诗和戏剧诗，所以莱辛在《拉奥孔》中说，"动作是诗所特有的对象""诗人所描绘的是先后承续的动作"。"动作"，也可以译为"情节"③。《拉奥孔》中所举的诗例，也都是叙事性的动作和情节。可见，西方美学中关于"诗"的概念，偏重于叙事。中国则不同，抒情诗特别发达，所以传统诗论不强调动作或情节，而是强调情志和想象。《尚书·尧典》说，"诗言志"；陆机在《文赋》中说，"诗缘情而绮靡"。这就是中国的诗学，它也完全不同于西方第一部重要的美学著作——亚里士多德的《诗学》。古希腊人认为抒情诗属于音乐，因为它没有动作和情节。所以亚里士多德《诗学》把抒情诗排除在外，着重讨论史诗和悲剧，研究"诗要写得好，情节应如何安排"，并指出："诗人的职责不在于描述已发生的事，而在于描述可能发生的事"。④偏重于研究描绘动作，安排情节，这就是和中国诗学迥然不同的西方诗学。

再回到艺术的综合性问题上来。强调诗、画的独立性，这是由西方特定条件下特定的诗、画艺术所决定的，反过来它又能更好地推动这种诗、画艺术的发展。而强调诗、画的综合性，这是由中国特定条件下特定的诗、画艺术所决定的，反过来，它同样能很好地推动这种诗、画艺术的发展。在这里，具体的时间、地点、条件是十分重要的。

西方美学偏重于强调艺术的区别性、独立性、不相关性；中国美学则偏重于强调艺术的相通性、包容性、综合性。正因为如此，中国艺术的综合性就比西方艺术的综合性强得多。这里不妨做几组简略的比较：

一、西方虽然早就出现诗、乐、舞的综合倾向，莱辛也谈及这一点，但中国的综合性

---

① ［德］莱辛：《拉奥孔》，人民文学出版社1982年版，第189页。
② ［德］莱辛：《拉奥孔》，人民文学出版社1982年版，第193页。
③ ［德］莱辛：《拉奥孔》，人民文学出版社1982年版，第182、170、83页。
④ ［古希腊、古罗马］《亚理斯多德〈诗学〉贺拉斯〈诗艺〉》，人民文学出版社1982年版，第3、28页。

更强，历时更久远①。《毛诗序》进一步阐发了诗、乐、舞三者的密切关系；《正义》还说，"诗是乐之心，乐为诗之声"；以至古代用一个"乐"字，就囊括了诗歌、音乐、舞蹈三者在内。

二、莱辛强调诗与画的区别，主张各自独立。中国则不但强调诗与画互为表里，而且强调诗、书、画三绝相兼。潘天寿不但强调"书中有画，画中有书"，而且进一步还说："画事不须三绝而须四全。四全者，诗、书、画、印章是也。"②

三、戏剧一般被称为综合艺术，但是中国戏曲的综合性特别强。西方的戏剧主要综合了戏剧文学和舞台美术，其中歌剧还包括音乐，中国的戏曲则综合了戏剧文学、音乐、舞蹈、舞台美术等。再如："亮相在三面可以观看的舞台上，更具有雕塑的意义。演员的独白虽然不等于诗朗诵，但就一定意义来说，与富于表现力的诗朗诵可能异曲同工。中国戏曲演员的唱工艺术，可以作为歌唱艺术来独立欣赏……这种艺术几乎具有一切艺术部门的因素"③。

四、和中国戏曲一样，中国古典园林特别是苏州园林的综合性，也比西方园林强得多。这一点留待下文讨论。④

综上所述，中国美学强调艺术之间的互通和交融，与之相应，中国艺术的综合性也特别强；西方美学强调艺术之间的区别和独立，与之相应，西方艺术的综合性也就比较弱。莱辛的《拉奥孔》，正是西方美学和西方艺术中这一特点的理论代表和集中概括。因此，笔者认为，刘文论述中国古典园林的综合性，与其"从《拉奥孔》中……找到关于艺术的综合"，还不如到中国古典美学中去找理论依据。当然，即使在中国古典园林的研究上，也不必拒绝向《拉奥孔》借鉴，特别是其中关于"时空的转化等闪耀着辩证艺术思想的片断"等，确实可以"与我国园林的某些艺术规律相参证"。在这方面，刘文有不少透辟的分析和精到的论述，本文不准备逐一复述。

---

① 补注：可上溯到原始时代的"葛天氏之乐"（《吕氏春秋·古乐》），而《尚书·尧典》更写道："诗言志，歌永言，声依永，律和声。夔曰：'於！予击石拊石，百兽率舞。'"在汉代，《毛诗序》进一步阐发了诗、乐、舞三者的密切关系："诗者，志之所之也。在心为志，发言为诗，情动于中而形于言，言之不足，故嗟叹之，嗟叹之不足，故永歌之，永歌之不足，不知手之舞之，足之蹈之也。"《乐记·乐象篇》："诗，言其志也；歌，咏其声也；舞，动其容也。"这都是较为成熟的诗、乐、舞三位一体的理论。

② 潘天寿：《听天阁画谈随笔》，上海人民美术出版社1980年版，第10、22页。补注：他更指出："吾国元明以来之戏剧，是综合文学、音乐、舞蹈、绘画（脸谱、服装以及布景道具等之装饰［金按：其中有些属于工艺美术］）、歌咏、说白以及杂技等而成者，吾国唐宋以后之绘画，是综合文章、诗词、书法、印章而成者，其丰富多彩，亦非西洋绘画所能比拟，是非有悠久丰富之文艺历史，变化多样之高深成就，曷克语此。"同上，第21~22页。

③ 王朝闻主编：《美学概论》，人民出版社1981年版，第273、276页。

④ 重要补注：为了说明迥然不同于西方美学的中国特色艺术美学之一个重要特点——艺术融通，笔者在《书学众艺融通论》上卷（苏州大学出版社2022年版）《谈中西美学的综合艺术观》一文于此对接上笔者1990年出版的《中国园林美学》（江苏文艺出版社）第四编第一章"集萃式的综合艺术王国"的引言："从艺术综合性这一视角看，中国古典艺术是一个大系统，其中大体可分为四个综合形态的不同的子系统。其一是诗、乐、舞动态综合艺术系统……其二是诗、书、画静态综合艺术系统……其三是集萃式以动态为主的综合艺术系统，这就是具有中国独特风采的戏曲；其四是集萃式以静态为主的综合艺术系统，这就是体现了强形式的人文艺术化的中国园林。"见1990年版《中国园林美学》第362页。当然，上述的所谓"动"与"静"，只是相对的划分，而不是绝对的。

# 二

什么是综合艺术？综合艺术必须是艺术的综合，而不是其他非艺术的综合。它是把不同门类的、具有独立存在价值的艺术相互综合在一起，融贯而成的一个有机的美的整体。

刘文对于综合艺术的特点，在具体论述中是不够明确的。刘文中对于综合艺术和中国园林的艺术综合性的论述，最完整的是如下一段话："各门艺术的综合必须彼此渗透和溶合，形成一个适合于新的条件，能够统转全局的总的艺术规则，从而体现出综合艺术的本质。这方面，我国园林艺术是很好的范例。园林中的建筑、山水、花木园艺乃至书画，都是独立的艺术分支，有着自己创造上和欣赏上的规律。但是它们一旦组合而形成统一的园林艺术时，这些各别的规律必须受到园林艺术总的规律的制约。"这一段话中，也不乏真知灼见，但更有概念模糊之处。

首先，"山水"是不是艺术，这个问题值得研究。如果说，"山水"是指堆叠的假山、掘引的池水，当然可以说是具有艺术意味的，特别是掇石而为假山，经过了人们"深意图画，馀情丘壑"（计成《园冶·掇山》）的意匠经营，也可以称为叠山艺术，但是，它毕竟不是门类艺术，不是具有独立存在价值的艺术。它只有和花木、水池、建筑物等结合在一起，组成园林，才能成为真正的具有独立存在价值的艺术整体。刘文把"山水"和"书画"并列，都称作"独立的艺术分支"，在概念上也是不恰当的，因为无论是书法，还是绘画，其本身就是门类艺术，就是具有独立存在价值的艺术，它们并不一定要和其他结合在一起才成为一门艺术。如果说，刘文中的"山水"是指天然的山水，那么，可以肯定地说，它不是艺术。刘文中还有如下一段话：园林"既收入了自然山水美的千姿百态，又凝集了社会艺术美的精华，融我国传统的建筑艺术、花树栽培、叠山理水以及文学绘画艺术于一炉……是自然美和艺术美的统一"。这里的"自然山水美"，是作为"社会艺术美"的对立项而提出的，而这一概念的内涵、外延也不明确。它究竟是指天然的山水，还是指园林内的"叠山理水"的成果，还是兼指二者？如单指外景，那么，上面所引这段话就不适用于很多无外景可借的园林；如仅指内景或兼指内景，那么，又与上面把"山水"称作"独立的艺术分支"的观点相矛盾了。总之，上面所引两段话中，"山水""自然山水美""叠山理水"，这些概念是混淆不清的，没有明确指出它们的属性。应该说，"叠山理水"的"山水"，已不是单纯的自然山水美，而是地地道道的"人化的自然"，它已成为园林艺术美的一个有机组成部分。它的特点是兼有自然和艺术的双重属性，而又不是一门独立的艺术。至于"花树栽培"，它们和"叠山理水"一样，也不能说是独立的艺术，它们也不能和"书画"或"文学绘画艺术"相提并论。

刘文既然把"花树栽培、叠山理水"作为构成园林这个综合艺术的重要成分，这就必须探讨如下问题：如果仅仅"融我国传统的建筑艺术、花树栽培、叠山理水""于一炉"的园林，是否可称为综合艺术？答案是否定的，例如从建筑学的角度看，"花树栽培"不能算是建筑艺术的任务，"叠山理水"也不是严格意义的建筑艺术，这种园林虽然也可以称为"综合艺术"。然而，这不是美学或艺术分类学里的综合艺术。因为包括"花树栽培、叠山理水"在内的造园艺术，毕竟只是属于建筑艺术的范畴。它是建筑艺术的一个特殊品种，是建筑艺术并未超越自己职能极限的延伸和扩大。黑格尔在《美学》里，也是在论建筑时才论及园林艺术的。他认为"关于建筑的话也可以应用到某种园林艺术，这可以说是把建筑变相地应用于现实自然"①。又说，这是"把自然风景纳入建筑的构思设计里，作为建筑物的环境来加以建筑的处理"。尽管他对中国园林持有偏见，认为"并不是一种正式的建筑"②。从美学或艺术分类学的观点来看，仅仅"融我国传统的建筑艺术、花树栽培、叠山理水""于一炉"的园林，不是综合艺术，而只是一种单一艺术；它包含的品种虽然繁多，但是，它仍只包括一个艺术门类，而没有综合其他门类的艺术。刘文是从美学的角度来研究中国古典园林的，因此，其关于"综合艺术"的含义就值得探讨。

其实，中国古典园林是地地道道的综合艺术，它是多种门类艺术的综合。关于这一点，刘文中除两处提及"书画""文学绘画艺术"外，还多次具体地论及了中国园林的这一综合性，而且时有精到的见解，例如关于苏州拙政园的远香堂、留听阁的例析等。但是，刘文没有把对园林中各艺术门类的分散的论析予以集中、突出，并概括到基本论点中去，致使它们被淹没在全文之中。此外，刘文对中国园林的综合性也没有进一步深入挖掘。总之，刘文对园林中这些艺术门类没有足够的重视，没有指出它们是构成综合艺术的必要条件和重要成分，相反，在论园林的综合性时，一再提及"水石土木，花树建筑"。应该说，这些物质因素确实是最为重要的"构园要素"，但它们却不是构成综合艺术的要素。由于刘文混淆了这两种"要素"，所以没有能比较全面地从美学的角度阐述中国古典园林的艺术综合性。

## 三

中国古典园林既然是美学意义和艺术分类学意义上的综合艺术，那么，它究竟综合了哪些具有独立存在价值的门类艺术呢？这些门类艺术有哪些审美功能呢？这不妨以苏州古典园林为例来加以说明。

### （一）建筑艺术

如上所述，园林艺术属于建筑艺术的范畴，在园林这个艺术综合体中，建筑是最为重要的，是主体部分。苏州拙政园曾一度名为复园。沈德潜《复园记》写道："因阜垒山，因洼疏池，集宾有堂，眺远有楼有阁，读书有斋，燕寝有馆有房，循行往还，登降上下，有廊榭亭台、碕沜村柴之属。"记文中这段洗炼的语言，不但写出了"垒山""疏池"在园林建筑艺术中的重要作用，而且概括了复园建筑物的品类、布局及实用功能。关于建筑艺术在作为综合艺术的园林中的重要地位和作用，需要作专题的研究，本文不赘。

### （二）文学，主要是诗

建筑艺术最突出地表现出它沉重的物质性。黑格尔认为，建筑"所用的材料本身完全

① ［德］黑格尔：《美学》，商务印书馆1979年版，第316页。补注：刘敦桢《苏州古典园林》也指出：园林"在功能上是住宅的延续和扩大"。这和黑格尔的观点相似，见中国建筑工业出版社1979年版，第8页。
② ［德］黑格尔：《美学》第3卷上册，商务印书馆1979年版，第103~104页。

没有精神性，而是有重量的，只能按照重量规律来造型的物质"①。而诗则完全相反，它是
"精神的艺术，把精神作为精神来表现的艺术。因为凡是意识所能想到的和内心里构成形状
的东西，只有语言才可以接受过来，表现出去，使它成为观念或想象的对象。所以就内容
来说，诗是最丰富，最无拘碍的一种艺术"②。园林固然首先要以其物质性的功能满足"集
宾""眺远""燕寝""读书"等实用需要，但是，它还有一个不可忽视的重要作用，这就是
通过审美活动来满足人的精神性的需要。苏州沧浪亭的园名就来自《楚辞·渔父》中的《渔
父之歌》，此歌与苏舜钦的思想感情是同频共振的。苏舜钦《沧浪亭记》云，"情横于内而
性伏，必外遇于物而后遣"，而自己在沧浪亭"洒然忘其归"，"箕而浩歌，踞而仰啸……形
骸既适则神不烦，观听无邪则道以明"。这就是一种精神需要的满足。宋荦在《重修沧浪亭
记》中也问道："然则斯亭也，仅以供游览欤？"这一反问，正是把沧浪亭看作是满足精神需
要的"最无拘碍的一种艺术"。正因为如此，要满足这种精神性需要，除了应按重量规律对
物质材料进行的艺术安排，还需要借助于文学这门"把精神作为精神来表现的艺术"来宣
发。这样，园林建筑的物质造型就能渗透精神的因素，使物质与精神互为生发，相得益彰。
园林中这种文学因素，主要表现为题名、匾额、对联、刻石等。所以《红楼梦》第十七回
"大观园试才题对额"中，曹雪芹借贾政的口说："若大景致，若干亭榭，无字标题，任是花
柳山水，也断不能生色。"这里的所谓"生色"，可理解为通过"精神艺术"的文学的作用，
对主要为物质造型的亭榭进行的渗透和生发，使之增色添辉。

　　苏州古典园林对文学成分的综合，有这样一个特点，就是文字绝大多数来自古代作品。
《红楼梦》中贾宝玉在题对额时说过这样的话："编新不如述旧，刻古终胜雕今。"这在一定
程度上适用于古典园林艺术。苏州古典园林中的文学成分绝大多数具有"述旧""刻古"的
特色。这样做有其优点，因为所撷取的古代诗文往往是人们较为熟悉的，所以只要取其中
几个字，人们就可能由这个触发点而想起被引用的整个作品，想到有关的人物、思想、事
件或景色，乃至有关的审美情趣、审美观点等。这种"述旧""刻古"，很像古代诗歌创作
中的用典，又像器乐曲创作中引用旧歌曲中的乐句，目的都是引发人们的回忆和情思，拓
展人们的诗意联想，扩大作品的精神容量。苏州园林中的文学成分是丰富多样的，它们来
自各种文学体裁。

　　有来自诗的。叶梦得《石林诗话》说，沧浪亭原为钱氏广陵王别圃，"庆历间，苏子美
（舜钦）谪废，以四十千得之为居，傍水作亭曰'沧浪'"。欧阳修在《沧浪亭》一诗中写道：
"清风明月本无价，可惜只卖四万钱。"沧浪亭就因此更闻名了；而苏舜钦《过苏州》诗中
又有"绿杨白鹭俱自得，近水远山皆有情"之句。于是，后人就在沧浪亭石柱上刻了一副
对联："清风明月本无价，近水远山皆有情。"这一集句把欧、苏更紧密地联在一起了。它有
着丰富深刻的意蕴，使人想起苏舜钦买地作亭的经过，想起欧、苏两位诗人的友情和诗篇，
想起欧、苏关于风月山水的自然美的审美经验……欧、苏二人这些洋溢着诗意的韵事佳话，
大大地充实了沧浪亭的精神内涵。它丰富了人们的联想，为沧浪亭之游增添了游兴和意趣。
所以清人查岐昌《游沧浪亭次用欧阳公集中韵》中有"湖州长史（苏舜钦）行乐地，庐陵
居士（欧阳修）题诗篇"之句。这种审美内容，用黑格尔的话说，"只有语言才可以接受过

---

①　［德］黑格尔：《美学》第 3 卷上册，商务印书馆 1979 年版，第 17 页。
②　［德］黑格尔：《美学》第 3 卷上册，商务印书馆 1979 年版，第 19 页。

来，表现出去，使它成为观念或想象的对象"。

有来自词的。拙政园有一座扇面亭，颜其额曰"与谁同坐轩"。这个带有歇后语性质的匾额，启发人们思考和回答这个问题。原来它来自苏轼《点绛唇》词："与谁同坐，明月清风我。"人们通过回忆思索或介绍说明得知了答案，联想之"窗"就被打开了，面临的"对景"就会是诗意的、"无拘碍"的广阔天地。人们不但可以想到苏词《点绛唇》以及苏轼其人，而且也许会想到苏轼《前赤壁赋》中的名句："唯江上之清风，与山间之明月，耳得之而为声，目遇之而成色，取之无禁，用之不竭，是造物主之无尽藏也。"这样，人们对眼前景色的欣赏，就会溶进苏轼文学作品中的情思，引起无尽的遐想，人们在审美欣赏中所萌生的意象就进了一层，借用范晞文《对床夜语》中的话说，就是"以实为虚，化景物为情思"。

有来自歌的。沧浪亭的题名，就来自先秦的《渔父之歌》。沧浪亭的园林艺术风格，如欧阳修《沧浪亭》一诗中所说，也是"荒湾野水气象古"，而《沧浪之歌》这首古老的歌谣，又强化了沧浪亭这种古朴幽旷的野趣，两个"古"相映相成。刘文说："自然美所引起的联想和想象有很大的偶然性和主观随意性。由于出身、经历、文化水平、艺术修养之不同，对景色的欣赏和理解也有很大的差异。而园林在一定程度上要表达出艺术家的审美观念，也必须带有一定的强制性。对风景形象或景区所作的概括含蓄的命名、题对就带有这种强制性，可以给观赏者以一定的指导。"这是指出了园林这个综合艺术中文学成分的审美功能。沧浪亭的题名，就具有这种给联想以规范，给想象以路标的作用。

有来自赋的。拙政园的题名，取潘岳《闲居赋》"灌园鬻蔬，是亦拙者之为政也"之意。

有来自文的。沧浪亭的明道堂，取苏舜钦《沧浪亭记》中"观听无邪则道以明"之意。沧浪亭中，还有全文的刻石，如苏舜钦的《沧浪亭记》、归有光的《沧浪亭记》，都是散文名篇。

陈从周先生《苏州园林概述》指出，"联对、匾额，在中国园林中，正如人之有须眉，为不能少的一件重要点缀品"，它将种种文学作品"所表达的美妙意境，撷其精华而总合之，加以突出。因此山林岩壑，一亭一水，莫不用文学上极典雅美丽而适当的辞句来形容它，使游者入其地，览景而生情文，这些文字亦就是这个环境中最恰当的文字代表。"① 这是很好地指出了文学在苏州园林中的艺术地位和审美作用。

## （三）书法

作为园林风景建筑的眉目的匾额、对联等，从书体看，或真或草，或隶或篆，往往为著名书法家所书。张怀瓘《书断序》说："文章之为用，必假乎书……故能发挥文者，莫近乎书。"如果说，文学为园林生色增光，那么也可以说，书法又为文学锦上添花。留园的石林小院是精妙绝伦的园中之园，其中对联云："曲径每过三益友，小庭长对四时花。"为清代著名书画家陈洪绶所书。它的文字内容把这个小小庭园点活了，而那笔兼篆隶行草、十分耐看的书法艺术，又使庭院生气勃发，古意盎然，平添了一番艺术情趣。

以往园林的所有者和赏鉴者，很多是兼通诗文书画的文人，他们也酷爱法书。苏州光

---

① 载陈从周：《园林谈丛》，上海文化出版社 1980 年版，第 35~36 页。

福原有邓尉山庄。张问陶《邓尉山庄记》说："循廊以达于斗室，曰'宝褉龛'，曾摹隋开皇本褉帖，嵌石于壁，真海内兰亭之鼻祖，可宝也。"法帖刻于石上，嵌在壁间，这种书条石，比起纸素之上的法帖来，既宜于长久保存，又便于随时观赏。苏州怡园、留园数以百计的书条石，可说是有一定规模的书法艺术展览，其中有许多法书精品。另外，这种陈列形式又可看作是一种建筑装饰，它等距排列，大小一致，形成分明的节奏。同时，它又有"补壁"的作用。如墙壁无窗可开或窗外无景可取，补以法帖刻石，则能与墙壁黑白相映成趣，弥补了墙壁的单调乏味，并增加了园林的艺术综合性，丰富了园林的精神内容和形式的美。此外，园林的匾额、对联、门额、砖额、刻石、碑刻以及厅堂的挂件，都离不开书法。

### （四）绘画

书、画是姐妹艺术，诗、书、画被称为三绝。园林中如果只有诗、书而没有画，那就是极大的美中不足。园林中的亭台楼阁、山水花木，本身就是存在于三度空间的"立体的画"，如果有存在于二度空间的平面的画为之点缀，并相互映衬，那么，园林就会有更丰富的画意。苏州园林中常可见各种悬挂的或刻于壁间石上的绘画作品，它们和室内陈设、室外风景十分协调，加浓了艺术气氛。沧浪亭中的五百名贤祠，壁上嵌有自周代至清代与苏州有关的历史人物五百余人的画像石，为园林增添了社会历史的内容。祠旁有《沧浪补柳图》《沧浪五老图》等刻石，充实和丰富了沧浪亭的历史内涵，就艺术氛围看，也都非常吻合。明人文震亨《长物志》论园林，卷五为"书画"专章，其中叙述详尽。

### （五）雕刻

西方园林建筑中，雕刻是重要的组成部分。这种雕刻作品往往立于园中或建筑物内外显要之处，供人四面欣赏，它们的独立性比较强。苏州古典园林中的雕刻，则依附性比较强，可说是建筑物装饰的一个组成部分。它虽然不显眼，人们的眼光一般不容易落在它上面，但如果不认为它是可有可无的附庸，而把它作为单独的审美对象来欣赏，那么，未尝不可看作是独立的雕刻艺术品。网师园大厅前库门上有砖刻的多层雕，雕有"文王访贤""郭子仪上寿"等戏文人物，造型优美，刻画生动，体积感、空间感都强，是雕刻的上乘之作，它以细部丰富了园林总体的审美内容，增强了园林的艺术综合性。苏州园林室内的落地罩，都是精美的木雕艺术品。

### （六）工艺美术

在苏州古典园林的艺术综合体中，工艺美术是非常重要的组成部分，这主要表现为室内各具风格的精美的家具和陈设。网师园看松读画轩内，有一套明式家具。制作者既注意实用功能，又注意造型的美观大方。它结构单纯，没有一点繁琐的装饰；色彩素净，表现出本色的美；线条简炼而不单调，劲直而有曲致。它既不同于沧浪亭清香馆内树根家具的盘根错节，以曲为美，又不同于狮子林燕誉堂内家具繁缛刻镂的富丽风格。除家具外，园林室内的陈设，也都用古雅精致的工艺美术品，如铜器、瓷器、陶器、大理石屏等，其中有些都是富有艺术价值和历史价值的珍贵文物。苏州园林中厅、堂、轩、馆的家具和陈设，确实是按图画的章法要求来布置的，它注意虚实疏密，繁简各得其宜，搭配恰到好处。

此外，苏州园林还力图溶入其他门类艺术的因素，如落地长窗裙板上的木雕戏文人物故事，使人产生戏曲艺术的联想；琴馆、琴室、琴台、琴砖，使人产生音乐艺术的联想，等等。不过，这些都是比较次要的了。

苏州古典园林是以山水花木配合建筑物的组合作为主旋律，以文学、书法、绘画、雕刻、工艺美术、盆景等门类艺术作为和声协奏的，既宏伟繁富，而又精丽典雅的交响乐；是把各种不同门类的作品有机地汇萃在一起，从而给人以丰富多样的审美感受的艺术博览馆。

当然，上文所述苏州古典园林的综合性是偏重于各艺术门类外在的、有形可见的综合。在此基础上，苏州古典园林所综合的艺术门类，还有其更内在的、深层的表现：它是物化的诗，立体的画，无声的音乐，放大了的工艺美术精品……这种艺术综合性，也是不难理解的。

原载［上海］《学术月刊》1984 年第 3 期；
被中国人民大学复印报刊资料
《美学》B7.1984. 4 全文转载；
又部分选入笔者《书学众艺融通论》，
苏州大学出版社 2022 年版，
题为《谈中、西美学的综合艺术观》

# 苏州古典园林的真善美

## ·1986·

苏州古典园林，或者说，以苏州园林为代表的江南私家园林，是世界园林中熠熠生辉的明珠，也是我国艺术百花园中独放异彩的奇葩。杨廷宝、童寯在为刘敦桢《苏州古典园林》所写的序中指出："作为历史遗产，中国古典园林有其世界地位，这是学者们所公认的。影响所及，不但达到朝鲜、日本，而且还远及十八世纪的欧洲，被称为造园史上的渊源之一。"而"中国古典园林精华萃于江南，重点则在苏州，大小园墅数量之多、艺术造诣之精，乃今天世界上任何地区所少见。江南最早私园为东晋苏州顾辟疆园。由于苏州具有经济、文化、自然等优越条件，因而园林得以发展……"[①]这是从世界范围的宏观角度，概括了苏州古典园林在造园艺术发展史上极其重要的地位。从总体上看，历史地形成的苏州古典园林的艺术体系，其美学特征究竟是什么，这是应该认真地加以探讨的。

艺术总离不开真、善、美。狄德罗曾说过："真、善、美是紧密结合在一起的。在真或善之上加某种罕见的、令人注目的情景，真就变得美了，善也就变得美了。""真、善、美有他们正当的权利……这个自然的王国，也是我所说的三位一体的王国，定会慢慢建立起来。"[②]狄德罗关于真、善、美三位一体的观点，是带有普遍性的，是适用于任何艺术的。苏州古典园林既然是艺术，当然也离不开真、善、美。不过，苏州古典园林的真、善、美，除了带有一般艺术和中国古典园林所共有的普遍性，还有其特殊性，即区别于其他艺术、区别于欧洲园林乃至中国北方皇家园林的独特个性。

## 一

中国古典园林的真，主要表现在园林对自然的审美关系上，而这又突出地表现在假山对自然的模拟关系上。明末吴江的计成在《园冶·自序》中颇为自负地写道：

> 环润皆佳山水。润之好事者，取石巧者置竹木间为假山。予偶观之，为发一笑。或问曰："何笑？"予曰："世所闻有真斯有假，胡不假真山形，而迎勾芒者之拳磊乎？"或曰："君能之乎？"遂偶为成壁。睹观者俱称："俨然佳山也。"

计成的这段话，既是对自己丰富的叠山经验的概括，又揭示了中国古典园林的一条美学规律——以假拟真。所谓"有真斯有假"，是说先有客观自然的真山，然后才有假山产生；假

---

① 见刘敦桢：《苏州古典园林》，中国建筑工业出版社 1979 年版。
② ［法］《狄德罗美学论文选》，人民文学出版社 1984 年版，第 429、356 页。

山作为一种艺术品，其终极根源是客观自然中的真山。因此，堆叠假山时，应以"真山形"为模拟对象，这才能使假山富于假中有真，"俨然佳山"的美学效果。至于某些好事者所叠的"假山"，犹如"迎春神"时拳状石块的胡乱堆积，是纯粹的"假"，毫无真山的意态可言。这种"假山"，在"环润皆佳山水"反衬下，就更显得虚假可笑。

计成是明末江苏吴江人。吴江邻近苏州（现属苏州），他所揭示的造园叠山规律，究其源很多是从以苏州为代表的江南园林的艺术实践中来的。

计成关于"有真为假，做假成真"的园林美学思想，在清代的叶燮那里得到了很好的发展。叶燮首先认为美本于客观自然。他从"美本乎天者也，本乎天自有之美（金按：此即计成所说的'真'）也"（《滋园记》）的美学原则出发，在《假山说》中，叶燮特别推崇真和自然，他指出：

> 今夫山者，天地之山也，天地之为是山也。天地之前，吾不知其何所仿。自有天地，即有此山为天地自然之真山而已。……盖自有画，而后之人遂忘其有天地之山，止知有画家之山……今之为石垒山者，不求天地之真，而求画家之假，固已惑矣（金按：当然，完全割断假山和山水画的联系，立论也不无偏颇），而又不能自然，以吻合画之假也。……吾之为山也，非能学天地之山也，学夫天地之山之自然之理也。

如果说，计成《园冶》的一系列论述还带有片断性、直观描述性的话，那么，叶燮的《假山说》，则具有完整的理论性和深刻性。在叶燮的美学体系中，天地自然之山是所谓"真"，而艺术创造（包括垒山和画山）是所谓的"假"，这是相同于计成的。但叶燮之论更集中详切，其美学的关系序列中，"天地自然之真山"本身是美的，是第一位的；其次是"能学天地之山"而体现其"自然之理"的假山；再次是"不求天地之真，而求画家之假"的假山；更次的是又不能"吻合画之假"的毫无美学意义可言的假山。叶燮崇尚自然之真的园林美学思想，是十分可贵的；然而更为可贵的是，他认为不可能真正一模一样地"学天地之山"，而只能符合于"天地之山之自然之理"，这又是强调了艺术创造的能动作用，避免了简单的机械模拟论。叶燮是嘉兴人，晚年定居吴江（可能对计成的理论有所了解），他那园林美学观以及所叠体现"天地之山之自然之理"的假山，当然也是来自江南园林的艺术实践，更是可能熔铸了计成的艺术理论和经验在内的。

《红楼梦》中的大观园，同样体现了尚真、崇自然的美学思想。在第十七回中，曹雪芹借宝玉之口，说稻香村"分明是人力造作成的"，不及潇湘馆等处"有自然之理，自然之趣"。还说："古人云'天然图画'四字，正恐……非其山而强为其山，即百般精巧，终不相宜。"这集中体现了曹雪芹关于"天然"的美学思想。[1]

---

① 补引：《红楼梦》中大观园的主导思想，集中而突出地体现了曹雪芹反穿凿、崇天然的美学观。如贾政有"虽系人力穿凿"之语；宝玉故意有"古人云'天然'二字，不知何意"之问；众人有"天然者，天之自成，不是人力所为的"之答；宝玉更有大段的评论："此处置一田庄，分明是人力造作的：远无邻村，近不负郭，背山无脉，临水无源，高无隐寺之塔，下无通市之桥，峭然孤出，似非大观，那及前数处有自然之理、自然之趣呢？虽种竹引泉，亦不伤穿凿。古人云'天然图画'四字，正恐非其地而强为其地，非其山而强为其山，即百般精巧，终不相宜……"此论特别强调内环境与外环境的协调，避免"峭然孤出"。此外，计成《园冶·屋宇》也有"天然图画"之语，也可相互参证。

　　从中国园林美学发展史上看，计成、叶燮、曹雪芹的尚真、崇自然的思想是一脉相承的，集中体现在叠山的"真－假"美学关系上，应该说这正是历史上造园经验的美学总结。

　　再从中国古典园林史上看，"有若自然""假中见真""天然图画"，也确实是成功的园林艺术品的重要美学特色。从中国园林美学发展史上看，先看北方园林。《后汉书·梁冀传》载，梁冀的园囿"采土筑石……深林绝涧，有若自然"。《洛阳伽蓝记》载，北魏张伦"造景阳山，有若自然"。《帝京景物略》说，明代北京清华园"维假山，则又自然真山也"。发展到清代的圆明园，其景区更直接以"天然图画""自然如画""天然佳妙""天真可佳"等来题名。

　　再看江南园林。《宋书·戴颙传》载，南朝的戴颙"出居吴下，士人共为筑室，聚石引水，植林开涧，少时繁密，有若自然"。这是苏州历史上出现较早的私家园林，其山水建筑都符合于"自然"的特征。苏州原有钱氏潜园，姚燮在《游木渎钱氏园》中也写道："妙构极自然，疑非人意造。"这是指出其园林结构妙合自然，而不见人工的意匠经营。再如海宁的安澜园，是明清时代的江南名园，沈复《浮生六记》评道："此人功而归于天然者，余所历平地之假山园亭，此为第一。"这是指出了它的美学特点是由"假"向"真"的归复。

　　中国古典园林在对客观自然的关系上，其共同的美学定性是"有若自然""假中有真"。然而，南、北园林在体现这一美学定性方面，又有其不尽相同的个性。一般说来，北方大型皇家园林在这方面的特点是：一、自然原型不必作很大的改变。这类园林一般拥有天然的山水和复杂的地势，这一因地制宜的有利条件也反映在园林的名称上，如北京清漪园（颐和园）、静明园、静宜园被称为"三山"，西苑被称为"三海"（北海、中海、南海）。这些园中的山水不必使之完全改观而只需加工布置。至于承德避暑山庄，其中景观绝大部分系不必加工的天然山水，因此更容易"有若自然"。二、选择江南山水名胜、园林景观进行移植模仿。对于历史名园圆明园，王闿运《圆明园词》写道："谁道江南风景佳，移天缩地在君怀。"这个"万园之园"，把杭州西湖诸胜以及海宁安澜园、钱塘小有天园、苏州狮子林、南京瞻园等都移缩了进来。再如颐和园、避暑山庄，也模仿无锡、苏州、镇江、嘉兴、宁波等地的名胜园林，这就直接或间接地吸取了自然的美，增添了园林"有若自然"的成分。苏州园林特别是市区的园林则与上述情况截然不同，其园基往往是无山无水或小有起伏的平地，因借的可能性较小。苏州拙政园的东部曾经是"归田园居"。王心一《归田园居记》说："敝庐之后，有荒地十数亩……地可池则池之；取土于池，积而成高，可山则山之；池之上，山之间，可屋则屋之"。可见，园基并无山池的原型可利用，要建园得倾注大量的劳动，使之面目全非，完全改观。同时，苏州园林也很少直接地模仿具体的山水名胜或园林景观，它之所以"有若自然"，完全靠对山水自然美的广泛概括，从而进行凭虚构景的艺术创造。和北方园林真多于假不同，苏州园林是假多于真，然而它又同样地富有真实感。对于苏州现存的园林环秀山庄，王朝闻先生在《城市与山林》一文中这样地写下了自己的审美观感：

　　　　园林可能使人感到仿佛面对自然，这要看它建筑得有没有天趣。环秀山庄那座假山虽然是人工堆砌而成，但是堆砌得十分自然……脚下地震形成一般的石缝，使我仿佛置身于天然环境之中。顾名思义，假山当然是假的，游客心里也很明白。但只有假中见真，越看越觉得它有真实感，它对游人才是富于魅力的。[①]

---

①　王朝闻：《城市与山林》，载《不到顶点》，上海文艺出版社1983年版，第306~307页。

王朝闻还进一步指出，环秀山庄假山对自然的模仿，无论形态和体积，都不是简单的模仿。他写道：

> 看来山的设计者并不以模仿某一自然景象为满足，而是把设计者那所谓胸中的丘壑，像画家把他对自然美的感受表现在纸上从而成为引人入胜的山水画那样，在石材的选择和堆砌的设计里，寄托着假山创作者的巧思。这样的堆砌虽属于人工的，却又相应地表现了对真山真水有所感受的人的兴趣，所以它对园林观赏者才是富于魅力，引得起赞赏的。[①]

这一评价不只是适用于环秀山庄，而且也符合于苏州大多数古典园林的品格。叶燮说："非能学天地之山也，学夫天地之山之自然之理也。"这与苏州古典园林造园叠山的美学经验若合一契。

## 二

如果说，苏州古典园林的真，就表现在园林对自然的审美关系上，那么，苏州古典园林的善，则表现在园林和人的实践关系上。列宁曾在《哲学笔记》中这样写道："'善'是'对外部现实性的要求'，这就是说，'善'被理解为人的实践＝要求（1）和外部现实性（2）。"[②] 要说明苏州古典园林中人的要求和外部现实性相统一的特殊性，最好也是通过比较。北方皇家园林以及王侯园林，体现了封建帝王对外部现实性的功利的审美需求。关于王侯园林，北魏杨衒之《洛阳伽蓝记》写道："帝族王侯，外戚公主，擅山海之富，居川林之饶，争修园宅，互相夸竞。崇门丰室，洞户连房，飞馆生风，重楼起雾……观其廊庑绮丽，无不叹息，以为蓬莱仙室，亦不足过。"王侯贵族园林已如此富饶骄奢，至于封建皇帝，在当时更是至高无上，唯我独尊，其园林更体现了"万物皆备于我"的欲求，如历史上秦、汉的上林苑、宋代的艮岳、清代的圆明园都如此。就现存的北京颐和园、承德避暑山庄来看，地域的广阔、山水的壮观、花木的繁茂、宫苑建筑的富丽众多，无不体现"移天缩地在君怀"的特点。如颐和园就可分为供政治活动用的朝宫区、供生活起居用的寝宫区和供观赏游览的苑囿区，当时还曾有模仿苏州市容而建的商业性街市，其功能全备，可充分满足帝后等各方面的现实性需求，如听政、朝贺、燕飨、敬佛、祈祷、读书、藏宝、休憩、游览、观戏、狩猎、钓鱼……总之，皇家及王侯园林对于封建帝王来说，"被理解为人的实践＝要求和外部现实性"及其统一。

以苏州为代表的江南私家园林，其建园主人或参与设计者很多是崇尚风雅、修养有素的士大夫文人，这部分人建园的目的，主要是因仕途受挫、经历坎坷，故而归复老庄，希冀隐逸，改变生活，追求享受，此外，当然也不乏为了附庸风雅者。但从总体来看，前者是主流，决定着江南私家园林的规模、功能和风格特色。和北方皇家园林相比，由于园主

① 王朝闻：《城市与山林》，载《不到顶点》，上海文艺出版社1983年版，第307页。
② ［俄］列宁：《哲学笔记》，人民出版社1974年版，第229页。

人的政治经济地位不同，也由于园主人的社会经历、思想观点、文化修养和审美需求不同，江南私家园林就带上了浓厚的隐逸风味和文人气息，这就完全不同于北方皇家园林的"善"。

江南私家园林的建园思想，可上溯到东晋、南朝的隐逸之风。在长期持续的分裂、战乱和动荡不安的社会中，特别是晋司马氏利用"名教"实行黑暗恐怖统治以来，一些有气节的名流，以老庄返归自然的思想进行对抗。这种思想有超脱现实的消极一面，但也有洁身守志，不与黑暗势力同流合污的一面。"静念园林好，人间良可辞"的陶渊明，在《归园田居》中写道："少无适俗韵，性本爱丘山。误落尘网中，一去三十年……久在樊笼里，复得归自然。"陶渊明的这类诗作，几乎成了江南私家园林的建园主旨。在唐代，白居易在遭到贬谪打击之后，为了避免党争之祸，提出了"中隐"的主张，这对园林艺术更有着直接的影响。他在《中隐》中写道："大隐住朝市，小隐入丘樊，丘樊太冷落，朝市太嚣喧。不如作中隐，隐在留司间。似出复似处，非忙亦非闲。不劳心和力，又免饥与寒。"这里的"中隐"，也就是作闲官。在《闲题家池寄王屋张道士》中，他又把"中隐"和园林联系起来："进不趋要路，退不入深山。深山太濩落，要路多险艰。不如家池上，乐逸无忧患。"白居易的一生，如其《与元九书》中所说，是推崇和恪守儒家"穷则独善其身，达则兼济天下"的立身处世原则。他的"中隐"思想，或者说"市隐"思想，正是"穷则独善其身"的一种表现，也正是历来被称为"城市山林"型的园林的主导思想。从历史上看，一些士大夫在官场遭到排挤打击后，切身体会到"贵则多忧患""要路多险艰"，于是，立即对"中隐"或类"中隐"思想产生了共鸣。他们要归去来，但又很少愿意如陶渊明那样归园田居，过那种"饥来驱我去"，"寒夜无被眠"的清苦生活，而只在城市一角，叠山凿池，别辟幽境，以求市隐，过着"乐逸无忧患"，"致身吉且安"的闲适守志的生活。这种城市山林的生活，既不同于帝王贵族园林的富饶豪华，"万物皆备于我"，又不同于城、乡贫民的"贱即苦冻馁"。因此可以这样说，私家文人园林的"善"，主要体现了士大夫文人不得志后返归自然、乐逸山林的现实需要，或者说，它是官场归去来，"穷则独善其身"的"善"的一种现实化，是儒家思想和道家思想在特定条件下相结合的产物。

苏州古典园林的善，最典型的莫过于北宋苏舜钦所建的沧浪亭。胸怀兼济之志的苏舜钦，是在被诬陷削职后才建园以求"独善"的。《沧浪诗》中有"一径抱幽山，居然城市间""迹与豺狼远，心随鱼鸟闲"等句。这种通过"市隐"以守志适情的要求及其向外部现实性的转化，在以苏州为代表的江南私家园林中是很有典型意义的。

拙政园是苏州现存古典园林群中最负盛名的大园，它最早是明代王献臣的私家园林。王献臣因仕途不得志，罢官归来，取西晋潘岳《闲居赋》中"此亦拙政之为政"之语名其园。文徵明在《王氏拙政记》中指出："君甫及强仕，即解官家处，所谓筑室种树，灌园鬻蔬，享闲居之乐。"拙政园曾一度名为复园。清沈德潜在《复园记》中说："不离轩裳而共履间旷之域，不出城市而共获山林之胜。"这说明也具有城市山林的美学特征。

苏州现存的古典园林群里，网师园可谓小园的极则。该园原为南宋史正志万卷堂故址，当时称为"渔隐"，清乾隆中叶重建，园主宋宗元借渔隐原意，自比渔人，以"网师"自号并颜其园。钱大昕《网师园记》指出，其地处吴中都会之东南隅，"颇有半村半郭之趣"，"居虽近廛而有云水相忘之乐"。梁章钜《浪迹丛谈》也指出："园中结构极佳，而门外途径极窄……盖其筑园之初心，即藉以避大官之舆从也。"这典型凸显了市隐之义。

再如其他现存的苏州园林，汪琬《再题姜氏艺圃》写道："隔断尘西市语哗，幽栖绝似野人家。"这也点明了苏州古典园林的"善"的内涵。

扩而大之，再证以江南的私家园林。上海有豫园，其三穗堂内有匾曰"城市山林"。这可以来概括整个江南古典园林的重要特征。在历史上，南京的园林也较著名，《金陵琐事》写道："姚元白造园，请益于顾东桥。东桥曰：'多栽树，少造屋。'园成，名曰'市隐'。"这也和上海豫园一样，公开亮出了江南私家园林的"善"的本义。

计成《园冶·城市地》指出："足征市隐，犹胜巢居。能为闹处寻幽，胡舍近方图远。"这是对江南古典园林的"善"在美学理论上的概括。闹处寻幽，喧中取静，隐以独善，这就是江南私家园林建园思想的主导面。对于园主人来说，这一意愿是求超然物外，即超然于尘网之外，然而这一意愿的实现，又离不开另一种"物"，即园中洗涤尘俗的天然或人工之"物"，相反，只有凭借这些"物"，才能满足独善其身的实践要求。

善就是一种功利。不同的善，表现为不同的功利。北方皇家有鲜明强烈的功利欲求，即万物全备，唯我独尊的功利性。江南私家园林则不同，它表现为所谓"恬淡寡欲""归复自然"，但这种"寡欲""归复"，仍是一种功利性，不过是一种企图远离尘俗的超功利的功利性而已，其最高境界，是《庄子》那种"万物与我为一"。它与皇家的"万物皆备于我"的园林观不同，前者主要是追求幽、闲、雅、逸的物化，后者则本质上是追求富、贵、权、势的物化。

# 三

狄德罗说，美，"是真和善加上令人注目的情景"。苏州古典园林令人注目的美是什么？有何特殊的个性？要回答这一问题，最好是通过中西、南北园林的比较。不妨先从比较中、西绘画入手。蔡元培曾说："中国之画，与书法为缘，而多含文学之趣味。西人之画，与建筑雕刻为缘，而佐以科学之观察、哲学之思想。故中国之画，以气韵胜……西人之画，以技能及义蕴胜。"[①] 这大体上说得不错，比较出了中西绘画之异。中西园林的不同也有类于此。西方园林与科学为缘，它处处呈现出平面的、立体的几何形，方中矩，圆中规，通道笔直，轴线分明，一切都是横平竖直，齐齐整整，体现出精确的数的关系，使人联想起几何学、物理学、建筑工程学，这可以意大利、法国的园林为代表。例如法国著名的凡尔赛宫花园就是如此。所以黑格尔这样说："最彻底地运用建筑原则于园林艺术的是法国的园子，它们照例接近高大的宫殿，树木是栽成有规律的行列，形成林荫大道，修剪得很整齐……这样就把大自然造成一座露天的广厦。"[②] 西方园林的一个重要特点就是一切都像建筑物那样富有规则性。中国古典园林则不然，它常与绘画等艺术为缘。黑格尔已看出了这一点，他指出，中国园林"是一种绘画，让自然事物保持自然形状，力图摹仿自由的大自然。"[③] 正因为如此，它处处要避免和打破规整的几何形体，表现出山水画中那种不规整的自然的线和形，使人联想起构线自由的书法、起伏多变的乐曲，优美不定的舞姿……

① 《蔡元培美学文选》，北京大学出版社1983年版，第53页。
② ［德］黑格尔：《美学》第3卷，商务印书馆1979年版，第105页。
③ ［德］黑格尔：《美学》第3卷，商务印书馆1979年版，第104页。

就园林中建筑和自然的关系来看，西方力求使自然建筑化，使自然物严格服从建筑的原则，从而把自然改造成露天的绿色广厦。中国园林则不然，力求使建筑自然化，使之融洽在山池花木的自然环境之中，仿佛是自然所生成的，而且只能"生"在此处而不能"生"在彼处，正如计成《园冶·兴造论》所说，"因者，随基势高下……宜亭则亭，宜榭则榭"。这样，建筑物就能与自然结成和谐的整体。西方园林所显示的主要是人工的美、技能的美，其中包括砖石结构的宏丽建筑、精工的压力喷泉、人为的平台和栏干等，总之，处处是人力改造的成果。而中国园林特别是以苏州为代表的江南园林，显示的是自然形态的美，气韵生动的美，一切都如前文所说的是"有若自然"，而不是"有若建筑"。

西方园林是西方审美观的历史产物。古希腊的美学早就发现了美的多样统一律，但它更强调统一的一面。亚里士多德说："美的主要形式，就是空间的秩序、对称和明确。"[1] 这对西方建筑和园林深有影响。17 世纪的宫廷造园家布阿依索认为，"如果不加调理和安排均齐，那么，人们所能找到的最完美的东西都是有缺陷的"，因此园林应遵守"良好的建筑格律"，"井然有序，布置得均衡匀称"[2]。直到黑格尔在 19 世纪所写的《美学》中还说："一座单纯的园子应该只是一种爽朗愉快的环境……在这种园子里，建筑艺术和它的可诉诸知解力的线索，秩序安排，整齐一律和平衡对称，用建筑的方式来安排自然事物就可以发挥作用"[3]。正因为如此，西方园林不但单纯、整一、均衡、对称，在布局上前后一线贯穿，左右成双作对，安排得有比例，有秩序，有规律，而且具有爽朗明确的风格美，它不怕外露，而且着意坦露，使人一目了然于它的整体布局，并借助于知解力欣赏其图案形的总体构图美。

中国的美学则不同，对于形式美的多样统一律，强调的重点在多样这一面，例如：

> 声一无文，物一无文。(《国语·郑语》)
>
> 物相杂，故曰文。(《易·系辞下》)
>
> 数画并施，其形各异；众点齐列，为体互乖。(唐·孙过庭《书谱》)
>
> 古人写树，或三株、五株、九株、十株，令其反正阴阳，各自面目，参差高下，生动有致。(清·石涛《苦瓜和尚画语录·林木章》)
>
> 文贵参差，天之生物……无一齐者。(清·刘大櫆《论文偶记》)

中国园林也是这样地来莳花栽树的，这在苏州古典园林中表现得最为突出。叶圣陶先生在《拙政诸园寄深眷》(后收入中学语文教材被称为《苏州园林》)一文中指出：

> 苏州园林栽种和修剪树木也着眼在画意。高树和低树俯仰生姿。落叶树和常绿树相间，花时不同的多种花树相间……没有修剪得像宝塔那样的松柏，没有阅兵式似的道旁树，因为依据中国画的审美观点，这是不足取的。[4]

对于苏州园林，他不但通过花树揭示其参差相间的原则，而且还通过建筑布局，揭示其不

---

① ［古希腊］亚里士多德：《形而上学》，商务印书馆 1959 年版，第 266 页。

② 转引自陈志华：《外国造园艺术散论》，载《文艺研究》1985 年第 3 期，第 49 页。

③ ［德］黑格尔：《美学》第 3 卷，商务印书馆 1979 年版，第 104~105 页。

④ 叶圣陶：《拙政诸园寄深眷》，载《百科知识》1979 年第 4 期第 58 页。

对称的原则。他说：

> 苏州园林可绝不讲究对称，好像故意避免似的。东边有了一个亭子或者一道回廊，西边决不会再来一个同样的亭子或者一道同样的回廊。[①]

这也能帮助人们理解中、西园林的不同审美情趣。此外，苏州园林还富有山水萦回，曲径通幽，虚实相生，藏露结合的美（这均拟另文专论），苏州园林还借助于书画、碑刻、匾额、对额等，含茹着文学趣味和书卷气息，使园林渗透着丰富多样、细致复杂的审美感情。这种诗情画意、气韵生动的艺术王国，就更不同于西方园林那种单纯的"爽朗愉快的环境"了。

以苏州为代表的江南私家园林的风格美，和北方皇家园林也自不同。皇家园林的美学风格，正如司马相如《上林赋》中一开头铺叙汉代上林苑所写的："君未睹夫巨丽也？独不闻天子之上林乎？"其特点就是"巨丽"。宋代苏辙《上枢密韩太尉书》中也说："至京师仰观天子宫阙之壮……城池苑囿之富且大也，而后知天下之巨丽。"这也是以"巨丽"二字来概括皇家宫阙、苑囿的总的艺术风格。以苏州为代表的江南私家园林，似乎故意和北方皇家园林南辕北辙，背道而驰。与皇家园林"巨丽"美学风格不同，它的面积、规模"小"，属于出水芙蓉的清真之美。总的来说，江南古典园林特别是苏州古典园林的美学所推崇的是清真的本色美，这和中国的传统哲学思想有关。《老子》说："五色令人目盲。"《庄子·渔父》说："圣人法天贵真，不拘于俗。"刘熙载《艺概·文概》解释《周易》和老庄的思想说："白贲占于贲之上文，乃知品居极上之文，只是本色。""多欲者，美胜信；无欲者，信胜美。"这里的"美"，应理解为清真的本色，温和而不刺目，给人以心理的抚慰，并引起宁静闲适之感；它又是和"致虚极，守静笃（《老子·十六章》）的思想一致的。从这一思想出发，历史上有些文人批评家，往往提倡和维护江南园林那种本色的美。梁章钜《浪迹丛谈》就批评了一种现象：有的园林修建后，"又从而扩充之，朱栏碧甃，烂漫极矣，而转失其本色"。这里的本色美，是一种"提纯"，是从江南园林美学系统的核心中提炼出来的。

苏州古典园林，或者说，以苏州为代表的江南古典园林，用狄德罗的话说，是"自然的王国"，是富有中国特色尤其是江南风格的真、善、美"三位一体"的王国。它富于"宛自天开"的真实感，是概括地模拟自然之真、深刻地表现自然之理的"天然图画"；它具有"独善其身"的市隐性，是渗透着隐逸意识的"城市园林"；它体现着小巧自由的本色美，是由小筑见大观、以多样见统一的艺术精品，是清真自然、素净雅致、境界幽美，富有诗情画意的艺术王国。这种令人品味不尽的美，是由"天然图画"之真、"城市山林"之善，加上气韵生动，引人注目的情状所孕育而成的。

原载［上海］《学术月刊》1986 年第 7 期

---

① 叶圣陶：《拙政诸园寄深眷》，载《百科知识》1979 年第 4 期第 58 页。

# 苏州古典园林的遮隔艺术系统

## ·1987·

中国古典艺术一个区别于西方艺术的重要美学特征，就是意境。对于诗词、绘画、音乐、园林建筑等创作来说，意境能赋予灵魂，灌注生气，化景物为情思，变心绪为画面，使作品近而不浮，远而不尽，意象含蓄，情致深蕴，从而以其特殊的美的魅力，引人入胜，耐人寻味。

苏州古典园林群作为一个大系统，和西方园林系统相比，一个重要的区别无疑是意境；和北方皇家园林系统相比，则又以意境的小中见大、深幽闲静为特色。研究这种意境是怎样构成的，是园林美学的重要课题。本文不可能探讨构成这种意境的全部因素，只拟探讨其中的遮隔艺术系统。

关于"隔"，宗白华先生曾指出：

> 中国画堂的帘幕是造成深静的词境的重要因素，所以词中常爱提到。韩持国的词句："燕子渐归春悄，帘幕垂清晓。"况周颐评之曰："境至静矣，而此中有人，如隔蓬山，思之思之，遂由静而见深。"董其昌曾说："摊烛下作画，正如隔帘看月，隔水看花。"他们懂得"隔"字在美感上的重要。①

这番话别具只眼地揭示了词境之所以深幽闲静的一个因素，而且拈出一个"隔"字，指出了它在词境乃至一切艺术意境中的审美价值。这里需要进一步阐发的是，就宋代来看，有些词境就是园境，园林往往是词所抒写的对象或开展的背景。词境的深静往往要借助于"隔"，园境更是离不开"隔"。正因为如此，宋代词人爱写"帘幕"，写到庭院时更爱突出"帘幕"，欧阳修就是如此，他的词中就一再出现"帘幕"，这些"帘幕"静化并且深化着词境或词中的园境，使人思之不尽。而他的《蝶恋花》更发人深思地写道："庭院深深深几许？杨柳堆烟，帘幕无重数。"这里的"帘幕"可以有两种理解。一种认为是堂馆楼阁中真实的帘幕，另一种认为是用以比喻杨柳。清人黄苏《蓼园词选》云："首阕因杨柳烟多，若帘幕重重者，庭院之深以此。"后一种解释是可取的，试想，间隔杂植的杨柳，低垂着，掩映着，宛似重重帘幕，层层烟霭，扑朔而又迷离，确实能产生"深深深几许"的审美效果。由此类推，园林中一切具有遮隔功能的实物，都有其"帘幕"作用，都能深化园林的艺术意境，而遮隔则又是深化园林意境的必不可少的艺术方法。

苏州园林中的遮隔艺术，形式多种多样，表现极为丰富，而它们之间又互相联系和作用，结成一个整体，构成一个系统。

---

① 宗白华：《美学散步》，上海人民出版社1981年版，第22页。

这个遮隔艺术系统，就其功能、结构来看，可分为"全隔""半隔"和"不隔之隔"三大层次。对于这三个层次，拟于下文分别论说之。

## 一、全隔

在我国建筑史上，古典园林往往被称为"城市山林"。所谓"城市山林"，就是说地处喧闹的城市之中的园林，却饶有山林幽深的野趣，能给人以自然美的无限享受。

"城市山林"是苏州古典园林的典型特征，这有大量的诗文为证。先看现存的苏州园林。

> 有山有水与池远，不村不郭去嚣喧。回头鳞鳞隔万户，雾非雾分烟非烟。查岐昌《游沧浪亭次用欧公集中韵》)
>
> 人道我居城市里，我疑身在万山中。（维则《狮子林即景》)
>
> 隔断尘西市语哗，幽栖绝似野人家。（汪琬《再题姜氏艺圃》)

再看历史上曾存在的苏州园林。李雯《宝树园记》说："至其地者，超然有城市山林之想。"沈德潜《勺湖记》写道："屋宇鳞密，市声喧杂，而勺湖之地，翛然清旷，初不知外此为阛阓者，而阛阓往来之人，不知中有木石水泉禽鱼之胜。"这些大量的诗文充分说明：苏州园林是内外有别的。园外是鳞鳞万户，喧杂市声，一片城市繁华；而园内却是翛然清旷，泉石深幽，一派山林野趣。这种截然分明的对比是怎样造成的？上引诗文一字以蔽之，曰"隔"。

苏州园林要成为一个深幽闲静的小天地，并隔绝园外的尘喧，最有效的方法莫如四面围以高墙。黑格尔《美学》在论建筑艺术时曾说，房屋"要求有一种完整的围绕遮蔽，墙壁对此是最有用最稳妥的"，"墙壁的独特功用并不在支撑，而主要地在围绕遮蔽和界限"。[①] 苏州园林一般是高墙深院式的，四周除沿边房屋的墙壁既有界隔作用又有支撑屋面的作用外，其余围墙的唯一作用就是"围绕遮蔽和界限"，它们使园内外成为判然有别，静、嚣各殊的两个天地。试看现存的苏州园林，无论是拙政园、留园、狮子林等大园，还是艺圃、耦园、鹤园等小园，无不界以高墙，使之与园外街市隔绝，而且墙上不设窗，其目的是使园内外不相沟通，把尘嚣完全隔离在园外。这种"全隔"，是园内幽深闲静的意境的保证。当然，门是非开不可的，不过仅此而已，而且补救有法，这就是进园入口处的艺术处理。

先看留园，由沿街的大厅到宅后的园林，其间有一条狭长而几经曲折的夹弄，这条夹弄也起着隔尘的作用。在审美心理上，它一方面收敛视域，约束眼量，从而使人在进园后更增添豁然开朗、眼目一新之感。陶渊明《桃花源记》就是这样写渔人入境的："山有小口……初极狭，才通人，复行数十步，豁然开朗。""世外桃源"正是靠其"全隔"和入口狭小来保证其清幽静谧的境界的。留园的入口处和桃源之所以有异曲同工之妙，还在于它们都能使人在入口处就收敛心神，洗涤尘襟，进行心理的净化和准备。进入留园，要经过如许狭弄曲折的过滤，"尘俗"当然就不易带进去了，而园内清幽静谧的气氛也就不易"流"出去了。这就实现了"隔"的目的。

拙政园则又自不同，一进园门（指中部原来南向的腰门），迎面一座黄石假山挡住视线

---

① ［德］黑格尔《美学》第3卷上册，商务印书馆1979年版，第65~67页。

和去路，要入园就得绕道假山西侧的小径。这种遮隔处理，有类于《红楼梦》第十七回关于大观园的描写。小说这样写道：一进门"只见一带翠嶂挡在面前。众清客都道：'好山，好山！'贾政道：'非此一山，一进来园中所有之景悉入目中，更有何趣？'"一个"挡"字和一个"趣"字，说明曹雪芹是精通园林遮隔艺术的。作文有"开门见山"一法，是把需要给人看的一下子亮出来，造园则反其道而行之，有"进门见山"一法，是把需要给人看的用山石遮起来，不让人一下子看到，这就能保证园内境界深幽而不外露，较好地解决了总体结构上对外全隔而又非开门不可的矛盾。

## 二、半隔

半隔是苏州古典园林中最富于审美功能的艺术方法。作为空间艺术的苏州园林，由于园内面积不大，而又要做到小中见大，意境幽深，富于画面感，这就离不开一个"隔"字。但是，这种"隔"不能是全隔，因为全隔会使园内到处闭塞不通，既不利于"游"，又不利于"览"，不成其为有机相联、气息周流的完整的审美系统。半隔则不然，它介于隔和不隔之间，其结构功能是促使园内各个景区、各组景物、各种要素之间相互联系，相互作用，相互掩映，相互补充。这样，就使园内处处遮隔，处处相通；使景物隐而又显，藏而还露。这样就使全园成为一个层次丰富，境界深幽，景观不尽，意趣无穷的审美王国，成为一个既可"游"，又可"览"的城市山林。

如果把苏州每个园林都看作是一个各自独立的系统，那么，每个园林对于园外来说，除唯一的借景外，无疑是一个全隔式的封闭系统；而对于园内来说，则是一个半隔式的遮而不断，隔而不绝的开放系统。封闭离不了开放，开放离不了封闭，城市山林的"木石水泉之胜"和"云水相忘之乐"，正是建立在封闭和开放相生相需的基础之上的。

单从审美观照的角度来看，半隔的主要结构功能是使景物体现隐与显的统一，从而给人以意趣深永的美感。布颜图在《画学心法问答》中，论证了"山水必得隐显之游方见趣深"的绘画美学命题。他指出：

> 显者阳也，隐者阴也……一阴一阳之谓道也。比诸潜蛟腾空，若只了了一蛟，全形毕露，仰之者咸见斯蛟之首也，斯蛟之尾也，斯蛟之爪牙鳞鬣也，形尽而思穷，于蛟何趣焉。是必蛟藏于云，腾骧矢矫，卷雨舒风，或露片鳞，或垂半尾，仰观者虽极目力，而莫能窥其全体，斯蛟之隐显叵测，则蛟之意趣无穷矣。

这是以哲学的观点、喻证的方法揭示了景物构图和意境之美的奥秘，说明必须使一隐一显相生相破，犹如神龙见首不见尾，或偶露一鳞一爪，使人"莫能窥其全体"，才能生发出无穷意趣。苏州园林中的景物，正是如此，它们总是尽可能避免"全形毕露"，人们如果保持一定距离，那么，不论从哪个方位或角度来观照，总只见其掩映藏露，难以"窥其全体"，而决不会"形尽而思穷"。这种半隔的艺术方法，就其遮蔽物的品类来分，大体又有如下几种。

### （一）花木隔

在园林中，花木是一种功能最佳的"帘幕"，它使画面轮廓自然，色调丰富、隐显叵测，境界层深。人们在苏州园林中随处可见，或围墙隐约于萝间，或廊屋蜿蜒于木末，或林茂竹修，遮翳楼台如画，或柳暗花明，掩衬亭榭映水……一幅幅画面，给人领略的是一种"犹抱琵琶半遮面"式的美。例如拙政园中部山隈水际、柳阴路曲一带，一株株拂地的绿柳，柔条千缕，婆娑随风，其间不断露出无数大空小空，使被遮掩的土山、亭轩、曲廊、树丛若隐若显，若明若暗，给人以依稀朦胧，如烟似雾的感觉。这种"杨柳堆烟"的遮隔，可说是带有某种透明感的"纱幕"，至于景物未被垂柳遮掩的部分，则显露分明，但又不让人一下子窥见其全体，真可谓"深深深几许"了。这种拥有近景、中景、远景等不同层次的画面，既有构图章法的美，又有意境含蓄的美。花木遮隔出美景这一造园规律，早在宋代就引起了沧浪亭主人苏舜钦的注意。他在《沧浪亭记》中说：最初就爱上了孙承祐池馆遗址的如下景色："左右皆林木相亏蔽""前竹后水，水之阳又竹，无穷极，澄川翠干，光影会合于轩户之间"……景物有"亏"有"蔽"，有显有隐，这正是苏舜钦借以构成沧浪亭意境美的一个重要条件。今天，人们尚可略窥见这种花木隔的遗意余韵。

### （二）山石隔

如果说，花木隔除配置、修剪外，主要是出之天然，那么，山石隔则既见天然，又见人工。人工堆叠的石峰、湖石或黄石假山，是苏州园林中重要的遮隔物。这种遮离给人的感觉，不是花木隔那种疏疏的柳、淡淡的烟的轻柔感，或郁乎苍苍、蔚然深秀的浓密感，而是一种磊落厚重、块然大物的实体感。山石在园林中的这隔组合是多种多样的。环秀山庄的山藏花树，留园冠云峰的石掩重楼，都是别具神韵的幽美画面，而怡园假山之巅，透出螺亭一角，耦园邃谷之口，露出山径一曲，又颇能勾起人们登临探胜的雅兴……唐志契《绘事微言·丘壑藏露》写道：

> 画叠嶂层崖，其路径、村落、寺宇，能分得隐见（现）明白，不但远近之理了然，且趣味无限矣。更能藏处多于露处，而趣味愈无尽矣。盖一层之上，更有一层；层层之中，复藏一层，善藏者未始不露，善露者未始不藏。藏得妙时，便使观者不知山前山后，山左山右，有多少地步。

苏州园林是以山石为皴擦，以花木为点染而存在于三维空间的立体山水画，它完全符合于唐志契所阐发的关于"藏""露"的绘画美学原理，特别是环秀山庄的湖石假山、耦园的黄石假山、拙政园中部的土山等，藏中有露，露中有藏，遮隔掩映的艺术效果尤佳，使人们初入境地，会感到周围深深，幽蔽莫测，竟不知有多少地步。这，不正是一种艺术意境？

### （三）屋宇隔

这里所说的"屋宇"，是指除具有明显界隔作用的墙、廊外的其他建筑物。在苏州园林的遮隔系统中，屋宇是纯粹出于人工的遮蔽物，它以造型的优美、色调的素雅，立面的丰富、线条的多变调节着园林的画面，深化着园林的意境，当然，它更能使人产生可观、可行、可游、可居之感。具体地说，大片的林木，层次不一定丰富，甚至会使人感到单调，但如果中间杂以错落的亭台、参差的楼阁，那么，这种高低远近各不同的屋宇和林木相互穿插，就能生发出无数的层次和不尽的美感。蒋和《学画杂论·树石虚实》写道："树石布置须疏密相间，虚实相生，乃得画理。近处树石填塞，用屋宇提空……树石排挤，以屋宇间之，屋后再作树石，层次更深。"这种屋宇与树石相间的遮隔艺术，在苏州园林中是非常普遍的。在拙政园中部，可看到堂轩亭楼作为群体建筑相间隔而增添层次和景深的佳例；在留园西部，可看到舒啸亭、"活泼泼地"水阁作为单体建筑穿插于林木山石之间，以增加人们游兴的佳例。俞樾《留园记》写道："嘉树荣而嘉卉苗，奇石显而清流通。凉台燠室，风亭月榭，高高下下，迤逦相属。"这可看作是苏州园林中建筑与景物，建筑与建筑参伍交错的构思和章法的概括。

### （四）墙廊隔

墙、廊是遮隔系统中具有一定长度和明显遮隔作用的建筑物，它们和屋宇巧妙地相接，在园内起着分隔空间，构成院落，增加层次，丰富景观的作用。墙垣和走廊的遮隔功能是不同的，前者"实"而偏于"藏"，后者"虚"而偏于"露"，然而"善藏者未始不露，善露者未始不藏"。拙政园、留园多有园中之园和情趣不同的小院落，其功能是让墙垣阻挡视线，使隔院的景物不被一览无余，而是遮蔽深藏起来，不过，人们又可由隔园高耸的亭阁、出墙的绿荫，想象关不住的满园春色，从而可能激起寻门而入的强烈欲望。然而，不劳寻找，门一定就在近旁，这是迎合人们的审美心理的。例如拙政园优美的月洞门上还镌刻着"别有洞天"四字，这是多么善于以藏中之露来逗引人们寻幽的意念！留园西南部在曲折幽深的围隔之中，有一墙上的砖刻曰"缘溪行"，这使人顿生武陵渔人寻入桃源胜境的遐想。留园北部墙上有门曰"又一村"，又使人心中饶有陆游诗中的情趣："山重水复疑无路，柳暗花明又一村。"接着，扑入眼帘的是一番田园牧歌般的景象。狮子林高墙上，也辟有海棠形的洞门，隐约地露出其中"庭院深深深几许"的幽境，而门上颜曰"涉趣"，令人想起陶渊明"园日涉而成趣"的隽语，这又是多么富于审美的诱惑力！

至于苏州园林墙上的空窗、漏窗、花窗，更有其"引景""泄景"的作用，它使"隔景""藏景"的墙垣增添了"露"的成分，明暗掩映地露出隔园如画的风光。

计成《园冶·屋宇》说，廊"宜曲宜长则胜"，它们"随形而弯，依势而曲，或蟠山腰，或穷水际，通花渡壑，蜿蜒无尽"。这样，廊就能把园内分隔为变化多端的大小空间，组合为意趣无穷的种种景观，令人观照品赏，低回不已。当然，这种分隔，是偏于露的，因为它常常没有墙垣，只靠柱子、栏楯、屋顶遮隔。但是有无这种遮隔，其审美效果是大不一样的。且不说廊本身是一个景观层次，单说沿墙走廊只要稍向外曲折一下，廊、墙之间就能分隔出一个微型景区，其间略为栽竹布石，就又能在园内添出一个微观层次，使死角变为活景。至于"善露者未始不藏"的廊的杰构，则如沧浪亭的复廊，它因分隔了园内的山和园外的水而别具情致；拙政园的"小飞虹"廊桥，因分隔水面而倍增景深……都使景物更具有近而不浮，远而不尽的含蓄美。

从遮隔系统的角度来看，苏州园林的艺术意境，就诞生于种种景物的相遮相隔、互掩互映、半藏半露、有隐有显之中。唐志契《绘事微言·丘壑藏露》还说，"主于露而不藏，便浅露，即藏而不善，藏亦易尽矣，然只要晓得景愈藏，景界愈大，境愈露，景界愈小。"苏州园林内部的半隔艺术，大多以善隔善藏的结构为特色，这就有利于构成其意境深幽、小中见大的美学特征。

### 三、"不隔之隔"

苏州园林对外是全隔的封闭系统，但沧浪亭却例外，它北面不以墙来界隔，而濒临一湾清流，着意让园景外露，园门也面水向桥而开。然而在特定的条件下，没有遮隔作用的水也有隔离尘嚣的功能，这是因为沧浪亭北面街巷比较清静，同时人们又可能由"沧浪"两字想起古老的《沧浪歌》，"沧浪之水清兮，可以濯我缨……"于是在俯瞰清流，信步过桥入园时，无形中进行了一次"洗心"的审美净化，使得尘虑涤净，心眼清凉。这是心理上形成的一种园内、外的隔离，沧浪亭这种"不隔之隔"的艺术处理，可谓匠心独运。

苏州园林内部的水池、溪涧等，同样是一种"不隔之隔"，它同样能划分园景，增加层次，不过这主要是心理上的"隔"。要说明这一点，不妨先从比较入手，隔水相望和隔山相望确实是有不同的，一个是"透"，一个是"阻"，但又有相同之处，两者都是"隔"，都不同于平地的通达，因此，水在心理上也会产生阻隔感；而更主要的是，平静如镜或波光潋滟的水面以及倒映水中的天光云影、花容树态，会以其光色变幻的美缭人眼目，从而使人产生一种距离感，感到彼岸景物如隔一层无形的帘幕。正因为如此，董其昌总结绘画经验时，才把"隔水看花"和"隔帘看月"相提并论。

架于水上的桥也不妨看作"不隔之隔"，因为苏州园林的桥很少是隆起的曲拱桥，一般是梁板式的平石桥，其体量也不大，而且桥身低矮近水，即使有栏杆也多空透，几乎不起阻挡视线的作用。但是，它又能有效地分隔水面空间，造成景深。如拙政园中部水池上的几处贴水曲桥，把宽阔的水面隔为若干意趣各殊的景区；留园中部水谷上的几处小石板桥，把狭长的水面分为若干情味不同的段落，于是，欣赏者的目光就不是通行无阻地了然一望了，而是有层次、分远近地停驻和观照，这就增加了以水为主的景观的审美品味。

苏州园林中的"不隔之隔"，除了水、桥之隔，还有洞门、空窗所构成的框景。这里需要说明的是，如果把门、窗和屋宇、墙、廊等建筑物联为一体，那么，这门、窗无疑是一种"半隔"；如果把门框、窗框从建筑物中独立出来，那么，这种框景也是一种"不隔之隔"，它能给人以景深如画的美感。阿恩海姆曾概括西方十九世纪流行的见解说，"绘画作品的框架所起的作用"，是"使绘画空间从墙壁上独立出来并创造景深"；一幅画的枢架往往被称为"一个窗口"，"透过这个窗口，观赏者就看到了另一个世界"[①]。我们如果从另一个角度来理解这段话，那么，园林的洞门、空窗也可当作是绘画的框架，它们从墙壁上独立出来，使框中景成为创造景深的"另一个世界"。当然，对于观赏者来说，这主要是一种心理效果，它来自借助于框架所产生的具有审美意味的心理距离。观赏者把框中景和自己之间的距离推远了，就更能见出其景深和美，所谓"看到了另一个世界"，不正是一种审美心理上的"不隔之隔"吗？"尺幅窗，无心画"，这种创造意境的艺术，在苏州各园中被广泛采用着，而留园在这方面，无论是质和量都可说是诸园之冠。

建筑物外檐的廊柱、枋子所构成的框架结构，也有其"画框"的功能，自内向外观赏对景，也能见出颇具景深的画面，而框架上部的挂落和下部的栏杆或美人靠这些装修，又以其优美的图案纹样，作为"画框"的花边装饰，进一步肯定和强化着框中景的画面感，这种"不隔之隔"的审美效果也是极佳的。

---

① ［美］鲁道夫·阿恩海姆：《艺术与视知觉》，中国社会科学出版社 1984 年版，第 319 页。

　　建筑物室内也可以通过遮隔来创造层次和深度。拙政园的"三十六鸳鸯馆"、留园的"林泉耆硕之馆"、狮子林的燕誉堂和立雪堂、怡园的画舫斋等，均以精美雅致的屏风、飞罩、纱槅等内檐装修，隔成气息流通的不同空间。这种半隔的艺术美及其所造成的深静意境，远胜于室内真实的帘幕。再从另一角度来看，如果把其中透空的框架独立出来，那么，它所构成的室内框景或室外框景，又都有无形间隔、景深如画的特色，这又是借助于观赏者心理功能的"不隔之隔"了。

　　《易·系辞》有言："物相杂，故曰文。""参伍以变，错综其数。通其变，遂成天下之文；极其数，遂成天下之象。"这一古老的哲学命题，在苏州古典园林中已化为活生生的具象的美、意境的美。在苏州园林这个独立的封闭系统中，园内的花木、山石、屋宇、墙廊、水桥、门窗以及屋宇所附属的挂落、栏杆、飞罩、纱槅，乃至家具陈设，等等，都有其独特的作用，或是半隔，或是"不隔之隔"；或隔为偌大景区，或隔为些小空间；或造成物质上的"隔"，或形成心理上的"隔"……它们汇成一个隔而不隔，不隔而隔，相与错综，互为藏露，丰富多姿，变化成文的多结构、多功能的开放系统，并使园景这个审美客体和观赏者这个审美主体在相互交流中"通其变""极其数"，实现隐与显的统一，物与我的统一，而苏州古典园林情趣深永的意境，正是在这种多层次、多角度地"相杂"的遮隔艺术中诞生的。

原载［武汉］《华中建筑》1987 年第 4 期

# 中西古典建筑比较

## ——柱式文化特征与顶式文化特征，兼论"美"字原始状态及其形义

### ·1992—2023·

西方古典建筑和中国古典建筑，是世界建筑艺术中的两大体系。它们犹如双峰对峙，两水分流，在建筑史上分别有着重要的地位和深远的影响。

西方古典建筑，以希腊神庙为辉煌的开端和历史的典范，如果要撷取其最主要的文化特征，那么可说是历史地形成的列柱的柱式之美。在古希腊时期，形成了爱奥尼、多立克（亦译陶立安）、科林斯（亦译科林思）三柱式；在古罗马时代，在传承希腊柱式的基础上，又出现了塔什干（亦译塔司干）和混合式（亦译组合式），合称为"古典五柱式"。这一柱式系统，极大地影响了尔后的西方建筑特别是文艺复兴时期建筑和古典主义建筑，曾一再被奉为造型楷模，还一直传承至现代（对中国也有影响）；在建筑艺术理论上，古罗马建筑师维特鲁威著名的《建筑十书》，就论述了古希腊乃至罗马的神庙和柱式；而意大利文艺复兴时期，建筑师维尼奥拉通过对古罗马遗迹的测绘和研究，写了《建筑五柱式》一书，这都是西方建筑学的经典之作。

中国古典建筑——园林、寺庙、宫殿建筑足以和希腊、罗马柱式系统相抗衡和媲美的，不在柱子而在屋顶，或者说在于顶式系统的丰富性——庑殿顶、歇山顶、攒尖顶、卷棚顶、盝顶、盔顶，此外还有悬山顶、硬山顶，而其最主要的文化特征，可说是历史形成的飞檐翼角之美。

无论是西方古典建筑及其柱式之美，还是中国古典建筑及其顶式之美，都不可能凭空产生。一方面，它们有其各自的内部继承性，也就是说，对过去建筑形态的继承和发展，这是建筑美自律性的直接体现，而其发展又决定于时代的工程技术和建筑材料；另一方面，它们又受到外部其他文化意识的深层影响，因为它处于其他种种文化意识的多元网络之中，受到来自各个方面的影响，是特定的历史时代的精神文化的一种物化。探讨历史上建筑美和其他文化意识的深层关系，是建筑美学的一大课题。

古希腊建筑及其柱式之美的形成，离不开当时的精神气候和文化背景，就种种文化意识类型来说，对希腊古典建筑影响最大的，是神话文化和"雕刻文化－人体意识"。如果说，前者明显地表现为精神内容上的影响，那么，后者则较多地表现为审美形式上的深层影响。

马克思曾指出："希腊神话不只是希腊艺术的武库，而且是它的土壤。"[①] 可见，神话文化

---

① ［德］《马克思恩格斯论文学与艺术》第 1 卷，人民文学出版社 1982 年版，第 93~94 页。

是希腊艺术发展的前提，它对希腊神庙的影响也是显而易见的。就最著名的雅典卫城的巴底农神庙来说，它就是为供奉神话中智慧女神及其作为雅典城邦保护神的雅典娜而建造的。可以说，没有雅典娜以及与之有关的神话，也就没有巴底农神庙。然而，这一影响又离不开雕刻文化的介入。作为古典建筑的神庙要有神寓住其间，于是雕刻就把这具有造型艺术美的神创造出来。巴底农神庙正殿上的雅典娜雕像，是当时最负盛名的雕刻家菲狄亚斯创作的，而神庙正是这一雕像合适的居住环境，至于帕特农神庙的山花、檐壁、陇间壁的底农神庙这一艺术整体中，神话、建筑和雕刻在文化层面上已融而为一了。

圆雕、高浮雕、浅浮雕等，也无不取材于神话和现实生活中的敬神活动。在巴希腊的"雕刻文化－人体意识"也对建筑特别是古典柱式有着不可忽视的影响。在希腊，艺术和生活（培育完美的人体）结合得最紧密的莫过于雕刻。法国艺术史家丹纳曾精辟地指出："在制作云石的人或青铜的人以前，他们先制造活生生的人；他们的第一流雕塑和造成完美的身体的制度同时发展。两者形影不离……远古史上渺茫难凭的启蒙期已经受到这两道初生的光照耀。"[1] 希腊人最突出的文化风习是体育锻炼和尚武精神，这甚至形成了一套制度——奥林匹亚竞技制度（自公元前 776 年起，希腊每四年在南希腊的奥林匹亚举行一次全民竞技会。近代的奥林匹克运动会即导源于此）。他们把塑造完美的身体看作是人生奋斗的目标，寄寓以美的理想。为此，青年人坚持进行角斗、跳跃、赛跑、拳击、掷铁饼等各种竞技活动和舞蹈训练；人们在运动场上和敬神庆祝、重大典礼中公开而荣耀地展览裸体，在这类特殊的健美比赛中，他们以合乎比例和规范的人体为典则。重视种族素质，重视体育和训练，崇尚人体的尽善尽美，这是使希腊雕刻进入黄金时代的历史根源，所以黑格尔说：

> 希腊"精神"等于雕塑艺术家，把石头作成了一种艺术作品。在这种形成的过程中间，石头不再是单纯的石头——那个形式只是外面加上去的；相反地，它被雕塑为"精神的"一种表现，变得和它的本性相反。[2]

这位德国古典美学家把雕刻艺术看做是希腊精神的代表，见解是深刻的。

在每个民族品类繁杂、层次丰富的多元文化中，总有一种或几种是主要的。在古希腊的艺术领域中，雕刻是最被看重、流传得最普遍的艺术。丹纳曾概括说，希腊雕刻"如此发达，花开得如此茂盛，如此完美，长发如此自然，时间如此长久，种类如此繁多，历史上从来不曾有过第二回。"[3] 可见，凝铸着人体意识的雕刻，确实是希腊文化的核心之一，而希腊神庙及其柱式，在以"雕刻文化－人体意识"为主的精神环境中，往往是一种陪衬或模仿。陪衬，表现为神庙以神像为主；模仿，则表现为深层的、曲折的某种文化影响，这是需要深入论述的。

希腊从远古开始的人体意识和雕刻文化，都是以具象性为其美学特征的，因此，它们对于具有抽象特征的古典建筑的影响，必然离不开既适用于具象又适用抽象的比例美学的中介。

---

① ［法］丹纳：《艺术哲学》，人民文学出版社 1981 年版，第 297 页。
② ［德］黑格尔：《历史哲学》，商务印书馆 1963 年版，第 283~284 页。
③ ［法］丹纳：《艺术哲学》，人民文学出版社 1981 年版，第 48 页。

希腊的比例美学诞生极早。希腊雕刻家波里克勒特就曾根据前人的雕刻审美经验，结合毕达哥拉斯数学学派的美学，写成总结人体数比关系的专著，可惜已经失传，美国艺术史家潘诺夫斯基指出："'美是通过许多数字，一点一点地显露出来的'。这是我们唯一有把握能断定出自波氏之口的。"[①] 波里克勒特还按照书中的比例原则，创作了被称为《规范》的雕像作为准则，以垂后世。其后，希腊许多学者也都据此加以阐发，一致认为："身体美确实在于各部分之间的比例对称"。[②] 这个始自古风时期，经过古典时期而至于希腊化时期的人体比例意识，是希腊雕刻美学的重要组成部分，它对当时和尔后的建筑也颇有影响，这突出地体现在现存最早的建筑学经典著作——维特鲁威的《建筑十书》之中，而古罗马著名建筑师维特鲁威也由此成为"古代唯一把人体比例的某些真实数据……留传给我们的作家"[③]。

维特鲁威在建筑第三书中，就突出地强调了人体比例对于神庙建筑的作用。他指出："神庙的布置由均衡来决定，建筑师必须最精心地体会这一方法，它是由比例——希腊人称做'阿那罗癸亚'（金按：即'比拟'）——得来的。"接着，他详论了人体在各部分相互之间的比例，并指出："古代的画家和雕塑家都利用了这些而博得伟大的无限的赞赏。同样，神庙的细部也必须使其各个部分有最适合总体量的计量上的配称……。他们还从人的肢体如指、掌、脚、臂中收集一切建筑中似乎必要的计量尺寸。"[④]

在维特鲁威及其所代表的古代建筑师们看来，伟大的自然创造了伟大的人体，人体的比例美是最高范畴的美，是建筑艺术制订比例配称的计量法式的根据，也是建筑中细部和整体服从一定模量的可靠参照系。这在今人看来，在理论上似乎有点天真、幼稚、简单或机械，在实践上不一定都行得通，但从文化史的视角来看，在雕刻文化 – 人体比例意识盛行的精神环境里，它又可说是颇为典型的。希腊神庙及其柱式，正是融合了当时雕刻文化 – 人体比例意识的建筑美学的必然显现。而作为有识见的美学家丹纳也是以希腊人的文化观念来鉴赏希腊神庙的，他从结构及其"比例和谐的线条感到愉快"，建筑物"在雄壮的气概之外，还有潇洒的风度""它舒展，伸张，挺立，好比一个运动家的健美的肉体，强壮正好同文雅与沉静调和"。[⑤] 丹纳真可说是希腊建筑的知音了。

维特鲁威在建筑第四书中，还分别论述了各种柱式的由来：

为了给阿波罗·帕尼奥尼俄斯建立神庙，"就探索用什么方法能把它做成适于承重荷载和保持公认美观的外貌，试着测量男子的脚长，把它和身长来比较"。"把同样的情形搬用到柱子上来，而以柱身下部粗细尺寸的六倍（后来发展为七倍——引者）举起作为包括柱头在内的柱子的高度。这样，陶立克式柱子就在建筑物上开始显出男子身体比例的刚劲和优美"。

爱奥尼亚的建筑师，"又试想用新的种类的外貌建造狄安娜神庙，以这样的脚长改用到女子的窈窕方面。为了显得更高一些，首先把柱子的粗细做成高度的八分之一（后来发展为九分之一——引者）。在下部安置好像靴状的凸出线脚，在柱头上布置了左右下垂的卷蔓像头发一样，在前面代替头发布置了混枭线脚和花彩来装饰，在整个柱身上附以纵向沟槽，

① ［美］潘诺夫斯基：《视觉艺术的含义》，辽宁人民出版社 1987 年版，第 83 页。
② 《西方美学家论美和美感》，商务印书馆 1980 年版，第 14 页。
③ ［美］潘诺夫斯基：《视觉艺术的含义》，第 81~82 页。
④ ［古罗马］维特鲁威：《建筑十书》，中国建筑工业出版社 1986 年版，第 63~64 页。
⑤ ［法］丹纳：《艺术哲学》，人民文学出版社 1981 年版，第 274 页。

像女子风尚的衣服褶皱一样。这样，就以完全不同的两种方式设计了柱子：一种是没有装饰的赤裸裸的男性姿态，另一种是窈窕而有装饰的均衡的女性姿态"。——这后一种就是爱奥尼柱式。

科林斯柱式，"是模仿少女的窈窕姿态。因为少女的年纪幼弱，肢体显出更加纤细。"[①]至于科林斯柱子的化篮式（或称提篮式）柱头，则纯粹是对现实中植物的模拟，它还附有美丽动人的传说故事。

维特鲁威关于古典柱式的这类描述，似乎在讲以人体为主要对象的雕刻了。其实，说这些石柱是雕刻并不贴切，准确地说，应该是体现了雕刻原则、手法所作的象征、寓意、比拟、抽象，因为它们主要体现了人体的比例逻辑，可说是一种抽象化的特殊雕刻，一种经过建筑概括化了的特殊雕刻。在这里，具象化的人体被蒸发为尺寸、模数、比例、均衡、线条、几何形体，或者说被蒸发为物理学、数学和美学的抽象。

当然，其中雕刻般的具象因子还有蛛丝马迹可寻，如爱奥尼柱式纵向的沟槽，确实能令人联想起古希腊一系列著名的雕刻作品——米隆所作的《雅典娜》、浮雕《倚在长矛上的雅典娜》、帕特农神庙的檐壁浮雕《少女行列》等所体现的当时女子风尚和衣服褶皱。柱上的纵向沟槽和衣服的纵向褶皱，它们垂直的节奏和优美的韵律，有着异形同构、异曲同工之妙。而爱奥尼式柱式的涡卷，也令人自然地想起希腊女性雕像的发型。至于科林斯式柱式优美的花纹，则是地道的雕刻——以植物为对象的雕刻，正如维特鲁威所说，"叶子由茎上突生出来，使其承受由茎生长而突出到棱端的涡卷。还有更小的涡旋雕刻在柱顶垫板中央的花饰下面……"总之，"它们的均衡已经转移到精细新奇的雕刻上去了"。[②]

希腊古典柱式受"雕刻文化－人体意识"的深层影响，还可以从它的来龙去脉中得到证明。神庙柱式那种人体雕刻的文化特征，是以隐态的形式暗寓其中的，但发展到后来，某些柱式又被人像柱（男性人像柱或女性人像柱）所代替，于是隐态转变为显态，抽象外化为具象。如雅典卫城的厄勒太奥神庙，其柱廊的女像柱就代替了爱奥尼式的石柱……由此也可以说，爱奥尼就是隐态的或抽象化了的女像柱，女像柱则是显态的或具象化了的爱奥尼，二者之间艺术风格的递嬗线索是一以贯之的，其女性文化特征也是一脉相承的。

古希腊罗马的艺术实践及其理论，到了文艺复兴时期备受推崇。如潘诺夫斯基所说，那时不但"人体比例被人们作为音乐和谐的视觉体现而受到赞美"，而且"还有一种新的尝试（与维特鲁特的话有关）把人体比例与建筑物或建筑物的某些部分的比例等同起来，以便论证人体的建筑性'对称'和建筑物中具有人的特点的那种生命力"[③]。可见，文艺复兴时期的雕刻家、建筑师和理论家们，是在肯定和复兴着维特鲁威的古典建筑美学思想。

希腊古典建筑之所以颇易受到凝铸着人体比例意识的雕刻文化的影响，除了雕刻是当时希腊精神的表征和希腊文化的核心，还由于希腊古典建筑和雕刻在艺术形态上有其共同性：其一，二者都要借助于作为艺术媒介的物质材料——石头；其二，二者的创造过程都要经过"既雕既琢"的刻凿工夫，从而"把石头作为一种艺术品"，使之以体积艺术的三度空间静态形式呈现出来。文艺复兴时期意大利著名雕刻家兼建筑师的米开朗基罗曾说，最好

① 以上有关引文，均见[古罗马]维特鲁威：《建筑十书》，中国建筑工业出版社1986年版，第82~84页。
② [古罗马]维特鲁威：《建筑十书》，中国建筑工业出版社1986年版，第84页。
③ [美]潘诺夫斯基：《视觉艺术的含义》，辽宁人民出版社1987年版，第107页。

的雕刻作品，就是从山上滚下去也滚不坏，因为它是坚硬的团块。同样，希腊神庙及其种种石柱也是牢固的团块物质型造型，非经严重的天灾人祸不易毁坏，而且即使倒塌残缺了，也仍然是一种美，[①] 因而古希腊罗马建筑及其石柱的残迹，如雅典卫城、胜利女神神庙、罗马斗兽场……，甚至中国圆明园西洋建筑石柱残迹，仍能令人流连忘返，这正像断臂的《维纳斯》、无头的《命运三女神》等的残缺美，仍能具有迷人的魅力一样。这是希腊建筑及其古典柱式之所以能或多或少地具有雕刻文化特征的一些内在依据。

中国古典建筑的文化特征，主要的不是以它的木柱为美，而是以它的屋顶——飞檐翼角为美。早在《诗经》时代，人们就用诗的语言描述这种美了。《小雅·斯干》歌咏周王的宫室，就有"如鸟斯革（革，鸟类张翼举翅），如翚（羽毛五色的野鸡）斯飞"的脍炙人口的名句。然而，周代宫室果真有这样开张而飞翔般的顶式结构吗？答曰：否。迄今为止，并无考古文史资料可以为之佐证。从建筑史上看，周代决没有达到这样先进的工程技术水平，当时虽已开始出现木构架建筑，但大体上还离不开"版筑墙"，《诗·小雅·斯干》本身就是明证。其中"约之阁阁，椓之橐橐"的描写，上句说筑墙时须用绳缠缚筑版，或用长木橛贯其两端，使不动摇；下句说施工时敲击筑土有声（用陈奂、何楷说）。可见工程技术并不是很先进的。飞檐翼角的顶式结构，一直要到汉代才见雏形，如汉赋中某些有关的描写，出土的某些汉代明器以及画像砖上屋角略微上翘的形态等。

令人费解的是，周代为什么会出现这种超现实性的诗句或曰这种超前意识？解开这个中国文化史和中国建筑史乃至园林史上的谜，是建筑美学、园林美学的任务之一。

其实，"如鸟斯革，如翚斯飞"，也不是凭空产生的，它对于若干世纪以后实际出现的这种顶式结构来说，固然是体现了想象的浪漫精神所启迪的一种"文化超前意识"，然而它的产生，又确乎是一定的精神气候和文化背景不断孕育的结果。

马克思在《摩尔根〈古代社会〉一书摘要》中深刻指出：

> 在野蛮期的低级阶段，人类的高级属性开始发展起来。……想象，这一作用于人类发展如此之大的功能，开始于此时产生神话、传奇和传说等未记载的文学，而业已给予人类以强有力的影响。[②]

如果从周代再往前追溯，可知中国原始时代的艺术文化表现着强烈的、在想象力影响下而产生的飞翔意识，它在艺术领域里，又集中体现在乐舞之中。中国原始时代的"乐舞文化－飞翔意识"，其美学特征是浪漫的，表现出热烈的飞动之势，不像古希腊的雕刻那样，如温克尔曼所说，是一种"高贵的单纯和静穆的伟大"，[③] 也不像古希腊罗马的建筑那样是一种静穆牢固的空间存在。

中国的神话传说也和古希腊不同，它是零星的，不很完整的，然而，人们仍可从中探寻到以飞翔意识为特征的乐舞文化的踪迹。古代大量的文化典籍启示人们：早在洪荒初辟的时代，龙、凤就是先民图腾崇拜和艺术创造的对象，龙飞凤舞就是中华民族腾飞精神的

---

① 中国古典建筑的木结构则不然，残缺和美是不能并存的。
② ［德］《马克思恩格斯论文学与艺术》，人民文学出版社 1982 年版，第 256~257 页。
③ 引自《宗白华美学文学译文选》，北京大学出版社 1982 年版，第 3 页。

表现，而原始乐舞和飞鸟的渊源关系也由来已久。《山海经·海外西经》："诸夭之野，鸾鸟自歌，凤鸟自舞。"《山海经·西山经》："有神鸟……是识歌舞。"在远古神话中，歌舞就是和鸾凤、神鸟连结在一起的，其实，这应理解为原始时代体现了飞鸟崇拜、飞翔意识的图腾乐舞。

再看传说中历代的乐舞文化。《通典》说，伏羲氏的古乐名为《扶来》，也就是"凤来"。《路史》还说，伏羲氏有"长离（注：长离者，凤也）徕翔"。对于拥有《九渊》之乐的少昊氏，《左传·昭公十七年》更这样写道：

> 挚之立也，凤鸟适至，故纪于鸟，为鸟师而鸟名。凤鸟氏，历正也；玄鸟氏，司分者也；……青鸟氏，司启者也；丹鸟氏，司闭者也；祝鸠氏，司徒也；鴡鸠氏，司马也；鸤鸠氏，司空也；爽鸠氏，司寇也；鹘鸠氏，司事也……

少昊氏以鸟名官，竟造成了一个飞鸟翔舞的世界！值得注意的是，连掌管建筑等工程的官职——"司空"，也以鸟命名（"司空"所掌管作为"空间艺术"的建筑，也要如鸟般地飞起来），由此可见当时的飞鸟崇拜，已达到了何等的程度！又如《吕氏春秋·古乐》说，黄帝"令伶伦……听凤凰之鸣，以别十二律"；又说，颛顼"令飞龙作（乐），效八风之音"；还说："帝喾命咸黑作为声歌……因令凤鸟、天翟舞之"。《竹书纪年》也说，帝喾使人奏乐，"凤凰鼓翼而舞"。《史记·夏本纪》则说，虞舜时"鸟兽翔舞，箫韶九成，凤凰来仪"……。对这一系列的传说，也可借丹纳的话来概括，中国的"乐舞文化－飞翔意识"这"两者形影不离"，"远古史上渺茫难凭的启蒙期已经受到这两道初生的光照耀"。

神话传说的现实化，龙飞凤舞的原始"乐舞文化－飞翔意识"，就历史地积淀为种种形式的羽舞。古老的《易·渐卦》说："鸿渐于陆，其羽可用为仪。"高亨《周易古经今注》："仪者，文舞所执，以羽为之。"在《诗经》时代，羽舞极为流行。如《邶风·简兮》："方将万舞"。毛传释道："以干羽为万舞"。该诗中还有"左手执龠，右手秉翟"之句，是说舞人左手执着一种管乐器，右手秉着长尾的野鸡毛。《说文》："翟，山鸡尾长者。"《左传·隐公元年》孔颖达疏："鸟翼长毛谓之羽。"再看在金文中"翟"这个字的象形，其下面为鸟形，上面为两根飘然的长尾野鸡毛，其整个字形呈跃然欲飞之状。联系前面所引《吕氏春秋·古乐》中的"凤鸟、天翟舞之"来看，"翟"不但和凤鸟相并立，而且此字之前还冠以一个"天"字，这说明在先秦时期，羽舞在现实中广为流行。还有如《诗经·陈风·宛丘》："坎坎击鼓，宛丘之下。无冬无夏，值其鹭羽。"这是说，人们以鹭羽为仪，不分严寒酷暑狂热地伴着鼓乐而舞蹈，由此可见，被作为"仪"的"羽"这个"乐舞文化"极其重要的"道具"，依然有其不自觉地"暗含"着飞鸟崇拜、飞翔意识的寓意象征性，有其在表现上自远古而来的历时传承性，或者说，有其或隐或显的文化形态性，有其在民间不分寒暑地广泛流行的共时普遍性，周代还有献羽的制度，《周礼·秋官·翨氏》："翨（chì，鸟类翼后缘和尾部长大的羽毛）氏掌攻猛鸟……以时献其羽翮。"这条旁证，也只有置于上述背景上，才能对其有深度的理解。总之，对飞鸟羽翼之美的看重，是一种有意味的历史积淀。可见，从远古到《诗经》时期，在审美视域里飞鸟的几根羽毛，绝不是轻轻的、无关紧要之物，而是在历史文化上有着沉甸甸的价值意义。

从远古发端的羽舞及其以鸟羽、飞舞为美的文化意识，至今还积淀在京剧和其他一些剧种之中,《花果山》里神通广大的美猴王孙悟空,《群英会》里年少英俊的周瑜,《穆柯寨》里英勇无敌的穆桂英以及杨宗保,《八大锤》里以双枪舞动雉翎的陆文龙……头上均饰有左右分张,有五六尺长的雉翎,或称雉(即"翟"或"如翚斯飞"的"翚")尾,这种种舞动雉翎的优美动作、姿态功夫,俗称"耍翎子",严格应称为"翎子功",是戏曲表演的基本功之一,这是另一种以戏曲形式体现了"如翚斯飞"之美。

还应重点指出的是,美学最重要的核心范畴是"美",美学研究必须对这个字的原始状态及其形义有所了解。东汉许慎在《说文解字》里写道:"美,甘也。从羊从大,羊在六畜主给膳也。"这是以供食用的"善"来释义。李泽厚、刘纲纪先生主编的《中国美学史》则不然,评述道:"这就是说,'美'是味道好吃的意思,'美'与'甘'是一回事。《说文解字》释'甘'云:'甘,美也,从口含一。'虽然这是汉人的说法,但保存了起源很古的以味为美的观念……在中国,'美'这个字也是同味觉的快感联系在一起的……"把"美"和"味"联系起来分析,见解是深刻的、合乎情理的。但是,用来解释远古"美"字的形态内涵,就很不恰当了。该书在引了《说文解字》"美,甘也,从羊,从大"云云后,在一条长长的注里概括并表态道[1]:

> 在许慎这个定义之后,千余年来,讲美字的,大约有三种:
>
> 一、宋初徐铉云:"羊大则美,故从大。"(同上)
>
> 二、近人马叙伦先生云:"徐铉谓羊大则美,亦附会耳,伦谓字盖从大,芊[2]音微纽,故美音无鄙切。《周礼》美恶字皆作媺,本书。媺,色好也。是媺为美之转注异体,媺转注为嫐。[3] 嫐,从女,嫐[4]音,亦可证美从芊得音也。芊芊[5]形近,故讹[6]为羊;或羊古音本如芊,故美从之得音。当入大部,盖媺之初文,从大犹从女也。"(《说文解字六书疏证》卷 7 页 119。)
>
> 三、今人萧兵以为"美的原来含义是冠戴羊形或羊头装饰的大人("大"是正面而立的人,这里指进行图腾扮演、图腾乐舞、图腾巫术的祭司或酋长)最初是"羊人为美",后来演变为"羊大则美"[7]。(《楚辞审美观琐记》,《美学》第 3 期)
>
> 三说出入甚大,我们的意见接近萧兵。[8]

该注在举了甲骨文、金文的字例后写道:

---

[1] 李泽厚、刘纲纪主编:《中国美学史》第 1 卷,中国社会科学出版社 1984 年版,第 80 页。

[2] "芊"字以下的论述(金按:马先生作为一家之言,对其考证这里不作评述),注文引用马说者则有误,误作"芊"。"芊"[qiān],《说文新附》:"草盛也。"故应作"芈",同"芈"[mǐ],见《五经文字·羊部》。《玉篇·羊部》:"羊鸣也。"

[3] 此句引文错了两个字,一是"嫐",二是"媺"。马氏原句为:"嫐为媺之转注异体,嫐转注为媺。"

[4] 嫐,此字误,应作"散"。

[5] "芊芊",第一个"芊"字之误已如上述;第二个"芊"字,系芊芳之芊,亦误。应作"芈芈"形近。

[6] "讹"(金按:应作"譌[音é]",此字没有简化字,左右偏旁均未简。当时书稿右旁将其简作"为",排版时乃讹作"内",于是再误为"讷[音 nè]",最后未被校出。)

[7] "后来演变为'羊大则美'"。此语表达不确,应该说,后来被许慎误释为"羊大则美",因为他没有见过甲骨文。

[8] 该书第 81 页括号内说明:"此注由韩玉涛同志写出。"

　　细审诸文，皆由两部分组成，上边作"羊"，下边作"人"，而甲文"大"训"人"，像一个人正面而立，摊着两手叉开两腿正面站着，"大"和"羊"结合起来就是"美"。

　　这些字形，都像一个"大人"头上戴着羊头或羊角，这个"大"在原始社会里往往是有权力有地位的巫师或酋长，他执掌种种巫术仪式，把羊头或羊角戴在头上以显示其神秘和权威。

　　这是原始的"狩猎舞""狩猎巫术"。这种"狩猎舞""狩猎巫术"往往与图腾跳舞、图腾巫术结合起来。美字就是这种动物扮演或图腾巫术在文字上的表现。……可见美最初的含义是"羊人为美"，它不但是个会意字，而且还是个象形字。①

这最后的结论也失当，"美"并不是会意字、合体字，并不是以羊、大二字合成的，它是象形字、独体字，整个字只表达着一个意思。美学界很多学者都借用许慎的语言表达方式，释作"羊人为美"，并把下面的"大"，释作正面的"人"形，但是，此义置于远古至今以鸟羽、飞舞为美的历史文化传统里，未免有些格格不入。笔者认为，应该是释作"羽人为美"。甲骨文里的"美"字，就是头戴左右分张的两根或四根长长的雉尾在跳舞的形象②（图1）。可是，这种形式的原始舞蹈，至《诗经》时代似已近于消失，舞人们已将"羽"从"头饰"变为持在手里的"道具"，这种舞蹈虽然在内蕴上仍在表达着某种含义，但比把"羽"固定在头部要方便得多。当然，从今天的戏曲舞蹈美学来看，其美的表现必然有所逊色，因为戴在头上，手就可以解放出来，作种种优美的动作（包括所谓"翎子功"），但是，那时的原始舞蹈是极其简单的、粗放的、狂热的。总而言之，笔者

图1　甲骨文"羽人为美"
"大"为正面人形，头戴长羽作舞蹈状

提出的"羽人为美"之释是比较符合当时实况的，"美"字上部两根或多根特长的翎毛，就是羽舞的"头饰"。《说文解字》："羽，鸟长毛也。"《左传·隐公元年》孔颖达注："鸟翼长毛谓之羽。"再如上文所引的"翟"字、"翬"字、"霍"字，在古文字里都是头部生羽或饰羽的夸张形象，不过有的是独体字有的是合体字罢了。青铜器铭还有头饰双羽的图画文字，如此等等。这经过数千年的衍化，古代妇女还有拾翠鸟羽毛作为首饰的习俗，曹植著名的《洛神赋》有云："或采明珠，或拾翠羽。"这是符合中国独特而悠久的历史文化传统的。

　　中国乐舞文化中的飞翔意识，还可以在非戏曲舞蹈和宗教——道教文化、佛教文化的相互渗透中见到。长袖善舞，这是中国古典舞蹈的又一美学特征，也是飞翔意识的另一种形式表现。沈从文先生曾根据长期研究指出："舞袖飘扬即有飞腾上升含意，还扮作羽人！到汉晋以后，受到《神仙传》中《西王母传》《上元夫人传》等故事影响……又被佛教艺术采用，因之产生无数不同形象的飞天，或绕佛盘旋，或乘云而上升，由北朝龙门造像，麦积

---

①　李泽厚、刘纲纪主编：《中国美学史》第1卷，中国社会科学出版社1984年版，第80~81页脚注。
②　在甲骨文中，前七二八、前一二九二、乙三四一五、乙五三二七、摭续一四一，等等，都是"羽人为美"的形象，不赘举。马叙伦先生《说文解字六书疏证》卷七"美"字条，所书两个甲文"美"字，也非常典型。

山壁画，到唐代飞天……佛道艺术，多是乘云龙、飞凤、黄鹄、白鹤，升天或从天而降。"[1]
这种种飞腾意象，广泛存在于包括敦煌壁画"飞天"在内的宗教文化之中。

在中国原始时代种种文化意识类型中，联结着飞翔意识的乐舞文化可说是一个核心，就像古希腊凝铸着人体意识的雕刻是当时的文化核心一样。正因为如此，自原始时代延续至周代的乐舞文化－飞翔意识。必然会影响诗人对当时建筑的歌咏，何况周代不但有献羽之风，而且羽舞盛行不衰，于是就有可能在并非"反宇翼角"的构筑，但通过线形透视却有分张之势的屋顶形式上，迁想妙得地生发出"如鸟斯革，如翚斯飞"的佳句来。这一以形象思维表现建筑美的佳句，可以说是乐舞文化－飞翔意识的历史精神向建筑意识渗透的结果。

那么，中国古典建筑的顶式结构又为什么到了汉代才开始露出檐角略微翘起的苗头呢？这既有建筑本体的内部原因，又有文化影响的外部原因。

就内部原因来说，这是建筑本身合规律性的一个发展，汉初"非壮丽无以重威"（《汉书·高帝纪》萧何语）的宫殿的大规模建造，上林苑中"弥山跨谷"（司马相如《上林赋》）的离宫别馆的出现，都标志着建筑艺术进入了一个新的时代。"中国古代建筑的结构体系和建筑形式的若干特点到汉朝已基本形成。从整个中国古代建筑的发展来说，汉朝建筑是继承和发展前代成就的一个重要环节。"木构架的结构技术，在当时也趋于完善，"汉朝由木构架结构而形成的屋顶有五种基本形式——庑殿、悬山、囤顶、攒尖和歇山……。此外，汉朝还出现了由庑殿顶和庇檐组合后发展而成的重檐屋顶。"[2] 到了东汉，斗栱结构艺术也开始成熟……。所有这些，都是古典建筑顶式结构出现向上微翘的技术上、审美上的前提条件。

就外部原因来说，文化的影响也不容忽视，《诗经》中的"如鸟斯革，如翚斯飞"以其文学语言所体现的"文化超前意识"和先行的建筑美学理想，对汉代及尔后飞檐翘角的出现起着催生和引导作用。汉代班固的《两都赋》、王延寿的《鲁灵光殿赋》等关于"反宇"的描述，既是对具有上翘意向的大屋顶建筑结构的形象反映，又是带有一定夸饰想象性的文学表达，而自古以来的乐舞文化－飞翔意识，在汉代也没有中断，相反，在舞蹈艺术领域中更普遍地表现为"长袖善舞"，如七盘舞、盘鼓舞、建鼓舞等，无不是长袖飘曳；画像砖上大量的舞人形象，也大抵穿长袖舞衣，汉代张衡的《观舞赋》说："裙似飞鸾，袖如回雪"……。这类腾飞之美，也会潜移默化地给古典建筑的顶式结构以艺术文化上的影响。

再看凝聚着民族美感的书法。在汉代，重要的书体是隶书，也可称"八分"。隶书萌生于秦，通行于西汉（如竹、木简上的民间隶书），鼎盛于东汉，有一系列如《乙瑛碑》《礼器碑》《史晨碑》《曹全碑》等著名隶碑。它的书势特点，就是像"八"字一样左右分张，因而被称为"八分"。在隶书中，很多字都有两根走向相反的主要斜曲线，如凤展彩翼，似鸟奋双翅，有着如飞似舞的意态，隶书的波挑，颇能给人以"如翚斯飞"的联想。成公绥《隶书体》就说："八分……若虬龙盘游，蜿蜒轩翥；鸾凤翔翔，矫翼欲去。"这是又一种龙飞凤舞的历史精神。东汉的隶碑林立，标志着八分的黄金时代，这种普遍的审美风尚更有可能渗透到古典建筑的顶式结构中去。

希腊古典建筑及其柱式的美，其特征是牢固坚实，静穆凝重，丝毫没有飞升之美的质

---

① 沈从文：《关于怎样研究中国舞蹈史的一封信》，《舞蹈论丛》1980年第1辑。
② 刘敦桢主编：《中国古代建筑史》，中国建筑工业出版社1981年版，第63~64页。

素。欧洲建筑的飞升之美，要到中世纪后期的哥特式建筑才表现出来，著名的如德国的科隆大教堂，始建于13世纪中叶，意大利的米兰大教堂，始建于14世纪80年代，这类教堂一般要经过两三个世纪才能建成，它们的特征是华丽轻灵，飞升向上，尖塔林立，直指蓝天，这是宗教文化精神的象征性表现和渗透的结果。中国古典建筑飞檐翼角的顶式结构，虽和宗教文化不无纠葛，但主要是世俗的，它很少有西方教堂建筑那种神秘感，而且出现极早。在公元前的西汉已现实地开始显露意向，如广州出土的汉墓明器、山东高唐出土的汉墓明器、四川德阳的汉画像砖、江苏铜山的汉画像石……，其正脊和戗脊的尽端均微微起翘。到了公元三四世纪，就有较为成熟的表现，如云南昭通寺后海子东晋墓壁画中，建筑物翼角飞翘，轻灵自如，宛同凤鸟自舞；河北涿县旧藏北朝的造像碑，以带有装饰性的手法，把建筑物三层屋角的翻飞姿态作了生动的表现；北魏的山西大同云冈第十窟，其前室西壁的屋形龛，不但屋角翻卷，而且正脊中央有展翅欲飞的鸟状物，左右屋角也有鼓翼而舞的鸟状物，似乎都在引领"如鸟斯革"的整个屋顶向上腾飞，它的势态，胜似左右分张的八分书势。更有审美意味的是，上空刻有一只正在飞翔的鸟，它已脱离了屋顶的实体……

　　"如鸟斯革，如翚斯飞"，历史地成了中华民族传统建筑文化的重要特征。清代李斗《扬州画舫录·工段营造录》云："飞檐法于飞鸟。"这似乎是对漫长的飞檐翼角发展史所作的一个带有仿生学意味的总结，从文化史的积淀或古代建筑学的视角来看，是颇有道理的。

　　黑格尔在谈到西方建筑时说："在原始建筑结构里，安稳是基本的定性，建筑就止于安稳，因此还不敢追求苗条的形式和较大胆的轻巧，而只满足于一些笨重的形式。……如果一座建筑物轻巧而自由地腾空直上，大堆材料的重量就显得已经得到克服；反之，……使人感觉到它的基本特征是受重量控制的稳定和坚牢。"[①]在西方，希腊古典建筑及其柱式，其基本定性就是受重量控制的稳定和坚牢，当然，它并不原始，相反，是一个时代文化成熟的不可企及的典型；至于哥特式建筑，则确实具有腾空直上的特征。然而，黑格尔的论述似乎更适用于中国古典园林、寺观的某些建筑，特别是适用于江南古典园林的建筑。现略述数例：

　　如观照苏州拙政园的芙蓉榭、松风阁等屋顶的正立面，其两侧的曲线无不左右分张，斜向地由上而下，并反向地延展，最后由下而再夸张地向上……，由于经过这种起翘高扬的大胆处理，原来屋顶大堆物质材料的重压就显得已被克服，出现了凤翼分张、翩翻欲飞的轻巧姿态。这种变单调为丰富，变生硬为柔和，变静止为飞动，变沉重为轻盈的顶式结构，极富"如翚斯飞"的美感。

　　如在上海豫园卷雨楼、快阁、苏州沧浪亭看山楼、拙政园"香洲"等建筑物近旁向上仰视，在高空的背景前，可见众多的翼角层现叠出，秀逸高扬，犹如一群鸾凤张翼奋举，于是令人神思飞越……。这是一种群体的自由腾飞之美。

　　如细赏苏州网师园冷泉亭的屋顶，这个攒尖顶造型的半亭倚于墙上，其前部的两个戗角轻灵飞举，指向蓝天，特别是其后部宝顶之下的墙上，又添双翅，更如凤展彩翼，翩翻欲飞，似乎在协力地使整个半亭摆脱重压，轻巧而自由地向上空升腾。这同样是几千年来乐舞文化－飞翔意识所积淀的"集体无意识"的表现。中国古典建筑独树一帜的顶式造型，体现了我们民族文化传统中的一种飞扬感、超越感、自豪感，表征着我们民族追求自由腾飞的理性精神和浪漫情调。

---

① 　［德］黑格尔：《美学》第3卷上册，商务印书馆1979年版，第79页。

19 世纪俄国美学家别林斯基曾指出："艺术从来不是独立——孤立地发展的；相反地，它的发展总是同其他意识领域联系着。"① 确实如此，作为空间艺术的建筑及其历史发展，总离不开当时的精神气候和文化背景，总离不开历史地发展着的文化意识的深层影响。当我们对西方受雕刻文化 – 人体意识影响的古典建筑柱式特征和中国受乐舞文化 – 飞翔意识影响的古典建筑顶式特征做了一番比较性的文化考察后，当我们围绕这一专题，对中、西双方上下数千年乃至更为悠远的历史做了匆匆的文化巡礼和初步的重点研讨后，必然会同意别林斯基所揭示的历史真理，并认为可以此来破解西方建筑史和中国建筑史上柱式文化、顶式文化缘何产生并形成传统这两个司芬克斯之谜。②

原载［武汉］《华中建筑》1992 年第 3 期；

又收入笔者《苏园品韵录》，上海三联书店 2010 年版；

再收入《书学众艺融通论》，旨在补漏；

2023 年增补"羽人为美"说，改题后收入本书

---

① ［俄］别林斯基：《希腊艺术的一般特征》，转引自［苏］阿尔巴托夫、罗斯托弗采夫编：《美术史文选》，人民美术出版社 1982 年版，第 29 页。
② 王振复先生《建筑中国——半片砖瓦到十里楼台》（中华书局 2021 年版）一书，将中国建筑飞檐反宇的起源说（包括中外专家之说）概括为五种：自然崇拜说、天幕发展说、实用说、技术结构说、美观说，却没有关注到笔者 20 余年前发于《华中建筑》上此篇长文所提出的"乐舞文化 – 飞翔意识"说，此说不一定能得到学界的普遍认同，但笔者除为给王振复弥补遗漏本人之一说外，热望广泛得到专家学者们的批评匡正！

# 超俗涤烦，颐养天和

## ——园林养生功能论

### ·1997—2024·

笔者曾通过对西方哲学史的缜密考察，提出了事物具有多质性的全新命题[①]。就中国古典园林而言，如对其从不同视角来考察，即可发现种种不同的质。

从人与自然的根本关系来考察，人是自然界中的一个系统。马克思曾深刻论证过"人靠自然界来生活"的命题[②]，因此中国古典园林中建筑和山水、花木的有机组合，可说是生态艺术，它对人类的生态文明、生态平衡等有着重大的绿色启示功能质；

从文化哲学的视角来看，隐逸文化乃是中国园林之母，在两晋特别是追求"归去来"的陶渊明开其端绪，而溯其源则是老庄哲学，《史记·老庄申韩列传》就说老子"以自隐无名为务"，并首先称其为"隐君子"，而孔子也说天下"无道则隐"（《论语·泰伯》）；

从中国悠久的养生学传统来看，超俗涤烦，颐养天和，身心共养，动静互补，这些都完全适用于园林艺术；

从当今流行的休闲学和经济统计学来看，中国古典园林无疑是一个旅游玩乐的极佳去处和巨大的经济来源；

此外，还有种种……

本文拟重点从园林主人造园之主要目的即养生这一视角，结合其他有关视角，作一深入探讨。

## 一、城市山林，超尘涤烦

### （一）"城市山林"：居尘出尘的空间型态

"城市山林"概念的诞生，离不开历史上的隐逸文化的孕育。它的哲学、心理学源头可以远溯到先秦"返归自然"的老庄哲学，近溯到西晋开始的隐逸意识。而其现实的萌生，则直接与唐代以白居易为代表的"中隐 – 市隐"思想有关。白居易《中隐》诗中写道：

> 大隐住朝市，小隐入丘樊。丘樊太冷落，朝市太嚣喧。不如作中隐，隐在留司官。似出复似处，非忙亦非闲。不劳心与力，又免饥与寒……人生处一世，其

---

① 金学智：《中国书法美学》上卷，江苏文艺出版社 1994 年版，第 34 页。
② ［德］马克思：《1844 年经济学 – 哲学手稿》，人民出版社 1983 年版，第 49 页。

道难两全。贱即苦冻馁，贵则多忧患。唯此中隐士，致身吉且安。穷通与丰约，
正在四者间。

封建时代的许多迁客骚人，在饱经挫折、纷扰以后产生的这种忧患意识和"中隐"思想，
情况是错综复杂的，这里不拟作具体分析；但从历史主义的观点和园林美学、养生哲学的
视角来看，"中隐－市隐"思想所催生的"城市山林"这个美学概念，其客观效果对于保持
城市的生态平衡、发展城市的艺术风貌，对于建构城市的古典园林这种颐养身心的独特的
艺术空间型态，确实起着重要的作用，它所产生的深远影响是不容低估的。

以苏州为例，在宋元明清时代，在"中隐－市隐"思想的孕育下不断建构起来的苏州
古典园林，突出地体现了城市山林的艺术风貌，其隔离尘喧、颐神养性的作用也愈来愈明
显，现集纳有关咏园诗和园记中的片断于下：

一径抱幽山，居然城市间。（宋·苏舜钦《沧浪亭》）
人道我居城市里，我疑身在万山中。（元·维则《狮子林即景》）
师子林，吴城东兰若也。其规制特小，而号为幽胜，清池流其前，崇丘峙其
后，怪石嶙峋而罗列，美竹阴森而交翳，闲轩净室，可息可游，至者皆栖迟忘归，
如在岩谷，不知去尘之密迩也。（明·高启《师子林十二咏序》）
绝怜人境无车马，信有山林在市城。（明·文徵明《拙政园·若墅堂》）
予暇辄往游，杖履独来，野老接席，鸥鸟不惊，胸次浩浩焉，落落焉，
若游于方之外者。（清·宋荦《重修沧浪亭记》）
隔断城西市语哗，幽栖绝似野人家。（清·汪琬《再题姜氏艺圃》）

以上园林，它们大抵颇有名，而且还留存至今。其共同的特点都是地处屋宇鳞密、人声喧
杂的城市，可谓滚滚红尘，碌碌人群。然而，园中却具山林之胜，为闲静之域，翛然清旷，
水木清幽，令人胸次浩浩，襟怀落落，若游方外，如在岩谷，而这正是"城市山林"予人
的美学效果。这些园林，既非山林，又非城市，而是创造性地使这两个截然对立的空间型
态共处一体，亦即把山林境界置于城市之中，供人游豫幽栖，审美休闲养生。这种"邻虽
近俗，门掩无哗"，"能为闹处寻幽"（计成《园冶·相地》）的城市山林，是造园艺术家们
精心创造的居尘而又出尘的"第二自然"的奇迹。

具体地说，苏州许多地处城市的园林，它们要隔断尘俗，普遍的方法之一是让园林
深藏宅后，或深藏巷尾。梁章钜《浪迹丛谈》云：网师园"园中结构极佳，而门外途径极
窄……盖其筑园之初心，即藉以避大官之舆从也"。这是从一个细微处点出了园主的"隐居
自晦之志"（彭启丰《网师园说》）。当然，更多的方法是用围墙将其与外界隔离开来，从而
成为独立自足的天地。这样，尘俗烦扰就不易进入清幽的园里，园里的清景就得以净化，
人们就可以在园里收敛心神，颐养情性。

宋元以来，包括苏州在内各地的古典园林的园名，其中往往有一个"隐"字，这都应
看作是"中隐－市隐"思想的历史性延续和体现。从园林美学、养生哲学的视角看，应该
说，"隐"字中蕴含着一定的合理的成分，它既有利人们身心的休闲调养，又促进着"城市
山林"空间的发展。在明代，太仓的弇山园就有额曰"城市山林"，而至今上海的豫园，厅

堂里仍高悬着"城市山林"之匾……

### （二）"自胜之道"：超尘涤烦的养生良方

从中国园林发展史上看，"城市山林这一合目的性的艺术空间，是在现实和理想、忧患和追求的撞击、纠葛中逐步建立起来的"[①]。

在宋代，对"城市山林"体会最深的，当数苏舜钦。这位正直的诗人在出仕期间，"位虽卑，数上疏论朝廷大事，敢道人之所难言"（欧阳修《湖州长史苏君墓志铭》）。然而，他相反遭到诬陷、获罪、削职……于是，他在苏州买地建构了著名的沧浪亭，并以《楚辞·渔父》中的"沧浪之水清兮，可以濯吾缨"来作为园名。他在《沧浪亭记》中怀着忧患意识作了深刻的反思：

> 返思向之汩汩荣辱之场，日与锱铢利害相摩戛……不亦鄙哉！人固动物耳，情横于内而性伏，必外寓于物而后遣，寓久则溺，以为当然，非胜是而易之，则悲而不开：唯仕宦溺人为至深，古之才哲君子，有一失而至于死者多矣，是未知所以自胜之道。

苏舜钦的所谓"自胜之道"，其实就是要战胜并摆脱自己以往"寓久则溺"的思恋对象——"溺人为至深"的仕宦之途、荣辱之场，摆脱了对过去追求对象"失恋"的烦恼，实现自我超越，像晋代诗人陶渊明那样，摆脱以往丑恶的"尘网"，以自然美、园林美来抚慰、陶养自己的身心。陶渊明在《归园田居》诗中咏道：

> 少无适俗韵，性本爱丘山。误落尘网中，一去三十年。羁鸟恋旧林，池鱼思故渊。开荒南亩际，守拙归园田……户庭无尘杂，虚室有馀闲。久在樊笼里，复得返自然。

陶渊明这首诗，是对自己"误落尘网"的救赎，也是他超尘脱俗、回归自然的宣言，对中国园林发展史影响极大。他这条"复得返自然"之路，也就是苏舜钦的"自胜之道"。再看沧浪亭这座"城市山林"，其功能正是这样，它使苏舜钦确乎实现了"自胜之道"，这符合于养生家所要求的"洗涤胸中忧结……喜怒不妄发"（王珪《泰定养生主论》），而这无疑有利于诗人的心理平衡。试看苏舜钦当时的吟咏："高轩面曲水，修竹慰愁颜。迹与豺狼远，心随鱼鸟闲。吾甘老此境，无暇事机关。"（《沧浪亭》）这实际上已臻于他自己所说的"形骸既适则神不烦"（《沧浪亭记》）的境界。

从这一角度出发，对于苏舜钦的"自胜之道"应该这样来理解：特殊地看，它是概括了陶渊明以及苏舜钦等大量士人的痛苦经验、切身体会在内，是一帖治疗"误落尘网"的良方；而普遍地看，对广大游人来说，或是放松自我身心，释放胸中浊气，消散尘俗烦恼，或是战胜不良情绪，洗涤心头忧结，超越尘嚣纷扰……总之，作为"第二自然"的"城市山林"，能引导人回归自然，回归文化，接受美的抚慰和洗礼，这也可说是一帖养生妙方。

---

① 金学智：《中国园林美学》，中国建筑工业出版社2005年第2版，第87页。

既然园林的重要功能是让人超尘脱俗，除扰涤烦，那么，园林里的景观必然相应地颇多这方面的品题。如唐代的卢鸿在嵩山建园隐居，就有"涤烦矶"的品题，其《嵩山十志十首·涤烦矶》序说，此处可"澡性涤烦，迥有幽致，可为智（者）说，难为俗人言"；宋代洛阳的仁丰园有超然亭，其意为求超俗绝尘；在明代，王心一在苏州建"归田园居"，其中有"小桃源"的品题，他在《归田园居记》中说，"余性不耐烦，家居不免人事应酬，如苦秦法，步游入洞，如渔郎入桃花源，见桑麻鸡犬，别成世界"，这也是以陶渊明的诗文意境来品题和隔离尘嚣；再如清代的苏州，怡园"四时潇洒亭"有额曰"隔尘"；耦园则有"无俗韵轩"，……由此可见陶渊明突出的园林情结在后世园林里有形或无形的积淀。

田园诗人陶渊明还有一首《饮酒》诗，对园林也深有影响。诗云："结庐在人境，而无车马喧，问君何能尔，心远地自偏……"这又说明了如果心能远尘离俗，那么，其地即使邻近闹市，也会感到偏远，而不会感到车马喧闹。据此，历来园林又爱以"心远"二字来品题，作为游园的心理指向。在明代，金陵东园有心远堂，镇江乐志园有心远亭；在清代，苏州逸园也有心远亭……这类品题所要求的所谓"心远"，实际上就是要让心灵得到净化，臻于清而不浊，韵而不俗的境地。有了这样的审美心灵，就能居尘而出尘，近俗而远俗，排除人境车马的干扰，内心呈现出一片清莹明净。而这正是艺术地养生，特别是园林养生所必需的主体条件。

## 二、闲静清和，恬淡安神

### （一）清虚静泰：古典园林的意境之魂

中国的养生哲学始自《老子》。《史记》载，老子是"修导而养寿"的寿考者，据说享年一百余岁，这种"长生久视"之寿，正是修导颐养的结果。关于《老子》一书中养生之道的精髓，主要在于"虚静"二字。统观《老子》全书，"虚"与"静"可说有形或无形地贯穿其始终，如：

> 致虚极，守静笃……归根曰静，是谓复命。（十六章）
>
> 重为轻根，静为躁君……轻则失根，躁则失君。（二十六章）
>
> 不欲以静，天下将自定。（三十七章）
>
> 清静为天下正。（四十五章）

这些都是直接提出的，此外，还有间接寓于其中的。这类哲理，从某一方面来看，也许不无消极因素，但从养生哲学的视角看，却更多地具有合理的成份，它们特别是有利于修导养寿。

庄子的哲学，是由老子哲学发展而来的。"'重生''养生''保身'是贯彻《庄子》全书的基本思想，人的生命的价值在庄子思想中占有崇高的地位。"[①]再看书中，虚静之说也是一以贯之，如："必齐（斋）以静心"（《达生》）；"虚静恬淡，寂寞无为者，万物之本也"（《天道》）……这类有关论述，亦复不少。

---

① 李泽厚、刘纲纪主编：《中国美学史》第 1 卷，中国社会科学出版社 1984 年版，第 229 页。

《老子》《庄子》有关虚静的论述，已被后世养生学家奉为圭臬，溶化在一系列养生学著作之中，如：

> 善养生者，……清虚静泰，少思寡欲……旷然无忧患，寂然无思虑。（嵇康《养生论》）
>
> 心常清则神安，神安则七情皆安，以此养生则寿。（万全《养生四要》）

这些理论，在休闲特别是在养生的领域里颇有价值，从哲学的视角看，这一"虚"二"静"正是养生之首务，啬神之至宝。

在古典园林特别是文人园林里，往往也首推虚静为至境，而且虚静可说是中国古典园林意境之魂。苏州网师园中部池北有"竹外一枝轩"等构成的建筑群。这里，门窗空豁，轩廊虚灵，气息周流，四通八达，力求体现道家的"太虚"之象。"竹外一枝轩"后有"集虚斋"，其品题就来自《庄子·人间世》："气也者，虚而待物者也。唯道集虚，虚者，心斋也。"郭象注："虚其心则至道集于怀也。"成玄英疏："虚空其心，寂泊忘怀。"网师园所追求的，正是这种唯道集虚，淡泊忘怀的境界。如果说"竹外一枝轩"的开敞，是"虚而待物"的象征，并便于人们在空灵流通的气息中凭借门窗框架去观照美景，那么，基本上别无长物的"集虚斋"，则是闲静恬淡、旷然寂然以"虚空其心"的物化。特别值得一提的是，"斋"古文本作"齐"，原为祭祀或典礼前的洗心洁身，以示庄敬。作为园林建筑类型，笔者曾概括道："斋的典型功能是使人或聚气敛神，肃然虔敬，或静心养性，修身反省，或抑制情欲，潜心攻读……"[1] 这一功能，无疑极有利于养生。古代造园学对斋的环境结构也有独特的要求。计成《园冶·屋宇》说："斋较堂，唯气藏而致敛，有使人肃然斋敬之义。盖藏修密处之地，故式不宜敞显。""集虚斋"正是如此，它藏敛于敞显的"竹外一枝轩"后，较幽暗深静，颇能形成收心忘怀的效应。养生学名著《至游子·坐忘篇》说："静则生慧矣，……收心离境。入于虚无，则合于道焉。"这也相通与"集虚斋"的养心学，它还启示着"虚"与"静"相需为用而"合于道"的哲理。

北方皇家园林也颇多"必斋以静心"的品题。如北京紫禁城御花园有养性斋；宁寿宫花园有抑斋；北海有静心斋；中南海有静清斋；圆明园有静虚斋、静鉴斋、静通斋、静莲斋、澹存斋；承德避暑山庄有宁静斋……它们或显或隐地体现出庄子学说的虚静之理，连清帝乾隆的《静虚斋》诗里，也有"领妙无过虚且静"的悟语。

由斋扩而大之，中南海"静谷"，有"虚白室"，品题出于《庄子·达生》中的"虚室生白"。此外，圆明园曾有静嘉轩、静香观、静悟等。北海"小玲珑室"有联曰："有怀虚而静；无俗窈而深。"这可说是简洁地概括了上述园林品题所要求孕育的心境。

江南私家园林的品赏，不论动观还是静观，无不要求有虚静的胸怀，如钟惺《梅花墅记》有"闲者静于观取"的警句。苏州留园有"静中观"，它以特大的空窗引人"虚壹而静"（《荀子·解蔽》）地观照庭院境界。苏州怡园有董其昌所书石刻——"静坐观众妙"，它令人联想起《老子》中的哲理："故常'无'，欲以观其妙"（一章）；"万物并作，吾以观复。夫物芸芸，各复归其根。归根曰静……"（十六章）由此思索，这也是揭示了园林养生的三昧。

---

① 金学智：《中国园林美学》，中国建筑出版社 2005 年版，第 124 页。

再说中国的造园思想，其主旨也在虚静，其落脚点就在人的养静。试看计成《园冶》中的描述：

> 萧寺可以卜邻，梵音到耳；远峰偏宜借景，秀色堪餐。紫气青霞，鹤声送来枕上；白苹红蓼，鸥盟同结矶边。……溶溶月色，瑟瑟风声。静扰一榻琴书，动涵半轮秋水。（《园说》）
>
> 窗虚蕉叶玲珑，岩曲松根盘曲。足征市隐，犹胜巢居。能为闹处寻幽……（《相地》）

这些景观及其设想，从本质上看，均指向于虚静，用《老子》的话说，是"归根曰静"。至于其中所描叙的种种声响，如寺院的梵音、远处的鹤唳、瑟瑟的风声……更能相反相成地给人以静谧之感。

### （二）虚境静趣：咏园诗例的分析归纳

再看历史上出色的咏园诗，其诗中的虚境静趣总特别引人入胜，令人品赏不尽。现遴选自唐以来四首咏园诗为例，作一重点赏析：

> 清晨入古寺，初日照高林。曲径通幽处，禅房花木深。山光悦鸟性，潭影空人心。万籁此俱寂，惟闻钟磬音。（唐·常建《题破山寺后禅院》）
>
> 独绕虚亭步石矼，静中情味世无双。山蝉带响穿疏户，野蔓盘青入破窗……（宋·苏舜钦《沧浪吟》）
>
> 密竹鸟啼邃，清池云影间。茗雪炉烟袅，松雨石苔斑。心静境恒寂，何必居在山……（元·倪云林《过师林兰若如海上人索因写次图并为之诗》）
>
> 池水自虚静，长松本无声。风月一相遇，视听偶然成。镜彩彻天渊，爽籁怡性情。静对悟空色，泠然心和平。耳目已云适，永歌沧浪清。（清·载滢《补题邸园二十景·松风水月》）

常建的诗，是写寺观园林虚静之美千古传诵的名篇。破山寺后禅院在常熟，今名"兴福寺"。对于此诗，俞陛云《诗境浅说》评道：后六句"愈转愈静"，"由幽境至禅房深处，唯有鸟声、潭影耳。鸟多山栖，而写鸟性用一'悦'字；水令人远，而写人心用一'空'字，名句遂传千古。末句'惟闻钟磬音'，所谓静中之动，弥见其静也。"这一评析，是精到的。常熟兴福寺至今仍有"空心潭"一景，品题就撷自"潭影空人心"之句，它确乎能引人"归根曰静"。

苏舜钦的诗，不但出现了"虚"字，而且出现了"静"字。诗人在园中切身领略到了举世无双的"静中情味"，于是，对疏户、野蔓、破窗都充满了深情。至于"山蝉带响"，又令人联想起南朝诗人王籍《入若耶溪》里脍炙人口的名句："蝉噪林逾静，鸟鸣山更幽。"愈噪愈静而愈鸣愈幽，两句被赞为"文外独绝，物无异议"。此联至今被悬挂在苏州拙政园的"山花野鸟之间"的亭柱上。

倪云林的诗，也颇有禅意，密竹、清池、炉烟、松雨、石苔……一派静趣，境寂还需心静与之相应，诗人正是这样地以"静"来作画吟诗。而其"何必居在山"一句，还能培育"不欲以静"的心灵。

载滢在诗序中说："当月上东山，万籁俱寂，唯闻谡谡泠泠，非丝非竹，觉心源湛澈，天地虚灵，恍如置身祇园树下，听生公说法也。"这段文字，写出了松籁还能促成人们禅悟。此邸园就是今天的北京恭王府花园——萃景园。作为王侯园林，它同样以虚静为指归，其"松风水月"一景就是明证。诗人面对园景，视听皆虚，心性特静，写出了"静对悟空色，泠然心和平"的佳句，达到了淡泊清心，致虚守静的极高境界。

总括这四首诗，可以说，"静"乃是中国古典园林的意境之魂。

意境是客观景物向主体心境的生成。因此，园林里虚静美的诞生，如倪云林"心静境恒寂"诗句所揭示，还离不开与之相生相发的人心之静。园林里包括禅意在内的静境，也可说是人心之静的一种表征，或者说，是人的一片心境的显现。

"静对悟空色，泠然心和平"。游赏园林，能趋向于这一境界，那么，就可用万全《养生四要》中的话说，"心常清则神安，神安则七情皆安……"这样，静观园林，沉醉美景，清心安神，于是，紧张、烦恼、郁闷、焦虑、悲愁就会转化为"虚无"，泠泠然心态和平了，这也最终指向"天地之气，莫大于和"（《淮南子·泛论训》）的哲学。

## 三、赏心悦目，养体劳形

### （一）观望劳形：清虚静泰的必要补充

"虚静"之说，是中国传统养生学的精粹之一。然而，一个人如果终日"虚"而又"静"，这也不利于养生，所以，古代有识见的哲人、医家，又提出了必要的理论补充——强调实实在在的"劳"和"动"，这就历史形成了"劳形"学说。

《吕氏春秋·尽数篇》，这是探讨养生之道的一个专篇。在先秦时代，它率先精辟地指出："流水不腐，户枢不蝼，动也。形气亦然：形不动则精不流，精不流则气郁……"这一"动"的哲学，通过生动、贴切的比喻强调说，和流水、户枢一样，人的形体和精气也贵在于动；如果不流不动，那么，就必然会停滞郁积。而人体的这种"气郁"，是极不利于生命摄养的。

在汉、唐时期，《吕氏春秋》"动"的养生哲学，得到了进一步的传承和阐发。例如：

> 人体欲得劳动，但不当使极耳：动摇则谷气消，血脉流通，病不得生，譬犹户枢，终不朽也。（华佗语，见《三国志·华佗传》）
>
> 养生之道，常欲小劳，但莫大疲及强所不能堪耳。且流水不腐，户枢不蠹，以其运动故也。（孙思邈《千金要方·道林养生》）
>
> 夫肢体关节，本资于动用；经脉荣卫，实理于宣通。……户枢不蠹，其义信然。（司马承祯《服气精义论》）

汉末的名医华佗，曾创"五禽戏"，认为运动能使血脉流通，但运动又应该适当，不能过度，这正是他养生、行医实践经验的结晶。在唐代，名医寿星孙思邈进一步提出了著名的"常欲小劳"之说。司马承祯作为养生家，也接受并倡导此说。这类理论，还常被一些养生学著作所援引。

"劳形""运动"，作为"虚静"的必要补充，它体现于人的养生领域可以是多种多样的，而就艺术领域来说，最理想的莫如园林游赏。对于这一点，《吕氏春秋》也有很好的论述。其《本生篇》说："物也者，所以养性也，非所以性养也。"此论是深刻的。它指出，外物对于人来说，是用来养生的，而不应本末倒置，耗损生命去追求它。据此，《吕氏春秋·重己》又说："昔先圣王之为苑囿园池也，足以观望劳形而已矣。"此篇认为，作为物质性的美的外环境，园林对于人艺术功能仅仅在于观望劳形，这一看法不免有些狭隘偏颇，但从养生学的视角来看，还是有道理的。它是说，园林游赏主要是"观望劳形"，是为了达到"所以养性"。

### （二）曲径通幽：常欲小劳的养生途径

笔者曾重点论证过，"曲径通幽"是造园的一条重要规律。在园林里，"长廊一带回旋"（《园冶》），"门内有径径欲曲"（《清闲供》）……这从养生学的视角来看，它的导引功能就在于能让人劳形。笔者还曾指出，园林里的曲径，除了蜿蜒于平地者，还有多种表现形态，如曲蹊、曲岸、曲桥、曲室、曲廊等，它们共同的妙处，它既在于延长了路径，迂回而有效地扩展了园林的有限空间，又在于能使审美主体放缓脚步，稽延盘桓……不断地、一转一折地领略美景。而这同时也是为园林养生提供了极佳的活动途径和小劳空间。

清代的俞樾在《怡园记》极写该园回环折饶的曲径，这种在审美的过程中左转右折，登上履下，无疑是有利于情性调养、身心促健的，所以俞樾在记中概括"怡园"园名的含义道："颐性养寿，是曰'怡园'"。这里"颐"，不但和赏心悦目的"怡"是相通的，而且和《周易·序卦》"颐者，养也"的哲理密切相关，包括颐和园的"颐养天和"在内。

再说北方皇家园林，一般面积都很大，其曲径更有利于人们劳形。清帝乾隆咏圆明园，曾写过多首《迎步廊》诗，写得颇有情趣，现选录于下：

> 曲廊堪屧步，佳景每迎人。行饭真强体，寻诗恰得神。曼回临露蕙，斜转护风筠……（《清高宗御制诗集·乾隆癸未一》）
> 回廊不欲直，曲折足延步。一转一致幽，迎人递佳趣……（《清高宗御制诗集·乾隆甲申二》）
> ……几曲回廊闲散步，恰似春意傍人迎。（《清高宗御制诗集·乾隆丁亥二》）
> 廊腰缦转致多情，幽趣因之随步迎……（《清高宗御制诗集·乾隆己丑三》）

从艺术养生学的视角看，《迎步廊》诗的内涵可粗分为三个层次：一是闲步曲廊，迎面而来的，是种种佳景幽趣，能令人赏心悦目；二是回廊散步，或春意融融，或情致多多，或诗兴浓浓，又能让人怡情悦性；三是廊身或曼回，或斜转，或曲折……这种"延步"，具有"强体"的作用。诗中所说的"行饭真强体"，完全可以作为华佗"动摇则谷气消"的医论的注脚，说明曲廊延步能帮助消化，促进健康。而所有这些，又都是在"一转一致幽，迎人递佳趣"的审美过程中实现的，因此可以说这是在曲廊里不知不觉地"观望劳形"。乾隆还有一首《磴道》诗："突起那论径庭，羊肠盘上山顶。岂惜略劳步履，端知大惬性灵。"这首短诗，具体地揭示了曲蹊令人"劳步"亦即"劳形"的养生功能，也就是它既能使人增强体质，又能使人排除气郁，实现"大惬性灵"，因为如《吕氏春秋·尽数》所说，"形不动则精不流，精不流则气郁"。还应指出，这种"略劳步履"，也是有赏心悦目的美感相伴随的一种活动关节和劳动形体。相比而言，作为上山磴道的曲蹊，其供人劳形的量和强度当然超过曲廊。至于大型皇家园林的真山、高山，其攀登无疑要付出更多的体力。

从养生学的视角看，造园的目的之一就是为了调节劳逸。《诗经·大雅·灵台》郑玄注就说："国之有台，所以……时观游，节劳佚也。"台是中国园林发展史上出现较早的一种个体建筑形态。"时观游，节劳佚（逸）"，这六个字高度概括了园林审美、养生这相辅相成的双重功能。至于"劳""逸"二字的内涵，还应联系具体情况作具体的比较和量化的分析。游赏园林，它对于繁重紧张的劳作事务来说，无疑是"逸"，因此人们在紧张劳作之余游赏园林，是一种调节劳逸，是以"逸"调节过劳；而游赏园林对于纯粹的坐卧休息来说，则无疑又属于"劳"，因此人们在纯粹休息的情况下游赏园林，虽然也是一种调节劳逸，但这是以"劳"调节过逸。所以，游赏园林有着特殊的调节劳逸的作用。

特别还应指出的是，稽延盘桓的游赏园林本身，就是一种亦劳亦逸的活动，就是一种典型的"小劳"，它完全符合于蒲虔贯《保生要录》所说："养生者，形要小劳，无至大疲……如水之流，坐不欲至倦，频行不已，然亦稍缓，即小劳之术也。"有人或许会说，这种养生的"小劳之术"，不一定要到园林里去，一般室内外的缓步同样能达到目的。此言不无道理。然而，这种日常起居生活中的散步，是一种低级形态的散步；而作为游园的散步，如果对它进一步作微观的分析，其"小劳"之中，不但有"劳"，而且还错综着"逸"。具体地说，其过程中还错综着登、行、立、坐、视、听、触、想等筋肉、感觉、情感审美等一系列活动的阶段性自由交替。而这也契合于传统养生学的要求，如司马承祯《天隐子·斋戒》所言："久坐，久立，久劳，久逸，皆宜戒也。"园林里这种"小劳"性的散步，体现了这种"节劳逸"的中和哲学。

特别应指出的是，园林里的这种"节劳逸"的中和型散步，还与园林里各类个体建筑的特殊功能及其配置密切相关。

先联系以上对乾隆《迎步廊》诗的论述。计成《园冶·屋宇》说，"廊者……宜曲宜长"，"蹑山腰，落水面，高低曲折，自然断续蜿蜒"。这样地廊引人随，人们就必然如此这般地高低曲折，左顾右盼，宛转行进，这正是一种典型的"小劳之术"。

再说台。《说文解字》解释道，台是"观四方而高者"。因此，人们上台游赏，必须举步登高，"方快千里之目"（李斗《扬州画舫录·工段营造录》）。这是一种更需体力的小劳。而楼、塔等层高型建筑也与此相类。

《园冶·屋宇》也说："《释名》云：'亭者，停也。'所以停憩游行也。司空图有'休休亭'，本此义。"可见，亭能让人或小坐停憩，或小留赏景，而不让人久行久劳，这又是一种小逸小休。

在园林里，宫殿、厅堂、舫斋、馆室、轩榭、楼阁、桥梁……也都有不同的劳逸调节功能。于是，人们得以在建筑物串连起来的内外环境中穿山越涧，陟高临深，动观静赏，行走坐立……其间又以审美的漫步一以贯之，这样，就真正做到了"形劳而不倦，气从以顺"（《素问·上古天真论》），使生理、心理结构不断得到调整、摄养、中和……

曹庭栋《养生随笔·散步》写道：

> 散步者，散而不拘之谓。且行且立，且立且行，须得一种闲暇自如之态。卢纶诗"白云流水如闲步"是也。《南华经》曰，"水之性不杂则清，郁闭而不流亦不能清。"此养神之道也。散步所以养神。

宛同行云流水，或卷或舒，不闭不滞……这才是接近于高级形态的散步。可以补充的是，散步不但是"养神之道"，而且还是"养体之道"。试看在园林里的散步这种"小劳之术"，散而不拘，闲而不迫，动观、静观相交织，恬淡清虚，闲暇自如，种种美景则"一转一致幽，迎人递佳趣"，人们且行且立且坐，且观且听且思，这种"游"与"赏"相统一的园林散步，堪称为古代劳形养生之术的艺术标本。

再从养生心理学的视角，来感受园林游赏这种赏心悦目"大惬性灵"的美感怡乐。试看北宋园记的描叙：

> 临高纵目，逍遥相羊，唯意所适。明月时至，清风自来，行无所牵，止无所柅，耳目肺肠，悉为己有。踽踽焉，洋洋焉，不知天壤之间复有何乐可以代此也。（司马光《独乐园记》）

> 当其暇，曳杖逍遥，陟高临深，飞翰不惊，皓鹤前引，揭厉于浅流，踌躇于平皋……是亦足以为乐矣。（朱长文《乐圃记》）

这类园记，其中不约而同均有一个"乐"字。这种逍遥徜徉而心神不烦之乐，是一种极佳的良性情绪，它足以消释、缓解忧郁、悲愁、愤怒等不良情绪，有效地促进身心健康。

## 四、山林供养，祛病谢医

### （一）秀岩芳水：增寿谢医的山林供养

避暑山庄康熙题三十六景中，有"水芳岩秀"一景，清帝乾隆在《避暑山庄百韵歌》中进一步从养生学角度写道："岩秀原增寿，水芳可谢医。择宜开牖宇，摄静适襟期（摄静可使襟怀舒适）。"诗句指出了园林具有防病保健乃至治病愈疾的功能。前一句应该说是从孔子思想发展而来的。孔子曾说："智者乐水，仁者乐山。智者动，仁者静；智者乐，仁者寿。"（《论语·雍也》）这一名言，不只是出色地揭示了人与自然在广泛样态上同形同构和交流感应的美学关系，而且出色地揭示了自然山水有可能对应于动静的人体状态，能提供人以"乐"和"寿"的源泉这一养生学关系。孔子的观点，对后世的园林以及园林养生影响极大，如隋代麟游县有"仁寿宫"（唐改为"九成宫""万年宫"），明代上海豫园有"乐寿堂"，清代北京颐和园有"仁寿殿""乐寿堂"……都把"仁""寿""乐"有机地连结在一起，这不但表达了一种希望延年益寿的吉祥美好意愿，而且还积淀着一种养生学的某种认识。至于"岩秀原增寿，水芳可谢医"之句，也源于"山－静－寿"在广泛样态上的同构意识，并揭示了园林颐养可以让人辞绝医药、增寿延年的哲理。那么，园林为什么会具有使人增寿谢医的养生功能呢？从哲学根源上说，因为可以从"第二自然"（即园林）中"取天地之美以养其身"（董仲舒《春秋繁露·循天之道》）。具体举实例来看，如清帝康熙所云：

> 朕少时始患头晕，渐觉清瘦。至秋，塞外行围，蒙古地方，水土甚佳，精神
> 日健。
>
> 朕避暑出塞，因土肥水甘，泉清峰秀，故驻跸于此，未尝不饮食倍加，精神
> 爽健。[①]

这都是指出了避暑山庄具有防病谢医的养生功能。

再如明代袁宏道《游惠山记》写道：

> 秋声阁远眺，尤佳，眼目之昏聩，心脾之困结，一时遣尽。流连阁中，信宿
> 而去。始知真愈病者，无逾山水。西湖之兴，益勃勃矣。

他通过在园林建筑中的借景欣赏，消除了眼目的昏聩，排遣了心胸的困结，因此认为，真正能治愈疾病的，没有能超过山水园林的。由此，他又想起了杭州西湖，感到游兴勃勃。这篇游记，应看作是袁宏道多次游惠山、西湖等山水园林后的养生经验的总结，其中特别是"真愈病者，无逾山水"的结论，是颇有说服力的。

再看《园冶》里有关山水林泉的描写：

> 结茅竹里，浚一派之长源；障锦山屏，列千寻之耸翠……清气觉来几席，凡
> 尘顿远襟怀。(《园说》)
>
> 千山环翠，万壑流青……须陈风月清音，休犯山林罪过。……悠悠烟水，澹
> 澹云山。(《相地》)
>
> 意尽林泉之癖，乐馀园圃之间。(《屋宇》)

"环翠""流青""烟水""云山""清气""清音"……这一派勃勃无尽的生气，无不是种种山林供养，他们能使"凡尘顿远襟怀"，从而有利于人的生理、心理结构和机能的调节，潜藏着祛病谢医的契机。

### （二）春夏秋冬：一年四季的休闲摄静

传统养生学非常讲究"和于阴阳，调于四时"(《素问·上古天真论》)。这也适用于风景园林，如杭州西湖，"春则花柳争妍，夏则荷榴竞放，秋则桂子飘香，冬则梅花破玉"(吴自牧《梦粱录》)。再如西湖景区的题构，有苏堤春晓、曲院风荷、平湖秋月、断桥残雪，分别为春、夏、秋、冬。又如圆明园，则有春雨轩、清夏堂、涵秋馆、生冬室等，有四时不同的良辰美景，赏心乐事，这和养生学家们强调四时摄养是一致的。

邱处机《摄生消息论·春季摄生消息》说："春三月，此谓陈发……高年之人，多有宿疾，春气所攻，则精神昏倦，宿病发动……。春日融和，当眺园林亭阁虚敞之处，用摅滞怀，以畅生气，不可兀坐以生他郁。"中国园林，处处有这种虚亭敞阁、山楼华轩，可供抒怀畅气，如颐和园湖畔有"知春亭"，杭州西湖有"苏堤春晓"，宋代洛阳丛春园"高亭有

---

① 引自孟兆祯：《避暑山庄园林艺术》，紫禁城出版社1985年版，第18页。

'先春亭'"（《洛阳名园记》），北京圆明园曾有"天地一家春""胸中长养十分春"……

夏日炎热，邱处机《摄生消息论·夏季摄生消息》说："唯宜虚堂净室、水亭木阴、洁净空敞之处，自然清凉，更宜调息净心，常如冰雪在心，炎热亦于吾心少减，不可以热为热，更生热矣。"在园林里，消夏避暑就更为理想了，因为林木有遮阴降温、透风防暑的功能，令人肤觉凉快，心神清爽，因此树下林中，是人们休闲纳凉的好处所。试看如下一组诗文：

> 林木翳密，盛夏如秋，虽处繁会，不异林壑。（元·危素《师子林记》）
> 劲风谡谡，入径者六月生寒。（明·祁彪佳《寓山注·松径》）
> 高梧三丈，翠樾千重……但有绿天，暑气不到。（明·张岱《陶庵梦忆》）
> 老桧阴森，盛夏可以逃暑。（清·赵昱《春草园小记》）
> 乔树有嘉阴，仙境称避暑。停舆坐其下，伞张过丈许。况复透风爽，实不觉炎苦。（清·乾隆《古栎歌碑》）

这都是对园林里六月生寒、可以逃暑的清凉世界的生动描述，无疑有利于人们的夏日养生。再如避暑山庄，其园名就称为"避暑"，其中有"烟波致爽""无暑清凉""万壑松风""芳渚临流""水心榭""万树园""嘉树轩"……都属于邱处机所说的"虚堂净室、水亭木阴、洁净空敞之处"，至于这里非人工的"自然清凉"，更适宜于人们"调息净心"，此情此景，真可谓"仙境称避暑"了。

再说秋天，厉鹗《秋日游四照亭记》写道：

> 献于目也，翠微澄鲜，山含凉烟；献于耳也，离蝉碎蛩，咽咽喁喁；献于鼻也，桂气晻薆，尘销禅在；献于体也，竹阴侵肌，痟痒以夷；献于心也，金明萦情，天肃析酲……

在园亭里，秋天的爽绿澄鲜，可以养目；轻微的生物声响，可以养耳；金桂飘香，可以养鼻；竹阴凉意，可以平息酸痛不适之感，这是养体肤；天高气爽，对身心更有促健作用。

冬日寒冷，林木在一定程度上可以遮御风寒，而园林里封闭型的建筑，则既可供人隔窗品赏美景，又可供人负暄闲叙，冬养藏气。

苏州拙政园的鸳鸯厅，是一个二重性格组合的建筑空间，其南以墙围成花石庭院，既挡风，又聚暖，厅内有阳光照射，这一向阳空间宜于冬春居处；至于分隔而成的北厅，则是背阳空间，厅北有荷池，清凉爽快，宜于夏秋居处。苏州园林里颇多这类建构。

可见园林里一年四季，均有利于人们的休闲摄静，养生促健。

## 五、绿色空间，生态平衡

### （一）生态促健：绿色空间的众多功能

绿树成荫，繁花似锦，空气新鲜，芳香馥郁……人们欣赏这花木所构成的这种自然美，是心理的需要，而这种心理需要从根本上说，又基于生理的需要。从理论上看，人是自然中的一个系统，作为一个整体，人必须置身于大自然的怀抱之中，保持生态平衡，这才能取得生存权利和生命活力。本文把包括各种花木在内的良好林木环境以及绿水青山，统称为"绿色空间"。

具体看园林里的花木种植，清代李斗在《扬州画舫录》中描叙道：

> 扬州宜杨……或五步一林，十步一双，三三两两，跂立园中，构厅事，额曰"浓阴草堂"……"扫垢山"至此，蓊郁之气更盛……花中筑"晓烟亭"，联云："佳气溢芳甸，宿云淡野川"。（《桥西录》）
>
> 廊竟，小屋七八间，营筑深邃，短垣镂缋，文砖亚次，令花气往来，氤氲不隔。（《冈西录》）

这不但是绿化、美化，而且更是净化。文中的所谓"佳气""花气""晓烟""宿云""氤氲"之气等，其实主要就是经花木生化作用而代谢过的新鲜空气，被绿色植物过滤了的清净空气，或是迎风的花朵所散发的芳香，当然也包括清晨未散的雾露云气……。这里的"佳气溢芳甸，宿云淡野川"，又与山林的烟岚溶和在一起了，而它们对人的供养功能，一字以蔽之，可曰"佳"。

植物不但能净化空气，消解浊气，吸滞粉尘，除灭病菌，而且能调节空气的湿度，改善微域生态气候，例如，当其他地区空气土壤干燥时，这里的绿色空间仍然能保持相当的湿润，树叶也能蒸发出水汽，从而使空气保持一定的相对湿度，这对人的心理、生理结构同样是有益的。苏轼《书摩诘蓝田烟雨图》曾录有王维这样的诗句："山路元无雨，空翠湿人衣。"可以设想，在这特定的空间里，植物的翠绿色调主宰着一切，在空气中弥漫、氤氲、扩散、浮动，这濛濛的绿，无雨之"雨"，离不开绿色植物所保持和散发出来的湿度和水汽，它几乎能达到无雨而湿人衣的程度，此诗可说是显影剂，它把树木能调节空气湿度的这一功能质夸张性地凸显出来了。

林木还有消除噪声污染的隔音保静的功能。因此，虽然市街上是车辚辚，马萧萧，叫卖吆喝，众口喧嚣，不和谐音的声浪翻涌……从特定视角看，这种噪声对人的生命机体是不利的。然而林木却有其减噪保静功能，在浓阴蓊郁的绿色空间里，一部分声音因被树叶向各方不规则的反射而减弱，一部分又因声波造成的树叶微振而消耗，因此其环境就比非绿色空间安静得多。王维的辋川别业有"竹里馆"。其《竹里馆》诗曰："独坐幽篁里，弹琴复长啸。深林人不知，明月来相照。"从现代科学视角分析，此诗是绿色植物减噪保静功能的佳例。"幽篁""深林"，这是面积较大、密度较浓的绿色空间，由于它能阻止、减轻、反射声音，所以外界的声波不易传进来，境界显得特别"幽""深"宁静，而诗人在其中弹琴、长啸，声波也不易外传，所以"人不知"，而只有明月来相照了。

特别还应强调指出，阳光透过林木，还能产生大量负氧离子，这更有益人体，被称为"长寿素"，可供人们"呼而出故，吸而入新"（《淮南子·泰族训》），这种供养，同样可用以阐证乾隆的"岩秀增寿"之说。对于这种绿色空间，用今天的流行语言说，是"生态绿肺""城市氧吧"。它不但能通过光合作用和基础代谢，吸收二氧化碳，并释放出人赖以生存的氧气，而且能对有毒气体起分解、阻滞、吸收作用，有毒气体通过绿带，浓度会降低，气体污染会被稀释。植物又能吸滞粉尘，减轻粉尘（包括灰尘、沙尘）污染，含尘气流通过绿带，一部分颗粒大的粉尘因被林木阻挡而降落，一部分细小的则被树叶所吸附，这就降低了空气的混浊度，增加了空气的纯粹度。植物还能滤菌、杀菌。据研究，花叶飘散在空中的芳香就能杀灭多种病菌。

以现代的观点来看，绿，是自然的本真，生命的色彩，生机的活力，健康的源泉，增寿的要素，生态的象征，园林的精华，环保的文化符号……。试看中外各家对"绿"之性质、功能、心理需要的论述：

> 绿色映入眼中，身体的感觉自然会从容起来……大概人类对于绿色的象征力的认识，始于自然物。像今天这般风和日丽的春天，草木欣欣向荣，山野遍地新绿，人意亦最欢慰。设想再过数月，绿树浓荫，漫天匝地，山野中到处给人张着自然的绿茵与绿幕，人意亦最快适……总之，绿是安静的象征。（丰子恺[①]）
>
> 当眼睛和心灵落到这片混合色彩上的时候，就能宁静下来……在这种宁静中，人们再也不想更多的东西，也不能再想更多的东西。（歌德[②]）
>
> 绿色却能使神经安宁，眼睛因而得到休息，内心也得到平静。（车尔尼雪夫斯基[③]）
>
> 绿色是最平静的色彩，这种平静对于精疲力竭的人有益处……（康定斯基[④]）

民族不同，时代不同，学派不同……却能对绿色不约而同得出一致的结论，曰"静"。

正因为绿化能维持人和自然的生态平衡，消除公害，美化环境，有益于人的身心健康，所以养花、植树、造林，早已成为我国的优良传统。所以人们普遍地爱绿、崇绿、育绿、守绿、护绿……历史上的诗人们往往还自觉或不自觉还体现出绿色情结。例如：

晋宋间，山水诗人谢灵运在《登池上楼》诗中，有"卧疴对空林"之句，卧病对着冬天树叶全落的林木，心情沉重。随接写春天的来临："初景革绪风，新阳改故阴。池塘生春草……"初春新的阳光改变了往日残余的寒风，在此季节转换的前提下，诗中出现了"池塘生春草"之句。这平淡无奇、不见技巧的五个字，为什么却成为千古传诵的名句？这是由于诗人病后所见的最醒目的绿色，是它，唤起了诗人的生命复苏和生机活力，而归根结底从本质上看，这是绿色的养生功能。

在北宋，诗人苏舜钦《沧浪怀贯之》有"日光穿竹翠玲珑"之句，而其《沧浪亭》则云："修竹慰愁颜。"愁闷抑郁通过绿色而排解，达到了"形骸既适则神不烦"（《沧浪亭记》）的境地。

在南宋，诗人陆游《小疾谢客》一诗中也写道："小疾深居不唤医，消摇（逍遥）更觉胜平时。……绿径风斜花片片，画廊人静雨丝丝。"诗人小病不去就医，而是在园林里疗养。这是以"心医"取代"药医"。

在明末，张岱《陶庵梦忆·天镜园》写道："高槐深竹，樾暗千层……余读书其中，扑面临头，受用一'绿'，幽窗开卷，字俱碧鲜。"作为杰出的园林品赏家，张岱拈出一个

---

① 丰华瞻等编：《丰子恺论艺术》，复旦大学出版社 1985 年版，第 186~187 页。
② 引自［美］鲁道夫·阿恩海姆：《艺术与视知觉》，中国社会科学出版社 1984 年版，第 471 页。
③ ［俄］《车尔尼雪夫斯基论文学》中卷，人民文学出版社 1965 年版，第 100 页。
④ ［俄］瓦西里·康定斯基：《论艺术里的精神》，四川美术出版社 1985 年版，第 81 页。

"绿"字，可见园林生活也亟需一个"绿"字。

### （二）水泉疗养：审美主体的潜利阴益

园林的物质构成要素，除了山石、林木、建筑，还有水泉；而宏观地看，阳光、空气和水又是供养生命必需的三要素。《管子·水地篇》就说："水者，何也？万物之本原也。"园林中的水，也有多方面的直接或间接的养生功能。它可以浇灌花木，湿润空气，降低气温，等等。而人们的观赏、泛舟、垂钓等游乐活动也离不开水……

水还有治疗功能。德国古典哲学家费尔巴哈在《基督教的本质》一书中，在引用古代伊奥尼亚派"水是一切事物和一切实体的始基"的学说时，讲到了一种"精神水疗法"。他说："水不但是生殖和营养的一种物理手段……而且是心理和视觉的一种非常有效的药品。凉水使视觉清明，一看到明净的水，心里有多么痛快！视觉洗一个清水澡；使灵魂多么爽快，使精神多么清新！"这就是"水的惊人的治疗力。"[①]

在中国，也有这种"水疗"的传统，但不用这一术语。

在唐代，白居易对于园林颐养，也有这样两则既具体生动，又精彩而深刻的记载：

> 春之日，吾爱其草薰薰，木欣欣，可以导和纳粹，畅人血气……若俗士，若道人，眼耳之尘，心舌之垢，不待盥涤，见辄除去，潜利阴益，可胜言哉？（《冷泉亭记》）

> 仰观山，俯听泉，旁睨竹树云石……俄而物诱气随，外适内和，一宿体宁，再宿心恬，三宿后颓然嗒然，不知其然而然。（《草堂记》）

冷泉亭在杭州西湖，"亭在山下，水中央"，它让人导养谐和，接纳精粹，疏通经络，调畅血气，洗垢去尘，使身心得到"潜利阴益"；白居易的《草堂记》，记他的庐山"草堂"，其中不但提出了"外适内和"的养生学命题，而且具体地写出了一个过程：先是身体的闲适舒畅，也就是"体宁"，这是"外适"阶段；接着是"心恬"，这已进入到"内和"的阶段，亦即"导和纳粹，畅人血气"，这也契合于明代著名医家龚廷贤《寿世保元》所说的"养内者，以恬脏腑，调顺血脉，使一身之流行冲和，百病不作"，这样就能"保合太和，以臻遐龄"。第三阶段，是"颓然嗒然，不知其所以然"，这则是接近于庄子"坐忘"的境界了。这种"坐忘"，被历来养生家奉为至境。唐代养生学家司马承祯就著有《坐忘论》，这也符合于《淮南子·说山训》所论："良医者，常治无病之病，故无病。"

在明代，袁中道的《游桃源记》说，当时"倦极，五内皆热，忽闻泉泻澄潭，心脾顿开，烦火遂降，乃知泉石之能疗病也"。

在清代，载滢的《补题邸园·凌倒景》诗更写道："尘翳天浴清，云衣水洗净……一片碧玲珑，俯仰澄心性。"载滢所咏园中之水，也可说是"心理和视觉的一种非常有效的药品"，它令人澄心净性，感到"灵魂多么爽快"，"精神多么清新"！再如颐和园的宝云阁，也有联曰："山色因心远；泉声入目凉。"这也是写出"凉水使视觉清明"的美感体验。人

---

① 北京大学哲学系外国哲学史教研室编译：《十八世纪末—十九世纪初德国哲学》，商务印书馆1975年版，第542~543页。

们在园林里养生，不但接受了阳光、空气的洗礼，而且视觉特别是心理也洗了一个清水澡，得到了净化，真是"一片碧玲珑，俯仰澄心性"了。

中国园林的养生功能是多方面的：超俗涤烦、居尘出尘、休闲玩赏、恬淡安神、致虚守静、养体劳形、祛病谢医、山林供养……至于澄怀观物，人乐其天，外适内和、体宁心恬，这种园林养生，更是体现了为天人协和、身心谐调的最高表现。《培根论说文集·论养生》说得好："养生有道，非医学底规律所能尽。"[①] 中国包括园林养生在内的艺术养生及其理论，正是如此。

原载［北京］《文艺研究》1997 年第 4 期，
2024 年增补修改后收入本书

---

① ［英］弗朗西斯·培根：《培根论说文集》，商务印书馆 1984 年版，第 116 页。

# 室内空间的灵魂

## ——从生活美学谈园林建筑与家具的关系

·1999·

建筑，是人类的伟大创造。马克思赞颂道："光亮的居室，这曾是被埃斯库罗斯笔下的普罗米修斯称为使野蛮人变成人的伟大天赐之一。"[①] 这评价不可谓不高。至于中国古典园林中的建筑，是园林三要素（建筑、山水或泉石、花木）之一，而且是园林的首要因素。园林是建筑向美的环境的拓展、延伸。

艺术性的家具以及置于家具之上或其他处所的古玩陈设，一般属于工艺范畴，前者属于日用工艺，后者则或成为日用工艺，或为陈设工艺。它们均以"形、色、质"及其有机构成美化着人的日常生活和居住环境。

家具、古玩陈设不像建筑的内檐装修那样，固定而不可移动。相反，它们都可以任意搬动，移易位置，因而有其独立性。但是，一般来说，家具、古玩总只能置于室内，供人使用或品赏。从这一点上说，它们归根结底又统统是依附于建筑的，或可进一步说，它们由于有其依附性，因而其独立性是相对的，有一定限度的。因此，本文把家具及古玩陈设看作是建筑的一个附类。

家具与建筑之间的生活美学关系，可以从以下几个层面来看：

首先，建筑和家具之间存在着一定的同质、同构关系。车尔尼雪夫斯基在《生活与美学》中认为："建筑所不同于制造家具的手艺的，并不在本质性的差异，而只在那产品的量的大小。"[②] 此话有一定的道理，因为建筑艺术既有受重力规律支配的物质性，又有受审美规律支配的精神性；既有符合目的性的实用价值，又有可供审美观照的艺术价值，而家具也完全具有这种二重性。从生活美学这一视角来看，建筑和家具的空间体量虽然大小殊异，但似乎只有量的差异，而无多大质的差别，而且它们的制造者，都不是吟诗作画或抚琴动操的文人，而是手持工具，需要付出较大物质性劳动的工人。这也说明建筑和家具之间存在着某种同构乃至同质的关系。

其次，它们之间又存在着有机的、复合的联系。哈特曼在论及艺术分类时，提出了"简单艺术"和"复合艺术"的概念。他认为，建筑"富于有机味道，体积这样庞大，他同生活的欢乐和需要的相互关系是这样密切而又朴实。然而，在建筑中，却能够不仅把许多工人，而且把许多工种的工人聚集在一起，自愿地和顺利地创造出一件艺术作品。建筑的

---

① ［德］马克思：《1844 年经济学 – 哲学手稿》，人民出版社 1979 年版，第 87 页。
② ［俄］车尔尼雪夫斯基：《生活与美学》，人民文学出版社 1962 年版，第 64 页。

确是一种复合艺术的真正典型"[1]。笔者认为，作为体积庞大的典型的"复合艺术"，还应包含家具在内的工人制作的成果，这才能组合成庞大的复合艺术。哈特曼提出的"有机味道"的概念，是极有价值的。中国园林建筑中的家具，俗称"屋肚肠"，然而这一并不雅致的名称，恰恰是一个有机的概念，肚肠和人体血肉相连，不可分割。试想，人无肚肠还能成为有机体的人吗？而屋无肚肠，岂不也成了无机的、空洞的躯壳？

最后，更重要的，是哈特曼所说建筑"同生活的欢乐和需要的相互关系是这样密切"之语。以此来看家具，其特质也是如此。而且这还可联系车尔尼雪夫斯基的美学来理解。他说，任何领域内的美，"只是因为当作人和人的生活中的美的一种暗示，这才在人看来是美的"。人"觉得……美的东西总是与人生的幸福和欢乐相连的"[2]。这些论述，至今还不失其一定的价值，尽管其关于"生活"这一概念的内涵尚值得推敲。

就建筑内部空间来说，它的美也往往要通过其中的"屋肚肠"——家具，才能令人"想起人以及人类生活的那种生活"，想起人们在室内借以坐卧依凭，享受生活欢乐，满足日常需要的那种生活。否则，它的美就无由产生。就以厅堂斋室的内部空间来说，如果离开了人的"生活的欢乐和需要"，离开了供人使用的种种家具及有关陈设，也就会失去它的美感。试想，如果地面遍布尘埃，角隅满是蛛网，室内别无长物，空空如也，这是多么凄凉，多么空虚！它只能给人以一种悲戚之感。例如一度荒废的沧浪亭，"壁间草隶亦不置，剥苔堆土无弃遗"（刘敬《观沧浪亭石感而有作》）；"都官园空接断垄，蕲王庙在馀数椽"（宋荦《沧浪亭用欧阳公韵》）……就给人一种寂寞荒残的悲感，而这也和室内家具残缺甚至荡然无存有关。马克思曾说过一句很有意味的话："一间房屋无人居住，事实上就不成其为现实的房屋"[3]。据此，那时的沧浪亭，也就不是人们现实的居息之所、游乐之地，它的价值也就难以体现。

《孟子·尽心下》说："充实之谓美"。如把这句名言用于园林建筑内部空间，那么可以说，它的美就在于室内生活的充实，家具陈设的充实……一句话，就是有人居住和使用才是"充实"，才是美。而整个园林的美，也正是由此而体现出来并生发、扩展开去的。

苏州园林建筑中的家具，可分为几案类、凳椅类、床榻类、橱柜类、屏座类、灯具类等，其每一类中，又有多种结构形式、工艺造型和多样的生活实用功能，本文不可能一一列举，只以一个厅堂的几案、凳椅、灯具、古玩及其他陈设为例作一浅析。

文震亨《长物志·几榻》说："古人制几、榻，虽长短广狭不齐，置之斋室，必古雅可爱，又坐卧依凭，无不便适。燕衍之暇，以之展经史，阅书画，陈鼎彝，罗香核，施枕簟，何施不可……"正由于这种种家具如此这般地被利用，房屋才得以成为"现实的房屋"，推而广之，园林才得以成为现实的园林，才显现出"充实之谓美"，显现出生命的欢乐、使用的需要以及人文的气息，显现出环境的古雅可爱和文人园林生活的丰富多采。

固然，随着时光的流逝，当年园主人及其园林生活，"风流总被雨打风吹去"，从而成为历史的过去。但是，室内家具作为生活的一种历史留存，仍能作为"人和人的生活中的美的一种暗示"，令人想起当年主客们借以坐卧依凭，满足需要的生活，用以"罗香核，施

---

① ［美］鲍桑葵：《美学史》，商务印书馆 1985 年版，第 558、560~561 页。
② ［俄］车尔尼雪夫斯基：《生活与美学》，人民文学出版社 1962 年版，第 11、10 页。
③ ［德］马克思：《政治经济学批判》，人民出版社 1964 年版，第 205 页。

枕箪"的一般日常生活以及"展经史，阅书画，陈鼎彝"的特殊文化生活。这样，就能给人提供种种美的品味。

苏州的网师园，南宋史正志曾在此建"万卷堂"，筑园名"渔隐"。经历元、明至清代，则又以"网师"名园，但仍不失继明代厅堂风格及园隐生活之余味，并有一套明式家具。对此，本文拟从生活美学和形式美学的双重视角来做一审美观照。

万卷堂面阔三间，以黑白二色为主调，不仅两侧墙壁为白色，连明间、次间的屏门系列也均为大片白色，这种色调与拙政园、留园等许多厅堂华美的纱槅迥异其趣。而其梁、柱、枋、椽以及望砖、勒脚、门槛、挂屏则为黑色或趋向黑色的深色。这种基本上消溶了五彩色阶的两极，颇能令人想起老、庄哲学的某种精义："五色令人目盲"；"见素抱朴"；"知其白，守其黑"（《老子》）。"夫虚静恬淡，寂寞无为者，万物之本也……朴素而天下莫能与之争美"（《庄子》）。这里，也可倒过来说，这种知白守黑、朴素恬淡的哲学、美学意蕴，又和"渔隐""网师"为主导思想的隐逸生活达到了水乳交融的境地。此外，明间深色的梁枋间，悬有白底黑字的抱柱联。这种黑包围白，白又包围黑，也是两种极色的错综表现。厅堂正中，悬挂中堂对联，以劲松为主题，而装裱也颇相称，以棕灰色包围了书画纸素之白，仿佛是黑白二色之调和。

厅堂中的明式家具群，以透现着优质木材本色美的浅棕色为基调，柔和纯净，古雅可爱。它们在室内知白守黑的环境里成为一种过渡，既能协调于黑，又能协和于白。这种色调，配合着家具秀雅大方的造型、单纯简净的结构，在家具王国里可谓"朴素而天下莫能与之争美"。

再看家具陈设的置放，长长的天然几居中靠屏，上置三"宝"：中间红木座上的供石，既如璎珞石之饱绽而突涌，又如吉祥云之中空而隆起，累累叠珠，蟠蟠瑞霞，洵为奇物；其旁一为大理石插屏，一为青花双耳大瓷瓶。这些古玩清供，虽已非原物，但也能表征文人园主们雅好古色古香的文化生活追求。

天然几附近的供桌、太师椅、花几组群，或高或矮，或大或小，当时均有其不同的功能。明间两侧，对称地列有椅二、几一、满机一，高低错落有序，和中间的供桌、太师椅构成了次与主、偏与正、开与合等种种关系。这种关系，在内容上既体现着当时尊卑有序、宾主有礼、举止有文、动静有常的家庭、社交生活，在形式上又体现着"两物相对待故有文"（《朱子语录》）的艺术章法。万卷堂还省略了一般厅堂模式应有的某些家具，如正中以"诸葛铜鼓"替代了较沉重高大的八仙桌，这不但增添了室内的古雅情味，而且扩大了室内的空间，体现了以虚疏为美的特色。这正如明代园林一样，屋宇较少，以虚疏散朗的风格为美。由此可见，明、清两朝，从宏观的园林布局，中观的厅堂布置，到微观的家具造型，其风格无不体现了时代的差异性。当然，万卷堂的一切，又与"渔隐""网师"的历史积淀有关。

万卷堂家具、陈设虽极疏省，但所悬四盏宫灯却不可省，它为该厅堂画龙点睛地增添了亮色，特别是每盏宫灯下垂的五绺朱红色流苏，尤为醒目，如同黑白构成的书法，钤上朱红的印章，顿使作品生色增辉。同时，它还能令人遥想当年厅堂里华灯初上的生活情景。

总的来看，万卷堂淡雅疏朗、超凡脱俗的风韵，是与园主高洁的志趣及其物化——家具、陈设的置放分不开的。正如抱柱联出句所云："南宋溯风流，万卷堂前渔歌写韵"。再如，作为园林审美品赏家，清人潘亦隽在《网师园二十韵为瞿远村赋》中写道："网师宋氏园，兴废一俯仰。俗士驰纷华，高情寄疏爽。摧残改前观，缔构寄新赏。"潘亦隽堪称网师园的知音，此诗还似乎写出了今人的观感。网师园、万卷堂历尽沧桑，一代代园主频繁更替，俯仰之间均为陈迹。然而，它至今仍扬弃那令人乱目的"五色"，任凭"俗士驰纷华"，自己却保持住渔歌写风韵，"高情寄疏爽"的个性特色和风格传统，其堂构、家具、陈设、氛围，仍能历史地"当作人和人的生活的美的一种暗示"，当作一种特定的人格自律和价值观表征，令人寻思不已，并形象地实证着家具是园林建筑室内空间的灵魂。

原载《苏州园林》1999 年第 1 期

# 对中国古典园林的再思考

## ——《中国园林美学》第二版序

### ·1999·

　　20 世纪的帷幕即将落下，21 世纪的钟声即将敲响。《中国园林美学》（中国建筑工业出版社增订新版）在这世纪之交问世，既是一种荣耀，又是一种压力。中国古典园林及其理论遗产，在当代究竟有何意义？这是我长期以来一直在反复思考的问题。

　　首先，我想到的是可持续发展的问题。可持续发展的思想，是人类在环境退化、恶化遍布全球并愈演愈烈的现实中，自 20 世纪 60 年代起反思人类文明的发展历程，特别是工业革命以来的历程后得出的共识。人类自进入工业文明以来，社会生产力和科学技术突飞猛进，人类通过改造自然，使生产和生活水平大幅度地提高，然而，这又大规模地改变了自然环境的组织结构，使环境状态发生了威胁人类生存的退化和恶化，例如，全球变暖，臭氧层耗损，空气污染，水体污染，水土流失，土地沙漠化，土壤盐碱化，森林面积减少，植被退化，大量动植物灭种……自然界失去其自我调节的生态平衡，这就严重地影响了人类的永续生存。

　　早在上一世纪（19 世纪），恩格斯就针对某些破坏环境并自食恶果的现象指出：

> 　　我们必须在每一步都记住……我们连同我们的肉、血和脑都是属于自然界并存在于其中的……我们不要过分陶醉于我们人类对自然界的胜利。对于每一次这样的胜利，自然界都报复了我们。每一次胜利，在第一步确实取得了我们预期的结果，但是在第二步和第三步都有了完全不同的出乎预料的影响，常常把第一个结果又取消了。[①]

鉴于环境的严重威胁，鉴于人类自毁家园的严重后果，于是，人们发出"回归自然"的呼吁，提出"归朴返真"的倡议，主张做"自然之友"，不做"自然之敌"；于是，有人提出"人与动物平等论""人地系统论"等主张，并坚决反对有害的"人类中心论"和短期行为；于是，从本世纪中叶以来，一些新学科、新理论就逐渐发展起来：环境科学、城市生态学、生态平衡理论、可持续发展理论……

　　再就建筑来说，人们拥有和享受的空间越来越小，室外看到的是"火柴盒""鸽子棚"……这种单调、机械，迫使某些建筑学家锐意创新，接近自然，于是，赖特的落泉别

---

① 　[德] 恩格斯：《自然辩证法》，人民出版社 1984 年版，第 304~305 页。

墅等，成为建筑界的美谈，而北京香山饭店，则有以"松竹杏暖""海棠花坞""晴云映石""曲水流觞"等命名的庭院景区……。所有这些，正如李泽厚先生20世纪80年代为拙著《中国园林美学》写的序中所指出：

> 现代建筑艺术界似乎在进入一个新的讨论热潮或趋向某种新的风貌，即不满现代建筑那世界性的千篇一律、极端功能主义、人与自然的隔绝……从而中国园林——例如金学智同志所在地苏州园林，便颇为他们所欣赏。以前弗兰克·劳埃德·赖特曾从日本建筑和园林中吸取了不少东西，创作了有名的作品……如何在极其发达的大工业生产的社会里，自觉培育人类的心理世界——其中包括人与大自然的交往、融合、天人合一等等，是不是会迟早将作为"后现代"的主要课题之一而提到日程上来呢？也许，就在下一个世纪？

这一言简意赅的论述和预测，是合理的，富有启发性的。

在"城市病"广泛流行于世界各地的今天，回眸中国古典园林，重温其历史经验，不是没有意义的。德国著名思想家歌德，通过中、西天人关系的比较指出，中国人"和大自然是生活在一起的"[1]；日本学者铃木大拙也说，大部分西方人"易于把他们自己同自然疏离"，而东方人则"同自然是一体的"[2]。

从历史上看，中国园林典型地体现了东方人特别是中国人谐和的天人关系，这在微观上即可见出，如：

> 鸟似有情依客语，鹿知无害向人亲。（承德避暑山庄乾隆《山中》诗碑）
> 十笏茅斋，一方天井，修竹数竿，石笋数尺……非唯我爱竹石，即竹石亦爱我也。（郑板桥《竹石》）
> 爽借清风明借月；动观流水静观山。（苏州拙政园"梧竹幽居"联）
> 春树有情迎过客；名山无恙慰诗人。（广东东莞可园联）

这里，人和自然双向交往、融合，人似乎就是自然，自然似乎就是人。这可用马克思的话来阐发："动物、植物、石头、空气、光……都是人的精神的无机自然界"，都是"人的无机的身体"。或者可进一步引申："人的肉体生活和精神生活同自然界不可分离，这就等于说，自然界同自己本身不可分离，因为人是自然界的一部分。"[3] 而今，古代园林生活中"天人合一"的那种情景，已成为人们热切的向往，美好的憧憬，理想的境界。

根据可持续发展的需要，自20世纪70年代以来，我们的时代被称为"环境时代"，而园林又是地地道道的"环境艺术"。时代和园林在"环境"这一点上，体现出某种叠合一致。可见，中国古典园林有着为今天时代所需要的丰富"资源"……

其次，想到的是休闲文化问题。而今，在我国每周双休制已代替了单休制，人们日益

① ［德］爱克曼辑录：《歌德谈话录》，人民文学出版社1982年版，第112页。
② ［日］铃木大拙：《禅与心理分析》，中国民间文艺出版社1986年版，第18~19页。
③ ［德］马克思：《1844年经济学–哲学手稿》，人民出版社1983年版，第49页。

关注自身的休闲生活及其内容、品位、价值，时代把休闲及其理论问题提到了议事日程上，而中国古典园林又恰恰是地地道道的"休闲"艺术，试看，在中国古代园林史上，以"休闲"的同义词、近义词来题名的园林，多得数不胜数。结合时代的需要，本书根据亚里士多德关于"闲暇"的哲学、著名学者于光远先生的休闲学理论和古典园林休闲的历史经验，初步归纳出"闲静清和"的心境要求，论证了"闲者便是主人"的美学命题。应该说，古人在其美丽的精神家园——园林里充分表现出来的那种闲情逸致，和今天人们的休闲并不是完全格格不入的，有其可供借鉴的地方。

在 20 世纪 80 年代，于光远先生提出，玩是人类的基本需要之一。而要玩得有文化，必须"研究玩的学术，掌握玩的技术，发展玩的艺术"；并说，中国高等学校没有一门研究游戏的课程，没有开一门游戏专业，没有一个研究游戏的学者，这是一个弱点。联系古典园林来看，可以说，其本质就是一个"玩"字。古人在园林里潜心研究玩的艺术，而且精益求精，花样百出。他们玩山水，玩石头，玩古董，玩盆景，玩诗词歌赋，玩琴棋书画，玩风花雪月……"不知天壤间复有何乐可以代此也"（司马光《独乐园记》）。他们还把这些称为"六一""九客"或"九友"……这样品位自更高雅。当然，这种品玩，又特别需要文化。陈从周先生在《说园》中就指出：旅游决不仅仅是"吃饭喝水""到此一游"而已。而现在有些游园的年轻人，不是饱游饫看的品赏者，而是走马观花的匆匆过客，或者外加留个影。正因为如此，就需要普及园林美学知识，深化园林美学研究，再扩大到旅游事业。西方学者预测，在 21 世纪，旅游将是全球性的最大产业。鉴于以上原因，而国内至今又没有一部关于园林文化心理或园林审美心理方面的专著，以满足国内外方兴未艾的休闲热、旅游热的需要，因而本书除了每编每章每节作了种种修改、更新、充实，还变原来的五编为六编，增加了"园林品赏与审美文化心理"一编，以为引玉之砖。

我又想到，现存的中国古典园林，作为珍贵的文化遗产，还有其自身的本体价值。近几年来，承德避暑山庄、苏州古典园林、北京颐和园、天坛相继被列入《世界遗产名录》，这是国家的大事，也是世界性的大事。

在苏州古典园林申报世界文化遗产"专栏"里，本人有如下的高度评价：

> 苏州园林……是自由布局的典型，天然图画的标志，生动气韵的范例，淡雅色调的代表，突出地体现了庄子学派的自然观，具有"四时得节，万物不伤，群生不夭"（《庄子·缮性》），"澹然无极而众美从之"（《庄子·刻意》）的审美特色。在苏州园林里，景物参差错落，天机融畅，自然活泼，生意无尽，而建筑物的粉墙黛瓦，不但富于黑白文化的历史底蕴，而且尤能抚慰人的眼目，安宁人的心灵，使人"见素抱朴""不欲以静"（《老子》）。在苏州园林，游息于柳暗花明的绿色空间，盘桓于人文浓郁的楼台亭阁，品赏于水木明瑟的山石池泉，徜徉于曲径通幽的艺术境界，人们会感到无拘无束，逍遥自在，清静闲适，悠然自得，也就是说，能在布局的自由中获得身心的自由，在物态的自然中归复人性的自然，从而使得自然美与人性美通过艺术美而交融契合。人与自然的谐合关系是世界性的重要课题，也是 21 世纪的重要课题，作为审美文化遗产的苏州古典因林，对于研究和解

决这一重要课题是会有深远的启发意义的。[①]

事实上，各地现存的古典园林，都有其同而不同、不同而同的文化价值，保存、维护、挖掘、发展这份宝贵的文化遗产，是我们这一代义不容辞的责任。然而，在城市建设、园林建设中，由于考虑不周或素养不够，有些园林已经遭受或将来还可能遭受王朝闻先生为拙著《中国园林美学》所写的序中所指出的"建设性的破坏"或"破坏性的保护"[②]，甚至有些园林复遭覆灭之劫……这也说明在理论上总结古典园林这份遗产并使之普及的必要性。

原载《中国园林美学》第二版，

即中国建筑工业出版社 2000 年第一版

（江苏文艺出版社 1990 年版无自序），

此文先刊于《苏州园林》1999 年第 2 期，有修改

---

① 见《苏州园林》1997 年第 1~2 期。
② 见金学智：《中国园林美学》，江苏文艺出版社 1990 年版，第 2 页。

# 曲 径 通 幽

## ——苏州古典园林的一个美学原则

### ·1999·

## 一

唐代诗人常建在《题破山寺后禅院》中写下了这样脍炙人口的名句：

> 清晨入古寺，初日照高林。竹径通幽处，禅房花木深。山光悦鸟性，潭影空人心。万籁此俱寂，惟闻钟磬音。

破山寺后禅院在今江苏常熟，属于一般的寺观园林。常建诗的颔联——"竹径通幽处，禅房花木深"，把这个园林幽深的意境给描画出来了，因而历来广为传诵。欧阳修《题青州山斋》曰："吾常喜诵常建诗云：'竹径通幽处，禅房花木深。'"他对常建这两句诗的喜爱，是有广泛代表性的。

值得注意的是，常建这首诗在流传过程中，不同著作（诗集、诗话）加以收录或引录，颔联的"竹径"或作"一径"，或作"曲径"。一字之差，意趣却不啻于毫厘，故值得作一番美学探索。

唐代殷璠的《河岳英灵集》，是唐人选唐诗的总集之一。它首录常建的诗作"竹径"。唐末韦庄的《又玄集》以及后人刻的《常建集》收录此诗，均作"竹径"。据此推测，这可能是此诗的本来面目。但到了宋代，则出现了不同情况。严羽的《沧浪诗话》、吴可的《藏海诗话》均引出"一径"。这可能是受了唐代某些咏园诗的影响。宋代很多著作如苏轼的《东坡题跋》、计有功的《唐诗纪事》等引录常建诗句都作"竹径"。值得注意的是，魏庆之的《诗人玉屑》引朱熹转述欧阳修《题青州山斋》语却作"曲径"。宋、元以降，特别是明、清时代，作"曲径"的就愈来愈多了。明代高棅的《唐诗品汇》、清代沈德潜的《唐诗别裁集》以及影响极广的《唐诗三百首》《重刻千家诗》等均作"曲径"，刘熙载《艺概·诗概》引欧阳修语，也作"曲径"。今人高步瀛《唐宋诗举要》作"曲径"，郭绍虞《沧浪诗话校释》也据《诗人玉屑》将"一径"改为"曲径"。

在漫长的历史进程中，为什么"竹径"逐渐地几乎被"曲径"取而代之？这是与审美风尚的演变分不开的。初唐、盛唐和中唐，对园林的曲径似乎没有突出的关注，直至唐末的司空图，总结和发展了唐代山水诗的美学思想，并以境喻诗，才突出地表现了对"委曲"境界的理论兴趣。《二十四诗品》"委曲"一品用了一连串的比喻：

> 登彼太行，翠绕羊肠。杳霭流玉，悠悠花香。
>
> 力之于时，声之于羌。似往已回，如幽匪藏。

曹操《苦寒行》："北上太行山……羊肠坂诘屈。"太行山上的羊肠小道，以曲折盘绕而著称，司空图首先取以为喻；又如雾霭遮掩着碧玉般的弯环流水，时隐时现；悠悠飘忽的花香若远若近，难以捕捉；时力弓由于弯曲得致，故而射击最能发力；羌笛声由于委曲尽情，其音调特能感人；一切都似往而已回，如幽而非藏……这就是司空图笔下的委曲之美。而"委曲"作为诗品之一这种审美观的形成，既与司空图诗歌美学"近而不浮，远而不尽""韵外之致""味外之旨"（《与李生论诗书》）的孕育有关，但也与他后来所退居王官谷别墅这个山区园林有关。《旧唐书·文苑传》就说他"有先人别墅在中条山之王官谷，泉石林亭，颇称幽栖之趣。"因此可以说，"委曲"是诗与园缔结良缘所生的宁馨儿。我国古代美学史上关于"委曲"的审美理论，可说是由唐末追求"韵外之致"的司空图才真正发端的。

宋元明清时代，对"曲"更表现出愈来愈突出，也愈来愈自觉的审美强调。这可放在各类艺术的广阔的背景上来作文化学的透视。宋、元画论中，李成《山水诀》云："路要曲折，山要高昂。"李澄叟《山水诀》也有此说。宋代姜夔《白石道人诗说》解释"曲"这种体裁说："委曲尽情曰曲。"至清代，施补华《岘佣说诗》依然强调"忌直贵曲"。元、明以来，戏曲流行。明代王骥德《曲律》认为其特点是"委曲宛转""宜婉曲不宜直致"。所以戏不但称"曲"，而且第几场竟特殊地称为称第几"折"，究其底蕴，意在求"曲""折"有致。清代声乐理论著作《明心鉴》也说："曲者，勿直。"刘熙载《艺概·词曲概》也说："余谓曲之名义，大抵即曲折之意。"这一时期，小说也特别尚曲，在理论批评上，宋代的刘辰翁开其端。他在《世说新语》一处批道："此纤悉曲折可尚。"《红楼梦》第四十六回脂评也说："九曲八折，远响近影，迷离烟灼，纵横隐现。"这几乎可以当作园论来读。刘熙载《艺概·书概》还把草书的线条，比作风水中的所谓"龙脉"，认为"直者不动而曲者动"……可见，宋、元以来的绘画、诗歌、戏曲、音乐以及小说、书法理论等，都以曲为美。对此，清代诗人袁枚，更从美学思想上进行概括，他在《与韩绍真书》中写道："贵曲者，文也。天上有文曲星，无文直星。木之直者无文，木之拳曲盘纡者有文；水之静者无文，水之被风挠激者有文。"当时，这番话还流传为"人贵直，文贵曲"的谚语。袁枚对"曲"的美学强调，应该看作是文艺中"以曲为美"的历史经验不断积累的结果，甚至还可说是一种先行的美学思想。

再看明清时代趋于成熟的园论。首先，计成在《园冶》中有大量论述，如：

> 量其广狭，随曲合方。《兴造论》
>
> 有高有凹，有曲有深。（《相地·山林地》）
>
> 曲折有情……曲径绕篱……（《相地·村庄地》）
>
> 深奥曲折，通前达后。（《立基·厅堂基》）
>
> 任高低曲折，自然断续蜿蜒。（《立基·廊房基》）

> 廊者，庑出一步也，宜曲宜长则胜。古之曲廊，俱"曲尺曲"。今予所构曲廊
> "之字曲"者，随形而弯，依势而曲。（《屋宇·廊》）
> 曲折高卑，从山摄壑，惟斯如一。（《铺地·乱石路》）

"曲"，是《园冶》不容忽视的一个美学范畴，值得作专题研究，《园冶》还首次把曲廊分为"曲尺曲"和"之字曲"两类。清代李渔在《一家言·居室部》中则说，园林往往"故作迂途，以取别致"。《清闲供》也说："门内有径，径欲曲。"如此等等。

再回到常建。以真实性的角度来评判，其诗中用"竹径通幽处"或"曲径通幽处"，并无什么优劣之分，因为此时此地的竹径，可能是"直径"，也可能是"曲径"，不过诗人感到没有必要具体写出破山寺后禅院之"径"的这一特征，而这正反映了唐代园林不特别讲究"径"的曲直。宋元以来，园林的曲径已得到了人们审美上的一致公认，于是一些著作在收录或引录常建诗句时大都从"曲径"而不从"竹径"，一个"曲"字，表现了长期来人们对园林路径形态特别是江南园林路径形态的审美选择。

"曲径通幽"作为园林或山水风景的成语，就是这样历史地演变而来的。它是时代审美风尚的产物，是各门艺术孕育的结果，是造园艺术的历史经验的一个结晶。

# 二

"曲径通幽"是中国古典园林的一个重要的美学原则。无论是小说《红楼梦》中的大观园，还是以苏州园林为代表的江南园林，都普遍地体现了这个原则，都表现出以曲为美的艺术魅力。

《红楼梦》第十七回写"大观园试才题对额"，贾政带了一行人初看大观园，一进门只见一带翠嶂，其中微露羊肠小径，众人迤逦进入山口。小说写道："这里并非主山正景，原可无题，不过是探景的进一步耳。莫如直书古人'曲径通幽'这个旧句在上，倒也大方。"可见，在曹雪芹那里，"曲径"也代替了常建原诗的"竹径"。这一安排，不但是明清时期审美观念的一个反映，而且说明曹雪芹营造大观园，也是吸取了苏州园林的美学精髓的。

无独有偶。清代北京恭王府花园——萃锦园，和《红楼梦》中的大观园颇多相似之处，其一就是进门第一景均为"曲径通幽"。有人说萃锦园取景于大观园，有人说大观园取景于萃锦园，但二说都证明园林中以曲为美的经验常常是互为借鉴的，作品中的园林和现实中的园林也常常是互为因果的。常建的诗句也如此，它既来自现实，又对现实的造园颇有影响。

对于苏州古典园林来说，"曲径通幽处"是一个十分典型的美学特征，而这种贵"曲"的美学思想，最突出地体现在苏州曲园的艺术构思上。清代著名学者俞樾久居苏州，在马医巷购地筑室，其旁隙地筑为小园，名"曲园"。他在《曲园记》中写道：

> 曲园者，一曲而已……山不甚高，且之透、瘦、漏之妙，然山径亦小有曲折。
> 自其东南入山，由山洞西行，小折而南，即有梯级可登……自东北下山，遵山径
> 北行，有"回峰阁"。度阁而下，复遵山径北行，又得山洞……"艮宦'之西，修

> 廊属焉，循之行，曲折而西，有屋南向，窗牖丽楼，是曰"达斋"。……由"达
> 斋"循廊西行，折而南，得一亭，小池环之，周十有一丈，名其池曰"曲池"，名
> 其亭曰"曲水亭'。

曲园的特色就在于曲中有曲，其一是整个地形是曲折的。俞樾在《余故里无家……》[①]一诗中写道："此内有馀地，不能成方圆。自南而北东，有若磬折然。"二是其中的径、景俱曲。他在诗中还写道："曲园虽偏小，亦颇具曲折。"这正如记中所写，有山径之曲，有池水之曲，有修廊之曲等。园中建筑物的题名，也常常赋予曲义：回峰阁，使人想见山境的峰回路转；曲水亭，使人想见水流的盘曲潆洄。从记中所叙游园路线来看，也是高高低低，曲曲折折，给人以盘绕不尽之感。俞樾在苏州建此园，时在清末，他集中概括了明清时期苏州园林以曲为美的特点而予以突出强调，并把"曲"作为造园的主题，不但以曲名园，而且也自号"曲园"，于是，人们又称他为俞曲园了。

俞樾以曲造园，还表现了他的哲学思想。曲园中有"达斋"，俞樾在《曲园记》中发人深思地问道："曲园而有达斋，其诸曲而达者欤？"这里的"曲"和"达"，是含义丰富的双关语：一方面是写园林艺术，概括曲园路径的既"曲"又"达"，另一方面又是写社会人生，隐喻自己似乎既"曲"又"达"。本文仅从园林美学的视角看，俞樾提出了"曲而达"的命题，是总结了苏州园林"以曲为美"的艺术经验，是丰富和深化了苏州园林"曲径通幽"的美学思想。一般来说，路径曲者往往忽视达，达者往往忽视曲，俞樾将二者辩证地统一起来了。曲径的审美功能是什么？常建的诗句告诉我们，因为它通向"幽""深"的境界。而曲径所通的幽境，又并非绝境，并非死角，它只是曲径中间的一段或一点。因为曲径不只是"曲"，而且还"达"，它是通达的、洞达的。从俞樾的《曲园记》来看，其中的曲径无论是走东折西，还是穿南行北，总是通此达彼的。苏州古典园林的曲径，也都是这样地四通八达。

因此，在一条曲径上，随着游人的行进，前面总会不断地展现出不同情趣的幽境，吸引着游人不断地去探寻品赏。可见，正是曲径这种似乎往复无端的通达性，决定了它那几乎无限的导向性。

俞樾不但以"曲"作为构造曲园的哲学思想，而且在评述苏州园林时，也体现了径贵"曲而达"的美学思想。他在《怡园记》中这样写道：

> 绕廊东南行，有石壁数仞，筑亭面之，名曰"面壁"。又南行，则桐荫翳然，
> 中藏精舍，是为"碧梧栖凤"。又东行，得屋三楹，前则石栏环绕，梅树数百，素
> 艳成林。后临荷花池，石桥三曲，红栏与翠盖相映……循廊东行，为"南雪亭"，
> 又东为"岁寒草庐"。有石笋数十株，苍突可爱，其此为"拜石轩"，庭有奇石，
> 佐以古松……又西北行，翼然一亭，颜以坡诗曰："绕遍回廊还独坐。"廊尽此也。
> 庭中有芍药台，墙外有竹径。遵径面南，修竹尽而丛桂见，用稼轩词意筑一亭，

---

① 诗题极长，具录如下：《余故里无家，久寓吴下。去年于马医巷西头买得潘氏废地一区，筑室
三十馀楹，其旁隙地筑为小园，垒石凿池，杂莳花木，以其形曲，名曰曲园。乙亥四月落成，率
成五言五章，聊以记事》。

曰"云外筑婆娑"。亭之前即荷花池也。

至此，我们已循着俞樾所指点的路线绕了一圈有余。从"红栏与翠盖相映"的荷花池南岸，曲折而行，又绕到荷花池北岸，这种"似往已回"地绕圈子，是很有审美意味的。美国的库克在《西洋名画家绘画技巧》中写道："用一根线条去散步，这是德国伟大的艺术家保罗·克莱一次用来表达线条的一句话。它总结了关于线条的一个重要的方面……"[1] 这是对线条艺术的功能的高度概括。然而，毕竟只是一个比喻。西方画论中这个颇具卓识的比喻，在中国园林中竟成了现实的审美活动。这根线条就是向美的曲径，就是"曲而达"的线条。正像一根曲线贯穿起一颗颗熠熠生辉的珍珠一样，《怡园记》中的这条曲径上，也贯穿着一系列景色不同的幽境：从桐荫翳然的精舍、梅林、荷池、石笋、奇石、古松、竹径、丛桂……俞樾就是用这根曲线带领着人们去进行真正的美学散步的。这种审美客体和审美主体的交流，借用司空图《诗品》中的话来说，漫步不尽的曲径就是"似往已回"，层出不穷的幽境则是"如幽匪藏"。这种导向性与通达性的结合，一言以蔽之，曰"曲而达"。当然，这里并不是说，怡园的布局和导游线已没有这样或那样的不足了。

俞樾在《余故里无家……》长诗中写道：

> 自听事而西，有春在堂焉。此内有隙地，不能成方圆。自南而北东，有若磬折然。书生例好事，所乐惟林泉。爰因地一曲，而筑屋数橼。卷石与勺水，聊复供留连。名之曰曲园，为钩不为弦。吾闻之老子，所谓曲则全。

诗文互补，叙事、状景、抒情、谈理，而着重在阐发其"曲"之奥义。在峰回路转中，东南西北，处处无不是或曲或折，然而南向忽有"达斋"，这是发人深思的亮点，记文写道："曲园而有达斋，其诸曲而达者欤？"这实际上是提出了"曲而达"的命题，其言极富的哲理性，例如：诗文贵曲而达，一味的委曲折绕，欲言又留，就表达不出内心的真情实感；园径贵曲而达，一味的屈曲回环，就迷不知其所之，令人如入"黄花阵"，或如《园冶·掇山》所说，"路类张孩戏之猫"；人生也贵曲而达，一帆风顺，尽是坦途，顺顺利利，反而易于失足跌跤，甚至一落千丈，相反，历尽坎坷不平，崎岖蜿蜒，曲曲折折，却有可能达到目的，实现理想的愿景……

俞樾在诗中又援引了《老子》的"曲则全"，这见于《老子·二十二章》："曲则全，枉则直。"这也极富辩证的哲理。老子认为，常人对于事物所见往往只是一种表象，而看不到事物的里层本质。老子以其洞察的智慧认为，事物之妙常在对待关系中萌生，必须从正面中透视和把握其反面的意义，如对其反面意义能进一步有所认识，就更能把握其正面的深刻意义。所以，曲而不全中隐寓完美的大全，能导人走向无缺的圆满；枉屈不直中蕴含着最大的伸展，能助人实现迅捷有效的直达。

---

[1]　［美］库克：《西洋名画家绘画技法》，人民美术出版社 1982 年版，第 18 页。

# 三

苏州古典园林的曲径，除一般蜿蜒于平地者外，还有多种多样的表现形式。例如：曲蹊，这是山间的曲径；曲岸，这是水际的曲径；曲桥，这是水上的曲径；曲房，这是室内的曲径；曲廊，这种曲径，既有屋宇，又在室外，还可以在山边、水际、水上迤逦曲折，在园林中占有十分重要的艺术地位。现将以上五种分别例举如下：

## （一）曲蹊

一般平地的曲径是在基本上作为两度空间的平面上曲折萦绕的，苏州园林山间的曲蹊还在作为三度空间的立体上曲折萦绕的，它既有曲度，又有坡度，同时在随山势高低起伏、左折右曲时，一路也缀以花树、亭阁、山洞、石梁等类，使得游人处处有景可赏，有幽可探。

如果说怡园假山的曲蹊还给人以故作曲折的不自然之感，那么，同样是小园的苏州耦园的黄石假山的曲蹊，虽然似乎显得有些单调，却很质朴自然，就像真山那样没有矫揉造作之态。如果从城曲草堂前向南入山，可见迎面石壁上刻有"邃谷"二字，顿使人有身入深山之感。穿过弯环如许的峡谷，至宛虹桥畔信步上山，要绕三五圈才能登上山颠，沿途虽无亭阁之胜、石梁之险，却让人集中注意去欣赏山石的雄姿厚态、高风峭骨，山路的就势萦回，随体诘诎，以及花木藤罗的疏密相间，参差交错。人们付出攀登之劳，领略曲折之趣，最后登临山颠环视，风物如画，精神为之一舒。

## （二）曲岸

本文中的"曲岸"，并不是指苏州园林中所有"可观"的曲岸，而是所作为水际曲径的"可行"的曲岸。园林中的池岸，必须讲究水陆之际的艺术衔接。苏州园林曲岸的杰作在网师园。就以池之南、山之阴的曲岸而论，人行其上，花树扶疏，曲折有情，而且由于它一面临水，一面依山，使人俯仰可观，步步生景，油然而生"山阴道上行，如在镜中游"之感。

池畔的踏步，这是曲岸的变种、延伸。一方面它中断曲岸的路线，把路引向水际。另一方面，其本身也是由高至低，由岸至水的曲径。这种曲径有些是不通不达的，但却又可说也是通"幽"的：在水际观景，别有风味，特别是观水中倒影，更可见一幅幅美妙无比，变动不居的"幽秘"画面，给人以"拟入鲛宫"（《园冶·立基》）之感。

## （三）曲桥

小桥流水，这是江南风物的典型。小桥作为跨水的建筑物被引进园林，还得经过艺术的意匠经营，使它曲而折之，宛转卧波，从而成为园林美的组成部分。明代王心一《归田园居记》写道，聚花桥东折，诸峰攒翠，下临幽涧，"自此渡试望，桥曲径数折，即得缀云峰，北望'兰雪（堂）'，又隔盈盈一水矣"。可见曲桥既是点景的妙品，又是导向幽境的通途。拙政园的曲桥不多，并都只有数曲，却让人感到"意中九曲"，这是曲而美的艺术。艺圃"浴鸥"圆洞门前贴水的平曲板桥特佳，人们行走其上，能给人以曹植《洛神赋》中的"凌波微步"之感。

### （四）曲室

关于园林的入门处的屋宇，文震亨《长物志·室庐·海论》说："凡入门处，必小委曲，忌太直。再看苏州狮子林进门两面洞门上，有砖额曰"左通""右达"，此二例恰好从理论上和实践上说明，一进门在曲室的处理上，也必须体现"曲而达"的美学思想。

苏州沧浪亭有"翠玲珑"三连曲室，室名来自苏舜钦《沧浪怀贯之》"日光穿竹翠玲珑"。沧浪亭明道堂东南角经曲廊两折，即可步入"翠玲珑"第一曲室，此室较小，室内有加长系列半窗；此室东南无门，紧连着第二曲室，此室较开阔，也是一式加长系列半窗；第二曲室东南亦无门，可看到其紧连着作为主室的第三曲室，视线穿过此室的落地长窗，又隐隐其可见前庭院的翠竹倩影。三连曲室前前后后，均植有青青翠竹，氤氲着一派曲意静趣。

### （五）曲廊

这是园林中最重要的，必不可少的曲径，计成在《园冶》一书中作了重点的强调。他一则曰，"房廊蜿蜒"；二则曰，"廊者……宜曲宜长则胜"；三则曰，"廊基……蹑山腰，落水面，任高低曲折，自然断续蜿蜒，园林中不可少斯一断境界"。这是对以苏州园林为代表的江南园林的一个理论概括，也是为古典园林建筑提出了一个美学准则。

苏州古典园林有许多著名的曲廊，为古往今来的人们所赞赏，就今天来看。苏州园林中曲廊的佳例有：沧浪亭、怡园、狮子林的复廊；抽政园的"柳阴路曲"空廊；留园、网师园的沿墙走廊；此外，还有某些回廊、楼廊、爬山廊等。拙政园西部的一条水廊，可谓苏州园林曲廊之冠。它把左转右折之曲和高低起伏之曲结合得非常富于美感。如果把长廊分为两段，可见南段的转折委婉微妙，似直而有曲，起伏也平舒而自然；北段则有许多明显的转折，幅度极大，特别是折向侧影楼处于近于急转弯，而且北段下面还通过一个水洞，因而廊的起伏度也大于南段。这条长长的水廊，从平面看是波形的，至水洞处宛如一个涡旋；从侧立面看也是波形的，是一条柔美的波浪线，被称为波形水廊。整个曲廊的长波郁拂之间，有缓按，有急挑，使人如在舟中，给人以有弛有张，有伏有起的动感。从南端看，廊的动势导向引人入胜的倒影楼；从北端看，曲廊与曲水相与委蛇，辉映成趣，屋面也似乎在波动，而远处的宜两亭则静静地耸立在廊庑花木之间，影入水中，景色宜人。

计成《园冶》："古之曲廊，俱'曲尺曲'，今予所构曲廊，'之字曲'者，随形而弯，依势而曲，或蟠山腰，或穷水际，通花渡壑，蜿蜒无尽……。"所谓"曲尺曲"，指其形如木工求直角所用的工具曲尺那样，由计成之语可见，以前的"古之曲廊"，其曲度大都是直角，比较单调，缺少变化。当然，它在园林中是不可避免的，例如建筑物四周的走廊必须如此，因为建筑物的折角一般是90度。至于空廊，则无所依傍，较少牵制，更可以在山水或建筑物之际的空间上按照美的法则自如地布形，这就可更多地采用"之字曲"了。比起"曲尺曲"来，"之字曲"更有审美意味，其特点是可以"随形而弯，依势而曲"，更能体现艺术的匠心安排，它的造型不拘一格，富于变化，每条曲廊都能表现出各自不同的个性，它的出现及其理论概括，是园林发展史上的一个硕果。苏州古典园林中的"之"字曲廊，大多具有"变转悉异"的个性美。拙政园的水廊，更是"随形而弯，依势而屈"的"之字曲"的杰作。

# 四

从苏州古典园林的建构来看，曲径是最常用而且必不可少的艺术手法。苏州阊邱巷原有"秀野草堂"，朱彝尊《秀野草堂记》中写道："长洲顾侠君筑室于宅之北、阊邱巷之南，导以回廊，通以曲径……。"回廊曲径似乎成了造园的首要工程，这是因为它能充分满足游人的审美心理的需要，特别是符合我国传统审美心理结构的需要，这里不妨先谈一下黑格尔的园林美学观。黑格尔认为，园林艺术应该贯彻建筑中整齐一律的美学原则，他不满于有"一种园林艺术，以复杂和不规对为原则"，其中"错综复杂的迷径，变来变去的蜿蜒形的花床，架在死水上面的桥……中国式的亭院，隐士的茅庐……只能使人看一眼就够了，看第二跟就会讨厌。"①他用了一系列的贬词，意在批评带有以苏州为代表的中国古典园林风格的西方园林，黑格尔的园林美学趣味还是停留在十八世纪的。其实，在黑格尔的时代，中国古典园林艺术已影响到欧洲，如法国的芳藤伯罗和德国的无愁宫，都出现了带有中国色彩的新的园林艺术风格，在一定程度上被当时的西方人们所接受和欣赏。黑格尔之所以在审美心理上和这种新的园林风格相抵牾。原因之一是他接受不了中国"以曲为美"和"曲径通幽"的园林美学原则。

然而，早于黑格尔一世纪的荷迦兹，就坚信以曲为美的原则。他在《美的分析》中阐发"错杂产生美"的原理时写道："曲折小路、蛇形的河流和各种形状，主要是由我所谓波浪线和蛇形线组成的物体……眼睛在观看这些时，也会感到同样的乐趣。……它引导着眼睛作一种变化无常的追逐，由于它给予心灵的快乐，可以给它冠以美的称号。"②这是对曲折的美、波浪形的美所作的高度的审美评价。可是，这一美学观点并没有被贯彻到西方园林艺术中去，西方园林还是受了中国园林的影响才出现曲径的。

再看中国传统美学怎样概括曲径所引起的审美心理反应，随园主人袁枚《续诗品·取径》一品写道："揉直使曲，叠单使复。山爱武夷，为游不足。扰扰阛阓，纷纷人行。一览而竟，倦心齐生。幽径蚕丛，是谁开创？千秋过者，犹祀其像。"袁枚在《游武夷山》中还说："以文论山，武夷无直笔，故曲。"正因为武夷山取径幽曲，所有他才有"为游不足"之感。至于闹市的街道，他认为都是直笔，所以一览无余，毫无情趣，令人生倦意。袁枚在"取径"的问题上，不喜直而喜曲，不喜整齐一律而喜复杂多变，他的观点和黑格尔是如此之不同！

从观赏的角度来看，李成《山水决》云："路要曲折，山要高昂。"笪重光《画筌》也有"曲径携琴""水分两岸，桥蜿蜒以交通"之语。这种曲径就富于画意，能唤起人的美感。从游赏的角度来看，李渔《一家言·居室部》说："径莫便于捷，又莫妙于迂。"这是说，路径有两种类型，一为直捷，一为迂曲。前者满足实用的需要，是为了求"便"；后者满足审美的需要，是为了求"妙"。陈从周先生对"捷""妙"二字的体会更深，他结合旅游美学写道："一个是旅，一个是游。旅要快，游要慢。旅游是有快有慢。"③从"可游"的角度看，所谓径"莫妙于迂"，就是要使游人的脚步放慢，慢慢地寻味品美，而不是一下子走过场。

① ［德］黑格尔：《美学》第1卷，商务印书馆1979年版，第316~317页。
② 北京大学哲学系美学研究室编：《西方美学家论美和美感》，商务印书馆1980年版，第105页。
③ 陈从周：《中国的园林艺术与美学》：《美学与艺术讲演录》，上海人民出版社1983年版，第673页。

曲径的审美功能之一，正是阻止人们走马跑步，贪快求捷，而特意让人们稽延盘桓，图缓求慢。

袁枚根据他取径贵曲的美学思想，还在《随园诗话》中意味深长地写道："崔念陵诗云，有磨皆好事，无曲不文星，洵知言载！"这是赋予了"好事多磨"以新的意义。联系园林艺术来看，游园既然也是审美上的好事，当然也必须多磨才够味。曲径就是要曲折盘纡地规范游人，使之费时费步。对游园来说，欲速则不达，好事须多磨，快了就达不到品赏园林美的目的。

"曲"和"磨"有助于增长人们的游兴，然而过犹不及。超过了一定的"度"，又能败坏人们的游兴。因此，园林的曲径，又贵在曲折有度。

刘熙载《艺概》论书法线条美说："书要曲而有直体，直而有曲致。"园林路径也是如此。计成《园冶》说："如端方中须寻曲折，到曲折处还定端方，相间得宜，错综为妙。"这是说，只有曲中有直，直中有曲，直者济之以曲，曲者济之以直，曲与直互为制约，相与补充，才能显出美来。

陈从周先生指出："园林中曲与直是相对的，要曲中寓直，灵活应用，曲直自如……曲桥、曲径、曲廊，本来在交通意义上，是由一点到另一点而设置的。园林中两侧都有风景，随宜曲折一下，使行者左右顾盼有景，信步其间使距程延长，趣味加深。由此可见，曲本直生，重在曲折有度。"[1]真是道出了此中三昧。既要曲而通达，引人入胜，又要曲中有直，曲折有度——这就是苏州古典园林"曲径通幽"这个美学原则的定性。

原载〔武汉〕《华中建筑》1999 年第 3 期

---

[1] 陈从周：《说园》，《园林谈丛》，上海文化出版社 1980 年版，第 4 页。

# 难忘的美学映象

## ——纪念陈从周先生百年诞辰，
## 试论其园林小品的审美特征

·2018·

　　陈从周先生是我国著名的风景园林学家、古建研究家、美学鉴赏家、旅游家、小品文家、画家、诗人。其人多才多艺，令人心仪；其文，沁人肺腑，涤人心神，让人口齿留香，久久难以忘怀。

　　以往，我写美学论文特别是写园林论文，最爱征引的美文有两家，一是宗白华先生，二是陈从周先生，两家都贵有诗心画眼、幽情雅韵。我写文章之喜爱引宗、引陈，这从 20 世纪 80 年代就开始了，陈先生于 1980 年第一本问世的文集《园林谈丛》，就是我必备的案头书。

　　中国人重十重百，今年，是陈先生百年诞辰，应该写文章来纪念这位美文名家了。怎么写？我只能捡出自己的老本行——分析其文的审美特征，作为最诚挚的纪念。

　　约略地概括，陈先生的美文（以下或简称"陈文"）有如下几个特征：

## 随笔小品的形式，诗话画论的文脉

　　随笔小品，这是就体裁而言。回眸历史，中国古代散文的体裁众多，《文心雕龙》所列专篇就有诠赋、颂赞、铭箴、诔碑、史传、诸子、论说、章表……可谓林林总总，令人目不暇接。唐末又出现了小品文，如皮日休、陆龟蒙以短文干预现实，为鲁迅所称道；到了明代，更形成高峰，如三袁、江盈科、陈继儒、李流芳、刘侗、张岱……他们寄情山水，遁迹园林，写来不拘格套，独抒性灵，文笔轻松，短小清新。陈文正是上承了晚明小品传统又有新的发展，就看其随笔性短文，如《绍兴行脚》《泰山新议》《水乡南浔》《桐乡行》《满身云雾上狼山》《水边思语》《湘游散记》《宣城志古》《闽游记胜》《翠螺出大江》《梁山留迹》《皖南屐痕》《半生湖海，未了柔情》……从文题看，即可知其体裁是游记式的随笔小品，而绝非长篇大论。

　　古人说，"读万卷书，行万里路"。陈先生正是如此，他半生湖海，足迹遍天下，很多文章均从"行万里路"上来，俊得江山之助，故能给人以一卷在手，宛同卧游之感。我爱读陈先生的园论游记随笔小品，它让我获益匪浅，对我的写作也深有影响。回望我的大半生，除了写系统的学术专著外，也试写了大量的艺术随笔、美学小品，这些附骥效颦之作，多数收在我文集《苏园品韵录》中的"园蹊屐痕""园缘散叶"栏里。

陈文的集名，也很有意思。明代文人的诗文集，杨士奇有《东里集》，高启有《凫藻集》，袁宏道有《锦帆集》，李流芳有《檀园集》……而陈先生则有《书带集》《春苔集》《帘青集》《随宜集》《世缘集》等，均寓寄一定文化意味，有书卷气，雅洁隽永，它们作为小品集名，确乎名副其实。

愚以为真止要研读陈文，既须因枝以振叶，从显态联系于明末小品，又应沿波而讨源，由隐态寻求其理论文脉——诗话、画论。我国的诗话，品类繁多，形式不一，它们虽具有"书"的形式，其实大多是由一则则短文编纂而成，其各段之间的联系往往不十分紧密，次序的先后也并非不可调动，而且这样的调动，几乎不影响其篇章结构的整体，就历代论述型的诗话来看，宋代姜夔的《白石道人诗说》，明代徐祯卿的《谈艺录》、王世贞的《艺苑卮言》，清代王夫之的《姜斋诗话》等均如此。至于画论，如明代董其昌的《画禅室随笔》，清代恽格的《南田画跋》、方薰的《山静居画论》等，也都是由一段段短文连缀起来的。中国诗画理论的这种载体形式，其源盖可上溯至先秦，作为经典的《论语》就是如此，以后的《孟子》《庄子》等，其篇内各段之间也呈这种松散结构。

陈先生的论述型美文，极有类于传统的诗话和画论，其代表作《说园》五篇最是适例，每篇均由一则则短文连缀而成，每一则短文，就是该篇的一个段落，而每篇中的绝大多数段落，都是可以互换的，甚至是各篇之间的多数段落，也可以相互交换，其结构的松散若此，或者可以这样说，其每则亦即每段之间，与上下文无甚紧密联系，相反是留有空白，所以读来轻松，有思索品味余地。这里不妨具体品析其《梓室谈美》一文，可见其更像诗话。全文共九则，文末缀曰："挑灯偶读，掇拾一二，聊供夜谈而已。"这就令人想起网师园殿春簃书斋曾有一联："灯火夜深书有味；墨华晨湛字生香。"又想起《兰亭序》"取诸怀抱，晤言一室之内"的美言，把人们带到了古代挑灯夜读、对坐夜话的书斋，与人娓娓而谈……这里试引其中一则：

> 唐人张泌寄人诗："别梦依依到谢家，小廊回合曲阑斜。多情只有春庭月，犹为离人照落花。"此真写庭园建筑之美，回合曲廊，高下阑干掩映于花木之间，宛若现于目前。而着一"斜"字又与下句"春庭月"相呼应。不但写出实物之美，而更点出光影之变幻。就描绘建筑言之，亦妙笔也。余集宋词有："庭户无人月上阶，满地阑干影。"视张泌句自有轩轾，一显一隐，一蕴藉一率直，而写庭园之景则用意差堪拟之。

此则置于古代诗话中，可谓毫无逊色。细品此文，其发现，全凭作者的一双慧眼，一枝妙笔；其形象，让人如见庭户曲阑，花木掩映，光影斑驳；其意韵，则如同空谷幽兰，清香蕴藉而略闻微漾；其写法，是先拈出古人语，然后用三言两语加以生发，既引到主旨，又点到为止，绝不啰嗦，这让熟悉古代诗话的读者倍感亲切。

## 别具只眼的识见，辩证互补的内核

陈先生有关美学鉴赏的文章，眼识独具，见解警辟，言简意赅，往往一语中的。如

《留园小记》的开篇落笔："江南园林甲天下，苏州园林甲江南。"其旁自注："前人未曾说过，是我的概括。"此语十四个字，不但是他的个人发现，而且警辟地写出了国人的共识，它早已成了众口相传、广为流行的谚语。该文继而描述道："这些亭台处处，水石溶溶的名园，争妍斗巧，装点出明媚秀丽的江南风光。园以景胜，景以园异，如拙政园以水见长，环秀山庄以山独步，而留园则山石水池外，更以建筑群的巧妙安排与华丽深幽著称。"寥寥数语，高度概括了苏州园林共同的美和各自的美。多少年来，多少旅程中惟知轧闹忙的人来游苏州园林，往往看了几个就感到差不多，认为都是老一套，但在行家里手的陈先生看来，却差得很多，他不但发现了园园殊致，而且要言不烦，一语点出拙政、环秀、留园的美。此外，其《苏州网师园》赞该园为"苏州园林之小园极则""以少胜多的典范"。此评也是一锤定音，广为识者所援引。《苏州沧浪亭》一文则如此描述这个面水的古园："古树芳榭，高树长廊，未入园而隔水迎人""园林苍古，在于树老石拙……而堂轩无藻饰，石径斜廊皆出丛竹、蕉荫之间，高洁无一点金粉气"。以风格美学的鉴赏视角切入，拈出"苍古"二字，也就是揭出了沧浪亭的独特个性，此文句句围绕"苍古"二字而展开，识见高卓，言辞典雅，堪称确评。

《三山五泉话镇江》一文析镇江的风景名胜，通过比较以求区别："三山景色之美，各有千秋：焦山以朴茂胜，山包寺；金山以秀丽胜，寺包山；北固山以险峻胜，寺镇山。"这是对镇江三山之美的高度提炼，三句话更精准凝练，达到了一字不可易的程度，可谓片言明百意，堪视作浓缩了的经典镇江游览指南。陈文泛论园林，不仅形式上与众不同，而且内容上颇多令人心折的高论，不妨从其代表作《说园》五篇中各选一则以见一斑：

> 山贵有脉，水贵有源，脉源贯通，全园生动。（《说园》）
>
> 小园树宜多落叶，以疏植之，取其空透；大园树宜适当补常绿，则旷处有物。此为以疏补塞，以密补旷之法。落叶树能见四季，常绿树能守岁寒，北国早寒，故多植松柏。（《续说园》）
>
> 江南园林叠山，每以粉墙衬托，益觉山石紧凑峥嵘，此粉墙画本也。若墙不存则如一丘乱石……（《说园（三）》）
>
> 园林与建筑之空间，隔则深，畅则浅，斯理甚明，故假山、廊、桥、花墙、屏、幕、槅扇、书架、博古架等皆起隔之作用。（《说园（四）》）
>
> 钟情山水，知己泉石，其审美与感受之不同，实与文化修养有关。故我重申不能品园，不能游园；不能游园，不能造园。（《说园（五）》）

第一则，四句短语，语语皆至理，揭橥了园林中山水构成的要谛，或者说，是归纳出园林意境生成的"气脉连贯律"；第二则，概括了大园、小园不同的花木配置要求，"以疏补塞，以密补旷"八字，思致周密，臻于哲理的高度，然而无不是从江南、北国的造园实践中来，至于落叶见四季，常绿守岁寒，更不只是阐前人之所已发，而且是扩前人之所未发；第三则，揭示了叠山与粉墙的主、衬关系，前者有了后者，则能对待互生而增值；第四则，阐释了"隔"的功能，我在《中国园林美学》里归纳园林意境生成的"亏蔽景深律"，即引其为重要的书证；第五则，说明了园林审美离不开主体的一往情深——引山水泉石为知己，这和计成《园冶》中的"深意图画，馀情丘壑"一样，均指出了审美活动中主客体二者的须舆不可离。以上五条，虽从不同视角出发，但无不体现了陈先生的独见之明。

还应指出，以上识见，或隐或显地体现为辩证思维的积极成果，如疏与密、隔与不隔、主体与客体……正因为如此，故其论特有深度。《说园（三）》还明确说："静中见动，动中寓静，极辩证之理于造园览景之中。"这可看作是夫子自道。这类辩证互补的思维，大量散见于陈先生《说园》诸篇：

> 画家讲画树，要无一笔不曲，斯理至当，曲桥、曲径、曲廊，本来在交通意义上，是由一点到另一点而设置的。园林中两侧都有风景，随直曲折一下，使行者左右顾盼有景，信步其间使距程延长，趣味加深。由此可见，曲本直生，重在曲折有度……（《说园》）
>
> 白色非色，而色自生；池水无色，而色最丰。色中求色，不如无色中求色。故园林当于无景处求景，无声处求声……（《续说园》）
>
> 假假真真，假假真真。《红楼梦》大观园假中有真，真中有假……有作者曾见之实物，又参有作者之虚构。其所以迷惑读者正在此。故假山如真方妙，真山似假便奇……造园之道，要在能"悟"。（《说园（三）》）

第一则，论曲与直。曲径能使游人"左右顾盼有景"云云，是指出了它能有效地拓展园林的有限空间，而"曲折有度"的提醒，更有助于造园家对"度"的把握，从而避免路径过直或过曲之弊，这与清人刘熙载的"直而有曲致，曲而有直体"（《艺概·书概》）属同一哲理。

第二则，论有色与无色乃至有声与无声的辩证之理，这更适用于粉墙黛瓦的江南文人园林，但也普泛地适用于北国皇家园林，又通于《老子》中的"有无相生"（二章）、"大象无形"（四十一章）的渊深论述，还契合于白居易《琵琶行》中的"此时无声胜有声"的形象描写。

第三则，是拈出了园林中真与假这对相反相成的重要范畴。其《园林清议》还进而说："有时假的比真的好，所以要假中有真，真中有假，假假真真，方入妙境。园林是捉弄人的，有真景，有虚景……因此，我题《红楼梦》的大观园，'红楼一梦真中假，大观园虚假幻真'之句，这样的园林含蓄不尽，能引人遐思。"这都是从本质上阐发了艺术与现实的美学关系，指出"假山如真""真山似假"，风景园林就能臻于奇妙之境。"造园之道，要在能'悟'"一句，更具普遍性，是对一切艺术创造和审美品赏的最好启导，再看陈文中，种种精湛的感言悟语在在可见，于是倍增其文的含金量。

## 文学艺术的融通，如珠似玉的语言

陈从周先生卓然成家，著作等身，同时也得力于他在众多艺术领域里涉猎多，造诣深，交游广，从而博综之，融通之。王栖霞（西野）在《〈园林谈丛〉跋》中说："我友陈从周教授，治古建园林之学久。其早年从事文史，研习绘画，对人物、山水、花鸟，各有高深造诣。中年以后，所绘兰竹，意多于笔，趣多于法，自出机杼，脱尽前人窠臼。以词境画意相参，探求园林技法……（其文）就笔墨言，清新隽逸，如记游小品；引景抒情，如无韵诗篇……"密友的知音之言，言之不虚！试翻开陈先生的《书带集》，一连串文题即琳琳琅琅映入眼帘：《蜀道连云别梦长——忆张大千师》《记徐志摩》《往事迷风絮——怀叶恭绰先生》《马序伦先生论书法》《〈姚承祖营造法原图〉序》《〈长物志·注释〉序》《〈杨宝森唱腔选〉序》《跋唐云竹卷》《园林美与昆曲美》……真是门类众多，内容丰繁，体裁不一，几乎是一篇一个领域，一篇一种写法。

陈先生《说园（三）》有一句众艺相通的悟语："造园之理，与一切艺术，无不息息相通。"对此，陈文的论述甚夥，略掇拾如下：

> 古代造园多封闭，以有限面积，造无限空间……以少胜多，须概括、提炼。曾记一戏台联："三五步，行遍天下；六七人，雄会万师。"演剧如此，造园亦然。（《续说园》）
>
> 恽寿平云："元人园亭小景，只用树石坡池随意点置以亭台篱径，映带曲折，天趣萧闲，使人游赏无尽。"此数语可供研究元代园林布局之旁征，故余曾云，不知中国画理，无以言中国园林。（《梓室谈美》）
>
> 联对、匾额，在中国园林中，正如人之有须眉，为不能少的一件重要点缀品。苏州又为人文荟萃之地，当时园林建造复有文人画家的参与，用人工构成诗情画意……因此山林岩壑，一亭一榭，莫不用文学上极典雅美丽而适当的辞句来形容它，使游者入其地，览景而生情文……（《苏州园林概述》）
>
> 造园综合性科学也。且包含哲理，观万变于其中……晦明风雨，又皆能促使景物变化无穷……（《说园（五）》）

第一则，以造园与演剧的类比悟入，推出"以有限面积，造无限空间"的园林美学原理，令人服膺；第二则，引出清人恽寿平一段画论，不但以绘画证园史，而且推出"不知中国画理，无以言中国园林"的不易之论；第三则，指出堂构的匾额对联，是文学参与园林建构的重要方式，拙政园的远香堂、听雨轩，就撷自《爱莲说》"香远益清"之文句和李商隐"留得枯荷听雨声"之诗句，它们典雅美丽而适当，足以使游人"览景而生情文"，从而意兴无穷；第四则，造园又综合了科学、哲学，并寓千变万化的天时于其中……综而述之，戏曲、绘画、文学乃至科学、哲学，这些不同的门类、学科，或者与园林异质而同构，可以互参，或者是直接加入，并指导园林的创造与欣赏，足见它们之间，无不息息相通。

陈先生论园善于修辞，巧于以诗文绘画取譬设喻，从而启人智慧，发人联想。这些片断，可谓累累然妙语如珠，读来不禁让人拍案叫绝！如：

> 园之佳者如诗之绝句，词之小令，皆以少胜多，有不尽之意，寥寥几句，弦外之音犹绕梁间。（《说园》）
>
> 中国园林的树木栽植……要具有画意。窗外花树一角，即折枝尺幅；山间古树三五，幽篁一丛，乃模拟枯木竹石图。（《说园》）
>
> 看山如玩册页，游山如展手卷；一在景之突出，一在景之联续。所谓静动不同，情趣因异，要之必有我在，所谓"我见青山多妩媚，料青山见我应如是"。

《说园（三）》

恽寿平论画又云："潇洒风流谓之韵，尽变穷奇谓之趣。"不独画然，造园置景，亦可互参……韵乃自书卷中得来，趣必从个性中表现。(《说园（四）》)

一段段短文，均不过数十字，握管下笔，或明喻，或隐喻，或拟人，或排偶，或引用，无不是信手拈来，十分妥帖，真可谓自然天成，妙手偶得，给人以隽永不尽的美感。最后一则，还点出了"韵""趣"的由来，前者从"读万卷书"中来，后者则从主体聪慧潇洒的个性中来，对照以上一则则，一段段，无不是由"韵"与"趣"二者交响互渗而成。再看《烟花过了上扬州》中的一段妙文：

游罢瘦西湖，舍舟登岸，缓步到了小金山的"月观"，望"四桥烟雨"，我已由动观的游境，到了静观的小休，我们啜着香茗，那竹影兰香，与窗外鸟语桨声，在一抹斜阳的返照中，室内现出香、影、光、声的变幻，神秘极了。贝多芬创作那举世闻名的《月光曲》，亦正是记下了在那微妙的瞬息间，可惜我的拙笔，又怎能描绘她呢。

文中的"动观""静观"是理论，但其行文命笔却葩采齐发，情韵欲流，最突出的是将作为审美主体的自己融和了进去，情与景会，景与情合，故而潇洒风流，韵趣横溢。

陈先生第一本文集——《园林谈丛》，是 1980 年由上海文化出版社出版的；1999 年，该社又给他出了一本《园韵》，分为"说园述要""名园鉴赏""观园心悟""旅中景语""园史拾粹"五个栏目，这对陈从周先生一生所撰良金美玉般的文章来说，其分类大体上可说是比较恰当，而书名的这个"韵"字，则可谓精准之极！这些美文，借用王西野先生语而推导之，确乎是有形之哲思，"无韵之诗篇"。

原载《苏州园林》2018 年第 4 期；
被收入周苏宁主编《名师大匠与苏州园林》，
中国建材工业出版社 2022 年版

# 试论江南园林美学

## ·2023—2024·

童寯《江南园林志·沿革》云："江南园林，论质论量，今日无出苏州园林之右者。"① 陈从周先生的《留园小记》开篇落笔更写道："江南园林甲天下，苏州园林甲江南。"② 这是进一步比较了三种不同范围的园林美：一种是范围最大的"天下"园林（包括国内园林以及国外园林主要是西方园林）的美；一种是范围较小的江南园林的美；一种是范围更小的苏州园林的美。陈先生通过三者比较，一锤定音，高度肯定了苏州园林是美中之最美者，这不但赢得了国内外公众的一致认可，而且这两句深入浅出、极其公允的话，在园林界、旅游热中，又流行为美学谚语。

正因为如此，本文论述江南园林，以苏州园林为重点，为代表，同时，通篇贯穿了比较的方法，江南园林和北方园林的比较，和西方园林的比较……通过比较性的叙述，来探论江南园林种种独特的美学特征。

### 一、布局自由，宛如天开

西方园林一个重要的美学特征，是自然的建筑化、规整化，它要求自由的大自然严格服从建筑学的原则，也就是使一切自然物都像建筑物那样，合数比关系，合科学规律性，从而通过突出的人工，如黑格尔所说，"把大自然改造成为露天的广厦"③。于是，园林里一切都成为平面的、立体的几何形，显得整齐一律，秩序井然。例如前后轴线贯穿，左右成双作对，两侧的喷泉、植坛、池沼、雕像，都对称地展开……

中国园林则大异其趣，它像绘画那样以生态自然为范本，所谓"外师造化"（张彦远《历代名画记》载张璪语），"法天贵真"（《庄子·渔父》）。黑格尔也看出了这一点，他指出，中国的园林"是一种绘画，让自然事物保持自然形状，力图摹仿自由的大自然"。④ 不只是树木，建筑物也一样，从总体布局上看，其左其右绝不成双作对，其前其后力求避免形成中轴线。这是为什么？这是由民族的审美观决定的。试看中国古代典籍的论述：

> 一简之内，音韵尽殊；两句之中，轻重悉异。妙达此旨，始可言文。（沈约《宋书·谢灵运传论》）

> 数画并施，其形各异；众点齐列，为体互乖。（孙过庭《书谱》）

---

① 童寯：《江南园林志·沿革》（典藏版），中国建筑工业出版社 2014 年版，第 56 页。
② 陈从周：《书带集》，花城出版社 1982 年版，第 190 页。
③ ［德］黑格尔：《美学》第 3 卷上册，商务印书馆 1979 年版，第 105 页。
④ 叶圣陶：《拙政诸园寄深眷——谈苏州园林》，载《百科知识》1979 年第 4 期，第 59 页。

峦，山头高峻也，不可齐，亦不可笔架式，或高或低，随致乱掇，不排比为妙。（计成《园冶·掇山·峦》）

景色一致，昧其物情。（笪重光《画筌》）

文贵参差。天之生物，无一偶者，而无一齐者。（刘大櫆《论文偶记》）

以上引文，主要论形式美的。固然西方也讲究形式美，也遵循形式美的多样统一律，但是，西方侧重于统一、整齐，中国则侧重于多样、不一。中国古典美学认为，不论是诗文还是书画、园林，它们的形式美都离不开“尽殊”“悉异”“互乖”“参差”“不可齐”……这样，才能避免整齐，打破一律。

对于这种民族审美心理特殊性的形成，还可作哲学层面上的追寻。《孟子·滕文公上》有云：“物之不齐，物之情也。”这里的“情”，其义为“性”，即本性的“性”①。孟子的这一哲理判断，概括地说明了参差不齐是事物的真相和本性。至于清人王夫之的《周易外传》更指出：“乾坤立而必交，参伍不容均齐。”这是把形式美置于事物的运动发展中来加以阐释。总之，这都说明：天生的自然界本身不存在单一的规整均齐。②既然大自然以参差不齐为其主要的美学特征，那么，如果追求均齐一致，就违背了自然的本性之美。所以计成在《园冶·相地》里，也以山林地的“自成天然之趣”的最高境界。这都在一个方面证明了中国的绘画、园林艺术都“力图摹仿自由的大自然”。而陈从周先生也这样概括说：“江南园林占地不广，然千岩万壑，清流碧潭，皆宛然如画”③。从本质上看，这是体现了“美是自然生命本身合规律的运动中所表现出来的自由”④。

中国园林崇尚“有若自然”、错综参差之美的布局风格，在“久在樊笼里，复得返自然”（陶渊明《归园田居》）的情氛孕育下成熟的。这在苏州园林有着充分的体现，例如拙政通往园中部，是以四面厅远香堂为布局中心的。这个南北向的主体建筑，西面曲廊和东西向的倚玉轩，由曲廊折西为一泓溪流，其上架以廊桥“小飞虹”，再向南则为“小沧浪”水院；再看另一方向，远香堂东侧为绣绮亭，耸立于假山之上，向南则是由云墙间隔而成的园中园——枇杷园。远香堂的两侧完全打破了均衡对称的布局，它西面是水，东面则是山，西面是轩、廊，东面则是亭、墙；西南是水院，东南则是旱园，两面竟如此故意地避免对称，真可说是“为体互乖”“其形各异”了。再看远香堂南面，是小型山池，溪水上通向远香堂的平曲桥故意偏西，显然也为了避免居中而造成轴线感。又如远香堂北面隔池的两座并立的山上，各有一亭，待霜亭为六角攒尖顶，雪香云蔚亭则是卷棚歇山顶，也是“物之不齐”，以“不排比为妙”。这都是建筑布局的典型案例。

苏州园林的花木也是如此，叶圣陶先生这样写道：“苏州园林栽种和修剪树木也着眼在画意。高树和低树俯仰生姿，落叶树和常绿树相间，花时不同的多种花树相间，……没有修剪得像宝塔那样的松柏，没有阅兵式似的道旁树，因为依据中国画的观点，这是不足取

① 《孟子·滕文公上》赵岐注：“其不齐同，乃物之情性也。”《淮南子·本经训》：“天爱其精，地爱其平，人爱其情。”高诱注：“情，性也。”可见“情”均与“性”义同。

② 详见金学智：《“一”与“不一”——中国美学史上关于艺术形式美规律的探讨》，《书学众艺融通论》，苏州大学出版社1922年版，第167~168页。

③ 陈从周：《苏州园林概述》，《园林谈丛》，上海文化出版社1980年版，第28页。

④ 李泽厚、刘纲纪主编：《中国美学史》第1卷，中国社会科学出版社1984年版，第248~249页。

的。"① 这是简明扼要的概括。

再看上海园林，青浦曲水园最大特点是反中轴，进"仪门"后即是作为主体的凝和堂，这极短的轴线并不正对着荷花池，而是偏于一侧。再看荷花池东西两岸，一面是迎曦亭，一面则是喜雨桥，意韵上恰好相反，立面上则高低相映成趣，喜雨桥隔小溪，则是得月轩，与迎曦亭也是大异其趣。至于南翔古漪园，在水池溪流回环中，更没有两个建筑物是对称的。

## 二、小巧细灵，优美阴柔

江南私家宅园一般面积都比较小，明代太仓王世贞的弇山园算是很大的，也只有七十余亩，苏州现存的园林中，大型的如拙政园，现在是由三园合并而成，西部原为"补园"，东部原为"归田园居"，三者合起来一也只有六十二亩；中型的如沧浪亭只有十六亩，怡园只有九亩；至于最小的，鹤园只有两亩，残粒园只有一百多平方米。再如，清末俞樾所建的曲园，其曲尺形的园基平面，自南至北，长仅十三丈，广仅三丈；又自西向东，广仅六丈，长也只有三丈。他在《余故里无家……》一诗中写道："爰因地一曲，而筑屋数椽。卷石与勺水，聊复供流连……筑室名'艮宧'，广不逾十笏。勿云此园小，足以养吾拙！"正因为如此，从总体上说，江南园林特别是苏州园林往往地不求广，园不求大，山不求高，水不求深，景不求多，只求能供留连、盘桓、守拙、养灵、隐退、归复自然。再看上海的豫园，现在连内园、外园总共也只有三十余亩，南京的瞻园除建筑区外，其他连南、北两座大假山在内，也仅仅只有八亩，这种"壶中天地"式的园林，还有常熟燕园，被称为"燕谷洞天"，清代钱泳《履园丛话·燕谷》就言其"园甚小，而曲折得宜，结构有法"。

与小巧相比，北方皇家宫苑首先表现为面积的广袤性。就现存的北方皇家园林来看，"北海"有一千余亩，颐和园有四千三百余亩，圆明三园有五千二百余亩，而避暑山庄竟达八千余亩，其周围的宫墙就长达二十华里。北方宫苑风格之"巨"，还表现为园里山大，水大，建筑物数量多，体量大。例如颐和园，就囊括了整个万寿山、昆明湖，其中宫殿园林建筑有三千余间，可见其规模之大。至于已毁的圆明园，还包括万春园、长春园，乾隆五十八年英使马戛尔尼首次来华游园，《乾隆英使觐见记》有云："盖至此而东方雄主尊严之实况，始为吾窥见一二也。园中花木池沼，以至亭台楼榭，多至不可胜数。"② 这种"雄主尊严"，与汉代萧何的"非令壮丽，亡（无）一重威"（《汉书·高祖本纪》），晋代何晏"不壮不丽，不足以一民而重威灵"（《景福殿赋》）的美学思想相契合。关于此二文中的"丽"字，拟留待下节详论。

中国有"阳刚""阴柔"（[清]姚鼐《复鲁絜非书》）之说，小巧、细秀、轻灵、优美均属于或接近"阴柔"的范畴；崇高、壮丽、壮观则属于或接近阳刚的范畴。博克说，与美（即优美或秀美）这一美学范畴相对比，崇高这一范畴，规模巨大、景物宏多，这在中国更多被称为"壮观"，而用西方美学术语来说，则被称为"崇高"。对此，西方美学家多有论美效果"总是引起惊赞"③；康德更说，崇高（无论是数学的崇高还是力学的崇高）都是"无法较量的伟大的东西"，"是一切和它较量的东西都是比它小的东西"，而崇高感"更多的是

---

① 叶圣陶：《拙政诸园寄深眷——谈苏州园林》，载《百科知识》1979年第4期，第59页。
② 转引自拙庵《圆明馀忆》，舒牧等编《圆明园资料集》，书目文献出版社1984年版，第263页。
③ 《西方美学家论美和美感》，商务印书馆1980年版，第123页。

惊叹和崇敬"①。正因为如此,故可将崇高从本质上将其比喻为审美上的一个"!"(惊叹号),而以小中见大、"壶中天地"为特征的江南园林,在本质上是则可将其比喻为审美上的一个"……"(省略号)。

清人沈复《浮生六记》中高度概括"小"与"大"在江南园林中的营造:"若夫园亭楼阁,套室回廊,叠石成山,栽花取势,又在大中见小,小中见大,虚中有实,实中有虚,或藏或露,或浅或深。不仅在'周回曲折'四字,又不在地广石多,徒烦工费。"这说得何等生动活泛,又高度概括,堪称园林美学名言!值得注意的是,在西方,"优美作为一种美的表现形式,人们往往给它加上一些审美色彩:小巧,伶俐……以及描写的细腻入微"②。这也适用于中国,在优美温柔③的江南水乡,其园林中"小巧,伶俐"的典型,莫如小桥流水。苏州网师园水池东南角,就有袖珍型的小桥——"引静桥"。

不妨先研究计成在理论中常把"小筑"和"大观"对举相连的思想,这在《园冶》书中出现凡两次,见《园说》和《相地·江湖地》。按笔者的视角看,感到应深入寻绎计成大小对举的美学意蕴,并将其置于古典哲学、历史文化的背景上来解读、诠释,突出其"小""大"互含的辩证法。

应该说,"小"与"大"以及"少"与"多",是中国哲学、美学的很有特色的辩证范畴,它散见于经、史、子、集④等各类文献中,而其思想源头,可遥远地追溯到春秋战国时代。

作为道家经典,《老子·六十三章》云:"大小多少……为大于其细……天下大事必作于细。是以圣人终不为大,故能成其大。"对于"大小多少",古来注释家均认为不可解。近代严灵峰的《老子达解》根据《韩非子·喻老篇》补为"大生于小,多起于少",这与下文"为大于其细""天下大事必作于细"文意相联,解释甚佳。高亨《老子正诂》则云:"大小者,大其小也,小而以为大也。多少者,多其少也,少而以为多也。视星星之火,谓将燎原;睹涓涓之水,云将漂邑。"这可和严氏的《老子达解》可相互发明。它们都深刻揭示了大小、多少相待而成的辩证关系,而且其重点均在"细"在"小"及其中孕含之无穷大,计成亦复如此,其《自序》特别钟情于"别有小筑,片山斗室"的"小"甚至小中见大的"岩峦洞壑之莫穷……多方景胜,咫尺山林"(《园冶掇山》)。而计成的理论,其中特别强调小中见大、意蕴深远的"境仿瀛壶"(《屋宇》)、"壶中之天地"(《装折》)、"斯住世之瀛壶"(《掇山》)。

先以山为例,看苏州环秀山庄。陈从周先生写道:

> 苏州环秀山庄……身入其境,移步换影,变化万端……山以深幽取胜,水以弯环见长,无一笔不曲,无一处不藏,设想布景,层出新意。水有源,山有脉,息息相通,以有限面积,造无限空间……洞壑幽深,小中见大……造园者不见此

① [德]康德:《判断力批判》上卷,商务印书馆版1985年版,第87、84页。
② [苏]奥夫相尼柯夫、拉祖姆内依主编:《简明美学辞典》,知识出版社1981年版,第26页。
③ 陈从周:《说园五》:"余尝谓苏州建筑及园林,风格在于柔和,吴语所谓'糯'。"(《园韵》,上海文化出版社1999年版,第58页)
④ 例如,[明]文震亨:《长物志·水石》:"一峰则太华千寻,一勺则江湖万里。"

山，正如学诗者未见李、杜，诚我国园林史上重要之一页。[①]

行文既洗练，又生动，信笔所至，言简意丰，这一句句，一段段，都是对江南园林"大小多少"互含相生的辩证法所作的精彩发挥。

复以水为例，看苏州网师园。钱大昕《网师园记》写道："石径屈曲，似往而复，沧波渺然，一望无际……地只数亩，而有纡回不尽之致；居虽近廛，而已有云水相忘之乐。"就今天网师园来看，园中部的"彩霞池"，依然能给人以"一望无际"甚至"湖平无际之浮光"之感。笔者曾写过《彩霞池赞》一文，具体列论了此园池前曲径之欲扬先抑；池面水体之聚而不分；小桥曲梁之架于水湾溪尾；池岸线之灵活虚涵而其中空宕有远致；池周景物之小巧轻灵与高大建筑之退居二线；水中之不植荷藻[②]……笔者又写过《小桥引静兴味长》一文，盛赞网师园小石拱桥与其旁"苍崖碧涧"般的屈曲"槃涧"的有机结合，使得"一隅死角，一泓止水，更像源远流长的活水"，"这种小中见大，浅中见深，近中见远，假中见真"的"微型的王国，袖珍的天地……是园林小品中不可多得的杰作"[③]，也是江南园林美学"芥纳须弥"一类的典型实证。[④]

### 三、清虚恬静，淡雅素朴

江南园林以私家宅园为主，北方园林以皇家宫苑为主，这二者之间，也存在着意境色调风格的对比。江南私家宅园意境多清虚恬静，色调多淡雅素朴，北方皇家宫苑则不然，它显得富丽堂皇，金碧交辉，突出一个"丽"字。

先看北方宫苑，颐和园是富丽美的典范之作，建筑物喜用多种强烈的色彩，如屋顶的黄、绿色琉璃瓦与屋身的红柱彩枋交错成文，以求鲜明的对比效果。北方宫苑这种"亮丽"之色，在建筑物的题名上也显现出来，如北京"北海"有"金鳌玉蝀"桥、"积翠""堆云"牌坊、琼华岛、琳光殿、蟠青室、紫翠房、环碧楼、宝积楼、鬘辉楼、五龙亭、九龙壁、罨画轩、大琉璃宝殿……单看这些珠光宝气、五光十色的名称，就令人感到雕缋满眼，目眩神迷，这种富丽的美，恰恰是宫苑拥有者身份、权势、欲望的体现，也就是要显现"雄主之尊严"，因为"不壮不丽，不足以一民而重威灵"。除壮丽外，在布局方面。北方宫苑一定程度上也体现出严整的法度、均齐的风格（当然，这迥然不同于西方园林），这也是为了适应帝王们尊严的精神需要，如颐和园前山的轴线，使金碧辉煌的云辉玉宇牌坊、排云门、排云殿、佛香阁山门、佛香阁、"众香界"、智慧海这些建筑层层升高，排列有序，气势宏伟，这条轴线，把雄主之尊严和佛法之无边糅而为一了。

江南园林则不然，园主多数为贬谪的官吏、退隐的文人、"独善其身"的人士……他们摒弃浓丽，崇尚清真。其重要特色是建筑的粉墙黛瓦，以幽明清静为怀，以小巧淡雅为美。先看童寯先生《江南园林志》的论述："北朝私家园林，虽具规模，究不若江南池馆之幽明

---

① 陈从周：《苏州环秀山庄》，（《园韵》，上海文化出版社1999年版，第115、116、117、119页）
② 金学智：《苏园品韵录》，上海三联书店2020年版，第42~45页。
③ 金学智：《苏园品韵录》，上海三联书店2020年版，第51~52页
④ 佛教《维摩诘经》中《不思议品》有"以须弥之高广，内（即"纳"）芥子中"之语，此语生动而富于概括性，于是"芥纳须弥"的成语不胫而走；而《后汉书·方术列传下·费长房》里"壶中天地"这一道教故事，则更广为流传。白居易《酬吴七见寄》诗中"谁知市南地，转作壶中天"之句，这对园林也深有影响……

雅净，系人深思。庾信之《小园赋》所由作也。"① 这是就历史上的江南而言的。刘敦桢先生则总结今日苏州园林的建筑色调说：

> 园林建筑的色彩，多用大片粉墙为基调，配以黑灰色的瓦顶，果壳色的梁柱、栏杆、挂落，内部装修则多用淡褐色或木纹本色，衬以白墙与水磨砖所制灰色门框窗框，组成比较素净明快的色彩。②

这从哲学上可溯源于《老子》的"致虚守静"，《庄子》的素朴为美。陈从周先生有独特的体悟。他先通过比较切入：

> 苏南园林以整体而论，其色彩以雅淡幽静为主，它与北方皇家园林的金碧辉煌，适成对比……苏州园林皆与住宅相连，为养性读书之所，更应以清静为主，宜乎有此色调。它与北方皇家花园那样宣扬自己威风与炫耀富贵，在作风上有所不同……再以南方山水而论，水墨浅绛，略施淡彩，秀逸天成早已印在士大夫及文人画家的脑海中。在这种思想影响下设计出来的园林，当然不会用重彩贴金了。加以江南天气炎热，朱红等热颜料亦在所非宜，封建社会的民居，尤不能与皇家同一享受，因此色彩只好以雅静为归……此种色彩，其佳处是与整个园林的轻巧外观，灰白的江南天气，秀茂的花木，玲珑的山石，柔媚的流水，都能相配合调和，予人的感觉是淡雅幽静。这又是江南园林的特征了。③

## 四、秀逸婉曲，翼角高扬

飞檐上翘、翼角翚飞的出现，是中国建筑艺术和技术臻于高水平的标志之一，也是我国屋顶型式美轮美奂的特出代表。《营造法原》写道："水戗形式为南方中国建筑之特征，其势随老嫩戗之曲度。戗端逐皮挑出上弯，轻耸，灵巧，曲势优美。"④ 笔者通过一番论析，解释计成《园冶·屋宇·磨角》道：这"应该是南方特别是江南古典建筑以嫩戗发戗为代表的屋角曲折起翘的特征、形制及其相应的一套结构方法的物化形态，它特别适用于四面开敞的阁以及各类亭的屋角"⑤。

先看拙政园的松风亭，其攒尖顶出檐特大，戗角起翘特高，几乎和中间攒尖的屋顶达到同样的高度。这种起翘的曲度和高度，比起北京皇家园林建筑物的屋顶来，可谓大异其趣。颐和园的佛香阁，也是攒尖顶，但仍保持着稳重的气度，严肃的风格。它虽然也反曲、伸展、起翘，但仍归复于平直、收缩、端重，这显然是受了园主身份的影响。以苏州为代表的江南园林建筑的屋宇反曲，翼角高扬，和文人写意园的园主们追求的翩翩风度、飘逸情致和追求自由的精神，存在着某种同构相应性，它和江南文化崇尚柔和、秀逸、婉曲、翩翩的特色，也存在着某种同构相应性。

---

① 童寯：《江南园林志·沿革》（典藏版），中国建筑工业出版社 2014 年版，第 47 页。
② 刘敦桢主编：《中国古代建筑史》，中国建筑工业出版社 1981 版，第 299 页。
③ 陈从周：《苏州园林概述》，《园林谈丛》，上海文化出版社 1980 年版，第 38~39 页。
④ 姚承祖：《营造法原》，中国建筑工业出版社 1986 年版，第 58 页。
⑤ 金学智：《试释"磨角，如殿角撺角"，兼探"戗"字由来及其含义》，《人文园林》2016 年 4 月刊。

再看拙政园东部的芙蓉榭，为卷棚歇山造。其屋顶侧立面，由于相交处没有正脊，呈令人赏心悦目的弧形曲面，因而线型表现出柔和秀婉、轻盈流畅的风格美。再看正立面，左右两条垂脊由顶部而下，止于上部，紧接着化为两条斜向的戗脊往左下、右下延展，最后由下而复上，使受重力规律控制的沉重屋面出现了凤翼分张，翩翩欲飞的轻巧态势。这样，简单平板的屋顶完全改观。这种变单调为丰富，变直线为弧曲，变生硬为柔婉，变垂下为高扬，化静为动，化重为轻的形式美，是多么富于美感！

天平山高义园的"鱼乐国"水榭，为卷棚歇山顶，在四周回廊的平直线条对比下，其筑脊、发戗的弧度曲线，特别显得委婉轻柔。吴江退思园的"菰雨生凉"轩内，"镜景"中也映出那翼角自由翚飞的形象……

常熟昭明太子读书台，当人们进入圆洞门拾级而上，可见古朴的石亭立于山巅，其卷棚歇山左右分张的屋顶，也恰如凤展彩翼，鸟奋双翅……

江南古典建筑的翼角翚飞，体现着以嫩戗发戗为代表的屋角曲折起翘的特征，它特别适用于四面开敞的阁以及各类亭的屋角，所以计成说："阁四敞及诸亭决用。如亭之三角至八角，各有磨法。"计成在经典《园冶》的《屋宇》里所关注和在理论上率先总结的江南园林建筑的"磨角 – 发戗"，在世界民族的建筑之林中可谓独一无二，它足以成为我国古典建筑的一种突出的美的表征。

本文之所以不厌其烦地列举大量实例，意在说明：苏州园林不但是"如翚斯飞"的世界，是"行云流水"的天地，是秀逸轻盈的婉曲王国，而且是江南园林的杰出代表。

在苏州园林群里，婉曲美的表现还有种种，如：环秀山庄的边楼之后长长的围墙，在北段向上提升时，不用"马头墙"的做法，而是吸取了云墙波状线的特点，经过三个波峰和波谷而向上过渡，表现了引人注目的优美曲线和动感。

网师园中部两侧之墙，顶部按惯例均为直线，如月到风来亭后的西墙，其顶部就是长长的直线，但沿墙的游廊，其屋顶的走向则特意呈现出微波之形、起伏之势。于是，这一优美的曲线，与其上围墙的直线相反而相形，二者可谓相得益彰。再如网师园中部东侧的两道山墙，按例也是呆板的斜线，但造园家改用了"观音兜"，使两个既长且大的弧曲线连接起来，这也是匠心独运的艺术安排。又如细赏网师园西部冷泉亭的屋顶，这个攒尖顶造型的半亭倚于西侧墙上，其前部的两个戗角轻灵飞举，指向蓝天，而特别应注意的是其后部宝顶之下的墙上，屋脊又添双翅，更如凤展彩翼，翩翩欲飞，似乎在协力地使整个半亭摆脱重压，轻巧而自由地向上空升腾。

"如鸟斯革，如翚斯飞"，中国古典建筑独树一帜的顶式造型，在历史地走向江南园林的发展过程中突出地体现了我们民族文化传统中的一种飞扬感、超越感、自豪感，表征着我们民族追求自由腾飞的理性精神和浪漫情调。

2003 年完成初稿，
2004 年脱稿于如意轩之心斋

# 第二辑
# 陶渊明论·江山之助论

与天地合其德……与四时合其序……先天而天弗违,后天而奉天时。

——《易·乾卦·文言》

山沓水匝,树杂云合。目既往还,心亦吐纳。春日迟迟,秋风飒飒,情往似赠,兴来如答。

——[南朝宋]刘勰《文心雕龙·物色》

# 陶渊明笔下农耕文明的生态美

· 2020 ·

被誉为"隐逸诗人之宗"的东晋诗人陶渊明,其笔下的"静念园林好","林园无俗情""开荒南亩际,守拙归园田""园日涉以成趣"……对中国园林史所产生深远的影响,这已是众所周知。但是,他大量对田园生活的深情咏唱,其生态学方面的意义,却很少有人进行深入的挖掘、整理。本文拟对此作一尝试性的探索。

在生态文明成为时代主旋律的今天,有关的哲学"反思"依然是时代刻不容缓的急需和世界性的主题。人们在深感近几个世纪工业文明的进步给人类带来物质生活极大丰富的同时,又深感它给人类带来了巨大的负面影响和不容忽视的灾难,即对人类自我生存环境的严重破坏,如空气的污染、极端天气的出现等等,人类在自食苦果和恶果。据此,笔者曾在《风景园林品题美学》一书中取另一角度,从反面切入,从西方近代思想史上选出三位哲学家、美学家的言论作为谬误认识的代表,并略加点评:

> 在这之前,生活于16—17世纪之交著名的英国哲学家培根就提出,必须"靠科学技术建立人类对世界万物统治的帝国,实行对自然的支配"。这种人类中心主义,是倡导天人对立的错误思想的一个出发点。而处于17—18世纪之交的英国哲学家洛克,则进一步宣布:"对自然的否定,就是通往幸福之路。"接着,同样极端的话语也出现在19—20世纪意大利美学著作之中,这就是:"自然,这个可恶的敌人。"……这都是把人和天、工业科技和自然尖锐地对立起来了。①

三位著名思想家,对哲学、美学作出了杰出的或一定的贡献,然而,遗憾的是,他们在人与自然关系的思想认识上却失误了(除这三位外,还有一些,不赘举)。他们殊不知,对自然否定,与自然为敌,并不是通往幸福之路,而是通往灾难之路,通往人类自我毁灭之路。这类错误的认识,归根结底是为近代社会历史进程的偏差所决定的。

对于人类历史进程已经出现的这种偏差,我国当代大画家、文化哲学家范曾先生在联合国教科文组织所作题为《回归自然,回归古典》的演讲中警辟地指出:

> 自然对人类恩宠有加,它不仅提供了一切生命赖以生存的条件,譬如空气、水、土地;而且提供了日月随旋、风雨博施的适时变幻,天地万有"合目的性"的生息繁衍得以从玄古、太古以至今天延绵不断,永无尽期。

---

① 金学智:《风景园林品题美学——品题系列的研究、鉴赏与设计》,中国建筑工业出版社,第317~318页。

> 人类有些迫不及待、恩将仇报了……就像一个狂悖无度的儿子，向他慈爱的母亲伸出了欲望之手……
>
> 远古、中古、近古的人类，基本上生活于农耕与畜牧之中，人类贴近自然、信赖自然，在自然前心存敬畏和挚爱，人类不会对自然傲慢。然而工业化却使人类的欲望逐步膨胀，至后工业化时代来临，贪婪渐渐吞食人类质朴的灵魂。
>
> ……当科技的日新月异与人类的不可餍足的消费欲并驾齐驱的时候，地球和人类危险的日子也就渐闻足音了。[①]

将对自然的这种反脸无情的否定，并视之为敌，对人类迫不及待地要统治自然的这种倒行逆施，概括为"恩将仇报"，是最恰当不过了。然而，其悲惨的结果则如 U. 梅勒所发出的惊人控诉："大地母亲已躺在特护病区的病床上！"[②] 这是向全人类敲响的警钟！人类已经完全忘记了"地球是我们的家"[③]，大地是人类自己命根子。

因此必须把颠倒了的认识再颠倒过来。人类对于自然，对于"坤厚载物，德合无疆，含弘光大，品物咸亨"（《易·坤卦·象辞》）的大地，必须反思，必须检讨，必须感恩，必须回归，用范曾的话说，必须"回归自然，回归古典"。对于回归自然，这是易于理解的；对于回归古典，则其内涵比较复杂，可先借葛兆光先生的话来概括："当追忆者对现实不那么满意的时候，对古代的追忆就成了他们针砭现实的一面镜子，这面镜子中显现出来的总是温馨的历史背影。"[④] 确乎如此，这是对历史经验的深刻总结。笔者据此延伸：回归古典，也就是追忆或重温中华民族优秀的传统文化，发掘思想宝藏，汲取精神营养，接受哲理警示，同时针砭走向错误的现实。

说到回归古典，追忆历史背影，就令人想起我国中古时代著名的田园诗人陶渊明，他在《归去来兮辞·序》中，就写到自己"眷然有'归与（欤）'之情。""归与"，典出《论语·公冶长》："子在陈曰：'归与！归与！……'"陶渊明借以表达眷念温馨的田园之思。对于《归去来兮辞》这篇著名散文，人们只要既入乎其中，又出乎其外，不拘泥于具体事实，撇开某些因素，就能发现其中意味深长的一系列既深刻，又温馨的优美辞句，足以给今人多方面的回味和启迪：

> 归去来兮，田园将芜胡不归？……悟已往之不谏，知来者之可追。实迷途其未远，觉今是而昨非。舟遥遥以轻飏，风飘飘而吹衣……乃瞻衡宇，载欣载奔……引壶觞以自酌，眄庭柯以怡颜……园日涉以成趣……云无心以出岫，鸟倦飞而知还……悦亲戚之情话，乐琴书以消忧……农人告余以春及，将有事于西畴……木欣欣以向荣，泉涓涓而始流。善万物之得时……怀良辰以孤往，或植杖而耘耔。登东皋以舒啸，临清流而赋诗。

在追忆、解读这篇名作之前，有必要进一步先引进西方的接受美学。该派认为，"历史的视

---

① 范曾：《回归自然，回归古典——在联合国教科文组织的演讲》，载《文艺报》2009 年 6 月 27 日。
② U. 梅勒：《生态现象学》，载《世界哲学》2004 期第 4 期。
③ ［意］维柯：《新科学》，商务印书馆 1989 年版，第 26 页。
④ 葛兆光：《中国思想史》第 1 卷，复旦大学出版社 1997 年版，第 6 页。

野同时包含在现时视野之中，'理解总是视野的交融过程'"① 这也就是说，一方面，研究者必须以历史主义态度看问题，对以往历史的真实作深入的理解，这就是所谓"历史的视野"；另一方面，又必须和必然会从今天的立场观点出发来看问题，来理解和评价历史，这就是所谓"现时的视野"。这两种理解总是交融在一起的，而且历史的视野同时是包含在现时视野之中的。

以接受美学来"引而申之，触类而长之"（《易·系辞上》），联系近代的工业文明的偏差来思考，确实可说是"悟已往之不谏"——觉悟到已往之不听良言的劝谏、阻止。早在19世纪，恩格斯在《自然辩证法》中就从人和自然必须同存共处的角度，针对任意砍伐森林、破坏生态环境的短期行为严正指出："我们必须在每一步都记住……我们连同我们的肉、血和脑都是属于自然界并存在于其中的……我们不要过分陶醉于我们人类对自然界的胜利。对于每一次这样的胜利，自然界都对我们进行报复……它常常把第一个结果重新消除。"② 这一尖锐的生态批评，不但对当时把人和自然谬误地对立起来的思想、行为具有普遍的批判意义，而且从未来学的视角来看，它是前瞻性地考虑到了人类的可持续发展。当时人们不听良言相劝，今天想来，确实是"悟已往之不谏"，然而，来者犹可追，人类虽然迷失了方向，但还是可以紧急刹车，勠力同心地挽回人类自己命运的。回顾这三百年多来文明史的历程，真可借陶渊明的话说："实迷途其未远，觉今是而昨非。"

陶渊明的《归去来兮辞》写回归，其中自己的情、周围的景，无不洋溢着温馨感、欣悦感，洋溢着一派盎然生意：舟遥遥轻飏，风飘飘吹衣，木欣欣向荣，泉涓涓始流，亲戚情话，琴书消忧，云自由自在地出岫，鸟飞倦了就知道投林归巢，人们企羡着万物之得时……环境里一切的一切，都自然而然，一派宁静和谐。陶渊明欣然回归的，就是"农人告余以春及，将有事于西畴"的田园。读《归去来兮辞》，给人最主要的感受，就是如释重负的轻松感，亲切温馨的家园感。陈望衡先生在《环境美学》中指出："对环境的认同感的最高层次是家园感。"③ 陶渊明怀着一颗赤子之心，带着如愿以偿的回乡感，返家感，"载欣载奔"地吟唱"归去来兮"，这实际上是从最高层次上抒发了自己对环境的认同感。

诗人陶渊明在他的作品里，大量地描颂了田园生活之美和农业耕作之乐，集录部分如下：

> 少无适俗韵，性本爱丘山……开荒南亩际，守拙归园田。方宅十馀亩，草屋八九间。榆柳荫后檐，桃李罗堂前。暧暧远人村，依依墟里烟。狗吠深巷中，鸡鸣桑树颠。户庭无尘杂，虚室有馀闲。久在樊笼里，复得返自然。（《归园田居五首［其一］》）
>
> 相见无杂言，但道桑麻长。桑麻日已长，我土日已广。常恐霜霰至，零落同草莽。（《归园田居五首［其二］》）
>
> 种豆南山下，草盛豆苗稀。晨兴理荒秽，带月荷锄归。道狭草木长，夕露沾我衣……（《归园田居五首［其三］》）

① ［德］H·R·姚斯、［美］R·C霍拉勃：《接受美学与接受理论》，辽宁人民出版社1987年版，第37页。
② ［德］恩格斯：《自然辩证法》，人民出版社1984年版，第304~305页。
③ 陈望衡：《环境美学》，武汉大学出版社2007年版，第112页。

　　开春理常业，岁功聊可观。晨出肆微勤，日入负耒还……田家岂不苦，弗获辞此难。……但愿常如此，躬耕非所叹。(《庚戌岁九月中于西田获早稻》)

　　贫居依稼穑，戮力东林隈。不言春作苦，常恐负所怀…… (《丙辰岁八月中于下潠田舍获》)

　　园田日梦想，安得久离析。(《乙巳岁三月为建威参军使都经钱溪》)

　　既耕亦已种，时还读我书。(《读山海经十三首［其一］》)

榆柳、桃李、桑麻、豆苗、早稻……都是农村里的普通树种、平凡的田园作物；荷锄、负耒、躬耕、稼穑……都是农耕时代常见的行为动作。然而，在陶渊明的笔下，都以诗意的光辉对人发出温馨的微笑。在这样的环境里，"方宅十馀亩，草屋八九间""户庭无尘杂，虚室有馀闲"，就可说是今人所艳羡的"诗意地栖居"了。而"少无适俗韵""带月荷锄归"，在精神文化领域里，更富于诗意的蕴藉，试看在今天作为世界文化遗产的苏州耦园，还有脱然不凡的"无俗韵轩"；在苏州网师园，进门的蟹眼天井里仍留有"鉏（锄）月"的砖额；在苏州怡园，仍有厅堂曰"锄月轩"，尽管这里种的不是豆苗，而是其他花木，但同样地富于诗意，令人神往，它洗涤着人们的尘襟……

　　陶渊明还问道："田家岂不苦"？但诗人却可贵地"不言春作苦，常恐负所怀"，而以终于"复得返自然"为人生的至乐。他十分重视农耕，写有《劝农》诗："悠悠上古，厥初生民……"从远古开始追忆，列举了后稷注重"播殖"，"舜既躬耕，禹亦稼穑"……直至"纷纷士女，趋时竞逐。桑妇宵兴，农夫野宿"，他梳理了历史上的农耕传统，以"哲人"为高标、先例，励志自我以躬耕为乐，即使"箪瓢屡罄，絺绤冬陈"(《自祭文》)而不言苦，并能忘却苦，他以"不委曲而累己"(《感士不遇赋》)自律。这在古今诗人中是罕见的、难能可贵的。他的意愿是："躬亲未曾替"，"代耕本非望，所业在田桑"(《杂诗十二首［其八］》)。

　　陶渊明的田园诗，展现出一幅幅天人合一的农耕文明的和谐图画。有人或许会问，耕稼从本质上看，不也是对自然的支配、向自然索取吗？是的，试看，由于"开荒南亩际"，故而"我土日已广"(《归园田居五首［其一、其二］》)，但这种支配、索取，是适度的，有限的，如陶渊明诗所云："营己良有极，过足非所钦。"(《和郭主簿二首［其一］》)"耕织称其用，过此奚所须。"(《和刘柴桑》)这里，绝无范曾所说的"欲望膨胀"。还可进一步指出，这种支配、索取，也是合时的、非根本性的，借用汉代张衡的话说，是"取之以道，用之以时"(《东京赋》)，它并不影响物种生存的可持续性，更不影响作为整体的自然界。陈望衡先生这样分析道：

　　　　自然于人具有两重身份：环境与资源……对资源的获取虽说在某些方面在破坏生态，然而在总体上是在维护自然生态平衡。维护生态平衡本是自然的行为，如今人也参与了（即参与其中）……一方面自然满足人的需要，此为自然向人生成；另一方面人满足自然的需要，参与自然生态平衡的修复，此为人向自然的生成。这（是）自然与人的双向生成……①

① 　陈望衡：《生态文明与生态文明美》，载陈望衡等编：《美丽中国与环境美学》，中国建筑工业出版社 2018 年版，第 8 页。

以上所析，是自然与人在物质世界的双向生成。再看在精神性的审美境界里，诗人更同时全身心投入到大自然中去了，实现了情与景、主体与客体的融合无间。例如，他对风吹新苗的深情咏唱，最为后人所称道的诗句是："平畴交远风，良苗亦怀新。"（《癸卯岁始春怀古田舍［其二］》）字里行间，跳动着诗人欣赏远风吹拂农田时的愉悦之心，融和着农人对新苗长势良好的欣慰之情，诚然是体现了"情往似赠，兴来如答"（刘勰《文心雕龙·物色》）的双向交流。

这里再采撷前人的两条诗评来加深认识：

> 东坡称陶靖节诗云："'平畴交远风，良苗亦怀新。'非古之耦耕植杖者，不能识此语之妙也。"仆居中陶，稼穑是力。秋夏之交，稍旱得雨，雨馀徐步，清风猎猎，禾黍竞秀，濯尘埃而泛新绿，乃悟渊明之句之善体物也。（宋·张表臣《珊瑚钩诗话》）
>
> 昔人问《诗经》何句最佳，或答曰"杨柳依依"。此一时兴到之言，然亦实是名句。若有人问陶公何句最佳。愚答云："平畴交远风，良苗亦怀新。"亦一时兴到也。（清·沈德潜《古诗源》）

"平畴交远风，良苗亦怀新"，两句确实是陶诗最佳名句，而未经亲自稼穑的人，是不可写出此类"一时兴到"之妙语的。对此，梁启超说得最明白彻底："老实说，他不过庐山底下一位赤贫的农民，耕田便是他唯一的事业。……渊明是'农村美'的化身，所以他写农村生活，真是入妙。"① 更应指出的是，甘为"陇亩民"的陶渊明，他辞官归田，躬耕乡里，结交农夫田父，和他们一起体验过"四体诚乃疲"（《庚戌岁九月中于西田获早稻》）的苦辛，这才能写出这类平远而清新的千古名句，其中隐然可窥见诗人回归自然、感恩自然的质朴灵魂。

诗人还表达了他对农耕生活规律性的认识。《劝农》诗还有"民生在勤，勤则不匮"的警语，这是建立在"贫居依稼穑"的基础之上的。民生在于勤俭，勤俭就不会匮乏，这是他对自己清贫的农家生活实实在在的切身体会。《庚戌岁九月中于西田获早稻》一诗，下笔伊始还写道："人生归有道（逯钦立引《昭昧詹言》：'言人之生理，固有常道'②），衣食固其端。孰是都不营，而以求自安？"人生必须遵从一条规律：衣食是生活之开端、生存之首要，如果对耕田、织布、桑麻、稻菽都不加考虑，那么，怎能求得自安呢？还如，《移居二首［其二］》："衣食当须纪，力耕不吾欺。"《杂诗十二首［其八］》："所业在田桑，躬亲未曾替。"所有这些，提到现代生态哲学的高度来剖析，其间隐藏着"从实践方面来说……人在肉体上只有依靠这些自然物——不管是表现为食物、燃料、衣着还是居室等——才能生活"③ 这一哲理密码。正因为如此，他才能选择了为一般远离"力田"的士人所忽视、所鄙视的作物、农活、环境等来加以咏唱，例如下列千古传诵的名句：

---

① 梁启超：《陶渊明之文艺及其品格》，载《古典文学研究资料汇编·陶渊明卷》上编，中华书局1962年版，第274、278页。
② 逯钦立校注：《陶渊明集》，中华书局1979年版，第84页。
③ ［德］马克思：《1844年经济学－哲学手稿》，人民出版社1983年版，第49页。

有风自南，翼彼新苗。(《时运》)

平畴交远风，良苗亦怀新。(《癸卯岁始春怀古田舍〔其二〕》)

晨兴理荒秽，带月荷锄归。(《归园田居五首〔其三〕》)

暧暧远人村，依依墟里烟。(《归园田居五首〔其一〕》)

诗中感情是那么淳真素朴，风格是那么自然平和，画面是那么清新而气韵生动！从而均成为陶诗"善于体物"而兴到神随的最佳名句。上引陶渊明这种对生态哲学的诗意体悟，这种"接地气"的文人诗咏，在古代诗人中可谓凤毛麟角、卓然杰出。

陶渊明《庚戌岁九月中于西田获早稻》一诗，不但提出了"人生归有道，衣食固其端"的清醒认识，而且紧接着写道，"开春理常业，岁功聊可观……""理常业"，就是从事农业；"开春"，和《归去来兮辞》中的"农人告余以春及，将有事于西畴"一样，都是不违农时，或者说，是顺天时而行耕作。这也值得今人深思，回眸历史，如范曾所说："远古、中古、近古的人类，基本上生活于农耕与畜牧之中，人类贴近自然、信赖自然，在自然前心存敬畏和挚爱，人类不会对自然傲慢。"是的，农耕社会是"靠天吃饭"的，人依顺自然，信任自然，敬畏自然，挚爱自然，而不会对自然傲慢地宣战，否则就会如陶渊明《劝农》诗所说那样"饥寒交至"……

然而，历史进入工业文明以来，如曾繁仁先生所指出："随着大规模的工业化与城市化，在推土机的隆隆声中，昔日美丽的自然早已不复存在，面目全非。表面上是我们剥夺的是自然，实际上我们剥夺的是人类赖以生存的血脉家园，是人类自己的生命之根。"[①] 在这一意义上，人们再读陶渊明的田园诗，能激活历史记忆，唤起人们追忆"人类赖以生存的血脉家园"，增强家园意识，进一步追寻安生立命之根。也正因为如此，有人指出了旅游中的一种普遍的现象："近年来审美领域发生了重大转折……也许，我们可以将这变化称为审美的乡野化……于是，农业社会、农业生产和农业景观成了审美注意的焦点，生态旅游、乡村旅游、'农家乐'登上了大众审美的舞台。农村、农舍乃至野外，日益……成为人们旅游的目的地。"[②] 从本质上分析，这可看作是一种思想上的"回归"，一种生态文明意义上的"寻根"。

或许有人会问：那么，工业文明和农业文明相比，究竟是哪个进步呢？人们无疑都会回答，从农业文明发展到工业文明，肯定是社会进步的表现，这是符合历史发展规律的。既然如此，那么现代人还要再回归到陶渊明式的田园，去"荷锄"，去"负耒"，而丢开机械而不用吗？这岂不是让社会"复古"，使历史"倒退"？应该说，这是只知其一，不知其二。《老子》有言："明道若昧，进道若退。"(四十一章) 其意谓：明晰确切的，好像是暗昧糊涂的；进步往前的，好像是在往后倒退。从今天辩证的认识来接受，也可以推出一系列判断，如人们所说：是一种倾向会掩盖另一种倾向；肯定之中会潜在着它的对立面——否定；人们认识的"明"，其实可能是"昧"；社会科技发展的"进"，其负面影响恰恰是"退"；工业文明日新月异的飞速前进，给人类带来了巨大福祉，但同时潜伏着人类的巨大的灾祸，就

---

① 曾繁仁：《人类中心主义的退场与生态美学的兴起》，载陈望衡等编：《美丽中国与环境美学》，中国建筑工业出版社 2018 年版，第 3 页。

② 肖双荣：《美学走向乡野》，载陈望衡等编：《美丽中国与环境美学》，中国建筑工业出版社 2018 年版，第 118~119 页。

如《老子·五十八章》之所言："福兮，祸之所伏。"

那么，今天重读陶渊明，除了认识种种古代社会现象，获取古典文学中美的滋养、享受，还能汲取什么精神营养，接受什么哲理警示呢？鲁枢元先生的《生态文艺学》写道：

> 海德格尔曾明确指出：当代人"不能退回到那个时期的未受伤害的乡村风貌，也不能退回到那个时期的有限的自然知识"……在海德格尔看来，"回归"完全与"倒退"无涉，而只是希望通过与古代希腊人、古代中国人的"对话"，为已经走进极致的现代工业社会寻获一个新的开端。"回归"实际上是端正人的生存态度，发掘人的生存智慧，调整人与自然的关系，纠正人在天地间被错置的位置。①

说得非常合理、中肯、正确！

总揽陶渊明的一生，他的生存智慧是顺天行事，知足而不妄求，不过分，从接受美学的视角看，这正是今天人对自然所最需要的，同时，也迥然不同于工业文明以来那种与科技飞速发展并驾齐驱的"人类不可餍足的消费欲"；陶渊明感恩自然，看到"良苗亦怀新"，心田就萌生出无限的喜悦；他敬畏自然，说"常恐霜霰至，零落同草莽"，惟恐自然不肯赐予；他尊重劳作，主张自食其力，教育后代"载耘载籽，乃育乃繁"（《自祭文》），意谓只要好好劳动，总会有较繁丰之收获的，扩而大之，这就是"民生在勤"的哲理；而他那"归去来"断然行动，从美学意义上高度肯定了山水田园生活和农耕劳作都是"复得返自然"……这就是陶渊明笔下农耕文明的生态美。

原载《传统文化研究》，苏州大学出版社 2020 年版

---

① 鲁枢元：《生态文艺学》，陕西人民教育出版社 2000 年版，第 21~22 页。

# 陶渊明"无弦琴"多维别解

## ·2021·

陶渊明的"无弦琴",也是陶学研究的一个谜,学术界对此有种种不同的诠释,成为一大热点。然而往往不免是单向的,尤其是音乐视角的阙如,其实,只有深入作多向、多维的研究,即根据其琴书情结、诗文创作、品性为人、生活境况,包括后世名家评陶在内的影响接受,特别是结合中外音乐美学、中国琴学思想以及魏、晋、宋这一大时代环境——哲学背景等,进行多方的丛证、深度的探讨、充分的展开,方能完全揭开"无弦琴"之谜。

先说陶渊明的琴书情结,其诗文中曾一再咏及,兹择录如下:

> 衡门之下,有琴有书。载弹载咏,爰得我娱。(《答庞参军 [其一]》)
> 息交游闲业,卧起弄书琴。(《和郭主簿 [其一]》)
> 弱龄寄事外,委怀在琴书。(《始作镇军参军经曲阿作》)
> 乐琴书以消忧。(《归去来兮辞》)
> 少学琴书,偶爱闲静。(《与子俨等疏》)
> 清琴横床,浊酒半壶。(《时运 [其四]》)
> 欣以素牍,和以七弦。(《自祭文》)

陶渊明的琴书情结,于此可见。就其对琴的情结而言,"琴曲音节,疏、淡、平、静"[①],琴音,这种艺术风韵,和陶渊明其人其诗是如此地相谐合拍,所以他特爱操弄,借用前人的话说,"因雅琴之适,故从容致思焉"(刘向《说苑·别录》佚文[②])。于是,和琴结下不解之缘,这种抚琴品韵的音乐生活几乎伴随着他的一生。

再说陶渊明的历史影响,是异常深远的,受其陶染的突出诗人,有唐代的白居易、宋代的苏轼……

白居易深受陶渊明琴、书、酒的影响,有《效陶潜体诗十六首》,其三有云:"朝饮一杯酒""暮读一卷书""又得琴上趣,安弦有馀暇"。其十二又云:"吾闻浔阳郡,昔有陶征君。爱酒不爱名,忧醒不忧贫……口吟归去来,头戴漉酒巾……我从老大来,窃慕其为人。"白居易仿效其酒、书、琴,赞赏其"不忧贫",羡慕其品性为人。白居易另有一首《好听琴》,这样写听琴的效果:"本性好丝桐,尘机闻即空。一声来耳里,万事离心中。"写出了琴能涤除"尘机",犹如陶渊明的远离"尘网"……

---

① 祝凤喈:《与古斋琴谱》,文化部文学艺术研究院音乐研究所编《中国古代乐论选辑》,人民音乐出版社 1983 年版,第 462 页。
② 吉联抗译注:《两汉论乐文字辑译》,人民音乐出版社 1980 年版,第 100 页。

苏轼《与苏辙书》写道:"吾于诗人,无所甚好,独好渊明之诗……然吾于渊明,岂独好其诗也哉?如其为人,实有感焉。"苏轼独好陶渊明之诗,曾追和陶诗一百零九首。苏轼还和白居易一样,更仰慕陶渊明的品性为人。白居易《效陶潜体诗》有"忧醒不忧贫"之句,苏轼《和陶渊明诗》中的《咏贫士七首〔其三〕》咏道:"谁谓渊明贫,尚有一素琴。心闲手自适,寄此无穷音。"也突出一个"贫"字,此诗似带有调侃的意味,示意"琴"为其唯一财富,这是巧妙地以"琴"写"贫",接着进而揭橥其操奏的可贵性情——闲适,而"寄此无穷音"一句说得更妙……

次论陶渊明的诗文,其影响最大的,无疑是《桃花源记并诗》。试列述这一代表作的价值:

其一,是反映了当时广大农村的赋役苛繁,苦难凋敝,民不聊生,哀鸿遍野,以致流离失所,逃亡去就,这也就是代表了农民们"秋熟靡王税"的诉求和对理想"乐土"[①]的向往。

其二,是在一定程度上助成了后世文人们的理想境界、美学趣向,如在唐代,王维有《桃源行》,韩愈有《桃源图》,刘禹锡有《桃源行》;在宋代,王安石有《桃源行》,苏轼有《和桃花源诗》,汪藻有《桃源行》;在元代,赵孟頫有《题桃源图》,王恽有《题桃源图后》;在明代,沈周有《桃源图》诗,程敏政有《桃源图诗》……此外,书、画家们以《桃花源记并诗》为题材之作,亦复不少,所有这些,都是对陶渊明其记其诗的历史性回应。

其三,它更是代表了陶渊明自己对黑暗丑恶的社会现实的深刻批判,对真、善、美——风俗真淳、善余安乐、恬静平和的理想社会的热切追求,如其《桃花源诗》的结尾所云:"愿言蹑清风,高举寻吾契。"再看诗中的"相命肆农耕,日入从所憩。桑竹垂馀荫,菽稷随时艺"云云,此类诗意多见于其他陶诗。如"秉耒欢时务,解颜劝农人……耕种有时息,行者无问津。日入相与归"(《癸卯岁始春怀古田舍二首〔其二〕》);"力耕不吾欺"(《移居〔其二〕》);"晨出肆微勤,日入负禾还……但愿长如此,躬耕非所叹"(《庚戌岁九月中于西田获早稻》)……这类现象、片段,是他在现实生活中经常触及的和诗中经常出现的。

这里可以开始进入对音乐美学的探讨。

音乐的美学特征是什么?《乐记·乐本篇》曰:"情动于中,故形于声;声成文,谓之音。"音乐(本文均指纯粹的器乐)应该是以"情"贯穿于有组织的"音",使之成为一种"文"。什么是"文"?《说文》释道:"文,错画也,象交文。"王筠句读:"错者,交错也。错而画之,故成文也。"这种"画",从音乐美学角度来理解,绝非形象性的绘画,而是有组织地表达"情"的一系列交错成文的"音",是抽象性的"音画"。英国美学家鲍桑葵在其《美学史》中,论及了德国古典哲学家谢林的话,"音乐是再现从对象抽象出来的纯粹运动及事物和事件的实在形式"[②],这说得有一定道理,点出了音乐再现的抽象性、运动性,可理解为从现实世界里抽象出来的有序的"动态音"。但其不足是没有提及《乐记·乐本篇》"情动于中"的"情"。

还需要进一步研究音乐美的艺术功能。苏联的音乐美学家克列姆辽夫在《音乐美学问题概论》一书中,引了一个否定性的论点:"T. E. A. 霍夫曼在《克莱斯勒主义者》中断言

---

① 这集中反映在《诗·魏风·硕鼠》:"逝将去女,适彼乐土。乐土乐土,爰得我所。"
② 〔英〕鲍桑葵:《美学史》,商务印书馆 1985 年版,第 427 页。

说，'音乐给人开辟了一个陌生的王国，一个与他周围的外在感性世界没有任何共同之处的世界。'"①霍夫曼此言的谬误，是异常明显的，他抹煞了音乐的他律性、情感性，过分强调了音乐的自律性、独立性。但是，如果把霍夫曼的所谓"周围的外在感性世界"解释为白居易诗中"尘机闻即空""万事离心中"的"尘机""万事"，那么，就有一定的合理性。"尘机""万事"均已消失、远离，那么，洁净无尘的空间就可以任凭想象展翅飞翔了。克列姆辽夫又引了 V. 库金这样的话："音乐……能够'给想象开辟无限广阔的境界。'……'想象在这一切中只得出它所希求的东西'。"②库金所说的"给想象开辟无限广阔的境界"，和苏轼诗中的"寄此无穷音"又是多么近似！再联系库金后一句来思考，陶渊明最"希求的东西"是什么？无疑是桃源诗所引领的种种理想化的人情物事……

以上论证，足以说明陶渊明嗜琴的原因，是为了忘怀一切，驰骋想象，超越丑恶现实，希求理想境界。因此可以说，琴音，是陶渊明精神上所寄托、所追求的"第二桃源"，或者说，是一个理想化了的"与他周围的外在感性世界没有任何共同之处的世界"，是一个用音响美组织和开辟的"一个与现实生活远隔了的，没有现实中种种扰乱与贫困"③的"理想王国"，里面没有现实中亲眼目睹的那种扰乱、贫困、污浊、残酷、丑恶、黑暗、痛苦、庸俗……正因为如此，琴成了他的情结之一，成了他历时性精神生活的一部分，而一些长期与其情性相洽的琴曲，也就成了他心灵之所寄。也正因为如此，陶渊明不但在卧起弄琴的有声之日，而且在清琴横床的无音之时，心弦也会与这种音乐而同频共振……

然而，史籍中又有着与陶渊明沉醉音乐、酷爱操琴截然相反的记载，说他不解音律，竟蓄"无弦琴"一张，常适兴而操弄以寄其意。先引史籍及有关诗文如下：

> 潜不解音律，而蓄素琴一张，每有酒适，辄抚弄以寄其意。(《宋书·陶潜传》)
> 渊明不解音律，而蓄无弦琴一张，每酒适辄抚弄以寄其意。(萧统《陶渊明传》)
> 性不解音，而蓄素琴一张，弦徽不具，每朋酒之会，则抚而和之，曰："但识琴中趣，何劳弦上声！"(《晋书·隐逸传》)
> 欲留君以投辖之饮，不如送君以陶令无弦之琴，酒嫌别后风吹醒，琴惟无弦方见心。(黄庭坚《送陈萧县》)

亘古未闻的"无弦琴"，在陶渊明漫长的接受史上，早已流传，并已成了人们乐意援引的著名典故，从唐代开始，出现于李白、张随、韩琦、欧阳修、黄庭坚等大量诗人的诗文之中。同时，又引得聚讼纷纭：陶渊明究竟是否精通音律？"无弦琴"究竟缘何而来？其意义究竟如何？……这些成了千古难解之谜。

苏轼是陶渊明的真正知音和崇拜者，其《与苏辙书》云："吾于诗人，无所甚好，独好渊明之诗。渊明作诗不多，然其诗质而实绮，癯而实腴，自曹、刘、鲍、谢、李、杜诸人，

---

① ［苏］IO. 克列姆辽夫：《音乐美学问题概论》，人民音乐出版社 1983 年版，第 97 页。
② ［苏］IO. 克列姆辽夫：《音乐美学问题概论》，人民音乐出版社 1983 年版，第 103 页。
③ 王瑶：《关于陶渊明》，王瑶《中古文学史论集》，上海古典文学出版社 1956 年版，第 192 页。

皆莫及也……然吾于渊明，岂独好其诗也哉，如其为人，实有感焉。"苏轼论陶诗的风格美，可谓一锤定音！对于陶渊明其人，则服膺其为人，即有感于其人的毫不弄虚作假，真实自然而不掩饰。对于无弦琴，苏轼《渊明无弦琴》则解释道：

> 旧说渊明不知音，蓄无弦琴以寄其意，曰："但得琴中趣，何劳弦上声。"此妄也。渊明自云"和以七弦"（金按：见《自祭文》），岂得不知音？当是有琴而弦弊坏，不复更张，但抚弄以寄意，如此为得其真①。

真是实话实说。但是因何"而弦弊坏，不复更张"，这应联系陶渊明的身世处境来理解。其《乞食》诗写道：

> 饥来驱我去，不知竟何之。行行至斯里，叩门拙言辞。主人解余意，遗赠岂虚来。谈谐终日夕，觞至辄倾杯……感子漂母惠，愧我非韩才。衔戢知何谢，冥报以相贻。

前人及今人对此诗评道：

> 前人对于此诗有三种理解。一是视作渊明晚年贫而乞食的真实写照。如苏轼《东坡题跋》卷二《书渊明乞食诗后》云："渊明得一食，至欲以冥谢主人，此大类丐者之口颊也，哀哉哀哉！"温汝能《陶诗汇评》卷二云："此诗非设言也。因饥求食，是贫士所有之事，特渊明胸怀，视之旷如，固不必讳言之耳。起二句谐甚，趣甚，以下求食得食，因饮而欣，因欣而生感，因感而思谢，俱是实情实景。一是以为乃"设言"，即有寄托之作……一是称此诗乃游戏之作……当以第一说为是。据渊明晚年所作《咏贫士》诗，已至"倾壶绝馀沥，窥灶不见烟"的窘境，《有会而作》诗亦云："常念粥者心，深念蒙袂非。"可见渊明晚年饥寒而至于行乞，当有其事。（龚斌②）
>
> 此诗描摹"饥来"情状，惟妙惟肖。首句"饥来驱我去"，"来""去"妙合无垠。"驱"字写其迫不得已，亦妙。次句"不知竟何之"，恍惚之状凸现纸上……末尾曰"冥报以相贻"，显然已知生前无力相报，惟待死后，沉痛之至……（袁行霈③）

自古至今，对陶渊明的贫窘境遇，均深表悲哀沉痛！陶渊明的《咏贫士七首》，其一还写道："量力守故辙，岂不寒与饥？"可见其穷困拮据，饥寒交迫。《归去来兮辞序》亦云："余家贫，耕植不足以自给，缾无储粟。"《有会而作》还说："老至更长饥。"对于这种困状弊境，苏轼在《与苏辙书》中还予以补充证实："渊明临终，疏告俨等：'吾少而穷苦……黾勉辞世，

---

① 元代李冶也认为："何劳弦上声者，谓当时弦索偶不具，因之以为得趣……今观其平生诗文可概见矣。"（《敬斋古今黈》卷七）
② 龚斌：《陶渊明集校笺》，上海古籍出版社 2017 年版，第 101 页。
③ 袁行霈：《陶渊明集笺注》，中华书局 2011 年版，第 105~106 页。

使尔等幼而饥寒.'渊明此语，盖实录也。"在"老至更长饥"的穷困情况下，如苏轼所言，"有琴而弦弊坏，不复更张"，完全是有可能的，这绝不是富贵者所能切身体会到的。陶渊明的有弦琴，因老来更穷困而变作了无弦。

笔者认为，在陶渊明的音乐生活中，先有有弦之琴，因故而后有无弦之琴。先前，他有弦便于操弄；而一旦弦断而不再更张，这亦无妨，仍可以托情寄意……

特别应强调指出，当时的社会哲学背景是，在道家、玄学盛行的文化环境里，在王弼引领的"贵无论"的时代，只要识得琴中趣——领悟其大音、希声，就可以不劳弦上之声了。试集纳一些有关哲学著作之所论：

> 大器晚成，大音希声，大象无形。(《老子·四十一章》)
>
> 若一志，无听之耳而听之以心，无听之心而听之以气，耳止于听，心止于符。气也者，虚而待物者也。唯道集虚。(《庄子·人间世》)
>
> 大智不形，大器晚成，大音希声。(《吕氏春秋·乐成》)
>
> 无音者，声之大宗也。……无声而五音鸣焉。(《淮南子·原道训》)
>
> 听于无声，则得其所闻矣……听有音之音者聋，听无音之音者聪。(《淮南子·说林训》)
>
> 故无声者，正其可听者也……使有声者，乃无声者也。(《淮南子·泰族训》)
>
> 无声之乐，民之父母也。(嵇康《声无哀乐论》，吉联抗注："'无声之乐'即'至和''太和'的乐，也就是嵇康理想中的至高无上的乐。这也像是老子在《道德经》中'听之不闻名曰希'的'希'声。"①)

希声——这是大音；无音——这是声的大宗；无听之耳而听之以气；琴音生于有，有生于无……对此种种，陶渊明是不可能不求甚解的，相反会通过领悟而有选择地会其意，加以接受、融通，当然他对"大音希声"哲理的领悟，也可能是"此中有真意，欲辨已忘言"，如与嵇康同时代的王弼所言："得意在忘象，得象在忘言"(《周易·略例》)。

琴，既可会意，也更能悟道。道是什么？《老子·一章》曰："道可道，非常道……'无'，名天地之始……故常'无'，欲以观其妙。"在中国音乐美学史，与道相连的"致和说"占有重要地位。《乐记·乐论》云："大乐与天地同和。"《吕氏春秋·大乐》："凡乐，天地之和，阴阳之调也。"《淮南子·本经训》："乐者，所以所以致和"……于是，对琴即使不加操弄，也能"无声之中，独闻和焉"(《庄子·天地》)。唐代的白居易，也似受了陶渊明的影响，其《琴》诗写道："置琴曲几上，慵坐但含情。何烦故操弄，风弦自有声。"他感到在琴前不必操弄，可以聆听于无声，或聆听大自然的风弦之声。宋代郭祥正的《读陶渊明传》更咏道："一琴既无弦，妙音默相通。"妙音者，"贵无论"之"大音希声"也。一个"默"字，点明了其中契机。明代沈周《读陶诗二首》其二也写得好："元气本无声，宣和偶宫徵。飔飔合自然，其音无沾滞。"元气乃"声之大宗"，本来是无声的，道合自然……在魏晋南朝的大时代哲学背景下，陶渊明对于希声贵无论的"此中真意"，是会有领悟的。

----

① 吉联抗：《〈嵇康·声无哀乐论〉译注》，人民音乐出版社1982年版，第55页注(16)。

还需辨正的是，史传均言"渊明不解音律"，此说非是。陶渊明《与子俨等疏》就有"少学琴书"之语，《始作镇军参军经曲阿作》又有"弱龄……委怀在琴书"之语，何况他"少有高趣""颖脱不群"（萧统《陶渊明传》），不可能学不会琴艺。然而当时的事实是，年少时既不解《老子》的"大音希声"，又不善《庄子》的"听于无声"，而学琴首先必须从听音解律、识谱安弦运指开始，按部就班，循序渐进。明代琴人萧鸾《〈杏庄太音补遗〉序》写道："雅喜丝桐，为童子时，尝退息操缦以求安弦……。谱，载音之具，微是则无所法……在善学者以迹会神，以声致趣，求之于法内，得之于法外……兹刻（金按：指刻《太音补遗》之书）也，固初学之师，大匠之规矩也。"① 可见，少年初学者必须从识谱、调弦、指法等开始，首先求之法内，然后才能得之法外；或者说，首先必先入乎其内，最后才能出乎其外。

再从另一角度来看，陶渊明的创作、品性、处世、为人，均可归结为一个"真"字，在陶诗中，如"抱朴含真"（《劝农》）、"真想初在襟"（《始作镇军参军经曲阿》）、"任真无所先"（《连雨独饮》）、"羲农去我久，举世少复真"（《饮酒［其五］》）……除了其诗中自述，后人的评价更多，如南朝梁萧统《陶渊明传》言其"任真自得……真率如此"。唐王维《偶然作》也说，"陶潜任天真。"宋苏轼在《与苏辙书》中引陶《与子俨等疏》后亦云，"渊明此语，盖实录也。"明许学夷《诗源辩体》云："晋宋间诗，以俳偶雕刻为工；靖节则真率自然……"清沈德潜《说诗晬语》："陶诗合下自然，不可及处，在真在淳。"清末刘熙载《艺概·诗概》则说："诗可数年不作，不可一作不真。陶渊明自庚子距丙辰十七年间，作诗九首，其诗之真，更须问耶？"

陶渊明既然真淳朴实如此，就不可能以不解音律冒充精通音律，不可能弄虚作假，沽名钓誉，招摇惑众，忽悠他人。

本文的结论是：陶渊明自幼学琴，精通音律，先是有七弦之琴，后因年久而弦弊坏，更因贫穷窘困，迫于无奈而不再更张。又适逢魏晋南朝"贵无论"流行的大时代，陶渊明对琴也就不再修缮，不妨"课虚无以责有，叩寂寞而求音"（晋陆机《文赋》语）。总之是，由"无奈"而汇入"贵无"，因而被盛誉"蓄无弦琴一张"。但是，陶渊明的精通音律，善于操琴，则是毫无疑义的。

*2021 年作于如意轩之心斋*

---

① 文化部文学艺术研究院音乐研究所编：《中国古代乐论选辑》，人民音乐出版社 1983 年版，第 284 页。

# 邈邈遐景，生意具足

## ——陶诗的生态哲学和鱼鸟情结

·2023·

在生态文明成为时代主旋律的今天，一方面应反思近、现代工业文明所带来的负面影响，努力摆脱严峻的生存危机；另一方面又应发掘、整理中华文化的优秀传统，特别是其中的生态哲学传统，予以承继、凸显和弘扬。

回眸 19 世纪，早年的马克思就曾通过哲理的思考，以带有费尔巴哈哲学痕迹的语言深刻指出：

> 人是类的存在物……无论在人那里还是在动物那里，类的生活从肉体方面来说都表现于：人（和动物一样）赖无机自然界来生活……。从理论方面来说，植物、动物、石头、空气、光等，或者作为自然科学的对象，或者作为艺术的对象，都是人的意识的一部分，都是人的精神的无机的自然界……同样地，从实践方面来说，这些东西也是人的生活和人的活动的一部分。人在肉体上只有依靠这些自然物才能生活。……人靠自然界来生活。这就是说，自然界是人为了不致死亡而必须与之形影不离的身体。说人的肉体生活和精神生活同自然界不可分离，这就等于说，自然界同自己本身不可分离，因为人是自然界的一部分。①

这是从经济学、哲学、美学等视角，以理论和实践、肉体生活和精神生活等多重关系为立足点，从根本上全面阐释了人与自然不可分离的生态关系。今天，由这一视界出发，中国哲学史上的一些带有蒙混色彩的思想资料，均可以通过观照而发现其中合理的生态内核，发现其颇为当今西方有识之士所青睐的"东方生存智慧"。例如：

> 人法地，地法天，天法道，道法自然。（《老子·二十五章》。陈鼓应引侯
> 外庐："这里的所谓天、地、人、自然诸观念虽然蒙混，但是人的社会秩序适
> 应自然秩序，这种关系却表示得十分明白。"②）
> 夫莫之命而常自然。（《老子·五十一章》。陈鼓应引蒋锡昌："即在于不命
> 令或干涉万物，而任其自化自成也。"陈鼓应自注："不加干涉，而让万物顺任自

---

① ［德］马克思：《1844 年经济学－哲学手稿》，人民出版社 1983 年版，第 49 页。
② 陈鼓应：《老子注释及评价》，中华书局 1984 年版，第 168 页。

然。"①）

与天为徒……天与人不相胜也。（《庄子·大宗师》。陈鼓应今译："认为天和人是合一的就和自然同类……把天和人看作不是互相对立。"②）

四时得节（金按："得节"，即应节，与时节相应。《庄子·知北游》："阴阳四时运行，各得其序"），万物不伤，群生不夭……此之谓"至一"。（《庄子·缮性》。陈鼓应："至一：完满纯一的境界。"③）

夫大人者，与天地合其德……与四时合其序……先天而天弗违，后天而奉天时。（《易·乾卦·文言》）

与人相副，以类合之，天人一也。（汉·董仲舒《春秋繁露·阴阳义》）

既然人是自然界的一部分，人的生活和人的活动与自然界不可须臾分离。那么，人就必须敬畏自然，尊崇自然，依靠自然，适应自然，顺任自然，关爱自然……对此，李泽厚、刘纲纪先生这样概括道："坚信人与自然的统一的必要性和可能性，乃是中华民族的思想的优秀传统，并且是同中华民族的审美意识不可分离的。"④这也就是说，天人合一是中华民族生态哲学的精华。

再来看陶渊明的《神释》："大钧无私力，万物自森著。"钧，喻天工、造化。《正字通·金部》："钧，大钧，天也。"《汉书·贾谊传》颜师古注引如淳："陶者作器于钧上，此以造化为大钧也。"晋张华《答何劭二首［其二］》："洪钧陶万类，大块禀群生。"洪钧，指天；大块，指地。陶诗二句，意谓造化无私地普惠万物，既不偏于致力此物，也不偏于致力彼物，让万物自然生长，繁盛有生机。总之，天地间万类群生，一切都是自然而然、生机勃勃的，体现了自然运行的法则，"欲留不得住"（《神释》），人只能随顺自然，适应自然。这一哲学观鲜明而毫不含混，在此前提下，陶渊明不但如另一首诗所云，"大象转四时"（《咏二疏》），而且其《桃花源诗》云："草荣识节和，木衰知风厉。虽无纪历志，四时自成岁。"草木一岁一枯荣，寒暑一载一轮回，四时就是这样地自己运行"成岁"的，"莫之命而常自然"。陶集中还有专以具体的、典型的景物来凸显四时的，见著名的《四时诗》："春水满四泽，夏云多奇峰。秋月扬明晖，冬岭秀孤松。"诗人以出色的具象语言，写出了"暑度随天运，四时互相承"（晋·张华《杂诗》）的天道观。

陶渊明还有一首《时运》诗，通过游春，形象地体现了既"与四时合其序"，又"后天而奉天时"的理念。诗题出自《淮南子·要略》："顺时运之应。"对此，也应从哲学视角加以解读，将《时运并序》分读为一首首欣荣谐和的生态哲理诗：

时运，游暮春也。春服既成，景物斯和，偶景独游，欣慨交心。

迈迈时运，穆穆良朝。袭我春服，薄言东郊。山涤馀霭，宇暧微霄。有风自南，翼彼新苗。

洋洋平泽，乃漱乃濯。邈邈遐景，载欣载瞩。称心而言，人亦易足，挥兹一

① 陈鼓应：《老子注释及评介》，中华书局1984年版，第262页。
② 陈鼓应：《庄子今注今译》上册，中华书局1983年版，第177页。
③ 陈鼓应：《庄子今注今译》中册，中华书局1983年版，第504页。
④ 李泽厚、刘纲纪：《中国美学史》第1卷，中国社会科学出版社1984年版，第485页。

筋，陶然自乐。

　　延目中流，悠想清沂。童冠齐业，闲咏以归。我爱其静，寤寐交挥。但恨殊世，邈不可追。

　　斯晨斯夕，言息其庐。花药分列，林竹翳如。清琴横床，浊酒半壶。黄唐莫逮，慨独在余。

在诗篇中，随顺着时令秩序的运行——春的到来，诗人投身大自然的怀抱之中，尽情领略穆和清静的良辰美景。这里，人和自然不是相互对立、相互超越，而是和谐统一，融合无间，已臻于"至一"的境界。英国美学家纽拜曾说："时间的流驶对风景较之对其他艺术更有意义……在一定程度上，风景是受季节变换支配的……气候条件能够增强对风景的意识……风景不仅顺应自然力因时而变，而且它也作为人类活动的结果因时而变。因此时间的流驶使人面临的不是一个风景，而是一个风景序列。风景是一组活动画片，它是在空间中也是在时间中展开的。"[①] 是的，在《时运》中，诗人自朝至夕所观赏、所感受的，或是山涤余霭，烟岚渐收；或是宇暖微霄，天际渺漭；或是洋洋平泽，波光㴇㴇；或是邈邈遐景，极目无限；或是花药分列，生意具足；或是林竹翳如，景物幽闲……一切都是春意融和，欣然自得。仰观俯察这种种美景，既受气候条件的变化或增强或减弱，又因人观照、活动的处所、方位、视角、时间、情感的移易而各各不同，于是，一幅幅画面在诗人面前不断呈现，"它是在空间中也是在时间中展开的"，同时，情中景，景中情，它又都成为马克思所说的"人的精神的无机的自然界"，或"有机的自然界"（即人化的自然）……

《时运》序中的"偶景独游"，"景"为"影"的本字。《说文解字》段注："光所在处，物皆有阴。""后人名阳曰'光'，名光中之阴曰'影'。别制一字（金按：景［jǐng］＋彡＝影［yǐng］），异义异音。"偶景，龚斌先生注："与影为偶。王沉《释时论》：'志陵云霄，偶景独步。'王胡之《赠庾翼》诗：'回驾蓬庐，独游偶影。'"[②] 偶影，也就是独自。陶渊明的《时运》诗，也可看作是诗人"偶景独游"的一次美学散步。宗白华先生在著名的《美学的散步》一文中写道：

　　散步是自由自在、无拘无束的行动，它的弱点是没有计划，没有系统。看重逻辑性的人会轻视它，讨厌它，但是西方建立逻辑学的大师亚里士多德的学派却唤作"散步学派"……中国古代一位影响不小的哲学家——庄子，他好像整天是在山野里散步……[③]

这段文字，以闲散的笔致描述了散步的价值：它可让人在闲适无拘的途中掇拾、采摘、赏美、悟理，从而取得意外的收获，所以哲人们喜爱在山野间散步。陶渊明亦复如是，在景物斯和的暮春出游，他最大的收获，是"延目中流"，遥想《论语·先进》中的"春服既成，冠者五六人，童子六七人，浴乎沂，风乎舞雩，咏而归"，似闻孔子"吾与点也"的赞

①　［英］纽拜：《对于风景的一种理解》，《美学译文》第2辑，中国社会科学出版社1982年版，第185~186页。
②　龚斌：《陶渊明集校笺》，上海古籍出版社2017年版，第10页。
③　宗白华：《艺境》，北京大学出版社2003年版，第215页。

美之声……总之，这是一幅幅融和着儒家理想的天人合一的和谐图画。

对于《拟古九首［其七］》，清人王夫之《姜斋诗话》特别赞赏开首两句："'日暮天无云，春风散微和'，想见陶令当时胸次，岂夹杂铅汞杀人能作此语？"确实，陶渊明胸襟散朗，气宇融和，王夫之说，这两句不是夹杂着炼丹的道家思想的人所能说得出来的，言下之意是，陶渊明的思想主要应该是儒家的。清人沈德潜《古诗源》亦云："汉人以下，宋儒以前，可推圣门弟子者，渊明也。"两位诗论家均一语中的，指出了其思想的主要方面，是儒家的"春风散微和"，其时的生存方式，是"风乎舞雩"般从中感受生命的舒展。当然，陶渊明也不乏老、庄的思想成分，可以说，其哲理观是"内儒外道"的有机结合。

陶渊明的《饮酒二十首［其五］》："采菊东篱下，悠然见南山。"在天高气清的金秋，诗人这悠然的无言行动和欣然的情感态度，又萌生出难以言传的意趣，故云："此中有真意，欲辨已忘言。"宋人葛立方《韵语阳秋》对此写道："深入理窟，但见万象森罗，莫非真境，故因见南山而真意具焉。"明代沈周《读陶诗二首［其一］》写道："偶尔与物会……其心与天游。"这是一种哲理性的触物见"意"，超然"心与天游"的"悟"。

陶渊明诗文中多"欣"字，如《归去来兮辞》："乃瞻衡宇，载欣载奔……木欣欣以向荣，泉涓涓而始流。善万物之得时……"《时运》亦多，序中有"欣慨交心"之语，王叔岷《陶渊明诗集笺证稿》："欣慨交心者，欣景物之和，慨游春之独也。"从中析绎出"和""独"二字，颇有识见。就"独"字而言，他也并非永远的孤独者。其《酬丁柴桑》咏道："有客有客，爰来爰止……载言载眺，以写我忧，实欣心期，方从我游。"首句重言，以表欣然雀跃；载言载眺，以见情感投合；不止是和谐，而且两心相许，足以除忧来乐，悦意交游。至于陶渊明《游斜川》的诗序，更可看作是一篇微型的游记散文：

> 辛丑正月五日，天气澄和，风物闲美，与二三邻曲，同游斜川。临长流，望曾城，鲂鲤跃鳞于将夕，水鸥乘和以翻飞。彼南阜者，名实旧矣，不复乃为嗟叹。若夫曾城，傍无依接，独秀中皋，遥想灵山，有爱嘉名。欣对不足，率尔赋诗……

与二三邻人同游斜川，所欣对的一切，无不是冲融闲美，生意活泼，如诗似画，引发人无尽的联想和想象……这次出游，可谓"邀邀遐景，载欣载眺"。当然，据其哲理观，序文及诗中也必然会交织着那种迁逝的悲愁之感。

纵观陶集，通过自然美以体现"载欣载眺"的，莫过于"有风自南，翼彼新苗"（《时运》）、"平畴交远风，良苗亦怀新"（《癸卯岁始春怀古田舍二首［其二］》）。对于"既耕亦已种"（《读山海经十三首［其一］》）的陶渊明，由于其身心与农人般地倾心投入，故而其咏唱农作物的感情和用词，就必然会和一般咏唱者迥然有异，且不说"翼"字转品后的修辞美学效果，就说作为自然生命的"苗"字之前，别致地冠以"新""良"等形容词，就不但体现了观察的精微，而且其感情态度也与众不同，读者可感受到，诗句的字里行间，跳动着诗人的一颗喜悦之心，渗注着诗人的一片欣慰之情。黑格尔《美学》在论及"对自然生命的观察方式"时这样说：

> 我们只有在自然形象的符合概念和客体性相之中见出受到生气贯注的互相依

存的关系时，才可以见出自然的美。……自然美还由于感发心情和契合心情而得到一种特性……这里的意蕴并不属于对象本身，而是在于所唤起的心情……这种表现却联系到人的观念和人所特有的心情。[①]

这段论述较晦涩，但其合理内核是强调了审美主体的感发心情、契合心情特别是"生气贯注"。这番话完全适用于上引的"生气贯注"的咏"苗"名句，它们是"感发心情和契合心情"在诗中的景物化，景物中就体现着诗人"所特有的心情"。

在陶集中，体现着这种"特有的心情"的诗句——推己及物、由物返己的"生气贯注"的诗句颇多。例如：

霭霭堂前林，中夏贮清阴。凯风因时来，回飙开我襟。(《和郭主簿二首［其一］》)

卉木繁荣，和风清穆。(《劝农》)

山气日夕佳，飞鸟相与还。(《饮酒二十首［其五］》)

云无心以出岫，鸟倦飞而知还。(《归去来兮辞》)

鸟哢欢新节，泠风送余善。(《癸卯岁始春怀古田舍二首［其一］》)

孟夏草木长，绕屋树扶疏，众鸟欣有托，吾亦爱吾庐。(《读山海经十三首［其一］》)

仲春遘时雨，始雷发东隅。众蛰各潜骇，草木从横舒。翩翩新来燕，双双入我庐。先巢故尚在，相将还旧居……(《拟古九首［其三］》)

见树木交荫，时鸟变声，亦复欢然有喜。(《与子俨等疏》)

林木、和风、时雨、浮云、飞鸟、池鱼……种种自然形象，"作为艺术的对象"在陶渊明诗文中无不充满着欣然生意，它们温和、繁荣、清穆、欢然、可亲、自由自在、令人开襟……这些，和诗人的"感发心情"，包括其人生经历在内的"契合心情"融和在一起，用马克思的哲学语言说，它们都是"人的精神的无机的自然界"，成了"人的生活和人的活动的一部分"。特别是诗文中的"鸟"，例如"鸟倦飞而知还""鸟哢欢新节""时鸟变声，亦复欢然有喜"，咏鸟不就是抒写诗人自己吗？"众鸟欣有托，吾亦爱吾庐"，这前后两句更是一种隐喻关系，是一种"感发"和"契合"的关系。

还可进一步以陶集中有关鸟或鱼鸟的诗文来举证推论：

《停云》："翩翩飞鸟，息我庭柯。敛翮闲止，好声相和。岂无他人，念子实多……"咏唱思念亲友，以飞鸟的从容地翔息于庭，和鸣相亲，以感发自己思念之殷，契合自己孤寂之憾，一片深情，溢于言表！清代著名诗论家王夫之《古诗评选》赞道："四言之佳唱，亦柴桑之绝调也。"

《归鸟》：

翼翼归鸟，晨去于林。远之八表，近憩云岑。和风弗洽，翻翮求心。顾俦相

---

[①] ［德］黑格尔：《美学》第1卷，商务印书馆1979年版，第168、170页。

鸣，景庇清阴。

　　翼翼归鸟，载翔载飞。虽不怀游，见林情依。遇云颉颃，相鸣而归。遐路诚悠，性爱无遗。

　　翼翼归鸟，驯林徘徊。岂无天路，欣反旧栖。虽无昔侣，众声每谐。日夕气清，悠然其怀。

　　翼翼归鸟，戢羽寒条。游不旷林，宿则森标。晨风清兴，好音时交。矰缴奚功，已卷（倦）安劳（归巢后人们无法射杀）？

四章不但以"四时得节"的天道观，通过"和风""遇云""气清""寒条"，暗示出春、夏、秋、冬的四时转换，而且在内容上如袁行霈先生所概括："一章，远飞思归。二章，归路所感。三章，喜归旧林。四章，归后所感。全用比体，多有寓意。如：'矰缴奚功'比喻政局险恶；'戢羽寒条'比喻安贫守贱；'宿则森标'比喻立身清高。处处写鸟，处处自喻。钟伯敬曰：'其语言之妙，往往累言说不出处，数字回翔略尽。'"[1]此诗通过历时性的抒写，突出表现了陶渊明时时系念的归鸟情结。

《感士不遇赋》："密网裁而鱼骇，宏罗制而鸟惊。彼达人之善觉，乃逃禄而归耕。"这里的"士""达人"，无疑都是陶渊明自己。由于宏罗密网的裁制而鱼骇鸟惊，隐喻仕途险恶，入仕者命运多舛，而先觉的达人，"乃逃禄而归耕"，如同《归去来兮辞》中的"富贵非吾愿，帝乡不可期。怀良辰以孤往，或植杖而耘耔"，这也就是鱼鸟逃离了网罗。

《始作镇军参军经曲阿》："望云惭高鸟，临水愧游鱼。"亦以鱼鸟并举，反衬出"人的观念和人所特有的心情"，即误落"尘网"中难以摆脱，从而羡慕自由自在的鱼鸟而自愧勿如。对此，龚斌先生注引李善："言鱼鸟咸得其所，而己独遗其性也。"[2]

《饮酒二十首〔其四〕》：

　　栖栖失群鸟，日暮犹独飞。裴回无定止，夜夜声转悲。厉响思清远，去来何所依！因值孤生松，敛翮遥来归。劲风无荣木，此荫独不衰。托身已得所，千载莫相违。

全诗对失群之鸟充满了同情、关切，并让失群之鸟和孤生之松缔结因缘，让其托身得所，"千载莫相违"，于是，悲剧性转化为喜剧性，从而表达了陶渊明由衷的心愿。

《归园田居五首》其一："羁鸟恋旧林，池鱼思故渊……久在樊笼里，复得返自然。"这更是托物明志，物与我契合无间。唐颜真卿《咏陶渊明》诗云："兴逐孤云外，心随还鸟泯。"二句寓意深永，不愧为陶渊明的知音！"兴逐孤云外"，这也就是说，诗人如同孤云一般，偶景独游于"尘网"之外，得以回归"顺任自然"的状态；"心随还鸟泯"，也就是说，心如同脱离了"樊笼"而归巢的"还鸟"一般，完全消失在树林间了。

诗人一旦辞官归田，则感发心灵，以笼鸟投林，池鱼归渊为譬，让自然形象在符合概念中作为审美客体与审美主体融和于契合心情的意象，从而赢得了极佳的审美效果。沈德

---

①　袁行霈：《陶渊明集笺注》，中华书局 2011 年版，第 57 页。
②　龚斌：《陶渊明集笺注》，上海古籍出版社 2017 年版，第 171 页。

潜《说诗晬语》云："事难显陈，理难言罄……每借物引怀以抒之。比兴互成，反复咏唱，而中藏之欢愉惨戚，隐跃欲传，其言浅，其情深也。"陶渊明的反复咏唱正是如此。袁行霈先生概括道：

> 陶诗中屡次出现归鸟意象，如《饮酒》："因值孤生松，敛翮遥来归。""山气日夕佳，飞鸟相与还。""日入群动息，归鸟趣林鸣。"《咏贫士》："迟迟出林翮，未夕复来归。"《读山海经》："众鸟欣有托，吾亦爱吾庐。"《归去来兮辞》："云无心以出岫，鸟倦飞而知还。"此皆渊明自身归隐之象征。①

诗句中生气贯注的意象、意在言外的象征，反复咏唱的博喻，均值得深味。陶渊明与飞鸟，真是忧喜相关，命运与共！这种物我合一、难解难分的情结，这种对小小生命的同情、关切、爱护，对今天来说，其中难道没有生态哲学的启示吗？

再回到生态哲学的主题。张明为《美丽中国与环境美学》一书所作的序，在概括了工业文明的得与失后写道：

> 1962 年，在美国，一本具有科技性质的书《寂静的春天》出版。只要翻开书页，目录竟然是如此让人触目惊心："死神的特效药""不要的大破坏""再也没有鸟儿歌唱""死亡的河流""自天而降的灾难""人类的代价""通过一扇狭小的窗户""大自然在反抗""崩溃声隆隆"……人们误以为这是写战争或者想象地球的毁灭，都不是，这是写农药的使用带给人类的灾难。②

书中"再也没有鸟儿歌唱"一章也写得特别凄惨寂寥，令人触目惊心。对照陶渊明笔下"众鸟欣有托""鸟哢欢新节""众声每谐""好音时交"的生机蓬勃的有声境界，难道不发人深省吗？最近几年，中国突然发现《寂静的春天》一书的价值，十几家出版社先后竞相出版，不避重复，蔚为热潮，成为一本普及型的畅销书，拥有了越来越多的读者。同时，这也反映了我们时代广域性生态意识的觉醒。由此也可见，发掘和重读陶渊明的生态哲学和鱼鸟情结，是有必要、有价值的。

原载《苏州教育学院学报》2023 年第 1 期

---

① 袁行霈：《陶渊明集笺注》，中华书局 2011 年版，第 54 页。
② 陈望衡、邓俊、朱洁编：《美丽中国与环境美学》，中国建筑工业出版社 2018 年版，第Ⅲ页。

# 景 咏 相 生

## ——旅游文学与美学，以唐代诗人咏虎丘为例

### ·2004—2023·

　　景咏相生，也就是景物和诗咏的互动相生，这是苏州文学发展的一条重要规律。笔者在《苏州文学通史》中，初步总结概括出苏州文学发展繁荣的八条规律[①]，本文拟将其中第二、第三条即"江山助思律""景咏相生律"以及第二编第一章第四节"唐代诗人咏虎丘"三者糅合一起，进一步增删加工提升，构建成为一篇以虎丘为重点实例的、阐发苏州（当然也适用于全国）旅游文学景咏相生律的完整论文。

## 一、论"江山助思律"

　　此律由于十余年来学术界对"江山"概念的理解出现了模糊、分歧，这似乎问题不大，其实却涉及"江山助思"[②]这条美学规律是否能成立的问题，故拟另撰附文——《"江山之助"辨及其他》重点加以辨正。而以下仍按笔者原来的理解和论述展开。

　　最早提出"江山之助"的，是南朝梁著名文学理论家刘勰。他的《文心雕龙·物色》是专论情、景与创作的关系的专篇，该篇写道：

　　　　春秋代序，阴阳惨舒，物色之动，心亦摇焉……物色相召，人谁获安？……情以物迁，辞以情发……是以诗人感物，联类不穷……若乃山林皋壤，实文思之奥府……然屈平所以能洞监《风》《骚》之情者，抑亦江山之助乎？
　　　　赞曰：山沓水匝，树杂云合。目既往还，心亦吐纳。春日迟迟，秋风飒飒，情往似赠，兴来如答。

此赞如诗似画，优美精彩，纪评为"诸赞之中，此为第一"。该篇反复指出，诗歌创作离不开"情"，而"情"的萌生、激发，又往往离不开"景"，正因为如此，故而诗人的创作，"既随物以宛转"，"亦与心而徘徊"，情景相生，往还吐纳，于是体现了"江山之助"的创作乃成。这一规律，早已为中国文学发展史所证实。

---

[①]　笔者在和范培松教授所主编主撰的《苏州文学通史》（四卷本，江苏教育出版社2004年版，成稿于21世纪初）前言中，尝试性地提出了苏州文学发展繁荣的八条规律：一、与世推移律；二、江山助思律；三、景咏相生律；四、共鸣接受律；五、横向交叉律；六、合群功能律；七、选用刚柔律；八、美善育秀律（见《苏州文学通史》第1卷，第13~35页）。其中多数适用于全国。

[②]　此四字原封不动撷自苏舜钦的《送子履》诗。

　　再以苏州这一"文思之奥府"来验证。无论是本地作家，还是外地作家，均一致赞赏吴地的山水风物之美。宋代苏州籍作家朱长文咏虎丘道："一丘虽小势巉然，自古登临几代贤。"（《游虎丘借前韵》）明人王鏊则概括说："吴中信是好风景。"（《灵岩山》）而非苏州籍明代作家袁宏道同样写道："山色七十二，湖光三万六，层峦叠嶂，出没翠涛，弥天放白，拔地插青，此山水相得之胜也。"（《西洞庭》）。正是吴地这类美景，引得各地名士云集，墨客踵至，他们来到这里，无不诗兴勃发，文思泉涌，写出了不可胜数、脍炙人口的咏苏诗文。

　　具体地说，唐代"姑苏诗太守"白居易，在苏才一年有余，就写下了大量苏州的咏景诗，例如：

> 　　黄鹂巷口莺欲语，乌鹊河头冰欲销。绿浪东西南北水，红栏三百九十桥……
> （《正月三日闲行》）
> 　　阊门四望郁苍苍，始觉州雄土俗强……云埋虎寺山藏色，月耀娃宫水放光。
> （《登阊门闲望》）
> 　　香刹看非远，祇园入始深。龙蟠松矫矫，玉立竹森森。怪石千僧坐，灵池一剑沉。海当亭两面，山在寺中心……（《题东武丘寺六韵》）

这些珠圆玉润的诗句，深入浅出，通俗易懂，在一代代苏州人中，不胫而走，流传至今。

　　再如宋代诗人苏舜钦来到。苏州，也写了不少出色的游苏诗：

> 　　东出盘门刮眼明，萧萧疏雨更阴晴。绿杨白鹭俱自得，近山远水皆有情……
> （《过苏州》）
> 　　月晃长江上下同，画桥横绝冷光中。云头艳艳开金饼，水面沈沈卧彩虹。佛氏解为银色界，仙家多住玉华宫。地雄景胜言不尽，但欲追随乘晓风。（《中秋松江新桥对月和柳令之作》）

第一首写得生气勃勃，突出了东出盘门所见山水之美。第二首咏吴江的垂虹长桥，境界宏阔冷艳，方回《瀛奎律髓》评道："此篇古今绝唱，与吴江长桥、中秋月色成三绝。"苏舜钦在《送子履》诗中还总结道："幸有江山聊助思。"他把刘勰的创作理论和自己创作实践的体悟融而为一了，说明"江山之助果足以激发人之性灵"（沈德潜《盛廷坚蜀游诗集序》）。这就是笔者所概括的"江山助思律"。

## 二、论"景咏相生律"

　　这是江山助思律进一步的互动体现。明代苏州著名书画家、文学家文徵明在《金山志后序》中，不但以杜甫夔州诸诗为例，指出"文章必得江山之助"，而且又倒过来，以柳宗元永州诸记为例，指出"山川灵境，必藉文章以传"①，从而得出"诗以山传，山以诗

---

① 就文章而言，从一定程度上可以说，没有唐代王勃的《滕王阁序》，就没有誉满天下的滕王阁；没有宋代范仲淹的《岳阳楼记》，就没有蜚声中外的岳阳楼；同样，黄鹤楼如果没有崔颢登楼所题《黄鹤楼》之诗，也不可能名扬四海……这着也体现景咏相生律。

传""人境相须，不可偏废"的互动的美学结论。文徵明之后，明代吴派画家董其昌又进一步概括道："诗以山川为境，山川亦以诗为境。"(《画禅室随笔·评诗》)这更以深度的理性揭示了辩证互补的意境美学。至清初，苏州作家尤侗在《百城烟水序》中，也提出了"夫人情莫不爱山水，而山水亦自爱文章。文章藉山水而发，山水得文章而传，交相须也"的美学至论。至于乾隆时著名诗人、学者沈德潜，其《芳庄诗序》的论述则更为精警绝伦：

> 江山与诗人，相为对待者也。江山不遇诗人，则岩巘渊沦，天地纵与以壮观，终莫能昭著于天下古今人之心目；诗人不遇江山，虽有灵秀之心，俊伟之笔，孑然独处，寂无见闻，何由激发心胸，一吐其堆阜灏瀚之气？惟两相遇、两相待，斯人心之奇，际乎宇内之奇，而文辞之奇得以流传于简墨。

值得思考的是，以上一系列并不多见的精辟的辩证景咏相生观，偏偏均出在苏州及其附近，这不是没有历史、地理之原因的，这也再一次显示了苏州文学史、美学史上一以贯之所具有的、但又鲜为人知的理论优势。

不妨再联系实际来加以论析。张继创作《枫桥夜泊》，有赖于"姑苏城外"的山川之助，这是"诗以山川为境"，因为此诗是在枫桥、寒山寺一带的景境中孕育、生成的；而其诗一旦被创作、接受、传诵，人们闻名来到枫桥、寒山寺，这一带的景观又可能同时在人们诗意的接受视野中展开，或者说，现实的景观同时又在诗意的境界中展开，于是吟诗赏景，实现了文学与现实审美的"交相须"，从而游兴更浓，收获更丰。可以说，寒山寺、枫桥有了《枫桥夜泊》等诗的文化积淀，其意蕴更深，景观更有味，名声播散更广，流传得更为久远，这体现了"山川亦以诗为境""山川灵境，必藉文章以传"的美学。刘勰的"江山之助"论，和从文徵明到沈德潜的山川文章相须论、江山诗人相待论，归纳起来，就是景与咏的相生相发，互补互传，故本文将其概称之为"景咏相生律"。需要指出的是，学术界、旅游界、风景园林界对于这一现象，往往是熟视无睹，而对于这一旅游文学和名胜开发的美学规律，更是无人问津，这首先是有愧于古人，也可进而说，在理论上是落后于古人的。

还可进一步往深处、细处发现，发掘。如清代著名学者钱大昕曾根据苏州的网师园、虎丘概括道：

> 亭台树石之胜，必待名流宴赏、诗文唱酬以传。(《网师园记》)
> 虎阜之在吴中，部娄尔，而名重海内，几与九山十岳等。岂非……地居都会，文人学士觞咏于兹，扬誉者众，得名较易耶？(《虎阜志序》)

这两条，说得既实事求是，又异常深刻，试分论之：

先说网师园。钱大昕的《网师园记》还写到，"招予辈四五人谭宴，为竟日之集"，可见名流唱酬雅集，有助于其园其景的流传；清人于鳌图咏网师园的诗，也颇能说明问题："主人好客列华筵，琥珀光洒杯上口。如仙如梦洛中花，如金如石人间友。晋卿雅集图长留，太白春游文不朽。名花名园以人传……"而这些，均早已物化为网师园墙上的书条石。于鳌图诗中的"名园以人传"，可看作是对景咏相生律的历史性呼应，它还可进而演绎为"园以名人（之咏）传"。

再说钱《记》中"地居都会，文人学士觞咏于兹"的虎丘，由于题咏者多，"扬誉者众"，而包括名流在内的游赏者就会蜂拥而来，其题咏也就会更多起来，而且有些还能不断转化为物质景观，如宋代著名诗人苏轼《虎丘寺》中"铁花绣岩壁""云水丽千顷"的名句，就转化而为虎丘的"铁华岩""千顷云阁"，于是，景境随诗文而增值，而拓展……这种景咏相生的"滚雪球"现象，这种景以咏生、咏以景发的良性循环，充分地说明了吴中第一胜地的虎丘，乃是"诗以山传，山以诗传""人境相须"的典范，正因为如此，以下拟以虎丘为重点实例加以论证。

### 三、以唐人咏虎丘为重点实例

虎丘位于苏州城西北，山塘河北岸。宋范成大《吴郡志·虎丘》云：

> 虎丘山，又名"海涌山"。在郡西北五里，遥望平田，中一小丘……比入山，则泉石奇诡，应接不暇。其最者，剑池，千人坐也。剑池，吴王阖庐葬其下，以扁诸、鱼肠等剑三千殉焉，故以剑名池。葬之三日，有白虎踞其上，故山名虎丘，唐避讳曰武丘。剑池，浙中绝景，两岸划开，中涵石泉，深不可测。……千人坐，生公讲经处也。大石盘陀数亩，高下如刻削，亦它山所无。又有秦王试剑石、点头石、憨憨泉，皆山中之景。好事者云，天下名山，所见不及所闻，独虎丘所闻不及所见也。其古事载传记尤多。

上引范氏语，最有意思的是：各地景区，"所见不及所闻"，亦即是名不副实，往游所见，不过尔尔；唯独虎丘则不然，入乎其中所见胜景，满目皆是，所见者远远超过所闻，它景物丰繁，令人应接不暇；它让人满载而归，尽兴而返，以至百游不厌。此外，还有使人扑朔迷离的传说，更品味无尽，启人遐想……

从历史上看，东晋时虎丘已颇有名，著名画家顾恺之的《虎丘序略》称其"含真藏古，体虚穷玄。隐嶙陵堆之中，望形不出常阜。至乃岩崿，绝于华峰"。这是从哲学和美学的高度，赞颂其山历千古，休藏元真，嶙奇神秀，华峰绝伦。王珣《虎丘记》也说，其山路"两面壁立，交林上合，蹊路下通，升降窈窕，亦不卒至"。这揭示了其蹊径具有引人入胜的幽奇之美。当时，王珣与其弟王珉在剑池东西分别建造别墅，咸和间，二人舍宅为东西二寺，成为东南名刹。

虎丘以其雄奇幽深的自然景观和历史文化的丰厚积淀，自东晋、南朝以来就名重海内，开始成为吴中第一胜地。南朝苏州作家顾野王在《虎丘山序》中，通过比较来揭橥虎丘的审美特征：

> 夫少室作镇，以峻极而标奇；太华神掌，以削成而称贵。若兹山者，高不概云，深无藏影，阜非培塿，浅异棘林。秀壁数寻，被杜兰于苔藓；椿枝千仞，挂藤葛与悬萝。曲涧潺湲，修篁荫映。路若绝而复通，石将颓而更缀。抑巨丽之名山，信大吴之胜壤……

这是以骈俪之句来抒写虎丘胜壤具有卑中见崇、浅中含深之美。序文又写到诗人们于此即景赋诗："云合雾集，争歌颂于林泉……班草班荆，坐磴石之上；濯缨濯足，就沧浪之水。倾缥瓷而酌旨酒，剪绿叶而赋新诗……盛矣哉！聊述时事，寄之翰墨。"惜乎这些佳作未见传世。

到了唐代，虎丘更成为各地文人雅士心向往之的必游之地、必咏之胜。如：

少寻道士居嵩岭，晚事高僧住沃洲。齿发未知何处老，身名且被外人愁。欲
随山水居茅洞，已有田园在虎丘……（李端《戏赠韩判官绅卿》）
归来重过姑苏郡，莫忘题名在虎丘。（李频《送罗著作两浙按狱》）
挂席逐归流，依依望虎丘。（韩翃《赠长洲何主簿》）

李端写自己一生企求幽隐，从嵩岭到沃洲，找不到归老之处，最后还是在虎丘置了田园，这是他通过长期比较的最终选择。李频诗则叮嘱吴县宰罗常重过姑苏时，别忘了在虎丘题名，这足以说明，唐代已有虎丘题名的风习，这也是值得注意的文化现象。韩翃写羡慕虎丘之名而来，在归舟中依依回望而去，虎丘美的魅力也由此可见。

关于咏虎丘的具体景点，殷尧藩写有《生公讲台》："暝色护楼台，阴云昼未开。一尘无处著，花雨遍苍苔。"暝色和阴云，渲染了一种特殊的氛围。讲经处一尘不染，更烘托出生公的超凡入圣。"花雨"句则突出生公讲经的法力无边，令人如见高僧"聚石为徒，与谈至理，石皆点头"（顾禄《桐桥倚棹录》引《十道四蕃志》），而且讲经讲得天上花落如雨，池内白莲盛开。游人据此可联系千人石侧的白莲池、点头石来放飞想象。

亦传为生公遗迹之一的供千人坐而听经的千人石，也是虎丘著名胜迹。贾岛《千人坐》写道："上陟千人坐，低窥百尺松。碧池藏宝剑，寒涧宿潜龙。"贾岛虽咏横向展开的千人石，却把审美的目光投向与之形成鲜明对比的纵向狭窄空间——剑池。对于这一特殊的空间，南朝陈张正见《从永阳王游虎丘山》就写道："溜深涧无底，风幽谷自凉。枰沉馀玉气，剑隐绝星光。"诗句强调了剑池的幽深神秘。唐代杜甫的《壮游》诗也有"剑池石壁仄"之句，诗人用一高度凝练的"仄"字，点出石壁夹剑池之陡峭的形势、奇险的景象、狭窄的空间和幽秘的境界。对于剑池中所藏神奇的宝剑，唐人也有诗咏道：

阖闾葬日劳人力，嬴政穿来役鬼功。澄碧尚疑神物在，等闲雷雨起潭中。（李
岘《剑池》）
兹峰沦宝玉，千载唯丘墓。埋剑人空传，凿山龙已去……（刘长卿《题虎
丘寺》）
不决浮云斩邪佞，直成龙去欲何为？（来鹄《古剑池》）
云树拥崔嵬，深行异俗埃。寺门山外入，石壁地中开。仰砌池光动，登楼海
气来。伤心万古意，金玉葬寒灰。（张祜《题虎丘东寺》）

据《越绝书》云："阖庐冢，在阊门外，名虎丘……铜椁三重，坟池六尺，玉凫之流，扁诸之剑三千。"《吴越春秋》《吴地记》也有阖闾葬虎丘时，发五郡之人作冢、十万人治葬等记载。李岘诗以"劳人力"三字，对这种极度的侈葬作了深刻的批判。《吴地记》又云："秦始

皇东巡，至虎邱，求吴王宝剑，其虎当坟而踞。始皇以剑击之，不及，误中于石。其虎西走二十五里，忽失……剑无复获，乃陷成池，故号剑池。"李峄以"嬴政穿来役鬼功"一句，来概括这一神异的传说。诗人看到澄碧深邃的池水，怀疑可能神剑还在，并发挥丰富的想象，说有朝一日风雷动，宝剑会化龙而起飞潭中。来鹄诗则把这一浪漫神奇的传说和翱翔天宇的想象拉回到现实的社会，他说，这种化龙的神剑尽管飞翔云天，如果不去斩杀祸国殃民的邪佞，那又有什么用呢？从而宣泄了心中的愤懑不平。张祜的诗，既写虎丘的总体印象，云树簇拥着崔嵬，登楼感受到"海涌山"的气势……又重点突出剑池及其故事，"寺门山外入，石壁地中开"一联，以高度的概括、对偶绝佳的语言，提炼出虎丘景观美的精华，而末联是对历史的某种清算……虎丘是天然开辟、人工陵堆、神话传说、诗文题咏四者交织相生、层累而成的"巨丽之名山、大吴之胜壤"。

虎丘山道上的真娘墓，也是唐代诗人咏虎丘的一个热点。据说，真娘本姓胡，为唐代中良家女，父母双亡后受骗堕入阊门青楼。她才貌出众，能歌善舞，守身如玉，后为免遭污辱，反抗鸨母而投缳自尽，被葬于虎丘。李绅《真娘墓诗序》云："吴之妓人，歌舞有名者。死葬吴武丘寺前，吴中少年从其志也。墓多花草，以满其上。嘉兴县前，亦有吴妓人苏小小墓。风雨之夕，或闻其上有歌吹之音。"这是旧时代值得令人深切同情的悲剧。鲁迅曾以通俗、简洁而深刻的语言指出："悲剧将人生有价值的东西毁灭给人看。"[①] 那么，真娘身上有价值的东西是什么？是绝代佳丽的姿色美，是能歌善舞的才艺美，是守身如玉的节操美，一句话，是红颜薄命的悲剧美。在唐代，咏真娘墓的诗人，除李绅外，还有白居易、刘禹锡、沈亚之、张祜、李商隐、罗隐，等等，他们的诗咏，往往还把真娘之死与虎丘这一佛寺禅境等背景绾结起来，如"佛地葬罗衣，孤魂此是归"（张祜《题真娘墓》），写得更令人思绪悠悠，寻味不绝。联系"景咏相生"来思考，这同时也可说是"事咏相生"，而虎丘道旁的"古真娘墓碑亭"，可说就是在"景""事""咏"三者互动的历史时空中累建起来的。董其昌"诗以山川为境，山川亦以诗为境"的警语，也可以这样地套用于碑亭："诗以碑亭为境，碑亭亦以诗为境。"在此不断互动的历史流程中，诗还可能转换为另类物化景观。如李商隐的《和人题真娘墓》："虎丘山下剑池边，长遣游人叹逝川……一自香魂招不得，只应江上独婵娟。"就被转化为亭前的摩崖刻石："香魂"。这两个大字，是有意味的诗化景观、人文景观，是"情缘事生，景以诗发"的物化成果。而这又足反过来深化真娘墓的文化内涵，生发这一景观的悲剧意蕴，丰富着游人的审美感受。诚可谓：诗咏与山林互渗互补，名流与胜迹相生相发。

历代诗人咏虎丘，作品多得几乎不可胜数。建议能否成立一个专业课题组，请唐诗专业的硕博士生领班，撰写既有厚度，又有高质量的《虎丘诗史》《虎丘文学史》或《虎丘诗笺注》，全国好像还没有这样一部单独的景区诗史或景区文学史，这是学术领域的全国性首创！

从文学发展的视角看，唐代似乎只能说是其良好的开端，然而这又是一个丰收的开端；再从文化审美的视角看，人们欣赏虎丘"所闻不及所见"的种种自然的、人文的丰饶景观，是以大量诗文传说为背景有滋有味地展开的，这就能倍增其审美情趣和文化意味；而从旅游文学的视角看，虎丘可说是值得开掘的文化富矿、旅游资源、诗性的"无尽藏"……

---

① 《鲁迅全集》第1卷，人民文学出版社1981年版，第192页。

此外，除撰写和出版大部头虎丘学术著作外，也可悉心挑选出一些诗作加注或配图，编为《虎丘诗画配》，或《虎丘诗选》《虎丘文选》《虎丘影册》《虎丘传说》《虎丘故事》《虎丘刻石》等精美的小册子，这一系列性的通俗文创产品，实现了提高、普及的双轨并进，其效果是搞活了文化和经济，又更有效地推动了旅游事业，还特能促进宣传，使虎丘更加名重海内外，可谓一石三鸟。

这一工程，笔者姑称之曰"园林研究的学术化"。以虎丘为试点，总结经验教训，然后在苏州园林进一步审慎地逐步推广，这也可说是在全国开风气之先。

原为《苏州文学通史》（2004）中三个部分；

2022 年整合加工为完整论文；

发表于《苏州园林》2023 年第 3 期

# "江山之助"辨及其他

## ·2023·

"江山助思"是文学繁荣发展的规律之一。江山的本义是自然景物，《文心雕龙·物色》里的"江山之助"，是指自然景色有助于诗人的创作。但现今（指2023年2月）的"百度百科·江山之助"条目依然转述二十年前的汪春泓先生文，对江山和江山之助均作了大量的误读误释，并极意贬抑晋宋诗人和山水诗等，使中国文学史出现了断层。对此，拟以大量事实论据和事理论据对一系列误读误释作了辨正，进而扩大视野，通过艺术美学的论析，高度肯定了王羲之、简文帝等在中华文化史上的崇高地位。

### 一、问题的缘起

在中国文学理论史上，最早提及"江山"并提出"江山之助"说的，是南朝梁著名文学理论家刘勰。其《文心雕龙·物色》是论情、景与创作的关系的专篇，该篇写道：

> 春秋代序，阴阳惨舒，物色之动，心亦摇焉……物色相召，人谁获安？……情以物迁，辞以情发……是以诗人感物，联类不穷……若乃山林皋壤，实文思之奥府……然则屈平所以能洞监《风》《骚》之情者，抑亦江山之助乎？
> 赞曰：山沓水匝，树杂云合。目既往还，心亦吐纳。春日迟迟，秋风飒飒，情往似赠，兴来如答。①

该篇在展开论述时反复指出，诗歌创作离不开"情"，而"情"的萌生、激发，又往往离不开"景"，正因为如此，故而诗人的创作，"既随物以宛转"，"亦与心而徘徊"，"情往似赠，兴来如答"，情景互动相生，而包括"江山之助"在内的创作乃成。这一规律，早已为中国文学发展史所证实。

但是，汪春泓先生以纠误为旨的《关于〈文心雕龙〉"江山之助"的本义》一文②则相反，对于"江山""江山之助"进行了误读误释。此文的发表，至今已二十年过去了，但为什么还要旧事重提？理由之一是，今天凡是查到百度网——"百度百科·江山之助"条目，依然主要是概述汪文之误说。兹引录（混乱不通处亦照录）如下——

---

① 范文澜：《文心雕龙注》下册，人民文学出版社1978年版，第697页，注［一四］"纪评：'诸赞之中，此为第一。'"
② 汪春泓：《关于〈文心雕龙〉"江山之助"的本义》，载《文学评论》2003年第3期。以下凡引该文，均简称"汪文"。

【原义】江山，不等同于山林皋壤、自然景物，而是指缘于朝廷斗争所造成的屈原的不幸的命运，是指社会政治因素，这才是成就屈《骚》的更重要的内因。助：仕途不幸有助于屈原抒发郁拂寥廓之气。江山之助，恰恰不是指自然景物的助益。在《文心雕龙·物色》篇里，刘勰以屈原为例证，一来借江山之助。"（按：行文至此未完，即加了句号。）

接着就是【文言文习题】，以苏子瞻、王荆公为例，引了如下一段文言文——

诗得江山之助。王荆公居钟山，每饭已，必跨驴一至山中，或舍驴遍过野人家，所云："独寻寒水渡，欲趁夕阳还""细数落花因坐久，缓寻芳草得归迟"也。苏子瞻谪黄州，布衣芒屦，出入阡陌，每数日，辄一泛江上。晚贬岭外，无一日不游山。故其胸次洒落，兴会飞舞，妙诣入神。我辈才识远逊古人，若踡跼一隅，何处觅佳句来？

【问题】"王荆公、苏子瞻'故其胸次洒落，兴会飞舞，妙诣入神'的原因是什么？"答案是："他们能够在山水中游览，陶冶情操。"（按：此答案与开头所转述的汪文观点是矛盾的，可见极混乱。）

最后部分是【文言文江山之助】，引录如下——

助意指屈原政治中受压抑而被流放后因耿耿不平而作《离骚》之争光乎日月，因此精神得以升华。二是（按：读到这里，方才懂得前面加了句号的未完句——"一来借江山之助"要接到这里）借此来批评近代文学的失误，并且引导文学转入正确的方向，其见解切中肯綮。《新唐书·张说传》记载："既谪岳州，而诗益慎惋，人谓得江山之助云。"《佛祖历代通载》卷十三也有相同的记载。此处就把"江山"直接诠释为"贬谪"，深得刘勰的本意。此本义被后代曲解，作者刘勰的政治立场也被文苑才子淡化，因此注明。②引申义：江山：山水风景（按：请注意，"山水风景"应是"江山"的本义，但在"百度百科"里竟变成了引申义）；助：帮助。自然景色的帮助。形容清雅、拔俗的诗文、绘画都借助于自然山水的熏陶感染……（按：此句应该说是对的，但与上下文不相容。）

【出处】南朝·梁·刘勰《文心雕龙·物色》："然屈平所以能洞监《风》《骚》之情者，抑亦江山之助乎。"

【概述图册】山水画。

"百度百科·江山之助"包括汪文主要观点在内的一千余字的条目，编辑者既未完全理解，又经重组、添加、发挥，于是更讹误连连，自相矛盾，上下重复，错乱不堪（序号也乱）。又如"概述图册"是一幅山水画，符合于刘勰"江山"本意，但与上文的概述却相互矛盾。"百度百科"此条目的混乱，十余年来，一定程度上牵连着"汪文"的混乱……

从中华文化遗产研究之目的来看，中国古代文艺理论及美学的研究，既需要进一步深化、提高、发展，又需要普及（普及也是不可或缺的发展），而"百度百科"又是公众一致认可的、最广阔而又视为最权威、最标准的普及平台，因此，虽事经十余年，仍亟需全面地正本清源、理乱返常，这是理由之一。理由之二，是汪文中还有其他较多有关文学史、美学史及其理论的问题被误释误判，也需要通过反思、研讨来加以辨正，如对晋宋诗人、山水诗的评价问题，研究古代文化的批评原则问题，此外，还广及艺术美学的问题，等等。

## 二、关于"江山"的含义

汪文说，"江山"最早见于《庄子·山木》："'彼其道远而险，又有江山，我无舟车，奈何？'此可能就是刘勰'江山'一词的出处。正隐含着'道远而险'的意思"；又引《世说新语·言语》："将别，既自凄惘，叹曰：'江山辽落，居然有万里之势！'"等，最后归纳说："'江山'非指一般的自然景物，上述语境中江山一词的使用，都有遥远和阻隔之意，而'京苑间以江山'，'江山'尚有和'京苑'相对的意味，指荒凉少人烟之处"。这些从书证中所引出的词义和解释，均需要一辨。首先，"江山"本不是一个词，而是一个词组（名词并列词组），当然称其为一个词也可。江山，其本义就是"江"和"山"，都是自然物。至于它被使用在不同语境里，可能让人感到带有某种感情色彩意味，此乃语境使之然。

笔者在《王维诗中的绘画美》①一文中说，物体因受环境影响而改变其颜色，画学上称为条件色。王维在雨后写道："坐看苍苔色，欲上人衣来。"写出了衣服受环境影响而微微地沾染上绿色，这就把光色的微妙变化凸显出来了，"王维是表现条件色的能手"。笔者在本文中将其移植过来，说明"江山"也一样，它使用在不同语境里，让人感到可能微微地、隐隐地被染上了一种"条件色"（或称"环境色"）。汪文说，江山"隐含着'道远而险'的意思"，"隐含"，恰恰说明了它的本色即本义没有变，仅仅是受了前后语境条件的影响而"隐含"。再如："将别，既自凄惘，叹曰：'江山辽落，居然有万里之势！'"这是由于把"江山"和"辽落"构成主谓词组，其前有"将别""凄惘""叹"等，其后有"万里之势"，有效地抒发了浓浓的离情别意。这种浓浓的感情色彩，使"江山"染上一层"条件色"（"语境色"），然而，"江山"的本义并没有变更或扩大。至于"'京苑间以江山'，'江山'尚有和'京苑'相对的意味，指荒凉少人烟之处"，则显得有些附会。

不妨再换些诗例来加以辨析。谢灵运《初往新安至桐庐口》："江山共开旷，云日相照媚。景夕群物清，对玩咸可喜。"这里，"江山"出现了开朗的喜色。杜甫《后游》："寺忆新游处，桥怜再渡时。江山如有待，花柳更无私。野润烟光薄，沙暄日色迟。客愁全为减，舍此复何之。"这里，"江山"又显得十分亲近可爱，融和在一派盎然春意、欣然生机之中，染上温馨的"条件色"。那么能不能说"江山"这个并列词组本身就具有亲近、欣悦的词义呢？显然不能。因为这仅仅是诗人"情往似赠，兴来如答""目既往还，心亦吐纳"赋予了如此的感情色彩，而这种语境条件色又与上文"险远""凄惘""荒凉""间隔"等条件色适成反差。由此可见，可喜或可叹这种"情各有殊"的一时组合，不可能完全决定"江山"的词义。

江山的词义除自然性质的景物外，还具有社会性质的引申义，这就是借指国家的疆土及其政权。引申义是经过了长期约定俗成的过程，这不在本文的论证范围之内。

---

① 金学智：《王维诗中的绘画美》，《文学遗产》1984 年第 4 期。

### 三、"江山之助"辨

先辨刘勰"江山之助"的本意究竟是什么。汪文中有一段话:"王勃……视江山有助于抒发郁拂寥廓之气,堪称深得刘勰本意……《新唐书·张说传》记载:'既谪岳州,而诗益慎婉,人谓得江山之助云。'《佛祖历代通载》卷十三也有同样的记载。此处就直接将'江山'诠释为'贬谪',深得刘勰本意。"

一段之中,两处出现"深得刘勰本意":一处是"'江山'有助于抒发郁拂寥廓之气",另一处则是"贬谪",这种将两种不同的解释混为一谈,是不符合逻辑的同一律的。笔者认为,前一种解释是对的,后一种解释则不确。然而在汪文中,有类于后一种的误释却较多,如一则说,"屈原遭排斥(也即'江山之助')①",意谓"遭排斥"就是"江山之助";二则说,"《物色》篇中选择'江山'一词……对照《史记·屈原列传》,屈原是被阻隔于朝廷之外,'江山'即放逐之意也。"三则说,"'江山之助'显然就具有抗争不幸命运的强烈抒情意味了。"这些判断都不能成立,都这样或那样地否定了"江山"是自然景物。而且"江山"和"放逐"之间也不能划等号,"放逐"是动词,"江山"是名词。

再列出汪文为"遭排斥即江山之助"的命题所提供的众多书证。以下拟逐条引出后,通过按语加以辨析:

唐初骆宾王《初秋登王司马楼赋得同字》:"物色相召,江山助人……"按:此乃不是对偶句的对偶句,正说明"物色"和"江山"不但都是名词,而且均属同类,都是自然景物,不能将其改换为"'贬谪'助人"或"'遭排斥'助人"。

唐初王勃《越州秋日宴山亭序》:"东山可望,林泉生谢公之文;南国多才,江山助屈平之气。"按:这是地道的骈偶句,即《文心雕龙》所谓"丽辞"。其属对异常工切。这恰恰说明"江山"和"林泉"一样,都是并列结构的固定词组(短语),属于同类,都是自然景物。当然,不同的地域应选用不同的词语典故来属对,而"江山助……气",恰恰足以说明作为自然景物的江山,可以助益诗人宣泄郁拂之气。如将"江山"释作"贬谪",则不通矣。

王勃《为人与蜀东父老书》:"仰天汉而拂郁,临江山而浩叹"。(金按:此亦对仗工整。"仰天汉"与"临江山"均为动宾词组[宾语皆自然景物],带有互文性质,二者几可互换。)

王勃《春日沈学士宅宴序》:"若夫怀放旷寥廓之心,非江山无以宣其气。"按:此话极对,异常精彩,深得刘勰本意,但必须把"江山"释作本义的"江山"。

王勃《春思赋》:"况风景之同序,复江山之异国。"按:"风景"与"江山"相与对待,虽诗人有所感触,但毫无"贬谪"之意。至于下句的"江山异国",也是说江山风物,由于到了异国他乡(由秦川至蜀中)而迥乎不同,正如王勃《入蜀纪行诗序》所言:"若乃采江山之俊势,观天地之奇作……天壁嵯峨而横立,亦宇宙之绝观者也……况乎躬览胜事,足践灵区,烟霞为朝夕之资,风月得林泉之助。嗟乎!山川之感召多矣,余能无情哉!"这可看作是刘勰"物色相召,人谁获安"在唐代证以实例的最佳注释。按:此处"江山"的环境条件色,和上文所引又自不同。

再说"江山之助",这也一样,是自然景物之助,而非社会政治原因。然而,汪文却说:"'江山之助'恰恰不是指自然景物的助益,'江山'不等同于'山林皋壤',而是缘于朝

---

① 此括号为汪文原来就有的。

廷斗争所造成的屈原的不幸的命运，是指社会政治因素，这才是成就屈《骚》更重要的内因。"这番话亦需依次一辨。

汪文云："'江山之助'恰恰不是指自然景物的助益。"此论非是，因为如前所论，江山本身就是自然景物。

"'江山'不等同于'山林皋壤'"。是的，"江山"确实不等于"山林"，也不等于"皋壤"，但是，三者都是同类，同属于自然景物这一大类。

"朝廷斗争所造成的屈原的不幸的命运……是成就屈《骚》更重要的内因。"这一判断，问题颇多。首先，"命运"不是"内因"，而是结果。18世纪受到恩格斯赞誉的法国哲学家霍尔巴赫指出："原因，就是一件使他物运动或发生变化的东西。结果，就是一个物体凭着运动在他物中造成的变化。"[①]可见，"朝廷斗争"是使屈原的命运发生变化的原因，而结果则是由于"朝廷斗争"而"造成的屈原的不幸的命运"。再者，原因还有内因、外因之别，"朝廷斗争"对于屈原来说，恰恰不是内因而是地道的外因。至于内因和外因的关系，是外因通过内因而起作用。"屈原放逐，乃赋《离骚》"（司马迁《报任安书》）。朝廷斗争所造成屈原之遭不幸放逐，这是外因；"乃赋《离骚》"，这是外因通过内因所起的作用。《史记·屈原贾生列传》云："屈平之作《离骚》，盖自怨生也。"这个"怨"，才是撰写《离骚》真正的内因。正因为如此，汪文所谓"更重要的内因"，应改为"更重要的原因"。而这"原因"亦需分析：既然汪文承认有"更重要"的，就一定会有次要的。原因不外两个：社会因，自然因。根据汪文逻辑，是讳言后者的，但"更重要"三字背后，仍难免不自觉地泄露了"天机"——自然因。

对于屈原《离骚》一类作品的诞生，笔者主张"双力"说（"双因"说），即"社会压力 - 自然引力"（社会因，自然因）说。其中首先是压力，诗人由于"朝廷斗争""放逐""贬谪"等社会原因的压力，迫使其只能出走，远离政治中心；其次是引力，诗人来到自然风景胜地，受到包括"江山"在内的自然美的强烈吸引亦即"物色相召"，于是"诗人感物，联类不穷"，借景而抒情，"情以物迁，辞以情发"，创作出伟大的或出色的作品。张说之谪岳州而作诗益工之例，也应作如是观。美国美学家桑塔耶纳更有妙喻："自然也往往是我们的第二情人（按：此自然即指出自然引力或自然美的魅力），她对我们的第一次失恋（按：即被朝廷排挤、贬谪、放逐）发出安慰。"[②]张说之遭贬，亦如同失恋，于是投入"第二情人"——岳州山水美的怀抱，心灵上得到了补偿和安慰，情美景美，故而诗作益工（《全唐诗》中张说有关的诗作即是明证）。所以"江山之助"，应理解为江山的自然美有效地助力诗人的创作。

再看《文心雕龙·物色》篇最重要的结尾："若乃山林皋壤，实文思之奥府……然屈平所以能洞监《风》《骚》之情者，抑亦江山之助乎？"省略号前的一句，是一个肯定判断句：山林原野之美，确实是启发诗思、孕育灵感的宝库。省略号后的一句，是一个反转句，语气很重，而且又是一个以伟大诗人屈原为范例、有问无答的反问句，于是语意情况就复杂了。抑，连词，表反诘。"抑亦江山之助乎"，意谓难道也是江山之助吗？此问引起了解读的歧义，但学界历来对此均浮于表面，并未作深究。那么，答案究竟是"是"，还是"非"

---

①　北京大学哲学系编译：《十八世纪法国哲学》，商务印书馆1965年版，第576页。
②　[美]乔治·桑塔耶纳：《美感》，中国社会科学出版社1882年版，第41页。

呢？对此，应避免单一思维，辩证地说：既可说是，又可说不是。

首先，可以说是，因为作为自然景物的江山，它确乎是"文思之奥府"，确乎是助力着屈原的创作，如《文心雕龙·物色》所说，"《骚》述秋兰，'绿叶''紫茎'。"《文心雕龙·辨骚》所说，"论山水，则循声而得貌；言节候，则披文而见时"。

同时，又可以说不是，是因为仅仅投身自然美，固然可以产生优秀之作，但难以诞生屈《骚》那样伟大之作。相反，如果单打一，重景不重情，重形不重神，或重情不重理（内含的理），重自然因而不重社会因，就绝不能诞生伟大作品，且容易走向《文心雕龙·物色》所批评的"文贵形似，窥情风景之上，钻貌草木之中"。刘勰这一警语的针砭，是切中了时弊。

总之，《文心雕龙·物色》篇末的反诘，不但是一箭双雕，兼顾了成就屈《骚》的自然、社会两个层面、两种原因；不但是全篇带有总结性的，警示诗人们不要一味"物色"，要避免偏颇，要重视社会政治因素；不但它在写作艺术上含蓄深永，"篇终接混茫"，为人们开拓了不尽的思索空间，而且是在前人创作实践经验的基础上扎扎实实锤炼出"江山之助"四字，这既成了中国古代文论中掷地有声的经典之语，又成了中国美学史上广为接受、普遍适用经典理论。

但是，汪文却写道：

> "江山之助"的被接受，往往被其表面意所迷惑，在后代往往有误读的现象出现。宋代周必大……《池阳四咏》之二："天遣江山助牧之，诗材犹及杜筠儿。"……明代宋濂《留兵部诗集序》谈到诗歌依赖"江山之助"……"江山之助"也逐渐脱离了《文心雕龙》，几乎成为一个独立的典故，常常为人所乐于引用。然而，宋代以下引述者是否深悉刘勰的本意就很难说了。

这番话把是非均颠倒了。"江山助牧之"，其误何在？"诗歌依赖江山之助"，更是毋庸置疑。至于汪文所说"'江山之助'也逐渐脱离了《文心雕龙》，几乎成为一个独立的典故，常常为人所乐于引用"，这恰恰证明了它是文学史上、文艺理论中千真万确、置之四海而皆准的真理。相反，如果一定要将这一自古至今普遍适用的真理，仅仅局囿于屈原或被放逐贬谪的少数诗人，那就会极大地缩小、减损其理论的普遍真理性。

汪文还说："然而，宋代以下引述者是否深悉刘勰的本意就很难说了。"轻描淡写的一句，就把自宋以降大量诗文中对"江山之助"的正确阐释、运用和体会等统统一笔勾销了，这是不公平、不公正的。西方的哲人说，论据是真理的生命。这里试从宋代以降大量足以证明"江山之助"的事理论据中每朝各选代表性的一条以证实其普遍的真理性。

在北宋，苏舜钦《送子履》云，"幸有江山聊助思"；在南宋，吴芾《和刘与幾悟昔》云，"笔端信有江山助"；在明代，宋濂《刘兵部诗集序》云，"非得夫江山之助，则尘土之思胶扰蔽固，不能有以发挥其性灵"，说得非常精警，用今天的美学语言说，这是洗涤"尘土之思"所必需的、审美心灵的"净化"。在清代，沈德潜《盛廷坚〈蜀游诗集〉序》云，"江山之助，果足以激发人之性灵者也。"赵翼《送蒋心馀编修南归》亦云，"句得江山助益工。"此外，在书画界，如，宋黄庭坚《书自作草后》云："余寓居开元寺之怡偲堂，坐见江山，每于此中作草，似得江山之助。"清盛大士《溪山卧游录》："诗画均有江山之助，若局促里门，踪迹不出百里外，天下名山大川之奇胜，未经寓目，胸襟何由而开拓？"……

自宋至清诗文中引述"江山之助"，虽然表达方式不一，但都深悉刘勰本意，都是就其本义而正确使用的。值得注意的是，这一原理还深深地影响到了绘画、书法等艺术创作领域，成了涵盖面极广的美学原理。

刘勰的"江山之助"说不但对后世深有影响，而且在其启导下，在明、清时期经文徵明、董其昌、尤侗、沈德潜等进一步发展为"诗文必得江山之助，江山必得诗文之助"的互动理论。① 这一理论，精彩纷呈，意蕴渊深，值得结合游赏的实践深入探讨。这一理论，是由刘勰的"江山助思律"所引发的，可将其概括为"景咏相生律"。山川景境的事实是，题咏的人多了，美的发现随之增多，山川的诗性更呈现于游人的心目，其意境之魅力也就更隽永了，于是反过来游人更蜂拥而至，其中题咏景境者也就更多……景与咏如此这般地互动相生，体现为文学、旅游双丰收，这是适用于全国旅游文学发展的一条重要规律。

## 四、对晋、宋玄言诗、山水诗的评价

在这篇汪文的视域里，似乎基本上只有两位巨人，除伟大的诗人屈原外，晋宋间只有"中国文化史上的巨人"刘勰，其他诗人作者都不在话下。殊不知，红花虽好还需绿叶扶持，交响乐的主旋律离不开对位、和声、协奏。然而，对于晋宋间士人的隐逸意向、山水赏会，汪文用了一连串不恰当的词语极力加以贬抑，如说"山水是一个可以安顿身心并逃避现实纷扰的所在。谢安、王羲之、简文帝、许珣、孙绰与支遁等名士的交往，体现出优游山水的情趣……优游山水大抵是为求自保，所缺乏的是高远的人生境界"，又指谪"晋宋诗人的缺陋浅薄"，还批评"晋宋诗人大多自私自利，虚伪冷酷，对国家民族麻木不仁"，如此等等。而其所征引的饮誉甚夥的《世说新语》，也大多作为反面的论据，可见缺少历史主义的识见和美学发现的眼光，于是，晋宋这段中国文学史或者说中华文化史就几成空白、断层②。事实并非如此，而是恰恰相反。

先看宗白华先生的名篇《论〈世说新语〉和晋人的美》。该文从历史发展的视角指出，汉代"在思想上定于一尊，统治于儒教"，"晋人的美，是这全时代的最高峰。《世说新语》一书……能以简劲的笔墨画出它的精神面貌……要研究中国人的美感和艺术精神的特性，《世说新语》一书里有不少重要的资料和启示，是不可忽略的"。如：

> 山水美的发现和晋人的艺术心灵。……顾恺之从会稽还，人问山水之美，顾云："千岩竞秀，万壑争流，草木蒙笼其上，若云兴霞蔚"……晋宋人欣赏山水，由实入虚，即实即虚……晋人以虚灵的胸襟，玄学的意味体会自然，乃能表里澄澈，一片空明，建立最高的晶莹的美的意境！王羲之曰："从山阴道上行，如在镜中游！"心情的朗澄，使山川影映在光明净体中！……晋人风神潇洒，不滞于物……③

---

① 这一理论，详见上文《景咏相生》的"论'景咏相生律'"部分所引。
② 其实不然，经魏而至晋宋，这是文学史乃至文化史上最富于中国特色的第二个大时代，是应该大颂特颂的，具体详见本部分。
③ 宗白华：《艺境》，北京大学出版社 2003 年版，第 117~119 页。

这是宗先生八十余年前之作，虽多形容之辞，但至今仍可见此文通过比较，伴随着善于发现的喜悦，闪烁着美学的智慧之光！不像汪文，人们从中看到的往往是大片暗色。

再找一些晋宋诗人的秀句名篇作为宗先生言论的例证：

> 三春启群品，寄畅在所因。仰观碧天际，俯瞰渌水滨。寥阒无厓观，寓目理自陈。大矣造化功，万殊莫不均。群籁虽参差，适我无非新。（晋·王羲之《兰亭诗》，"新"一作"亲"）
>
> 流风拂枉渚，停云荫九皋。莺语吟修竹，游鳞戏澜涛。携笔落云藻，微言剖纤毫。时珍岂不甘，忘味在闻《韶》。（晋·孙绰《兰亭诗》）
>
> 春水满四泽，夏云多奇峰。秋月扬明晖，冬岭秀孤松。（晋·陶渊明《四时诗》，一作顾恺之《神情诗》）
>
> 迈迈时运，穆穆良朝。袭我春服，薄言东郊。山涤馀霭，宇暧微霄。有风自南，翼彼新苗……（晋·陶渊明《时运》）
>
> 猿鸣诚知曙，谷幽光未显。岩下云方合，花上露犹泫。（南朝宋·谢灵运《从斤竹涧越岭溪行》）

对于王羲之的《兰亭诗》，宗白华先生精辟指出：这"真能代表晋人这纯净的胸襟和深厚的感觉所启示的宇宙观。'群籁虽参差，适我无非新'两句尤能写出晋人以新鲜活泼自由自在的心灵领悟这世界，使触着的一切呈露新的灵魂，新的生命。"[①] 笔者还认为，"寓目理自陈"的"哲理"，这里恰恰可以帮助诗人王羲之从形而下的"寓目"自然审美，以及广阔视域的观照，进一步提升为形而上的深邃的宇宙观、清新的美学观，可见玄言诗也不容全盘否定，正如宗先生所说，"魏晋人倾向简约玄澹，超然绝俗的哲学的美"[②]。

笔者还认为，从哲学、美学的视角看，"群籁虽参差，适我无非亲""有风自南，翼彼新苗"，还表现出人与自然的交往，人的觉醒，自然的人化，人的自然化……宏观地看，本质地看，以其为代表的晋宋山水诗，是中华民族审美认识史上的一件大事，是中华文化史上前所未有地出现的新现象，开启了一个崭新的时代。"江山"作为一种自然景物的美，"江山之助"对于诗人的助益等等，也都是在"适我无非亲"（人与自然和谐共生的新型关系）之时代背景上才有可能出现的。有人或许会说，《文心雕龙·物色》有"'灼灼'状桃花之鲜……"在《诗经》时代，诗中就出现自然美了。其实这只是零星的、片断的、作为比兴而出现的。应该看到，直至山水诗出现以前，自然美还不是独立的审美对象，诗中只有一二句个别的状写，从文字上看，并未出现大片连续的句群或整篇的作品，从内容上看，更不见宗先生所说山水美的发现，或从中看到澄澈的艺术心灵……

早在 1847 年，恩格斯就在《诗歌和散文中的德国社会主义》中提出了"美学和历史的观点"的批评原则[③]；对于历史的观点，列宁指出，应"把问题提到一定的历史范围之内"[④]，

① 宗白华《艺境》，北京大学出版社 2003 年版，第 123 页。
② 宗白华《艺境》，北京大学出版社 2003 年版，第 117 页。
③ 陆梅林辑注《马克思恩格斯论文学与艺术（一）》，人民文学出版社 1982 年版，第 495 页。
④ 《列宁选集》第 2 卷，人民出版社 1972 年版，第 512 页。

"用历史的态度来考察"①。艾略特似乎接受了这些观点，他说，"你不能把他单独评价，你得把他放在前人之间来对照，来比较。"还指出，这"不仅是历史的批评原则，也是美学的批评原则"②。这种美学的、历史的、比较的批评原则，完全适用于古代文学、古代文论的研究。根据这一原则，"把问题提到一定的历史范围之内"，通过与前人之间的比较，只要发现历史上从未出现过的或超越前人的合规律性的文艺、审美新现象、新倾向，就应给予不同程度的肯定性的评价，这才是历史主义的态度。

具体地看上引诗作，除王羲之外，在孙绰诗中，天空是流风停云，有动有静；地上是莺语修竹，游鱼戏涛，如同一幅幅生动流转的画面，令人臻于"闻《韶》忘味"的境层，于是，肤觉、视觉、听觉勾引起味觉的联想，这是一种广域性的审美享受。陶渊明（或顾恺之）的诗，更能从春、夏、秋、冬的整体把握及其运行中，精选出切合于四时季相的四种典型景物（云、水、月、岭上松），体现了对自然景物极高的审美概括力；陶渊明的《时运》，又是在对于景物恬淡平和的咏唱中，寄寓了一颗"新鲜活泼自由自在的心灵"，其中审美主体和审美客体是如此地和谐统一，这也是前一大时代从未有过的；而山水诗人谢灵运写凌晨出游，闻猿鸣，视幽谷，赏云合，特别是对花上露珠作了细致的观察。总之这一切，与以往相比较，也均可说是前所未有的，既然如此，就应加肯定或高度的肯定，这才是恩格斯所说的"美学和历史的观点"。

汪文为了贬抑山水诗，还说："山水诗掩盖了作者并未消歇的竞奔之心，显得心口不一，这都是山水诗美学价值的局限性之所在……"这是把部分山水诗人之不足和整个山水诗的美学价值混为一谈，等量齐观，这种以偏概全，就像由于心口不一的潘岳写了《闲居赋》，就将其看成是包括楚辞在内的全部辞赋的美学价值的局限性一样，以局部代全体了。

## 五、艺术美学视域中的王羲之、简文帝

汪文说："山水是一个可以安顿身心并逃避现实纷扰的所在。谢安、王羲之、简文帝、许珣、孙绰与支遁等名士的交往，体现出优游山水的情趣……优游山水大抵是为求自保，所缺乏的是高远的人生境界"，"此种耽溺山水……突现出隐逸的趣味"。这都是对江左名士及其隐逸意向的贬抑。

其实对于隐逸意向，应作具体的分析。笔者赞同南宋事功学派对宋代空疏理学"明道不记功"的批评，并拟以此评析汪文所提出的江左名士中的前三位：谢安、王羲之、简文帝。

### （一）谢安

谢安隐于东山，后因国事"东山再起"，淝水之战其功不可没，连"风声鹤唳，草木皆兵"也成了成语。又辅佐朝廷，广施德政，有"江左风流宰相"之美称。历来对他好评连连，从唐代李白《永王东巡歌》的"但用东山谢安石，为君谈笑静胡沙"，到清代王夫之

---

① 《列宁选集》第 1 卷，人民出版社 1972 年版，第 673 页。
② ［英］艾略特《传统与个人才能》，《二十世纪文学评论》，上海译文出版社 1987 年版，上册，第 130 页。

《读通鉴论·晋孝武帝》中的"王导<sup>①</sup>、谢安，皆晋社稷之臣也"。因此，绝不能说这是"为求自保"，"自私自利，虚伪冷酷，对国家民族麻木不仁"。

### （二）王羲之

王羲之不但有"群籁虽参差，适我无非亲"的旷世名言，不但其引领的带有隐逸意向的兰亭雅集，产生了一系列有意味的《兰亭诗》，而且其禊集还促成了说不完，品不尽的"天下第一行书"——《兰亭序》，笔者这样叙析了《兰亭序》的形成契机：

> 永和九年暮春之初，天朗气清，惠风和畅，"仰观天地之大，俯察品类之盛"，足以游目骋怀；而山阴道上又应接不暇，"此地有崇山峻岭，茂林修竹，又有清流激湍，映带左右"……这就是"天"与"地"的因素。而作为创作主体，雅好山水的王羲之，他和孙统、孙绰、谢安、郗昙、支道林一行风度翩翩、洒脱不拘的江左名流来到了兰亭"畅叙幽情"，并举行流觞曲水，修禊赋诗的游艺盛会，可谓"群贤毕至，少长咸集"，这就是"人"与"事"的因素……《兰亭序》的书法创作，已占得了天时、地利、人和之美……王羲之当时旷达萧散的胸襟，超然玄远的怀抱，与当前情、景、人、事猝然遇合……又是即兴式的自创作，构思了字字珠玑、情文并茂的散文名篇……<sup>②</sup>

上引众美交臻、无佳不备的主、客体种种因素，促成了《兰亭序》的诞生，它代表了"晋人风神潇洒，不滞于物"（宗白华语）的艺术心灵。这一中国书法史、文学史上彪炳焕灿的杰构、空前绝后<sup>③</sup>的新贡献，不应以"明道不记功"而将其忘怀了，或以"隐逸趣味"而将其否定了。

还应再次指出，为什么浙江兰渚山麓的兰亭如此之有名，得以千古流芳？这是由于王羲之的一篇《兰亭集序》。笔者曾指出："隐逸文化还能使山川名胜极大地增光添辉。"<sup>④</sup>诚如文徵明所言："山川灵境，必藉文章以传。"或如尤侗《百城烟水序》所云："人情莫不爱山水，而山水亦自爱文章。文章藉山水而发，山水得文章而传。"这里还可用白居易的《沃州山禅院记》来参考和阐发：

> 夫有非常之境，然后有非常之人栖焉。晋宋以来（按：注意时代），因山洞开……有高僧竺法潜、支道林居焉……高士名人有戴逵、王洽、刘恢、许玄度、殷融、郗超、孙绰、桓彦表、王敬仁、何次道、王文度、谢长霞、袁彦伯、王蒙、卫玠、谢万石、蔡叔子、王羲之凡十八人，或游焉，或止焉……谢灵运诗云："暝

---

① 《晋书·王导传》有一段著名故事："过江人士每至暇日，相要（邀）出新亭宴饮，周𫗧中坐而叹曰：'风景不殊。举目有江河之异！'皆相视流涕。惟导愀然变色曰：'当勠力王室，克服神州，何自作楚囚相对而泣邪？'众收泪而谢之。俄拜右将军……"
② 金学智：《中国书法美学》，江苏文艺出版社 1994 年版，上册，第 100~101 页。
③ 《兰亭序》这一书法杰作，不但在于"斯极当年之美"，也不在于"遂为历代之师"，而且竟成了连王羲之自己也永远不可企及的典范。何延之《兰亭记》写道："他日更书数十百本，无如被禊所书之者，右军亦自珍爱宝重……"
④ 金学智：《园冶多维探析》，中国建筑工业出版社 2017 年版，下册，第 703 页。

投剡中宿，明登天姥岑。高高入云霓，还期安可寻？”盖人与山，相得于一时也。

这也适用于兰亭。正因为有以王羲之为首的“非常之人”四十余来此雅集，赋诗挥毫，相得于一时，兰亭才成为“非常之境”，于是名满神州，蜚声海外！

### （三）简文帝

《世说新语·言语》有一段简文帝司马昱与园林有关的隽语名言：“简文入华林园，顾谓左右曰：‘会心处不必在远，翳然林水，便自有濠濮间想也，觉鸟兽禽鱼，自来亲人。”简文帝对于园林的意义，也应秉持“美学和历史的观点”来考察，“不能把他单独评价”，“得把他放在前人之间来对照，来比较”。笔者在不同版本的《中国园林美学》中曾一再指出：

> 在中国古典园林美的历程的第一阶段，禽兽仅仅作为狩猎的对象并在园中占突出的地位……在中国古典园林美的历程的第二大阶段——魏、晋至唐……《世说新语·言语》载，东晋简文帝入华林园，“觉鸟兽禽鱼，自来亲人”。这似可看作是美感史的转折点之一。当这种审美的亲和感开始主宰园林的时候，园中动物已由打击、猎取的对象转化为审美的亲和对象了……人和动物的关系已由异己的对立变成了亲己的和谐……这种由狩猎到欣赏的历史性嬗变，是园林审美意识的一个飞跃。[1]
>
> 在中国审美史上，心与动物通过情感而消除距离，是以庄子知鱼的故事发其端的……和庄子知鱼经验相联系的，是《世说新语·言语》中这样一段文字……“会心处不必在远，翳然林水，便自有濠濮间想也，觉鸟兽禽鱼，自来亲人。”……“会心”二字，是庄子知鱼经验的继续和发展，说明……只要即景会心，以情观物，也能如刘勰《文心雕龙·物色》所说，“目既往还，心亦吐纳”“情往似赠，兴来如答”。这样，就会感到审美客体“自来亲人”。这种审美的亲近感，比起庄子来，又进了一个境层：庄子只是单方面的“知鱼之乐”，也就是“情往似赠”；简文帝则进而体现了“兴来如答”，感到“自来亲人”，这是审美主体情感发酵的结果。“会心”二字，可说是浓缩了的艺术心理学，更是意境接受的重要关纽。[2]

特别应强调，以上所说的“会心”“消除距离”“自来亲人”“审美的亲和感”“亲己的和谐”“情往似赠，兴来如答”……应载入审美史的记功簿上，它们统统是在“群籁虽参差，适我无非亲”的时代大背景上出现和展开的，正如宗白华先生所揭示：“晋人以虚灵的胸襟，玄学的意味体会自然，乃能……建立最高的晶莹的美的意境！”这是晋人对中国美学的一大贡献！王羲之、简文帝是晋人的出色代表，因此，绝不能以“晋宋诗人缺陋浅薄”贬之。

还期盼百度百科“江山之助”条目能有学术担当责任心、又懂操作技术的学者，起来拨乱反正，不要让其乱下去了。

*2023 年作于如意轩之心斋*

---

① 金学智：《中国园林美学》，江苏文艺出版社 1990 年版，第 23~24 页。
② 金学智：《中国园林美学》，中国建筑工业出版社 2005 年第 2 版，第 400~401 页。

# "月落乌啼总是千年的风霜"

## ——《枫桥夜泊》及其接受史研究

### ·2002—2023·

"一部文学史，就是以创作和批评为双翼的双桨船不断前进的历史。"[1] 张继的《枫桥夜泊》，就是在以苏州文学史为主流的中国文学史长河中不断航行、不断停泊的"双翼的双桨船"。

苏州文学史、风景史理应高度重视《枫桥夜泊》这首著名唐诗——苏州文学的重中之重，应将其艺术魅力和它的生成史、影响史、接受史亦即其来龙去脉，作为一种特殊的文学现象、风景现象——典型案例引进研究领域，从史论结合的角度作接受美学的考察，从而进行历史的总结，抽绎出某些历史规律，因为美学的"使命是研究自己的对象领域的规律，即社会审美活动的规律……揭示规律是任何科学的主要任务之一"[2]。

《枫桥夜泊》这艘独一无二、举世瞩目的"双桨船"的航程，从唐代一直航行至今，它不但出色地体现了文学史的"江山助思律"和"景咏相生律"，而且典型地体现了文学史的"共鸣接受律"和"与时推移律"。[3]

## 一、《枫桥夜泊》的现实影响

张继，生卒年不详，唐诗人。字懿孙，襄州（今湖北襄阳）人。

他在苏州的吟咏之作有二：一是《阊门即事》；一是抒写联结着寒山寺的《枫桥夜泊》这首羁旅诗。本文专论后者：

> 月落乌啼霜满天，江枫渔火对愁眠。
>
> 姑苏城外寒山寺，夜半钟声到客船。

这首诗不仅是中国文学史上的千古绝唱、唐诗的压卷之作，而且它还使苏州现实的枫桥、寒山寺也名垂史册，誉满天下。特别是自宋代以来，不断被诗人们反复咏唱，直至清代而不衰。一首二十八个字的小诗，竟产生了如此巨大的种种历史影响，实属罕见！

接受美学认为："艺术作品的历史本质不但在于它的再现和表现功能，而且在于它的影

---

[1] 杨匡汉：《缪斯的空间·总序》，花城出版社 1096 年版，第 1 页。

[2] ［苏］Л.А.泽列诺夫、Г.N.库利科夫：《美学的方法论课题》，《美学文艺学方法论》上册，文化艺术出版社 1985 年版，第 75 页。

[3] 详见本辑《景咏相生》一文首页注①。

响再中。"① 这所谓"影响",就本文来说,主要包括对后世现实景境的影响;对后世含诗人在内的人们的影响。不妨先看《枫桥夜泊》对枫桥、寒山寺景境的现实影响。

宋人孙觌《枫桥寺记》说:"唐人张继……尝即其地作诗纪游,吟诵至今,而枫桥亦遂知名于天下。"可见,张继诗到宋代已传诵不绝,那时就使枫桥天下闻名了。

在明代,苏州作家王穉登写道:"诗里寒山黄叶,前朝称古寺;桥边渔火丹枫,千载记名蓝。"(《寒山寺旭公造藏经阁疏》)其意是说,由于张继诗中意象深入人心,因而寒山古寺之名也得以流传千载。

清代初期,著名诗学家叶燮进而指出:"唐人张继'月落乌啼'一诗,人人童而习之。寺有兴废,诗无兴废,故因诗以知寒山。"(《寒山寺志》引《已畦集》),见解是深刻的,也是符合史实的。现实中的寒山寺不免有兴废,但《枫桥夜泊》之诗却在一代代人的童蒙时就口习相传。正因为"诗无兴废",故而人们在诗中可得而知并神往于寒山寺这一著名古刹。

在清末,俞樾在《重修寒山寺记》中通过比较来说明寒山寺在国内外的广泛影响。他指出:

> 吴中寺院不下千百区,而寒山寺以懿孙一诗,其名独脍炙于中国,抑且传诵于东瀛。余寓吴久,凡日本文墨之士,咸造庐来见,见则往往言及寒山寺,且言其国三尺之童,无不能诵是诗者。

可见在晚清,其影响之大,竟连日本也"人人童而习之"了。因此,正如有人所指出,"虽海外游客,访古津逮,靡不流连于枫江渔火之中,叹为栖槃之逸境"(张人骏等《募修寒山寺启》)。而今,国内外公众更有每年元旦前夕至寒山寺俟听钟声(包括访古枫桥)的盛举。是日也,日本友人同样地成群结队而来,摩肩接踵地把寒山寺围得水泄不通,最后购得俞樾手书《枫桥夜泊》诗碑拓片而归。这种盛况,为中国文学史上所罕见,亦为国内外名胜古迹所罕见,这种现实影响,值得深入作规律性的探寻。

张继这一咏苏名篇的空前轰动效应,不但是苏州文学史、风景史上的莫大的骄傲,而且是中国文学史、风景史的莫大骄傲。从特定角度说,它不但由于"江山助思"而诞生,而且由于"景咏相生"而发展,这就接触到了文学史的另一本质方面,因为接受美学认为,"文学史的本质在作者与读者的相互作用的调节中"②。

由于张继之诗,寒山寺既倍增其名,又益增其美,这就典型地体现着"诗以山传,山以诗传"(文徵明《金山志后序》)的规律,或者用董其昌的语言说,是"诗以山川为境,山川亦以诗为境"(《画禅室随笔·评诗》)。这一审美现象,具体地说,一方面,张继诗是在枫桥、寒山寺的现实景境中孕育、诞生、展开的,这体现了"江山助思律";另一方面,枫桥、寒山寺一入张继诗境,情貌皆尽。人们在接受传诵中闻名来到枫桥揽胜寻幽,这一带的景观又可能在张继诗意所定向的境界中展开。这种预先的诗意的提示,"将读者带入一种特殊的情感态度之中",这正体现了"感知定向的实现"。③

① ［德］H.R.姚斯:《接受理论》,《接受美学与接受理论》,辽宁人民出版社 1987 年版,第 19 页。
② 陈鸣树:《文艺学方法概论》,上海文艺出版社 1991 年版,第 211 页。
③ ［德］H.R.姚斯:《走向接受美学》,《接受美学与接受理论》,辽宁人民出版社 1987 年版,第 29 页。

元人薛昂夫《〔双调〕殿前欢》有云："一样烟波，有吟人，景便多，四海诗名播……"此曲咏的虽是杭州西湖，但也完全适用于张继咏的"姑苏城外寒山寺"，特别是薛昂夫"有吟人，景便多"这六个字，也有定向性，但它通俗易懂，带有普遍性，可看作是对旅游文学规律生动的美学概括。

作为咏苏名篇，张继的《枫桥夜泊》以其突出的现实：有关诗文、景观、游人三者的互动影响，就更显示了一条鲜为当今文学史家、文学理论家所注意的文学演进规律——"景咏相生律"，亦即诗咏既诞生于现实景境，又反过来使现实景境增值、添彩、拓展、生发，向诗境升华，程德全评《枫桥夜泊》道："是诗也，神韵天成，足为吴山生色。"（《重修寒山寺碑记》）"生色"二字，正是这一规律通俗、生动而精炼的说法。

## 二、《枫桥夜泊》的意象生成

《枫桥夜泊》为什么具有如此巨大的魅力？从《枫桥夜泊》的审美意象生成史乃至同代诗人的审美情趣指向看，"月落乌啼霜满天，江枫渔火对愁眠"，诗人从现实景境中所选取的意象（含"实象"与"虚象"），还往往有着时间上或远或近的诗意积淀或情趣集结，为前人或同代人抒情经验之所择，为诗人们典型情绪之所钟。例如：

> 阴气下微霜，羁旅无俦匹。（阮籍《咏怀》其十六）
> 讵不自惊长泪落，到头啼乌恒夜啼。（庾信《乌夜啼》，按：此为乐府古题）
> 落月摇情满江树。（张若虚《春江花月夜》）
> 黄云城边乌欲栖，归飞哑哑枝上啼。（李白《乌夜啼》）
> 朝暮增客愁……登舻望落月。（储光羲《夜到洛口入黄河》）
> 玉树凋伤枫树林，巫山巫峡气萧森。（杜甫《秋兴八首》其一）
> 卧向巴山落月时……江头赤叶枫愁客。（严武《巴陵答杜二见忆》）
> 寐不寐兮玉枕寒，夜深夜兮霜似雪。（卢仝《秋梦行》）
> 枫落吴江冷。（崔信明《残句》）
> ……

张继诗中借以构思的霜天、啼乌、落月、枫树等，这些既撷自现实景境，又自觉或不自觉地契合于前人、同代人的诗情意象。而这种种意象，最初总是"零落破碎，不成章法，不成生命，必须有情趣来融化它们，贯注它们，才内有生命，外有完整形象"[1]。张继诗正是这样，他不但使眼前景、心中情、前人思、今人意数者相浃相生，而且对这类具有不同程度积淀意味和情趣集结的意象加以孕育、改造、组合、融化，营构出生气灌注、神韵天成的优美图画，从而能以一当十、以少胜多地体现出典型情绪的广度和深度。

张继诗里的意象，最饶时代审美意蕴和历史积淀意味的，莫过于"到客船"时的钟声。关于钟声的感人魅力，黑格尔曾指出："这种依稀隐约而庄严的声响能感发人的心灵深处。"[2]事实正是如此，在张继同时或稍前后的唐代诗坛上，这种刚真正进入审美领域不久的声响，

---

① 《朱光潜美学文选》第 2 卷，上海文艺出版社 1982 年版，第 54 页。
② 〔德〕黑格尔：《美学》第 3 卷上册，商务印书馆 1979 年版，第 99 页。

已令人或想起"杳杳钟声晚"（刘长卿《送灵澈上人》）的那种杳眇；或想起"令人发深省"（杜甫《游龙门奉先寺》）的那种禅悟；或想起"深山何处钟"（王维《过香积寺》）的那种深远；或想起"风末疏钟闻"（裴迪《青龙寺昙壁上人院集》）的那种飘悠；或想起"世人难见但闻钟"（岑参《太白湖僧歌》）的那种寂寥；或想起"夜卧闻夜钟，夜静山更响"（张说《山夜闻钟》）的那种静谧；或想起"塔影挂清溪，钟声和白云"（储光羲《题灵隐寺山顶禅院》）的那种超越，或想起"羁旅长堪醉，相留畏晓钟"（戴叔伦《客夜与故人偶集》）的那种羁留……而张继的诗里钟声在"夜半"响起，更能"感发人的心灵深处"，令人或生时间感，或生悠远感，或生苍茫感，或生羁旅感，或生空寂感……所有这些，在接受上可以是"各以其情而自得"（王夫之《诗绎》），然而更可能是得数种兼而有之，因为它们在意味上有着相通互融的共性。这样，张继诗里应和着、代表着唐诗里钟声的"夜半钟声"，就拓展了几乎无限的联想天地和接受时空，它成了《枫桥夜泊》摄人心魄的灵魂。

还应追索品味的是，钟声在"霜满天"的时空里响起，更能牵引着、融合着具有深层历史积淀意味的原始意象。《山海经·中山经》云："丰山……有九钟焉，是知霜鸣。"郭璞注："霜降则钟鸣，故言知也。"[1] 这种积淀着远古神话意味的"霜钟"意象，可用瑞士分析心理学家荣格的"集体无意识"来解释，"这种原型（金按：原始钟声也可理解为一种原型）类似原始思维中的集体表象"，它"是一种从远古开始世代相续的心理结构在起作用"。[2] 总之，它在人们代代相传的意识深处或隐或显地承续，并有意或无意地表现出来。如汉代王褒《九日从驾》诗："律改三秋节，气应九钟霜。"晋郭璞《九钟》诗："九钟将鸣，凌霜乃落。气之相应，触感而作。"南朝齐谢朓《雩祭歌·黑帝歌》："霜钟鸣，冥陵起。"南朝梁简文帝《相宫寺碑》："钟应秋霜。"唐代宋之问《咏钟》："秋至含霜动。"李白《听蜀僧浚弹琴》："客心洗流水，馀响入霜钟"……这种与远古原始意象的微妙联系，也是破译《枫桥夜泊》永恒魅力的关纽之一。

总之，意象同时生成于悠久、广远的历时性积淀与共时性应和的基础之上，这是张诗及其钟声能穿越历史时空而不断引起广泛共鸣的一个重要原因。

在创作上，张诗还自觉或不自觉地采取了如下种种手法：

> 感觉（视觉、听觉、肤觉）的联通；
> 时序（拂晓、入夜、夜半）的换位；
> 空间（宏观、微观、远景、中景、近景）的交叉；
> 神思飞跃而意象朦胧、情趣断续；
> 虚实互补、有无相生……[3]

种种手法相互渗透，有人或感于此，有人或感于彼，有人或感于这几种，有人或感于那几种……从而促进了作品潜在功能的极大实现。

---

① 按：《北堂书钞》卷一〇八引此文及郭注，"知"字皆作"和"，于意蕴似更佳。
② 引自陈鸣树：《文艺学方法论》，上海文艺出版社1991年版，第101页。
③ 据说，古代有一位书生，认为张继诗不够坐实，于是将其改为："月落乌啼霜满屋，江枫渔火对愁哭。姑苏城外寒山寺，夜半钟声到木渎。"改得实是实了，但却已索然无味，毫无诗意，而张继诗的意象美、空灵美，也就荡然无存了。

美国诗人惠特曼曾引过法国批评家圣·勃夫的话:

> 在我们看来,最伟大的诗人是这样一种诗人:他的作品最能够刺激读者的想
> 象和思维……使他自己去创造诗的意境。最伟大的诗人并不是创作得最好的诗人,
> 而是启发得最多的诗人;他的作品的意义不是一眼就可以看出的,他留下许多东
> 西让你自己去追索,去解释,去研究,他留下许多东西让你自己去完成。[①]

这番话完全可用于张继身上,其中只有一两句不太适用。应该说,从历史上看,张继确乎
并非"最伟大的诗人",但从其《枫桥夜泊》来看,他又同样是"创作得最好的诗人",他
的诗"最能够刺激读者的想象和思维……使他自己去创造诗的意境。""他留下许多东西让你
自己去追索,去解释,去研究,他留下许多东西让你自己去完成……"

还不容忽视的,是《枫桥夜泊》在意蕴上,还突出地体现了中国文学史上"秋 – 愁"[②]
和羁旅的永恒主题,而这又最能广泛地符合于一代代接受公众的期待视野。清人王嘉禄《摸
鱼儿》词云:"烟波唱起,有点点霜枫,星星渔火,都是赋愁地。"这就点出了张继诗中的月
落乌啼、江枫渔火、古寺霜钟等意象,无不被"对愁眠"的"愁"字所贯注,所渗透,因
而更加充满生气地活化、人情化、普泛化了……

叶昌炽《寒山寺志·志桥》写道:

> 自张继题诗,四方游士至吴,无不知寒山寺者。寓贤羁客,临流舒啸,信手
> 拈来,无非霜天钟籁。

"无非霜天钟籁",这最后一句值得深味。为什么历来寓贤羁客写景抒情,"无非霜天钟籁"?
为什么诗人们接受后的创作如此地不避重复,而又感到常写常新?……这又进入了诗人名作
接受史的领域。

### 三、《枫桥夜泊》的历代接受

从接受美学视角研究历代名家名作接受史,又可抽绎出文学发展史上另一条不被文学
史家们所注意的规律——"连锁反应"的"共鸣接受律"。这可"借"用克罗齐的话说:"有
眼光和想象力的人们对于自然风景所指点出来的各种观点,后来有几分知道审美的游人到
那里朝拜时,就跟着那些观点去看,这就形成了一种集体的暗示。"[③]

自《枫桥夜泊》问世以来,一代代作为张继接受者的诗人来此审美和创作,也形成了
"一种集体的暗示"。他们跟着张继的审美指向去看,于是,赋诗时信手拈来,"无非霜天钟
籁"。而这如用接受美学的语言说,"明显的历史意义是,第一位读者的理解,将在代代相
传的接受链上保存、丰富……"[④] 作为诗人,张继又可说是枫桥、寒山寺这一"作品"的第

---

① 引自杨匡汉:《缪斯的空间》,花城出版社 1986 年版,第 115 页。
② 《广雅·释诂四》:"秋,愁也。"悲秋咏愁,是中国文学史上的永恒主题。
③ [意]克罗齐:《美学原理,美学纲要》,外国文学出版社 1983 年版,第 109 页。
④ [美]R.C. 霍拉勃:《接受理论》,载《接受美学与接受理论》,辽宁人民出版社 1987 年版,
第 339 页。

一位读者。他的审美解读，开创了代代相传的影响史和接受史，于是其历史接受链代代相传，连续不断。

如在北宋，曾巩的《遣兴》就有"落月啼乌送迥筇"的诗句。在南宋，范成大《吴郡志·郭外寺》"普明禅院即枫桥寺"条，集录了一组有关的宋诗，其中有些也是张继诗思接受链上的承续环节。如：

> 白首重来一梦中，青山不改旧时容。乌啼月落桥边寺，欹枕卧闻半夜钟。（孙觌《过枫桥寺示迁老》）
>
> 朝辞海涌千人石，暮宿枫桥半夜钟……（胡埕《枫桥》）
>
> 钟到客船未晓，月和渔火俱愁……一老翛然自在，时时来系扁舟。（郭附《枫桥》）

诗作不约而同地写到了半夜钟。朱子儋《存馀堂诗话》还认为，孙觌之诗还能"鼓动前人诗意"，亦即指出其善于承继和生发张继诗意。而南宋大诗人陆游在《宿枫桥》中也写道："七年未到枫桥寺，客枕依然半夜钟。风月未许轻感慨，巴山此去尚千重。"他虽然旅途匆匆，去蜀路遥，却不忘寒山寺的半夜钟。

在元代，顾瑛的《泊阊门》也写到了寒山寺的钟声：

> 枫叶芦花暗画船，银筝断绝十三弦。
> 西风只在寒山寺，长送钟声搅客眠。

阊门离寒山寺有七八里之遥，西风已悠远地送来了搅客眠的钟声，这可看作是唐代张继诗里的钟声在元代历史时空里的回响。元人汤仲友《游寒山寺》还有"醉里看题壁，如今张继多"的诗句，可见元代的寒山寺里，"无非霜天钟籁"的题壁诗不在少数。

《枫桥夜泊》及其诗里钟声，在明代引起了更为广泛的回响。"明三百年诗人称首"的高启《泊枫桥》咏道：

> 画桥三百映江城，诗里枫桥独有名。几度经过忆张继，月落乌啼又钟声。
> （《泊枫桥》）
>
> 乌啼霜月夜寥寥，回首离城尚未遥。正是思家起头夜，远钟孤棹宿枫桥。
> （《将赴金陵始出阊门夜泊》）

水乡苏州以桥著称，唐代苏州刺史白居易有"红阑三百九十桥"（《正月三日闲行》）的名句。高启通过比较，认为画桥三百之中"枫桥独有名"，这是因为它同时还是张继笔下的"诗里枫桥"，或者说，姑苏城外的枫桥是"以诗为境"的，是由诗而传的。高启可说是以诗的语言，对《枫桥夜泊》问世六百年来的影响接受史所作的一个美学总结。高启发自灵台的这两首诗，或写旅途怀古，或写离家思乡，都和张继当时的心绪存在着某种同搏共振，因而诗中融进了"月落乌啼""远钟孤棹"等意象，其抒情效果浓而特佳。

在明代诗人笔下，张继诗中的意象群，更被离析组合，演绎生发，不断地纷呈，又万变不离其宗。兹择录于下：

> 风流张继忆当年，一夜留题百世传。桥带人家斜倚寺，月笼沙水澹生烟。火知渔子仍村外，舟载诗僧又客边……（沈周《夜泊枫桥》）
>
> 金阊门外枫桥路，万家月色迷烟雾。谯阁更残角韵悲，客船夜半钟声度。树色高低混有无，山光远近成模糊。霜华满天人怯冷，江城欲曙闻啼乌。（唐寅《寒山寺》）
>
> 金阊西来带寒渚，策策丹枫堕烟雨。渔火青荧泊棹时，客星寂寞闻钟处。水明人静江城孤，依然落月啼霜乌，荒凉古寺烟迷芜，张继诗篇今有无。（文徵明《枫桥》）
>
> 桥横古渡带平沙，枫叶寒山日影斜。舟女莫言估客（估客，同"贾客"，行商之人）乐，钟声将梦到天涯。（皇甫汸《题沈周八景图·枫桥》）

这些诗作，或以乌啼枫桥赠别，或以寺倚斜桥忆古，或以丹枫渔火敷彩，或以钟声送梦题画……通过《枫桥夜泊》共同的积淀意象，表达了此时此地各自的种种特定情绪。在诗人、画家们笔下，张继诗中一系列的意象，似已凝定为种种情感符号，它们不但被融化在诗中，而且扩散到画里，还常常体现出诗中有画，画中有诗的美学特色，由此可见张继诗艺术影响之大。

清初著名诗人王士禛，其《夜雨寄寒山寺寄西樵、礼吉二首》写道：

> 日暮东塘正落潮，孤蓬泊处雨潇潇。疏钟野火寒山寺，记过吴门第几桥？
> （［其一］）
> 枫叶萧条水驿空，离居千里怅难同。十年旧约江南梦，独听寒山半夜钟。
> （［其二］）

王士禛自撰《年谱》说，清顺治十八年由光福返苏，"舟泊枫桥，过寒山寺，夜已曛黑，风雨杂沓"，随即"摄衣着屐，列炬登岸，上寺门题二绝而去，一时以为狂"。其实，这是张继诗给他以灵感，唤起其激情，而一个"狂"字，说明他对《枫桥夜泊》的接受，达到了不顾风雨杂沓的白热化程度，或者说，他那现实的情感，同时被张继诗中的燃烧元素所点燃，因而表现得情浓似酒，诗心如醉，这为苏州文学史留下了脍炙人口的佳话。

张继诗在清代诗词里，也引起了一长串连锁反应，如：

> 世路寒山外，人烟夕照中。何时移钓艇，江上看丹枫？（徐崧《丁巳秋饮梵公寒山寓斋》）
>
> 枫叶桥依市，寒山寺隔溪。多君能勒石，门内见碑题。（徐崧《过法华访弥堅和上》）
>
> 为忆钟声寻古寺，得因遗像识寒山。（王庭《过寒山赠在昔》）
>
> 夜阑哑哑惊残梦，谁绘霜天落月图？（释逸慈《古木啼乌》）
>
> 皓月孤光丽，清霜五度寒。听钟成夜话，无复问遮难。（释行澐《己酉秋杪喜

臞庵居士见过》)

落日一樽酒，风尘此地看。啸歌今夜月，灯火万家寒。珠树何年古，枫林几处丹？……（董灵预《枫桥夜泊》）

枫桥渔火星星处，钟声客舫仍度。（陈维崧《齐天乐·枫桥夜泊用湘瑟词枫溪原韵》）

野宿随寒雁，辞家第一宵。星星渔火乱，知是泊枫桥。（沈德潜《枫江夜泊》）

数行鸿雁书来少，一段风烟客到迟……偶然渔火枫桥地，记得寒山寺里诗。（舒位《枫桥》）

又复匆匆赋远征，乌啼月落若为情。寺钟渔火枫桥泊，已是思家第一程。（李绳《枫桥夜泊》）

以上所引，或人在异地远方，思念着江上丹枫；或进入寒山古寺，目睹石刻诗碑之夥；或由夜空霜月之丽，勾引起听钟之想；或匆匆离家远行，第一程就是渔火枫桥；或听到古木啼乌，似看到一幅《霜天落月图》；特别是吴江籍文学家、《词苑丛谈》作者徐釚，其寓所竟选移至枫桥附近，自号"枫江渔父"，并请人绘《枫江渔火图》……

总之，他们来到枫桥、寒山寺，或想起月落乌啼，无不是按照张继的审美指向去观照和接受，去展开期待视野的，而张继的诗又在不断的反响中获得自己的存在，产生自己的影响。

克罗齐不仅提出"集体的暗示"之说，而且还具体指出，"在观照和判断那一顷刻，我们的心灵和那位诗人的心灵就必须一致，就在那一顷刻，我们和他就是二而一。我们的渺小的心灵能应和伟大的心灵的回声，在心灵的普照之中，能随着伟大的心灵逐渐伸展……"[1]此话有一定道理，也较符合诗人接受史的事实。上引自宋至清的有关诗作，这些诗人们的观照，也首先是同一方向的接受，然而，他们在"二而一"之中往往又能多向地"逐渐伸展"，作心灵的逍遥游，不完全俯仰随人，而是进一步创意造美，以冀在陈中见新、熟里求生的同时以表现自我，伸展个性。当然，也有某些诗作只表现出渺小的心灵，只作单纯的被动的接受，那是没有多少价值的。

历史的经验表明，在"共鸣的连锁接受"之中，诗人们接受后的创作，也还是应该有个性、有创造的，如在《枫桥夜泊》的诗人接受史上，孙觌的"鼓动前人诗意"，陆游的不轻易感慨风月，顾瑛的兼咏阊门繁华，高启"诗里枫桥独有名"的议论风生，沈周"一夜留题百世传"的高度评价，唐寅笔下富于模糊美的水墨寒山图，文徵明笔下富有色彩感的荒凉古寺图，王士禛风雨里浓重的孤独感和创作的狂热，释行澧诗中洋溢的禅意，沈德潜泊枫桥的"辞家第一宵"，等等，都颇有个性特色，它们不但使"接受链"不断得以保存、承续，而且使"接受链"不断得以丰富、发展……

### 四、《枫桥夜泊》的当世推移（以流行歌曲为例）

"往事越千年，换了人间"，历史的车轮驶进了新时代。笔者在《苏州文学通史》（四卷本）前言中曾这样概括道：

---

[1] ［意］克罗齐：《美学原理，美学纲要》，外国文学出版社1983年版，第132页。

> 历史发展体现了它的合规律性……"时运交移，质文代变。"随着历史的不断发展，文学也总要不断与之推移。《文心雕龙·时序》说："文变染乎世情，废兴系乎时序""歌谣文理，与世推移"。[①]

据此，笔者联系现实，概括出文学发展的一条重要规律——"与世推移律"。这条规律，同样适用于张继举世闻名的这一杰构。

张继的《枫桥夜泊》，虽然在历代诗人的共鸣接受链上代代相传，环环相扣，连续而不断；虽然其诗的影响深远，至今妇孺能诵，盛唱而不衰；虽然苏州的枫桥、寒山寺不但名垂史册，而且进一步蜚声环球；虽然国内外公众依然每年元旦前夕至寒山寺俟听钟声，盛况空前……然而"歌谣文理，与世推移"的规律依然有所体现，突出的表征便是著名的流行歌曲《涛声依旧》，它在前人的基础上以新的文学语言、新的感受体验、新的音乐形式、新的节奏旋律，翻唱出新境，突出地呈现于年轻的受众，这正是一种"文变染乎世情"：

> 带走一盏渔火让它温暖我的双眼，
> 留下一段真情让它停泊在枫桥边，
> 无助的我已经疏远了那份情感，
> 许多年以后才发觉又回到你面前。
>
> 留连的钟声还在敲打我的无眠，
> 尘封的日子始终不会是一片云烟，
> 久违的你一定保存着那张笑脸，
> 许多年以后能不能接受彼此的改变？
>
> 月落乌啼总是千年的风霜，
> 涛声依旧不见当初的夜晚。
> 今天的你我怎样重复昨天的故事，
> 这一张旧船票能否登上你的客船？……

歌词以对比鲜明的"带走""留下"开篇，发人思索：带走的是"渔火"，留下的是"真情"。渔火只可能"照亮"双眼，歌词却易之以"温暖我的双眼"，从修辞学视角说，是用了"通感"辞格，让视觉联通于肤觉和心灵的意觉；停泊在枫桥边的，只可能是船，歌词却易之以"真情"，这是用了"拟物"辞格，将人的感情比拟成作为"物"而停泊在桥边的"船"，这就同时更给此歌埋下了怀旧、乡愁的情感种子让其生长、发酵。

远离若干年后"才发觉又回到你面前"，把作为地标之"物"的枫桥称作"你"，是用了"拟人"辞格，把"枫桥"拟作有情有思的"人"，亦即是"你"，于是，"回到你面前"，就会现出久别重逢后的晤对情境，这又是多么富于人情味和亲切感！

---

① 《苏州文学通史》第1卷，江苏教育出版社2004年版，第13页。

"留连的钟声还在敲打我的无眠","留连"本是人的心情,歌词里却移于钟声,这是用了"移情"辞格,使无情事物有情化,用美学的语言说,是"把我的情感移注到物里去,分享物的生命"。① 于是,钟所发出的声波即是人荡漾着的情波,人对钟声恋恋难舍,"分享物的生命",不愿离开"他"。而钟声本是钟被敲打后才发出的,歌词里却变成了钟声在主动"敲打"了。敲打什么? 发人深思……。按语法,敲打的宾语应是作代词的"我",歌词却写作"敲打我的无眠"。其实,"无眠"是"我"离别后心潮起伏、难以入睡的一种状态,以这个词组充当宾语,是用了"转类"辞格,也就是把这一类词转化作别一类词来用,这就使得语句富于别趣和新意。

"尘封的日子始终不会是一片云烟","尘封",原指物品搁置过久,覆满灰尘。"尘封的日子",妙在以看得见的尘封的物品,形容看不见的日子,形容离别时间的漫长久远。"云烟",则是用"借喻"辞格,以其喻一派模糊,而"始终不会是一片云烟",是以否定句式来表达,具有委婉而又肯定的效果。"久违的你一定保存着那张笑脸,许多年以后能不能接受彼此的改变? "前句是进一步的拟人化,悬想你依然会是笑脸相迎;后句设问,有问而无答,其意尽在不言中。

"月落乌啼总是千年的风霜",月落、乌啼,这蕴蓄着"集体的暗示",是用了"征引"的辞格,这是对原诗突出地强调的"明引",因为只有征引自古以来深厚的积淀意象,才能有效地"将读者带入一种特殊的情感态度之中"。下文"总是千年的风霜",歌词抓住原诗"霜满天"的一个"霜"字,展示了它历史性的千年至今的悠远。"总是"二字,则是概括了它"不变"的特征。

"涛声依旧不见当初的夜晚","涛声依旧",是从"江枫"的"江"字所生发的"思接千载"(《文心雕龙·神思》)的诗神的远游,是想象力灌注生气的丰硕成果,故而又被用作歌词的标题。然后续以"不见当初的夜晚",这可谓运笔于虚无,振响于杳远,导人以渺茫希微……陈绎曾《文说》云:"凡用事,但可用其事意,而以新语融化入。"确乎如此,"不见当初的夜晚",这是旧中见新,因为如再去重复《枫桥夜泊》原有的意象,就没有新意了。

"今天的你我怎样重复昨天的故事",这故事究竟是什么? 你我又怎样地重复? 歌词没有明说,这就是好,它让人们去扑朔迷离地猜,意味无穷地想……法国象征派诗人马拉美说:"诗永远应当是个谜。"② 此话说得太绝对,但有一定道理,"怎样重复昨天的故事……? "这确乎是一个永远的谜。而"一张旧船票"云云,既切题,又离题,上文写得那么亲切熟稔,而今又如此发出疑问,这是用了"反接"法,因为生怕长期的疏远会有所变卦,这就呼应了上文"许多年以后能不能接受彼此的改变? "这是进一步以问号结束全歌,有问而无答,潜入低沉,这是在篇末表现出"无言之美"。1924 年,朱光潜先生在一篇文章中曾有如下一段引文:"梅特林……说:'开口则灵魂之门闭,闭口则灵魂之门开。'赞无言之美的话不能比此更透辟了。"③ 这一称赞,言之不虚。它在今天的流行歌曲《涛声依然》中再次被证实……

在音乐方面,歌曲用的是"徵"④ 调式,四句为一个乐段,并通过反复,构成分节歌的

---

① 引自《朱光潜美学文选》第 1 卷,上海文艺出版社 1982 年版,第 40 页。
② [法]马拉美:《关于文学的发展》,《西方文论选》下卷,上海译文出版社 1979 年版,第 263 页。
③ 朱光潜:《无言的美》,《朱光潜美学文选》第 2 卷,上海文艺出版社 1982 年版,第 476 页。
④ "徵"(zhǐ):古代五音(宫、商、角、徵、羽)之一,相当于今天简谱的"5"。

形式，即一段同样的旋律演唱两段不同的歌词。全曲取 4/4 拍（复拍子），其强弱规律是：强—弱—次强—弱，然而，歌曲又不同方式不断打破这种规律：

其一是小节的开头，用切分音改变其常规的节奏，即变其强拍（或次强拍）为弱拍（称"切分节奏"），如第一小节"带走"的"带"变弱，"走"变强，第三小节"留下"的"留"变弱，"下"变强……

其二是"弱拍起唱"，即小节的第一拍先休止半拍，然后起唱，如"无助的我"的"无助""久逢的你"的"久逢"，均占第一拍的后半拍……

于是旋律进行中就使节奏的起始和跟进，常带有不稳定甚至不明确的状态，表现了既亲切温馨而又游荡变动的情感和摇曳多姿的风格。

至于每句末尾的字，如第一乐段的"眼""边""感""前"；第二乐段的"眠""烟""脸""变"等字，先由两个十六分音符上行大二度或小三度再立即下行回到原位并后加附点，于是出现摇曳悠长、止而不停的感觉。

特别是蕴蓄着"集体的暗示"的"月落乌啼"的"月"字，不但是"弱拍起唱"，而且比首句"带走"在音高上提高了一个八度，以示重点突出；再如由"江枫"生发出来的"涛声依旧"，也是"弱拍起唱"……此歌结尾的一个"船"字又潜入低沉，连拖了五拍，也耐人寻味。

较多歌手和受众往往把《涛声依旧》理解为一首爱情歌曲，当然"诗无达诂"，好的歌词也可以无"达诂"，但这样地接受则其意浅薄，如将其理解为修辞的拟人和审美的移情，则其意深厚悠远，于是此歌表现为"思接千载"的对话，成了张继诗接受链上的出新环节。它既古典，又流行，堪称既立意传承，又锐意创新的精品（当然也不无瑕疵）。正因为如此，它自从 20 世纪 90 年代问世以来，迅速风靡海内外，并久唱不衰，成为大陆流行歌曲负载传统文化量最为厚重的经典之作。

载《苏州大学学报（哲学社会科学版）》2002 年第 4 期，
题为《〈枫桥夜泊〉及其接受史》；
后收入范培松、金学智主编：《苏州文学通史》第 1 册，
江苏教育出版社 2004 年版，第 184~195 页，有增改；
又节选收入文集《诗心画眼：苏州园林美学漫步》，
中国水利水电出版社 2020 年版；
2023 年作了较大增改，更新总标题，将全文厘为四部分

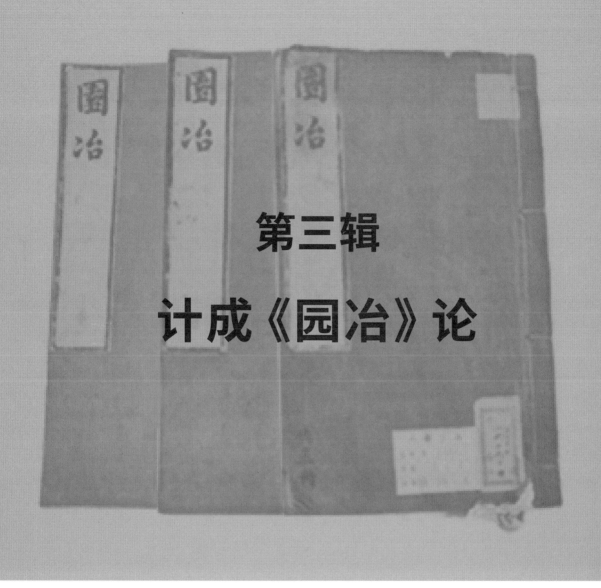

# 第三辑

# 计成《园冶》论

劳动者把自己的生命贯注到对象里去……按照美的规律来塑造。

——［德］马克思《1844年经济学‒哲学手稿》

常以剩山残水，不足穷其底蕴，妄欲……使大地焕然改观。

——［明］郑元勋《园冶题词》

# 初探《园冶》书名及其"冶"义，兼论计成的"大冶"理想的现代意义

## ——为纪念计成 430 周年作

·2013·

中华文化史上的经典，《园冶》的书名特别是其"冶"义颇为艰深、冷僻、复杂，自明末至今 300 多年来无人予以破解，然而，这又是解读《园冶》关键的关键。据此，笔者不揣愚陋，拟以多学科聚焦的方法，探赜索隐，引申发挥，解读并进一步阐发《园冶》书名及其"冶"义，兼及计成"大冶"的宜居环境美学理想，这或许对当今的风景园林建设、城市建设等有所裨益。

计成的《园冶》，初名《园牧》，这是他自题的。计成在《自序》末尾，郑重而简要地交代了根据著名文人曹元甫的建议将《园牧》改名为《园冶》的经过。

那么，首先要研究，"牧"为何义？在古代，"牧"是会意字，左旁为"牛"，右旁在甲骨文、金文中，乃以手（又）持鞭的象形，二者会合而为"放牛、养牛"的形状，其义为畜养。《玉篇·牛部》："牧，畜养也。"桂馥《说文义证》："牧者，畜养之总名，非止牛马也。"后来，其义在使用过程中渐次引申为"掌牧牲畜"或"掌牧牲畜的人"即"牧人"。《周礼·地官·牧人》："掌牧六牲而阜藩其物。"进而又泛化为掌管、主管、治理。《方言》："牧，司也。"《古今韵会举要》："牧，治也。"再引申为掌管人、主管者——州长。《字汇·牛部》："牧，古者州长谓之牧。"这一义项联系计成的著作来看，就是园林营造设计与工程的主持或主持人，这在计成的著作中有言为证："非主人也，能主之人也……其人岂执斧斤者哉？"（《园冶·兴造论》）用今天的语言说，是园林营造的总设计师、总工程师。这是"牧"有关的第一义。再说第二义，由掌管、主管、治理之义再度引申，就成了体现掌管、治理者意志而必须执行的行为规则、法度……《逸周书·周祝》："为（治理）天下者，用牧。"孔晁注："牧为法也。"可见"牧"也可训为法式、范式、规范……《老子·二十二章》："圣人抱一为天下式。"此句在马王堆汉墓帛书《道经》里，钞写作"抱一为天下牧"，这说明在汉代，"牧"与"式"也已相通互用了。这一义项再联系计成的著作来看，就是园林营造的范式、规则、法式……所以计成在《自序》中一则说："草式所制，名《园牧》尔。"二则说："予遂出其式示先生"。阚铎的《园冶识语》也指出："《园冶》专重式样，作者隐然以法式自居。"可谓一针见血，试看其书中，不但图式极多，而且"式"字出现也极多，如"制式新番"（《园说》）、"亭安有式"（《立基·亭榭基》）、"式不宜敞显"（《屋宇·斋》）、"皆是式"（《屋宇·阁》）、"合七架梁列架式"（《屋宇·五架梁》）……有一百余次之多。不过，阚铎言"《园冶》专重式样"，却只见其一，不见其二，忽视了更重要的论述内容。

总括地说，《园牧》书名中的"牧"有两个义涵：一是主持层面，二是法式层面。对此，可能有人会说，书名只能有一义，不能模棱两可，兼项越界。其实，此言差矣！

试看在中国文化史上，有些赫赫有名的经典著作，其书名不一定只有一义，其多元含义往往共含于一字之中，《周易》《诗经》《论语》等均为适例。我国当代著名学者钱锺书先生在《管锥编》中，开卷首篇即以《周易》为例，"论易之三名（一字多义之同时合用）"，"易一名而含三义，易简一也，变易二也，不易三也。"进而论证归纳云，"赅众理而约为一字（按：即"易"字），并行或歧出之分训得以合训焉，使不倍（背）者交协、相反者互成"①。接着又论述了《诗经》的"诗"字、《论语》的"论"字的多义性，极有说服力。

古代经籍之名的这种"多义"现象，对进一步探究、解读《园冶》的书名有很大的启发。据以上论析，计成原来的书名《园牧》，和内容颇为贴切。那么曹元甫为什么还要建议"改之曰'冶'"呢？这"冶"字究竟有何意蕴呢？这引起了当代专家们的猜议。以下举代表性的两家：

先看陈植先生的《园冶注释》："冶，镕铸也。《园冶》意谓园林建造、设计之意。"②这个解释的不足至少有三：一、"冶，镕铸"，这中国历史上和文化传统中有着极深的、非同小可的意蕴，但《园冶注释》在引后将其误释为"园林建造、设计之意"，这是低估了经典《园冶》的价值意义；二、未提供书证，没有交代"冶"字是如何推导出"建造、设计之意"的；三、意思平浅，还不及原来《园牧》之名有一定深度的寓意。

再看张家骥先生的《园冶全释》："冶，铸炼金属。引申为：造就；培养。王安石《上皇帝万言书》：'冶天下之士而使之皆有君子之才。'这里指《园冶》有培养造园艺术人才的意思。"③这是看到了"冶"字还有引申义，即另一个义项（其实，这里的"冶"应该引申为"陶冶""陶铸"）。此解释问题在于：一、自己丢弃了开头所提出的很重要的"铸炼金属"的本义，而将其引申到其他方面去了；二、将"冶"仅仅解释为造就、培养，未免狭小拘牵，忽视了它还有更为广大深邃的哲理意蕴、历史意蕴；三、《园冶》就其书的性质意义来说，它并不是造园学教科书，当然，计成"亦恐浸失其源"，故"为好事者公焉"（《园冶·兴造论》），不能说它没有薪火相传、培养后人之意，但这并非主要目的，曹元甫一针见血指出，"斯乃君之开辟"（《〈园冶〉自序》），这才是建议改名的主旨。以上两家均忽视了这一关键句，甚至连"创造"这样的词也没有组合到书名的解释中去，于是，专家们在筚路蓝缕的可贵探索过程中留下了遗憾。

为了尝试破解"冶"义这一难题，拟先从文字学、训诂学、词源学等学科切入。"冶"字，金文中较多由四部分组成，如《三代吉金文存》、"战国八年戟"中的"冶"字均如此。林清源先生《战国"冶"字异形的衍生与制约及其区域性特征》一文指出："'冶'字是由'二、火、刀、口'四要素组成，表达冶炼的过程，其本义为销金制器，是一个会意字。"④这四要素中，"二"为两点，表示金属熔液；"火"表示冶铸金属所用之火；"刀"字的写法，可

① 详见钱锺书：《管锥编》第1册，中华书局1991年版，第1~6页。补证：笔者在20世纪90年代曾提出，"一事物的质往往不是单一的，它往往是这么一群，或者说是一个集合体。"笔者称之为"事物的多质性"。（《中国书法美学》上卷，江苏文艺出版社1994年版，第29、34~35页。）这是接受钱先生"一名三义"说的思想前提。
② 陈植：《园冶注释》，中国建筑工业出版社1981年版，第39页。
③ 张家骥：《园冶全释》，山西人民出版社1993年版，第159页。
④ 见《古文字诂林》第9册，上海教育出版社2004年版，第319页。

正可反，说明这是以"刀"来代表所炼铸之物；"口"则表示铸范。"冶"这个会意字，说明了通过技术以实现冶炼铸造的全过程很复杂，极有难度，而《急就章》颜师古注又说："冶，销金铁之炉也。"可见，"冶"作为表示技术过程的动词，为镕铸、铸造，有今打造之义（也可理解为"创造"）；作为名词，有熔炉义。再看在青铜器"豫盂"中，"冶"字又省却了"火"，成了三要素，这就与后来的"冶"字的字形比较接近。但是，东汉的许慎未见过"冶"字的金文，故而其《说文》据小篆释道："冶，销也，从仌（bīng），台声。"又释"仌"道："仌，冻也，象水凝之形。"这就将作为金属熔液的二点讹作"仌（冰，仌为冰之裂纹的象形）"了。而段玉裁《说文解字注》、朱骏声《说文通训定声》之所释，亦均不足信，它们只是折中地采纳了互不相容的有关"火"与"水（冰）"之二义。

另外，"冶"与"铸"有着密切相关性。《甲骨文编附录》中的"五六三九"，它从手（又）、从火（所持之火）、从器（倒置之器），意谓以手持火以熔器；"五六四零"则从火、从器、从"丶（点）"，省却了手，增加了点，此点即为金属熔液。至于金文中的"铸"字，"王铸觯（zhì，青铜器名）"由四要素组成，为双手持"鬲（lì，亦青铜器名）"置于火上。这个作为青铜器代表的"鬲"，纯属象形，圆口三足中空。此三要素形象地"画"出了用火艰难地熔化铜鬲以另铸他物之意，其下则为容器或铸范。再看"铸大保鼎"，省化了手，增添了鬲下的金属熔液，似乎正在往下滴，这也显示了冶炼铸造而使旧器另成新器之高难度。《考工记·辀人》："攻金之工……冶氏执上齐（通'剂'，即合金）。""金有六齐（按：即六种合金比例配方），六分其金而锡居一，谓之钟鼎之齐。"孙诒让《周礼正义》释道："依齐（'剂'）量以铸为器。"《考工记》是古代工匠文化的经典著作[①]，其中这段文字，是周人对商代冶铸经验的经典性总结，它指出，必须掌握铜锡等配合的适当比例，而不同的器物还应有不同的比例，而随着时代的发展其比例还有不同的变化[②]，由此可见这代表了当时最高超先进的技艺，而掌握此种技艺的匠人往往被称为"冶师"，有的国家还特地外请冶师来冶铸，称为"冶客"，如"平安君鼎""金村方壶"等均为冶客所铸造，由他领导指挥并一起参加实际的冶铸工作，这种冶客的地位是较优越并受尊崇的。回过头来看东汉许慎的《说文》，它对"冶"字的释义之误，在于把熔冰之易与镕金之难混为一谈，这就在客观上贬低了冶师的技艺和地位。

但事实是，在中国历史上，对冶师劳动及其物化成果往往另眼相看，予以很高的评价或由衷的夸赞。例如：

夫有干（即吴国）、越之剑者，柙而藏之，不敢用也，宝之至也。(《庄

---

① 值得注意的是，郑元勋的《〈园冶〉题词》也提到了《考工记》："安知（《园冶》）不与《考工记》并为脍炙乎？"把经典《考工记》和经典《园冶》相提并论，是极有眼识、极有预见的，历史的事实证明了这一点。

② 商代前期青铜器平均含铜80.83%，锡5%，铅11.09%，到了商代后期，平均含铜85.94%，锡11.07%，铅0.84%。这反映了当时生产力以及人们认识的不断进步。从商代青铜冶铸作坊遗址中，还可发现坩埚（耐火容器）残片、红烧土、炼渣、陶范以及孔雀石等矿石，后者还说明当时人们还不断积累识别矿石的经验，有意识地挑选"矿璞"，如孔雀石（氧化铜，这也是园林铺地的良材）、锡石等进行冶炼。这些都反映着商代冶铸业的高度水平。而本文之所以不厌其烦地具体举例，反复强调冶铸的高难度，是因为在今天看来冶铸算不了什么，但将其置于特定的历史阶段，历史主义地看待，就非同小可。因此可以说，不了解这些，丢弃了历史，就不可能真正理解《园冶》书名中的"冶"义。

子·刻意》)

精练藏于矿朴，庸人视之忽焉；巧冶铸之，然后知其幹也。（汉·王褒《四子讲德论》）

金之在镕，唯冶者之所铸。（《汉书·董仲舒传》）

公独不见金在矿何足贵邪？善冶锻而为器，人乃宝之。（《新唐书·魏徵传》）

吴山开，越溪涸。三金合冶成宝锷。（唐·李峤《宝剑篇》）

冶金伐石，垂耀无极。（唐·韩愈《河中府连理木颂》）

疾之遇臣，如金之遇冶。（唐·柳宗元《遇膏肓疾赋》）

在中国古代，史学家、政治家、文学家们对冶氏均情有独钟，尊之为"巧冶""善冶"，并"知其幹"，以为"宝"，"垂耀无极"，他们通过取譬设喻，将"冶"推举为加工、制作和美化的典范。

从文史的视域转到哲学、神话文化的视域，还可发现"冶"往往联结着更高层次的天地造化和"道"，甚至臻于出神入化的境地。例如：

今之大冶铸金……以天地为大炉，以造化为大冶，恶乎往而不可哉！（《庄子·大宗师》）

且夫天地为炉兮，造化为工（按："工"即铸金的冶师）；阴阳为炭兮，万物为铜。（西汉·贾谊《鹏鸟赋》）

干将作剑，采五山之铁精，六合之金英，候天伺地，阴阳同光……莫邪曰："夫神物之化，须人而成。今夫子作剑，得无得其人而后成乎？"干将曰："昔吾师作冶，金铁之类不销，夫妻俱入冶炉中，然后成物……"莫邪曰："师知铄身以成物，吾何难哉？"于是干将妻乃断发剪爪，投入炉中……遂以成剑，阳曰"干将"，阴曰"莫耶"，阳作龟文，阴作漫理①……夫剑之成也，吴霸。（东汉·赵晔《吴越春秋·阖闾内传》）

"冶"，有着丰富的哲学内涵和极高的文化品位，"大冶铸金"不仅联结着、交融着天地、造化，而且熔入了冶师自己的生命——"夫妻俱入冶炉中"，"铄身以成物"。在古代，身体四肢、肤发指爪，均受之父母，不敢毁伤，但为了冶金成物，却置之不顾，无畏地投入了熊熊的烈火，这种惊天地、泣鬼神的神话传说，似是荒唐不经的谬悠之说，其实却可用马克思的学说予以科学的理性解释。马克思曾深刻指出，"劳动者把自己的生命贯注到对象里去"，"按照美的规律来塑造"，所以说是"劳动创造了美"②。技艺高超、劳动繁复的大匠冶师，以肉身投入了销金铄铁的洪炉，通过凤凰涅槃的壮烈之举，以生命换取了对象化之美的硕果！

---

① 龟文、漫理：均为武器上装饰纹样，这也证明了"冶"的外在"美"义。专家据干将、莫邪传说研究分析，此类武器已主要为钢（花纹钢），这可说遥遥领先于整个春秋战国时代，这是吴国之所以称霸的重要原因之一。《淮南子·修务训》："宋画吴冶……其为微妙，尧舜之圣不能及。"这又是赞颂其煊赫一代最高境界的艺术美。

② ［德］马克思：《1844年经济学－哲学手稿》，人民出版社1983年版，第45、51、46页。

至此，又可辉煌地进入工艺美术学的视域，并确立"冶"的另一个义项，即美，以及含装饰在内的美化。但是，从东汉许慎《说文》以来，没有一本辞书直接而明确地有如是解释，其实这正是"冶"的应有之义，故应作词源学上的考索。在古代，"陶""冶"这两种生产往往并提。《孟子·滕文公上》有"陶、冶亦以其械器易粟者"，陶、冶即指陶工与铸工。以后又引申为裁成、创建、创造（按：这也与《园冶》的"冶"义相关），如《文子·下德》："老子曰：'阴阳陶冶万物。'"这里的"陶冶"即"创造"，联系本文，应理解为美的创造、创建。再看陶器本身，在商代不但有模制、轮制和手制之别，能科学地掌握窑内的火候等，而且器物的造型美特别是其装饰纹样美也突出地供人观赏，仅看其几何纹样，就有绳纹、网纹、回纹、云雷文、方格纹、圆圈纹、波浪纹等，构成有规律的排列组合，显示着平衡、对称、连续、节律等的美。往前追溯，包括半坡彩陶的图案纹样装饰在内，都成为代表特定历史阶段极高成就的工艺美术。正如易中天先生所指出："真正的装饰只能开始于陶器。因为正是从制陶开始，人类……即有意识地进行装饰了。"[1] 沃林格则说："一个民族的艺术意志在装饰艺术中得到最纯真的表现。"[2] 以这一艺术美学视角来看，殷商时代的青铜器，更是铸造了中华文化的灿烂辉煌，其形制有鼎、钟、爵、鬲、盂、尊、簋、壶、觚、罍、觥等，其表面更饰有饕餮纹、夔龙纹、云雷纹、蝉纹、蟠龙纹、兽面纹……它们造型奇巧，纹饰繁缛，这吸引郭沫若先生撰写了《彝器形象学试探》[3]。总之，"器"与"艺"、实用与美已融为一体。这镕注入了生命的"冶"，外化出美化、装饰之形，但是，在所有辞书中，只有《正韵》这样解释："冶，装饰也。"而在文学作品中，"冶"字却长期地具有"美"义、"丽"义，如：

> 妒佳冶之芬芳兮，嫫母姣而自好。（屈原《九章·惜往日》，"冶"前冠以"佳"字，显然为褒义；下句丑陋的嫫母，却自以为美好。这是用了反衬的手法）
> 玄冕无丑士，冶服使我妍。（晋·陆机《吴王郎中时从梁陈作》，《文选》李注："冶服，美服也。"以"丑"对"冶"，其美义亦自明）
> 飞花落地容难冶，飞鸟窥人意转闲。（宋·王安石《寄友人三首》其二）
> 冶杏夭桃红胜锦。（宋·汪元量《湖州赋》，以"冶"状杏花之美）
> 低回吟冶句。（清·龚自珍《台城路》。冶句，就是华美的诗句）

当然，美化、装饰超过了一定的"度"，就往往会转化为"妖冶"之类的贬义[4]。所以计成又反复强调，应"时遵雅朴"（《园冶·屋宇》），"亦遵雅致"（《园冶·装折·户槅》）……

再回到"冶"字的"铸"义转到历史学、经济学视域进行深思。李泽厚先生说："传说中的夏铸九鼎，大概是打开了青铜时代第一页的标记。"[5] 把冶铸和青铜时代联结在一起的见解是深刻的。正如人们从艺术文化学的视角把商代青铜器作为中华文化史上不可企及的一代高峰一样，从经济学的视角看，冶铸技术作为一种先进的生产力，在这一阶段也臻于顶

---

① 易中天：《艺术人类学》，上海文艺出版社 1992 年版，第 275 页。
② ［德］W. 沃林格：《抽象与移情》，辽宁人民出版社 1987 年版，第 51 页。
③ 郭沫若：《青铜时代》，科学出版社 1957 年版。青铜时代为考古学名词，是优于红铜的经典性时代。
④ 这可能是受了《国语·周语》单穆公"美不过以观目"之语的影响。
⑤ 李泽厚：《美的历程》，文物出版社 1981 年版，第 32 页。

峰，代表着整整一个时代。马克思指出："各种经济时代的区别，不在于生产什么，而在于怎样生产，用什么劳动生产资料生产"，而这"更能显示一个社会生产时代的具有决定意义的特征"①。在商代，掌握先进冶铸技术的人、以青铜作为生产资料中的生产工具，这些首要的特征，这些最活跃的因素，从根本上决定了这个青铜时代的存在。

具体看计成《〈园冶〉自序》交代了曹元甫将《园牧》改名为《园冶》以结束全文后，接着有如下落款："否道人暇于扈冶堂中题。"其中的"扈冶堂"非常值得注意。对此，曹汛先生写于 20 世纪 80 年代初的《〈园冶注释〉疑义举析》作了有价值的考证，还涉及了较重要的问题：

> 扈冶有广大之意。《淮南子》："储与扈冶"，注："褒大意也。"旧本阚铎氏《识语》以为扈冶堂是阮大铖家中的堂名，新注（金按：指《园冶注释》第一版）则谓是计成家中的堂名。鄙意以为二说俱不确。《园冶·自序》有"时汪士衡中翰延予銮江西筑……"序末又自题"否道人暇于扈冶堂中题。"可见《园冶》一书，确是在为汪士衡建造寤园时，住在主人家里，于造园之暇在扈冶堂中写成的，扈冶堂为汪士衡家中的堂名②……计成家境清寒……自己家中哪里会有名为扈冶那样的大堂呢。③

这一意见，已被陈植先生《园冶注释》第二版所采纳，也为研究界所认同。不过，还应探析扈冶堂与寤园之间有意味的联系。寤园的"寤"字，主要可析为"宀""爿""吾"三部分。在篆书中，"宀"为房屋之形，《说文》："交覆深屋也"；"爿"像侧面竖着的牀（床）形；

---

① ［德］马克思：《资本论》第 1 卷，人民出版社 1975 年版，第 204 页。

② 补述："扈冶堂为汪士衡家中的堂名"，曹汛这一判断，应该说是真实的。然而，难以解释的是，日本内阁文库本明版《园冶》里，分明钤有天圆地方二印，上为"安庆阮衙藏板……"楷字圆印，下为"扈冶堂图书记"篆字方印，二者构成密不可分的联系。这样，就有了两个"扈冶堂"，一个是汪氏"扈冶堂"，另一个是阮氏"扈冶堂"。那么，扈冶堂究竟是谁家的堂？历来有三说：一是阮氏说（阚铎《园冶识语》最早提及天圆地方二印）；二是汪氏说（见曹汛的《计成研究》）；三是计氏说（见陈植《园冶注释》第一版第 39 页："计成家中的堂名"）；笔者独辟蹊径，提出第四说：虚构说，即阮氏虚构此堂。笔者认为，阮大铖对汪氏寤园极为艳羡，如《冶叙》所赞，"兹土有园，园有冶……"该园在南北江确乎是首屈一指，如《园冶》中所标举的"篆云廊"，就是该园杰出的创构。阮大铖在《叙》中先后用了三个"乐"字来赞美寤园及其造园家计成：一曰"夷然乐之"；二曰"乐其取佳丘壑置诸篱落许"；三曰"计子之能乐吾志也"。阮大铖不但艳羡寤园，而且对计成的才华更为倾倒。他曾拟网罗天下之士，计成当然是其倾慕、罗致的重要对象，多才多艺的计成如能被其招为门客，占而有之，不但可为其造比寤园更美的园，而且更为自己增光添彩。而要实现这一奢望或占有欲，通过刊刻《园冶》将其归于自己名下也不失一个绝妙的途径。但无情的事实是，在《园冶》刊版的前三年，计成就在书稿《自序》中最后落笔："时崇祯辛未之秋杪，否道人暇于扈冶堂中题。"并钤下了"计成之印""否道人"两方印章。在三年后的崇祯甲戌刻书之际，阮大铖既不可能将书稿中"扈冶堂"字样擅自改排为"咏怀堂"，也不可能让"人最质直"的计成违心地重行署置，改为"暇于咏怀堂中题"。然而，阮虽已不能实现其罗致计成以"乐吾志"的奢望，但瞒天过海也借了刊印《园冶》之机，私刻了一方"扈冶堂图书记"置于自己藏板印之下却是可能的。这样，就可给外界造成一种假象：阮府也有扈冶堂，计成长期来是在阮氏堂里完成《园冶》书稿的，也就是说，计成是阮氏的长年门客。这个无中生有的举措，借用《冶叙》的话说，也可说是一种"此志可遂"，而借用《红楼梦》中的话说，则是"机关算尽"。详见金学智：《园冶多维探析》上卷，中国建筑工业出版社 2017 年版，第 38~44 页。

③ 详见曹汛：《〈园冶注释〉疑义举析》，载《建筑历史与理论》第 3、4 合刊，江苏人民出版社 1984 年版，第 94 页。

"吾"则为表音的声符，因此，"寤"是形声字，有屋有床，以示睡醒，故元人曹本所撰《续复古编》释作"寐觉"。后来，又由睡醒的"寤"，假借为醒悟、觉悟、晓悟的"悟"。引书证如下：

> 哲王又不寤。（战国·屈原《离骚》）
>
> 桓公喟然而寤。（西汉·《淮南子·主术训》，高诱注："齐桓公悟之。"）
>
> 《精神（训）》者，所以……晓寤其形骸九窍。（西汉《淮南子·要略》）
>
> 历览者兹年矣，而殊不寤。（西汉·扬雄《解难》，颜师古注："兹年，言其久也。不寤，不晓其意。"）
>
> 别为《音图》，用祛未寤。（西晋·郭璞《尔雅序》，邢昺疏："以祛除未晓悟者。"）
>
> 王不寤，荀卿乃退处兰陵。（明·刘基《郁离子·荀卿论三祥》）

以上"寤"均为"悟"义。《说文》段注："古书多叚寤为悟。"再联系汪士衡寤园之名，可见其决非"醒园"之意，此"寤"也是"悟"的假借字，乃"悟园"之意，因为在天人合一、优美宜人的园林里，文人们最易俯仰自得，心有所悟。那么，汪士衡在园里"悟"的是什么呢？是"玄"，是联结着天地造化本体的"道"，这具体地体现在"扈冶堂"的题名上。

"扈冶"作为双音节词，颇冷僻，古籍中并不多见，但在西汉的《淮南子》和扬雄的著作中却不止一次地出现。《淮南子·俶真训》："视之不见其形，听之不闻其声，扪之不可得也，望之不可极也，储与扈冶，浩浩瀚瀚，不可隐仪揆度……"高诱注："储与扈冶，褒大意也。"金按：高注非是，这里的"储与"并无"褒大"之意，而"扈冶"才是广大之意。先看与"扈冶"紧紧相连的"储与"，《淮南子·本经训》："阴阳储与。"高诱注："储与犹尚羊。"此注甚是。尚羊，也就是相羊、徜徉。扬雄《羽猎赋》："储与乎大浦。"服虔注："储与，相羊也。"也即徜徉。总之，"储与"和"尚羊""相羊""徜徉"均为叠韵联绵词，意为自由自在地往来，这里为动词，"扈冶"是其宾语。储与扈冶，即自由自在地徜徉于广大之境。浩浩瀚瀚，亦广大貌，是对"扈冶"的补充性描述；至于"不可隐仪揆度"，"隐仪揆度"四字叠义，均为"度"，即测度，这是进一步言其苍茫浩大。再看《淮南子》作为总序的《要略》，在总结全书时再次出现了"储与扈冶"："若刘氏（按：为淮南王刘安自称）之书，观天地之象，通古今之事……原道之心，合三王之风，以储与扈冶，玄眇之中，精摇靡览（于省吾注："言玄眇之中，精犹不得见也。"亦即"不可隐仪揆度"）。

根据上引古代的哲理性论述，落实到寤园中扈冶堂的题名，这就是说，在寤园所要悟的，就是储与扈冶、浩浩瀚瀚，不可揆度的"道"。那么，在历史上，品景赏园与悟道是否有特定的或必然的联系呢？宗白华先生指出："晋宋人欣赏山水，由实入虚，即实即虚，超入玄境。"又说："中国自六朝以来，艺术的理想境界却是'澄怀观道'。"[①]事实确乎如此，三国魏嵇康《赠兄秀才入军》有名句："息徒兰圃，秣马华山……目送归鸿，手挥五弦。俯仰自得，游心太玄。"东晋王羲之《兰亭诗》："有心未能悟，适足缠利害。未若任所遇，逍遥良辰会。"直至明代王宠游苏州拙政园，也这样咏道："园居并水竹，林观俯山川。竟日云霞

---

① 宗白华：《艺境》，北京大学出版社2003年版，第119、142页。

逐，冥心入太玄。"(《王侍御敬止园林》)均写在风景园林优美的环境里，摆脱尘俗，澄怀悟"道"，即冥心悟入于不可揆度的玄境。由此，以"形而下者谓之器，形而上者谓之道"(《易·系辞上》)的哲学观来看"扈冶堂"的题名，就不应将其理解为大堂或广大的堂，因为这仅仅是拘囿于"形而下"的、物质空间的广大，而这样的大堂并没有多少价值意义；相反，应埋解为"形而上"的、精神空间的广大，也就是身在此堂，超越物质利害关系，清心澄怀，以悟"玄眇之中"的"扈冶"。

既然窬园和扈冶堂有如此不同一般的含义，所以通晓《易》学的计成在此园主持营造，暇时则在此堂从事写作，日长月久，耳濡目染，必然会进而接受其影响，感悟良多。而曹元甫这个"伯乐"来到窬园这个氤氲着哲学意味的环境里，看到《园冶》如同"荆关之绘，成于笔底"，发现其是"千古未闻见"的"开辟"。于是立即将其和极富哲理的"扈冶"联系起来，深感包括"法式"之义在内的《园牧》之名，还偏于形而下的"器"，而应予以提升，提到形而上之"道"的高度，于是将"扈冶"二字进行"节缩"，省却一"扈"字，前添一"园"字，称之为《园冶》，这就名副其实了，因为《园冶》书中就或隐或显地寓含着玄眇广大，较难揆度的哲理——"道"。

那么，这种"节缩"手法是不是难以成立的孤例呢？曰：否。在明代以前的文学创作中，是大量地存在着[1]，但更应指出，这还可从《园冶》有关序、跋中找到最直接、最有说服力的内证。如：

> 阮大铖《〈冶〉叙》之题。
> 阮大铖《〈冶〉叙》："题之《冶》者，吾友姑孰曹元甫也。"
> 计成《自序》："［曹］先生曰：'斯千古未闻见者，何以云"牧"，斯乃君之开辟，改之曰"冶"可矣。'"。
> 计成《自跋》："暇著斯《冶》……"

以上几个"冶"，都是"园冶"二字的节缩。可见，"扈冶"和"园冶"一样，均可以节缩。

《园冶》的"冶"字，除联结"扈冶"外，还紧密联结着上文初步涉及的"陶冶"之义。再看西汉《淮南子》和扬雄的著作中的"陶冶"，如：

> 包裹天地，陶冶（培育，造就）万物，大通混冥（即大冥之中，指"道"），深闳广大（广大幽深之境）。(《淮南子·俶真训》)
> 此真人之道也。若然者，陶冶万物，与造化（指天地的创造）者（造化者：指"道"）为人（"人"有"偶"意［用王念孙说］。为人：即"为偶"，相伴相随也），天地之间，宇宙之内，莫能夭遏（折断，阻止）。(《淮南子·俶真训》)

---

[1] "节缩"是古代汉语常用的一种修辞手法，又称省略。如汉·王逸《九思》："百贸易兮传卖"，"百"为百里奚（人名）的节缩；汉·《费凤别碑》："司马慕蔺相"，为司马相如羡慕蔺相如的节缩；《晋书·王濬传》："建葛亮之嗣"，"葛亮"为诸葛亮的节缩；南朝梁·刘勰《文心雕龙·诠赋》："灵均唱《骚》"，为屈原赋《离骚》的节缩，"延寿《灵光》"为王延寿《鲁灵光殿赋》的节缩；南朝梁·钟嵘《诗品》"灵运《邺中》"，为谢灵运《拟魏太子邺中集》的节缩；唐·王勃《滕王阁序》"杨意""锺期"，分别为杨得意、锺子期的节缩……

独驰骋于有无之际，而陶冶大炉，旁薄群生。（汉·扬雄《解难》）

陶冶通过"大炉"，联结着、造就着甚至包括着天地、万物、宇宙、混冥、群生……这是一种集大成式的创造，一种磅礴天地、囊括万有的深闳广大的境界，一句话，是联结着"道"，或其本身就是"道"。可见，陶冶和扈冶一样，均通向广大之境，均指向于"道"。而《园冶》之"冶"，也应包括着对"陶冶"的节缩。

再从修辞学的视角来进一步梳理，"冶"除了体现着节缩的手法，还体现着其他修辞手法：其一是借代，即借现象（扈冶广大）来指代其本体（"道"）；其二是比喻，它同时还没有丢弃"冶"的劳作、技术、匠师的本义，仍生动地喻之为镕铸、铸炼；其三是双关，"冶"的双关，既是指"道"，又是指"术"，或者说，"道"离不开铸造之"术"。

至此，对《园冶》的书名，可以这样解释：《园冶》，就是造园之"道"，或者说，是通过造园技艺以镕铸群生，弥纶大美之"道"[①]……

如上所述，长期工作、写作于寤园及其扈冶堂中的计成，对"寤（悟）""扈冶"等意，早就寝淫积渐，心领神会，故而曹元甫提出修改书名后，他深感"冶"字的意蕴比"牧"字丰饶深永得多，于是，立即赞同，并接受其建议，改《园牧》为意蕴丰饶的《园冶》。

还应进一步指出，计成除了撰写《园冶》，还不断地萌生出"大冶"的美学理想，这一方面来自《庄子·大宗师》中"以天地为大炉，以造化为大冶"的幻想世界，另一方面又来自变革环境的造园实践过程中潜滋暗长的"悟"。在1934—1935年，在为郑元勋造"影园"的过程中，计成的"大冶"美学理想终于孕育成熟，由"渐悟"而至"顿悟"。但是，在悲剧性的现实中，他的这种理想只能埋在心灵深处，只能时而和密友郑元勋敞开心扉。郑元勋在手书的《〈园冶〉题词》中写道：

予与无否交最久，常以剩山残水，不足穷其底蕴，妄欲罗十岳为一区，驱五丁为众役，悉致琪华瑶草，古木仙禽，供其点缀，使大地焕然改观，是亦快事，恨无此大主人耳！

这是何等的视野！何等的气魄！何等的抱负！何等的美学！这是从《庄子》"大冶"脱胎而出的全新的"大冶"理想。这番经天纬地、掷地可作金石声的卓绝言论，赖郑氏珍贵的手迹保存了下来。不过，还应将其和《园冶》书中的"瀛壶"理论结合起来探究。计成在《园冶·掇山·池山》中写道：

池上理山，园中第一胜也。若大若小，更有妙境。就水点其步石，从巅架以飞梁。洞穴潜藏，穿岩径水；峰峦飘渺，漏月招云。莫言世上无仙，斯住世之瀛壶也。

---

[①] "道"和"易"等字一样，也有多义性。如《老子》中，就"具有不同的义涵，有些地方，'道'是指形而上的实存者；有些地方，'道'是一种规律；有些地方，'道'是指人生的一种准则、指标或典范……义涵虽不同，却又可以贯通起来。"（陈鼓应《老子注译及评介》，中华书局1984年版，第2页）而《园冶》的"冶"义同样如此，既可指形而上的本体、本质规律，又可指形而下的营建、技艺、构造、法式……

对于创造成功的、"峰峦飘渺，漏月招云"的池山，计成给以极高的美学评价，誉之为仙境"瀛壶"。在《屋宇》章，他还提出了"境仿瀛壶，天然图画"这一最高理想的纲领性名言。那么，"瀛壶"之说究竟从何而来的呢？

从本质上看，蓬瀛神山仙境之说，含蕴着古人对环境美等的理想追求。这一神话传说，最早发端于《山海经·海外北经》："蓬莱山在海中。"后来，王嘉《拾遗记》卷一还把它与"壶"字联系起来："三壶，则海中三山也。一曰方壶，则方丈也；二曰蓬壶，则蓬莱也；三曰瀛壶，则瀛洲也。"《史记·封禅书》《列子·汤问》等也有类似记载，其他诗文中也很多。对此，古人总是把目光注视着海上或天空去寻寻觅觅。白居易《长恨歌》写道："忽闻海上有仙山，山在虚无缥缈间。"这种仙山，当然是不可能寻觅到的。然而，计成却不然，他所追求的，是"住世之瀛壶"。什么是"住世"？和"出世"相对，是指此身所居住的现实世界。计成之所以可贵，在于他并不让人们遥望海上，或仰望天空，相反，他脚踏实地，把人们寻望虚无海天的眼光拉回到自身所居住的实实在在的地上，说明天堂就在人间，美丽的仙境是可以通过人的努力，通过园林艺术的创造而建立在现实世界之上的。因此，世上虽然无仙，但园林化的现实世界，就是天然图画般的"住世之瀛壶"。

计成含"住世之瀛壶"在内的"大冶"美学理想，是怎么产生的？纵观计成一生，他"游燕及楚"（《〈园冶〉自序》），不但饱览山川之美，胸有丘壑，并通过绘画来渲染、抒写这种美，而且还通过园林来表现、焕发这种美。从园林美学的视角看，作为立体绘画的园林，是山水画向物质现实的转化，它"有真为假，做假成真"（《园冶·掇山》），既来自现实，又高于现实，装点着现实，美化着现实。而计成在造园历程的后期，由于长期实践的启悟，由于对神州山川、绘画园林的挚爱，萌生了按造化的旨趣，以大地为对象的"大冶"理想，"欲罗十岳为一区，驱五丁为众役"，"使大地焕然改观"。他希望自己的造园实践能突破园林围墙的局囿，走向浩浩瀚瀚，广阔无拘的境界，使广袤的大地实现园林化，特别是还要"悉致琪华瑶草，古木仙禽"，让其点缀、装饰、美化大地，使之成为仙界般的美境。这一崇高的美学理想，无论是在中国古代风景园林史上，还是在中国古代美学思想史上，均难能可贵，极为罕见，值得大颂特颂！其中还有一句："恨无此大主人耳！"这七个字，凝聚着无限意蕴，也含茹着无限辛酸！由此可见计成不仅仅是作画、造园、撰文，他还有着开阔的视野，博大的胸襟。在中华文化史上，有这样视野、襟抱的先贤哲匠[①]，能有几人？但是，在朱明王朝摇摇欲坠的时代，计成面对严酷的现实，其美学理想根本无由实现，而只能饮恨终身。他有感于"时事纷纷"（《〈园冶〉自跋》），民生凋敝，满目剩山残水……"自叹生人之时也，不遇时也"（《〈园冶〉自跋》），于是只得"逃名丘壑"和"暇著斯《冶》"而已！

由此总括上文：在计成的"大冶"美学理想境界里，"冶"义中的镕铸般的创造、装饰点缀美化、"扈冶－陶冶"之道三者融而为一了。至此也可以说，"冶"之三义，就如同《易》之三名，用钱锺书先生的话语说，"不仅一字能涵多意"，而且"赅众理而约为一字，并……得以同时合训"[②]。

---

① 关于"哲匠"：《文选·殷仲文诗》："哲匠感萧晨，肃此尘外轸。"李周翰注："哲，智也。匠，谓善宰万物者，谓桓玄也。"现指明智而又才艺出众的大师。
② 钱锺书：《管锥编》第1册，中华书局1991年版，第1、2页。

再应从宜居环境理论的视角来解读计成的"大冶"美学理想。在国内，张薇教授最早从现代"人类聚居学 – 宜居环境"理论的视角来评价《园冶》，其《园冶文化论》写道：

> 《园冶》宜居环境理论，比西方现代宜居环境理论早得多。如果按20世纪50年代末希腊建筑师道萨迪亚斯首创现代"人类聚居学"理论来算，《园冶》比其早了300多年。但是，长期以来，学界对《园冶》的理论价值的认识不够充分……《园冶》不仅是一部古代造园理论著作，一部百科全书式的文化典籍，而且是一部杰出的古典宜居环境理论著作。应该从这种新的角度来解读《园冶》，深入系统地研究《园冶》所阐发的古典宜居环境理论，对这个十分重要的历史遗产来一个"觉醒"……《园冶》在追求和营造居住环境的质量方面，强调的是"宜人"价值。①

通过国际比较，深刻揭示了《园冶》宜居环境理论的价值意义。再进而以这一视角来看计成的"大冶"理想，它可说是《园冶》宜居环境论向更高境层的升华。遗憾的是，郑元勋所录计成的"大冶"理想，虽赫然处于书前《题词》之中，但学界却无人予以拈出，加以彰显发扬。其实，计成这一杰出的美学理想，不仅早于西方种种有关理论，而且还可说在中国的历史长河中，也是绝无仅有，可谓凤毛麟角。

纵览悠悠中华古史历程，首先听到的是唐代大诗人杜甫《茅屋为秋风所破歌》的悲壮之音：

> 安得广厦千万间，
> 大庇天下寒士俱欢颜，
> 风雨不动安如山。
> 呜呼！眼前何时突兀见此屋，
> 吾庐独破受冻死亦足！

诗人自己是"布衾多年冷似铁""长夜沾湿何由彻"，但却热切希望天下寒士能拥有万千广厦，得以遮风避雨，稳定安居，这种崇高的思想境界确乎是亘古未有，令人景仰！

如果说，杜甫的美好愿景是沉郁深广的现实主义所闪现的浪漫主义理想之光，那么，800多年后明末的计成，他自己是无可奈何地"传食朱门"的一介寒士，却意欲罗十岳，驱五丁，打造天地大园林，美化人居大环境，让广大人群能住得美，居得宜，愿普天下人都能共享园林美的生活，这是地道的浪漫主义瑰光丽色的直接闪耀。计成从中国古典哲学发端，从《园冶》之"冶"中所提升的这一仙境般的浪漫理想，表现为既采撷《水经注》中蜀王令五丁力士开道的神话传说，又吸纳王毂《梦仙谣》中的"琪花片片粘瑶草"之典；既令人联想起"何如缑岭""欲拟瑶池"（《园冶·相地·江湖地》）的神仙故事，又令人似看到"层阁重楼""境仿瀛壶"（《园冶·屋宇》）的海上仙山……真是一派仙气氤氲！然而，它并不虚无缥缈。计成是立足现实的理想主义者，他是以造园来装点现实，美化环境，如其所

---

① 张薇：《〈园冶〉文化论》，人民出版社2006年版，第258~263页。

言："莫言世上无仙，斯住世之瀛壶也。"（《园冶·掇山·池山》）这一判断，以历史主义的观点看，是异常了不起的，它让人们不是仰望天空，而是脚踏实地，使人感到：天堂就在人间，真正的瀛壶离不开"住世"。联系《园冶·相地》各篇来看，还应以"护宅之佳境"（《相地·傍宅地》）为起点，对山林地、城市地、村庄地、郊野地、江湖地……实现全覆盖，让整个"人地焕然改观"。从历史发展的视角看，这是为后人提出了可实现的目标。

不妨把计成和杜甫相比，杜甫的诗篇，向往的主要是室内空间的安居；计成的理想，向往的则主要是室外环境的宜居——它们是一枚闪光金币互不可少的两个面，同样是人类思想史上所绽放的美丽花朵。然而在"时事纷纷"（计成《〈园冶〉自跋》），"战伐乾坤破，疮痍府库贫"（杜甫《送陵州路使君赴任》）的过去，这类美好的愿景，注定是难以实现的。计成的"大冶"理想，只有历史车轮驶进 1949 年，才有可能提到议事日程上来。例如，现存的古典园林、风景名胜的保护和修复；公园的营造、风景区的开发；城市的绿化、园林化，绿水青山的生态保护；等等。

以上一些，为什么一定要在中华人民共和国成立以后才有可能实现？这只须举一例。1923 年，陈植先生在《国立太湖公园计划》中说，"国立公园发源于美国，渐及于欧洲、日本诸国。然其发达，乃最近十年间事，故其名称于最近数年间流入我国。"当时，陈植先生接受了考察太湖并进行规划设计建为森林公园的任务，经过周密的调查，深入的考察，发掘大量的风景资源，订出翔实可行的《计划》。他说，其目的就是要"永久保存一定区域内之风景，以备公众之享用者也"[1]。然而，却受障碍于"啸聚湖中猖獗无已的湖匪"等，于是，陈植先生一番心血基本上付诸东流[2]……

今天，我们纪念大师计成诞辰 430 周年，对于风景园林的保护、建设和开发，应记取《园冶》中"休犯山林罪过"（《相地·郊野地》）的律则，"虽由人作，宛自天开"（《园说》）的理念，"得景随形"（《相地》）的方法，"得体合宜"（《兴造论》）的原则，"当要节用"（《兴造论》）的告诫……从而体现"造化陶冶万物"的哲思。从这一意义上说，今天纪念计成诞辰，重温经典《园冶》，激活历史记忆，是很有现实意义的。

原为提交武汉大学、中国风景园林学会 2012 年
纪念计成诞辰 430 周年国际学术研讨会论文；
被选载于［北京］《中国园林》2013 年第 2 期；
又被收入张薇、杨锐等主编的《〈园冶〉论丛》，
中国建筑工业出版社 2016 年版，列为该书之首篇

---

[1]　《陈植造园文集》，中国建筑工业出版社 1988 年版，第 29、30、50 页。
[2]　当然，其中所列大量的景点及其描写，所作条分缕析的论述、建议，仍不失其参考价值。

# 钤上心香一瓣

## ——《园冶印谱》前言

### ·2013·

**《人文园林》编者按：** 2011 年，为大师计成诞辰 430 周年。金学智教授曾向计成的故乡吴江倡议，协同吴江文联钱惠芬女士发动吴江垂虹印社集体参与创作，以《园冶印谱》来纪念这位乡邦先贤。此举得到苏州市吴江区委宣传部的热情关注和大力支持。

《印谱》由宣传部何斌华部长及金学智先生任主编。金先生从《园冶》书中选出近 80 句名言隽语作为镌刻的印面文字，并撰写了前言，推敲了全部边款。垂虹印社同仁亦欣然接受此任，分工合作。经多次反复，严格把关，持续了近两年时间，终于由古吴轩出版社于 2013 年 9 月出版。

此谱围绕着一位名人，取材于一部名著，由一个印社群体来治一本印谱，这几个"一"，可谓中国篆刻史上空前未有的盛举。而今，终于结出了可喜的硕果。

古色古香的《园冶印谱》，融诗文、哲理、园林、篆刻、书法、绘画、装帧工艺于一体，内容丰富，形式多样，尤其是谱首所钤三方印章，乃明代幸存至今计成的名字印、别号印，遥远地撷自日本东京内阁文库所藏稀世孤本，在中国系首次面世，殊可宝贵。

此外，金教授所撰印谱前言，也是难得的凝练而优雅的美文，它以韵散相间的叙述方式概括了计成其人、《园冶》其书，其中有些情节鲜为人知。同时，又高度评价了《园冶印谱》的艺术特色和文化意义。颇有助于对《园冶印谱》的品赏，故一并予以推介。

《园冶》集古典园林之大成，萃华夏文化之精英，是一部举世公认的经典，一部令人叹为观止的奇书，一部字数不多而价值却沉沉夥颐、震古烁今的不朽名著。详而言之，它是我国最早出现、对世界深有影响、具有划时代意义的完整造园学体系的杰构，是极富哲理意蕴、美学内涵、文学特色、艺术情趣的钜著。此书镕铸"道"与"术"、"文"与"式"、"知"与"行"于一炉，储与扈冶，博大精深，一言以蔽之，曰"技进乎道"。

然而，其作者计成之生平资料却憾然阙如，仅能据其序跋等窥知大师行状之一鳞半爪：他生于明万历壬午十年（1582 年），吴江松陵人，名成字无否，工绘画，好游历，中年始归吴，以造园为业。适逢明朝末年，风雨飘摇，板荡不宁，计成生不遇时，屈志难伸，境遇坎坷，草野清贫，仅挟其绝艺奔波各地，传食朱门，因寓无限感慨，自号曰"否道人"。书稿完成后凡三年，无奈方由阮大铖于崇祯甲戌（1634 年）刊印。翌年，计成挚友郑元勋作《园冶题词》，至此有关线索中断，其后行踪不可考论。

《园冶》乃有声之歌诗，无韵之《离骚》。由于书系臭名昭著、为人不齿的阮大铖所刊刻，因而殃及池鱼，致使明珠蒙尘，进入了近三百年之沉寂，濒于湮没。由于或更名为《夺天工》《木经全书》，故此书有幸流入岛国扶桑，被推崇为"世界造园学最古名著"，兼示其对大匠喻皓的超越，并一再被刊刻、钞录、解说，传播，其影响波及东瀛各界。

20世纪30年代伊始，中国学者于日本发现此书，惊喜何如！朱启钤、陈植先生等专家占道热肠、戮力同心，历尽曲折艰辛，《园冶》终于重返神州，首印为《喜咏轩丛书》本。否极泰来，80年代至今，欣逢盛世造园时代、生态文明世纪，学界对《园冶》的注译研讨，骎骎乎趋向热潮，论文、著作的发表，如同雨后春笋，令人鼓舞欢欣！

放眼世界，20世纪至今。欧洲则有英、法译本相继问世（按：近期发现美国有更早的选译本）。此外，日、澳、英、法、韩、荷、意、新加坡等诸多国家，以及中国台湾等地区，均出现可喜研究成果……计成是属于世界的，当然也是吴江的，是吴江的骄傲、松陵的殊荣！

计氏在明末，即被誉为"国能""神工""哲匠""东南秀"……大师博学多才，品高艺精，诗文画园，四绝是称，然其诗画均消失于茫茫的历史烟雨之中，唯《园冶》得以独传，此乃中华文化不幸之大幸。

《园冶》金相玉质，文采斐然。其特色是议论高卓渊深，语言典雅华美，骈四俪六，绣口锦心，其间名言佳句，累累如贯珠，且有举此概彼，举少概多的特点，其品雅洁，其味隽永，读来口齿留芳，余味不尽。吴江垂虹印社同仁，在区委宣传部、文联等领导下，从《园冶》书中精选八十句名言俊语治为印章，汇而谱之。此举既表达了对乡邦先贤的无限景仰与永恒怀念，又弘扬了篆刻以"闲章"见志适情的优良传统。在艺坛，篆刻被喻为"方寸虫鱼"，园林被称作"咫尺山林"，二者缘何相似乃尔？由于均体现为"缩龙成寸"的美学，而今通过《园冶》经典，使其珠联璧合，相映生辉，此堪称印章文化史上之空前创举。

展卷品玩，可见垂虹印人游刃有余，奏刀骗然。试看印面，体性多样而风格斑斓：粗犷猛厉，如横刀入阵；精细秀婉，似空谷幽兰。飘逸飞动，如舞风之春柳；古拙沉凝，似积雪之寒山。或运刀不期现爆破之迹，或布局有意求欹侧之感。对角呼应，寓阴阳消息之理；避中挪让，拟虚实动静之变……一方方，一字字，饱和情愫，借《园冶》语以表述，谓之"寸石生情""构易成难"。

边款，同为《园冶印谱》一大特色，其文字、书法亦丰富多采。就文字看，或韵或散，或长或短；或深入开掘，或浮想联翩；或采宋词只语，或摘唐诗片言，或概述品读《园冶》体悟，或归纳印、园同构理念……对其潜心赏观一过，宛同品读一部印论精选、园论萃编。又如款识书法，既有篆书之随体诘诎、隶书之波磔翩翻，又有真书之应规入矩、行草之流畅连绵；偶或款以上下文图之对照，山水林亭之平远……琳琅满目，美不胜收，令人想起天宇之群星齐辉，园圃之百花争妍。

《印谱》的价值更在于，卷首计成的姓名印、别号印、表字连珠压角印，均为明版原貌，至今为国内所罕见，它遥远地撷自日本内阁文库所藏稀世珍本。而尤饶价值者，日本桥川藏本中郑元勋之行书《题词》，向世人披露计成欲"罗十岳为一区，驱五丁为众役"，"使大地焕然改观"。这一"大冶"理想的提出，堪称石破天惊！计氏诚美丽中国之先行者，惜乎其超越园墙之远思壮采，学界三百余年来无人问津，今特篆于谱前，表而彰之，愿其光辉烛照未来。

谨以《园冶印谱》作为献给大师计成诞辰四百三十周年的一瓣心香。

岁在玄默执徐，时届冬杪霜凝，华灯初上，姑苏金学智一稿，撰于心斋之如意轩。次年癸巳夏日改定。

原载［苏州］古吴轩出版社 2013 年版；

又载［杭州］《人文园林》2014 年第 2 期，

题为《璀璨明珠，熠熠生辉——〈园冶印谱〉艺术品赏》；

并载于 2014 年《苏州文艺评论》"吴门谈艺栏"

［上海］文汇出版社 2014 年版，

题为《印章文化史上的创举——〈园冶印谱〉前言》；

2023 年对"前言"增改两处，编入本书

# 试论计成的"真""假"观

## ——《园冶》美学的一对重要范畴

### ·2014·

自然界、现实生活以及人类思维中，处处存在着相反相成的互动现象，中国古代最早、最深刻地研究这一现象的是老子。作为道家哲学经典《老子》一书中，对这类现象作了多视角的揭示和论述：

> 有无相生，难易相成，长短相形，高下相倾……恒也。（二章）
>
> 知其雄，守其雌。（二十八章）
>
> 明道若昧，进道若退。（四十一章）
>
> 大成若缺……大巧若拙。（四十五章）
>
> 祸兮福之所倚，福兮祸之所伏。（五十八章）……

在《老子》之前，思想家们虽也关注这类现象，但论述是零星的，只有到了《老子》，才作了大量渊深的论述，不但指出其为"恒也"，即经常的，是普遍的存在，而且还提出了"吾以观复"（十六章）的方法论，深入揭示了"反者道之动"（四十章）的辩证规律。这里的"反"，有两层意思：一是互为对待；二是"反"即"返"，即返回自身，也就是循环往复地互动。故而"反者道之动"可理解为，"反"就是规律性的往复互动。《老子》的论述，对后世的哲学影响极大，如《淮南子·说山训》："故有相待而成者……'同'不可相治，必待'异'而后成。"所谓"异"，也就是"反"。

在《老子》哲学影响下，中国古典美学陆续出现了一系列互动范畴，真与假、虚与实、情与景、形与神、文与质、奇与正等等，它们既互异互动，又相反相成，有效地推动着艺术的创造及其理论、鉴赏的发展。

笔者在主编的《美学基础》一书中，在"西方美学的主要范畴"专章之前，较早地独辟蹊径，设有"中国美学主要范畴"一个专章，列论了"真"与"假"、"形"与"神"、"情"与"景"、"虚"与"实"四对范畴。笔者在第一节"真"与"假"一开头，就指出："'真'与'假'，是中国美学的一对重要范畴，它体现着艺术与现实的美学关系……"[1]

作为中国美学重要的范畴，"真"与"假"在戏曲、绘画、诗词、小说、园林等艺术里有着突出的表现，经过漫长时间的孕育，历史地一直延续至今。兹简述如下：

---

[1]　金学智主编：《美学基础》，苏州大学出版社 1994 年版，第 110 页。

最具中国特色的戏曲，过去有"假戏真做"之说，又有"不像不成戏，真像不成艺。悟得情和理，是艺又是戏"的诀谚，其间颇寓深理。著名表演艺术家盖叫天解释道："'真'是生活，'假'是艺术，有'假'无'真'，就失去了'基础'，艺术成了空壳，没有灵魂；有'真'无'假'，就少了个'显微镜'，不能把'真'给'透'出来。所以，演戏得真中有假，假中有真，来它个真假难分。"① 这是在古典"真－假"观影响下的现代阐释。

在绘画美学领域，"真"与"假"则是以"似"与"不似"的一对概念提出来的。自清代至现代，选如下代表性的三条：

> 迁翁之妙，会在不似处。其不似正是潜移默化而与天游，此神骏灭没处也。
> 近人只在求似，愈似所以愈离……（清·恽格《题迁翁》）
> 名山许游未许画，画必似之山必怪。变幻神奇懵懂间，不似似之当下拜。
> （清·石涛《题画诗》）
> 作画妙在似与不似之间，太似者媚俗，不似者欺世。（现代·齐白石《题画》）

"似"就是"真"，"不似"就是"假"，绘画的美要求既不能"太似"，也不能"不似"，必须"在似与不似之间"，亦即在"不真－不假"之间。

在古典诗词领域，如：

> 咏物固不可不似，尤刻意太似。（清·邹祗谟《远志斋词衷》）
> 写物在不即不离之间。（清·马位《秋窗随笔》）

其意谓：咏物固然不可不似，但更忌刻意太似，故应在不即不离、不远不近之间。不过这类趋于成熟的论述，出现在清代。

在古典小说领域，理论批评家对于"真""假"却接触较早。明容与堂刻本《水浒》第一回末总评就说："《水浒传》事节都是假的，说来却似逼真，所以为妙。"其《一百回文字优劣》又指出，"世上先有是事"，这是"《水浒传》之所以与天地相终始"的原因。这说得是颇为深刻的，惜乎没有把"真"与"假"作为一对范畴提出来。一直要到王希廉的《〈红楼梦〉总评》里，真、假范畴才取得了凝练的理论形态，其文云："《红楼梦》一书，全部最要关键是'真''假'二字，读者须知，真即是假，假即是真；真中有假，假中有真；真不是真，假不是假……"这是悟透了《红楼梦》第五回"太虚幻境"中"假作真时真亦假"的联语后进一步推衍出来的，然而，这已到了清代道光年间……

相比而言，明末吴江著名造园家计成的园林美学专著《园冶》，这方面的论述却要早得多。

《园冶·自序》，开门见山就明确提出艺术与现实的美学关系这一重要问题：

---

① 何慢等整理：《粉墨春秋》，中国戏曲出版社 1980 年版，第 340 页。1961 年，北京部分美学家、艺术家曾座谈艺术美的真、假问题，发表了很好的意见，见《新建设》1961 年第 10 期，可见也得到了现代美学的认可。

不佞少以绘名，性好搜奇，最喜关仝、荆浩笔意，每宗之。游燕及楚，中岁归吴，择居润州（镇江）。环润，皆佳山水，润之好事者取石巧者置竹木间为假山，予偶观之，为发一笑。或问曰："何笑？"予曰："世所闻'有真斯有假'，胡不假（借鉴）真山形，而假（借助于）迎勾芒者之拳磊（迎春神勾芒时所磊叠的拳石）乎？"曰："君能之乎？"遂偶为成"壁"，睹观者俱称："俨然佳山也！"

石破天惊！这是一个完整的过程，一个精晰明确的段落，其中"有真斯有假"为主旨所在。此段一开始，就亮出了"真""假"这对美学范畴——"有真斯有假"。文中的对话也颇有深意："何笑？"——这是对失败的假山所作的否定性评价，因为它借助于迎春神时所磊叠拳石的方法，以致成为纯粹的假，其假中并没有真在。计成指出，应该借鉴现实中真山的形态，才能获得成功。于是，他叠为成"壁"——完整的"峭壁山"。睹观者俱称："俨然佳山也！"

那么，计成的创造为什么能取得成功？因为他"少以绘名"，精通画艺，有善于审美的眼睛，这是一个重要的条件，然而更重要的，是他注意借鉴观察真山，吸取其美质，如"环润，皆佳山水"，这周围的佳山，是理想的"画本"；特别是早年他作为画家，"性好搜奇"，"游燕及楚"，积累了丰富精微的审美意象和艺术经验，做到了胸有丘壑。而所有这些成功的条件，都可以古代画论来参证。如：

欲夺其造化……莫精于勤，莫大于饱游饫看，历历罗列于胸中，而……莫非吾画。（宋·郭熙《林泉高致》）

读万卷书，行万里路，胸中脱去尘浊，自然丘壑内营……随手写出，皆为山水传神。（明·董其昌《画禅室随笔》）

外师造化，行万里路，饱游饫看，对佳山水游赏得多，历历罗于胸中，就能做到"丘壑内营"，而后才将其转化于叠山实践，这样，作为造型艺术品的假山，就必然能成功地体现"假中有真"的美学特色，极富"俨然佳山"的画意。

《园冶·自序》中的这段文字，从理论上看，是写出了"真""假"转化、具体创美的过程，其内涵异常丰永。笔者对此曾这样解析道：

计成这段话，既是对自己丰富的叠山经验的深刻概括，又是揭示了江南园林的一条美学规律——假生于真，以假拟真……所谓"有真斯有假"，这无论从艺术发生学还是艺术创造学的视角来看，都是应该加以肯定的。尤其可贵的是，这一理论又完全符合于中国古典园林的艺术实际。它告诉人们：是先有客观存在的真山之美，然后才有作为园林的重要组成部分的假山产生；假山作为一种造型艺术品，其终极根源是客观自然中的真山之美；假山虽然是假的，却贵在假中有真……这样，假山一旦叠成，就能取得"俨然佳山"的审美效果。[1]

在计成的美学体系里，"真"与"假"的相生相形，相反相成，出色地体现了《老子》"反

---

[1] 金学智：《中国园林美学》，中国建筑工业出版社2005年版，第72页。

者道之动"的规律。在《园冶》中，还有其他相类似的论述：

> 虽由人作，宛自天开。(《园说》)
> 掇石莫知山假，到桥若为津通。(《相地》)；
> 岩、峦、洞、穴之莫穷；涧、壑、坡、矶之俨是。(《掇山》)
> 有真为假，做假成真。(《掇山》)
> 片山块石，似有野致。(《掇山〔结语〕》)

这些论述，也极为精辟，特别是"有真为假，做假成真"，是说胸中要有从自然中得来的真山意象，然后进行堆叠，这样才可能使假山具有真山的形相和气韵，使人"莫知山假"，"似有野致"，感到"虽由人作"的"假"，其中却有"宛自天开"的"真"。"有真为假，做假成真""虽由人作，宛自天开"这两句经典名言，既有机相融，又互为区别。它们不但已成为园林艺术批评的重要美学标准，而且确证了"真－假""天－人"相生相成的互动关系，充实和发展了园林美学的重要原理。

回顾以往，自 20 世纪 80 年代以来，《园冶》的注释家、研究家们对于"有真为假，做假成真"，既有很多正确的意见和合理的接受，但也不乏逻辑的谬误，二者的混淆不清，严重影响对《园冶》的解读和整体把握，故需要花一番功夫加以辨正。

先看张家骥《园冶全释》的理解，应该说是很有见地的。他根据《园冶·掇山》中的"有真为假，做假成真"指出：

> 从字义"真"，是指自然山林之"真"；假，是指人工的咫尺山林之"假"，所谓"有真为假"，就是有自然山林的真，可以做成咫尺山林的"假"。后一句的"做假成真"的"真"与"假"，则是指生活真实与艺术真实的关系问题。这里的"真"，非指自然山林，而是指艺术的"度物象而取其真"(荆浩《笔法记》)的"真"，即咫尺山林所表现出的自然山水的"气质"——富于自然生机的审美意象。①

这番论述的价值意义，可从以下三个层面来看：

一、在《园冶》的阐释史上，张先生第一次从辩证哲学、艺术美学即"生活真实与艺术真实的关系"的高度来加以认识和诠释，这在当时是难能可贵的。

二、独具只眼，征引了计成所心仪和师从的荆浩的画论——《笔法记》中"度物象而取其真"这一绘画美学名言，用以说明这种艺术概括之"真"，亦相通于计成"做假成真"的"真"，这就颇有深度，因为计成在《自序》里就说自己"最喜关仝、荆浩笔意，每宗之"，这样的诠释很契合于作为画家兼叠山家计成其人的喜好和身份，同时又能将计成的"真""假"观进一步联系于中国古典美学的优秀历史传统，让人们从联系、发展中加以观照，而不是孤立绝缘的静止的论析。

三、能进一步指出，"做假成真"不是以摹写求形似，不以模仿自然山林为真；相反，

---

① 张家骥：《园冶全释》，山西人民出版社 1993 年版，第 295~296 页。

只能是对自然进行高度的艺术概括和提炼，要在创作方法上以"写意"求"咫尺山林"的"神似"，"表现出造化自然的气质和神韵"，即体现"富于自然生机的审美意象"。

这番论析，厘定、明确了"真"和"假"的概念内涵，可避免模糊和混淆。至于生活真实与艺术真实，虽尚带西化的理论痕迹，但"气质""意象""咫尺山林"等概念，则完全来自中华美学的传统，是民族的语言、本土的概念，故更有理论价值。

梁敦睦先生的《〈园冶全释〉商榷》（以下简称《商榷》）则指出：

> "有真为假，做假成真"，是一对矛盾转化的辩证认识，是计成对中国园林掇山艺术的精辟概括。这"真－假－真"的转化过程就是掇山艺术源于自然而又高于自然的实践体现……有如今人说的"自然美－理想美－艺术美"。所谓"度物象而取其真"的"真"，仅只是头脑中理想的"真"，不论绘画还是造园，都必会受到一定客观条件的影响，实践的结果与理想难免有差距，达到的只能是艺术美，不可能是自然的"真"的美。[①]

这番论述中，"'真－假－真'的转化"，"源于自然而又高于自然"云云，均讲得极为简括，颇有道理，应予充分肯定。但是，接着的比附和推理却又似是而非，混淆了概念，误解了荆浩《笔法记》的主旨，贬低了荆浩理论的价值。

综观荆浩《笔法记》全文，他画松，携笔去山里写真，"凡数万本，方如其真（金按：此'真'已是从数万本中提炼出来的更高一级的'真'）"，这和石涛的"搜尽奇峰打草稿"一样，坚持长期地广取博采、反复体悟，表现了艺术家严肃认真的创作态度。在此基础上，荆浩提炼出"度物象而取其真"，以求"搜妙创真"等至理名言。这种所创之"真"，确实相当于计成"做假成真"的"真"，这样，必然能创造出"气质俱盛"、神理均妙、高于现实之真的艺术精品。

但是，《商榷》却说，这种"真"，只是头脑中理想的"真"，"不论绘画还是造园，都必会受到一定客观条件的影响（金按：《商榷》殊不知，优秀艺术家成功的创作实践，可以能动地超越客观条件的限制和影响，自由地达到理想美的彼岸，即实现由必然王国向自由王国的飞跃），实践的结果与理想难免有差距，达到的只能是艺术美，不可能是自然的'真'的美"。这首先是贬低了成功实践基础上融理想于其中的艺术美，将其和一般性具体操作过程中"心手相违"的现象相混同，（没有弄清"理想"和"艺术美"之间的契合关系，与此同时，又提出了"自然的'真'的美"这一含糊的概念。《商榷》在同一文中，概念前后不一，自相错乱，是违反了逻辑的同一律，缺少思维的确定性。其实，对于"心手相违"，西晋陆机《文赋》早就曾指出："恒患意不称物，文不逮意，盖非知之难，能之难也。"这种操作中不称心意的情况是屡见不鲜的，但更多是发生在平庸之辈或刚进入门槛的学艺者那里。这种平庸者的操作与预先的具体设想有差距是必然的，但不能以此用来否定优秀艺术家可以出色地通过艺术美来表现其理想美。

事实上，艺术美总离不开理想美，它总要不同程度地表现艺术家高于自然的理想。这可以中外的美学来丛证。早在古希腊，亚里士多德就说，诗中的"事物是按照它们应当有

---

① 梁敦睦：《中国风景园林艺术散论》，中国建筑工业出版社 2012 年版，第 215 页。

的样子描写的","比实际更理想";"画家所画的人物应比原来的人更美"①。亚氏所说的"应当有的样子""比实际更理想""更美",无不是理想美在艺术中的表现。再以西方哲学史上的一代高峰——德国古典哲学和美学的论述为例,如:

> 想象力是强有力地从真的自然所提供给它的素材里创造一个像似另一自然来……这素材却被我们改造成为完全不同的东西,即优于自然的东西。(康德)②
>
> 艺术美高于自然。因为艺术美是由心灵产生和再生的美……(黑格尔)③
>
> 艺术并不要求把它的作品当作现实。(费尔巴赫)④

这些哲学家、美学家,不论其思想属于什么体系,在揭示艺术美的本质上,讲得都很有道理。他们认为,艺术美优于自然美,高于自然美,费尔巴赫则从另一角度精警地指出,不应降低标准,要求把艺术当作现实。列宁在读了费尔巴赫《宗教本质讲演录》后摘录了这句话,深表赞同。

以上是西方哲学家、美学家们以理性语言对艺术美所作的论述,不妨再看中国诗人、画家们对自然美的不足或缺陷的具体论述:

> 观今山川,地占数百里,可游可居之处,十无三四。(宋·郭熙《林泉高致》)
>
> 千里之山,不能尽奇;万里之水,岂能尽秀?太行枕华夏,而面目者林虑;泰山占齐鲁,而绝胜者龙岩。一概画之,版图何异?(宋·郭熙《林泉高致》)
>
> 虎丘池水不流,天竺石桥无水。灵鹫拥前山,不可远视,峡山少平地,泉出山无所潭。天地间之美,其缺陷大都如此。(明·袁中道《游洪山九峰记》)

根据以上论述,可以这样认为:从总体上说,自然是美的,广阔无垠,丰富多彩,令人赏之不尽,游之莫穷,但如从具体、局部着眼,它又较生糙芜杂,零星分散,不够集中,不够突出,不可能尽奇皆秀,所以宋代画家郭熙说,可游者十无三四;又说,千万里的山水,不是处处都很精彩,相反,平淡无奇者甚多,如"一概画之",就成了版图,而不是艺术。明代诗人袁中道也通过广泛的游历,萌生出"天地间之美,大都有缺陷"的体悟。总之,自然美的不足在于没有经过遴选加工,不如艺术那么集中,具有高纯度,富于理想化。这用黑格尔美学的语言说,艺术美是经过了"清洗",体现了理想,而"理想就是从一大堆个别偶然的东西之中所拣回来的现实"⑤。可见,艺术美是艺术家融入了自己的审美理想,通过想象的创造以精神灌注生气的丰硕成果。

对于《园冶》"有真为假,做假成真"的名言,也应如是解。笔者的具体解读是:"有真为假"的"真",就是自然美,这是艺术创造的基础、源泉或出发点;"为假",就是通过

---

① [古希腊、古罗马]《亚理斯多德〈诗学〉贺拉斯〈诗艺〉》,人民文学出版社1982年版,第94、101页。
② [德]康德:《判断力批判》上卷,商务印书馆1985年版,第160页。
③ [德]黑格尔:《美学》第1卷,商务印书馆1979年版,第4页。
④ 转引自[俄]列宁:《哲学笔记》,人民出版社1974年版,第66页。
⑤ [德]黑格尔:《美学》第1卷,商务印书馆1979年版,第200~201页。

集中、概括、选择、提炼、发抒、写意、神似等，创造为艺术的美，这是艺术家融入理想，放飞想象，从事能动的心智创造，这是一个体现了"有真斯有假"的创美过程；而"做假成真"后的"真"，则是升华到艺术美境界里的"真"。这种"真"，也就是循环互动后所转化而成的高一级的自然美，联系《老子》中"反者道之动"来理解，它好像是"返"回了自身，其实则不然，这用列宁《哲学笔记》中语说，它"仿佛是向旧东西的回复"，其实是"在高级阶段上重复低级阶段的某些特征、特性等等"①。可见，《商榷》开头说，"源于自然而又高于自然"，这无疑是很正确的，但是，后来却走向自相矛盾了。

计成所冶炼出的"有真为假，做假成真"的美学警句，不但特别适用于叠掇假山，而且还适用于结合着屋宇的山（此指园内或所借园外的真山）水、泉石、花木、时景等，以下拟从《园冶》书中选出大量有关语句，说明其既源于园外的自然美，又可能高于园外的自然美：

> 掇石而高，且宜搜土而下，令乔木参差山腰，蟠根嵌石，宛若画意；依水而上，构亭台错落池面，篆壑飞廊，想出意外……先生称赞不已，以为荆、关之绘也，何能成于笔底？（《自序》）
>
> 园林巧于因借，精在体宜……因者，随基势之高下，体形之端正，碍木删桠，泉流石注，互相借资。宜亭斯亭，宜榭斯榭，不妨偏径，顿置婉转，斯谓"精而合宜"者也。借者，园虽别内外，得景则无拘远近，晴峦耸秀，绀宇凌空；极目所至，俗则屏之，嘉则收之，不分町疃，尽为烟景，斯所谓"巧而得体"者也。（《兴造论》）
>
> 山楼凭远，纵目皆然；竹坞寻幽，醉心即是。轩楹高爽，窗户虚邻；纳千顷之汪洋，收四时之烂熳……结茅竹里，浚一派之长源；障锦山屏，列千寻之耸翠。虽由人作，宛自天开。（《园说》）
>
> 刹宇隐环窗，仿佛片图小李；岩峦堆劈石，参差半壁大痴。萧寺可以卜邻，梵音到耳；远峰偏宜借景，秀色堪餐……移竹当窗，分梨为院；溶溶月色，瑟瑟风声……清气觉来几席，凡尘顿远襟怀。（《园说》）
>
> 杂树参天，楼阁碍云霞而出没；繁花覆地，亭台突池沼而参差。绝涧安其梁，飞岩假其栈。闲闲即景，寂寂探春；好鸟要朋，群麋偕侣……（《相地·山林地》）
>
> 安亭得景，莳花笑以春风。虚阁荫桐，清池涵月……洗出千家烟雨……青来郭外环屏。（《相地·城市地》）
>
> 桃李成蹊，楼台入画。（《相地·村庄地》）
>
> 竹修林茂，柳暗花明……不尽数竿烟雨。（《相地·傍宅地》）
>
> 悠悠烟水，澹澹云山。泛泛鱼舟，闲闲鸥鸟。漏层阴而藏阁，迎先月以登台。（《相地·江湖地》）
>
> 曲曲一湾柳月，濯魄清波；遥遥十里荷风，递香幽室……动"江流天地外"之情，合"山色有无中"之句。适兴平芜眺远，壮观乔岳瞻遥。（《立基》）
>
> 奇亭巧榭，构分红紫之丛；层阁重楼，迥出云霄之上。隐现无穷之态，招摇

---

① ［俄］列宁：《哲学笔记》，人民出版社1974年版，第239页。

不尽之春。槛外行云，镜中流水，洗山色之不去，送鹤声之自来。境仿瀛壶，天然图画……隐现无穷之态，招摇不尽之春。（《屋宇》）

触景生奇，含情多致，轻纱环碧，弱柳窥青。伟石迎人，别有一壶天地；修篁弄影，疑来隔水笙簧。（《门窗》）

八角嵌方，选鹅子铺成蜀锦；层楼出步，就花稍琢拟秦台……吟花席地，醉月铺毡。（《铺地》）

岩、峦、洞、穴之莫穷，涧、壑、坡、矶之俨是；信足疑无别境，举头自有深情。蹊径盘且长，峰峦秀而古。多方景胜，咫尺山林……深意画图，馀情丘壑。（《掇山》）

峰峦飘渺，漏月招云，莫言世上无仙，斯住世之瀛壶也。（《掇山·池山》）

堂开淑气侵人，门引春流到泽。嫣红艳紫，欣逢花里神仙……片片飞花，丝丝眠柳……顿开尘外想，拟入画中行……幽人即韵于松寮，逸士弹琴于篁里。红衣新浴，碧玉轻敲……山容蔼蔼，行云故落凭栏；水面鳞鳞，爽气觉来欹枕……俯流玩月，坐石品泉……湖平无际之浮光，山媚可餐之秀色。寓目一行白鹭，醉颜几阵丹枫。眺远高台，搔首青天那可问；凭虚敞阁，举杯明月自相邀。冉冉天香，悠悠桂子……云幂黯黯，木叶萧萧。风鸦几树夕阳，寒雁数声残月。（《借景》）

以上是散见于《园冶》中很多章节精妙绝伦的描写性概括，这种引人入胜的园林美，在自然界中虽可找到它的原型，但在自然界中却找不到如此高级的美，它是艺术、理想之"假"弥补了天然的真与美之不足的结果，或者说，是理想美、艺术美与高一级的自然美相互融和的硕果，是"虽由人作，宛自天开"即天人合一的完美表现，也是计成美学理想的形象化确证。

在新时代，计成的"真""假"观在陈从周先生那里，得到了很好的传承和发展，其《园林清议》这样写自己的深切体悟："有时假的比真的好，所以要假中有真，真中有假，假假真真，方入妙境。园林是捉弄人的，有真景，有虚景，真中有假，假中有真。因此，我题《红楼梦》的大观园，'红楼一梦真中假，大观园虚假幻真'之句。这样的园林含蓄不尽，能引人遐思。"[①] 这是结合自身的创作、设计、鉴赏极具独创性的感言悟语，令人涵泳不穷。

原载《传统文化研究》第 21 辑；

［北京］群言出版社 2014 年版

---

① 陈从周：《园林清议》，载《中国园林》，广东旅游出版社 1986 年版，第 234 页。

# 《园冶》生态哲学发微

## ·2015·

明末计成所著《园冶》，是一部具有国际性影响的百科全书式的杰作。本文拟以生态文明为导向，遴选出《园冶》中有关生态哲学的名言，结合20世纪80年代以来对围绕《园冶注释》《园冶全释》的学术讨论[①]，以阐发其微言大义。

大凡一部名著，其思想意义往往由两部分组成。马克思曾以荷兰哲学家斯宾诺莎为例深刻指出："对一个著作家来说，某个作者实际上提供的东西和只是他自认为提供的东西区分开来，是十分必要的。这甚至对哲学体系也是适用的。"[②] 这是一个具有超越常规性的独创见解。以此来看计成有关生态哲学的名言，其思想意义也可分两部分：一是"他自认为提供的东西"，亦即作者自觉地提供的主观思想；二是他不一定感到提供而"实际上提供的东西"，亦即名言所显示的广泛的客观意义。在今天生态文明时代，本文既拟解析《园冶》名言的本位之思，又拟以"引而申之，触类而长之"（《易·系辞上》）的方法，探究《园冶》名言对自身的超越，阐发其指向未来的出位之思。

## 《闲居》曾赋，芳草应怜

此语见《园冶·借景》写春天的部分。上句写潘岳的《闲居赋》，本文不作研讨。对于"芳草应怜"，《园冶注释》："香草。《楚辞》：'何昔日之芳草兮，今直为此萧艾也。'"译文："在春天……也如屈原的独怜'芳草'。"《园冶全释》："芳草：香草，比喻有美德的人。屈原《离骚》：'何昔日之芳草兮，今直为此萧艾也。'"《图文精选（四）》虽与二家有所殊异，但注文开头说："芳草：香草，指春天，亦喻贤士。"结尾说："此指应珍惜春光，亦喻爱惜贤士。"显然仍未脱离二家窠臼。

事实是，"芳草应怜"一句，既与贤士无涉，也与屈原无关。试想，计成为什么唯独要在春天爱惜贤士，而且爱惜贤士与《园冶·借景》一章没有任何关系，所以计成决不会将此意阑入《借景》的整体语境，使此句成为游离于主题之外的败笔。至于把"芳草应怜"

---

① 这些著作、论文为：陈植：《园冶注释》，中国建筑工业出版社1981年第1版；曹汛：《〈园冶注释〉疑义举析》，《建筑历史与理论》第3~4合刊，江苏人民出版社1984年版，文中凡引用，简称《疑义举析》；张家骥：《园冶全释》，山西人民出版社1993年版；梁敦睦：《〈园冶全释〉商榷》，分别载于《中国园林》1998年第1、3、5期，1999年第1、3期，文中凡引用，简称《全释商榷》；杨光辉编注：《园冶》，见《中国历代园林图文精选》第4辑，同济大学出版社2006年版，文中凡引用，简称《图文精选（四）》。以上五种，文中凡引用，不再出注。
② 《马克思恩格斯全集》第34卷，人民出版社1972年版，第343~344页。

译作"如屈原的独怜芳草",也欠妥。因为屈原《离骚》中的"芳草"一词,仅出现过两次:其一是"何所独无芳草兮",此"芳草"据王逸《楚辞章句》是比喻贤君,而屈原是绝对不会说"应怜贤君"的;其二是诸家所引为书证的两句,此"芳草"已蜕变为萧艾恶草即小人,屈原决不会用"应怜"二字表示要对他们"爱怜"。尤应指出,《离骚》中字面上压根儿没有出现过作为关键词的"怜"字。据此,《全释商榷》写道:"原文'芳草应怜',只有'爱怜'之意。《西厢记》有句'记得绿罗裙,处处怜芳草',可作参考。"这比较接近原意,但问题是《西厢记》中并无这两句。

其实,此语出自五代词人牛希济的《生查子》。该词写道:"春山烟欲收,天淡稀星小。残月脸边明,别泪临清晓。语已多,情未了,回首应重道:记得绿罗裙,处处怜芳草。""怜芳草"三字,被紧紧地连在一起了。这是写审美中接近联想和类比联想的佳例。笔者二十年前曾这样写道,此词令人动情的是词中主人公"含泪与穿着绿罗裙的意中人告别,绿色给他留下深刻难忘的审美印象,于是,遇见绿色的芳草,就联想起绿罗裙来,并处处加以爱怜","诗人抓住两种绿色在性质上的相似,写出了满贮诗意、动人心弦的名句"[1]。

还需进一步寻思:计成为什么要在造园学著作中写"芳草应怜"?这就必须将此语置于《园冶·借景》的独特语境中来体悟。试看其上下文:"嫣红艳紫,欣逢花里神仙……《闲居》曾赋,芳草应怜。扫径护兰芽,分香幽室;卷帘邀燕子,闲剪春风。"这些显然都是写春天的,可见计成之所以这样写,并不是要像屈原那样去"独怜芳草",或鄙视象征小人的恶草和赞美象征君子的香草;当然,他也不会像牛希济那样去咏唱爱情和别离。因为所有这些,与园林赏春借景是不相干的。总之,这里的"芳草"丝毫没有象征义、比喻义或引申义、联想义,相反,是将牛希济《生查子》中的"芳草"还原为本义,还原为小草自身,或者说,还原为园内特别是园外作为春天景观的芳草本身。正因为如此,计成在此句之后,紧接着就写"扫径护兰芽,分香幽室",这正是最典型的芳草。可见这里作为春天借景的芳草,完全是实写,其"芳草应怜"的真意,是说应该爱怜芳草之美,或者说,应带着爱怜心上人那样的潋潋情愫,真心实意地去爱怜芳草鲜活的、绿色的自然生命。

芳草之美,它的魅力及其构景功能是多方面的,这有唐宋以来的诗文为证。在唐代,韩愈《早春呈水部张十八员外》云:"天街小雨润如酥,草色遥看近却无。"这是写朦胧的"远借"。刘禹锡《陋室铭》云:"苔痕上阶绿,草色入帘青。"草色的青绿,构成了陋室的环境之美,这可说是"近借"。白居易《赋得古原草送别》云:"离离原上草,一岁一枯荣。野火烧不尽,春风吹又生。"这又是歌颂了小草顽强的生命力。在宋代,欧阳修《采桑子·西湖念语》:"轻舟短棹西湖好,绿水逶迤,芳草长堤。"辛弃疾《清平乐·村居》:"茅檐低小,溪上青青草。"映入眼帘的,或是绿水芳草堤的游湖场景,或是茅屋青草溪的农村风光,两者虽是不同的,但都是值得爱怜的美。元代画家倪云林《[黄钟]人月圆·感怀》云:"画屏云嶂,池塘春草,无限消魂。"这是以谢灵运"池塘生春草"的名句,勾起生命复苏的意象。在明代,李东阳《游岳麓寺》云:"平沙浅草连天远。"这是在寺观园林里欲穷千里目,远望草连天……读读唐宋以来这些诗文,既可加深对《园冶》里"芳草应怜"之句的理解,又有助人们对园林内外最易忽视的无名小草之美的品赏,还能提高人们的生态意识,去爱怜、呵护小草,进而珍惜一切绿色生命。

---

[1] 金学智主编:《美学基础》,苏州大学出版社1994年版,第206页。

　　《周易》的精华之一，是提出了"天地之大德曰生"这一生态哲学命题，而值得深思的是，这天地的大德还显现于小草。《说文解字·屮部》："屮，艸木初生也，象丨出形，有枝茎也。古文或以为艸字。"初生为屮，中间一竖是茎，两边的斜向笔画是嫩叶，这在《殷虚粹编》等甲骨文里有大量例证，《汗简》也如此。"屮"就是"草"字。"草"与"生"有着天然的联系。《说文解字·生部》："生，进也，象草木生出土上。""生"字，就是在"屮"下加一横线（"屮"），代表地面。有些甲骨文特别是金文如青铜器龙生鼎、番生簋、兮甲盘、牧敦等的铭文里，还在中间一竖上加一肥笔圆点，以强调生长要靠茎，而到了小篆里，圆点就成了"生"字中间的一横，"生"字终于定型，但依稀可见其中"屮""生"二字的影子。总之，在古人的形象思维中，这草是破土而出的、初生的、上进的小生命，充满了茁壮活力和蓬勃生机，值得爱怜①。因此，由"芳草应怜"这一小小侧面，可以窥探中国生态哲学"天只是以'生'为道"（程颢《河南程氏遗书》卷二）的本体论。

# 嫣红艳紫，欣逢花里神仙

　　此语见《园冶·借景》，本文只解析"欣逢花里神仙"。

　　《园冶注释》第一版注道："花里神仙，唐·贾耽《花谱》：谓海棠为花里神仙，其紫色尤佳。"《疑义举析》指出，"如果花里神仙果真是指海棠，那么上面冠以'欣逢'二字，便不成文意。'欣逢花里神仙'本是用冯梦龙《古今小说·灌园叟晚逢仙女》的故事……原意是说，嫣红艳紫，一片花海，种花养花入了迷，简直就像遇上花仙子的老花翁一样地快活。"此析甚当，是找到了"花里神仙"的原典。对此，《园冶注释》第二版作了修正。

　　"花里神仙"的出典，诸家已成共识，至于"欣逢花里神仙"之典的意义，或云比喻像遇仙的花翁一样快活；或云比喻园林里的花木美若仙境……这大体是浅层的，其深层的意蕴还应继续探究。

　　对于《灌园叟晚逢仙女》，首先应联系其时代来看。当时恰恰是晚明思想界儒、释、道三教融合的时代，这无疑对作家们题材、主题的选择很有影响。所以他们"有意识地将因果报应思想作为主线，或宣讲因果报应故事，或直陈因果报应思想，将因果报应与道德教化结合起来"，这"在教化人心、改变民心、净化心灵等方面发挥着重要的作用"。"冯梦龙、凌濛初（金按：分别为"三言""二拍"的编创者）作为有社会良知的人士，以挽救世道人心为己任，长期望通过创作来恢复以善为本的社会伦理道德……包括不杀不害，珍爱生命"②。这属于和宗教相结合的生态伦理学范畴，《灌园叟晚逢仙女》在这方面的教化功能，是很突出的。

　　冯梦龙在讲这故事之前，先直陈了一个与生态伦理有关的理念，就是："惜花致福，损花折寿，乃见在功德，须不是乱道。"在故事将结束时，瑶池王母的司花仙女又宣称：

---

① 《文汇报》2012 年 10 月 9 日《植物正以各种形式报复人类，胡永红倡导——向植物学习，尊敬回馈自然》一文，以大量事实说明："植物是人类的福音，人类必须依赖植物而生存。""植物也有生命，和人类一样有自己生存的权利，也有自己容忍的极限。""由于人类过度地利用和不善待植物，植物曾以各种形式报复人类，给人类带来巨大灾难……"

② 姜良存：《佛道思想与三言二拍》，《光明日报》2012 年 8 月 6 日第 13 版。

"但有爱花惜花的，加之以福；残花毁花的，降之以灾。"再具体地说，小说中的仙女为什么一再对灌园叟露面并加庇护？这是因为他始终不渝地种花灌园，执着、守望、爱惜、呵护，愿终身与绿共存，与园同在。以今天的生态学立场分析，他的辛勤劳动，是对大自然的无上尊重和虔诚崇拜，而仙女的频频出现，则代表了大自然对灌园叟的殷勤回报，借用小说的语言说，是"怜汝惜花至诚"，为"报知己之恩"。灌园叟以花为自己的第二生命，也就是真诚地以大自然为"知己"，按照宗教伦理学"善有善报"的逻辑，他终于功德圆满，不但晚年喜运而遇仙，而且脱胎换骨而成仙。至于对残花毁花、亵渎生态美、意欲强占灌园叟之园的恶霸张委的因果报应，则必然是"降之以灾"的严重惩罚。这就是这篇小说反复渲染的佛道生态伦理学的主题，它和道教经典《太平经》所说"天者，常乐生，无害心"的理念也是相一致的。因此，当人们想起"欣逢花里神仙"的故事情节，就必然会接受小说中"惜花致福"，"善有善报"的主题，也能萌生、推衍出善待花木、关爱生命、重视环保、尊崇自然这类符合新时代生态精神的联想。回顾20世纪，就曾出现由《灌园叟晚逢仙女》改编的电影——《秋翁遇仙记》，当时还颇为流行，能触动人们的良知善心。

# 山林意味深求，花木情缘易逗

此语见《园冶·掇山》，本文只探究"花木情缘易逗"。

此句《园冶注释》译作"花木的习性易于理解"，失当，一是太偏于自然的生物性，而"情缘"则不然，它体现为社会心理方面的行为关系；二是以理性代替了感性，以逻辑思维取代了形象思维，消解了原句的情意和文采。至于《园冶全释》的解释，虽讲到"有花木就易使人触景生情"等，但最重要的"情缘"这个概念仍未作解释。

情缘，一般指男女间爱情的缘分。唐·孟棨《本事诗·情感》："倪情缘未断，犹冀相见。"宋·吴礼之《霜天晓角》词："情缘重，怕离别。"可见，情缘是包括难舍难分、不易割断等在内的人际关系，计成则创造性地将其移植为人与花木之间亲密的生态关系，并结合自己造园品园的审美经验，组成了"花木情缘"这一全新的园林生态美学概念。

"逗"与"情缘"相配，还特别合适。《诗词曲语辞汇释》引《词林摘艳》"那时节两意相投，琴心宛转频挑逗"等，从而将"逗"字释作"挑逗""惹引""引诱""勾引"。就花木来说，它确乎特别能勾引起人的情感。还应指出，"花木情缘易逗"这一名句，突出强调了人与花木"情缘"的引发和缔结，但是，它还有更重要的言外之意在，这就是"花木情缘"虽然易来，却不应让其易去，匆匆消失，相反，应常结、永结才好。

再探究"花木情缘"这一概念形成的历史背景。在中国文化史上，中明以来随着资本主义的萌生，出现了以"情"为核心的人文潮流，以反对封建理学道统的束缚。在戏曲领域，汤显祖力主唯情论，《牡丹亭》是其代表作；在诗歌领域，袁宏道力主"性灵"说，认为"情至之语，自能感人"（《序小修诗》）；在小说领域，冯梦龙主张"借男女之真情，发名教之伪药"（《序山歌》）。计成比冯梦龙小八岁，他是吴江人，吴江一向属于苏州，冯梦龙也是苏州人，其《灌园叟晚逢仙女》中就写到吴江的震泽、庞山湖，这些对计成可能都会有影响。冯梦龙还有《情史》二十四卷，每卷标题均以"情"字领起，有一卷就题为《情缘》，这正是"花木情缘"中"情缘"一词的直接来源。

除了联系时代，还更应看到，"花木情缘"还是自觉或不自觉地对中国园林史和花木文化史合规律性的深刻总结。

回眸历史，从《诗经》开始，就有"桃之夭夭""杨柳依依"等脍炙人口的名句，但它们或是比，或是兴，并非专咏花木。到了六朝，出现了一些专咏花木的诗，但诗中尚缺少深挚的情愫，缺少人与花的双向交流，因而不可能写得很动人。唐宋以来，就不同了。先看两首诗：

> 不是爱花即欲死，只恐花尽老相催。繁枝容易纷纷落，嫩蕊商量细细开。
> （唐·杜甫《江畔独步寻花七绝句［其七］》）
> 东风袅袅泛崇光，香雾空蒙月转廊。只恐夜深花睡去，故烧银烛照红妆。
> （宋·苏轼《海棠》）

唐、宋两位大诗人，不约而同地分别用"只恐"二字，表达了人对花深挚的情、真切的爱，可谓以情至之语，开创了花木情缘的时代。再如宋人杨巽斋的《杜鹃花》："羁客有家归未得，对花无语两含情。"归家不得，与花结成莫逆知己，人与花双方含情脉脉，互通情愫，这也是真正的花木情缘。而晏殊《浣溪沙》词中的"无可奈何花落去""小园香径独徘徊"，也意致缠绵，恋花惜花之情深永。

在明、清时代的花木文化史上，缘之所寄，一往而深。晚明的陈继儒，其《小窗幽记·集韵》有云："雪后寻梅，霜前访菊，雨际护兰，风外听竹。"选择不同的时令，风霜雨雪，去寻访，去呵护，去品味，去领略，其感情特别细腻。《小窗幽记·集绮》又说："昔人有花中十友：桂为仙友，莲为净友，梅为清友，菊为逸友，海棠名友，荼蘼韵友，瑞香殊友，芝兰芳友，腊梅奇友，栀子禅友。"这也是与花结为至友的一种形式。再如清初张潮的《幽梦影》："菊以渊明（陶潜）为知己，梅以和靖（林逋）为知己，竹以子猷（王徽之）为知己，莲以濂溪（周敦颐）为知己……一与之订，千秋不移。"更历数了名人们深深的花木情缘！

处于晚明时期的计成，用"花木情缘易逗"一句来概括唐宋以来花木文化的历史经验，至为恰当深刻。再看《园冶》一书中，寄情花木之语俯拾即是，如《园说》："竹坞寻幽，醉心即是。"《相地·城市地》："莳花笑以春风。"《立基》："桃李不言，似通津信。"《掇山》："成径成蹊，寻花问柳。"《借景》："林皋延伫，相缘竹树萧森"；"嫣红艳紫，欣逢花里神仙"；"但觉篱残菊晚，应探岭暖梅先"……这都不是被动的接受，而是主动的"寻""探""问""结缘"，既有情感，又有行动。有人说，《园冶》不设"花木"专章，是不重视花木，其实不然，散见于各章节的花木情缘，是深深的，浓浓的。

再缩小范围看苏州，民间就长期存在着与花木喜结情缘的风俗。清人顾禄的《清嘉录》，是一本专记苏州岁时风土、游观习俗的乡邦文献。其中所记苏州一年里的"花木情缘"，除了二月十二的"百花生日"的"花朝节"，还有二月的"元墓看梅花"；三月的"游春玩景看菜花""谷雨三朝看牡丹"；六月的"珠兰茉莉花市""荷花荡庆荷花生日"；九月的"菊花山"；十月的"天平山看枫叶"……这一次次洋溢着四时芳馨的乡土花节，把百姓们的良辰美景、赏心乐事，以及牢固不渝的花木情缘传统融和在一起了！遥想这万人空巷的盛况，确乎令人神往，这种人对花木的向往，人与花木尽情同乐，融洽无间，可看作是一种生态情潮，由此可证计成提出的"花木情缘易逗"名言，言之不虚！而今，此风有所衰落。但值得庆幸的是，其中有些传统民俗至今尚存，而苏州诸多风景园林，还分别有自己的花时花展，形成了新的梅花节、兰花节、荷花节、红枫节……这些又融和着新的旅游热，更方兴未艾。

# 须陈风月清音，休犯山林罪过

此语见《园冶·相地·郊野地》，本文只解析"休犯山林罪过"。

此句《园冶注释》译作"不可干犯山林的禁例"，甚确。《园冶全译》则将山林作为"园林的代称"，从而将此句释作"不要违背或破坏园林的'虽由人作，宛自天开'的根本原则"或"追求自然山水意境的美学原则"。这是一种误读误释，原生态的山林是真正"天开"的"第一自然"；园林则是"人作"的艺术，属于"第二自然"，它不是真正"天开"，而是"宛自天开"；至于"意境"和"美学"，更是精神文化性的。这些区别是不能混同的，《园冶全译》认为山林是"园林的代称"，实际上是把"休犯山林罪过"变成了"休犯园林罪过"，也就贬抑了这一警句的价值意义。

其实，此句讲得很明确，就是说，在园林营造时，千万不要去破坏原有的或附近的林木，而应加保护。这一名言，在古代生态学史上有其重要的地位，必须予以详说。

计成造园的思想优势，在于受到《周易》这个中国文化源头的深刻影响，人们如果将《易·系辞下》中的"天地之大德曰生"，和"休犯山林罪过"结合起来理解，其生态哲学意义就十分彰显了。试看，这前、后两个命题判断，似乎就是"因为……所以……"的逻辑关系，"天地之大德曰生"是总的前提，"休犯山林罪过"则是所推出的结论。

不妨再由此回眸中国优秀的哲学史传统，可见历来的思想家们对《周易》中这个"生"字、"德"字，有很好的阐发：

> 生生之为易，是天之所以为道也。（宋·程颢《河南程氏遗书》卷二）
> 易之本体，只是一个"生"字。（明·高攀龙《高子遗书·札记》）
> 仁者，生生之德也。（清·戴震《孟子字义疏证》）
> 仁者，在天为生生之理。（近代·康有为《中庸注》）

程颢认为天道只是一个"生"字，高攀龙则更指出，易的本体只是一个"生"字，他拈出"本体"二字，概括得特别准确而深刻，体现出本体论的智慧[①]。戴震、康有为又从儒家仁学来阐释，认为"仁"和"易"一样，其德、其理也是一个"生"字。总之，在中国思想史

---

① 余治平《"生态"概念的存在论诠释》："哲学家应该从形上高度去建构生态思想的哲学基础，为物之生生奠定逻辑支撑，聚焦于物自身的存在状态……宇宙万物都处于生生的状态，生生是一切存在物的根本特征。古代中国的思想家们并不是只对道德论、伦理学或政治论感兴趣，其实他们始终没有忽略过物自身的存在问题。从先秦到明清，对生、生生、易的认真而深入的讨论，集中反映出中国思想家们的本体论智慧。所以，'中国古代没有本体论''汉语世界没有形而上学'的说法显然是无知而难以成立。"（《江海学刊》2005年第6期）这篇论文立足点高，写得非常深刻，只是论据似还不够，如高攀龙所说的"易之本体，只是一个'生'字"，就未被列为重要论据。

上，这个"生"的哲学是一以贯之的。以此来理解计成的"休犯山林罪过"，那就是说，侵犯、破坏山林，就是不仁，就是缺德，就是违反了天地自然的根本规律。再从可持续发展的观点来看，古代的思想家们也非常重视保护山林，禁止滥砍滥伐，并主张有封山之令。如：

> 山林非时，不升斧斤，以成草木之长……万物不失其性，天下不失其时。（《逸周书·文传》）
> 有动封山者，罪死而不赦。（《管子·地教》）
> 斧斤以时入山林，林木不可胜用也。（《孟子·梁惠王上》）
> 草木荣华滋硕之时，则斧斤不入山林，不夭其生，不绝其长也。（《荀子·王制》）
> 制四时之禁，山不敢伐材下木……（《吕氏春秋·上农》）
> 不涸泽而渔，不焚林而猎……草木未落，斧斤不得入山林。（《淮南子·主术训》）

仅从以上引文看，先秦至汉已形成了一个优秀的、值得中国人自豪的生态哲学传统。这些思想家指出，入林伐木必须在一定的时间之内，而且必须适可而止，不能夭其生，绝其长，应该育之以时，用之有时，更不准乱砍滥伐，对严重的甚至应"罪死而不赦"。以此来看计成的"休犯山林罪过"，可说又是对先秦两汉诸子这类观点的传承、总结和在造园学里的出色发展。同时，也符合于恩格斯在《自然辩证法》里的深刻总结。在 19 世纪，恩格斯就理性地总结盲目地掠夺森林资源的沉痛教训，提出严正警告，恩格斯实际上是以西方的反面教训呼应了中国古代思想家们的生态保育思想，然而，这一前瞻性的警告，在各国学术界也没有反响。直到 20 世纪，学术界才萌生出有关的想法。1968 年，意大利、瑞士、德国、美国等十个国家的专家集会讨论生态危机和人类前途命运问题，成立了国际性民间组织"罗马俱乐部"。俱乐部主席贝伊切提出"用对自然的责任感、义务感取代对自然的统治与掠夺，用适度消费取代无度消费"。①。这归纳起来，也还是保育、有度。对照中国古代，《管子·八观》就提出："山林虽近，草木虽美，宫室必有度，禁发必有时。"西汉贾谊在《连语》中更自觉指出，"取之有时，用之有节，则物繁多"。计成《园冶·立基》也说："开林须酌有因，按时架屋。"开采林木，要审察用途，按时架造房屋。计成此语，既是对《管子》以来有关思想的直接传承，又是对"休犯山林罪过"的一个补充，它也体现了有时、有节、有度的生态保育思想。

还应指出，计成"休犯山林罪过"的"罪过"二字，还是从冯梦龙《灌园叟晚逢仙女》里撷来的。小说写到，"那花主人要取一枝一朵来赠他（金按：指遇仙的灌园叟），他连称罪过，决然不要"。而恶霸张委进其园后要强行采花，秋先又苦苦地说："这花虽是微物，但一年间不知费多少工夫，才开得这几朵，不争折损了，深为可惜。况折去不过一二日就谢的，何苦作这样罪过！"他左一个"罪过"，右一个"罪过"，都有意无意地维护了"天地之大德"，因而感动得仙女降临。计成深受这篇小说的影响，不但把情节概括为"欣逢花里神仙"之句，而且将小说中"罪过"二字加以移植，组成"休犯山林罪过"的警语，这样，中国哲学史上的深刻的生态哲学思想就变得通俗易懂，雅俗均能接受了。

---

① 引自刘湘溶：《生态伦理学》，湖南师范大学出版社 1992 年版，第 21 页。

在今天，如对以上四题作一归纳，可以得出如下认识：在古代，计成能由小及大地提出"爱怜芳草－结缘花木－休犯山林罪过"这样明确而坚定的理性原则，是难能可贵的。

## 白苹红蓼，鸥盟同结矶边

此语见《园冶·园说》。《园冶注释》注道："鸥盟，《禽经》：'鸥，信鸟也。'陆游《夏日杂咏诗》：'鹤整千年驾，鸥寻万里盟。'"这没有阐释其文化内涵。《园冶全释》则注道："鸥盟，谓与鸥鸟为友。《列子·黄帝》：'海上之人有好鸥鸟者，每旦之海上，从鸥鸟游，鸥鸟之至者百数而不止。'后因以喻隐居水乡，如与鸥鸟为友也。朱熹《过盖竹》之二：'浩荡鸥盟久未寒，征骖聊此驻江干。'这里比喻在江湖地构筑园林，而有云水相忘之乐的隐逸生活。"这一是具体解释了"鸥盟"；二是引用《列子》之典，指出比喻隐居水乡；三是进而指出用以比喻在江湖地构筑园林……这都解释得很有依据，相当准确，且重视其文化内涵。

然而，《全释》只到此止步，没有往生态哲理的深处发掘，表现为引《列子·黄帝》中的一段，只引了一半，下面更重要的却没有引出。现按《列子》原文全部录下：

> 海上之人有好（全按：好［hào］，喜爱）沤（通"鸥"）鸟者，每旦之（之：到）海上，从沤鸟游，沤鸟之至者百住（住：即"数"）而不止。其父曰："吾闻沤鸟者皆从汝游，汝取来吾玩之。"明日至海上，鸟舞而不下也。

这则著名的寓言故事，颇能给人以启示：由于儿子与鸥鸟平等相处，每日与其狎游，所以鸥鸟越来越多，呈现出一片人鸟融洽相处的和谐境界；其父则不然，要儿子取来供其玩弄，这是对异类的不尊重，于是，鸟凭其"灵性"就"舞而不下"了。这说明人对动物不能存有机心。《三国志·魏志·高柔传》裴松之注："机心内萌，则鸥鸟不下。"此言极是。这则故事及其意义，到了南朝特别是唐宋时代，就越来越多地被引用，被诠释，被演绎。见诸诗文，如：

> 抚鸥鲦（tiáo，鱼名）而悦豫，杜机心于林池。（南朝宋·谢灵运《山居赋》）
> 物我俱忘怀，可以狎鸥鸟。（南朝梁·江淹《杂体三十首·孙廷尉绰杂述》）
> 吾亦洗心者，忘机从尔游。（唐·李白《古风［其四十二］》）
> 自去自来堂前燕，相亲相近水中鸥。（唐·杜甫《江村》）
> 波闲戏鱼鳖，风静下鸥鹭。寂无城市喧，渺有江湖趣。（唐·白居易《闲居自题》）
> 知公已忘机，鸥鹭宛停峙。（宋·陈与义《蒙示涉汝诗次韵》）
> 凡我同盟鸥鹭，今日既盟之后，来往莫相猜。（宋·辛弃疾《水调歌头·盟鸥》）

"鸥鹭忘机""同结鸥盟"这类典故，就这样历史地积淀而成。其意义一是指代隐逸，特别是指代隐居江湖；二是洗心忘机，与鸥鹭为友，让其自去自来，与其相狎相亲，以致臻于物我俱忘的境界。

再看《园冶》里的深情抒写：

> 紫气青霞，鹤声送来枕上；白苹红蓼，鸥盟同结矶边。（《园说》）
> 江干湖畔，深柳疏芦之际，略成小筑，足征大观也。悠悠烟水，澹澹云山，
> 泛泛鱼舟，闲闲鸥鸟……（《相地·江湖地》）

计成举出鹤和鸥作为鸟类的代表，表达了人类和鸟类应该和谐相处，共生共存，建立亲和的生态关系的美好理想。而这悠悠烟水、澹澹云山的《江湖地》，可说是由"鸥盟同结矶边"演绎而成的散文诗篇，写出了洗心、盟鸥、忘机、亲和、天人合一的境界。《相地·山林地》中还有"好鸟要朋，群麋偕侣。槛逗几番花信……"之语，这又是人和鸟兽、花木的和谐相亲。

对于"鸥盟同结矶边"，还应联系西方的生态伦理学来接受，来发微，以此来作更深远的思考。从 20 世纪初叶开始，人们对现代化生产和科技迅猛发展严重地破坏生态平衡进行反思，出现了尊重生命的生态伦理学、大地伦理学、生物保护主义。如美国生态学家利奥波德在《沙郡年鉴》中指出："大地伦理学改变人类的地位，从他是大地——社会的征服者转变为他是其中普通的一员和公民。这意味着人类应当尊重他的生物伙伴……"[①] 人类应保护生物群落的完整、稳定和美丽。于是又出现了"人与动物平等论""人物双向交流论""大地共同体论"。西方学术的优长是重思辨，重理性，重分析，有严谨的理论体系建构，论述纲举目张，注重建立体系完整的学科，这很有必要加以引进，对于西方的生态伦理学同样如此。但是，国内学术界有争议，有阻力，还考虑到难以将其本土化。其实，中国本土早已存在着种种生态伦理了，不过没有建立理论性的学科罢了。如古代思想家的一些言论，文学家的某些作品，计成一系列名言警句等都是，当然，这些大多带有感悟性、片断性，三言两语，不成体系，如明代诗人画家文徵明在《拙政园图咏》中所写："得意江湖远，忘机鸥鹭驯。"这就是中国古代生态伦理对今天最好的馈赠。求和谐，弃争斗；反欺诈，去机心，这正是今天社会精神文明建设最需要的。可见，中国不但有接受西方生态伦理学的语言环境，而且还有足够的条件和绝对的优势以建立具有民族特色的生态伦理学和生态哲学，且不说佛家的慈悲为怀，墨家的兼爱学说，就说儒家的仁学，《孟子·尽心上》阐发道："亲亲而仁民，仁民而爱物。"先是"亲"自己的亲，然后推己及人，再由"仁"天下的民进而推人及物，就爱包括生物在内的所有的物了。而且这也和《周易》的"天地之大德曰生"，理学的"天地以生物为心"联结在一起。再看道家经典，说得更透彻，《老子·五十一章》："夫莫之命而常自然。故'道'生之，'德'育之，长之育之……养之覆之。生而不有，为而不恃，长而不宰，是谓'玄德'。"《庄子·缮性》："万物不伤，群生不夭……莫之为而常自然。"对此引而申之，即不应横加干涉万物的自然生长，致使其受到伤害或夭折；而应不占有，不自恃，不主宰，这才是深层的"道"与"德"；人不应与自然争优胜，而应消除对立，进而与天地万物合而为一。

原载《传统文化研究》第 22 辑，
[北京] 群言出版社 2015 年版

---

① 转引自佘正荣：《生态智慧论》，中国社会科学出版社 1996 年版，第 69 页。

# 试释"磨角，如殿角攡角"

## ——兼探"戗"字由来及其含义

·2016·

"磨角"一词，是解读《园冶·屋宇》章的一大难点，而"攡"或"攡角"，是《园冶》最难释读的一个字词，大多数的字典或词典没有这个字，有些虽有，但没有一本是解释得准确，是符合《园冶》文意的。

先看《园冶》其《屋宇·磨角》云："磨角，如殿阁攡角也。阁四敞及诸亭决用，如亭之三角至八角，各有磨法。"从 20 世纪 80 年代起开始，对于此句学术界颇有争议，但始终没有较为令人信服的结论。

陈植先生《园冶注释》："磨角与攡角相同。《集韵》：'攡，折也。'磨角疑即就亭阁之屋角折转而上翘。攡角，即转角之意。"[①]此释不无正确之处，但并非确诂，一是对"磨"这个本字未解释，只是翻译了原文；二是"攡角"为什么就是"转角"？"折角"是可以理解的，进一步释作"转角"，就越释越糊涂了；三是缺少具体的、多方面的有说服力的论据和论证；四是其中一个"疑"字，使注释缺少确定性，不足以为人解惑……

张家骥先生《园冶全释》不同意此解，认为"磨角的'角'，不是指屋顶之'角'，而是指建筑的墙角"。"'磨'的本义，是去掉些东西"，墙"去掉了一角，反而增加了一边。这种不方整的平面，对厅堂楼馆……不适用"，"只有对空间开敞，四方阙如的亭与阁适用。""'磨角'可以释为：转折的墙角"。[②]

王绍增先生《园冶析读》对此说提出质疑：如果是这样，那么，四角亭就"磨"成了五角亭，八角亭就"磨"成了九角亭，岂不成为怪物？可见，磨角决不是磨出一个不规整的平面来。《园冶析读》通过探讨，进而归纳道："折角不止是翘角……从起角梁到发戗翘角是一个系列，总称磨角。"[③]

本文同意《园冶析读》之释，尤感其较切合实际，是《园冶》解读史上的某种突破。不过，需要进一步探讨的是，磨角、折角、翘角的"磨""折""翘"等字，虽然通俗易懂，易于理解，但是，将这些概念联系起来思考，就可能产生一系列问题："磨角"为什么就是"折角"，计成又为何释之以"攡角"？"攡"这个生僻的字是哪里来？它又怎么会有"折"义？又怎么会和折角、翘角等等相通或相同意义？它们之间转化的词义学依据何在？有无训诂学著作可引以为证？而这些又均应最终落实到现实中的"发戗""戗角"。因此必须思

---

① 陈植：《园冶注释》，中国建筑工业出版社 1981 年版，第 89~90 页。
② 张家骥：《园冶全释》，江西人民出版社 1993 年版，第 238、28、239 页。
③ 王绍增：《园冶析读》，《中国园林》1998 年第 2 期，第 23 页。

考，在古代的语言时空里，攡、折、戗等词是如何互通、衍化的？有无线索或规律可寻？而在中国古代建筑史上，飞檐翼角、发戗起翘又是怎样诞生和发展起来的？……更成问题的是这个"戗"字，可说自古至今的权威辞书均没有过"发戗""戗角"这类义涵，令人莫名其妙。这些问题，有些确实很有难度，但也很有探究价值，笔者为了给中国古代建筑史和《园冶》研究提供一定的参考，故不揣愚陋，试结合语言学、训诂学、词义学、史学等作一较详的、追本穷源的考释。

首先值得探究的是，作为"戗角"的"戗"之所以所有辞书均一律不载，是由于这一义项的流行范围有其局限：其一，戗角主要盛行于南方，在江南的园林、寺庙等建筑最为突出，因而此类术语也主要流播于江南地域，属于非"雅言"的地区方言；其二，它仅流行于建筑业，用语言学的术语说，是"行话"或称"行业语"。所谓行业语，是各行业为适应自己特殊需要而创造使用的词语，究其来源，更多是从古代"形""音""义"相似、相近的字借来或略加改变，是匠师们约定俗成的创造。这在理论上应归属于"社会习惯语"；其三，戗角作为特殊的结构形态，是随着建筑不断发展的，只有到了特定时代才有可能产生。总而言之，"戗"字的形成及其飞檐翼角之义的萌生和流行，要受到地区、行业、时代的三重制约。

先从时代说起。笔者曾考证，《诗·小雅·斯干》描写屋宇"如鸟斯革，如翚斯飞"的文化超前意识虽对后世建筑深有影响，但飞檐翼角的顶式结构，一直要到汉代才见雏形，如汉赋中某些有关的描写（如"反宇"），出土的某些汉代明器以及画像砖上屋角略微起翘的形态等，但这也仅仅是萌芽，故汉代不可能有作为行业语"戗"字的产生。笔者遍查《尔雅》《方言》《说文》《释名》等经典，均不见"戗"字。

自晋开始，出土文物的建筑已见翼角明显起翘，但辞书并未收入反映建筑这一特殊结构的字。"戗"这个字，始见于南朝梁陈间吴郡训诂学家顾野王的《玉篇》。《玉篇·戈部》："戗，古文创字。"但它与建筑无关。经查，尔后一些训诂书、文字学书、韵书、字书等不见收入，只有北宋司马光的《类篇》："戗，伤也。创或作戗。《集韵·阳韵》则云："《说文》，伤也。一作'创'。"此引有误，因《说文》并无此字。可见较混乱。自晋至两宋这一时段里，这种起翘的翼角究竟称什么，没有任何文献资料可资查检，还有待深入考证。

"戗"字义界的扩大，大约是从元、明时代才开始的，还主要体现于民间，如《水浒传》第五十六回，就说两间楼屋的侧首，有"一根戗柱"戗着，以防其倾塌。此"戗"字，意为撑、支持，与建筑有关，但并非与戗角直接有关，仅此而已。试看清初的《康熙字典》："戗，《玉篇》：古文创字。《说文》：伤也。"依然无"撑"义，且再次误引《说文》。再如近代（1915 年）出版的《中华大字典》，依然是："戗古创字，见《玉篇》。"虽仍无"戗角"的"戗"义，但纠正了错误的"《说文》说"。一直至当代，虽然专业词典有所反映，但也只是一般的解释，而所有大型的权威性的辞典，均一律不收此义项。如2001 年出版、最权威的 12 卷本《汉语大词典》，也还是只收《水浒传》的"戗柱""戗戗"等，这就显得视界不广，滞后于时代了。同时，也反映了中国建筑史学、建筑学界对这一术语的专题研究尚是空白。再如《王力古汉语字典》概括道：戗读 chuāng 时，意为创伤的"创"；读 qiāng 时，意为逆向或决裂；读 qiàng 时，意为推动、撑或嵌。可见依然没有反映，这也就是说，古今的辞书界对"戗角""发戗"的"戗"字，都没有予以认同，更不用说对戗角的科技价值、艺术意义的认识了。当然，其中"逆向""撑"等两项，对探究"戗"义也有所启发。

要考证这后起的"戗"义的由来，必须研究其作为前身的古语词的衍变，而这又离不开传统训诂学。其实，对流传于特定时代、地域的"行话"——"磨角"，计成自己就用了传统的训诂方法。试析如下：晋郭璞《尔雅序》云："夫《尔雅》者，所以通诂训之指归。"邢昺疏："诂，古也，通古今之言使人知也；训，道也，道物之貌以告人也。"再看《园冶·屋宇·磨角》所训："磨角，如殿阁撒角也。"这也是"道物之貌"——宫殿、堂阁等的建筑屋角（之"貌"）来训释"磨角"，从而"通古今之言使人知"。可见以往流传于工匠间的吴方言"磨角"，到了当时计成从事造园的镇、宁一带，匠师们已感生疏，所以计成就必须对其重新加以训释。然而，往事又越过近四百年，今天，又要通过溯源来详加训释。

《广雅》："折、撒 [là，又读 xié]（金按：括号内的拼音，均为本文所注，下同）、曲、制、搚 [lā，又读 xié]，折也。"意为前面的这几个字，统统都有"折"义。清王念孙《疏证》："《说文》：'拹 [lā]，折也。'《公羊传》何休注：'搚，折声也。'搚，与'拉'同。拉、撒，叠韵字也。制者，《文选·张协杂诗》注引李奇《汉书》注云：'制，折也。'曲，折也。折、制古同声，故制有折义。"还可补充的是，《广韵》："撒，折也；拹，拉也；拉，折也。"这是用了"递训"的方法。《正韵》"拹"亦同"拉"。《说文》段注："拹或作'搚'者，或体也；或作'拉'者，假借字也。"总之，大量的相互训释及有关书证，均足以说明这些字在某一层面上都是"字异而义同"。故"撒角"亦即"折角"，也可以说，这些字是"磨角"的前身组成，是与"磨角"同时、或先乃至或后地流行的。

此外，由"折"字还可作词义学的深入探寻。《集韵·入声下·盍第二十八》："撒、拹，折也。"《集韵·入声下·狎第三十三》："搚 [zhá]，押搚，重接貌。"可见作为俗语并通于"撒"的"搚"，除了具有"折"义，还有"重接"之义。《广韵·薛韵》："折，断而犹连也。"这个"重接貌"和"断而犹连"均值得深味。联系几何学抽象地看，由一点引出两条直线所形成的角，都可说是两线相交或"重接－断而犹连"的结果。这更可进一步探知"磨角＝撒角＝折角＝重接（断而犹连）"的真相，其间依稀可见其相与先后地衍化或递变之轨迹，而联系建筑实体来看，这种属于木作的两个构件（老戗和嫩戗）断而犹连地重接，可从刘敦桢先生《苏州古典园林》所提供的嫩戗发戗屋角构造图中清楚地看到，其上添了"菱角木"，而这些正是戗角的骨干构架（图2）。戗角的骨子是两直相交的重接，但这仅仅是初步木作板律地相交的生硬直线，而戗角那柔和弧曲之美，其精工还有待于木作和瓦作进一步的继续，这样，屋角才能出现翼角飞翘之态。《营造法原》写道："水戗形式为南方中国建筑之特征，其势随老嫩戗之曲度。戗端逐皮挑出上弯，轻松，灵巧，曲势优美。"[1] 可见，戗角不但有赖于骨架直拐之"折"，而且还有赖于姿态弧弯之"曲"，从而成就其姿致之美。

那么，如此之优美的顶式态势，又为什么要用这个"戗"字来表达？这也有蛛丝马迹可寻。《广雅》又云："桡 [náo]、折、觠 [quán]、诘、诎，曲也。"此条前面的这几个字，统统具有"曲"义，其中特别是"桡""觠"二字最有意思。《说文》："桡，曲木。"《正字通》："桡，木曲。"（金按：戗角的骨架如正是"曲木"，又引申为弯曲。）《类编》：

---

① 姚承祖：《营造法原》，中国建筑工业出版社 1986 年版，第 58 页。

"桡，曲也。"《说文》段注："桡，引伸为凡曲之偁（金按：'偁'即'称'）。"再看"觠"字，《广雅疏证》："《说文》：'觠，曲角也。'《尔雅》：'角三觠，羰［liǎn］（金按：羊角卷三匝者）。'郭璞注云：觠有'权''卷'二音，并通作'捲'。"此训极能给人启发。"觠""戗"二字，今为双声，古代则因声母、韵母均近而可通借，而且皆带有捲曲、上翘之义，"觠""捲"疑曾为"戗"之古语词，但是，二者相较，"戗"字之义更为贴切丰

图2　磨角：断而犹连的重接，嫩戗发戗屋角构造（选自刘敦桢《苏州古典园林》）

富，因为它还有其他"转义"，如撑住、支持、方向相反等，与飞檐翼角不无直接或间接的关系。所以从词源学上看，发展到选用"戗"字，乃是历史之必然，也是近代社会匠师和建筑家们的智慧选择。

　　据笔者不完全的查检，由于以上所述种种原因，一般文献、辞书罕见这一具有特殊意义的"戗"字。至于园林建筑专业著作，"戗"字最早出现于清代乾隆年间李斗的《扬州画舫录·工段营造录》，其"庑殿等做法"条中"大木做法"就出现了仔角梁、由戗、翼角、翘飞椽等"行话"，它们或多或少与南方建筑的"戗角"有关联。而当代梁思成先生的《清式营造则例》中更定型，集录如下：

> 歇山……戗脊，与垂脊在平面上成四十五度角。
> 仔角梁：两层角梁中之在上而较长者（金按：其端略微上翘）。
> 由戗：庑殿正面及侧面屋顶斜坡相交处之骨干构架。
> 翘飞椽：屋角部分翘起之飞椽。
> 翼角翘椽：屋角部分如翼型或扇形展出而翘起之椽。
> 戗木：斜支于建筑物旁以防倾斜之木。[①]

这是建筑科学的认定，也是历史的真实反映，如"戗木"一条就是明证，然而，其中又没有"戗角"的条目，因为它是反映清代北方官式建筑的"则例"，不可能越界。由此也可见，"磨角＝撇角＝戗角"作为明、清至近、当代江南或南方的行业方言，其流行有着明显的地域性。

　　还应指出：发戗的一整套结构制度，只有在今天研究江南园林建筑的学术专著里，连同其行话术语才终于得到了规范性的厘定和较一致的话语表达，而对它的总结概括也具有了现代学术的理论形态。兹集两部经典著作的有关论述如下：

> 嫩戗发戗的构造较复杂，其老戗下端斜立嫩戗（金按：这就是"折"，亦即"重接"），故屋檐两端升起较大。老戗和嫩戗相交的角度，一般须是老戗、嫩戗和水平线成的两锐角大致相等，而老戗与水平线所成角度是根据屋顶坡度而形成的。

———————————
① 梁思成：《清式营造则例》，中国建筑工业出版社1987年版，第37、78、84、86、81页。

因此，屋角坡度决定后，也就决定了屋角起翘的高低。①

殿庭之歇山及四合舍式（金按：即庑殿顶），转角之处于廊桁之上，成45°架老戗……老戗之端，竖以相似之角梁，二者连成相当之角度，称为嫩戗。嫩戗之上端，因前旁遮檐板相合，锯成尖角，称为合角。嫩戗端并做形似猁狲面之斜角……老戗与嫩戗之间，实以菱角木及扁担木……扁担木与嫩戗上端，贯以木条，使之坚固（金按：这是着眼于其实用，若从美观看，则是变生硬的折角为柔和的弧曲），其端露于嫩戗之外，称孩儿木，老戗之端，缩进三寸处，除开槽镶合嫩戗外，并连菱角木等，贯以千金销，使其坚固，不易动摇……上述戗之构造，称为发戗，以其全属木工，亦称木骨法。戗角（翼角）：歇山或四合舍房屋转角处之屋面结构。②

这类论述，都具体展示了作为江南古典建筑优美复杂结构之一的磨角系列，它主要是木作，但也离不开瓦作。不管如何，两部经典著作中大量的"角"字，都体现了"攦，折也"的特点，特别是训诂著作中的"重接貌"，既是对"攦角"的结构概括，又似是对其形象化的呈示，而"觠，曲角也"，"通作捲（简化作'卷'）"，也可看作是体现了水戗发戗和嫩戗发戗的共同特征。

最后，还应思考：计成所定义的"磨角"，似乎和上述一系列训诂、考证没有什么具体、明显的联系，那么，这个"磨角"的"磨"字，其内涵究竟如何？它是如何衍变而来的？对此，《园冶析读》已初步解答了这个问题，它以俗语"转弯抹角"为例，并说："我疑'磨角'即'抹角'"，抹"在这里作转折、弯曲讲"③。此言甚是。"转弯抹角"一语，出处见《风俗通·地理》。此外，《西游记》第十七回之例更能说明问题："转过尖峰，抹过峻岭。"这与"转弯抹角""拐弯抹角"之例一样，均为互文，转即是抹，抹即是转，拐即是抹，抹即是拐……再如俗话"折磨"一词也一样，折就是磨，磨就是折。唐代白居易《春晚咏怀赠皇甫朗之》："多中更被愁牵引，少处兼遭病磨折。"牵与引同义，磨与折同义。宋代苏轼《赠张、刁二老》："惟有诗人被磨折。"磨与折也一样。可见，磨角就是转角、抹角，也就是折角，相通于《集韵》："攦，折也。"

综上所述，磨角应该是南方特别是江南古典建筑以嫩戗发戗为代表的屋角曲折起翘的特征、形制及其相应的一套结构方法的物化形态，它特别适用于四面开敞的阁以及各类亭的屋角，所以计成说："阁四敞及诸亭决用。如亭之三角至八角，各有磨法。"计成在经典《园冶》里所关注和在理论上率先总结的江南园林建筑的"磨角－发戗"，在世界民族的建筑之林中可谓独一无二，它足以成为我国古典建筑的一种突出的美的表征。

原载［杭州］《人文园林》2016 年 4 月刊

① 刘敦桢：《苏州古典园林》，中国建筑工业出版社 2005 年版，第 38~39 页。
② 姚承祖：《营造法原》，中国建筑工业出版社 1986 年版，第 37、104 页。侯洪德、侯肖琪：《图解〈营造法原〉做法》："歇山与四合舍的转角处，其屋面合角称戗角，其构造称发戗。发戗制度有二：其一为水戗发戗、其二为嫩戗发戗。"（中国建筑工业出版社 2014 年版，第 111 页）
③ 王绍增：《园冶析读》，《中国园林》1998 年第 2 期，第 24 页。

# 计成"名、字、号"解秘

## ——计成《园冶》与《周易》哲学关系探微

### ·2017·

　　明末吴江松陵人计成（1582—?）所撰《园冶》，是一部文化内涵丰永、极富中华民族特色的名著，更是我国最早出现的、对世界深有影响并具有完整造园学体系的经典。在强调生态文明的当今时代，由于《园冶》的基本精神符合时代的需要，具有未来学的意义，故而其相关的论文著作不但在中国不断涌现，而且在西方，《园冶》也被誉为"生态文明圣典"，英译本已出第二版，法译本同样如此。放眼世界，日、澳、韩、荷、意、新加坡等诸多国家和中国台湾地区，均出现了可喜的研究成果，蔚为国际性的《园冶》研究热。

　　但是，明显不足的是，相关研究多局囿于《园冶》文本本身，或者说，只是围绕着文本而展开，很少向哲学层面特别是《易》学层面提升，这是主要因为第一手资料匮乏，除《园冶》的《自序》《自跋》外，计成的家庭、行状乃至思想体系等，并没有其他遗留下来的资料可资研究，因而在这些方面的研究很少有实质性的进展。然而，擅长史源研究、年代考证的曹汛先生，不愧为善于思考的有心人，他在1982年写就的《计成研究》一文中，就以《园冶》作者的姓名——计成、字——无否、号——否道人等作为切入点，可贵地接触到了《园冶》基本思想的哲学根源，可谓切中肯綮。该文指出：

　　　　计成字"无否"，又号"否道人"，字与号中两出"否"字。字、号的全意，一个否定了"否"，一个又予以肯定，弄得迷离扑朔。"否"为双音字，两个"否"该怎样辨读，学术界也迄无定论。今按"否"读pǐ时，意为坏、恶，"否"是《易经》里的一个卦名，《易·否》云："象曰：'天地不交，否。'""否"读fǒu时，意即否定，相当于口语的"不"，有"无"之义。《大学》："其本乱而末治者，否矣。"王引之《经传释词》卷十注云："言事之必无也。"我以为"无否"之"否"，当读fǒu，取其"无"之义。无－否二字连用，颇有点类乎今日所说"否定之否定"的意味，否定之否定是肯定，有"成"的意思，古人的名与字，取义每有连属，"成"与"无否"就具有互相阐发，互相解释的意味。"否道人"之"否"，则当读pǐ，取天地不交，时运不偶之意。计成自取这样一个别号，寓以解嘲，是在他中年以后……①

---

① 曹汛：《计成研究》，《建筑师》第13辑，中国建筑工业出版社1982年版，第2页。

这段解读，看准了有价值的切入点，言之有理，析之有据，有助于对计成《园冶》的研究的深入，笔者也颇受启发，并感到这一切入点恰恰是开启计成《园冶》与《周易》哲学关系之门的一把钥匙。计成的名、字、号等就隐藏着哲理密码，通过这一斑可以窥探计成的家庭、身世、处世态度特别是其思想艺术体系，等等。但是，毋庸讳言，对曹先生的一番言论，还应先对其做些补苴罅漏的工作。

笔者认为，这两个"否"都应读"pǐ"，而不应一读"fǒu"，一读"pǐ"，否则，岂不是字和号自相矛盾了吗？就一般认识情况而言，既字"无否"，又号为"否"，似是相互矛盾，确实不符合形式逻辑的基本规律。但是，如将其名、字、号作为一个整体，置于整个《周易》哲学的辩证逻辑体系之中来考察，是完全可以理解和接受的，而且还可发现其中隐藏着颇深的哲理。这就需要作深入的、多方面的细致研究。

古人有名有字。从中国古代宗法社会的常规和常理来看，计成名"成"、字"无否"，均应是其父所取。《礼记·檀弓上》："幼名，冠字。"孔颖达《礼记正义》疏："始生三月而加名……年二十，有为人父之道，朋友等类不可复呼其名，故冠而加字。"这就是说，"上古婴儿出生三月后由父亲命名。男子二十岁成人举行冠礼时取字……名和字有意义上的联系"[1]。这一礼俗对后世影响极大，计成及其父当然也不例外。

再从中国哲学史的角度来看，"否"应读作"pǐ"，而不读"fǒu"。否，为《周易》六十四卦之一。《周易·否》："不利君子贞，大往小来。"意为所失大而所得小，这是不吉利的。《周易·否·象辞》也说："天地不交，否。"总之，"否卦"表示穷、不通、不祥、不利之意。而紧置于"否卦"之前的对立项则是"泰卦"。《周易·泰》："泰：小往大来，吉亨。"孔颖达《周易正义》疏："此卦亨通之极。"《周易·泰·象辞》也说："天地交，泰。"总之，其意为达、亨通、吉利。否和泰不但相互对立，而且可以相互转化，这正是《周易》的精华之一，故有"否极泰来"的成语。五代诗人韦庄《湘中作》："否去泰来终可待。"他要等待"否"的过去，"泰"的到来。而"无否"也有这个意思，既然"否"走向反面，就成为"无否"，那么其义就相当于"泰"了。由此可见，计成之父给计成取"无否"这个"字"，就深情地寓含了对其子的一种"泰"的希望，一种暗暗的祝愿和对吉利、幸福的期待，再联系"成"这个名来理解，确乎还寓含着希望其成才或事业有成之意。不妨进一步从"名字学"的角度来看，"无否"之字，还符合于中国人取名的趋吉意识，符合于古往今来的有关的社会习俗。统观中国名字文化史上的趋吉意识，其表现有二：其一为祛祸型。如西汉名将霍去病，北宋散文家晁无咎，南宋词人辛弃疾、画家杨无咎，近代诗人陈去病，等等，其名均含有希求祛除不祥之意，它们在本质上就相当于"无否"。其二为祈福型。如西汉音乐家李延年，东汉画家毛延寿，五代画家滕昌祐，南宋著名大臣文天祥，明末清初文学家、书画家万寿祺，近代诗人樊增祥，等等，其名均直接表达了对昌盛、福祉、吉祥的冀望或祈愿。计成的两个儿子——长生、长吉（见《园冶·自跋》），也属于这一类。

至于计成的号，则应该是他后来自己取的。"否道人"这个不吉利、不亨通的"否"字，选取得非常特殊、奇怪，但是，细究起来又是合乎情理的。不妨先联系古老的《易经》来看，《易经》最后两卦为"既（既：已）济（济：成功）"和"未济"。对此，唐代文学家沈既济，就不取名"未济"，这同样是趋吉意识的表现。不过，《易经》却无情地概括了客观

---

① 王力：《古代汉语》第 3 册，中华书局 2002 年版，第 972 页。

事物发展变化的辩证法。著名易学研究家李镜池先生指出："有既济亦有未济，还有由济转不济。都是说明对立与对立转化之理。"[①] 而计成的号，也应置于这一辩证逻辑中来理解。至于计成为什么自取"否道人"的号，这要从计成最早为其造园的常州吴玄说起。吴玄，字又于，自号"率道人"，"率"，取自《礼记·中庸》："天命之谓性，率性之谓道。"郑玄《礼记注》道："率，循也。循性行之之谓道。"吴玄在取号时，竟把《中庸》里的"率""道"二字都组合进去了。再看吴玄的"玄"，这是《老子》一书的重要概念，吴玄之书《率道人素草》上，还钤有"玄之又玄"的藏书印，此语也出自《老子·一章》："玄之又玄，众妙之门。"《率道人素草》的"鱼尾"上，也刻有"众妙斋"三字，由此可见吴玄在思想上是将《老子》的"玄"奉为圭臬了。对此，曹汛《计成研究》尾注二又指出，"计成自号否道人……推测当在中年以后"[②]。这个推测是合理的，因为计成《园冶·自序》就说"中岁归吴"，而常州也属于吴地。吴玄取号"率道人"，计成取号"否道人"，皆取得如此特殊，这决非不谋而合，而是思想上有所共鸣。试看，吴玄信奉《老子》，计成信奉《周易》，两书在思想观点上就颇有所近，在魏晋玄学中，《老子》和《周易》还分别被视为"三玄"之一。

据此，笔者认为，计成自号"否道人"的原因有三：

第一，如以上所说，是受了吴玄的影响。

第二，是哲理的原因，是计成对《易》理的深刻体悟。应该说，"无否－否"的二律背反虽不符合形式逻辑，却符合于辩证逻辑。从哲学史的视角来看，《周易》的精华正在于变易、转化。在《周易》的变易哲学体系里，"否－泰（'泰'就是'无否'）"是对立的组卦，二者相互依存，既相反相对，又相互转化，这是对静止不变观念的否定。春秋末年的范蠡就曾体悟道："吾闻天有四时，春生冬伐。人有盛衰，泰终必否。"（赵晔《吴越春秋·勾践伐吴外传》）这就是"无往不复"的哲理。李镜池先生《周易通义》指出："《泰》《否》这一对立的组卦，具体地、多方面地举例说明了事物的对立、转化的辩证关系：泰与否是对立的；泰可以转化为否，否可以转化为泰；泰中有否，否中有泰；同一事物，在不同条件下可以成为泰，也可能成为否。"[③] 因此，计成根据自己"无否"的"字"，反其义而取"号"为"否"，决不是无知的偶然，恰恰表现出他对《易》理的熟谙深通，其理正如《易·序卦》所说："泰者，通也。物不可以终通，故受之以否。"《易·杂卦》也说："否，泰，反其类也。"计成字、号为"无否－否"的哲理奥秘，正在于"反其类"。对于"无否－否"这一具有深刻易学内涵的命题，还可以进一步"引而申之，触类而长之"，进而超越时空、遥接于德国古典辩证法大师黑格尔。黑格尔在《逻辑学》一书中也深刻指出："A可以是＋A，也可以是－A。"列宁在读后摘下了这番话，并写下心得笔记："这是机智而正确的"，"任何具体的某物"，"它往往既是自身，又是他物"[④]。计成的字、号——"无否－否"亦可作如是解。不妨再将计成的字、号和其名"成"联系起来作进一步探究。古代名字文化史证明了曹汛所说，即"古人的名与字，取义每有连属"；也证明了王力在其主编的《古代汉语》中所指出的，古人往往"名和字有意义上的联系"。例如唐代被称为"诗佛"的王维，字摩诘，其名、字连起来，恰好是一部佛教经典之名——《维摩诘经》；元代散曲家马致远，字千里，

---

① 李镜池：《周易通义》，中华书局1981年版，第127页。
② 曹汛：《计成研究》，《建筑师》第13辑，中国建筑工业出版社1982年版，第16页。
③ 李镜池：《周易通义》，中华书局1981年版，第29页。
④ ［俄］列宁：《哲学笔记》，人民出版社1974年版，第144页。

其姓、名、字三者的有机联系出自《周易·系辞下》的"引重致远"和韩愈《杂说四（马说）中的"世有伯乐，然后有千里马"；元末明初诗人高启，字季迪，"启迪"至今是一个常用词；明代画家唐寅，字伯虎，一字子畏，根据十二地支，寅年所生属虎，猛虎当然令人生"畏"，等等。那么，"无否 – 否 – 成"是否也存在着有意味的联系呢？答案是肯定的，其深寓易学哲理。

从中国古代哲学史来看，"成"和"生"一样，是不容忽视的变易范畴，它们往往成双作对地出现。如《老子·二章》："故有、无相生，难、易相成。"《荀子·天论》："万物各得其和以生，各得其养以成。"《周易·系辞下》："日月相推而明生焉"，"寒暑相推而岁成焉"……。至于单独意为完成、实现的"成"，则出现得更多。如《国语·郑语》："先王以土与金木水火杂，以成百物"；《论语·泰伯》："兴于诗，立于礼，成于乐。"如此等等。在《周易》哲学体系里，"成"更有重要的地位，出现得也更多，如：

> 四时变化而能久成，圣人久于其道而天下化成。(《恒卦·彖辞》)
>
> 天地节而四时成。(《节卦·彖辞》)
>
> 在天成象，在地成形，变化见矣。(《系辞上》)
>
> 通其变，遂成天地之文……(《系辞上》)
>
> 万物之所成终而所成始也，故曰成言乎艮。(《说卦》)
>
> 山泽通气，然后能变化，既成万物也 (《说卦》)

因此，"成"就是生成、形成、变成、完成……这既是变化的过程，也是变化的结果；既富于历时性的内涵，又可带有共时性的形态。总之，是对立项的变化和统一。具体地说，在《周易》里，它可以是天地、四时、寒暑等的运行变化，对立的统一，或一个轮回的实现。据此，"否→无否"或"无否→否"的实现，就是"成"。这还可以和德国古典哲学相参证。黑格尔在中深刻指出："'无'与'有'正是同一的东西，因此'有'与'无'的真理，乃是两者的统一。这种统一就是'变易'［即'生成'］。"[1]"无"与"有"就是"变异"，就是"生成"，中、西古典哲学在这一点上，何其相似乃尔！

再回到《周易》的辩证逻辑上，可以这样说：无否 + 否 = 成。这个公式是可以成立的，而且这也符合中国人"相反相成"的命题。这个公式的前项（无否）和后项（否），确乎如曹汛《计成研究》所说，"具有互相阐发，互相解读的意味"。

第三，更重要的是，计成自号否道人，还有其现实的原因，或者说，"否道人"之号的深意，还应联系他所处的时代环境和他自己的现实命运来理解，而这些恰恰均属于"否"的范畴。试看明代末年，崇祯皇帝昏庸无能，朱明王朝摇摇欲坠，作恶多端的阉党统治黑暗残酷，不遗余力地迫害正直不阿的东林党人，党争激烈到了白热化的程度。而计成自己则生计维艰，纯以绝艺传食于朱门。再看整个社会，各种矛盾激化，李自成、张献忠揭竿而起，四处战乱频发。在这人心惶惶不可终日之际，计成对自己的造园绝艺，既感到"英雄无用武之地"，又感到前途茫茫，不知"吾谁与归"。他在《园冶·自跋》中说："崇祯甲戌岁，予年五十有三，历尽风尘业游已倦……惟闻时事纷纷，隐心皆然……自叹……不遇

---

[1] 《十八世纪末—十九世纪初的德国哲学》，商务印书馆 1975 年版，第 371 页。

时也……"这"不遇时"三字，正是"否"卦的最好注脚。《周易·否·象辞》云："天地不交，而万物不通也；上下不交，而天下无邦也。"尚秉和《周易尚氏学》对此解释道："当否之时，遁入山林，高隐不出也。"①这用《庄子·缮性》的话来说，就是"非伏其身而弗见（现）"，而是"时命大谬"，是一种"存身之道"。可见"隐心"是由于时代昏暗、命运乖谬所致。计成在《自跋》中写道："逃名丘壑中，久资林园，似与世故觉远……愧无买山力，甘为桃源溪口人也。"这透露了他错综复杂的内心世界和对于隐逸山林的由衷向往。由此来看，他自号"否道人"是多么恰切！这个别号，既是纷乱时代的反映，又是蹇涩命运的写照，更是其心路历程的哲理性概括。计成的可贵在于，他对此能有深刻、清醒的认识，敢于大胆地自号"否道人"，这是直面惨淡现实人生的表现！曹汛《计成研究》指出："计成自取这样一个别号，寓以解嘲……它的命意，则约略有如陶渊明'命运苟如此'，以及后世鲁迅'运交华盖欲何求'那一类的意思，是很有感慨的。"②这可谓一针见血。

根据以上探微，似可推导出如下几点：

一、计成生于中产知识分子家庭，其父较有文化修养，至少是粗知《易》学，否则就不可能为其子取有如此哲学意味的名和字。以后，计成一家又向寒士家庭"变易"，但仍然有一定能力让其子读书明理、学文习画。之后，其家境更日趋衰落……总之，在邦国遭"否"、万物不通的同时，其家其人的命运同样是一个字——"否"。

二、计成自己更富于《易》学修养，而《易经》正是"群经之首"，它在古代思想史上出现极早，起点极高。正如黑格尔所指出，《周易》是"中国人一切智慧的基础"③。此言极是。正因为如此，计成的造园实践及其理论，也在一定程度上体现着"中国智慧"。郑元勋《〈园冶〉题词》深刻指出："计无否之变化……能指挥运斤，使顽者巧，滞者通。"又说："善于用因，莫无否若也。"这类极富哲理的评价，恰恰与"穷则变，变则通"（《易·系辞下》）的《易》学精神合若符契，计成可谓"神而明之，存乎其人"（《易·系辞上》）了。

三、计成将其造园实践升华为园林美学理论，著为《园冶》一书，其中有一串串累累如贯珠的名言隽语，其中或多或少地蕴含着《易》学因子。这里不妨作一扫描式的初步寻绎：

（一）"有真为假，做假成真"（《掇山》），"虽由人作，宛自天开"（《园说》）的名言，强调艺术应从现实世界吸取其真和美，而提升为艺术美后，又应凸显艺术的真实性；至于艺术美的最高境界，则是虽经人工而不见人工，宛如自然天成一样。这一思想的源头之一，应该是《周易》的"观物取象"说，如"仰则观象于天，俯则取法于地""易者，象也。象也者，像也；"（《系辞下》）"拟诸其形容，象其物宜""与天地相似，故不违。"（《系辞上》）……

（二）"大观不足，小筑允宜"（《园说》），"略成小筑，足征大观"（《相地·江湖地》）的艺术创造论，还有《园冶》里大量的言在此而意及于彼的描述，都契合于《易·系辞下》中的"其称名也小，其取类也大。其旨远"（《系辞下》）的哲学精义。这种"小"中见"大"的哲学，还影响到《园冶·掇山》"多方景胜，咫尺山林"的理论。

① 尚秉和：《周易尚氏学》，中华书局1986年版，第80页。
② 曹汛：《计成研究》，《建筑师》第13辑，中国建筑工业出版社1982年版，第2页。
③ ［德］黑格尔：《哲学史讲演录》第1卷，生活·读书·新知三联书店1956年版，第121页。

（三）《园冶·装折》中"相间得宜，错综为妙"之说，是对形式美规律的高度概括，它是根据《周易》"参伍以变，错综其数，通其变，遂成天地之文"（《系辞上》）、"物相杂，故曰文"，"杂物撰德"①（《系辞下》）的哲学观，总结了长期、大量的艺术实践经验而取得的理论成果。

（四）"制式新番"（《园说》），"制式时裁"（《门窗》），"窗棂遵时各式""构合时宜"（《装折》），"依时制"（《装折·长槅式》），"从雅遵时"（《墙垣》）……书中反复强调建筑装修应创新合时，契合于《易·益·彖辞》中"凡益之道，与时偕行"的精神。

（五）《园冶·屋宇》中"画彩虽佳，木色加之青绿；雕镂易俗，花空嵌以仙禽"，以及其他多处关于求简省去繁缛、求本色去艳丽的观点，都来源于《周易·贲·上九》的"白贲，无咎"论述。清人刘熙载《艺概·文概》云："白贲占于贲之上爻，乃知品居极上之文，只是本色。"

（六）《园冶·屋宇·斋》解释"斋"这种建筑型式，是"气藏而致敛，有使人肃然斋敬之义"并提出斋"藏、修、密、处"的四个特点，更明显地受到《易·系辞上》中的"圣人以此洗心，退藏于密""圣人以此齐戒"等论述的影响。

（七）《园冶·借景》中春、夏、秋、冬四季，分段以俪辞偶句作大段描述，展示了不同时序下园林不同的良辰美景，并提炼出"应时而借"的理性语言，这也符合于《易·乾卦·文言》说的"与天地合其德，与日月合其明，与四时合其序""先天而天弗违，后天而奉天时"的理念。

（八）《园冶》中"芳草应怜"（《借景》）、"欣逢花里神仙"（《借景》）、"花木情缘易逗"（《掇山》）、"休犯山林罪过"（《相地·郊野地》）等生态哲学思想，也无不应合于《周易》"生生之谓易"（《系辞下》）、"天地之大德曰生"（《系辞下》）的本体论。

（九）《园冶》中出现了大量"随"字，掇拾如下："随基势之高下，体形之端正……""随宜合用"（《兴造论》），"得景随形"（《园说》），"架屋随基"（《相地·城市地》），"格式随宜"（《立基》），"择偏僻处随便通园"（《立基·书房基》），"方向随宜"（《屋宇》），"制亦随态"（《屋宇·榭》），"随形而弯，依势而曲"（《屋宇·廊》），"随宜铺砌"（《铺地》），"随势乞其麻柱"（《掇山》），"随致乱掇"（《掇山·峦》）……其中绝大部分意思是随其客观情况的不同而采取不同的措施、方法，当然，其中也不同程度地着"能主之人"的主观能动性，特别是出色的造园智慧。还应注意的是，《园冶》有时突出地强调人的主观方面，如"景到随机"（《园说》）、"意随人活"（《铺地·冰裂纹》）……这应结合"妙在得乎一人"（《掇山》）、"调度犹在得人（《门窗》）等作深入的研究。至于这个"随"字，《易·随卦·彖辞》云："随，大亨，贞无咎，而天下随时。随时之义大矣哉！"这足以解秘《园冶》缘何出现大量"随"字。

（十）《园冶》中的一系列体现不同主题的重要片段及其中的名言警句，既形象生动，文采斐然，又运裁百虑，意蕴渊深，也契合于"立象以尽意"（《易·系辞上》）的意象思维和"推而行之存乎通"（《系辞下》）的方法论。

（十一）《园冶·相地·城市地》云："足征市隐，犹胜巢居。""隐""居"二字直接对

---

① "杂物撰德"，意谓阴阳相参杂，其数合于阴阳之德。联系"物相杂，故曰文"的观点来理解，即物相错杂，其数合于"道"，当然也合于形式美的普遍规律。

仗而出。由表及里地看，《园冶》一书，或隐或显地贯穿着隐逸思想，这一思想，更脉承于《周易》的有关论述，如："天地闭，贤人隐"（《易·坤·文言》）；"天地不交，否。君子以俭德辟难，不可荣以禄""天下有山，遁。君子以远小人""嘉遁贞吉，以正志也（《易·否·象辞》）"。《周易》的大量论述，是对历史和现实中一些现象的深刻概括和哲理提升，计成对此也深有感触，他不但自号"否道人"，而且将隐逸思想渗透于《园冶》全书，如：《园冶·相地·村庄地》："归林得意，老圃有馀。"《园冶·立基》："编篱种菊，因之陶令当年。"《园冶·借景》："顿开尘外想，拟入画中行。"……

由以上丛证可知，计成《园冶》与《周易》哲学有着明显的联系（有时虽较为隐蔽、曲折）。因此，联系《周易》哲学来研究《园冶》，或者说，把对《园冶》方方面面研究不断提升到《周易》哲学的境层来观照，应该是《园冶》研究一条可行之路。

原载《苏州教育学院学报》2017 年第 2 期，有增改，
又被收入《〈苏州教育学院学报〉特色栏目文丛：
探微知著，继古开今——吴文化研究论集》，
江苏凤凰教育出版社 2018 年版

# 道不行，乘桴浮于海

## ——经典《园冶》在海外 ①

### ·2020—2022·

## 序引：《园冶》与《天工开物》之悲剧性比较

明代是中国社会的重要时期——中古期的结束，近古期的开始，特别是中明以来，资本主义萌芽，商品经济兴起，科学与文艺得到生气勃勃的发展，成果丰硕而辉煌，显现出喜人的近代曙光。著名古文献学家、科学史学家胡道静先生在《古代科技典籍撷英》一文中，将这个时代称为"我国历史上罕见的一个科学文化蓬勃发达的时代""政治上尖锐矛盾、社会经济方面急剧变革，以及文化上有西方近代科学输入的时代"。该文还提供了当时科技文化经典如《天工开物》等陆续问世的情况。② 而计成的《园冶》，也以造园建筑学经典列于其间。

不妨顺着这一思路略作比较文化学的叙述。计成（1582—？），明末吴江松陵（时属苏州，今亦属苏州）人，字无否，号否道人。少以绘名，性好搜奇，中途改事造园，崇祯辛未四年（1631）写成《园冶》一书，行文骈散结合，附图式235幅，共三卷。但由于生计维艰，无力出版，故书稿一搁凡三年，无奈只能由声名狼藉的阮大铖于崇祯甲戌七年（1634）刊刻并作序。阮大铖天启年间"依附于专权乱政的魏忠贤，结党营私，成为阉党骨干，专事陷害异己。崇祯时'名挂逆案，失职久废'（《明史·奸臣传·马士英传》），匿居南京，妄图东山再起，但受阻于东林党和复社。弘光时，马士英执政，得任兵部尚书……对东林党和复社诸人日事报复，手段毒辣。后又乞降清朝，从清兵攻仙霞岭而死，为士林所不齿，留下百世骂名"。③ 由此而累及《园冶》，致使遭"禁"，未被编入《四库全书》，明珠蒙尘，光辉被掩三百余年，在国内濒近绝迹，几乎无人知晓。回眸清代直至20世纪，明版《园冶》在全国图书馆仅存残本二：

其一是1930年北平图书馆购得残本卷二、卷三，缺卷一。梁洁指出："彼时的'北图

---

① 本文由于是在《〈园冶〉版本叙评录》的基础上撰成的，在内容上必然与其有所相关。但本文并未将《叙评录》收入，故请看金学智《诗心画眼：苏州园林美学漫步》，中国水利水电出版社2020年版，第337页。
② 胡道静：《中国古代典籍十讲》，复旦大学出版社2004版，第362~363页。
③ 金学智：《园冶多维探析》上卷，中国建筑工业出版社2017年版，第38~39页。

藏本'今天已经进入台北故宫博物院图书文献处，即今收入《原国立北平图书馆甲库善本丛书》册451者……1931年'九一八'事变后，为了保护古文献……甲库善本几经流转，先后运至上海、华盛顿，最后进入'中央图书馆'"[①]。千万里流转海内外，此残本现藏中国台北。

其二是著名藏书家郑振铎先生所藏，缺卷二、卷三，仅存卷一，《兴造论》首行钤有章草朱文"长乐郑振铎藏书"方印。韦雨涓指出，"郑振铎1958年逝世后，家属将其遗书捐献国家图书馆。"[②]

明版《园冶》问世流转至今，可怜全国图书馆仅仅存此而已，且均残缺不全！《园冶》这种悲剧性历程，有似于晚其三年后出版的工程技术学经典《天工开物》。这里拟进而从比较文化学视角简叙二书在国内遭"否（pǐ）"，时运大谬，而在海外却不断走红的历程。这一历程，在本文全面展开之前，先以《老子·五十八章》"祸兮福之所倚"的哲理概括作为序引。

在天下板荡不宁的明末，《天工开物》的作者宋应星五试不第，依然一介寒儒。1634年（是年《园冶》完稿）出任江西分宜教谕，一面教学一面整理资料，写成《天工开物》，但也无力出版。其书序写道："伤哉贫也，欲购奇考证，而乏洛下之资；欲招致同人，商略赝真，而缺陈思之馆。"确乎可伤可悲！后经友人资助，于1937年刊版印行。但同样遗憾的是，乾隆年间修《四库全书》，在长期的"工匠技艺流耳，君子不器"的陋见歧视影响下未被收入，它与《园冶》的命运，何其相似乃尔！

从此，《天工开物》在国内也默默无闻，若存若亡。据胡道静《〈天工开物〉及其作者宋应星》一文所叙，该书由民间流入日本和法国，日本明和八年（1771），菅生堂翻刻《天工开物》，而法兰西学院的汉学家儒莲则在1830年首次将此书部分翻译成法文，接着又陆续翻译了几个部分，于是风行西欧。

20世纪20年代，丁文江在日本发现菅生堂本《天工开物》后颇有感慨，写成《奉新宋长庚先生传》，国人才了解到我国在海外有这样一部宝贵的古典科技百科全书。这正如陈植1921年在日本其师本多静六博士处始见珍贵的明版全本《园冶》，其后写成《记明代造园家计成氏》一文[③]，国人方知我国在海外有《园冶》这样一部奇书。还无独有偶的是，《天工开物》由近代著名刻书家陶湘据日本菅生堂本校订重印（1927、1929），而《园冶》也经由陶湘在中国刻入《喜咏轩丛书》（1931），两部经典最早竟经陶氏而喜获奇遇（这又是一"奇"），由其刻印而与国人相见。这种对经典古籍的保存，可谓竭尽全力，功不可没！

再说日本恒星社1952年出版了薮内清博士的《天工开物》日文全译本，附在其主编的《天工开物の研究》里，这也有似于日本的桥川时雄将其获藏的隆盛堂本《园冶》和自己《园冶解说》作为合集在1970年东京渡边书店出版一样。1969年，《天工开物》日译又部分地列入平凡社的《东洋文库》，为第130册。可见日本的重视。再看西方，1966年，美国宾夕法尼亚大学出版社又出版了《天工开物》英译全本……至今，该书有日、法、英、德、意、俄译本，而《园冶》亦然，不但在日本有多种版本，而且英、法、美均有译本，而澳

---

① 梁洁：《〈园冶〉若干明刻本与日抄本辨析》，载《中国出版》2016年第11期，第65~66页。
② 韦雨涓：《造园奇书〈园冶〉的出版及版本源流考》载《中国出版》2014年第5期，第62页。
③ 载陈植：《陈植造园文集》，中国建筑工业出版社1988年版，第73~77页。

大利亚、意大利、加拿大、新加坡、韩国等均有研究论著发表。两大名著终于历尽曲折，蜚声全球！

德国的 H·R·姚斯在《走向接受美学》中指出："艺术作品的历史本质不仅在于它再现或表现的功能，而且在于它的影响之中……一部文学作品的历史生命如果没有接受者的积极参与是不可思议的。"①《园冶》同样如此，它既是文学珍品、艺术奇葩，具有再现和表现的功能，而且又是造园、科技经典，它的本质，也在于其历史影响之中，或者说，《园冶》科学价值的世界性影响，更是其海外接受的基础。1956 年，陈植先生《重印园冶序》写道：

> "造园"一词，见之文献，亦以此书为最早……四十年前，日本首先援用"造园"为正式科学名称，并尊《园冶》为世界造园学最古名著，诚世界科学史上我国科学成就光荣之一页也。一九二一年春，余于日本东京帝国大学教授造林兼造园学权威我师本多静六博士处，始见此书，为木版本三册，闻系得之北京书肆者。归国后，求之国内各地，遍觅不得……计氏造园与建筑各种理论及其形式，迄至今日，仍为世界科学家所重视，而乐于援用，诚我国先贤科学上辉煌成就也。②

这是指出了《园冶》辉煌的科学成就，不但开创了学科，而且影响到海外，为世界科学家所重视，所援引，所翻译，所研究……以下拟按接受的地缘特色，分三部分论叙经典《园冶》在海外的种种情况。

## 《园冶》在日本：珍藏·传抄·解说

《园冶》由于阮大铖的刊印特别是撰《叙》，殃及池鱼，列为禁书；又由于国内"工匠技艺，君子不器"的传统偏见，更进入了长期悲剧性、地下式的文化苦旅，其曲折经历，可用《论语·公冶长》中语来概括："子曰：道不行，乘桴浮于海。"确乎如此，在中国，它虽然近三百年来似乎湮没不闻，但笔者又指出：

> 在清代，有些文人和民间书商仍认可《园冶》的价值，暗暗地改名重印，据考证，伍涵芬的华日堂印了《夺天工》，晋阳书坊隆盛堂印了《木经全书》，都成了《园冶》的别名……孔子说：'道不行，乘桴浮于海。'……《园冶》有似于此，它隐姓埋名（按：也有不改名换姓的）后，流亡到海外去了……一次次出口到日本，有幸在东瀛被保存下来。③

这不改名换姓而东渡日本的，也就是最有价值、唯一被珍藏于内阁文库的明末第一版《园冶》（1634，明崇祯七年版）。此系孤本，其中除计成《自序》外，仅有《阮叙》，全三卷，

---

① ［德］H. R. 姚斯、［美］R·C·霍拉勃：《接受美学与接受理论》，辽宁人民出版社 1987 年版第 19、24 页。
② 陈植：《园冶注释》，中国建筑工业出版社 1981 年版，第 11~13 页。
③ 陶冠群：《金学智：热望更多人人能读懂〈园冶〉》，《人文园林》2018 年 2 月刊，第 63~64 页。

分三册。考日本东京的内阁文库，创设于 1885 年。1971 年设国立公文书馆以后，内阁文库即为其所属之科。2001 年，内阁文库之名取消，故现称"藏国立公文书馆"。再追溯内阁文库之前身，则是红叶山文库。红叶山文库→内阁文库→国立公文书馆，这是此本在日本的三个藏所，现一般称其为"内阁文库本"。

查内阁文库《汉籍解题》，此书之名已出现于《御书物方日记》"享保二十年四月一日"条中。可以断定，在此以前，此本已舶运而入红叶山文库①。是年为清雍正十三年（1735），故此书在此馆库，已珍藏了近三百年，这是其来龙去脉。进道若退，喜道若悲。可喜的是其安然无恙，三百年未改名换姓；可悲的是其栖身他国，三百年来离乡背井……

当今大时代，学术无国界。值得感激、庆幸的是，日本友人、园林文化研究家田中昭三先生大力支持笔者自 2011 年开始的《园冶》研究，2012 年，他得知我在研究此书，一次次至东京翻拍内阁孤本，于 2013 年 1 月 3 日即从遥远的东瀛寄来光盘，笔者得以在国内先睹为快，对其进行品读、校勘、详注、点评、引申、发微……汇萃而为《园冶多维探析》书稿。"最有味卷中岁月"，先后伏案凡六年有余，2017 年，《探析》上、下两卷本终于在中国建筑工业出版社出版，事见拙书后记②。由此，内阁珍本亦在三百年后，终于能从海外重返本土，并以含"点评详注"在内的"多维探析"的形式首次与国人见面，幸至甚哉，其欣何如！——这是一段必要的、深情的插叙和交代。

又据陈植 1956 年《重印园冶序》，1921 年于本多静六处见"见木版本三册，闻系得之北京书肆者"。此明版三卷三册可能和"内阁本"属同一版本，此本中日两国今均未见。

日藏的另一重要版本，是日本桥川时雄藏隆盛堂《木经全书》（系据崇祯八年第二版翻刻），此为合集，其前大部分为《园冶》原文，后面小部分为桥川时雄的《明·计无否の园冶とその解说》，书脊为："园冶：桥川时雄解说"。日本东京渡辺书店昭和四十五年（1970）出版。桥川时雄（1894—1982）在其名下自注："东京、二松学舍大学教授、文学博士。"那么，桥川时雄《解说》一书中的隆盛堂本《木经全书》是在哪里出版的？陈植说："在接触版本问题中出现《园冶》保存原名及日本已予改名的两种情况……日本改名者一为《夺天工》、一为《木经全书》。"③此说不确。韦雨涓指出："以前研究者均沿袭陈植意见，认为《园冶》只有明崇祯七年刊本④，《夺天工》《木经全书》是在日本改名出版的。但是比较现存的《园冶》版本可知……《园冶》在清代曾再刊过，而且不止一种翻刻本；现藏日本的《木经全书》和《夺天工》也并非是在日本改名出版的，而是清代出口到日本的。"⑤笔者同意后一说，理由之一是韦雨涓已从版本学角度考定，"隆盛堂乃我国清代今太原一刻书坊，刻书活

---

① ［日］桥川时雄：《〈园冶〉·桥川时雄解说》，日本东京渡辺书店 1970 年版，第 26~27 页。
② 金学智：《园冶多维探析》下卷，中国建筑工业出版社 2017 年版，第 760~761 页。
③ 陈植：《园冶注释》，中国建筑工业出版社 1988 年版，第 2 页。
④ 其实，明末还有第二次所印的崇祯八年版。情况如下：计成于崇祯七年（1634）开始为郑元勋造影园，"不落常格""不见人工"，非常理想，故崇祯八年（1635）郑元勋为《园冶》撰写《题词》，是顺理成章的事，而以郑元勋之"名重海内"，阮大铖则"失职久废"（见《园冶多维探析》上卷第 38、49 页），肯定可借到阮衙藏板，并将《题词》插入，称"郑序"，同时将上卷析而为二。于是出现了《园冶》流传史上不同于崇祯七年（1634）内阁本的崇祯八年（1635）三卷四册本（如国图残本，第一卷为二册）。明末第二版和第一版的两大区别，见金学智：《园冶句意图释》，中国建筑工业出版社 2019 版，第 340 页（附录：《园冶版本知见录》第二条）。
⑤ 韦雨涓：《造园奇书〈园冶〉的出版及版本源流考》，载《中国出版》2014 年第 5 期，第 62 页。

动从康熙朝一直持续到道光年间""华日堂乃清初文人伍涵芬家堂名"①；二是日本不会避忌"名挂逆案"的阮大铖，书中删去阮《叙》，正是清代出口的明证。隆盛堂的策略是成功的：因为书前撤去《冶叙》后，就不会被发现是违"禁"的，还可廓清阮《叙》的负面影响，而增添郑元勋的《园冶题词》，更能弘扬名流高士的正价值，这样巧妙地改名换姓，就能继续很好地出口日本，坊主不愧为有智有识的书商；三是书名页框内刻有"木经全書"四大字，右刻"古文英發集即出"字样，左刻"新鐫圖像古板鲁班經奪天工原本"……这些繁体汉字均为中国书商的广告行为。如由日本书商翻刻出版，必然会"圖"作"图"，"經"作"経"，"發"作"発"……因为这可减少日本人的认字难度。

值得注意的是此书收藏于日本，《园冶题词》首页钤"栗山草堂"朱文印、《兴造论》首页钤"磊林"白文印，"这是日本名士石坂专之介的藏印……石坂（1849—1915）号'磊林''栗山乘崖生'……（1882）在金沢近郊负郭筑园，命名'栗山草堂'"。②石坂是东瀛的收藏大家。

桥川在《园冶》书后所附日文《解说》，高度评介了《园冶》，也保存了一些有价值的相关资料③，选录于下：

> 大庭修编著《江户时代唐船持渡书の研究》载，由中国商船渡海运载登录之《园冶》版本：元禄十四年（1701，康熙四〇年），有一部三本的《名园巧式·夺天工》运入；正德二年（1712，康熙五十一年），有一部四本的《园冶》（按：未改名是极少数）运入；享保二十年（1735，雍正十三年），有四部《夺天工》运入……

这些信息颇有价值：一是说明《园冶》的"大不遇时"，不是从乾隆年间不入《四库全书》开始的，而是康熙年间就已改名易姓为《名园巧式·夺天工》了；二是清康熙、雍正年间，均有《夺天工》出口日本，这一书名就代替了《园冶》，正如阚铎《园冶识语》所云："日本大村西崖《东洋美术史》谓：'刘昭刻"夺天工"三字，遂呼为《夺天工》，《园冶》之名遂隐'"④；三是康熙五十一年出口日本的一部《园冶》，不是一部三本，而是一部四本，这就是明末第二版（1935，崇祯八年），因其第一本又析而为二，故成了四分册，证之北京国家图书馆所藏残本（缺卷二、卷三），其第一卷恰恰也是一分为二，以此推测，国图所藏，亦应为三卷四册本。海内、海外的资料，恰恰于此可互证。

回到桥川。他通中国文学，识中国古籍，被誉为"中国古文专家"，但对《园冶》的《桥川时雄解说》，也还是免不了很多疏误，释错者有之，难点跳过者有之，别字亦颇多……可见要真正认知中国的汉字文学，确实颇有难度。

再说，另一流传于日本的华日堂《名园巧式·夺天工》（简称《夺天工》）本极多，其原刻本未见，而钞本（简称"华钞"）却较多，显示了日本较长时间的《园冶》传抄热、收藏热。其收藏还有一个重要的行为特征，就是受中国文化场影响至深的"藏印"之钤盖。

---

① 韦雨涓：《造园奇书〈园冶〉的出版及版本源流考》，载《中国出版》2014年第5期，63、第62页。
② 梁洁：《〈园冶〉若干明刻本与日抄本辨析》，载《中国出版》2016年第11期，第67页。
③ ［日］桥川时雄《〈园冶〉·桥川时雄解说》，日本东京渡辺书店1970版，第34~35页。
④ 见陈植：《园冶注释》，中国建筑工业出版社1981年版，第17页。

这是与西方迥异，具有鲜明东方特征的民族形式。过去笔者论书画的收藏时写道：

> 书画钤以收藏印记……标志了这一文物（按：善本古籍也一样）所有权的自我归属。当然，这种所有权也不是永恒的，但作为收藏者……却着意要在历史变迁中留下自己的痕迹……以此确证自己的现实定在……表达了收藏者要在无限的时间之流中享受暂得于己的精神财富，要将短暂的时间连同自己对名迹的观赏和收藏一起凝定于方寸的二维空间之中。①

皇家或国家图书馆的"钤以收藏印记"，虽然可能带有例行公事的性质，但有知有识的书商，特别是私人藏书家"钤以收藏印记"，则鲜明而深情地凸显出一种"自我归属"感，而这又成了后人判断这一善本的藏主、藏所的重要依据，《园冶》的种种"华钞"本正是如此。试逐一略述：

一、"华钞林家本"。三卷全，现亦藏日本内阁文库，此本亦最珍贵。韦雨涓云："公文书馆另有日本宽正七年（1795，乾隆六十年）写本三册，旧为日本林罗山为首的林家家藏。"② 封面上有篆书"昌平坂学问所"墨印，"林氏藏书"朱印，二印先后标志了此本的两个藏所。"内阁文库的前身主要是属于江户幕府的红叶山文库以及属于林家大学头的昌平坂学问所等。"③"华钞林家本"的藏印就如此。"园冶题词"首页钤"林氏藏书""日本政府图书""浅草文库"长印等。浅草文库为明治八年至十四年（1875—1881）东京浅草藏前所设官方图书馆，接受了昌平坂学问所等单位的藏书。末页有"宽政七年以近藤重藏本誊录"。近藤重藏（1768—1841），为日本江户后期幕臣，又曾管理过红叶山文库。

二、"华钞白井本"。卷一全，卷三缺，卷二错简阑入卷三，错字与林家本有异同。现藏日本国立国会图书馆。《园冶题词》首页有"白井氏藏书"印。

三、"华钞樋口本"。全三卷，如青龙山石的"龍"书作"竜"，亦是日抄明证。卷二首页钤"樋口"印记，"爱岳麓藏书"（江户时代私人"爱岳麓文库"的收藏印）等印。全书首、尾还钤有"北京图书馆藏"等印，抄本现藏在北京国家图书馆。值得注意的是，日本收藏中国珍本，中国又收藏日抄珍本。这种海内、海外的互珍互藏，也是《园冶》成为奇书的因由之一。

四、"华钞鸥外本"。为日本医学博士、文学家森鸥外（1862—1932）所藏，钤"森文库""鸥外藏书"等印。

以上抄本所钤一个又一个藏印，确乎已"在历史变迁中留下自己的痕迹"，于历史长河中"连同自己对名迹的观赏和收藏一起凝定于方寸的二维空间之中"。怪不得藏书家喜获善本时或借观珍籍时，首先就抚摩、审辨这一方方朱红色甚至开始变暗的收藏印，并萌生"一印千金"之感……

《园冶》在日的传抄收藏，更有难以猜详的奇特现象。《园冶》不只是有日抄本，而且还有日绘本。日本国立国会图书馆就藏有《园冶》图式日绘本。选绘了铺地、门窗、栏杆、

①　金学智：《中国书法美学》下卷，江苏文艺出版社 1994 版，第 1100 页。
②　韦雨涓：《造园奇书〈园冶〉的出版及版本源流考》，载《中国出版》2014 年第 5 期，第 64 页。
③　周宏俊、周详、俞莉娜：《园冶在国外》，载《园冶（内阁文库本）》，中国建筑工业出版社 2018 年版，第 416 页。

漏窗诸图式，不完全按次序。小楷精美，线条工整，图案悦目，似非一人所绘。日本绘写者似不太识汉字，竟把封面书签上的"园冶"写成了"园治"，这可能系笔误，但书中多个"式"字均讹作"或"；"笔管式"三字，除"式"仍作"或"外，"管"字作上"竹"下"臣"，就都不能以笔误来解释了。令人迷惘的是，既然不太认识中国汉字，小楷又为何写得那么优美工整？抄本又为何写得如此认真？就只能以崇拜《园冶》珍籍，或美感享受在过程中——"重在实现过程，重在切身体验"①来解释。这类讹误颇多的抄绘本，不但证明确系日人所绘写，而且足见《园冶》中大量图式还有其美术、工艺等方面的独立价值。还值得思考，如此讹误的抄绘本，竟也被视作珍本，不但钤有"帝国图书馆藏"印，而且钤有"白井光"私人藏印。还可由此推知，收藏"华钞白井本"之"白井"，即白井光太郎（1863—1932）。

日本早稻田大学图书馆也藏有《园冶栏干抄图》，这是单抄《园冶》卷二栏干的日绘本。扉页上题"园冶中之卷""一百种内中抄写"，从语法结构看，是地道的日语式表达。抄图本上钤有"早稻田大学图书"藏印。

以上钤印、抄写、绘图，即便是依样画葫芦式抄绘，也只有在中日文字颇有相似处的汉字文化圈内才有出现的可能。中国的《园冶》在日本之被传抄收藏，既可谓风行景从，又可谓珍藏有加，联系"道不行，乘桴浮于海"来思考，真可说是"墙里开花墙外红"了。

在日本，解说《园冶》者，除了桥川时雄，还有上原敬二（1989—1981），其《解说园冶》于昭和五十年（1975）由东京加岛书店出版。系据民国二十二年（1933）大连市右文阁所印铅字排版。上原为日本造园学的创始人之一，《解说园冶》为其"造园古书丛书"十卷其十，但所录《园冶》原文，不无疏误，如《自序》末行，"崇祯辛未之秒"的"秒"误作"抄"，等等，更遑论其对《园冶》文句的准确解说了。由于汉文言文学的隔阂，日本研究中国建筑史专家田中淡甚至认为，"上原敬二的《解释园冶》在词语解释方面存在严重的谬误"②。但这也不足为怪，无论是日本专家对中国古籍误读之严重与否，都是国际文化交流中不可避免的现象。著名的比较文学家乐黛云在《比较文学的国际性与民族性》一文中说："当中国的文化进入外国文化场时，中国文化必然经过外国文化的过滤而变形，包括误读、过度诠释等。"③这是一种必然现象，要经过漫长时间的汰洗，才会渐渐消除。

1986年，佐藤昌的《园冶研究》由日本造园修景协会东洋庭园研究会印行。此书以陈植《园冶注释》第一版为主要底本（这是极佳的选择，因为此书"是《园冶》接受史上首次出现的注释本，起着筚路蓝缕，以启山林的作用"。④还需追加一句：只有中国人，才有可能采取注释接受的形式），佐藤《园冶研究》里，日文全译占全书的绝大部分，其他内容不是很多，均属一般性的介绍，但对于日本读者来说，却是可贵的。条理性的把握、较明晰的理解，是《园冶研究》的优长。佐藤昌，1903年生，农学博士，东京农业大学教授，造园兼城市规划家，日本造园修景协会会长。

在当代日本，长崎综合科学大学李桓先生的研究论文《〈园冶〉在日本的传播及其在现

① 金学智：《园冶多维探析》上卷，中国建筑工业出版社2017年版，第14页。
② 周宏俊、周详、俞莉娜：《园冶在国外》，载《园冶（内阁文库本）》，中国建筑工业出版社2018年版，第427页。
③ 乐黛云：《比较文学与比较文化十讲》，复旦大学出版社2004年版，第7页。
④ 金学智：《园冶多维探析》上卷，中国建筑工业出版社2017年版，第60页。

代造园学中的意义》，信息量大，概括性强，其引论指出：

> 在历史上，不论国内国外，都出现过不少造园方面的书籍或论著，也不乏优秀之作，但能够集思想、艺术和技术为一体，在理论上成就较高的，没有超出《园冶》之右者。其理由在于计成不仅有高深的境界，还能将意境活用于园林造景，更能够"指挥运斤"，指导实践，最终还能够将意境与实践整理成概念与著作，这就是中国造园文化的精华为什么能够在《园冶》里高度具现的原因。

评价还较恰当。接着指出："《园冶》在日本江户时代，作为重要的汉学著作而被多次进口（按：当时的贸易港为长崎），在中国成为禁书之后，仍然有更改了书名的版本运往日本，这些书籍在日本被保存，并对诸学术领域产生不同程度的影响。"[①] 李桓参考佐藤昌的研究对《园冶》的影响进行了梳理：日本学界早期在书刊中不同程度介绍《园冶》的，有喜多村信节、横井时冬、小泽圭次郎、大村西涯、森鸥外、冈大路、杉村勇造……由此可见影响及于造园学、文学、美术、历史研究等领域。

李桓（1962—），安徽人，撰上文时为日本长崎综合科学大学副教授。李桓 2004 年还曾发表《「園冶」とその著者》《翻訳と解說「園冶」の翻訳（その一）興造論》《翻訳と解說「園冶」の翻訳と解說（その一）園說》，载本校的出版物，这种翻译式的接受，在日有较准确地普及《园冶》的功效。

杨馥妃有《中国と日本の庭園比較研究：「園冶」と「作庭記」との比較を介して》，载《2001 年度日本建筑学会关东支部研究报告集，属比较文化学的范畴。

# 《园冶》在欧美：传播・翻译・研究

欧美学者对《园冶》的接受，离不开对中国园林的认识。在中国园林影响史上，威廉・钱伯斯（William Chambers，1723—1796）是个重要人物。他出生于瑞典，就学于英国，相当于乾隆初年，他先后两次来到中国，回英后出版了多本有关中国园林的著作，如《中国建筑、家具、服饰、机械和生活用具的设计》一书中的"关于中国园林的布局"受到广泛关注，这和他的《东方园艺论》一样，对改变英国规整式园林的一统天下起着重要作用。他很可能受到《园冶》的影响，在"开阔思路、构建园林艺术理论方面得益于计成"[②]。

具体地说，《园冶》在西方的影响，首先是从童寯先生的推介开始的。1936 年，其《中国园林——以江苏、浙江两省园林为主》一文以英文发表于《天下月刊》1936 年第 10 期，在中西园林的比较中提及了计成和李渔。不过局限于读者，传播范围较小。接着，其代表作《江南园林志》一书于 1937 年问世，开篇即高度评价了《园冶》这部开山之作："自来造园之役，虽全局或由主人规划，而实际操作者，则为山匠梓人，不着一字，其技未传。明

① ［日］李桓：《〈园冶〉在日本的传播及其在现代造园学中的意义》，载张薇、杨锐编：《园冶论丛》，中国建筑工业出版社 2016 年版，第 161~164 页。
② ［法］邱治平：《从计成到威廉・钱伯斯：在〈园冶〉的视野下重读〈设计〉和〈东方园艺论〉》，载张薇、杨锐主编：《〈园冶〉论丛》，中国建筑工业出版社 2016 年版，第 25~31 页。

末计成著《园冶》一书，现身说法，独辟一蹊，为吾国造园学中唯一文献，斯艺乃赖以发扬。"① 这也在一定程度上引起了西方的关注，还说明了《园冶》史无前例的开创性。

西方人译及《园冶》的，据 1963 年余树勋先生介绍：

> 1948 年瑞典造园学家奥斯瓦尔德·西润（Osvald Sirén）撰成了《中国庭园》两卷，在斯德哥尔摩出版，奥·西润在 1922 年、1929 年、1935 年三次到中国来搜集有关园林历史成就的照片和书籍。《园冶》就在他的搜罗之下传到北欧。因此在奥·西润的《中国庭园》中多次引用了《园冶》中的图式……这两册中国庭园的巨著，使欧洲人比较有系统的了解到中国园林的梗概。②

英国的夏丽森（Alison Hardie）女士在《计成〈园冶〉在欧美的传播及影响》一文中③，译"西润"为"喜龙仁"，她写道，1949 年瑞典美术史家喜龙仁在其著作《中国园林》里，率先发表了包括"园说""相地"等在内的《园冶》部分英译文，其中包括《园冶》中栏杆、漏明墙、门窗、铺地部分图式，使西方对《园冶》有所认识。英国园林设计师玫其·凯瑟克（Maggie Keswick，1941—1995）通过喜龙仁了解了《园冶》。他 1978 年出版的《中国园林：历史、艺术、建筑》，其中所载《园冶》等部分英译文扩大了《园冶》在西方的影响。

1984 年，夏丽森开始翻译《园冶》，用的是陈植《园冶注释》本，英译本 1988 年由美国耶鲁大学出版社出版，这是西方首次全本翻译《园冶》。译本还请玫其·凯瑟克写了前言。夏丽森在译者序中写道：

> （此书是）最早的有关中国传统的园林风景的通论。它不像西方人所期望的是一本园林手册，因为它很少提到任何具体植物的名称，对种什么几乎没有任何建议，相反，它注意的是建筑，中国园林设计概念中不可少的一部分，以及选择不同的石头形成景点……他强调的是根据现存地形的自然特点，决定园林样式的重要性。他诗一般地描绘出一种气氛，鼓舞设计者创造出一个能够表达出个人情绪的园林来……他表现了强烈的个性……④

从序中可见，译者对《园冶》总体上是把握得较准的，又体现了她对《园冶》的独特感悟。2012 年，译本又由上海印刷出版发展公司印行第二版，这说明计成著作是多么符合时代和西方读者的需要！由于译者长期从事中国明清文学、艺术和园林的研究，因此对《园冶》产生的历史背景、江南地域文化等有较明晰的了解，同时，译本中不但插以精美的照片、国画，而且前有地图，后有年表，这些均有助于阅读。

夏丽森，1954 出生于苏格兰爱丁堡。获牛津大学古希腊文与拉丁文学士学位，爱丁堡大学中文学士学位，Sussex 大学博士学位，进修于北京语言大学。出书时为英国利兹大学

① 童寯：《江南园林志》，中国建筑工业出版社 1984 年版，第 7 页。
② 余树勋：《计成和〈园冶〉》，载《园艺学报》1963 年第 4 期，第 59~68 页。
③ ［英］夏丽森：《计成〈园冶〉在欧美的传播及影响》，载张薇、杨锐主编：《〈园冶〉论丛》，中国建筑工业出版社 2016 年版第 33 页。
④ ［英］夏丽森：《〈园冶〉英文版译者序》，《苏州园林》2002 年第 2 期，第 54~55 页。

中文高级讲师。她还注意《园冶》的边缘研究，如在英国《园林历史与景观设计研究》2004年第4期发表了《汪士衡在仪徵寤园》；在《中国园林》2013年第2期发表了《计成与阮大铖的关系及〈园冶〉的出版》。2012年11月23—24日纪念计成诞辰430周年国际学术研讨会上，笔者作了主旨讲演后，她得知笔者要写专著，回国即寄赠了英译第二版的珍贵签名本。

随着《园冶》英译本两版的面世，法籍华人著名建筑师、中国园林研究家邱治平（Chiu Che Bing）先生对《园冶》进行法文全译。由于《园冶》的文字骈俪深奥，用典尤多，故他除参考有关著作外，还向中国的《园冶》研究家曹汛先生请教；他对大量典故的翻译颇下功夫，希望让西方读者分享中国古典文学的情趣，从而更好地理解《园冶》；他熟悉中国园林特别是苏州园林，译本中插以较多有关园林景观的图版。1997年，其《园冶》法译本由法国贝桑松印刷出版社出版，获法兰西建筑学院授予的评审会特奖，2004年又印第二版。其论文《从计成到威廉·钱伯斯：在〈园冶〉的视野下重读〈设计〉和〈东方园艺论〉》，通过交叉阅读等得出结论："我们相信，钱伯斯在开阔思路、构建园林艺术理论方面得益于计成"；《园冶》还"承担了将东方园艺传播到海外的角色"。[1] 此结论中，前一判断可备一说，后一判断无疑地为大量事实所证明。邱治平还有《江南文人园——天界的求索》，由巴黎马帝尼耶出版社出版，获2011年法国何杜兹历史书籍奖和2012年比利时贝谐合文学奖。所有这些都促进了中法文化交流，扩大了《园冶》和中国园林在西方的影响。

邱治平，1955年出生于中国江苏的江阴，任教于法国巴黎拉维莱特国立高等建筑学院，天津大学建筑学院客座教授。他主要研究中国古建园林艺术、18世纪中西建筑文化交流、启蒙时代西方园林内的中国影像等。2013年，他让女儿不远万里从巴黎来到苏州，把《园冶》法译本第一版签名本亲手送交笔者，这也是莫大的支持！

纪念计成诞辰430周年国际学术研讨会上，还有《论道〈园冶〉——〈园冶〉传统哲学思想浅析》一文，从"道"的角度论述《园冶》，认为"'冶'乃冶炼熔造，千锤百炼的打造"，文中排出《园冶》中的二元同一论：自然与天工、小筑与大观、景与境……惜乎没有具体联系实际。不过有些见解颇深刻。论计成："当年的他，犹如画家凡·高，思想超越了时代，环境却不对他青睐""历史未让他舒展其抱负"；论当今："一成不变，守残抱缺是没有出路的，简单抄袭西方，会出现伪殖民主义完全覆盖我们家园的现象"。[2] 此文作者赵光辉，为美籍华人、教授，美国GZ概念设计公司总裁，CAM设计团队总监……

据统计，西方还有意大利的Paolillo Maurizio，2002年、2003年发表有关《园冶》的论文两篇，加拿大卡尔顿大学的Zhen Cao，2004年发表有关《园冶》的硕士论文一篇……西方研究生学位论文以《园冶》为研究对象，也是《园冶》在海外出现的新现象，标志着海外《园冶》研究的深入。

还应特别指出，2019年冯仕达先生（介绍详下节）发现了美国哈佛大学设计研究生院所属弗朗西斯·洛布图书馆藏有80余年前英文选译打印本《园冶》，为广东赴美留学的Yu Sen所译，选译了"掇山""选石""借景"及"自识"几部分。译于1934年6月，为西

① ［法］邱治平：《从计成到威廉·钱伯斯：在〈园冶〉的视野下重读〈设计〉和〈东方园艺论〉》，载张薇、杨锐主编：《〈园冶〉论丛》，中国建筑工业出版社2016年版第31页。

② ［美］赵光辉：《论道〈园冶〉——〈园冶〉传统哲学思想浅析》，载张薇、杨锐主编：《〈园冶〉论丛》，中国建筑工业出版社2016年版，第39、44、45页。

方最早出现的外文译本。书后还附有美籍华人、著名的图书馆学家、哈佛大学汉和图书馆（今哈佛燕京图书馆）首任馆长裘开明（Alfred Kaiming Chiu）1949 年 12 月 9 日答复弗朗西斯·洛布图书馆 Mc Namara 咨询关于此选译本的信，信中提供的信息为：计成的《园冶》出版于 1634 年；此本译自中国营造学社 1933 年的现代版中式线装书《园冶》，为已故的 Yu Sen 从中选译。值得注意的是：中国的"营造本"出版于 1933 年，第二年就被部分译为英文，可见在西方反应之迅捷，且时间上与明版第一版《园冶》（1634）的问世，恰好相距整整三百年。该本在《园冶》西方流传史上有着开先河的重要意义。

## 《园冶》在澳韩新：探索·析读·创新

澳大利亚的冯仕达（Stanislaus Fung）先生，从新方法论入手研究《园冶》，提出了一些与众不同的新认识。首篇《解读〈园冶〉的跨学科前景》，发于英国《园林历史与景观设计研究》1998 年 3 期，这带有宣言的性质。"跨学科"，是符合时代潮流的跨领域学科交叉的新方法，钱学森先生等就著有《迎接交叉学科的时代》一书[1]。21 世纪以来，冯仕达先生又发表了《自我、景致与行动：〈园冶〉借景篇》《谋与变：〈园冶〉屋宇篇文句结构及论题刍议》《动与静——〈园冶〉园说篇文句结构及论题刍议》等，这都离不开他跨学科的探究。其中《动与静》初稿曾发于 2004 年美国洛杉矶 Getty 研究中心举办的国际研讨会上。他将西方接受美学之"暗含的读者"（最初由伊瑟尔提出，译作"暗隐的读者"[2]），移植为造园学之"暗含的主体"等。笔者曾评道：确乎如此，《园冶·借景》中"'暗含的主体'很难确定其是园林设计师，还是园主或'访客'，所以这个'他'具有模糊的、不确定的身份……计成在设计、利用或品赏借景时，其身份角色可以不断地转换，《园冶》全书较多章节往往如此，除'借景'外，还有'园说''相地'等，其身份角色时时可以转换，甚至更多地可以假定为文人园主们沉浸于遐想，神与物游……"[3] 冯仕达这一涉足交叉领域所创获的成果，证明了科学学家贝弗里奇所说："移植是科学发展的一种主要方法……而应用于新领域时，往往有助于促成进一步的发现。"[4] 冯先生的移植，还有"暗含的论题""招式""音节"等。此外概念的新释，如把"借景"诠释为"一种游走性思维"，它把"此彼远近……外景内心贯穿起来，体验其中而不自知"。总的来说，"其论文注重对文本的结构分析，具体操作是将章节解构为较小的阅读单位——句群，还特别注重某些细节……"[5]

冯仕达（1961—），中国香港人，长期任教于澳大利亚新南威尔士大学建筑系，同时为同济大学、天津大学等客座教授。在任教于香港中文大学后，又赴美国哈佛大学进行合作研究，哈佛的选译打印本《园冶》，就是他发现后将其电子文档打印本寄给笔者的。

西方血统荷兰籍的威比·奎台特，系韩国首尔大学教授，日本京都国际日本研究中心

①　钱学森等：《迎接交叉学科的时代》，光明日报出版社 1986 年版，第 3 页。
②　［德］H. R. 姚斯、［美］R. C. 霍拉勃：《接受美学与接受理论》，辽宁人民出版社 1987 年版，第 368 页。
③　金学智：《园冶多维探析》上卷，中国建筑工业出版社 2017 年版，第 14 页。
④　［澳］W.L.B. 贝弗里奇：《科学研究的艺术》，科学出版社 1979 年版，第 133 页。
⑤　金学智：《园冶多维探析》上卷，中国建筑工业出版社 2017 年版，第 72 页。

访问学者。其《塑造我们的环境:〈园冶〉》一文认为,"《园冶》是一本造园哲学专著"。该文写道:

> 标题"园冶"是全书的线索,它教会我们如何将周围的自然融炼成园林。"园"具有广泛的含义,它是人们根据自身的需求选择的一种空间……涉及了所有人类文明可见的各种场所营造,也涵盖了城市规划。从这个角度阅读《园冶》中的理论是永恒和普适的。[①]

这是实事求是之评。他另有《借景:中国〈园冶〉(1634)理论与 17 世纪日本造园实践》一文,属于比较文化学的范畴。

新加坡的康格温先生所著《〈园冶〉与时尚》,为海外唯一以《园冶》为中心,既作深度开掘、更作广度引申而饶有新意的学术专著。全书结构完整,材料翔实,视野广阔,事理兼顾,饶有可读性。其前言联系《园冶》诞生的背景指出:

> 明代的江南,拥有极佳的自然、人文、社会条件,在三者的相互配合下,亦成为明代私人园林最为兴盛的区域。
>
> 《园冶》一书为中国首部园林建筑专书,代表了明代叠山建园的造园艺术顶峰。"[②]

该书以此语为逻辑起点,从而率领和辐射整个理论体系。

第一章中,对于《园冶》撰写的主体意识,他归纳为"宜""时""雅"三字,并联系《园冶》的内文列表进行概括[③],颇有创见。"非关阴阳堪舆"一节,他查遍有关的建筑堪舆书指出:"在一片偏信风水的建筑思潮中,《园冶》独排众议""明确风水学不应是建园的指导原则,唯重……自然环境与人的有机互动才是其根本"。[④]又列举《园冶》中有关栽种、营造的名言警句并不符合堪舆风水的清规戒律,多方确证了计成"非拘宅相""何关八宅"的立场,可谓事实胜于雄辩,比起中国硬把所谓"相地设计密码(风水)"塞进《园冶》的某些著作来,相去何啻几由旬!

第二章,考证《园冶》的版本,作者做了大量细致深入的工作,精神可嘉!但探究《园冶》三百年来是否近于失传的原因,把复杂问题简单化了。而证明阮大铖及其有关的作品在清代依然流传,也没有分清主流与民间、官方与地下、海内与海外、作者其人与作品其艺等的界限以及时段上的划分,故而概念模糊,判断多舛。其次,比勘《园冶》的版本,不应遴选未经认真校勘的《〈园冶〉图说》,也不应以内阁本为评判的绝对标准。笔者《园冶多维探析》中的所列《〈园冶〉十个版本比勘一览表》[⑤]中,《图说》本就没有入选,而首选作为底

---

①　[韩]崴比·奎台特:《塑造我们的环境:〈园冶〉》,载张薇、杨锐主编:《〈园冶〉论丛》,中国建筑工业出版社 2016 年版,第 296 页。
②　[新]康格温:《〈园冶〉与时尚》,广西师范大学出版社 2018 年版,第 1 页。
③　[新]康格温:《〈园冶〉与时尚》,广西师范大学出版社 2018 年版,第 64~68 页。
④　[新]康格温:《〈园冶〉与时尚》,广西师范大学出版社 2018 年版,第 80 页。
⑤　金学智:《园冶多维探析》下卷,中国建筑工业出版社 2017 年版,第 572~584 页。

本的"内阁文库本"，讹误也有数十处之多，可见善本也有校勘之必要，并非唯一标准。

第三、四、五章论明代文人叠山师及其地位，从《园冶》看明代文人园林及文人的园林生活，特别是筑园风尚与消费活动、品位展示、园林产业、文化经济，这类在社会学、经济学视角下对园林内外互动所作的过细的研究，更是学界极少涉足的创新领域，能给读者以新的满足。

总之，《〈园冶〉与时尚》之不足，仅仅是白璧微瑕，其不愧为"海外园冶学"中第一部也是目前唯一的可喜可读的优秀著作！康格温（Kang Ger-Wen），新加坡国立大学中文（汉学）历史系博士，曾多次获奖，此书出版时为新加坡义安理工学院中文系主任。

特别应指出，该书还是第一批《海外中国学丛书》之一。此《丛书》的编委，分别任职于新加坡国立大学、韩国高丽大学、加拿大麦吉尔大学、美国普林顿斯大学、澳大利亚昆士兰大学、瑞典斯德哥尔摩大学、美国宾夕法尼亚州立大学、日本东京大学、意大利罗马大学。再看新加坡国立大学中华文化研究中心的李焯然先生在《海外中国学丛书·总序》里写道：

> 面对中国的崛起和西方潮流的冲击，学术界近年兴起'中国学'的研究……'中国学'是在'汉学'式微以后在学术界日渐受到重视的领域……举凡与中国有关的课题，纵及古今，横跨中外，都可以是中国学的范围。[①]

以《〈园冶〉与时尚》为代表的"海外园冶学"，正是"海外中国学"的一个典型，一个不容忽视的组成部分。

# 尾声

乐黛云在《文化对话与世界文学中的中国形象》一文中深刻指出：

> 多元文化论承认各种文化的不同是人类文化发展的基础，但并不认为这些不同在本质上不能相通。正因为有相通之处，才有可能通过对话来相互理解和沟通，从而达到不同文化之间相互吸取、促进和利用的目的，也才有可能以他种文化为镜，更好地认识自己。[②]

在这种世界性多元文化互鉴互动、互资互补的过程中，经典《园冶》在一定程度上起着影响久远的文化沟通作用（邱治平也说《园冶》"承担了将东方园艺传播到海外的角色"），特别是在园林建筑、生态文明等方面，借用《园冶》的文学语言来概括，是"泉流石注，互相借资""一鉴能为，千秋不朽"[③]。乐黛云在文中还进一步指出：

---

① 引自［新］康格温：《〈园冶〉与时尚》，广西师范大学出版社 2018 年版，第 2 页。
② 乐黛云：《比较文学与比较文化十讲》，复旦大学出版社 2004 年版，第 119 页。
③ 金学智：《园冶多维探析》下卷，中国建筑工业出版社 2017 年版，第 462、496 页。

18 世纪是欧洲最倾慕中国的时代。中国工艺品导致了欧洲巴洛克风格之后的洛可可风格，中国建筑使英法各国进入了所谓"园林时代"……从此，中国文化深深地渗入了欧洲文明，成为其不可分割的一个组成部分。然而，不可否认，与此同时也正发展着一种否定排斥中国文化的潜流……黑格尔关于中国的论述实在是意识形态性的强求同一，不能同一就斥为异端……有意思的是……正当黑格尔把中国抛在历史进程之外时，大诗人歌德却在 1827 年前后发表了许多有关中国的言论……大声疾呼中国文化是世界文化十分宝贵、十分重要的组成部分。他认为德国人应向中国人靠拢并努力去理解中国文化。正是中国文学激发了他关于"世界文学"的构想。歌德是第一个预见到中国文化的普遍性和世界性的作家……事实上，一个研究中国的高潮正在掀起。①

歌德对中国文化的尊崇和推重，总体上也应包括中国园林以及《园冶》文化在内。乐黛云所说的"一个研究中国的高潮正在掀起"，这一建立在规律性基础上的预言，也应包括"海外中国学"在内。不妨重温歌德一番意味深长的描叙：

中国人在思想、行为和情感方面几乎和我们一样，使我们很快就感到他们是我们的同类人，只是在他们那里一切都比我们这里更明朗，更纯洁，也更合乎道德……他们还有一个特点，人和大自然是生活在一起的。你经常听到金鱼在池子里跳跃，鸟儿在枝头歌唱不停，白天总是阳光灿烂，夜晚也总是月白风清……房屋内部和中国画一样整洁雅致……我们德国人如果不跳开周围环境的小圈子朝外面看一看，我们就会陷入……学究气的昏头昏脑。所以我喜欢环视四周的外国民族情况……民族文学现代算不了很大的一回事，世界文学的时代已快来临了。②

两个世纪前，歌德就以其亲切友善的散文笔致，把中国园林化了，描绘了一幅带有理想化的美好图景。这里，鱼鸟活泼，绿树成荫，堂轩如画，情文从雅，一切都明丽纯洁，人与大自然相融相亲，道德是这里的主题和统调。而这些，在计成的《园冶》里几乎均可找到诗意的语言表达。二三百年来，一代代人们对《园冶》的珍藏、传抄、解说、传播、翻译、研究、探索、析读、引申……使各国靠得更近了！包括"海外园冶学"在内的"海外中国学"，可说是在其间起维系作用的金色纽带，而令人憧憬的愿景，则是德国大文豪所期盼的"世界文学时代"的来临。

原载《苏州教育学院学报》2020 年第 5 期；
2022 年以压缩修订版提交
"哲匠营造——纪念计成诞辰 440 学术研讨会"论文；
载于［北京］《中国园林博物馆学刊》09 辑，
中国建材工业出版社 2022 年版

---

① 乐黛云：《比较文学与比较文化十讲》，复旦大学出版社 2004 年版，第 121~124，126、128 页。
② ［德］爱克曼：《歌德谈话录》，人民文学出版社 1982 年版，第 112~113 页。最后应说明：本文截止于 2018 年，期间论著的收罗多少会有遗漏讹误（如韩国），请专家们批评！

# 计成的园画同构论

## ——兼集古今有关的园画互通论

### ·2018—2023·

伯乐善相千里马，锺子期是俞伯牙的知音，而为陈植《园冶注释》写《园冶识（zhì）语》的阚铎，是计成的锺子期、《园冶》的知音。阚铎《园冶识语》意味深长地写道：

> 无否自序："少以绘名……最喜关仝荆浩笔意。"圆海（阮大铖号）序亦有"所为诗画甚如其人"之语。……可知无否，并非俗工，其掇山由绘事而来。盖画家以笔墨为丘壑，掇山以土石为皴擦，虚实虽殊，理致则一。彼云林、南垣、笠翁、雪涛诸氏，一拳一勺，化平面为立体，殆所谓知行合一者。无否由绘而园……著为草式。至于今日，画本园林，皆不可见，而硕果仅存之《园冶》，犹得供吾人之三复，岂非幸事！

反复论述，鞭辟入里。先释"化平面为立体"和"由绘而园"。对于绘画的平面性，德国古典美学家黑格尔指出："绘画压缩了三度空间的整体"，译者朱光潜先生注道："保留了长度和宽度，取消了高度，成了平面。"① 而阚铎所说的"化平面为立体"，即除了长度和宽度，又增添了高度，这也就是"由绘而园"，由画本而园林。阚铎所论文字不多，不但有理有据，而且一倡三叹，余音袅袅，把计成的"绘"与"园"有机地联系起来，阐发了"园"与"画"异质同构、交融互通的理致，既给人们指出追寻的导向，又给人们留下了深味的空间……

## 一、园画互通的美学理致

文学家、造园家往往爱把绝美的风景园林比作画，或者说它就是画。

先说风景如画。北魏郦道元《水经注》：若耶溪"溪水至清，照众山倒影，窥之如画"。唐白居易的《春题湖上》："湖上春来似画图，乱峰围绕水平铺。松排山面千层翠，月点波心一颗珠。"此四句确乎把春天的西湖描绘得如画图一般美。在宋代诗词中，苏轼《念奴娇·赤壁怀古》的"江山如画"，至今仍脍炙人口。文同《隆州自然山水记》："视远峰，若画工引淡墨作峦岭，嶷嶷时与烟云相蔽。"黄庭坚的《王厚颂［其一］》："人得交游是风月，天开图画即江山。"写得极为精警隽永。辛弃疾的《丑奴儿近》："千峰云起，骤雨一霎儿价。

---

① ［德］黑格尔：《美学》第3卷上册，第229页。

更远树斜阳，风景怎生图画？"真是一幅幅动画，"图画"一词又由名词转化为动词了。

再看明清时期的画论著作，如：

> 凡遇高山流水，茂林修竹，无非图画……（唐志契《绘事微言·画有自然》）
> 造化之显著，无非是画……行住坐卧，无在非画。（董棨《养素居画学钩深》）

这样，真实存在的山水林木，都被看作是画。既然这类真山水"无非是画"，那么，经过深入广泛的概括，经过"胸有丘壑"的孕育，园林中的山水必然更美，更是画了。有意思的是，文人们往往还进一步把优美的山水看作是山水画，反过来，又把优美的山水画看作是真山水，这种审美互比的神譬妙喻，例如：

> 人见好画曰逼真山水；及见真山水，曰俨然一幅也。（郎瑛《七修类稿》）
> 会心山水真如画，巧手丹青画似真。（杨慎《真似画，画似真》）
> 世之目真山巧者，曰"似假"；目假者之浑成者，曰"似真"。（王世贞《弇山园记·记五》）
> 虽云旧山水，终是沾丹青。（袁宏道《饮湖心亭》）
> 昔人乃有以画为假山水，而以山水为真画者。（董其昌《画旨》）

"真似画，画似真"亦即"真似假，假似真"，这种循环往复的生动比拟，从本质上看，是揭示了现实自然和绘画艺术之间相反相成的互通联系。

还可以进一步举证。"真似画"之例，上文已引述，可以宋代大诗人苏轼的"江山如画"为代表；"画似真"，可以唐代大诗人的咏画诗为例：

> 峨嵋高出西极天，罗浮直与南溟连……满堂空翠如可扫，赤城霞气苍梧烟。（李白《当涂赵炎少府粉图山水歌》）
> 堂上不合生枫树，怪底江山起烟雾。闻君扫却赤县图，乘兴遣画沧洲趣。（杜甫《奉先刘少府新画山水障歌》）
> 举头忽看不似画，低头静听疑有声。西丛七茎劲而健，省向天竺寺前石上看。（白居易《画竹歌》）

诗人们均以画为真，眼前似真看到了峨嵋、罗浮、赤城、苍梧，还表示怀疑：厅堂上不应该生长出枫树来，更奇怪的是，为什么千里江山会升腾起烟雾来？画上的竹丛好像是哪里看到的，而且竟是"低头静听疑有声"……

以上大量事实，充分说明了自然美景和山水画的关系：或是自然美景如画；或是山水画如自然美景，至于"虽由人作，宛自天开"（《园冶·园说》）的园林，其关系则较为复杂一些，拟于下一部分论述。

## 二、天然图画：绘画史和园林史的回顾

计成的《园冶·屋宇》、曹雪芹的《红楼梦》第十七回均曾以"天然图画"来品评园

林，这都是把园林艺术的一端和自然生态绾结起来，另一端则和绘画文化绾结起来。这种三位一体的观点是中国园林美学的精华之一，它认为园林的艺术创造，一方面需要师法自然，做到"有真为假"（《园冶·掇山》），另一方面又需要向绘画吸取营养。诚然，绘画本身也需要"外师造化"（唐·张璪）才能生气灌注，然而绘画又能通过"中得心源"[1]（唐·张璪）和对自然的提炼加工，进而能动地超越自然，以假胜真，创造出康德所说"优于自然的东西"[2]即"第二自然"来。

因此可以说，园林的艺术创造应该很好地借鉴绘画艺术的历史经验，吸取绘画的长处来进一步创造"第二自然"的艺术美。我国园林美的历史行程证明，造园家应该具有很好的绘画修养，这样能使园林创作臻于"如画"的妙境，这也有大量史实和前人论述为证。

早在宋代，周密《癸辛杂识·假山》写道："余生平所见，秀拔有趣者，皆莫如俞子清侍郎家为奇绝。盖子清胸中自有丘壑，又善画，故能出心匠之巧。"在元代，苏州狮子林以叠山著称于世，"《扬州画舫录》称狮子林乃维则延朱德润、赵元善、倪元镇、徐幼文共商所叠"[3]。

明代无锡鸿山建有"画中亭"，杨循吉《鸿山画中亭记》通过比较这样写道：

> 孰若是亭，以烟岚为点染，环峰布嶂，集马（远）、夏（圭）、关（仝）、荆（浩）之巧以足吾赏哉。彼画，人也；此画，天也。宜命之曰画中亭。噫！胚斯者太初，绘斯者化工，中斯者亭。亭以君始，君以暇获……

文章写得极有气势，时空极其辽远。指出了一般的画是"人作"的，而"此画"则是"天开"的，即"天开图画"，孕育"此画"的，是鸿蒙太初；描绘"此画"的，是宇宙造化，处于其间的就是这个亭——"画中亭"，周际的层峦叠嶂都是它的借景，围绕它的烟岚云雾都为其点染……亭因主人而开创，主人因闲暇而获得此大美的享受。

又如自号"卧石生"的张南阳自幼从父学画，后以画法叠山造园而闻名。陈所蕴《张山人卧石传》称其堆叠的假山"沓拖逶迤，巇巏嵯峨，顿挫起伏，委宛婆娑。大都转千钧于千仞，犹之片羽尺步。神闲志定，不啻丈人承蜩。高下大小，随地赋形，初若不经意，而奇奇怪怪，变幻百出，见者骇目恫心，谓不从人间来。乃山人当会心处，亦往往大叫'绝倒'，自诧为神助"。

在明代，再如张宝臣撰《熙园记》写到顾原之的子孙，"胸臆间具丘壑，其增修点缀，皆从虎头（顾恺之小字）笔端、摩诘（王维字）句中出，宜其胜绝一代也"。而董其昌《兔柴记》则云："幸有草堂、辋川诸粉本……盖公之园可图，而余之图可园。"又如影园主人郑元勋，他在《影园自记》中说：

> 予生江北，不见卷石，童子时从画幅中高山峻岭不胜爱慕，以意识之，久而能画，画固无师承也……出郊见林水鲜秀，辄留连不忍归……归以所得诸胜，形诸墨戏。壬申冬，董玄宰（明画家董其昌字）先生过邗，予持诸画册请政……

①　唐张璪语："外师造化，中得心源。"见载于唐张彦远《历代名画记》卷十。
②　［德］康德：《判断力批判》上卷，商务印书馆 1985 年版，第 160 页。
③　童寯：《江南园林志》，中国工业出版社 1963 年版，第 17 页。

可见郑元勋本人也是画家，"影园"二字就是他向董其昌请教时董为其所书。郑元勋又和造园家兼画家的计成相友好，影园可说是他们亲密合作的产物。郑元勋友人茅元仪在《影园记》中阐释"画"与"园"的美学关系道：

> 通于画而始可与言天地之故、人物之变、参悟之极、诗文之化，而馀其事，可以迎会山川、吞吐风日、平章（动词，品评或商酌）泉石、奔走花鸟而为园。故画者，物之权也；园者，画之见诸行事也。

把画的重要性突出到哲学的高度，认为园是"画之见诸行事"，用现在的话说，"园"是"画"通过实践所体现的物化，这番话颇多合理成分。

在明末清初，善画的叠山家张南垣，竟有两位大名人为其作传。各节选片断如下：

> 张南垣名涟，南垣其字……好写人像，兼通山水，遂以其意垒石，故他艺不甚著。其垒石最工，在他人为之莫能及也。……（南垣曰）唯夫平冈小阪，陵阜陂陁，版筑之功，可计日而就，然后错之以石，棋置其间，缭以短垣，翳以密篠，若似乎奇峰绝嶂，累累乎墙外，而人或见之也，其石脉之所奔注，伏而起，突而怒，为狮蹲，为兽攫，口鼻含呀，牙错距跃，决林莽，犯轩楹而不去，若似乎处大山之麓，截溪断谷，私此数石者为吾有也。（吴伟业《张南垣传》）
>
> 张涟号南垣，秀水人，学画于云间之某，尽得其笔法，久之而悟曰："画之皴涩向背，独不可通之为叠石乎？画之起伏波折，独不可通之为堆土乎？……当其土山初立，顽石方驱，寻丈之间多见其落落难合，而忽然以数石点缀。则全体飞动，若相唱和，荆浩之自然，关仝之古淡，元章之变化，云林之萧疏，皆可身入其中也。（黄宗羲《张南垣传》）

两篇名家的《张南垣传》，都描述得具体生动，又异常深刻，发人深思地有悟于绘画艺术和园林叠山之间的美学联系。

还可以举出旁证。袁枚《随园诗话》也说，张涟"以画法垒石，见者疑为神工"。《国朝画徵录》也说张涟"少学画山水，兼善写真，后即以其画意垒石"，"若荆、关、董、巨、黄、王、倪、吴，一一逼肖"。王士禛《居易录》则说，张涟之子张然"以意创为假山，以营丘、北苑、大痴、黄鹤画法为之，峰壑澫瀬，曲折平远，经营惨淡，巧夺天工"。清代的石涛，是大画家也是叠山家，据《扬州画舫录》《履园丛话》载，扬州余氏万石园和片石山房假山均出自石涛之手……

不胜枚举的史论，雄辩地证明了叠山造园离不开绘画的参照、渗透和参与。

## 三、园画互融：现代的理论与实例分析

在现代，童寯《江南园林志·假山》从史学视角概括道："叠山之艺，非工山水画者不精。如计成，如石涛，如张南垣，莫不能绘，固非一般石工所能望其项背者也。"[①] 对此，刘

---

① 童寯：《江南园林志》，中国工业出版社 1963 年版，第 20 页。

敦桢先生也有同感，他为《江南园林志》作序云：

> 余惟我国园林，大都出于文人、画家与匠工之合作，其布局以不对称为根本原则，故厅堂亭榭能与山池树石融为一体，成为世界上自然风景式园林之巨擘。其佳者善于因地制宜，师法自然，并吸取传统绘画与园林手法之优点，自处机杼，创造各种新意境，使游者如观黄公望《富阳江画卷》，佳山妙水，层出不穷，为之悠然神往。[1]

关于造园，一番话说得通俗易懂而又鞭辟入里：一是指出，必须文人、画家与匠工三方合作，此论精准而全面；二是指出，"布局不对称"是中国园林的根本原则，故建筑能与山池树石融为一体，暗示其本柢更出于中国画这一根本原则；三是归结到"游者如观黄公望《富阳江画卷》，佳山妙水，层出不穷"。要言不烦，可谓至论。

大师们的理论、体悟，是一脉相承的。陈从周先生在《园林与山水画》一文里，集中加以详论，由于极其精彩，故本文按其段落予以节引：

> 不知中国画理画论，难以言中国园林。我国园林自元代以后，它与画家的关系，几乎不可分割……著名的造园家，几乎皆工绘事……
>
> 我国园林自元代开始以后，以写意见多于写实，以抽象概括出之，重意境与情趣，移天缩地，正我国造园必备者。言意境，讲韵味，表高洁之情操，求弦外之音韵，两者二而一也。此即我国造园特征所在。简言之，画中寓诗情，园林参画意，诗情画意遂为我国园林之主导思想。
>
> 山水画重脉络气势，园林尤重此端，前者坐观，后者入游，所谓立体画本……画石。盖皴法有别，画派随之而异……画家从真山而创造出各画派画法，而叠山家又用画家之法再现山水……
>
> 中国园林花木，重姿态，色彩高低配置悉符画本……[2]

以上主要是从造园史，特别是造园学的视角来论析的，至于现代著名文学家叶圣陶先生《拙政诸园寄深眷》一文，则完全是从游览者品赏接受的眼光来概括描述苏州园林的：

> 设计者和匠师们一致追求的是：务必使游览者无论站在哪个点上，眼前总是一幅完美的图画。为了达到这个目的，他们讲究亭台轩榭的布局，讲究假山池沼的配合，讲究花草树木的映衬，讲究近景远景的层次。总之，一切都要为构成完美的图画而存在，决不容许有欠美伤美的败笔……游览者来到园里，没有一个不心里想着口头说着"如在图画中"的……他们斟酌着光和影，摄成称心的满意的照片。[3]

---

① 见《江南园林志》，中国工业出版社 1963 年版，第 1 页。
② 陈从周：《园韵》，上海文化出版社 1999 年第 210~201 页。散见于《说园》等多篇，不具录。
③ 原载《百科知识》1979 年第 4 期，第 58 页，后节选入中学语文课本，改名为《苏州园林》。

这实际上以画家和摄影家的眼光来品赏园林美之画意的，也可说，园林美景本身就是优美的图画或优美的摄影作品。

再从"如在图画"延伸开去，来看现存园林景点的题名及其楹联，如北京颐和园万寿山西部，有因山依势而筑的"画中游"（《园冶·借景》有"顿开尘外想，拟入画中行"的警句），在山石花树掩映中，廊庑回环高下，亭台层层叠落，楼阁金碧辉煌，本身就是绚丽的北宗金碧山水，人们盘旋其间，确有"如在画图中"之感，而且还可由此登临楼阁，指点湖山，目睹远方的山峦若隐若现，近处的湖水停泓漾漾，同样会感到"如在画图中"。颐和园藕香榭还有联云："台榭参差金碧里；烟霞舒卷画图中。"这可说是概括了北方皇家园林所表现的"北宗"绘画风格。中南海还有"云山画""烟雨图"。苏州留园曾称徐氏东园。姜垛《游徐氏东园》云："西园花更好，画本仿南宗。"这可说是对苏州园林所表现的"南宗"绘画风格的一个概括。苏州网师园小山丛桂轩有"山势盘陀真是画，泉流宛委遂成书"之联，艺圃响月廊有"踏月寻诗临碧沼，披裘入画步琼山"之联，总之，优美的园林是诗是书是画是图，或是北宗画，或是南宗图。

再重点分析一个假山作品。苏州环秀山庄的假山，为大师戈裕良所创神品杰构，这离不开叠山家的画学修养和绘画功底。清人钱泳《履园丛话·艺能》评道："堆假山者，国初以张南垣为最，康熙中则有石涛和尚，其后则有仇好石、董道士、王天於、张国泰，皆为妙手。近时有戈裕良者，常州人，其堆法又胜于诸家。"钱氏历数国朝兼工画艺的叠山名家，目的只为突出一人——戈裕良，这是用了层层点染、烘云托月的手法。问曰：戈裕良"胜于诸家"者为何？钱氏引其自述道："只将大小石钩带连络，如造环桥法，可以千年不坏。要如真山洞壑一般，然后方称能事。"将建造环拱桥洞之法，移植为假山洞府的钩带连络之法，这确乎是不朽的"艺能"、杰出的创造！笔者曾盛赞之以"神州假山第一，举世叠掇无双"；并点评之以"戈氏假山，有'多方景胜'之美""戈氏假山，有'洞壑玲珑'之巧""戈氏假山，有'咫尺千里'之妙"[1]。一句话，体现如绘似画的叠山艺能！

## 四、从荆浩到计成："由绘而园"的美学传承

今天，人们也可以倒过来，从《园冶》中的文字来探寻计成的画学渊源，绘画修养以及园、画之间的同构互通关系。

计成《自序》云："少以绘名，性好搜奇，最喜关全、荆浩笔意，每宗之。"又云："别有小筑，片山斗室，予胸中所蕴奇，亦觉发抒略尽。"序文中两处"奇"字，和"巧"字一起，是《园冶》两个不容忽视的美学范畴。《园冶》一书出现的"奇"字较多[2]，如"探奇近郭"（《相地》），"奇亭巧榭""探奇合志"（《屋宇》），"触景生奇"（《门窗》），"瘦漏生奇""探奇投好"（《掇山》），"度奇巧取凿"（《相石·太湖石》）……这些都是他悉心搜求的对象。

计成长期来的"性好搜奇"，和他所宗法的五代著名山水画家荆浩的画学理论与绘画实践，有着一脉相承的渊源关系。荆浩的理论著作《笔法记》，以"搜妙创真"为纲，又提出"神""妙""奇""巧"四品，记中《古松赞》还有"奇枝倒挂"之语，这位开一代宗派的

---

① 金学智：《神州假山第一，举世叠掇无双——环秀山庄假山集评》，《诗心画眼：苏州园林美学漫步》，中国水利水电出版社 2020 年第 82~85 页。
② 见本书本辑《"奇"：〈园冶〉美学的一个重要范畴》。

绘画大师，在太行山区长期搜觅和写生的对象，就主要包括这类奇特的古松在内。而这类奇松，也可见于荆浩的《雪景山水图》中，如左上方峻厚的峰崖峭壁上，就可见这种奇松倒悬倚绝壁的景象。荆浩还有《山水诀》传世，主张"运于胸次，意在笔先"。这也和计成所说的"胸中所蕴奇"妙相契合，而其"意在笔先"作为绘画要诀，也见于《园冶·借景》的结语："然物情所逗，目寄心期，似意在笔先，庶几描写之尽哉！"经典画诀已转化为造园的要诀了，由此可见荆浩美学对计成美学的深刻影响，其间明显地存在着"由绘而园"的转化轨迹。

自宋、元以来，园与画就结下了不解之缘，在造园学经典《园冶》里，计成讲到具体的园境创造时，处处以画境来要求造园，如《相地》要求"楼台入画"；《屋宇》要求"境仿瀛壶，天然图画"；《掇山》要求"深意图画，馀情（丰饶的感情）丘壑"；《掇山·峭壁山》要求"粉墙为纸，以石为绘"；《选石》要求"时遵图画""依皴合掇"……计成胸有炉冶，《园冶》上承古，下开今，是"园画同构"论的集大成者，计成论述风景园林，书中不但出现了一系列"画"字，而且出现了一系列与画有关论述。兹重点分析和论证数句如下：

（一）"天然图画，意尽林泉之癖，乐馀园圃之间"（《屋宇》）

以"天然图画"领起，以下为对偶句："意尽林泉之癖，乐馀园圃之间。"前一句"林泉之癖"，是指绘画，宋代画家郭熙，其著名的画论就题为《林泉高致》；"园圃之间"，即具有农家风味的园林，陶渊明有组诗《归园田居》。如是，计成就把"画"与"园"并融互通了，而且令人深味的是通向了"天然图画"。

（二）"未山先麓，自然地势之嶙嶒"（《掇山》）

"山"与"麓"均为名词动用。全句意谓：尚未开始筑山，就必先考虑如何塑造山脚的形象，意谓掇山应该"意在笔先"，这样，地势就必然会高低起伏。这也与画论相契合。清初笪重光《画筌》云："目中有山，始可作树；意中有水，方许作山。"而这又可联系于《园冶·借景》结语"意在笔先"的名言。

（三）"掇能合皴如画为妙"（《选石·龙潭石》）

在《园冶》书中，"皴"字凡六见，它是中国山水画的重要技法，笔者的定义是："所谓皴法，是山水画家用中锋或侧锋以浓、淡不同或干、湿相兼的墨色，表现山石（还有树身）的纹理、结构、质感、明暗、向背的画法，它同时还体现着画家独特艺术处理的个性风格。这种技法，按其本质来说，是从现实的山石的地质结构概括出来的一种艺术程式"[①]，如披麻皴、解索皴、斧劈皴、荷叶皴、折带皴、卷云皴、雨点皴等等。"合皴"，言符合于中国山水画的皴法。至于"'合皴如画'，为叠掇山石的最高要求，也是《园冶》掇山美学的名言之一"[②]。《园冶》通过评选石种，揭橥了"依皴合掇"（《选石》）、叠山如画的美学标准。

---

① 金学智：《园冶多维探析》上卷，中国建筑工业出版社 2017 年版，第 337 页。
② 金学智：《园冶多维探析》下卷，中国建筑工业出版社 2017 年版，第 552 页。

## （四）"小仿云林，大宗子久"（《选石》）

《园冶》有时爱用借代手法，以某一画家之名，来替代他所作之画，如"小仿云林，大宗子久"是一例：云林，借指元四家之一的倪云林的画；子久，借指元四家之首的黄公望（黄公望，字子久，号大痴道人）的画。《园冶》有时还爱用"片图""半壁"来替代某画家所作画之部分，如"刹宇隐环窗，仿佛片图小李；岩峦堆劈石，参差半壁大痴"（《园说》），两句是形容唐代李昭道（小李将军）和元代黄公望的画，这种描写，特能启发人们的审美想象。不同的皴法还显现着画家艺术处理的个性风格和流派。如明末癖好山水、喜爱绘画的王心一在《归田园居记》中写道："东南诸山，采用者湖石，玲珑细润，白质藓苔，其法宜用巧，是赵松雪之宗派也。西北诸山，采用者尧峰，黄而带青，古而近顽，其法宜用拙，是黄子久之风轨也。"该园的东南景区和西北景区，分别表现了赵孟頫圆润巧秀的绘画风格和黄公望雄健苍顽的绘画风格。

## 五、《园冶》使笔如画，以文字为丹青

上文已引《园冶》中一系列有"画"字的熠熠闪光的佳句，然而，未出现"画"字而又画意盎然、字字珠玑的秀语，更比比皆是。陈从周先生说，"计成兼擅丹青，并非不能画"[1]，是的，他在《园冶》中，虽不可能句句作画，却可以文字为丹青，以文学思维融和着绘画思维，含毫濡墨，铺采摛文，正因为如此，《园冶》几乎通篇绘意浓浓，无在而非画，怪不得计成的至友曹元甫看到《园冶》书稿，"称赞不已，以为荆、关之绘也，何能成于笔底？"于是，一锤定音，一字千金，将书名《园牧》改为《园冶》。

这里不妨掇拾一些极富画意的美言秀句："晴峦耸秀，绀宇临空"（《兴造论》）；"纳千顷之汪洋，收四时之烂熳"（《园说》）；"千峦环翠，万壑流青"（《相地·山林地》）；"窗虚蕉影玲珑，岩曲松根盘礴"（《相地·城市地》）；"不尽数竿烟雨"（《相地·傍宅地》）；"悠悠烟水，澹澹云山"（《相地·江湖地》）；"奇亭巧榭，构分红紫之丛；层阁重楼，迥出云霄之上""槛外行云，镜中流水"（《屋宇》）；"吟花席地，醉月铺毡"（《铺地》）；"峰峦飘渺，漏月招云"（《掇山·池山》）；"寓目一行白鹭，醉颜几阵丹枫"（《借景》）……一句句，一幅幅，无不如画似绘，气韵生动，给人以难忘的印象。

计成以其生花妙笔，发其画学修养，把园内外的种种优美景观统统变成了活性文字、诗性语言、生动流转的画境、缥缈如仙的瀛壶，让其在《园冶》中"隐现无穷之态，招摇不尽之春"，于是，文字和丹青、语言和图画、立体和平面，统统融为生生不息的四维时空，"纳千顷之汪洋，收四时之烂熳"，让人"顿开尘外想，拟入画中行"，享受这无限美好的一道道风景线，领悟这在一定程度上"园可画，画可园"；园即是画，画即是园；生活即艺术，艺术即生活的美学真谛。——这就是计成"园画同构论"给人们之无穷的品味，不尽的滋养。

原载《苏州园林》2018 第 3 期，

2023、2024 年做较大的增删、改题并收入本书

---

[1]　陈从周：《跋陈植教授〈园冶注释〉》，见陈植《园冶注释》，中国建筑工业出版社 1981 年版，第 242 页。

# "奇"：《园冶》美学的一个重要范畴

**·2023·**

奇，是中外现实、艺术里所共有的一种现象，故而形成中外美学的一个范畴。

在历史上，在军事领域里，《老子·五十七章》云："以正治国，以奇用兵。"《孙子兵法·势篇》云："凡战者，以正合，以奇胜……战势不过奇正，奇正之变，不可胜穷也。奇正相生，如循环之无端，孰能穷之哉！""奇"与"正"这对辩证范畴，在《老子》和《孙子》那里体现虽有所不同，但兵家策略则一，即贵在出其不意，攻其不备，以奇制胜……《三国演义》中的诸葛亮，就以善于用奇计，出奇兵而取胜。

在艺术的领域里，[南朝齐]谢赫的《古画品录》，有"意思横逸，动笔新奇""笔迹超越，亦有奇观"之评；[南朝梁]萧绎的《山水松石格》，有"设奇巧之体势力，写山水之纵横"之语；唐代杜甫的《题李尊师松树障子歌》有"老夫平生好奇古"之咏，韩愈的《进学解》有"《易》奇而法，《诗》正而葩"的名言……明代"后七子"的主要代表谢榛的《四溟诗话》论诗学中"奇""正"，也从用兵说起：

> 李靖曰："正而无奇，则守将也；奇而无正，则斗将也；奇正皆得，国之辅也。"譬诸诗，发言平易而循乎绳墨，法之正也；发言隽伟而不拘乎绳墨，法之奇也；平易而不执泥，隽伟而不险怪，此奇正参伍之也。白乐天正而不奇；李长吉奇而不正；奇正参伍，李、杜是也。

其言颇有道理，足以发人深思。清人龚贤《题画山水》云："位置宜安（即正），然必奇而安，不奇无贵于安。安而不奇，庸手也；奇而不安，生手也……愈奇愈安，此画之上品，由于天资高而功夫深也。"这也足以让人思考。

计成的《园冶》美学，明显体现出尚"奇"的倾向。这既可从理论的角度看，又可从实践的角度看；既可从创作的角度来看，也可从接受的角度来看。

以下拟先按《园冶·自序》的叙事顺序，作一个层次剖析：

《园冶·自序》写道："不佞少以绘名，性好搜奇，最喜关仝、荆浩笔意……"计成是江南人，为什么却最喜关仝、荆浩的北方山水？究其原因，一是"性好搜奇"；二是北方山水雄奇，这具体集中于两位山水画家笔下，如元·汤垕《画鉴》所云："荆浩山水，为唐末之冠，关仝常师之。"这不但点出两位画家之名，而且点出两位画家之间的关系。先看北方画派开创者五代的荆浩，宋·米芾《画史》谓其"善为云中山顶，四面峻厚"。这就是一种雄奇的风格。荆浩好画松，其《笔法记》云，见一古松"皮老苍藓，翔鳞乘空，蟠虬之势，欲附云汉……明日携笔复写之"，并称之为《异松图》。他又撰写了《古松赞》，咏其"势高而险""奇枝倒挂"云云，均突出"奇""异""险"等字。再看常师荆浩的关仝，五代梁·刘道醇《五代名画补遗》言其画"上突巍峰，下瞰穷谷[①]，卓尔峭拔"，"突如涌出，而又峰岩苍翠"。宋·李廌《德隅斋画品》也言其"大石丛立，屼然万仞……上无尘埃，下无粪壤，四面斩绝"。总括荆、关山水画派，其特色是奇峻、厚重、雄浑、峭拔。这些不但均与计成的"性好搜奇"相合，而且对其尔后的造园掇山，也深有影响。

《园冶·自序》写到为吴又予造园，"观其基形最高，而穷其源最深，乔木参天，虬枝拂地。予曰：'此制不第宜掇石而高，且宜搜土而下，令乔木参差山腰，蟠根嵌石，宛若画意。'"这种造园的立意，可明显看到计成受荆、关之雄奇的影响，特别是受关仝"巍峰""穷谷"等的影响，还可看出荆浩《笔法记》中所见异松和所画《异松图》的影响。

接着，《自序》又写到，"别有小筑，片山斗室，予胸中所蕴奇，亦觉发抒略尽"。值得归纳的是，《自序》至此，可提炼出两个关键词："搜奇"和"蕴奇"。正因为有了这两个来自现实的关键词，计成才得以在吴又予园中以及"别有小筑"的"片山"上"创奇"。以上这一过程，可将其关键词排序如下：

**搜奇（眼中）– 蕴奇（胸中）– 创奇（园中）**

以上是就计成的创造过程而言的。计成将自己包括"创奇"在内的艺术经验写进了《园牧》一书，赢得了堪称计成之"伯乐"的曹元甫的赞赏。

《自序》在最后写道：

> 暇草式所制，名《园牧》尔。姑孰曹元甫先生游于兹，主人偕予盘桓信宿。先生称赞不已，以为荆、关之绘也，何能成于笔底？予遂出其式视先生。先生曰："斯千古未闻见者，何以云'牧'？斯乃君之开辟，改之曰'冶'可矣。"

曹元甫所"称赞不已"的，就是"成于笔底"的"荆、关之绘"，就是计成所撰含雄奇在内的《园牧》之"开辟"。对于这部"千古未闻见"的"奇书"，曹元甫立即建议，将其改名为《园冶》，计成则心领神会，欣然接受。

至此，又可把曹元甫发现、赞赏《园牧》的过程，亦即"赏奇"（这也可概括为关键词）的接受过程，对接于计成的创造过程，并将关键词进一步排序如下：

**搜奇（眼中）– 蕴奇（胸中）– 创奇（园中）– 赏奇（书中）**

这是《园冶·自序》所显现的，以及笔者所概括的"奇"的"创造—接受"的全过程，而《园冶》全书中的"奇"字，或是明显地直接出现，或是隐蔽的，体现为荆浩、关仝为代表风格的雄奇，更是或显或隐表现为物质景象上、精神境界面上种种的"奇"……

再提升到理论层面进行概括、探讨，可以说，《园冶》美学中作为范畴的"奇"，相同、相涵于"出类拔萃""不同凡响""卓尔不群""不主故常""不合常规""出其不意""千古未闻见"……又相邻、相近于除"雄"而外的"异""巧""妙""险""变""幻"……苏联《简明美学辞典》有"反常法"一条：谓是"艺术手法，用来表达不可思议的、出人意料

---

① "上突巍峰，下瞰穷谷"，于安澜《画品丛书》作"坐突巍峰，下瞰穷谷"，"坐"字误。

的、违反习以为常的生活逻辑的事物"①。定义有不精到处，还应补充：反常不只是违反习以为常的生活逻辑，而且还有违反习以为常的思维逻辑，它不合惯常逻辑，是对惯性思维的超越。从中国美学思想史上看，"反常"的最高境界是苏轼《评柳诗》中所说的"诗以奇趣为宗，反常合道为趣"。奇趣反常，又合乎"道"（规律），也就是《孙子兵法》所说的既"以奇胜""以正合"，亦即谢榛所说的"奇正相参"，不过，要数苏轼所说的最明确，最深刻。

《园冶》美学中的"奇"，有不同的类别、不同的层次、不同的表现、不同的境界，试分论之：

## 一、奇石异峰

先说奇石，这是物质性最明显的。计成在论石之"奇"时，往往和"巧"字连用，甚或以"巧"字代之，这集中体现在《选石》一章，该章将以奇巧著称的太湖石推为首选，这由于太湖石之佳者往往具有"透""漏""皱""瘦""丑"乃至"高大"等种种"奇巧"。实例如江南五大名石之首的瑞云峰，为当时为朱勔选中而未及启运者，最后历时地曲折转辗而入苏州织造府花园（今苏州第十中学）。对此名石，姜埰曾咏道，"三吴金谷地，万古瑞云峰"（《己亥秋日游徐氏东园》）；著名诗人袁宏道品为"妍巧甲于江南"（《吴中园亭纪略》）；张岱评为"大江以南'花石纲'遗石之'石祖'"（《陶庵梦忆》）。正因为太湖石为石谱中奇巧之最，计成在《选石·太湖石》一节中写道：

> 苏州府所属洞庭山，石产水涯，惟消夏湾者为最。性坚而润，有嵌空、穿眼、宛转、嶙怪势。一种色白，一种色青而黑，一种微黑青。其质文理纵横，笼络起隐，于石面遍多坳坎，盖因风浪中冲激而成，谓之"弹子窝"，扣之微有声。采人携锤錾入深水中，度奇巧取凿，贯以巨索，浮大舟，架而出之。此石以高大为贵，惟宜植立轩堂前，或点乔松奇卉下，装治假山，罗列园林广榭中，颇多伟观也。

这里论述了太湖石的性质（坚硬）、色泽、体积（高大、伟观）、纹理、声音、形态等，这体现了计成品石标准的多元性，而其中以形态最为重要，故文中极尽形容描述的能事，如"嵌空、穿眼、宛转、嶙怪势"，"于石面遍多坳坎，盖因风浪中冲激而成，谓之'弹子窝'"，然而这些又不是唯一标准，还应该结合其他标准一起考虑，这段文字，一开始就言其"性坚"，这也是不容忽视的标准，所以《选石》总论指出，"取巧不但玲珑"，即不能只凭奇巧玲珑一个标准，要结合其他一起来考虑。

再看对其他石种的品评——

《选石·昆山石》："嶙岩透空，无耸拔峰峦势……或植小木，或种溪荪于奇巧处，或置器中，宜点盆景，不成大用也。"此石虽有嶙岩透空的奇巧，但因太小而不成大用（即叠掇之用），可见体积这一标准也不容忽视。

《选石·宜兴石》："一种性坚、穿眼、嶙怪如太湖者。"这是很有掇山价值的；而另一种则是"色白而质嫩者，掇山不可悬，恐不坚"，这就缺少叠掇的价值。计成品石时能具体地分析具体情况，分类区别对待，是可贵的。

---

① ［苏］奥夫相尼柯夫、拉祖姆内依主编：《简明美学辞典》，知识出版社1981年版，第184页。

《选石·岘山石》："奇怪万状……清润而坚……石多穿眼相通，可掇假山。"这是符合掇山之多种条件的，故予以肯定。

《选石·英石》：其中有些虽"嵌空穿眼，宛转相通"，或"采人就水中度奇巧处凿取"，但以其体积小，"只可置几案"，"亦可点盆"，"掇小景"，可见其价值不大。

《选石·黄石》："是处皆产，其质坚，不入斧凿，其文古拙……俗人只知顽夯，而不知奇妙也。"这里，"质坚……其文古拙"又成了品评的主要标准，而俗人不知其"奇妙"，黄石虽没有"嵌空、穿眼、宛转、嶙怪势"，但它有另一种奇妙，妙在俗人不知。实例如苏州耦园"邃谷"，这是平中见奇的黄石假山，俗人并不知其"奇妙"，刘敦桢先生却指出：

> 城曲草堂前的黄石假山，由东、西两部分组成……东、西两部分之间辟有谷道，宽仅一米许，形成峡谷，故称"邃谷"……石块大小相间，有凹有凸，横、直、斜相互错综，而以横势为主，犹如黄石剥裂的纹理。[①]

这就是黄石的奇妙。此之谓俗人不知的"平中见奇，拙中见妙"，计成之论，可谓高见卓识！他还在《选石》结语中说，"处处有石块（指黄石），但不得其人。"这里的"人"，指识石块，善叠掇的"能主之人"。

再说峭壁异峰，《园冶·掇山》写道：

> 方堆顽夯而起，渐以皴文而加。瘦漏生奇，玲珑安巧。峭壁贵于直立，悬崖使其后坚。

这是写山上奇峰的叠掇，以及对悬崖、峭壁的不同要求。总体来说，山上奇峰巧石的叠掇，底部以粗顽笨重之石打基础，然后逐步以皴皱之石叠加上去，最后是"瘦漏生奇，玲珑安巧"，即山上掇以"瘦漏""玲珑"的石峰，从而体现"奇""巧"的美学效果，这可以苏州狮子林为例。至于峭壁、悬崖，又有不同要求：峭壁贵于直立，宜有插天之势；叠掇悬崖，则应以特重之石镇压住向前悬挑之石，使其后坚。

在《掇山·峰》中，计成写道，如"峰石一块者"，应"相形何状，选合峰纹石，令匠凿榫眼为座，理宜上大下小，立之可观"。实例如上海豫园玉玲珑，就是上大下小，状如千年灵芝，石体遍布大孔小穴，下凿榫眼为座，立之可观，此国宝级的湖石峰，正是这样地处理成功的。计成又说，"或峰石两块、三块拼掇，亦宜上大下小，似有飞舞势"。这种上大下小的态势，显然是受了荆、关"云中山顶，四面峻厚"，"突如涌出"的雄奇画风的影响[②]，而"似有飞舞势"，更是计成由此而生发适合于园林假山叠掇的奇势动态之美。

又如《掇山·岩》也写道：

> 理悬岩，起脚宜小，渐理渐大，及高，使其后坚能悬。斯理法古来罕者，如

---

① 刘敦桢：《苏州古典园林》，中国建筑工业出版社2005年版，第67页。
② 计成在《园冶·掇山·峰》中反复强调"上大下小"的态势，还明显受全《关山行旅图》中主峰"上大下小"态势的影响，该图见金学智：《园冶多维探析》上卷，中国建筑工业出版社2005年版，第8页。

悬一石，又悬一石，再之不能也。予以"平衡法"，将前悬分散，后坚仍以长条墼里石压之，能悬数尺，其状可骇……

这是对《掇山》总论中"悬崖使其后坚"进一步的阐释，其中引进了科学的"平衡法"，这确乎可称"古来罕者"了。至于"其状可骇"，则是从外形上突出峰崖的"奇险"状态，能激起观者一种惊奇之感。

## 二、奇境妙景

在《园冶》一书中，很多章节都展现了种种奇境妙景，试逐一摘列，并简要释评如下：

《自序》："篆壑飞廊，想出意外。"全书一开始，就以"想出意外"四字，表现了建造飞廊出奇制胜的"反常法"。

《兴造论》："晴峦耸秀，绀宇凌空。"秀峦奇拔而突出，不同寻常；佛寺的塔宇凌空，亦见雄秀奇丽，实例如苏州拙政园借景于北寺塔，这是中国园林著名的远借奇境。

《园说》："障锦山屏，列千寻之耸翠……"这一奇景，如同青绿峰峦之卷轴，既横向展开如屏，又纵向高耸入云，吸引着人们借景赏奇。

《相地》："探奇近郭……临溪越地，虚阁堪支；夹巷借天，浮廊可度。"这一跨越地块的建筑空间设计，体现着造园的一种奇思妙构。

《相地·山林地》："园地惟山林最胜，有高有凹，有曲有深，有峻而悬……杂树参天，楼阁碍云霞而出没……绝涧安其梁，飞岩假其栈。"在形势复杂的山林地，由于云霞的遮蔽，楼阁时隐时现地出没，而在险绝的山涧上架以石梁，在高险的山崖上凭借栈道以渡，可谓倚石排空，周环曲折，似有蜀道之难，这是山区的险绝之奇！以"绝涧安其梁"一句而言，实例如苏州环秀山庄的涧壑绝壁之巅，石梁飞渡，奇绝险绝，仰首以观，或会感到不寒而栗！

《立基》："动'江流天地外'之情，合'山色有无中'之句。适兴平芜眺远，壮观乔岳瞻遥。"江流、山色好像远在天外，似有而若无，这是何等的渺远！草木丛生的平旷原野一望无际，看不到尽头，这是何等的平远！壮观巍峨的乔岳雄峰，翘首以望，这又是何等的高远！这一幅幅都是山川的奇观，罕见的妙境，令人赏观不尽，叹为观止！

《屋宇》写道：

长廊一带回旋，在竖柱之初，妙于变幻；小屋数椽委曲，究安门之当，理及精微。奇亭巧榭，构分红紫之丛；层阁重楼，迥出云霄之上；隐现无穷之态，招摇不尽之春……探奇合志，常套俱裁。

从长廊到小屋，无不曲折回旋，变化多端。奇亭巧榭，分别构建于姹紫嫣红的花丛中，层阁重楼，则高高地超出于云霄之上。处处美景，时隐时现；种种奇观，伴随着遨游的脚步，走向"无穷"，给人享受"不尽"。而"探奇合志，常套俱裁"二句，后句意谓裁去陈旧的常套，也就是追求合时的新变，可见，《园冶》美学中"奇"的内涵之一，就是"新"，可称之为"新奇"。

《门窗》："触景生奇，含情多致。"无论是门外还是窗前，都有奇景异趣，含情脉脉地逗人欣赏，或是"伟石迎人，别有一壶天地"，或是"修篁弄影，疑来隔水笙簧"……

《掇山》还写道："岩、峦、洞、穴（宋·韩拙《山水纯全集》：'有水曰洞，无水曰穴'）之莫穷……蹊径盘且长，峰峦秀而古。多方景胜，咫尺山林，妙在得乎一人。"奇岩、奇峦、奇洞、奇穴，似乎没有穷尽……蹊径盘曲而长，峰峦奇秀而古，这种多空间、多方位、多景观、多情致，均浓缩于"咫尺之间"，芥纳须弥，却给人以如入山林之感，它们的奇妙，全在"得乎一人"——一位"能主之人"，此句是《掇山》章的画龙点睛之笔。

至此，可以从这个视角对《园冶》全书中这个"人"或"主人"的义涵进行一番辨析、归纳。先看《兴造论》如下两段：

> 世之兴造，专主鸠匠，独不闻"三分匠、七分主人"之谚乎？非主人也，能主之人也。
>
> 园筑之主，犹须什九，而用匠什一，何也？园林巧于因借，精在体宜，愈非匠作可为，亦非主人所能自主者，须求得人……

以上几个"主人"，由于其语境不一，其意义也就不同。第二个"主人"，是指园主人，他不一定就是行家里手；而第一个"七分主人"的"主人"，则是出色的"能主之人（能设计、主持其事的人）"。他在造园中的作用远非匠人可比，应占七分甚至十分之九，因为造园的"体、宜、应、借"，极为复杂，特别需要灵活机动，所以"亦非主人所能自主者"，即不是园主人所能自己主持的。正因为如此，所以造园"须求得人"，亦即必须求得"能主之人"。

再看其他章节。《门窗》中的"工精虽专瓦作，调度犹在得人"，是说门窗磨空等事，设计安排还在于能得到合适的人选。对于《掇山》的"妙在得乎一人"，意谓掇山是奥妙非凡的事，更需要高手，需要得到"能主之人"。《掇山·岩》还说，岩以"平衡法"处理，将前悬分散，"能悬数尺，其状可骇"。这种理法"古来罕者"，这里虽没有出现"人"字，却隐含着一个水平极高的"能主之人"。所谓"古来罕者"，亦即自古以来所罕见的"人"，此语乃计成的夫子自道，计成真是"千古未闻见"（曹元甫语）的奇才异能、大师哲匠。以上是笔者从《园冶》中所集聚的大量的反复陈述，是对"能主之人"正面的充分论证，此外，《园冶》中还有反面的论证，如《选石》结语中"处处有石块，但不得其人"，这从反面说明，石材到处都有，但没有识石材、善叠掇的"能主之人"，也是徒然，可见"能主之人"是多么重要。

## 三、幻境奇观

《立基·厅堂基》写道："深奥曲折，通前达后，全在斯半间中，生出幻境也。"屋宇，能发挥其迷人的作用，如厅堂面阔三间，其旁的"半间"即夹弄，它灵巧地通前达后，幽深隐秘而又曲折变化，所以能在这"半间"中"生出幻境"。而所谓"幻境"，也就是出人意料的空间变幻，给人一种捉摸不透的"虚幻"印象[①]。这可联系《园冶》如下章节一并来理解：

---

① 　关于"半间"如何生出"幻境"的问题，详见金学智：《园冶多维探析》上卷，第222~227页。

> 廊基未立，地局先留，或馀屋之前后，渐通林许，蹑山腰，落水面，任高低
> 曲折，断续蜿蜒……（《立基·廊房基》）
> 砖墙留夹，可通不断之房廊；板壁常空，隐出别壶之天地。（《装折》）

联系起来看，《廊房基》中的"馀屋"就是《厅堂基》中的"半间"，而"馀屋"和"半间"，也都是"夹弄"的同义词，这也就是"砖墙留夹"的"夹"，即通前达后、连结着不断房廊的夹弄。这种作为联系纽带的半间夹弄，"板壁常空"，是说侧面墙壁上常常辟有空窗、漏窗、洞门，使弄内若明若暗，似乎对人们眨着神秘的眼睛，而隐隐然显现出"别壶之天地"。实例如苏州网师园东侧连贯三进、通前达后的备弄；还有苏州艺圃鲜为苏州人所知的博雅堂东侧备弄，其中也隐隐约约，若明若暗，幻境效果极佳。这些夹弄，在两侧门窗中还隐约露出别院旖旎的风光（狮子林燕誉堂东侧的夹弄更如此），走出夹弄，或通房廊，或入林际，或傍山腰，或近水面，任高低曲折，断续蜿蜒……眼前是不断变幻着的种种奇观异景，处处有出人意外之妙……

《装折》又写道："亭台影罅，楼阁虚邻。绝处犹开，低方忽上……"亭台隐现于窗罅帘栊之中；高耸的楼阁处处邻虚；似乎到了绝路尽头，但又能进入豁然开朗之境；由低处忽然引人走向高处，这一切也都是种种奇趣别境……

笔者在《中国园林美学》里概括中国园林奥旷交替、绝处逢生的意境结构时曾指出："计成《园冶·掇山》有理论上的概括：'信足疑无别境，举头自有深情。'这表达了中国人一种追求奇趣别境、幽意深情的美学观。园林游览线上结合着空间分割所贯穿的意外性、突然性、出奇性，在外国游人心目中会感到更为新奇突出。"[1] 接着，就引了日本学者横山正如下的一段文字：

> 花园也是一进一进套匣式的建筑，一池碧水，回廊萦绕，似乎已至园林深处，可是峰回路转，又是一处胜景，又出现了一座新颖的中庭，忽又出人意料地看到一座大厦，推门入内，拥有小小庭院。想这里总已到了尽头，谁知又出现了一座玲珑剔透的假山，其前又一座极为精致的厅堂……真好似在打开一层一层的秘密的套匣。[2]

这是一位日本学者以苏州留园为典范对江南园林幽深曲折、变幻莫测的整体概括[3]。由此可进一步见证：从明末到当今，从国内到国外，计成关于园林"幻境"的理论与实践，均能产生奇效，体现为种种"意外性、突然性、出奇性"，普遍地满着足人们的好奇求异的审美心理。"信足疑无别境，举头自有深情"，见于《园冶·掇山》，意谓信步而行，疑无别境，

① 金学智：《中国园林美学》，中国建筑工业出版社2005年版，第282页。
② ［日］横山正：《中国园林》，载《美学文献》第1辑，书目文献出版社1984年版，第425~426页。
③ 留园入口有一条著名的窄曲的过道夹弄，当人们"经过由暗而明、由窄而宽的'暗转'，来到'古木交柯'天井前廊，即可见迎面是一排精巧典雅、图案各异的漏窗，影影绰绰，扑朔迷离，窗外主景区如画的山光水色，似真似幻，隐约可见，令人想起《老子》的道家之言——'惚兮恍兮，其中有象；恍兮惚兮，其中有物'，令人品味不尽……"（见金学智《苏园品韵录》，上海三联书店2010年版，第4页）至此，其北面和西面，又展现为两路房廊，也都是隐隐约约，恍恍惚惚，更可谓尽而不尽，隐现叵测……

然而举头一望，面前奇峰突起，自有一派深情。此意还可以向上追溯，经典诗句是宋·陆游的《游西山村》："山重水复疑无路，柳暗花明又一村。"这已成为一种境界追求，一种人生哲理，而计成将其传承过来，融情入境，冶铸成为幻境层出不穷、引人穷异探奇的园林美学名言。

### 四、奇志异想

《园冶》在写到景观美、环境美的极致时，还常常引人入胜地写到神仙，写到仙境，这需要作深入的探析、论证。首先是由于优美的园林里，往往氤氲着一派清气，特别是水，更具有"洁""虚""动""文"四美[1]，其中的"洁"也就是"清""净"，它特能涤人尘襟，洗人凡俗，如《园冶·园说》所概括："清气觉来几席，凡尘顿远襟怀。"两句别具只眼地写出了园林极重要的功能，是园林美学名言，其中"清气"更是园林美学的重要概念，它涵盖着园林里客体和主体种种带有清质的远近景观以及情兴、赏鉴。如：

> 虚阁荫桐，清池涵月，洗出千家烟雨……（《相地·城市地》）
> 曲曲一湾柳月，濯魄清波。（《立基》）
> 须陈风月清音……（《相地·郊野地》）
> 月隐清微，屋绕梅余种竹。（《相地·郊野地》）
> 兴适清偏，贻情丘壑。（《借景》）
> 构合时宜，式征清赏。（《装折》）

正是这一系列的"清"，升华为《园冶》美学里的"清气"，而"清气"的上端，还联结着中国哲学的"气化"本体论，如《庄子·知北游》："人之生，气之聚也……通天下一气耳。"《文子·下德》："阴阳陶冶万物，皆乘一气而生。"而其横向又联结着它的对立项——"凡尘"。"清气觉来几席，凡尘顿远襟怀"，这恰恰揭出了园林的审美追求，是居尘出尘，求清避俗。"清气"，具有一尘不染、远离凡俗的特质，而与尘世凡俗相对相反的，恰恰就是神奇的仙境，所以在《园冶》里出现仙境之想，是顺理成章的，当然，这也是计成伴随着情景交融的创造性想象的硕果。《园冶》写道：

> 园地惟山林最胜……闲闲即景，寂寂探春……送涛声而郁郁，起鹤舞而翩翩。阶前自扫云，岭上谁锄月。（《相地·山林地》）
> 悠悠烟水，澹澹云山，泛泛鱼舟，闲闲鸥鸟。漏层阴以藏阁，迎先月以登台。拍起云流，筋飞霞仁。何如缥岭，堪谐子晋吹笙；欲拟瑶池，若待穆王侍宴。寻闲是福，知享即仙。（《相地·江湖地》）

江湖地和山林地，突出地体现着计成的理想境界，其中的描写往往是奇思突起，异想天开。在《山林地》中，"闲闲""寂寂"的境界里，涛声郁郁，鹤舞翩翩，阶前扫云，岭上锄月，虽没有出现"仙"字，却一尘不染，清奇绝俗，无异仙境。在《江湖地》中，则既有传说

---

[1]　参见金学智：《中国园林美学》，中国建筑工业出版社 2005 年版，第 178 页。

中王子晋得道飞升的缑岭，又有神话中周穆王上昆仑山赴西王母瑶池宴，但这些仙境，又并非无中生有，而是由现实园林的"清气觉来几席，凡尘顿远襟怀"所萌生、所升华的。

在《借景》里，春天，"嫣红艳紫，欣逢花里神仙"；夏日，"风生林樾，境入羲皇"，似乎进入了太古之世；寒冬夜晚，更生遐想，"月明林下美人来"，出现了梅花仙子；《立基》也写到，"池塘倒影，拟入鲛宫"，这一志怪类传说、异境，也是由水的"虚（虚涵、倒影云天）""文（波纹摇曳晃动）"之美引发的……

《园冶·掇山·池山》写道：

> 池上理山，园中第一胜也。若大若小，更有妙境。就水点其步石，从巅架以飞梁。洞穴潜藏，穿岩径水；峰峦飘渺，漏月招云。莫言世上无仙，斯住世（住世：身所居之现实世界，与出世相对）之瀛壶（按：这可联系《屋宇》章"境仿瀛壶，天然图画"的奇想来理解）也。

"更有妙境"，也就是更有奇境，且不说点步石，架飞梁，就说"洞穴潜藏"，是一奇；"穿岩径水"，又是一奇；"峰峦飘渺，漏月招云"，更是一奇；奇上加奇，步步升华，导向仙境……然而，计成的可贵在于他不是虚无缥缈地翘首仰望着天上，而是低头关注着"住世"，即身之所居的地上："莫言世上无仙，斯住世之瀛壶也。"地上确乎有仙境的，这就是"虽由人作，宛自天开"（《园冶·园说》），按美的规律创造的园林。计成是脚踏实地创造"奇境""妙境""幻境""仙境"的现实主义者，当然，他更是理想主义者。

计成的密友、"倜傥抱大略，名重海内"（《仪徵县志》）的郑元勋，在其为计成手书的《〈园冶〉题词》中写道：

> 予与无否交最久，常以剩山残水，不足穷其底蕴，妄欲罗十岳为一区，驱五丁为众役，悉致琪华瑶草，古木仙禽，供其点缀，使大地焕然改观，是亦快事，恨无此大主人耳！

这是何等的奇志！何等的异想！这是从《庄子》"大冶"脱胎而出的全新的"大冶"理想。这番经天纬地、掷地可作金石声的卓绝言论，赖郑氏的珍贵手迹保存了下来。这番言论的奇异，还在于采撷了古代浪漫主义的有关传说，如《水经注》里的蜀王令五丁力士开道；王毂《梦仙谣》里的"琪花片片粘瑶草"；《尔雅翼》谓"鹤一起千里，古谓之仙禽"……所有这些，可以借用李白《山中答问》的一句诗来概括，即"别有天地非人间"。

纵观计成一生，"少以绘名，性好搜奇"，他不但"饱览大好河山之美，胸有丘壑，并通过绘画来渲染、抒写这种美，而且还通过园林来表现、焕发这种美。从园林美学的视角说，作为立体绘画的园林，是山水画向物质现实的转化，它"有真为假，做假成真"（《园冶·掇山》），既来自现实，又高于现实，装点着现实，美化着现实，而计成在造园历程的后期，"萌生了按造化的旨趣，以大地为对象的'大冶'理想，'欲罗十岳为一区，驱五丁为众役'，'使大地焕然改观'。他希望自己的造园实践能突破园林围墙的局囿，走向浩浩瀚瀚，广阔无垠的境界，使广袤的大地实现园林化，特别是还要'悉致琪华瑶草，古木仙禽'，让其点缀、装饰、美化大地，使之成为仙界般的美境。这一美学理想，无论是在中国古代风景园林史上，还是在中国古代美学思想史上，均难能可贵，极为罕见，值得大颂特颂！其中还有一句：'恨无此大主人耳！'这七个字，凝聚着无限意蕴，也含茹着无限辛酸！由此可见计成不仅仅是作画、造园、著书，他还有着开阔的视野，博大的胸襟。在中华文化史上，有这样视野、襟抱的先贤哲匠，能有几人？但是，在朱明王朝摇摇欲坠的时代，计成面对严酷的现实，其美学理想根本无由实现，而只能饮恨终身。他有感于'时事纷纷'，民生凋敝，满目剩山残水……'自叹生人之时也，不遇时也'（《〈园冶〉自跋》），于是只得'逃名丘壑'，'暇著斯《冶》'而已！"①

从历史发展的观点来看，计成胸怀奇志的"大冶"理想，只有在人民当家作主的中华人民共和国成立后，特别是在改革开放的新时代，才有真正实现的可能。今天，我们纪念计成诞辰440周年，要进一步铭记历史，提高认识，借鉴历史来促进现实，变革现实，不断使中华大地园林化，实现美丽中国梦。

原载《苏州园林》2023年第1期

---

① 拙作：《初探〈园冶〉书名及其"冶"义，兼论计成的"大冶"理想的现代意义——为纪念计成诞辰430周年作》，《中国园林》2012年第12期，第36~37页。

# 推动"园冶学"走向普及，走向更高

## ——《园冶》圆桌会议上的发言摘要

### ·2023·

计成是苏州吴江人，苏州理应有一个专门为《园冶》收藏珍本、搜罗各种版本、提供种种研究资料的机构，以供中外研究者们查阅。本人自从与苏州市档案馆提出成立《园冶》研究专题协作组之后，十余年间，我们创获了《园冶版本知见收藏录》《园冶研究论文知见收藏目录》《园冶研究著作目录》等成果。希望能助推国内《园冶》热的诸多层面之间，提高与普及之间的联系。具体地说，是热望助推收藏界、研究界、翻译界、出版界甚至读书界，特别是广大《园冶》爱好者之间的往返交流，互鉴互动，既走向普及，又走向更高，并建立广泛的、可持续的园冶学批评。

原载《姑苏晚报》2023 年 11 月 23 日，
题为《从造园巨匠那里能学到什么
——专家研讨名著〈园冶〉共话发展之路》

# 第四辑
# 设计实践论·散记杂论

花木生意无限，共同萌发出《易·系辞下》"天地之大德曰生"之至理。

——《正阳易园记并注》

从高层次、大范围、吸收各学科已有成果，发展边缘学科。

——吴良镛《广义建筑学》

# 竹文化十美

## ·1987—2022·

## 竹文化溯源探流

　　笔者在为挚湖园林设计"淇奥绿猗"景区品题时，首先从考证入手。华夏民族有着优秀、丰富而悠久的竹文化传统，但其源头在哪里？就在《诗经·卫风·淇奥》。该诗凡三章，开端均以绿竹起兴，然后歌颂人物。这里仅引其每章前五句：

> 瞻彼淇奥，绿竹猗猗。有匪君子，如切如磋，如琢如磨……
> 瞻彼淇奥，绿竹青青。有匪君子，充耳琇莹，会弁如星……
> 瞻彼淇奥，绿竹如箦（积，茂盛）。有匪君子，如金如锡，如圭如璧……

每章起兴的前两句中，"绿""竹"二字，毛传、齐诗、鲁诗均不释为绿竹而分别释为草，如"绿"为王刍，"竹"为扁蓄。猗（yī）猗：美盛貌。但朱熹《诗集传》云："绿，色也。淇上多竹，汉世犹然，所谓淇园之竹是也。"笔者认为，应以朱说为是。其实，在《诗经》接受史上，更早自南朝始，就将"淇"和"绿竹"紧密地绾结在一起了。

　　"奥"，不读 ào，而读 yù。齐诗、鲁诗作"隩"或"澳"，并读 yù，为水湾深曲处。猗猗，朱熹《诗集传》："始生柔弱而美盛也。"匪，通"斐"，《礼记》《尔雅》均引作"斐"。方玉润《诗经原始》："首章以绿竹兴起斐然君子，言彼学问，切磋以究其实，琢磨而致之精。"切磋琢磨，原指对骨、象牙、玉石等制度成器物的精细加工过程，后比喻学习和研究问题，相互探讨，取长补短，精益求精。

　　《卫风·淇奥》为赞颂人物的诗，章首则以景物起兴而比。此人是谁？古注大抵认为"美卫武公也"，现代较多论者释作赞美卫国一位有学问有才华、文采斐然的君子，这种宽泛的解释较好，因为所美之君子同时可包括卫武公在内。

　　《卫风·淇奥》诗里有中国文化史上最早对竹的生动描写，虽然这仅仅是比兴，但它一致被推认作文化源头后，作为典故就有了全国性的普遍意义。这里可比较几个例子，竹最常用的典故，如潇湘、湘妃，虽然故事生动而且很早，但出于《山海经》《博物志》，带有神话传说的性质，不免虚无缥缈；又如以渭川千亩来状竹之多，虽然实实在在，但《史记·货殖列传》又出于汉代，比《诗经》晚得多……唯有《淇奥》，仅八个字，就表现了竹的环境之幽、绿色之丽、繁茂之状，"猗猗"叠字的音律之美，而且"瞻彼"二字，又把读者带入了境界，和诗人一起去观竹赏竹，真是妙极！……

于是中国咏竹诗里，就出现了"淇奥""淇澳""淇泉""淇园"等，都以"淇"字来组典，而叠字"猗猗"，也成了富有音韵色彩的典故。例如南朝梁元帝萧绎的《赋得竹》："嶰谷馆新抽，淇园节复修。"梁元帝身在江南，赋竹依然可赋到卫国（河南）淇园。南朝梁诗人虞羲写《见江边竹》，也想起了《淇奥》中的描写，"含风自飒飒，负雪亦猗猗"。到了宋元明清时代，咏竹诗特盛，用典于《淇奥》就更频繁，如：

> 猗猗色可餐，滴滴翠欲溜。（宋·欧阳修《初夏刘氏竹林小饮》）
> 猗猗圆自直，落落不须扶。（宋·苏轼《次韵答人槛竹》）
> 猗猗淇园竹，结根盘石安。（元·虞集《题朱邸竹木》）
> 一叶砚池秋，清风满淇澳。（元·吴镇《一叶竹为竹叟禅师作》）
> 我生爱竹太僻酷，十载狂歌向淇澳。（元·王冕《息斋双竹图》）
> 欲借淇园胜，凌霜挺万竿。（明·申时行《竹径》）
> 触物感余怀，歌彼《淇澳》章。（清帝康熙《竹林禅院在润州城南，竹林数里》）
> 亭外猗猗碧几竿，清姿劲节耐岁寒……阶前那有孙子秀，写出淇园独坐看。（清·李筠仙《咏竹》）

元代赵孟頫还曾代为其妻——画竹名家管道昇书写《修竹赋》，开首就是"猗猗修竹"，文中还有"歌簜簜于卫女，咏《淇奥》于国风"之句。至于小说，《红楼梦》第十七回"大观园试才题对额"，贾政一行人来到一区，但见"数楹修舍，有千百竿翠竹遮映。众人都道：'好个所在！'"一位清客题道："淇水遗风"，就用了《淇奥》之典。画竹名家郑板桥还有《题画》妙文：

> 余画大幅竹好画水，水与竹，性相近也。少陵云："懒性从来水竹居。"又曰："映竹水穿沙。"此非明证乎？渭川千亩，淇泉绿竹，西北且然，况潇湘云梦之间，洞庭青草之外，何在非水，何在非竹也！

文章开头提出论点，随即引出大量论据，但又不见抽象的理性，而是写得生动活泼，极具启发性和可读性，文中还首次提出"淇泉"的组合。据此，拟于挚湖园林营构"淇奥绿猗"景区。这一品题在笔者的设计实践中，因"奥"字的读音易误，曾用郑板桥文中的"淇泉"，如苏州江枫园有景名"淇泉春晓"。至此，可探寻竹文化之美了。

纵观风景园林论著，罕见对竹文化之美作探源溯流的集中的梳理和研究。笔者对竹文化的探究起步较早，完稿于 20 世纪 80 年代中期的《中国园林美学》就这样概括道：

> 从春秋时期卫国的淇园修竹开始，竹就逐渐成为传统的园林植物。到了两晋南北朝，竹更成为人们喜闻乐见的审美对象，竹林七贤之一的嵇康有园宅竹林；王羲之修禊兰亭，当地有茂林修竹；江逌写有竹赋；南朝谢庄《竹赞》……后来一直到清代郑板桥画竹，贯穿于中国诗史、画史乃至文化心理史，构成了传统的竹文化。它对园林的花木配置，产生了不可忽视的深远影响。

竹有四美。猗猗绿竹，如同碧玉，青翠如洗，光照眼目，这是它的色泽之美；清秀挺拔，竿劲枝疏，凤尾森森，摇曳婆娑，这是它的姿态之美；摇风弄雨，滴沥空庭，打窗敲户，萧萧秋声，这是它的音韵之美。竹还有意境之美，清晨，它含露吐雾，翠影离离；月夜，它倩影映窗，如同一帧墨竹……①

正因为如此，在园林中，不论是山麓石隙，池畔溪边，还是楼下斋旁，屋角墙边，竹几乎是无不适宜的。这已被全国由竹构成的大大小小的景观所证实。

古代诗、文咏赞竹文化之美，是不可胜数的大量存在。兹分类各略举富有代表性的数例如下②：

## 一、青绿生态之美

［先秦］《诗经·卫风·淇奥》："瞻彼淇奥，绿竹猗猗。"

［晋］贺循《赋得夹池修竹》："绿竹影参差，葳蕤带曲池。逢秋叶不落，经寒色讵移。"

［南朝宋］谢庄《竹赞》："瞻彼中唐，绿竹猗猗。贞而不介，弱而不亏。"

［唐］王维《斤竹岭》："檀栾映空曲，青翠漾涟漪。"

［唐］李贺《竹》："入水文光动，抽空绿影春。"

［宋］王质《真珠帘·栽竹》："北墙之畔西墙曲，与主人、呼青吸绿。"

［元］王冕《柯博士竹图》："我家只在山阴曲，修竹森森照溪绿。"

［清］许淑慧《如梦令·画竹》："石罅新簧半吐。帘底绿云微度。"

## 二、琅玕质地之美

［唐］王叡《竹》："庭竹森疏玉质寒，色包葱碧尽琅玕③。"

［唐］李绅《南庭竹》："烟葱翠梢含玉露，粉开春箨箨琅玕。"

［唐］刘禹锡《庭竹》："露涤铅粉节，风摇青玉枝。依依似君子，无地不相宜。"

［宋］梅尧臣《和永叔刑部厅看竹》："何如饱霜雪，冬夏森寒玉。"

［宋］苏轼《西湖寿星院此君轩》："卧听谡谡碎龙鳞，俯看苍苍玉立身"。

［元］华幼武《养竹轩歌》："猗猗绕户矗琅玕，含雾连烟比淇澳。招摇皓月金琐碎，勾引清风声戛玉。"

## 三、岁寒坚贞之美

［东晋］江逌《竹赋》："有嘉生之美竹，挺纯姿于自然，含虚中以象道，体圆质以仪天……故能凌惊风，茂寒乡，藉坚冰，负雪霜。"

---

① 金学智：《中国园林美学》，江苏文艺出版社1990年版，第310页。
② 需要说明：以下实例的分类，只是相对的，其中很多实例都是跨类的，选时往往仅选其一点，也就是说，每例和各类之间，往往存在着某种交叉现象，即某例既适用于此，也适用于彼。
③ 琅玕：此喻质地如玉，常用作绿竹的美称。

［南朝梁］刘孝先《咏竹》："无人赏高节，徒自抱贞心。"

［北朝陈］贺循《赋得夹池修竹》："绿竹影参差，葳蕤带曲池。逢秋叶不落，经寒色讵移。"

［唐］殷尧藩《竹》："不缘冰雪里，为识岁寒心。"

［元］管道昇《题仲姬墨竹》："窗外何所有，修竹千万竿。密叶敷午阴，劲节当岁寒。"

［宋］楼钥《题徐圣可知县所藏杨补之画》："梅花屡见笔如神，松竹宁知更逼真。百花千卉皆面友，岁寒只见此三人。"（此为"岁寒三友"[①]之典源[②]，特附于此，再附二例于下。）

［明］冯应京《月令广义·冬令·方物》："松竹梅称'岁寒三友'。"

［清］郑板桥《题三友图》："复堂奇笔画老松，晴将干墨插梅兄。板桥学写风来竹，图成三友祝何翁。"

## 四、劲节虚心之美

［唐］岑参《范公丛竹歌》："守节偏凌御史霜，虚心愿比郎官笔。"

［唐］白居易《养竹记》："竹本固，固以树德，君子见其本，则思善建不拔者。竹性直，直以立身，君子见其性，则思中立不倚者；竹心空，空以体道，君子见其心，则思应用虚受者；竹节贞，贞以立志，君子见其节，则思砥砺名行，夷险一致者。"

［宋］欧阳修《初夏刘氏竹林小饮》："虚心高自擢，劲节晚愈瘦。"

［元］管道昇《修竹赋》："至于虚其心，实其节，贯四时而不改柯易叶，则吾以是而观君子之德。"

［明］申时行《竹径》："欲借淇园胜，凌霜挺万竿。"

［清］郑板桥《竹石》："咬定青山不放松，立根原在破岩中。千磨万击还坚劲，任尔东西南北风。"

［清］郑板桥《题立幅竹》："老老苍苍竹一竿，长年风雨不知寒。好教真节青云去，任尔时人仰面看。"

## 五、结实待凤之美

［先秦］《庄子·秋水篇》："夫鹓鶵（即凤凰之属）发于南海，而飞于北海，非梧桐不止，非练实（即竹实）不食，非醴泉不饮。"

［南北朝］江洪《和新浦侯斋前竹》："愿抽一径实，试看翔凤来。"

［唐］李绅《南庭竹》："知尔结根香实在，凤凰终拟下云端。"

［唐］朱可久《赋得霰为苍筤竹》："结实皆留凤，垂阴似庇人。"

---

① "四君子"为梅、兰、竹、菊，最早见于明万历间黄凤池所辑《梅竹兰菊四谱》，陈继儒称为"四君"，后又称"四君子"。
② "岁寒三友"，一般溯源至南宋末，或以林景熙《王云梅舍记》中"即其居累土为山，种梅百本，与乔松、修篁为岁寒友"；或以宋末元初杨公远《自述》诗中的"松竹梅花三益友，诗书画卷一闲人"，其实，楼钥此诗才是典源。

〔元〕杨维桢《碧梧翠竹堂记》："人曰梧竹，灵凤之所以栖食者，宜资其形色为庭除玩。"

## 六、七贤六逸之美

〔元〕管道昇《修竹赋》："操挺特以高世，姿潇洒以绝俗。叶深翠羽，干森碧玉……耳目为之开涤，神情为之怡悦……蒲柳惭弱，桃李羞容……七贤①同调，六逸②高踪，良有以也。"

〔元〕吕诚《五月廿日重过翠涛轩》："三径旋开真得计，七贤避世故佯狂。"

〔明〕易震吉《归朝欢·仲夏十三日对竹云是日竹醉》："晋唐来，从之游者，六逸七贤耳。"

〔明〕易震吉《木兰花·北行逢竹》："六逸逍遥安往，七贤寂寞堪嗟。"

〔清〕郑板桥《题竹》："七贤六逸归去后，人间谁是伴清幽。"

## 七、子猷此君之美

〔南朝宋〕刘义庆《世说新语·任诞》："王子猷（王徽之）尝暂寄人空宅住，便令种竹。或问：'暂住何烦耳？'王啸咏良久，直指竹曰：'何可一日无此君？'"

〔唐〕宋之问《绿竹引》："含情傲睨慰心目，何可一日无此君。"

〔唐〕贾岛《竹》："子猷没后知音少，粉节霜筠漫岁寒。"

〔宋〕司马光《种竹斋》："吾爱王子猷，借宅亦种竹。一日不可无，潇洒常在目。"

〔宋〕秦观《次韵曾存之啸竹轩》："朝与竹相对，暮与竹相亲。安可一日无，此君真可人。"

〔明〕王世贞《题竹轩》："吾宗雅语世所闻，何可一日无此君。汝今卜居但种竹，凡草不敢骄相群。"

## 八、高雅脱俗之美

〔宋〕苏轼《於潜僧绿筠轩》："可使食无肉，不可居无竹。无肉令人瘦，无竹令人俗。"

〔元〕曹文晦《题筠轩友竹诗卷》："有竹无人孤负竹，有人无竹令人俗。"

〔清〕朱彝尊《风中柳·戏题竹垞壁》："有竹千竿，宁使食时无肉。也不须更移珍木。北垞也竹，南垞也竹。护吾庐，几丛寒玉。"

〔清〕郑板桥《题竹》："盖竹之体，瘦劲孤高，枝枝傲云，节节干霄，有似乎士君子豪气凌云，不为俗屈。"

## 九、日光月影之美

〔南朝梁〕沈约《檐前竹》："风动露滴沥，月照影参差。"

---

① 竹林七贤为魏晋时代的嵇康、阮籍、山涛、向秀、刘伶、王戎、阮咸。
② 竹溪六逸为唐代的李白、孔巢父、韩准、裴政、张叔明、陶沔。

［宋］苏轼《定风波·集古句作墨竹词》："雨洗娟娟嫩叶光，风吹细细绿筠香……记得小轩岑寂夜，廊下，月和疏影上东墙。"

［明］陈道复《题墨竹》："茅茨开竹里，清气何由降。落月复弄影，盈盈上西窗。"

［清］郑板桥《板桥题画测》："一片竹影零乱，岂非天然图画乎？凡吾画竹，无所师承，多得于纸窗粉壁、日光月影中耳！"

［清］郑板桥《为无方上人写竹》："春雷一声打新篁，解箨抽梢万竿长。最爱白方窗纸破，乱穿青影照禅床。"

## 十、风声雨韵之美

［唐］郑谷《竹》："宜烟宜雨又宜风，拂水藏春复间松。"

［宋］王十朋《点绛唇·细香竹》："秀色娟娟，最宜雨沐风梳际。"

［元］华幼武《养竹轩歌》："猗猗绕户蠹琅玕，含雾连烟比淇澳。招摇皓月金琐碎，勾引清风声戛玉。"

［明］陈霆《长相思·竹》："金铁鸣，玉雪鸣。檐外秋高风日清。苍阴落枕屏。"

［清］郑板桥《题画竹》："竹里秋风应更多，打窗敲户影婆娑。"

［清］郑板桥《竹石》："风中雨中有声，日中月中有影。"

［清］纪琼《咏竹》："风来笑有声，雨过净如洗。有时明月来，弄影高窗里。"

所集拟为"竹文化诗书画三绝馆"提供资料，
请书画家参与，遴选、创作，并展于馆内。
此计划未就，但其首创的价值意义仍在，故收录于本书

# 理论·鉴赏·实践

## 《风景园林品题美学——品题系列的研究、鉴赏与设计》首发式学术座谈会上的发言

### ·2011·

几十年来，我学习和研究美学，重点是中国园林美学，曾发表过一些著作和文章，也算是跨进了理论门槛。但是，歌德说过，理论是灰色的，只有生活之树长青。据此，我虽然长期从事理论研究，但又希望理论能真正渗入生活实践。有幸的是，21世纪伊始，先后有两位房地产开发公司的董事长，他们看到我的书后，前来找我，希望能把苏州园林文化导入于他们所开发的小区环境，以符合可持续发展的时代走向。

我原先研究的重点之一，是封闭型的苏州私家园林，面积较小，而当今住宅小区的室外环境却是开放型的，面积较大，这对我来说是一个新课题。于是，我想起了风景名胜、公共园林和大型皇家园林常用的那种"广域性""散点式"的组景方式，如燕京八景、西湖十景、圆明园四十景、避暑山庄七十二景等。我国风景园林这种以"数"作为约束机制，反复遴选、品题整合的形式是可取的。而"品""品味""品题"这类极具中国特色的美学概念，不但在古代，而且有些在今天仍然是热门词语，并有着丰饶的内涵。然而遗憾的是，中国最权威的大型辞书《辞海》《辞源》和《汉语大辞典》，对由"品""品味"特别是由其衍生的"品题"的含义也缺少较全面较准确的概括，其解释不适用于风景园林。

我通过长期的古籍钩沉，多方收集"品""品题"的有关书证，进而综合推敲，首次把历史上和现实中的八景、十景等概称为"风景园林品题系列"，"系列"这一概念，从而融进了现代科学"整体大于部分相加之和"的著名论断。

风景园林品题系列有着丰饶的内涵和多元的价值功能，如西湖的美，在宋代十景之名诞生后，其风韵就大不一样，一系列品题，镕铸情采，吐纳英华，凸显出幽雅的诗情画意和自然、人文信息之美，具体表现为不断地聚合有关题名、匾额楹联、诗文书画、建筑碑刻、人物史事、典故传说等，这种写意描叙、整合积淀，不但让人品味不尽，浮想联翩，而且还使其蜚声神州，流播久远。

从时空的维度看，这种以八景、十景为代表的风景园林品题系列，自古以来大量存在着，难以数计。在审美层面上，它早已形成为中国人喜闻乐见的悠久传统，改革开放以来又不断涌现出杭州西湖新十景、澳门八景、佛山新八景、羊城新八景……但在学术层面上，它却无人问津，依然是处于前科学状态的处女地，亟待开发。

以上介绍了理论编的主要内容，现再略述鉴赏编。此编以历史发展为线索，以不同学科交叉切入为方法，从全国二十多个省市地区中，选出了三十七个品题系列中的一百多个

景点进行品赏，尽量从中抽绎规律，以求对造园、赏景、审美、悟理、旅游、保护遗产、城市建设等有所裨益。

至于实践编，除我的设计文本外，还介绍了我的设计原则——以双重生态为主导；以地域文化为依托；以撷古题今为创造；以品题系列为模式；以艺术聚焦为方法。所谓双重生态，就是自然生态和精神文化生态。据此，我在"回归自然，天人合一"的理念基础上，又提出了"回归文化，人文合一"的理念。我之所以要突出强调精神文化生态，提出回归文化，是由于现代人对大自然过度的开发，导致了人类生存环境的严重失衡，既使自然异化，又使人性异化，如人文精神失落，信仰危机，道德滑坡、人情冷漠，人心浮躁……而高雅平和、意味清醇的含蕴原生态的苏式园林景观，在一定程度上体现天人相和、山水相亲、诗画相融、美善相乐的人居环境理想，从而让人们在这里洗尘涤襟，静心养性，涵文赏艺，悦志畅神，在悠闲的生活中实现"诗意栖居"。这类设想和做法，也是一种尝试。

原载《苏州园林》2011 年第 2 期，前有编者按语，
为蔡斌先生根据会上录音概括整理 ①

---

① 另见［北京］《中国园林》2011 年第 10 期，题为《学术聚谈，情切意浓——记〈风景园林品题美学——品题系列的研究、鉴赏与设计〉》，吴宇江、焦扬整理，系分散式的实录。

# 翰墨风流

## ——试探园林里的集字艺术与印章移就

·2012—2022·

潇洒流落，翰逸神飞。中国古典园林里需要书法艺术的介入与构成，尤其需要古代名家书艺为其增光添辉，使园林更见古雅丰美，文采风流。

但如果没有，怎么办？多少年来，笔者尝试着采取"集古字"（简称"集字"）的方法，这严格地说，应称为"集字艺术"，因为这也是一种艺术创作，一种特殊的再创作。具体地说，所谓"集字艺术"，就是在中国古典园林或中国古典式园林里，将古代某一名家或某一著名碑帖中的字，根据表达需要和风格统一的原则遴选出来，集为匾额、楹联等形式并悬挂出来，以表达该园所需要的另一内容，这样，该园就拥有了符合其园之内涵的古代书法名家名迹。

然而，颇有些人特别是当代有些书法家对这种集字方法表示非议、责难。其实，这种集字的做法古已有之。据唐代李绰的《尚书故实》载，在南朝，梁武帝萧衍①就首创了这种集字方法，该故事还颇为生动：

> 《千字文》，梁周兴嗣（梁武帝时大臣）编次而有王右军（王羲之）书者，人皆不晓。其始乃梁武帝教诸王书（学习书法），令（命令）殷铁石（南朝梁时人）于大王（那时东晋大书法家王羲之、王献之父子之书就极被推崇，合称"二王"，其中书圣王羲之称为"大王"）书（指王羲之所书很多帖）中拓一千字不重者（不重复的），每字片纸（每张纸上一个字），杂碎无序（杂乱无章）。武帝召兴嗣，谓曰："卿有才思，为我韵之（韵，此为动词。韵之：编缀为韵文）。"兴嗣一夕编缀上进（呈上去），鬓发皆白，而赏赐甚厚。

这就是著名的《千字文》，是规模不小的集字艺术。后来，其文就成了童蒙教材；其书，就成了人们学书的法帖②，可见梁武帝萧衍首创了这种集字艺术。在唐代，唐太宗李世民酷爱王书，他撰写了《三藏圣教序》，命弘福寺僧怀仁直接从内府所藏王羲之大量行书遗墨中集字摹出，这就是著名的《集王圣教序》。其开端是这样的：

---

① 萧衍本人是书法家，还是著名的书法理论批评家。
② 回眸往昔，历代有很多著名书法家均喜自书《千字文》，如隋释智永有《真草千字文》，唐欧阳询有《小楷千字文》，释高闲有《草书千字文》，宋徽宗赵佶有《瘦金体千字文》，元赵孟頫有《真草千字文》，等等，借以抒情写意，表现自己的书艺风格和笔墨技巧，丰富了中国的书法艺术。当然，这已不是集字艺术，但也离不开梁武帝、殷铁石、周兴嗣，离不开他们集字的艺术成果——《千字文》。

大唐三藏圣教序

太宗文皇帝制

弘福寺沙门怀仁集晋右军王羲之书

该集字作品费时二十余年，而怀仁又是书法高手，逐字加工拼合（按统一规格，大字缩小，小字放大，没有的字，按有关偏旁点画拼凑，融为一体），钩摹缀集，最终犹如王羲之亲笔写就，能传达出王书的风韵神情。对此，历代评论家均赞不绝口。宋黄伯思《东观馀论》认为，它和王羲之自己所书"纤维克肖"。宋人周越《古今法书苑》则说，"逸少（王羲之字逸少）真迹，咸萃其中"。直至近代，著名书法家康有为在《广艺舟双楫·馀论》中指出："《圣教序》，唐僧怀仁所集右军书，位置天然，章法秩理，可谓异才……然集字不止怀仁，僧大雅所集之《吴文碑》，亦用右军书，尤为遒峭。古今集右军书凡十八家，以《开福寺》为最，不虚也。"可见，集王书已是一种流行风气。笔者在三十余年前也指出，"'集字'的方法有保存名作结体'佳致'的作用；在实用方面，有借名家手迹宣传文字内容的作用"①。

两位酷爱书法的皇帝开了个好头，倡导和张扬了集字艺术，宣布了它的合理性。在历史上，集字艺术在园林里最有用武之地，如明王世贞《弇山园记》说，园里集了宋代书法家蔡襄《万安桥记》中"月波"二字。明孙国光《游勺园记》也写到园中集苏轼、黄庭坚等的书字……直至现代，民国十五年（1926年），上海艺苑真赏社还出版了数十种《碑联集搨》，供人悬挂或品赏，可见，集字之风一直延续到20世纪，且有进一步发展的势头。

笔者的集字书法，有如下几个特点：

（一）钤盖集字印。此法能做到名正言顺，公开透明，不躲躲闪闪。过去有些园林，集了古代名家的字，却不声不响，甚至不敢声张。其实，集字在历史上早有大量先例，而且今天也有其合理性、合法性②。笔者为了在园林里集字，特在匾额上钤以自己的集字印。笔者的"集字印"有四方（图3），这四方印，其中一方阳文呈长腰圆形，印面文字为"游艺集字"。孔子曾曰"游于艺"，笔者则亦以集字作为"游艺"之一端；另一呈阳文长方形，印面文字亦为"金碧集字"，金碧为笔者的别名；又一呈阳文正方形"金碧集字"；再一呈椭圆形，印面文字则为"集字艺术"钤于匾额等物之上。这样，既做到了明确交代，又是对自己负责（表示艺责自负，以听凭公议），此外，"集字印"钤于匾上，作为引首或压脚，还美化了匾额的布局。

图3　金学智集字印四方

（二）高效能艺术聚焦。此法的高效能，表现为可深挖，可广延，可生发。本文以河南平舆③的挚湖园林为典型。河南是华夏民族的摇篮，是中华文明的发源地，平舆更是如此，

---

① 金学智：《书法美学谈》，上海书画出版社1984年版，第207页。

② 合理性已如上述；至于合法性，由于前人的书法作品，早已是全民的文化财产，均可作为集字材料，只要不侵犯在当今在著作权法的范围之内的书法作品即可。

③ 挚国的都城在今天的河南省平舆县境内，这里因奚仲造车而被称为"平舆"。

有数千年优秀而深厚的文化资源（如古老的文化经典《诗经》有很多篇章均同平舆有关①，这是营造古典式园林最为优越的历史地理条件。如在歌颂"大任"（即"太任"，周文王之母）的"圣母垂教"景区，其中圣母馆凡三进，前有一照墙，其上就刻有"圣母垂教"四字（图4），以富于正气、特别挺拔的"柳骨"弘扬此四字，从而彰显了作为圣母的太任所垂示之教训并永被传承。此外，还生发、链接出"圣母馆""紫气东来""朝阳堂""周祀三母"②"不言之教""葛谷""萱庭""思齐堂"③"母仪天下""守正堂""胎教垂范""春晖楼"等与主题相关的匾额十余块，从而聚焦凸显了与这位"圣母"有关的文化内涵，同时也显示了挚湖"文化密集型"的园林特征。

图4 "圣母垂教"照墙（集自唐柳公权《玄秘塔碑》）

（三）"移用现成楹联法"。本文也将此归属于集字方法之内。楹联是古今书家们爱用、常用的传统表现的形式之一，仍以太任为例。《诗经·大雅·思齐》开篇伊始，即是"思齐大任，文王之母"，"思齐"可释作"见贤思齐"之意，故在此"思齐堂"内，悬挂了清代翁方纲"为善最乐；居德斯颐"行楷联、伊秉绶"变化气质；陶冶性灵"的隶书联，这完全契合于"思齐堂"向善看齐的主题。

（四）借用他人集字成果，如上述艺苑真赏社所出的玻璃金属版《怀素圣母帖碑联集揭》，其集联均为后人所作，当然，此帖中的圣母也更绝非太任圣母，然而此联的"圣母"不只是与太任"圣母"在字面上完全相合，而且其联语在内容上——"卿云奇才，用言不

---

① 如《诗经·大雅·大明》："挚仲氏任，自彼殷商。来嫁于周，曰嫔于京。乃及王季，维德之行。大任有身（怀孕），生此（周）文王（姬昌）……"太任是中国历史上第一位实施胎教的伟大母亲。没有太任及其胎教，就没有文王，也就没有武王，更没有周王朝及其后的盛德之业。

② "周祀三母"意谓：《诗经·大雅·思齐》开篇伊始，即是"思齐大任，文王之母。思媚周姜，京室之妇。太姒嗣徽音……"三个伟大的母亲，以"媚"字为契机、形成合力，聚拢起以太任为中心的"周室三母"群，影响华夏特别是亿万女性。

③ 《诗经·大雅·思齐》开篇伊始，即是"思齐大任，文王之母"，"思齐"释作"见贤思齐"之意。

朽；德圣清节，以礼自名"，这也完全适用太任，故撷来悬于圣母馆里（图5），于是更别具内涵的情蕴之美。

（五）书体求全，尽可能做到各种书体俱全，以求多样化。挈湖园林就其所集书法来看，中国书法史上的重要朝代、重要书家或重要碑帖，均较多涉及，可谓名家名作如林。各种书体有甲骨文、钟鼎文、石鼓文、小篆、隶书、章草、狂草、今草、行草、行书、行楷、正楷等。

（六）普及认知，即关心人们对书法的认知。一般说来，除楷书、隶书外，篆书、草书等人们不一定认识，故在其旁均用小楷作释文，甚至交代所集书字的出处，如上述怀素草书《圣母帖》集联就是这样，让人们既能欣赏其书法艺术及其形式美，又能了解其所书内容，领略其内涵之美。这种人性化、普及性的做法，在国内并不多见。

（六）载体力求高质量，即注重书法的载体——匾额、楹联等原料的质量特别是制作的质量，如有些匾额、楹联因悬于重要景区，故应特别追求制作如工艺精品般的高质量[①]。如文王阁外的"文王明赫"匾，即用砂金底贴金箔龙纹边堆漆黑字，看上去底色既辉煌，又不刺眼，

图5　圣母馆"卿云奇才"联
（选自艺苑真赏社《怀素圣母帖集揭》）

黑字特别醒目，风格典雅大方。又如文王阁内"穆穆文王"匾，用钟鼎文书写，故特配以古铜色堆漆，显得古色古香，盎然远韵，仿佛把人带进了商周的青铜器时代。

（七）"印章移就法"，指书法集字时大量印章的介入并将其巧妙地运用。这样，通过一个个微缩的印章景观，可孕育出种种意蕴美。

如奚仲[②]脉传于"大任之家"，故在此建"车舆载道"景区。"车舆载道"四字，分别镌刻于前四方石刻之内（集汉隶《韩勒碑》字）。最后一方除落款交代外，重点钤以吴让之的"道法自然"印（"道法自然"四字，高度概括了《老子》的道家哲学）。"车舆载道"→"道法自然"，还体现了"顶针"（或称"联珠"）的修辞格，即上句之尾，以同样的字连接下句之首。

再如圣母馆大门匾上，钤以汉代"出入大明"吉语印。由四个小方组成，"出""明"二字为白文，"入""大"二字为朱文，对角呼应，稚拙可爱。其本义为凡出门、进门，无不大吉大利，在这里又有了双关含义。"大明"在此同时成了篇名，打上书名号，成为《大明》，即《诗经·大雅·大明》。此诗云："挚仲氏任，自彼殷商，来嫁于周，曰嫔于京。"这是说：太任不但出入馆门是光明大吉，而且她是出入于经典《大雅·大明》一诗中的。

（八）自己除集字借联外，也从事楹联的撰写。如：

引胜廊联：

---

① 翼翼巍巍、明明赫赫的"文王阁"，是藉《诗经》构架起来的丽楼华阁，是全园与"圣母馆"同样重要的主体建筑，故其中的匾联特需优秀工艺品那样制作精良。还必须突出说明，本文所说匾额楹联等类成品，均与郑可俊老师合作制成，这要感谢郑老师的。

② 奚仲，任姓。夏朝大禹的车正（一说工匠），最初被封于任，我国古代伟大的发明家，被后人尊为创造车舆的鼻祖。

悦目赏心，美景园中皆学问；

怡情乐事，良辰湖畔即文章。

《红楼梦》第五回秦可卿上房有名联："世事洞明皆学问；人情练达即文章。"笔者从其上、下联各取最后三字，用以表达挚湖具有"学问园林"的特色，点出学问的理性就深寓于引人入胜的情景美感之中。同时，又融入《牡丹亭》"游园惊梦"中脍炙人口的名句："良辰美景奈何天；赏心乐事谁家院。"这种双向移植，力求做到情理互补，情景交融。

盛德堂联：

三十辐，共一毂，当其无，有车之用；

五千年，垂七经，藉彼往，来鼎斯新。

此联在"车舆载道"景区盛德堂内。上联十三字，原封不动撷自《老子·十三章》，是写车之哲理的。下联的"五千年"，概括了车舆发明已四千余年的悠久历史。"七经"，清代在汉代"五经"的基础上，增"七经"为《易经》《书经》《诗经》《春秋》《周礼》《仪礼》《礼记》。垂：指出《五经》《七经》名垂千古。藉彼往：借那以往的经典。来鼎斯新：《易·杂卦》："革，去故也；鼎，取新也。"说明车舆甚至《七经》都必须与时俱进。

*多次删改于如意轩之心斋，定稿于 2023 年*

# 正阳①易园记并注

## ·2021·

　　易园，以《易》名［动词，命名］园者也，其构园小而其取义大。夫［发语词］《易》，乃群经之首，弥纶［包举一切］天地之道，变动不居［停也］，周［周遍］流［流动于］六虚［上下四方］，包揽群有［中国哲学术语，与"无"相对。《广韵》："有，质也。"指最普遍的物质存在。《老子·四十章》："万物生于有"］，曲［普遍］成［成就］万物而和谐并生，协调共运。《易》之义也，大矣哉！

　　丙戌［2006年］春，苏州市园林局受国家委托，拟向联合国教科文组织所在地捐赠一座苏式园林，历数年诸事具备，园名经反复遴选，定名为"易"，此乃华夏古经《周易》之"易"也。然则以人事变迁诸因而未遂［顺利完成；如意实现。《礼记·月令》："百事乃遂"］，憾甚，惜哉！

　　若干年后，经人建议，河南正阳县委县府有志续成此举，将易园落于正阳植物园内，历时二载，辛丑［2021年］仲夏，易园告竣，幸甚至哉！此园至简而又至小。至简，符合于《易·系辞上》"易简之善配至德"之理；至小，相契乎《易·系辞下》"其称名［所指称的物名］也小，其取类［所选取的事类、意义］也大，其旨远"之义。构筑简小而意境深远，乃该园相反相成之美学特征者也。

　　正阳易园之简小，虽不必借庾信《小园赋》"妨帽""碍眉"［庾信《小园赋》："檐直倚而妨帽，户平行而碍眉。"极言居屋之陋矮］以状［动词，形容、描写］之，而其建筑则确乎仅四，廊曰"引胜"，榭曰"挹美"，堂曰"存古"，亭曰"抱一"，另有"探赜""观妙"之门，如此而已。然其取类则至广，命意则至大：曲廊导引而清景莫穷；水榭挹取而美不胜收；堂存《周易》古经，世历三古［据《汉书·艺文志》，相传伏羲创立先天八卦；文王设立后天八卦并推演六十四卦；孔子及其弟子作《易传》，此为三世，亦称"世历三古"］；亭抱《老子》一式［《老子·二十二章》："圣人抱一为天下式"］，德善至厚。抱一者，坚守《易》《老》之"道"而为天下法式也。"探赜""观妙"者，则探索、观照"道"之幽深玄妙之哲理也。

　　易园，地处正阳植物园之东。《易·说卦》云："万物出乎震。震，东方也。"是以日照而云行，风调而雨施［《易·乾卦·彖辞》："大哉乾元，万物资始……云行雨施，品物流形"］，植物欣欣焉，郁郁焉，园之内外，一派丰茂繁盛。于是乎，春有玉兰牡丹，或绰约以雍容；夏有紫薇石榴，或娇艳以火红；秋有丹枫金桂，或颜酡［tuó，饮酒脸红貌。此喻枫叶如醉］以飘香；冬有素梅翠竹，或淡雅以挺耸。若乃松、梧、榆、柳，樟、槐、朴、榉之属，亦复植于是，

---

① 正阳：河南正阳县。《万历汝南志·舆地志·沿革》："［真阳县］……汉置慎阳县，属汝南郡。魏、晋皆如汉制，刘宋始改为真阳县。"后或置，或改，或废，隋大业、唐神龙初仍为真阳，宋、金俱因之，属蔡州，元属息州……明弘治复置，属汝南，曰真阳，即正阳县。

花木生意无限，共同萌发出《易·系辞下》"天地之大德曰生"之至理。

游是园也，仰观宇宙之大，与天地合其德；俯察品类之盛，与四时合其序［以上诸语，取晋王羲之《兰亭序》"仰观宇宙之大，俯察品类之盛"，《易·乾卦·文言》"与天地合其德""与四时合其序"。此将四句名言错综而用之］，神思［艺术思维、审美想象，古称"神思"］孕于具象有形之前，而游乎六虚无穷之外，如司马光《独乐园记》所云："逍遥相羊［即徜徉，自由自在地往来。屈原《离骚》：聊逍遥以相羊］，唯意所适。"然则孟子曰，独乐，不若与人乐；少乐，不若与众乐［以上概自《孟子·梁惠王下》孟子与梁惠王关于音乐的一段著名对话。孟子问："独乐（yuè，音乐，此为动词，指欣赏音乐）乐（lè，快乐），与人乐（yuè）乐（lè），孰（哪一种）乐（lè，快乐）？"曰："不若与人。"曰："与少乐（yuè）乐（lè），与众乐（yuè）乐（lè），孰乐（lè，快乐）？"曰："不若与众。"最后孟子导向"与民同乐"的社会理想］，诚哉斯言！

营构正阳易园，旨在与民同乐，并悟"天人合一"之理。（图6）

吴门金风撰文
中共正阳员会正阳人民政府辛丑春立

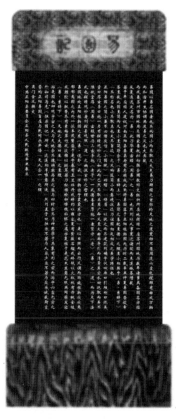

图6 正阳易园记碑

# 范仲淹《天道益谦赋》评注

## ·2021·

河南正阳县的易园，其中存古堂有太师壁，根据周苏宁先生建议，用范仲淹《天道益谦赋》补壁，甚合"易园"之"易"义。故特将范仲淹《天道益谦赋》详加评注如下。

## 时代背景与文体特征

范仲淹（989—1052），北宋政治家、军事家、文学家、教育家，苏州人。少时贫困力学，出仕后所任之处，无不以善政闻名。他关心国计民生，主张兴利除弊，以天下国家为己任，"每感激论天下事，奋不顾身"（《宋史》本传），曾一再向宋真宗、仁宗以及其时执政的太后上书言事。庆历三年，任参知政事，向朝廷旗帜鲜明地提出革新政治的十项措施（被称为著名的《十事疏》）：明黜陟，抑侥幸（此两项从不同角度为迫切解决当时大量不作为的"冗官"现象），精贡举（改革科举考试内容，把原来只注重诗赋，改为侧重议论当前政治，向朝廷献策的"策论"文体），择官长（根据绩效来考察和举荐官吏），均公田，厚农桑，修武备，减徭役，覃恩信（广泛落实、推行朝廷的惠政和信义，并直接往各路派使臣巡视施行情况），重命令（重法度及其执行）。这些措施陆续颁行全国，形成北宋时期王安石变法之前一次著名的政治革新运动，史称"庆历新政"。富弼、韩琦、杜衍、苏舜钦、欧阳修等一批革新人士积极参与和支持，但因遭既得利益的官僚和因循守旧的权贵们的极力反对，特别是宋仁宗的不坚定，施行了一年多的新政终于夭折，范仲淹亦罢去参知政事之职。

对于带有策论性的《天道益谦赋》，清人李调元在《赋话》中评道："仲淹《天道益谦赋》云：'高者抑而下者举，一气无私；往者屈而来者信（信即'伸'），万灵何遁。'取材《老》《易》，俪语颇工。"评语对读解此赋的内容和形式，极有启发。如其中"高者抑而下者举"，就隐寓着范仲淹明黜陟、抑侥幸、精贡举、择官长等革新的政治意图；"往者屈而来者信"，就饱含着范仲淹变革以往旧政，走向和伸张未来新政的满怀信心。由于此赋有以《易》理进行劝谏之作用，故应同时联系范仲淹政治革新的举措和理想来解读；又由于此赋取材用典于《周易》《老子》，而此二书在中国古籍中最为深邃玄奥，这就更增加了哲理的深度和解读的难度。范仲淹自己精通《易》《老》，写有《易议》《易兼三材赋》《圣人抱一为天下式赋》等，故还应结合范仲淹以《易》《老》为主的哲学思想来解读。又，此赋的历史文化意义、现实意义，不但对反腐倡廉有警示作用，而且可启发人们"以史为鉴，面向未来"。

此赋的文学特征，其一是反复铺陈，故应结合全赋前后的反复铺叙，特别是某些变换字面的"重复"，来层层归纳，对照阅读，加深体悟；其二是除穿插一定散句外，大多用俪语来铺写，故应以两句为基本单位来理解、体味其内涵，并品赏其音韵谐和、对偶工整的形式美；其三是赋所用典故特多，故评注尽量引出原典的文字，深挖典故的内涵及其言外之意。

**士**［在先秦，士为古代贵族的最低层级。《谷梁传·成公元年》范宁注："士民，学习道艺者。"今译为"士人"，这里可具体理解为"学习《易》《老》之道"的士人］**有探**［探索］**造化**［旧指天地自然创化万物的主宰，今可译为大自然本身及其发展演化的规律、功能］**之真筌**［即真谛；真正的原理、主旨］，**察**［考察、明察］**盈**［为《老子》术语，即盈满。内涵基本可分为两个层面。一、物质财富的层面：可理解为过分的富贵，或失度的殷实等。《老子·九章》："恃而盈之（自恃盈满），不如其已（停止）……金玉满堂，莫之能守（不能守住它）。富贵而骄，自遗（遗留、留下）其咎（罪过、灾祸）。"这番言论，对今天的反腐倡廉，有一定的警示作用。《老子·四十四章》亦云："多藏（贮藏充盈的财物）必厚亡（惨重地衰亡），故知足（知道满足）不辱（就不会受到屈辱），知止（知道适可而止）不殆（就不会带来危险）。"《老子·二十九章》："是以圣人去甚（除去过度之获得），去奢（离开奢侈的享受）……"范仲淹《奏上时务书》也说："中外奢侈，则国用无度；百姓困穷，则天下无恩。"这也是以新政思想进行劝谏。二、精神态度的层面：主要表现为骄傲自满……］**虚**［"盈"的反面，《老子》崇尚虚静无欲。《老子·十六章》："致虚极，守静笃（一心奉守和极度推致'虚静'，使心灵保持清明不染的境地）。"《老子·三十七章》："不欲以静（没有贪欲而且虚静），天下将自正（自然而然地安定）。"《老子·十五章》："为此道者，不欲盈。"］**于上天。虽秉阳之功不宰**［虽然秉持着以阳和之气育物，而不当主宰。《老子·十章》：天地"生而不有（生化万物而不想占有），为而不恃（兴作万物而不恃己功），长而不宰（长养万物而不当主宰）"］，**而益谦之道**［对于益谦之道，《易·谦卦·彖辞》云："天道亏盈而益谦（天之道要损亏盈满的，而增益给谦虚退让的）；地道变盈而流谦（地之道要改变盈满溢出的，而流向低谷谦下的）……人道恶（wù，厌恶、讨厌）盈（骄盈自满的）而好（hào，喜爱、喜好）谦（谦卑谨慎的）。"这天、地、人三道的损益、好恶，也就是《尚书·大禹谟》所概括的"满招损，谦受益"］**昭宣**［昭明显著。上引《易·谦卦·彖辞》三个排比句，意谓天、地、人的这种益谦之道，是非常昭明显著、应该遵奉的］。

【本节从探索造化真谛落笔，通过论叙明察盈虚之理、秉功不宰之虚，初步昭宣了益谦之道。而在形式上，"天""宣"平声为韵。】

**万物仰生**［《黄帝四经·拾太经》："夫民仰（仰仗）天而生，恃（依靠）地而食。"］，**否**［不读fǒu，而读pǐ，为《易经》的卦名，意谓阻塞、不通、败坏、不吉利。《易·否卦·彖辞》："否，天地不交，而万物不通也。""否"卦和"泰"卦，是《易经》中既相互依存，又相互转化的对立卦。《易·杂卦》："否、泰，反其类也。"是说，这两个卦，不是同类的，而是相反的、对立的，当然，它们又是相成的，可以转化的］**者由斯**［由此。语法上为介宾词组］**而泰**［转化而为"泰"卦。"泰"，意谓不阻塞、亨通、成功、美好、大吉利。《易·泰卦·彖辞》："泰，吉亨，天地交而万物通也。"这种转化，也是成语所说的"否极泰来"］**矣；四时下济**［《易·谦卦·彖辞》："天道下济而光明。"这是说，包括四时在内的天道，降下而普济万物，使之一片光明。此处之所以不用"天道"，而改用"四时"，是为了与上句的数量词"万物"成双作对而字面避复。对于《谦卦》之语，范仲淹在《易义》中，联系《益卦》的"益谦之道"来阐发并大为赞美：

"天道下济，品物咸亨（万物都亨通）；圣人下济，万国咸宁（天下万邦都安宁）。《益》之为道大矣哉！……兴万物（使万物兴旺）而无疆（无穷无尽），明（明确、懂得）《益》之道，何往而不利哉？"]，屯［zhūn，亦为《易经》卦名。《说文》释为"难也"。《易·屯卦·彖辞》："屯，刚柔始交而难生。"]者自我［从我、由我。语法上亦为介宾词组，和前句的"由斯"一起，构成赋体的俪句对文］而亨［亨通、顺利、通达］焉。

【本节论述"否极泰来"的辩证规律。对"泰""亨"二字的赞美，表现了范仲淹面向未来、向往革新的哲学自信。语法上对偶工整，"矣""焉"均为句末语助词。】

原［推究，有推本求原之意］夫［那］杳杳［深远窈冥貌］天枢［天体运转的枢纽、枢机］，恢恢［广大宏廓貌。《史记·滑稽列传》："天道恢恢，岂不大哉？"］神造［神明造化］，损有馀［《老子·七十七章》："天之道，其犹张弓欤？……损有馀而补不足。人之道则不然，损不足而奉有馀。"张弓之喻，意谓天道就像张弓拉弦一样，如果紧了，就放松一些；如果松了，就拉紧一些，以进行必要的调节。它对人也一样，对有余的富者，就减损一些；对不足的贫者，就增补一些。这也符合于范仲淹推行新政，主张均公田、重农桑、轻徭役等之目的］而必信［诚信、守信用。《老子·八章》提到"言善信"］，补不足而可考［考：查考、稽考。可考：是可以核实的］。是故君子法［动词，效法、仿效］而为政［从事政治革新］，敦［注重勤勉地实现］"称物平施"［《易·谦卦·象辞》："君子以捊（取也）多益寡，称（通"秤"，动词，计算重量）物平施（给予）。"四字现为成语，意为根据物品的多寡来均衡分配］之心；圣人象［《广雅·释诂》："象，效也。"作为动词，"象"和上句的"法"字一样，其意均为效法。这里所以要变换字面，是为了组成赋中的对文］以养民［《尚书·大禹谟》："於（wū，叹词），帝念哉！德惟善政，政在养民。"《老子·六十六章》："是以圣人……欲先民，必以身后之。"这是说，要走在人民之前作表率，必须将自身利益置于他们的后面］，行［施行］"裒多益寡"［裒（póu），四字亦为成语，谓减损多余的，以增加给缺少的］之道。

【通过天道的"损有馀而补不足"的论证，说明应效法天道来养民、为政，这是范仲淹政治革新的追求。把"损有馀而补不足"这一单句拆而为双，续以"必信""可考"，可见其雕肝琢肾的文字推敲功夫。"法""象"互文；"造""考""道"仄声同韵】

岂不以［因为］谦者物之自损［"谦"是事物自我的减损］，益者时之与昌［"益"是时间给与的昌盛，故应顺时而行。《易·益卦·象辞》："益，损上益下。民说（悦）无疆……其道大光……其益无方。凡益之道，与时偕行。"《杂卦》尚有"革，去故也；鼎，去新也。"之语］？龙蛇蛰［《易·系辞下》："尺蠖之屈，以求信（通'伸'）也；龙蛇之蛰（某些动物冬天藏伏静处，不食不动，即冬眠），以存身也。"］而后震［《易·杂卦》："震（《易经》卦名），起也。"《月令集解》："万物出乎震，震为雷，故曰'惊蛰'，是蛰虫惊而出走矣。"作为节气，"惊蛰"古又名"启蛰"。《宋史·乐志》："阳和启蛰，品物皆春。"］，草木落而还芳。于以［在此、由此。以，为近指代词"此"］见其物理［事物发展的道理、定则］，于以见其天常［天体运行的规律。《荀子·天论》提到"天行有常"］。月［月亮］既［已经］亏［亏缺］而中盈［月至中即月半而盈圆］，于时不昧［在时间上绝不违背、含糊］；阳尽剥［剥，《易经》卦名，由一个阳爻和五个阴爻组成，阴盛而阳衰，故曰"阳尽"〕**而求复**〔《易·序卦》："剥者，剥（是侵蚀、脱落之义）也。物不可以终尽……故受之以复。复则不妄矣，故受之以无妄。"《易·无妄·象辞》："天下雷行……先王以茂对时育万物……无妄之往，得志也。"《易·复卦·象辞》："复，亨。动而以顺行，是以出入无疾……天行也，利有攸往。"最后一句意思是，吉利而可以前往。"剥极则复"和"否极泰来"一样，都是成语，其义亦同，意思是衰落、不利到了极点，就会转化为大吉大利而亨通〕，**其义爰**〔于是〕**彰**〔明显〕。

【本节以各类事物无不向对立面转化为论据，阐明"否极泰来""剥极则复"的辩证转化，这符合于范仲淹的新政理想。形式上长短句法错综，协调和谐，"昌""芳""常""彰"，平声"阳"韵，音声响亮。】

**然则**〔转折连词：既然如此，那么〕**高明之运**〔高明：相同或相近于本文中的"造化""上天""天枢""神造""天常"等概念。高明之运：高明的天体运行。范仲淹《易兼三材赋》："高明之道昭宣，此立天之道也。"〕**也，善行无迹**〔《老子·二十七章》："善行无辙迹（车轮滚过的痕迹）。"四字可理解为：善于履行的，不留一点足迹，这里指最理想的善政是潜移默化地进行的，不留丝毫痕迹〕；**盛衰之应**〔盛与衰的转化。按：以下文章又转了一层，正如"泰"也可以不如意地转化"否"一样，盛世、治世，也可转化为衰世、乱世〕**也，惟变所适**〔因此，如果要致其盛，要避其衰，只有通过"变"来适应它，实现它。《易·系辞下》曰："易穷则变，变则通，通则久。是以自天祐之，吉无不利。"这就是范仲淹政治变革的经典哲学依据。故而他在《上执政书》中说："非知变者，其能久乎？"〕。**苟**〔假如〕**守**〔坚守〕**之以谦**〔《易·系辞下》："谦尊而光。"《易·序卦》："损而不已必益，故受之以益。"〕，**必受之以益**〔这是呼应赋文开端"谦受益"之理〕。**有中之士**〔履行中和正道之士〕，**我**〔这是包括范仲淹在内的"大我"〕**则锡**〔同"赐"，即赐之以〕**元吉**〔大吉、洪福〕**而弗违；罪己之君**〔罪：名词动用。罪己之君：能怪罪自己，作自我批评并改正过错的有道之君。《左传·庄公十一年》："禹、汤（夏禹、商汤）罪己，其兴也勃焉；桀、纣（夏桀、商纣）罪人（怪罪并治罪他人），其亡也忽（迅捷）。"〕，**我则助**〔推助，即助力他〕**勃兴**〔勃然兴起〕**而无斁**〔yì，懈怠、厌倦。《诗经·周南·葛覃》提到"服之无斁"〕。

【本节进一步提出要求，为了长治久安，必须惟变所适。强调一个"变"字，坚守一个"谦"字，此乃全文主旨。"迹""适""益""斁"，入声"陌"韵，音节短促，而"也""之""则""而"等字，则起舒缓语气作用。】

**雅**〔程度副词：颇、甚、极。《助词辨略》："雅，犹云极也。"〕**契**〔契合、符合。曹植《玄畅赋》提到"上同契於稷"〕**姬文之述**〔姬文即周文王姬昌的简称。《抱朴子·行品》："姬文不独治。"还有如曹植、沈约等，也简称文王为"姬文"。姬文之述：《周易》主要为周文王所述。司马迁《报任少卿书》："西伯（即文王）拘而演《周易》。"〕，**何烦太史之占**〔太史：古代官职名，主要记载史事，往往还掌管天文、星历、占卜等〕〔两句意为：既然此理契合于于文王的《周易》，那么，何必再烦劳太史去占卜呢〕？**处幽晦者**〔处于幽暗阴湿之地的〕，**日星**〔日月星辰〕**必照；在**〔正在〕**焦枯**〔乾焦枯黄〕**者，雨露必沾**〔滋润〕。**取类**〔取类比法〕**而言，如江海之润下；殊涂同致**〔《易·系辞下》："天下同归而殊涂，一致而百虑。"涂：通"途"〕〔此句意谓，江海总是往低处流而润下的，殊途而同归，百虑而一致，都可归结到同一个道理〕，**若鬼神之福谦**〔福：名词使动用法，即给予福运。《易·谦卦·象辞》："鬼神害盈而福谦。"神灵总要损害骄盈自满的，而福祐谦虚的，亦即给谦虚的带来福祉〕。**得**〔能够。《论语·述而》："圣人，吾不得而见之矣。"在此词之前，省略了推理用语"既然如此，那么"] **不观** [观察、明察] **庶物** [众物、万物。《孟子·离娄下》："舜明于庶物，察于人伦。"] **之情** [这里不是主观之"情"，而是客观事物之"性"，即本性、特性，此用法比较特殊。《孟子·滕文公上》："夫物之不齐（事物都是不齐一、不一样的，有其多样性），物之情也（这种多样性，就是客观事物的本性）。"]，**究至理之本** [寻究这类至理的本源吗]**？**

【此理既符合于文王《周易》之学，又进而以事实丛证归纳，以反问句强调必须观万物之性，究至理之本，句式亦为排偶之后以散收。】

**贵必始之于贱** [《周易》辩证观认为，"贵""贱"是一对可以转化的矛盾，贵开始于贱。《老子·三十九章》："贵以贱为本，高以下为基。"]，**益乃生之于损** [《老子·三十九章》："物或损之而益，或益之而损。""益"和"损"也是《易经》中的对立卦。《易·损卦·彖辞》："损益盈虚，与时偕行。"范仲淹《易义》又引《论语·颜渊》语："'百姓不足，君孰与足？'此斯之谓欤？"意谓百姓损之又损，极端不足，那么君主怎么会足呢，讲的就是这个道理]。**既人事之在斯，又天道之奚远** [既然社会人事如此，那么，天道又怎么会远呢。奚：何]**？ 高者抑而下者举** [抑：压低。举：抬高。《老子·七十七章》："高者抑之，下者举之。"这也相通于"有馀者损之，不足者补之"]，**一气无私** [四字是对唐人齐己《中春感兴》诗"一气不言含有象，万灵何处谢无私"的紧缩。古代哲学认为，一气即元气，是万物化生的本源。汉王充《论衡·自然》："天地合气，万物自生。"而天地的特点就是不言和无私。《庄子·知北游》："天地有大美而不言。"齐己这两句哲理诗意谓：元气、天地没有言语，但孕育出并包含着种种有形的"象"：亿万生灵到哪里去感恩这无私的元气和天地呢？无私，在这里是指代天地元气]**； 往者屈而来者伸** [《易·系辞下》："往者屈也，来者信（即伸）也，屈信相感而利生焉……夫易，彰往而察来。"范仲淹《易兼三材赋》亦云："察道长（观察'道'的'长'即'伸'、增长）、道消（'道'的'消'即'屈'、减损）之际，自见屈伸。"其意相通]，**万灵** [亿万生灵。此词除出现于上引齐己诗中的"万灵"外，范仲淹《上执政书》也说：圣贤"以万灵为心，以万物为体"] **何遁** [遁：逃逸、回避。意谓往来、屈伸的规律，任何事物都是无法逃避的]**？ 大哉！覆受无遗** [广大上天的覆盖，万物无不受益，没有任何会遗漏的]，**神之听之** [《诗经·小雅·小明》："靖（认真）共（即恭，恭敬、负责）尔（你、你的）位（职位），好是正直（爱好这种正直的人）。神（神灵）之听（多方面考察。《尚书·洪范》：'三曰视，四曰听，五曰思。'）之，介（助、佑）尔景福（宏大的福泽）。"范仲淹引《诗经》语，意在不论是臣是君，都应正直无私，认真地对待自己的职位，经得起考察，这样神灵就能给你大福]。

【此节以辩证的观点、骈俪的辞语反复阐释规律，最后的散句，以感叹语气写得气势磅礴，正义凛然，言外之意无尽！】

**执虚者** [执虚无、持谦退的，此指上天] **不言而应** [《老子·七十三章》："天之道……不言而善应（回应）。"]，**用壮者** [此指小人。《易·大壮·象辞》："小人用壮，君子罔矣。"意为小人壮大起来，好刚逞强，气焰嚣张，君子则必然受诬陷，无立足之地。后来，"庆历新政"受挫的结局正是如此，所以有预见的范仲淹一开始就积极建议明黜陟、反骄盈] **虽** [即使] **猛** [在《老子》看来，壮猛刚强远不及柔弱。《五十二章》"守柔曰强"，《七十八章》"弱之胜强，柔之胜刚"] **何为** [有何用]**？ 卑** [谦恭] **以** [而] **自牧之人** [《易·谦卦·象辞》："谦谦君子，卑以自牧也。"孔颖达疏："恒以谦卑自养其德也。"君子是谦虚卑让，注重自我修养的人。牧：治理、管理。自牧：自己管理好自己，即指严以律己]，**实受其福；贵**[位居高贵者]**而能降之**[这里指自我下降，减损自己]**者，不失其宜**[平安，久安。《说文》："宜，所安也。"][两句是说，位居高贵的人，能自我减损，就能久保平安。这是再次强调了"满招损，谦受益"中的后一句，但换言而以"实受其福"来表达]。**我后**[指当时在真宗、仁宗朝称制的太后，赋中称之为"我后"。范仲淹写此赋，对其既恭维数语，又极意劝谏]**上德**[具有高尚德性的人。《老子·三十八章》："上德不德，是以有德。"这种"上德"的人不自恃有德，所以才是真正的"有德"；不自恃有德，虚心纳谏，这才是真正的"有德"]**不矜**[矜（jīn）：骄矜、矜功自伐。《老子·二十二章》："不自伐，故有功；不自矜，故长。"不矜功自伐，所以能长治久安。《二十四章》还说："自伐者无功；自矜者不长。"]，**至仁**[最崇高的仁德。《孔子家语·屈节解》："施（施以）至仁……百姓化之。"]**博施**[《荀子·天论》："风雨博施，万物各得其和以生，各得其养以承。"博施：普遍地施行或广泛地施与。《论语·雍也》："博施于民而能济众。"这也就是后来范仲淹《十事疏》所说的"覆恩信"，以及"厚农桑""减徭役"等]。**实兆民之是赖**[《尚书·吕刑》："一人有庆（福），兆民赖之。"《易·履卦·象辞》："大有庆也。"即大有福也。兆：数词，古代以万万为亿，万亿为兆，均极言其多。实：实在是。赖：得益、受益。此句借典故中的"一人"，实指当朝的帝后，苦劝其造福于亿万人民]，**无一物之不遂**[天下没有一物不顺利地生长、实现、成功。这是以歌颂为劝谏，暗示应居安思危，应在成功中发现可能的不成功，在"无一不遂"中看到可能出现的"不遂"。范仲淹《上执政书》就这样写道："自我宋之有天下也，经之营之，长之育之，以至于太平……今朝廷久无忧矣，天下久太平矣，兵久弗用矣，士未曾教矣，中外方奢侈矣，百姓反穷困矣！"这最后一句，就恰恰点出了最大的"不遂"。故应有忧患意识，居安思危，进行政治革新，包括反对奢侈、改变百姓的穷困]。**贵**[尊重、看重]**退让**[谦退礼让]**而黜**[chù，罢免、废除]**骄盈**[骄傲自满]，**得**[晓悟、探得。《礼记·乐记》："礼得其报则乐。"郑玄注："得谓晓其义。"]**"天道益谦"**[《易·谦卦·象辞》："劳谦君子，万民服也。"]**之义。**

【这最后一节以参差而又整齐的俪句发端，在归纳全文的基础上，向帝后忠诚进谏，观点鲜明地提出了应该罢黜贬抑什么，尊举提倡什么，唯有如此，才是真正晓悟"天道益谦"义，这表现了范仲淹作为一位正直谏臣的政治勇气。在写作上，平仄转韵，俪起散收，更有利于画龙点睛，凸显主题。】

2021 年评注于如意轩之心斋

# 走向"新古典式园林"

## ·2023·

在《苏州园林》2023 年第 1 期上，读到了周苏宁先生的《卷首絮语·园林无界》（以下简称"周文"）；又为了参与这次讨论，提早读到何大明先生的《新古典主义园林刍议》（以下简称"何文"），感到这样的学术讨论很有价值意义，其目的是一个，借用司空图《二十四诗品·纤秾》中语，是"与古为新"。

对于"新古典主义园林"这个提法，我不同意。因为"新古典主义"是西方特定历史时期的一种文艺思潮。《大百科全书》上说，是指 18 世纪"风靡西欧的美术样式，它力求恢复古典美术（古希腊罗马）的传统，追求古典式的宁静凝重……它代表着借复古以开今的潮流……它是与启蒙运动和理性时代相互适应的艺术样式"。[①] 所谓"借复古以开今"，是指适应法国大革命的政治斗争需要。在西方，古典主义和新古典主义还"两词互相通用"，"西方艺术史上有意直接模仿古代艺术的阶段通常称为'新古典主义'"[②]，这些对于我们今天的讨论，似乎都不太适用，也有些讲不清。但是，再看我国园林设计界有人为了某种目的，纷纷打出各自的"新古典主义"旗号，其出产的样品纯粹是法式的，或是欧式的，总之和苏州古典园林风格是格格不入的。而前些年来，各地的建筑也几乎都是欧陆风格，有人称之为"千城一面"，这并不为过，而中国的、民族传统的建筑则很不行时，濒临着衰亡的危险。这对长期研究中国特色艺术美学的我，是不愿意看到的，所以我不赞成"新古典主义园林"的提法，特别不赞成其中"主义"二字，建议将其删去。

但是我认为可用"新古典式园林"，比较具有可接受性，因为它既与西方"新古典主义"的文艺思潮风马牛不相干，也不是我国古代"复古运动"文化的"今说"，而是建立在中华民族传统基础之上的创新。这样的指向，其好处是，既可和西方"新古典主义"艺术以及我国古代"复古运动"文化相区别，又可和中国现代新型公园相区别。再从理论上说，"新古典式园林"既要传承古典园林，又要革新古典园林，即在传承的基础上创新发展，这是符合我走向"新古典式园林"之尝试的。

何文对现下有的"宅园硬贴上'当代苏州古典园林'的标签"持疑义。我认为，有人有条件、有实力，造园是完全可以的，但自称"当代苏州古典园林"则不可，因为"苏州古典园林"已整体地成为世界文化遗产，试想，"遗产"之前，怎能冠以"当代"二字？应该承认，是遗产就不可能是当代的，是当代的就不能称为遗产。

再说"古典"的含义，是说古代流传下来具有典范性的事物，可诠释为给后人留下一笔有示范价值的精神财富——遗产，用《书经·五子之歌》的话说，是"有典有则，贻厥子

---

① 《中国大百科全书》第 25 册，中国大百科全书出版社 2009 年版，第 53 页。
② 《不列颠百科全书国际中文版（修订版）》第 4 册，中国大百科全书出版社 2007 年版，第 269 页。

孙"。据此,所谓"当代苏州古典园林",是否具备这一特点,是不言而喻的。

要讨论单靠理论不行,还得有大量实例来分析、比较。我孤陋寡闻,看到的新宅园几乎是零,对以上情况没有发言权。无奈只能显丑,姑以自己为例。

数十年来,我在研究中国园林美学理论的同时,在实践上尝试走向"新古典式园林"也是我的另一个方面。但是,比起有条件造宅园的人来说,我住在某小区二楼,可说是上无片瓦,下无寸土,要实现梦想,唯一的办法就是外出"打工"。在这方面,我幸运地遇到了两位开发小区的有识见的儒商,他们要我在他们的小区里移植苏式园林景观,我欣然同意,因为可借此在设计实践中尝试实现自己所追求的一个"新"字。

何文曾这样点赞了苏州雕花楼庭院的影壁设计:

> 创新景观设计,还巧妙运用障景手法,在宅前欲扬先抑,设置了一座精美独特的影壁。影壁又称为照壁、照墙,一般坐落在宅院外或宅院大门两侧。设置在宅院内的影壁很少。春在楼的这座影壁与众不同,是一座罕见的花台式影壁。影壁的壁身上,镌刻"雕刻大楼"四字。而在底部的壁座前,还连接一座落地水石盆景花台。花台内,高低错落的峰石间隔有序。花台外,点缀郁郁葱葱的花木。

这确实不错,特别是壁座前的"落地水石盆景花台",体现了这座"江南第一名楼"在传承的基础上的创新。

无独有偶。二十多年前,我为苏州江枫园小区设计了集中传统竹文化的、既传统又创新的景观。进门不远,交通要道前设一朝东作为障景的照壁,我称之为景墙,遮掩着其后的住宅群。紧贴墙前,筑一较大的花坛。北端倚墙叠一湖石立峰,按《园冶·掇山》要求:"峰石两块、三块拼掇,亦宜上大下小,似有飞舞势。"石上请苏州书法名家瓦翁题书"淇泉春晓"四字,其出处见《诗经·卫风·淇奥》:"瞻彼淇奥,绿竹猗猗。"这是中国文学史上最早对竹的描颂,也是中国竹文化的最早源头。至于"淇泉"二字的组合,则撷自清代墨竹名家郑板桥的《为马秋玉画扇》:"淇泉绿竹,何在非水,何在非竹也。"景墙前峰腰处,有细泉淙淙下注,流淌为极小之溪往南。景墙前,流溪内,偏于花坛南部,以秀竹石笋组景,竹林中错综地立石笋七株,象征"竹林七贤"。清代诗人袁枚随园的修篁丛中,曾有石七块,题曰"竹请客"(见袁起《随园图说》),我将其改为石笋,一是可以大大地节省空间;二是可构成真竹、假笋意象互补的巧妙组合;三是避免了"竹请客"三字的太俗太露。至于小小流溪,则用以象征唐代李白等著名的"竹溪六逸"。我受《园冶·掇山·峭壁山》的影响,计成说,"峭壁山者,靠壁理也。藉以粉壁为纸,以石为绘也。"我也特让竹石之景"靠壁理",而且集中偏南,使其"为绘",于是其北空出的一大片墙面就是"粉壁为纸"了,这种"留白"是画面最佳的题跋处。我试作七律《壁竹吟》一首以为题跋:

> 秀竹亭亭自结丛,朝烟暮雨染茏葱。
> 疏枝密叶琅玕质,劲节虚心君子风。
> 六逸七贤情韵美,四全三绝艺文工。
> 偏宜粉壁阴晴看,造化神奇光影中。

这首行书题画诗，实际上就是题墙诗，以立体阳文的形式制于墙面，于是，一幅诗、书、画、印俱全的《立体竹石图》就出现于景墙之前。郑板桥《题竹》云："一片竹影零乱，岂非天然图画乎？凡吾画竹，无所师承，多得于纸窗、粉壁、日光、月影中耳。"对于此景，人们站在墙前的不同位置观看，景色也会有所不同，而随着日光照射的移动，墙上零乱的竹影也会发生变化。最后，画面即墙面的左下角，还补以一方押脚印："竹报平安"，此成语出自一个有意味的典故。由于此景在出入路口，往来人们都能看到，其寓意是祝小区的居民们出入平安，日日平安。这是我文化意涵最为丰永的景观设计代表作。[①] 2009年，《风景园林》杂志主办"中国现代风景园林 60×60"专题（意为庆祝国庆 60 周年采访全国 60 位风景园林专家），也采访了我，并要提供案例，我提供了这幅景图并作了说明，他们采用了。[②] 后来，又被素不相识的徐德嘉、许可、孙晓玲采入《苏州新景观》一书。该书的案例篇收录的基本上都是现代新式景观，唯独在"别墅住宅"一节介绍说："江枫园是古典园林式别墅区，位于姑苏城外寒山寺旁……依西侧寒山古刹演绎成八大景点，如'寒山积雪''顽石悟禅''塔影落浦''霜天钟籁'等"，"淇泉春晓"的图版亦在其中。[③] 我这一设计是否符合"新古典式园林"景观的要求，提请专家、读者讨论。

何文阐释在古典园林基础上发展、创新的五个特征之一的"传承造园品题，创新高雅品位"说："苏州古典园林，许多都是由诗人、画家、书法家等文人主持或参与设计建造，大至整体布局，小至一座花台。因此，这些古典园林往往被称为'文人园'。文人园的一个经典案例，就是'品题'。"此言极是，我也试以一实例提供讨论，不过已不在苏州了。愚意讨论不一定局限于苏州一地的园林，范围不妨以苏州为中心进而扩大到全国；也不一定局限于园林，不妨扩展到其他方方面面，这样可能会有更多的参照系，更多的体悟，更能打开思路，有更多的话语可说。

我品题设计广东佛山的南海颐景园，第一景就是"水天绿净"，品题撷自唐代大文豪韩愈的《东都遇春》诗："水容与天色，此处皆绿净。"南海颐景园水面较阔，临水建一厅堂，额曰"绿净堂"。对于堂名的意义，我曾写道："更重要的是'绿净'二字还符合于 21 世纪生态文明时代的要求，符合于广大人群的生态意向和人类对环境的生态憧憬。试看今天世界上，人类生存环境受到了严重破坏：大气污染、水体污染、森林减少、土地沙漠化、沙尘暴频繁……于是，人们紧迫地要求'绿'色，急切地渴望'净'化……"[④] 为此，我特请当时上海市书协副主席、上海沪东书画院院长刘小晴先生题书匾额。

绿净堂两侧的对联，我觅得近代著名书法家康有为的原书，制为抱柱联："天人一切喜；花木四时春。"联语改自《普贤菩萨普门品》"花木四时皆吉祥，天人一切大欢喜"的偈语，后句的"天人一切"，指天人众生，包括人和非人类的生物。佛家认为，一切生命都应得到尊重和保护，这是其思想的精粹，可融进今天的生态文明。康有为将其改成"天人一切喜"则更见成功，既体现为天人合一的和谐，又体现着天、人、众生，皆大欢喜。康有为依据

① 详见金学智：《风景园林品题美学——品题系列的研究、鉴赏与设计》，中国建筑工业出版社 2011 年版，第 344~348 页。
② 《风景园林》2009 年第 4 期第 61 页。
③ 徐德嘉、许可、孙晓玲：《苏州新景观》，中国建筑工业出版社 2011 年版，第 148~150 页。
④ 金学智：《风景园林品题美学——品题系列的研究、鉴赏与设计》，中国建筑工业出版社 2011 年版，第 361 页。

楹联的要求，将此句改为上联，因为"喜"字属仄声；而"花木四时春"作为下联也非常好，不但"春"字属平声，而且从内容上说，一年四季，花木无不春意盎然，这多么美好！欧阳修《谢判官幽谷种花》云："浅深红白宜相间，先后仍须次第栽。我欲四时携酒去，莫教一日不花开。"就表达了四时花开、四季皆春的愿望。这也是最大的喜悦——生态的大喜悦！在今天的视域里，康有为这副具有深刻哲理和禅意的名联，不但符合生态文明的时代精神，而且具有前瞻性，体现着人类的愿景。

再联系地域来看，南海颐景园绿净堂悬挂康有为之联最恰当，因为他是南海人，人称"康南海"，是岭南文化名人。至于韩愈，虽非岭南人，但他一度贬至岭南，任潮州刺史，为当地百姓办了不少好事，在传播儒学、开发岭南文化等方面有不可磨灭之功。后人为纪念韩愈，称潮州东山为韩山，附近的江为韩江。于山麓建韩文公祠（韩祠），祠中悬"百代文宗""泰山北斗""三启南云"等匾额，故而也是岭南名人。所有这些，我都花了精雕细琢的水磨功夫。

我把设计实践的理念和体会概括为五句话："以双重生态为主导，以地域文化为依托，以撷古题今为创造，以品题系列为模式，以艺术聚焦为手段。"这里说的"双重生态"，指"自然生态和精神文化生态"。我在此基础上提出了"回归自然，天人合一；回归文化，人文合一"的指导原则。[①]"天人合一"已众所周知，而"人文合一"的提法则是我的独创，因为我设计特重精神文化，当然，我不是不重视自然生态的设计视角[②]。美国的阿瑞提指出："创造活动可以被看成具有双重的作用：它增添和开拓出新领域而使世界更广阔，同时又由于使人的内在心灵能体验到这种新领域而发展了人本身。"[③]我在追求实现"新古典园林"理想的过程中也有类似的体验，感到自己的思想认识水平和艺术设计水平均随之而有所提高。2011年北京建工出版社主办的《风景园林品题美学》首发式学术座谈会，也邀请了开发商参加。上海的一位老总说，这"让千家万户都能享受园林的美"，"南海颐景园就广泛受到业主的好评"；香港的一位老总说，"金教授的理念提高了我们的素养，他还一丝不苟地对建筑师甚至工人悉心指导"。"这启发我们思考如何把园林文化遗产转化为生产力"[④]他们的反馈使我感到欣慰。

再说对于造园，何文认为："苏州古典园林的造园四要素是：叠石掇山（山）、疏池理水（水）、栽花植木（植物）和建台筑亭（建筑）。"此说可能源自刘敦桢先生的名著《苏州古典园林》，其提法是"理水、叠山、建筑、花木"。对此类提法，我都有话要说：

其一，以上这些都只是造园的物质性要素，但是造园还有精神性要素，如文学、书法、绘画、雕刻……后者也是必不可少的。试想，一个园林，没有园名，没有刻石，没有联额，厅堂里没有书画，门上墙上是光秃秃的，到处不见木雕、砖雕……这是园林艺术吗？不是，

①　金学智：《风景园林品题美学——品题系列的研究、鉴赏与设计》，中国建筑工业出版社2011年版，第317页。

②　山东大学龚天雁的博士生学位论文《中国园林美学三种研究视野之对比分析》提要认为，中国园林美学有三种研究视野：第一是宗白华，将中国园林称为"园林建筑空间艺术"。第二是陈从周，提出中国园林是"综合艺术品"，侧重分析园林所包含的各种艺术门类。第三是金学智，从回应全球生态危机的角度，站在当代生态学、生态美学的高度，根据中国古代的"天人合一"观念所包含的生态意义，将中国园林称为"生态艺术典范"。

③　［美］S.阿瑞提：《创造的秘密》，辽宁人民出版社1987年版，第5页。

④　《〈风景园林品题美学〉首发式暨学术座谈会纪要》，《苏州园林》2011年第2期，第61页。

这是没有精神灵魂的躯壳。所以在概括造园要素或确立评价标准时，精神文化因素绝不容忽视。周苏宁先生在造园四要素之外，曾提出"苏州古典园林文化精神要素"为"第五大要素"的观点，是颇有识见的。

其二，物质性要素的排序问题，我不同意把建筑排在第三或第四。我在《中国园林美学》里论园林道：

> 它是把建筑拓展到现实自然或周围环境。唐代姚合《扬州春词》中就有"园林多是宅"之句，这足以说明园林对于建筑的依赖性，它不可能脱离建筑而存在。在功能上，园林是建筑的延伸和扩大，是建筑进一步和自然环境（山水、花木）的艺术综合，而建筑本身，则可说是园林的起点和中心。正因为如此，本书把……建筑作为园林美物质生态建构序列中的第一要素。[1]

可见这是关系到园林本质的重大问题，不应随意排列。

其三，物质性建构要素究竟应概括为几个，以上两家以及园林研究界，大抵主张四要素说，即建筑、叠山、理水、花木。我则主张三要素说，认为：

> 一个园林，主要就靠建筑、山水（或泉石）、花木综合而成的物质生态建构序列……有人认为山水是两种要素，因为山和水有着迥然有异的形质，但本书仍坚持将"山水"合为一种要素，理由如下：在历史上，"山""水"二字几乎形影不离长期被联用着（大量例略）……使"山水"二字形成了牢固的历史联系。二、古今汉语的发展，使"山水"已成为联合式的合成词……更多的是作为一个约定俗成的词来使用。三、现代汉语单词趋于双音节化……在园林学领域里，"山""水"分开来作为单音节词，还很难与双音节的"建筑""花木"并列，于是有人又改为"叠山""理水"，殊不知这更难并列，因为它们并非名词性的合成词，而是动宾结构的短语了，而园林的构成要素必须是名词；于是有人又改为"山体""水体"，但这种偏正结构和作为联合结构的"建筑""花木"相并列，则显得很不协调，甚至不伦不类，何况两个"体"字重复相犯，缺少积极修辞效果，而且严格地说，任何事物都是一种"体"，建筑、花木同样如此。四、陈从周先生说："中国园林是建筑、山水、花木等组合而成的综合艺术品。"这得到了学术界的认同。[2]

其实，何文已经注意到这些问题，所以重新给以组合，每个要素均由两个动宾短语组成，但这不仅显得不够简洁明快，而且括号里的单词，依然是"山""水""植物""建筑"，单音节和双音节并列，不太协调。现在我也据此重新改为"建筑""山石""水泉""花木"，此新的四要素说也提供讨论，如得到认可，我就放弃三要素说，但我不认为三要素说不对，它还是最为合理的说法。

---

① 金学智：《中国园林美学》，中国建筑工业出版社 2005 年版，第 111 页。
② 金学智：《中国园林美学》，中国建筑工业出版社 2005 年版，第 110 页。

周文提出"艺术无界",认为"只有'无界'创造,才能处处'出新'"。此论异常警辟!《苏州日报》2023 年 3 月 18 日《对话江南:用音乐为苏州续写浪漫》中采访了一位音乐人,他的"跨界艺术",他的"国乐和西洋音乐交融碰撞"种种"传奇"的成功尝试,使我想起数十年前流行至今的现代京剧《智取威虎山》"打虎上山"一场,特别是杨子荣一段主要唱段的前奏,众多西洋弦乐器以颤音(碎弓)的上下音型展现出暴风雪的形象,在此背景上,法国圆号递进奏出英雄的主题,真是精彩纷呈,令人百听不厌。这是西为中用的杰出典范,大浪淘沙,它经过了历史时代的真正考验而至今不衰。再举一例,京剧是地道的"国粹",也颇有创新的成功,如"戏歌""京歌"的出现,颇为受众所欢迎,如广为流行的《梨花颂》,既有歌味,又有京韵,二者妙合无垠,也是创新成功的范例。我爱看京剧,常看到让京剧演员上台唱现代歌曲,歌唱家上台演唱传统京剧,这也是"跨界艺术"的尝试。联系我中西交糅、众艺融通的跨学科的研究方法,又似可谓"跨界学术"了。

由此我想到,新古典式园林既要"无界""跨界",多方吸收,冲破樊篱,甚至引进域外,吸收欧陆,但又要"有界""融通",用何文的话说:"应该在传承古典园林基因的基础上,有所发展和创新。这种发展和创新,不是破坏古典园林肌理的刻板模仿,而是因'园'制宜创新,与古典园林风貌融为一体。"

以下再提供两个中西结合的园林实例以供探讨。

一、苏州狮子林,其石舫为钢筋混凝土结构,指柏轩前小石拱桥也多水泥材质;小石拱桥及水池周围均用瓶式栏杆,花篮厅的前台也如此,这都是西洋式的;小方厅、复廊、石舫等多处五彩玻璃窗,其形式、工艺则源自西方中世纪哥特式教堂……对于狮子林,有人嫌其"杂",有人赞其"新",有人说其中多近代因素,然而还是被列入《世界遗产·苏州古典园林增补名单》,这对"新古典式园林"有无可借鉴之处。

二、北京的圆明三园,其中长春园有一区欧式宫苑(有些是巴洛克风格),俗称"西洋楼",建于乾隆二十四年,一代盛世雄主的胸襟,竟容纳了中西合璧。这西洋楼一区,"是把欧洲和中国这两个建筑体系和园林体系加以结合的首次创造性的尝试"[1],此外还有人工喷泉,当时称"泰西水法"。这都可说是乾隆时代的"造园无界"。圆明园的建筑形式极有创新发展意义,"出现了许多罕见的平面形状如眉月形、卐字形、工字形、书卷形、口字形、田字形以及套环、方胜等",[2] 这些至今还给人以启发。

再回到苏州,古典园林原有的个体建筑类型丰繁,但放开眼界,仍能发现有将两种或多种相结合的创新,如苏州古城区的公交车站,出于功能的需要,构成亭廊结合的形式,它新就新在既是缩短了的廊,又是拉长了的亭,是具有时代烙印的时代产物,只是人们司空见惯,看不到它的创造性罢了。再如东山的启园,它够不上古典园林的称号,但其中有"四宜"的构筑。有文写道:"出'柳毅小园'沿廊东行,到建于湖石假山上的'四宜',此建筑奇形怪状,西看是亭,东看是轩,南看是台,北看是楼,因名之为'四宜'……"[3] 只是由于地处偏远,见到这"四宜"的人少了,它在形制上有无启迪意义。

---

① 周维权:《中国古典园林史》,清华大学出版社 1990 年版,第 228 页。
② 周维权:《中国古典园林史》,清华大学出版社 1990 年版,第 221 页。
③ 谢孝思主编:《苏州园林品赏录》,上海文艺出版社 1998 年版,第 201 页。

　　讨论贵在古今中外，东拉西扯，相互交流，相互论评，目的只有一个，是为了从中寻求启迪，寻求创造新古典园林的契机，或者说，是实现"与古为新"。

　　以上一孔之见，一得之愚，欢迎予以批评，希望引起讨论！

原载《苏州园林》2023 年第 3 期

# 此情可待成追忆

## ——附：袁枚随园杂考

### ·1957—1991—2023·

我的母校——南京师范学院，被外国友人誉为"东方最美丽学校"。她是在清代著名诗人袁枚的"随园"旧址上建造起来的，我在这里的四年大学生活，也是美丽的。

当夕阳开始收敛金色的余辉，南京师范学院[①]一百号大楼前如茵的草坪，以其宽广的胸怀引来了男男女女的大学生，他们攒三聚五，坐着，站着，漫步着；或笑语，或轻歌，或交流学术见解，或漫谈人生哲理……他们多半是等着进阅览室或教室的（按：我是 1956 年就学于南师中文系的，当时大学生多数确是这样的）。

入夜，月明星稀。大楼后的清浅池塘，倒影如画。琴房中传来彼伏此起的叮咚琴声，应和着地上被树叶筛下的月光，一串串，一点点，谱成黑白错综的律动、空灵闪烁的音画。环顾四周，灯与月交辉着，勾勒出大楼组群的古典身影：宫殿式的大屋顶，壮实挺拔的暗红色列柱，一排排大抵明亮的窗户……。这里，一幢幢大楼被走廊连接着，一条条走廊被树影掩翳着，一丛丛树影被清风摇曳着。月明风清，如此良夜何！——这，就是我记忆中南师大的校园之美，这美又和大学生生活的黄金时代联结着。

我对美学的热切向往，正是从这时开始的，因为来到了南师大学习，也就是投入了美的怀抱。

当时五彩缤纷的校园生活，曾使我应接不暇。学生课余文艺团体斗芳争艳，我参加的是民族乐队，不但在校内、外演出，而且常为周末或节日的舞会伴奏，当《彩云追月》之类的乐声响起，同学们便翩然起舞。各系的黑板报集中排列在大饭厅前，相互比美，争作物质营养的精神补充，我也曾为它的美化而效劳。最使我难忘的是元旦前夕，陈鹤琴院长扮作圣诞老人，出现在沸腾的不眠之夜……

南师的外环境对我也有其特殊的魅力。伫立于龙盘虎踞的石头城上，漫吟谢朓"江南佳丽地，金陵帝王州"的诗句；徜徉于并不美丽的秦淮河畔，悬想她昔日桨声灯影里的繁华；在学校所在地的随家仓，寻觅诗人袁枚及其随园的遗踪；在紫金山麓的中山陵，缅怀革命先行者的业绩……这又使我一次次走进灿烂的文化、遥远的历史。

然而，给我印象最深的，还是现实的学习生活。且不说图书馆丰富的藏书给我以美学的启蒙，就说中文系传道授业的导师，唐圭璋先生学富五车的著述，杨白桦先生文质兼美

---

[①]　南京师范学院，其前身是金陵女子学院，1984 年改名南京师范大学。

的讲义，朱彤先生抑扬顿挫的语调，吴奔星先生谈笑风生的赏析……，无不强烈地吸引着我求知之心。我特别崇敬德高望重、平易近人的吴调公先生，在 20 世纪 80 年代，他任江苏省美学学会会长，我又因此幸获更多的请教机遇。他真是每问必答，每求必应，热情的关怀感人肺腑，还欣然为我的《书概评注》撰写序言，多所奖掖。师生情谊，真挚深长！

离大学时代，已有三十余年了，在人生的旅途，我不论是巧逢顺利，还是蹇遇困难，或在百无聊赖之际，常常是怀着拳拳之心，眷眷之情，透过那如烟的悠悠岁月，去追觅、捕捉吉光片羽般的记忆碎影，作为一种美的抚慰。有时，竟把它当作遥献给母校的一瓣心香。

# 附：袁枚随园杂考

南师大的校址，即袁枚随园故址的一部分。我人生之旅中与园林、与美学的接触，就是从这里开始的，故尝试一考。

南师大的校址，在南京宁海路 122 号，其东南角便是"随家仓"（路名），这里当年均属"一造三改，所费无算"的随园的一部分。有人说，"随家仓"是随园与小仓山的合称；或说，这里是随园当年的粮仓，其实均非。袁枚《随园二十四咏·书仓》写道："聚书如聚穀，仓储苦不足。为藏万古人，多造三间屋。为问藏书者，几时君尽读。"可见这个"仓"，不是粮仓，而是书仓。

红学家们对《红楼梦》里大观园作考证，最早是胡适。他在写于 1921 年的《红楼梦考证》里就说："袁枚在《随园诗话》里说《红楼梦》里的大观园即是他的随园。我们考随园的历史，可以信此说是不假的。"当时，作为特定时代的大学生，我是不敢提及胡适的，但是，却引起了我考证的兴趣。

据查，随园旧址是隋赫德的花园，袁枚任江宁令时，隋园已是一片荒芜，他花了月薪三百金，就买下这个荒园，重新加以营构。其《随园记》写道："随其高为置江楼，随其下为置溪亭，随其夹涧为之桥，随其湍流为之舟，随其地之隆中而欹侧也，为缀峰岫，随其蓊郁而旷也，为设宧窔，或扶而起之，或挤而止之，皆随其丰杀繁瘠，就势取景，而莫之夭阏者，故仍名曰'随园'，同其音，异其义。"一连串的"随"字，可看作是极精彩的造园理论。[①] 当然，这离不开袁枚"性灵"的胸中丘壑，而主持营建的匠师为武龙台，"随园亭榭，率成其手"（袁枚《瘗梓人诗》小序）。

再说其"一造三改"的景观，袁枚《随园二十四咏》里咏及的"双湖"，窃以为就在南师大的校园里，这里不多不少，恰好也是两个池，不过已大为缩小，其一就是拙文所描写的"大楼后的清浅池塘"。随园还有小仓山，可能也就在校园南山一带，我参加校庆下榻的专家楼，就建在南山上……

不必局限于联系南师。随园"一造三改"的景观，颇能大胆创新。袁起《随园图说》言小仓山房"陈方丈大镜三，晶莹澄澈，庭中花鸟树石，写影镜中，别有天地。诗云：'望

---

① 笔者曾将计成《园冶》中的"因者，随基势之高下"作为专节标题，集中其书中有关"因""随"之句、之意，纳入于古代的贵因哲学思想史，予以高度的评价，见《园冶多维探析》上卷，中国建筑工业出版社 2017 年版，第 407~412 页。袁枚《随园记》中的一连串精彩的"随"字，与计成的贵因哲学、造园思想是一脉相承的。

去空堂疑有路，照来如我竟无人。'咏此镜也。东偏移室，以琉璃代纸窗，纳花月而拒风露……"园林室内用大镜，当时是新奇的设施，令人想起《红楼梦》中刘姥姥醉卧怡红院，曹雪芹对壁中嵌镜有大段的生动描写，或许就是受其影响？至于玻璃窗，今日司空见惯，当时在园林里也是一种创新。袁枚《随园二十咏·水精域》还特地咏道："玻璃代窗纸，门户生虚空。招月独辞露，见雪不受风。"可见颇为得意。《随园图说》还写有曲室，"饰以五色玻璃，如云霞散绮，斑斓炫目，乃谓曰'琉璃世界'"。[①] 如此等等。

再看胡适说，"袁枚在《随园诗话》里说《红楼梦》里的大观园即是他的随园"，"可以信此说是不假的"。其实，只能说大观园很可能受随园的影响。

总揽红学界，大观园的原型有南京说、北京说、长安说等，北京又有多处，红学家们各有各的论据，然而首先应该想到，《红楼梦》是小说，小说是可以虚构的。鲁迅在《南腔北调集·我怎么做起小说来》里写道："人物的模特儿，没有专用过一个人，往往嘴在浙江，脸在北京，衣服在山西，是一个拼凑起来的角色。"大观园也应该是"一个拼凑起来的角色"，当然可能这里取得多一点，那里取得少一点。我还想到，袁枚有三十多个女弟子，大观园也多女裙钗……

1991 年 8 月作于苏州，载《随园沧桑》[②]，
［北京］中国广播电视出版社 1992 年版；
2008 年《附记》连同正文又载《苏园品韵录》，
上海三联书店 2010 年版；
2023 年改《附记》为《袁枚随园杂考》收入本书

---

① 这些均系海外舶来，已带有近代色彩，如苏州狮子林的园林建筑也多用五色玻璃。
② 此书为南京师范大学九十周年校庆文集，笔者有幸被邀参加此庆典。

# 流动的建筑形象

## ·1989·

音乐的特点，是以其节奏、旋律在时间的维度里流动；建筑则相反，是以其平面、立面的造型凝固于三维空间之中。

如此截然相反的艺术，在西方竟会被美学家、音乐家、建筑家一致公认为一对孪生姐妹。歌德就曾认为建筑是"僵化的音乐"，而乐圣贝多芬，哲人黑格尔、谢林等也都表述和发挥过类似的想法，并终于把它铸炼为如下的艺术哲学名言：音乐是流动的建筑，建筑是凝固的音乐。这一命题，可说是人类智慧所绽开的美学花朵。

就"建筑是凝固的音乐"而言，其价值就在于把空间导向于时间，使凝固解冻为流动……然而，困难不在于一般地引用或赞颂这个美丽的思想，而在于捕捉"导向"和"解冻"的契机，在于以审美实例来证明和阐发这句名言。

在各种门类的艺术中，建筑的体量特别高、长、大，人们必须移动视角、变换方位，才能观赏到它的全体，而这正是空间导向于时间的重要契机。已毁的圆明园曾有以"迎步廊"命名的长廊，它迎着人们的审美脚步而流动，人行廊动，廊引人随，于是，人和廊合奏出一支优美的迎步随想曲。

建筑有着类似于音乐的节律，不过它采取的是凝冻的形式罢了。这可遥远地追溯到古希腊罗马。试看无论是斐斯顿的波塞冬神殿，还是雅典卫城的帕特农神殿，几面都有古典的廊柱系列，其"柱－空－柱－空"的等距间隔，如同乐曲中二四拍子的强弱交替，它适应着人们节拍的预期心理，形成了鲜明的节奏感。再就其柱式来说，不论多立克、爱奥尼，还是科林斯，其柱身都布满垂直的细槽，这也强化了列柱的节奏感。至于科洛西姆斗兽场，建筑平面为椭圆形，静态中富于动势。其立面外观特征为墙柱和拱券门的横向等距间隔。再从纵向来看，它又以同样或相似的建构层叠至三四层，这又形成一种纵向的节律。人们如变换方位和视角绕场巡礼一周，就可感到这个存在于三维空间的宏伟造型，是如何地增加了时间这一维度，如何在流动中不断跳跃着节律，于是这个古老而残缺的建筑，就进而解冻为四维结构的无声韵律了。

山西太原晋祠有"鱼沼飞梁"，为方池上所架的十字形桥梁，中间略为隆起。方形水池四周环置汉白玉栏杆，十字形桥面每边也同样地敷设栏杆，其栏柱和栏板也一律等距排列，这样，十六排栏杆有高有低，有平有斜，纵横相错，回环相接，形成了节奏系列群。人们如在池边或桥上游赏，一排排或近或远，高低错落的栏杆就会化作一组组动态的形象系列，并不断地变换着自己的节奏和音型，宛如众多的乐器以不同声部奏出的交响曲，给人以"洋洋乎盈耳"之感。

乐曲中不仅有等距重复的齐一节奏，还有渐快、渐慢的层递节奏和渐高、渐低的层递音律。如果抽象地看颐和园的十七孔桥，那么其桥身就会化作一条长长的优美的弧。在这条起伏度不大、富于柔和情趣的曲线上，栉比而立的望柱系列会随着人们目光的扫视而如同乐曲中一个个节拍迎面而来。弧线之下有序地排列的十七个桥孔，它们也会按数比关系依次递增，至桥中心又依次递减，这如同音阶的排列，又像竖琴奏出的一组琶音或古筝所描写的一组流水音。这个桥身、桥柱、桥孔合乎比率配合而成的造型，在粼粼的波光下特别富有动感，具有时间的维度，是一支轻快悠长的抒情曲。如果人们站在南湖岛东岸，把十七孔桥放在周围环境中来欣赏，那么，其节律感更有审美意味。南湖岛畔的栏杆系列，表现为齐一、重复的节奏型，这是第一乐章；接着过渡到十七孔桥的长虹卧波，转入递增——递减的节奏型，带有明显的歌唱性和抒情味，这是第二乐章；最后再转入东堤的廓如亭，这个体量特大的亭子，内外三圈有二十四根圆柱，十六根方柱。单就其柱林来说，又无异是节奏繁汇的交响曲了，这是第三乐章。这三个乐章的艺术组合，和彩画长廊一样，也是颐和园中规模宏大、效果极佳的四维结构的无声音乐。

在西方现代建筑史上，赖德是影响极大的建筑家。他最后的代表作是美国纽约的古根汉姆博物馆，其主体建筑是多层螺旋形的倒置的"圆塔"，由下至上每加一层，圆形就扩大一圈。强烈的旋转感和不稳定感是这个奇特建筑最重要的美学特色，而其本质仍是上行的递增或下行的递减，并使人联想起音乐中的回旋曲式。

在西方现代建筑中，有意味的抽象也成了建构凝固的音乐的重要手段。伊罗·沙里宁是被美国建筑师协会授予 AIA 金质奖章的建筑师，他所设计的华盛顿杜勒斯机场航空站，特别富于抽象的动态，又富于具象的暗示。航空站最引人注目的是屋顶。如果说，中国建筑"如鸟斯革，如翚斯飞"的飞檐翼角给人以飞动感，那么，航空站的屋顶则以其现代化的纯净结构给人以飞动的强烈契机，它用的是以中间向下弯曲的反抛物线的大块板面，正面较高，背面较低，使人联想起航空时的起飞。其正立面又以一排向外倾斜的巨型扁柱和向上翻卷的檐口加强了建筑的动势，这是借助于抽象而构成的明快飞动的旋律。

法国的朗香教堂，是轰动西方的现代主义建筑，为著名建筑家柯布西埃设计。它首先打破了单一、规律、重复或层递的整齐节律，如教堂墙上的窗，是不规则地零乱散布的大小不同的空穴，墙壁上也呈弯曲倾斜之形，屋顶与墙之间又留空设置许多横窗，上面覆以如船底形翻转的屋顶，它在空中颇有飘动之感。教堂的背立面是圆形、曲线的几何造型组合。这个教堂的建构，似乎可说是西方现代派音乐的凝固和物化。这个作品曾被誉为"奇特的、激动的、无限流动的空间形象""只有巴哈的赋格曲才能与它媲美"。

建筑使造型"解冻"的途径是多样的，它导引人们从空间走向时间的契机也有种种不同：对称、协调、数比、反复、交替、层递、循环、回旋、展延、抽象、动势、联缀、变奏……然而万变不离其宗，这就是节律的物化，这就是指向音乐的精神。

原载［上海］《艺术世界》1989 年第 6 期

# "苏杭比较论" 溯源

## ·2000·

"上有天堂，下有苏杭。"

这一广为传诵的谚语，多少年来，不仅流播于江浙一带，而且流播于大河上下，长城内外，甚至漂洋过海流播于日本、欧美……

这一古谚，起源于何时，古籍出处何在，对此作一探究，是颇有兴趣的。杭州的孙德卿先生写了一篇《"天堂"之说溯源》[①]，说他为了溯源，跋涉苏杭，翻阅了《临安知识词典》《中国帝王辞典》以及有关文史资料，它们虽常引有此语，但"不无遗憾的是最初见之于文字，究竟在哪里？缺乏考证"，"辞书编者没有详细交代"。他又翻遍全部《苏州杂志》。有文字出处的只有笔者八九年前所写的《天堂意识——苏州园林欣赏之四》（见《苏州杂志》1990年第4期）。拙文引了元人奥敦周卿《〔双调〕蟾宫曲·咏西湖》，作为这一人们喜闻乐道的古谚的出处。孙先生不愧是有心人，其追根究底的精神令人折服。他还认为拙文引元曲作为出处，时间上似乎太晚，笔者同意这一观点，感到还应向上追溯。

孙文令笔者更有兴味的是，它善于联系现实生活将苏、杭进行比较：

其一，如苏、杭两地电视台联合播出晚会，现场采访市民，杭州人认为杭州比苏州美，比苏州大，为什么不说"下有杭苏"，颇有些不服气；苏州人则说是为了"押韵"……孙文认为理由似乎太简单。

其二，孙先生在杭还发现很多"天堂牌"广告，说杭州已将"天堂"作为注册商标，着眼于经济效益，此言也并不虚。笔者恰好有一次参加园林会议，他们送了一把杭州新产品折叠伞，伞柄上赫然跃入眼帘的是红色的"天堂"二字，其旁还贴有"天堂"微孔防伪标识，合格证上则有"识别真假"之法，这显然是为了提醒人们谨防"假天堂"的冒牌货。以小见大，杭州人的"天堂意识"确乎渗透到经济领域的某些角落了。孙先生在比较之余感慨地说，"苏州至今还停留在唱唱评弹开篇阶段"。是的，苏州人的"天堂意识""天堂情缘"，似乎多表现在文艺领域，这也许是苏、杭的小小差异之一。

其三，苏、杭之所以被人并称"天堂"，一个重要原因是名胜古迹、风景园林多而且美。孙先生比较说，"遍游了杭州很多景点，与苏州对比确是各有千秋。"这是持平之论。这一比较，也是建立在多方调查、反复思考的基础之上的。笔者认为，就今天作为旅游城市来说，苏、杭各有"千秋"，二者的区别在于苏州主要以园林胜，杭州主要以湖山胜，当然，西湖也往往被称为"公共园林"。

再回到溯源上来。由元代上溯，在古籍中可发现，早在唐宋时代，人们就爱把苏、杭这两个城市进行有意味的比较了。联系学术研究来思索，时下盛行种种比较学科，且不说

---

[①] 孙德卿：《"天堂"之说溯源》，《苏州杂志》1999年第1期。以下简称孙文。

比较文学早已是一门"显学",就说其他学科,如比较美学、比较语言学、比较社会学、比较地理学……,也不一而足。而将苏、杭二地进行比较,则不妨称之为"苏杭比较论",它是历史地形成的,说句不恰当的话,它可看作是"比较地理学"的一个小小的分支。

从历史上看,唐代大诗人白居易似乎是"苏杭比较论"的始作俑者。他既当过杭州刺史,又当过苏州刺史,喜爱和熟悉苏、杭,写过不少深情咏唱苏、杭的名篇佳作,并为苏、杭百姓办过不少好事,因此对于苏、杭的比较,他最有发言权。他那首《见殷尧藩〈忆江南〉三十首,诗中多叙苏、杭胜事,余尝典二郡,因继和之》一诗就写道:"江南名郡数苏杭……我为刺史更难忘。"而其《咏怀》诗开篇第一句也是:"苏杭自昔称名郡。"他已把自昔以来的这两个名郡等量齐观了,并一再把苏州置于杭州之前。这种相提并论,就是以比较作为前提的。事实上,他对苏杭还曾作过深入细致的反复比较。其《登阊门闲望》这样写道:

> 阊门四望郁苍苍,始觉州雄土俗强。十万夫家供课税,五千子弟守封疆。阊
> 闾城碧铺秋草,乌鹊桥红带夕阳。处处楼前飘管吹,家家门外泊舟航。云埋虎寺
> 山藏色,月耀娃宫水放光。曾赏钱塘(杭)嫌茂苑(苏),今来未敢苦夸张。

据《元和郡县图志》载,唐代元和时苏州即有十万户。白居易在诗里通过对苏州多方面的描述作出了综合评价,改变了以前"赏钱塘-嫌茂苑"的看法。他在另一首诗里还具体地写道:"霅川(吴兴)殊冷僻,茂苑太繁雄,唯此钱塘郡,闲忙恰得中。"(范成大《吴郡志》卷五十引)白居易通过比较,认为吴兴较冷僻,苏州太繁雄,杭州则既不太冷僻,又不太热闹繁忙,适得其中。这是当时情况的真实反映。当然,吴兴也是以风景园林著称于世的,特别是到了宋代,更成为著名的园林之城,周密曾写有著名的《吴兴园林记》。然而,白居易将这三个城市进行比较,着眼点主要不是其风景名胜,而是其经济——"繁雄"情况。由此可以推测,白居易将苏、杭并提时将苏州置于杭州之前,是考虑其经济的发展,城市的繁荣。这一推测,似可用来回答苏、杭二地电视晚会采访时所提的问题了。

再看宋代,著名诗人范成大更是"苏杭比较论"的突出研究者,他在《吴郡志·杂志》中写道:"谚曰:'天上天堂,地下苏杭。'又曰:'苏湖熟,天下足。'湖固不逮苏,杭为会府,谚犹先苏后杭……"接着,他又援上引白居易诗句进行论证,指出:"在唐时,苏之繁雄,固为浙右第一矣。"这是通过进一步比较后得出的历史结论。值得注意的是,这也是从经济地理学的视角所作的比较。

在宋末元初,文学家方回写了《姑苏驿记》。他也从交通经济的角度指出,"东南郡苏杭第一"。他依然承袭唐、宋时积淀而来的"苏杭"这一提法。

再说范成大引"天上天堂,地下苏杭"之语,已将其称之为"谚"。而如将此谚和"上有天堂,下有苏杭"相比,当然后者为优。值得指出的是,既然是谚语,它一定是在民间长期地、广泛地流传的,因此可以断言,在宋代,类似的民谚早已较为成熟地流传了,或者说,早已大同小异地广为流传了。

到了元代,"天堂"之谚经过历史的磨洗,民众的锤炼,音律更为协和,句式更为凝整,并进入了奥敦周卿的散曲《〔双调〕蟾宫曲·咏西湖》:

> 西湖烟水茫茫，百顷风潭，十里荷香。宜雨宜晴，宜西施淡抹浓妆。尾尾相衔画舫，尽欢声无日不笙簧。春暖花香，岁稔时康。真乃上有天堂，下有苏杭。

"真乃"云云，是援引民谚进行了形象化的论证。当然，曲中所咏，是着眼于旅游地理，但也离不开"岁稔时康"之类的自然地理、经济地理。而另一位元曲作家睢玄明在《耍孩儿·咏西湖》中也写道：

> 钱塘自古繁华地，有百处天生景致……。论中吴（苏州）形胜真佳丽，除了天上天堂再无比。

这也是相提并论地赞颂了苏州、杭州，并再一次以"天堂"为喻。

在明代，郎瑛的《七修类稿》也载有类似的民谚……

由此可知，琅琅上口的"天堂"谚语之所以是先苏后杭，从源头上看，其主要原因在于经济。事实正是如此，苏州的知名度，也主要是随着经济发展而不断提高的，这还可进而引历代诗文作为补证——

晋代诗人陆机在《吴趋行》中唱道："阊门何嵯峨，飞阁跨通波。重栾承游极，回轩启曲阿。蔼蔼庆云被，泠泠祥风过。山泽多藏育，土风清且嘉……"苏州阊门的建筑雄丽，吴地的资源丰饶……，令诗人赞颂不绝。

在唐代，吴地政通人和，农桑丰稔，商贾云集，舟楫如梭。杜甫《后出塞》曰："云帆转辽海，粳稻来东吴。"其《昔游》又曰："吴门转粟帛，泛海陵蓬莱。"杜荀鹤《送人游吴》也写道："古宫闲地少，水港小桥多。夜市卖菱藕，春船载绮罗。"借助于诗句，可以想象吴地的繁雄、富庶、繁忙……

苏州的繁荣昌盛到了五代、北宋，更上一台阶。朱长文在《吴郡图经续记》中写道：

> 自钱俶纳土，至于今元丰七年，百有七年矣。当此百年之间，井邑之富，过于唐世。郛郭填溢，楼阁相望，飞杠如虹，栉比棋布……冠盖之多，人物之盛，为东南冠。

这就是苏州能臻于人间天堂的经济条件乃至人文条件。

在古代苏州史上，其经济发展到了明代已臻于高峰，在全国领先。出身商贾的苏州才子唐寅对此特别敏感，特别有深切体会，他在诗里更有较全面而生动的反映，如：

> 江南人住神仙地……（《江南四季歌》）
> 我住苏州君住杭，苏杭自古称天堂……（《寄郭云帆》）
> 世间乐土是吴中，中有阊门更擅雄。翠袖三千楼上下，黄金百万水西东。五更市买何曾绝，四远方言总不同。（《阊门即事》）
> 市河到处堪摇橹，街巷通宵不绝人。（《姑苏杂咏》其二）
> 繁华自古说金阊，略说繁华话便长。……北去虎邱南马涧，笙歌日日载舟航。
> （《姑苏杂咏》其四）

通俗的语言，流畅的笔调，生动的描写，高度的概括，是一首首苏州天堂颂，一幅幅姑苏繁华图。所谓"神仙地"不也就是"天堂"的同义词吗？

在清代，例如乾隆盛世，曹雪芹《红楼梦》第一回就说，姑苏的阊门，"最是红尘中一二等富贵风流之地"。而李斗《扬州画舫录·城北录》也引有刘大观语："杭州以湖山胜，苏州以市肆胜，扬州以园亭胜，三者鼎峙，不可轩轾。"这一比较，极为准确，揭示了三个名城各自不同的个性特点，苏州在当时是以经济繁盛领先的。当然，这三个名城也有其相同的共性，即风景园林名胜众多，其中也包括清人沈朝初《忆江南·春游名胜词》所咏："苏州好，城里半园亭。几片太湖堆崒嵂，一篙新涨接沙汀。山水自清灵。"

直至现代，作家曹聚仁在《吴侬软语说苏州》一文里，一开头就写道：

> "上有天堂，下有苏杭，杭州西湖，苏州山塘"（《姑苏风光》）。前天晚上，
> （评弹演员）杨乃珍的琵琶一响，呖呖莺声，唱出了七里山塘的风光……

七里山塘街，是唐代苏州刺史白居易所开辟的通往虎丘之路，历来以繁华的风光著称。至于这一评弹开篇，也从 20 世纪 60 年代流传了下来，而这也在一定程度上印证了孙德卿先生文中所说的"苏州至今还停留在唱唱评弹开篇阶段"……

以上一系列形象生动、描述具体的诗文，可看作是"上有天堂，下有苏杭"之语的历史注脚，或者说，可看作是"先苏后杭"的古典文献论据。当然，流行于现代的苏州评弹开篇，只能说是民间艺人的传唱。然而这正足以说明：这一民谚，同时是在民间穿越时空，众口相传地形成和流播的。

原载《苏州杂志》2000 年第 1 期；

［北京］《新华文摘》2000 年第 7 期全文转载

# "诸葛铜鼓"小考

## ·2002—2024·

苏州网师园的万卷堂内，有置于架上的"诸葛铜鼓"，为青铜器重要摆件，属于厅堂陈设。

这种型式的铜鼓，相传为诸葛亮所创制。清薛福成《振百工说》云："诸葛亮……所制有木牛流马，有诸葛灯，有诸葛铜鼓，无不精巧绝伦。"其实，这一传说，并不完全符合实际，需要一考。

清代著名史学家赵翼有《关索插枪岩歌》，歌云："万仞危崖拔地起，磴道盘空有遗垒。土人相呼关索岩……曾从诸葛征南来，丈八铁枪插于此（金注：数句交代了'关索插枪岩'的由来）。……深崖往往贮金甲（自注：'贵阳有诸葛藏甲岩'），荒村处处瘗铜鼓（自注：'蛮村多铜鼓，皆云诸葛鼓也'）。不知此物究何用，千载群蛮舌犹吐。"此诗此注均值得注意，所谓"皆云"，说明了"诸葛鼓"传说的广泛性，但据"蛮村多铜鼓"之句，则应称为"蛮鼓"。"蛮"，为古代对西南乃至中南少数民族（即"土人"）的歧称，由于诸葛亮在滇、黔、川的某些传闻，故而被传称为"诸葛鼓""孔明鼓"或"诸葛行军鼓"。

此鼓据其材质，更准确地应称为"铜鼓"（如赵诗自注所云），更早如宋人朱辅《溪蛮丛笑·铜鼓》所说："蛮地多古铜（器）……鼓尤多，其文（纹）环以甲士，中空，无底，名'铜鼓'。"赵诗里的"不知此物究何用"，可见对其功用，还是不甚了解。其实，明王阳明《征南日记》诗就说："铜鼓金川自古多，也当军乐也当锅。"可见在四川、贵州、云南一带，它既是乐器，又是炊具。除宴享和乐舞外，它还常用于战争中指挥军队的进退，所谓"行军鼓"。此一物有数用，还可作贡品、玩品、陈设品，或用于婚丧、祭祀、传讯报时……确实可谓多功能。铜鼓大量出土于西南少数民族聚居地区，时间在汉或汉以后直至清代。铜鼓是否系汉代之器，往往以是否饰有五铢钱纹为重要标志之一。

铜鼓多见为青铜铸成，即以纯铜加少许锡、铅甚至微量铁等合成铸炼，合金比例恰当者，坚韧而且音量、音色俱佳。它应该说是很有历史人文价值并具有独特形式美的传统工艺品，为古代少数民族杰出的科技、艺术之双重创造。鼓有单面和双面两类，双面者振幅小，音略沉闷，余音短；单面者振幅大，共鸣效果佳，余音较长，故以单面鼓居多。出土之铜鼓，直径不一，大者在100厘米以上，小者仅10余厘米。

网师园万卷堂内的铜鼓，直径75.5厘米，高41厘米，属于中大型。其鼓面鼓身皆有极细密的花纹围绕，但无五铢钱纹，两侧各有系耳圈，供穿绳以便悬挂、敲击或提拎携带。鼓身略向内凹进，立面呈优美的曲线形，偏下处有凸出的阳文一圈，底部空，为单面鼓。鼓面中心，有不大的太阳纹，是敲击的最佳部位。太阳射出的六道光芒，象征音响的传播、发散，"响"与"亮"本就存在着通感联觉的有机联系，所以在汉语中有"响亮"一词。太阳周围，有五道逐渐扩大的晕圈，象征由中心向四周逐渐扩散的层层声波。鼓面边缘，铸有立体的蟾蜍四只（汉末出土者有六只的），故又称"蹲蛙青铜鼓"。有人曾则据蟾蜍将太阳释作月亮，因为传说中月宫有蟾蜍，此说不确。广西花山崖画铜鼓舞人，所有鼓上均有太阳光体纹饰，而《古铜鼓图录》所录开化鼓外圈羽舞环饰的中心，更有突出的太阳光体纹饰，它们都没有蟾蜍装饰。太阳纹溯源，应为原始太阳崇拜的遗留。至今有的少数民族仍认为太阳是万物之源，万物向阳才有生机。当然，在名称上，依然不妨称之为"诸葛铜鼓"。

网师园的诸葛铜鼓，造型古朴而美观，纹饰细密而大方，风格敦重而端庄，通体遍染铜绿，更显得古意盎然，精巧绝伦。从时间上推测，可能为清代之物。

原为《网师园文史拾零（上）》中的第六部分，
载《苏州园林》2002 第 4 期；
后《网师园文史拾零》全文被收入
《苏州园林文化研究》第一辑（苏州大学出版社 2022 年版），
笔者于 2021 年将《诸葛铜鼓》部分抽出重写并插入本书

# 颠倒情思摄梦魂

## ——说说苏州园林的声境美

### ·2004·

我爱听音乐，尤爱听古典音乐里似水缓缓流淌的美。而这种清新典雅、沁人心脾的乐境，还与苏州古典园林里优美的声境，有着异曲同工之妙。

我又爱在风雨飘洒之日，拄杖去苏州园林，漫步于凤亭雨榭，四处寻寻觅觅，去捕捉那古典音乐般优雅的声境。此时，由于天公不作美，园里的游人并不多，这种难得的幽静，最能让我漫步进入意境；而我则往往爱带一卷明人陈眉公的《小窗幽记》，或清人张潮的《幽梦影》，因为这类小品集里的妙言隽语，散发着幽兰般的芳馨，有助于读解园林的声境，又有助于孕育审美感受，其中包括细微的听觉感受。

有一种意象美，可喻之为浮游于尘埃之外、披着羽纱的仙子，缥缥缈缈，颇难捕捉，正如张潮所指出，山之光，水之声，月之色，花之香，"皆无可名状，无可执着、真足以摄召魂梦，颠倒情思"。

这种美，犹如水之声，就需要品赏者悉心去捕捉其意象。

水之声，有泉声、涧声、溪声、沟声、滩声……苏州园林里的这种声音美，只有等待雨天才能领略到。当春雨绵绵或夏雨滂沱，虎丘、留园或环秀山庄的溪滩空间里，就会或迟或早地出现这类声境：我有时伫立在附近亭廊里深情谛听，确乎能欣赏到这种"幽咽泉流水下滩"的美——或清清泠泠，或淙淙潺潺，或断断续续，它们似从我心田流过，令我不知魂梦何如，情思何如？这也许就是诗意的萌生吧，这时，天公不作美恰恰就成了"天公作美"。

水之声，还有瀑布，但这已不是缓缓流淌的舒心之音，而是震人心神、夺人魂魄的激厉倾泻之声。陈眉公说："瀑布天落，其喷也珠，其泻也练，其响也琴。"十二个字，从形、势、声三方面揭示了瀑布之美。狮子林西部山巅有挂于前川的瀑布，它层层"叠落"，间以"布落"，颇有气势，其形确乎如同白练；飞瀑泻于池里，激于石上，喷珠溅玉，水沫蒸腾，又蔚为壮观；而其声则恰似琴筑合奏，宫商交响，昔日园主曾题为"如闻涛声"，真可谓高山流水获知音了。

雨之声，在园林里最富于韵致的，有梧声、蕉声、荷叶声……怡园的"碧梧栖凤"，前庭有高梧数本，亭亭直立，树冠碧阴张盖，它不仅能蔽炎铄热，而且喜逢佳雨，又会呈现出"疏雨滴梧桐"的乐奏。这是色与声交融的精神美餐，它让我既目饱清樾，又耳饱清韵。拙政园有听雨轩，在清池畔，石丛间，植若干芭蕉，就给小院投下一片绿情。而在潺潺的雨天，淅淅沥沥，雨点打在一片片大叶上，一滴滴，一声声，如闻《雨打芭蕉》的轻音乐，别饶雅趣，更涤尘襟。拙政园还有留听阁，题名撷自李商隐的名句"留得枯荷听雨声"。这里附近有荷池，荷叶面大而薄，入深秋而枯。大小高低不同的枯荷：受雨后其音不但清脆悦耳，而且洪纤疏密，错杂各异，织成音响的自由世界，这里又成了一个令人心旷神怡的听雨空间。

风之声，有竹韵，松籁……沧浪亭的"翠玲珑"，室内有联曰："风篁类长笛；流水当鸣琴。"这也是把作为自然美的声境，当作艺术美的乐境来品赏了。试看室外，修篁苍翠丛密，风来戛击有声，锵然而亮，铿然而文，有如"丝竹管弦之盛"。拙政园的松风水阁，又名"听松风处"，室内有"一庭秋月啸松风"之额，华阁凌驾于水上，其旁长松挺立，虬枝凌空，劲风谡谡而过，我也随之而神思飞越，离尘而脱俗，令人想起文徵明的《拙政园图咏》："疏松漱寒泉，山风满清听……彼美松间人，何似陶弘景。"

张潮还写道："春听鸟声，夏听蝉声，秋听虫声，冬听雪声……水际听欸乃声，方不虚此声耳！"此话言之不虚，且能即小见大，发人深思。在这喧嚣的城市里，这类声境，确实能助我消除尘心，澡雪精神，享受宁静、悠闲的人生，并经由天籁、地籁以体现向自然的归复。

可是，张潮所向往的这类声境，在今天已颇难遇到。天平山虽仍有"听莺阁"，但早已失去了"自在娇莺恰恰啼"的生存环境，因而这种频频出现于古诗中的间关莺语，黄鸟好音，今天几乎只能在笼中听到，不过这种笼中之声，就缺少那份诗意的美……耦园虽然仍有听橹楼，但该园外的河上，却很难听到这欸乃声声，以一饱"耳福"。只能让我想起童年时代一条条河上响起的咿哑、咿哑之声，那是我回忆中灰暗的慢生活的节奏……

然而，作为世界文化遗产，作为城市山林的苏州古典园林，它那引人入胜的美，其一就是在绿色空间里，依然原生态地保存着松籁竹韵、蝉噪鸟鸣这类悦耳之音，供人开放耳管，深情谛听。如在高墙深院围合的拙政园中部，有"山花野鸟之间"，其亭柱上悬有"蝉噪林逾静；鸟鸣山更幽"的名联，王籍诗中的联语移用于此，亦属写实。这里，春日有鸟啭花树，夏日有蝉唱高柳，秋日有虫鸣阶草……它们与周围景色组成一幅幅流动不居的音画，令我不但耳酡心醉，而且倍感闹而愈幽，噪而逾静。至于冬听雪声，最好的去处，当是留园的"佳晴喜雨快雪之亭"。当天空纷纷霏霏，轻质飘扬，就该倾耳细听，而且特别需要借助于"心灵听觉"来捕捉这种"虚籁"了。不过，说实话，我还没有这方面的品赏体验，其中包括前人所说的听落花声等等，虽然我爱听琵琶独奏曲《飞花点翠》之类，闲来也爱诵读陈眉公书中所摘录的"鸟啼便欣然有会，花落便洒然有得"……

"非必丝与竹，山水有清音。"左思的名句，早已成为人们的美学共识。但是，在重视天籁、地籁所生成的声境的同时，却决不能摈弃由人籁所生成的乐境。我一贯主张在苏州古典园林里播放一些中国古典乐曲，如古琴曲《流水》《风入松》，二胡曲《空山鸟语》，琵琶曲《飞花点翠》，古筝曲《渔舟唱晚》……让游人似往而复的脚步，应和着园内层出不穷的美景，移动在音乐美的伴奏之中。然而，这一设想在园林里不一定能成为事实。但在不久前，往游被承包之后阔别已久的怡园，竟出于意料之外，才进园门，悠扬的琴声就恬然钻进耳管，于是，顿生"不闻此调久矣"之感。在这个由人籁生成的又一类声境里，琴韵缭绕在"东坡琴馆""石听琴室"一带，弥漫于两位听琴的"石丈"之间。正是：室内与室外互补，园景同乐情共生。于是，我又一次地进入了"若与物化"的境界，进入了"摄召魂梦，颠倒情思"的"高峰体验"……

原载《苏州杂志》2004 年第 6 期，有修改；

2021"豆丁网"截取本文的前半部分，加文章习题及相关答案；

"青夏教育"：阅读《颠倒情思摄梦魂》完成第 12~16 题；

2020 年临沂市费县中考模拟考试列入现代文阅读试题；

被 ×× 选为初三语文小说散文阅读训练题；

2023 被收入《百度题库》……不料此文几成了"网红"

# 绰约风范显芳馨

## ——"拙政园缪立群摄影展"[①] 前言

·2010·

上有天堂，下有苏杭；姑苏名园，争妍竞芳。

苏州园林的特出代表——拙政园，是中国四大名园之一，是列入《世界文化遗产名录》的奇葩瑰宝。

拙政园始建于明代，已有五百年的历史，文化积淀深厚，造园艺术精湛，尤其是中部，以水为主，有聚有分，与亭桥林峦巧妙穿插，显得山水平远，建筑疏朗，正是所谓"四面荷风三面柳，一园景色半园水"。

在园里，美轮美奂的建筑让人大开眼界，作为主体的四面厅远香堂，宏丽明敞，面面皆景；烟波画船的"香洲"，亭台楼榭，萃于一体；"小飞虹"廊桥秀婉典雅，横绝沧浪；"与谁同坐轩"小巧玲珑，如展摺扇；"卅六鸳鸯馆"四隅耳室，构筑别致；波形水廊蜿蜒曲折，高下起伏，绵延而韵律悠长；还有从远方借入园中的北寺塔亭亭倩影……这一些，无不是国内首创，独领风骚。

在园里，四时潇洒的花木，也让人开敞五官，放飞心灵：春日，"海棠春坞"庭院，有姿影婀娜的国艳花仙；夏日，远香堂平台前的广池中，则是翠盖田田绿，繁花艳艳红；秋日，待霜亭旁有柑橘红枫，色彩缤纷；冬日，雪香云蔚亭畔的暗香疏影，沁人心脾；还有特构的华轩画阁，供人们聆听天地间的清音——雨打芭蕉、风起松涛……让人不出城市而享山林之乐。

在"有朋自远方来"的世博会期间，摄影家缪立群先生从多年积累的大量作品中遴选出数十帧精品在沪展出，意在让人们通过一斑，以窥全豹。

欢迎四方嘉宾莅临拙政园观光，分享她那浓浓的江南水乡情韵，领略她那独有的绰约风范和高雅的文化芳馨。

---

① 2010 年上海世博会期间，"拙政园缪立群摄影展"去上海举办，这是笔者为其所写的前言。

# 于细微处见精神

## ——我与苏州园林档案馆的情缘

### ·2010·

苏州园林档案馆在阊门外留园马路上，与中国四大名园之一的留园相毗邻。这是全国唯一的园林档案馆。近几年来，我主要撰写两本书——《苏园品韵录》和《风景园林品题美学》，必须查阅大量资料，于是，跑园林档案馆就像跑娘家一样，其间，亲历的一件件往事常萦绕心头，难以忘怀。

殊不知，园林档案馆还是一个藏书的质和量均颇不错的以园林文化为主的图书馆。她（他）们不但有条不紊地保管好各类园林档案，而且像保管档案一样科学地保管图书。我有些不易借到的经典名著，如王国维校注的《水经注》、袁珂校注的《山海经》，他们竟能出乎我意料地顺利提供。更使我有兴趣的是馆藏的线装古籍，我通过他们编就的目录一一检索，当我目录尚未看完，他们竟将其复印了一份送我！

我还需要借李一氓编的线装本《西湖十景——明清版画》并要复印多张。但每幅在书中均已被分印为两页，难以复印。他们却设法用照相机分别翻拍再输入电脑，通过操作将两页拼合为一图，并在接缝处细细地加工。为了满足我的要求，每帧要加工很长时间。几天后，一帧帧天衣无缝的整图，就拷进了我的 U 盘，使我喜出望外！又如，我要找一张国画《华岳仙掌图》，他们几个人都放下了手头工作，一起动手把所藏又大又重的画册一本本从书架上搬下来，再每本一页页地翻找，终于把这帧画找到，并将其翻拍给我。

此外，他们还不断地努力提高自己的园林素养和文化水平：有的台上放着一本《论语》，要以此为起点来提高自己的古典文学修养；有的问我，哪里可找到白居易的《太湖石记》，当我提供此文后，他们又说其中有的读不懂。我还知道，至今仍嵌在留园廊壁的一方书条石——昔日主人刘蓉峰的《石林小院说》是稀世孤本，他们也难以全文读通……我敬佩于他们这种求知若渴的精神，于是花了半个月时间以夹注夹评的形式，试解了《太湖石记》《石林小院说》这两篇僻字涩句特多的古文，这既有助于他们阅读，对我也是一种提高。

时隔不久，竟收到他们来电，要和我商讨，说我在文中把刘蓉峰移入晚翠峰的时间算错了一年。我仔细一算，果真如此，于是，我不得不服膺于他们深入钻研、一丝不苟的精神。

摄影，也是园林和园林档案工作的需要，对此，他们也精益求精地不断提高技术，无论是拍摄园林实景还是翻拍古代绘画，水平都比较高。我书中要整合《品读冠云峰》一文，以体现"峰形面面看"的美学观，他们就拍了很多张冠云峰的照片，体现出阴晴光照的不同、视角方位的不同，还拍了倒影佳作，为我的观点提供了形象信息的印证，还陪同我一起从四面八方端详、品赏冠云峰，因此，该文及其图版，也应看作是一种情缘深深的合作。

说是情缘，一点也不假，当我每次离开园林档案馆时，他们总要送我出门，陪我穿过马路，当我上了公共汽车，才举手告别，目送我离去。此时，我心里总是热乎乎的，还带有点儿惜别的依依深情……有时，我想，园林档案馆似是我第二个家。是的，这是一个环境园林化了的"雅舍"，花格、挂落、庭院、小品，粉墙黛瓦，窗明几净，隔园传来鸟语花香……这一切是多么熟稔，多么适宜于阅读！一卷在手，书香伴着茶香，品书品茗，清福不浅！

我爱园林档案馆。于是，情不自禁地决定，向他们捐赠藏书一百余册，其中我认为较"珍贵"的，一是自己所出版的所有著作各一册，签名本，这可谓敝帚自珍；二是东瀛友人延续二三年之久按期寄赠的日文版佛寺园林丛刊凡二十余册，如金阁寺，银阁寺，特别是包括枯山水典范在内的龙安寺，这国内罕见的一本本日文专辑，均弥足珍贵，它们不仅有文物资料价值，而且有国际友谊价值，以小见大，不妨看作是中日园林文化研究交流的见证，虽然此举是借花献佛，但确确凿凿表达了我的一份情谊。

园林档案馆长期来对我的热情支持，使我两本书的写作得以顺利进行并业已出版或行将出版。所以，我的《苏园品韵录》后记里有这样的话语："我切身体会到，在园林之城的苏州建立园林档案馆，是多么必要！"我以这管不善表达的拙笔，写下如此简单平直的话语，但这却是我亲身经历了许多真实动人的小故事后"凝铸"而成的。

原载《苏州日报》2010 年 11 月 29 日

# 幸运的会见，难忘的记忆

## ——拜访吴良镛院士小记

### ·2011—2012·

2011年7月6日，我的《风景园林品题美学》首发式学术座谈会在北京举行，中国建筑工业出版社邀请了在京的一些业内知名人士与会座谈，吴良镛院士因身体欠佳而不能出席，就邀请我们上他家去晤谈。

7月8日下午，我偕同夫人以及出版社责编至清华寓所拜访请教，一按门铃，吴院士及其夫人就热情地迎出门来。在并不大的客厅里坐定，我端详着这位心仪已久的清华大学名教授、以人居环境科学的理论与实践蜚声国内外的双院士，只见他个子不太高，脸色红润，身体微胖，大热天穿一件短袖的格子衬衫，笑容可掬。寒暄了几句后，就直觉到他的平易近人，和蔼可亲，一点架子也没有。

很快进入正题。他拿起我这本书，书中已折了好多角，说明他已认真看了很多。"我没有看完"，他说，"对品题美学这个选题我很欣赏，有文化内涵。我的研究生学位论文也有写这方面的，这本书称得上是一本理论专著。品题是园林建筑的好东西，但青年人文化修养不够，不一定都能欣赏，因为有些很深，所以需要研究。建筑和风景园林在人居环境上是相通的……"

接着，他从书房里取出他的代表作《广义建筑学》相赠，使我不胜欣然！令人难忘的是，他当场在书的扉页上签了名，又在落款处用红笔即兴"画"了一方图章，为篆书"吴"字。这个细节，令我惊诧而服膺！又见封面上赫然印着其亲笔所书"吴良镛选集"五个颇见功力的毛笔字（他还曾多次参加书展，举办画展，有深厚的国学功底，堪称多才多艺）。我再稍稍环视周围，其间有些摆设也颇为古色古香。然而，在墙边、地上，堆得更多更高的书，是中文、外文著作、画册……我们几乎就坐在书丛中，被祥和温馨的书香萦绕着、薰沐着，津津地谈说，静静地聆听。我脑际忽地闪想，一位学术泰斗，正是融贯了古典与现代、中国与西方、科学与艺术，才得以站上人类知识金字塔尖顶的，《广义建筑学》也正是深功底、广视域、多学科所筑就的学术金字塔。

他似乎知道我在想什么，就说："我不赞成用西方的来批评东方的，当然西方也有好的，应吸取其有价值的……"由此可见他海纳百川的胸怀和挚爱民族文化的赤子之心。责编又敬赠了我新版的《中国园林美学》，请他指教，他欣然接受了我们的学术虔诚。

一个多小时很快过去，想到吴院士身体欠佳，我们不得不告辞，真有些临别依依。回到苏州，将《广义建筑学》翻阅一过，但见一行行精彩的文辞，不断映入眼帘：

"从高层次、大范围、吸收各学科已有成果，发展边缘学科"；

"科学与艺术从塔基分手，从塔顶结合"；

"建筑、环境，是'时间－空间－人间'一体化的艺术创造"；

"请爱护祖国大好河山，珍惜每一寸土地！"

真是立足本土，放眼世界，言简意赅，掷地有声，我把它当作启导科研的方法论，视为规范学术的座右铭。吴先生的博学笃思、良言警语，使我豁然开朗，沃然有得……

2011 年 7 月 10 日作于苏州，
2012 年初，欣闻吴院士荣获国家最高科技奖，
因刊发于《姑苏晚报》2012 年 2 月 20 日

# 《云龙雾虬图》

## ——陈健行先生拍摄白皮奇松

### ·2017·

"山行时见奇树，须四面取之。树有左看不入画而右看不入画者，前后亦尔。"明代大画家董其昌在《画禅室随笔》中如是说，这是揭出了画树的诀窍。其实，这同样适用于摄影的取景，著名摄影家陈健行先生在怡园拍白皮松就是如此。

据说怡园过去有"五多"：峰石多，楹联多，书条石多，白皮松多，小动物多。而今，其他均似安然无恙，但是，有生命的小动物早已不知何处去，而白皮松，也打了折扣……

说到白皮松，它树皮奇特，片状脱落而多露白色内皮，显得风姿鬆秀，色调别致，颇具观赏性。怡园西部池畔的一株白皮松，更是干健而叶稀。古代画谚说："松愈老，叶愈稀。"此言不虚。这株奇松的树龄，已有一百五十余年，它生动地横逸于池上，以姿态论，堪称苏州园林奇树之冠。不过这种首屈一指的奇树亦须"四面取之"，甚至要"俯仰取之"。这是为什么？因为奇树是存在于三维空间的复杂多面体，单一的视角无济于事。例如，站在池南看到的主要是树冠而不是枝干的奇姿异态，视觉效果就欠佳；如身处池北，在它的近旁则可见其主干又出，一分为二分开后再次交叉而又反向伸展，此类枝干的相交而中间留虚，最为画家所赏，被称为"枝交'女'字"或"枝交凤眼"，如此画法，就不会犯两干叠合之忌；至于在池东甚或池西观赏，则可见其枝干如虬如龙地交互游走……摄影家就这样不断地在空间上四面八方仰观俯察，最后选准了池东北的最佳方位。但是，也还不能拍摄，即使拍也出不了精品，因为其后有诸多景物干扰，譬如，山上的螺髻亭作为背景，就距离太近，影响着主体形象的突出。

陈健行深知，多视角的三维空间也还不够，必须再加一个时间维度，合而为"四维时空"。这也就是说，还必须在时间维度上等待再等待……有一次，在苏城多年来难得的大雾降临之晨，他不失时机地赶往抓拍了这最佳时刻，于是，对象终于真正"入画"，天公帮助摄影家成就了一幅《云龙雾虬图》。

董其昌《画禅室随笔》又说，"画家之妙全在烟云变灭中。"这一画学妙谛，其实也是"画意摄影"的真实义谛。镜头中的这幅奇松正是如此，在雾气弥漫之中既如惊虬拗怒，骨屈筋张，又似矫龙盘游，蜿蜒轩翥，而霜皮上的龙鳞斑驳，则如画家以枯笔皴就。再看其大枝小梗，偃仰向背，几乎无处不曲。而枝叶的分布，也极富画意，它们互争互让，各尽其美。更为可贵的是，左部下垂的枝叶，犹如低枝探海，在画面起着极重要的填补、平衡作用；而其上的亭亭螺髻之影，处于有无之中，似在数里之外，其实，离白皮松不到十米，是迷雾把距离推远了，创造了画面的"烟云变灭"之美。

怎样评赞这幅《云龙雾虬图》？不妨作一历史的回顾。在中国绘画史上，可以推举出两位著名画家：

一位是吴郡的张璪。朱景玄《唐朝名画录》说他"惟松树特出古今"，他在作画时"手握双管，一时齐下，一为生枝，一为枯枝，气傲烟霞，势凌风雨……"可谓千古奇人，而对照摄影家的《云龙雾虬图》，也颇有"气傲烟霞"之势。

另一位是五代的荆浩，最注重画松，他在《笔法记》中写自己在山中反复写松，"凡数万本，方如其真"。其《古松赞》写道："不凋不荣，惟彼贞松。势高而险，屈节以恭。叶张翠盖，枝盘赤龙……如何得生，势近云峰。仰其擢干，偃举千重。巍巍溪中，翠晕烟笼。奇姿倒挂，徘徊变通……"每一句几乎就是一幅绝妙的古松图，每一句几乎都适用于摄影家所摄《云龙雾虬图》。笔者因效法荆浩的《古松赞》步趋而作《云龙雾虬赞》：

> 妙手天成，雾虬云龙。飘渺无拘，虚幻朦胧。
> 或隐或现，忽淡忽浓。枝交凤眼，夭矫腾空。
> 俯身探海，照影池中。螺亭隐约，逸游从容。
> 晕化脱化，气韵生动。禅机其微，巧夺化工！

还应补叙一笔，若干年前怡园这株奇松下垂的探海枝坏死，只得遗憾地将其枝锯掉，于是《云龙雾虬图》成了珍贵的绝版。

感谢陈健行先生抢拍到了怡园里再也看不到的奇树白皮松！

原载《苏州杂志》2017 年第 1 期

# 《诗心画眼：苏州园林美学漫步》前言

## ·2020·

我从事美学研究，起步较早，自 1958—1959 年开始写第一篇论文《李白笔下的自然美》，至今已有整整六十年的时间了，可说是"学术生涯，一个甲子"。至于美学著作的出版，从第一本《书法美学谈》至今，屈指算来，也有三十余年了。而所写文章的体裁类型，除长篇美学论文外，更多的是短小的艺术随笔，或者说是美学小品，或"文"与"艺"的相叉，其交叉的范围，涉及园林、书法、文学、绘画、建筑、雕塑、篆刻、音乐、舞蹈、戏曲等，而以园林作为重中之重。

再说自己文集的出版，第一本是《苏园品韵录》，2010 年由上海三联书店出版。如果从遴选、修改集子中的文章算起，至今也已整整十年了。该集的地域和题材的范围，主要是苏州的风景园林、名胜古迹，不过也有一些是写外地的（如南京、绍兴、扬州、岭南……），由于敝帚自珍，舍不得"割忍"，故也收了进来。集子里的文章，绝大部分选自旧作，同时又考虑到补缺和更新，也适当写一些新作，而对某些旧作，作了不同程度的增删修改，所以也不能说纯粹是"旧"了。当然，有些文章则是绝对不能改的。总之，当时由于园林是研究重点，可选的文章数量极多，所以选得不免有些"滥"，今天看来，其中较多是不一定可入选的。

而今，十年后的这第二本文集，和第一本相比，有如下不同：

在题材、地域上，严格控制在苏州及其所属县市以内的风景园林，非苏州的一律不选（江南三大名石等除外），而其覆盖面则尽量求广……

在体裁上，比前一本更丰富些，有题辞、小品、随笔、随感、赋、赞、论、议、序（含前言）、跋（含后记）、沉思录、知见录、古文评注、史料钩沉等，力求形式丰富，活泼多样，有一定可读性，当然，极少量论文并不一定如此。

在篇幅上，以短小为主，最短只有一百余字，而一般则为两三千字，也有一些自认为代表性的长篇论文。至于自己一系列有关园林的著作，为了鸿爪雪泥留痕，故每本必留迹，或为前言，或为后记，这往往是另拟正标题，而远期的往往仅选其片段，意在点到为止，近期著作中的则往往选得较长，但不论何种情况，选文凡有删节，其处均用省略号表示，在标题后则用一"［节］"字表示。

在内容性质上，我在 20 世纪 80 年代后期拟写的第一本关于园林的书，就题为《苏州园林美学》，但由于当时积累不多，理解不深，不免单薄，而出版社又同时考虑到读者面不广等问题，劝我改题，改写为《中国园林美学》，我感到言之有理，即欣然接受，但对苏州园林我却始终未能忘情，陆续写了大量的苏州园林艺术随笔、美学小品。90 年代后期，我又为谢孝思先生主编的《苏州园林品赏录》写了长达数万字的美学品赏文字，依然题为《苏州园林美学》，接着还为苏州大学出版社的"苏州文化丛书"写了一本《苏州园林》……

而今，情况已迥乎不同，这可从主观、客观两方面来看：作为主体的我，在写了多部园林美学专著（书中往往以苏州园林为典型例证并加品赏、分析）之后，对园林艺术的认识随之有所提高，特别是对苏州园林美学的理解相应增深，资料的积累也更丰富了，因此，这本集子就决定题为《诗心画眼：苏州园林美学漫步》。"漫"者，随意之谓也，无拘无束，自由自在，可短可长，可文可白，可描叙，可说明，可议论，可抒情……凡是漫谈、漫议、漫记、漫话，乃至精神的漫游，均可涵盖其中。在客观上，苏州古典园林早已成为世界文化遗产，蜚声全球，游人摩肩接踵而至，知名度今非昔比，更需要这方面的著述。

还需略释"诗心画眼"。长期以来，我有一个体悟：园林里充满着诗情画意的美，它是凝固的诗，立体的画。因此，构园、游园、赏园、品园，必须有一颗诗人的灵心——"诗心"，再加一双画家的慧眼——"画眼"，这才能很好地创造、审美、接受、游览。否则，园林的美对他说来，毫无意义，不是对象，正如马克思所说，"对于不辨音律的耳朵说来，最美的音乐也毫无意义，音乐对他说来不是对象……如果你想得到艺术的享受，你本身就必须是一个有艺术修养的人"。本书正是以在一定程度上提高读者艺术修养为旨归的。

自己感到，在三四十年不短的时间里，先从《苏州园林美学》出发，再在《中国园林美学》里转了一个大圈，最后仍然回到原点——回归到《苏州园林美学漫步》，这一精神漫游的旅程，是很有意思的。至于回到原点，也并非严格意义地回到原点，自我掂量一下，许是所谓"否定之否定""螺旋式上升"吧？那么，究竟是与不是，还是请专家和广大读者来评鉴！

原载《诗心画眼：苏州园林美学漫步》，
中国水电水利出版社 2020 年版

# 渊乎博乎，雅哉美哉

## ——《苏州园林》百期赞

### ·2022·

"苏州好，城里半园亭。几片太湖堆崒嵂，一篙新涨接沙汀，山水自清灵。"这是清人沈朝初三十余首《江南好》词中的一首。沈氏这一首首均以"苏州好"领起的短词小令，词短意长，章小境大，首首充溢着对家乡由衷的热爱、真挚的深情，而上引的一首，是倾情咏赞了"江南园林甲天下，苏州园林甲江南"的园林之城——苏州。

是的，苏州园林虽然经历了近代国势的衰落、政治的沉沦，但由于1949年新中国成立以来的抢救、修复、管理、经营、建设，一言以蔽之，是经过了卓有成效的遗产保护，故而依然无愧于"园林之城"的辉煌称号！试看，城内外的园林，依然花团锦簇，粲兮烂兮，棋布于各地：或三两成群，或孤标独秀，或质朴无华，或繁丽靓美；或面临大街，或深隐小巷。在苏州，其精雅的园林精神还辐射至城内外的车站、雕塑、商店、院落、街区、绿地、风光带、住宅小区、水乡古镇……可以这样说：园林，就是缩小了的苏州；苏州，就是放大了的园林。

"美轮美奂"作为成语，还可以新解为"美哉轮焉"之后，紧跟着的必然是"美哉奂焉"。据此，随着淘美苏州园林的名声愈来愈远播国内外，不失时机所创办的《苏州园林》，焉得不美不奂？何况它的创办，已届可喜可贺的百期之数？《说文》云："百，十十也。十百为一贯，相章也。"这个"章"字，引人遐思。联系我此时此地的握管写作——彰彩斐然盈目，这就是我所亲眼看到的百期《苏州园林》，也就是伴随着我所亲身经历的百期《苏州园林》！

《苏州园林》的百期之美，在于美得合时。刘熙载《艺概·文概》有言："文之道，时为大……惟与时为消息。"《苏州园林》的与时消息，突出地体现为闪耀着及时的当代意识，焕发着鲜明的时代精神。

《苏州园林》的百期之美，还在于美得本真。它坚守园林本位，以此自律；它坚守古典特色，与古为新；它坚守绿色真趣，合一天人；它坚守可持续发展，呈真呈善呈美，克谐克盛克勤。

《苏州园林》所辟的栏目，命名较全面而精准："深度视角""规模纵横""人物专稿""经营管理""专题报道""鉴赏评析""文汇史记""园艺天地""园林茶座""书中趣味""荷风四面"……可谓琳琅满目，美不胜收！

我爱读"深度视角"栏，其中所议论的观点，既深刻，又新颖，如《世界遗产与文化旅游深度融合的再研究——以苏州市为例》（2021-2）一文，以前瞻性的视角，未来学的眼光，探讨了世界遗产与文化旅游相辅相成、相得益彰的关系。二者的活态利用，从本质上说，是体现了全人类普遍的价值观。而阐发、弘扬这一价值观，有助于打破行业垄断、条块分割、自我封闭、交往障碍，从而开拓互动共赢的新天地。此外，还有《苏州古典园林与苏州士大夫文化情致》（2019-6），文章可圈可点；《"拙政"园名的当代启迪研究》，文章别具匠心，发人深思……

我爱读"人物专稿"栏，其中所记叙的人事，既有名，又有义，如《王西野与陈从周的深挚情谊》（2019-6）一文，其中一个个跌宕起伏的故事，一次次情深谊长的会晤，无不感人肺腑，动人心魄，文中还包孕着几许鲜为人知的名人轶事掌故，也一个个值得记取，值得深味。此外，还有《园林文化还要往深处挖——专访〈狮子林〉电视片编导刘郎》（2020-6），文中的编导刘君展其诗心，片言可以明百意，雅语更能涤尘襟；《贝聿铭与苏州园林》（2021-4），贝氏谈苏州博物馆的建筑理念："中而新，苏而新"……

我爱读"文汇史记"栏，其中所记载的史实，令人首肯，如《书法，园林的点睛之笔》（2021-4）一文，说"中国园林能在世界上独树一帜，实以诗文造园"。书法所表达的文意，正是一座园林的灵魂所在和精神所寄，园中书法更多是经过工艺而制作为匾额、楹联、砖额、书条石等，例证如绍兴的沈园、承德的避暑山庄、苏州拙政园……

我爱读"园艺天地"栏，其中系列性的考证极有特色：《苏州红豆考（上、下）》（2016-1，2016-2）、《苏州白皮松考》（2016-3）、《苏州水仙考》（2016-4）《苏州荷花考》（2018-2）、《苏州兰花考》（2019-1）、《苏州梧桐考（上、下）》（2020-4，2021-1）、《苏州紫薇考》（2021-2）……作者知识的渊博、搜罗的全备、考证的扎实、调查的周详，让我由衷服膺！还有《大师杰作，辉映史册——记"雀梅王"盆景〈虎踞龙蟠〉》（2021-2）一文，记述了大匠技艺如何地巧夺天工……

我爱读"鉴赏评析"栏，其中所点评的作品，古艳优美，雅洁隽永，如《曲园花笺妙趣生》（2018-3）一文，展示了苏州博物馆所藏国学大师俞樾所制"曲园图笺""春在堂五禽笺"及其上的亲笔书迹。前者在黄色笺上以红线勾勒一幅幅小景，右下有"曲园图"方形篆书三字，其下又有"曲园居士自题"字样。"五禽笺"有不同的底色，上部有大字篆书禽名，下部为小字有关禽诗，这均应视作精致的工艺设计品。笺上墨迹数行，又成了书法美的佳作，不同于东晋二王法帖的那种生活便条，它多了一道工艺之美，让我一饱眼福。还有《信步庭院看书展——书法与苏州园林》（2016-2）一文，既有全方位的评析，又有细致入微的鉴赏，让人信服于"园林无处不书法"的题旨。《瑞云峰杂说》（2019-3）一文，资料丰富翔实，导人品赏南北名石，领略石文化的传闻与实况，文中所附《喜咏轩丛书》《天工开物》的珍稀插图，尤令人大开眼界……

我爱读"专题报道"栏，其中所报道的专题，如《方寸之中有天地——枫桥景区邮票、船票、门票赏析》（2016-3）一文，作者如数家珍地将邮票、船票、门票一枚枚细细道来，其中连带着饶有趣味的典故，月落乌啼，涛声依旧，漕运文化……作者还把门票妙喻为"不一样的旅游请柬"，令人欣然解颐……

我爱读"园林茶座"栏，其中所谈说的物事，兴人情怀，如《也说"阴亭"和其他》（2020-2）一文，其中事情众多，一件件，一桩桩，说来头头是道，让人了解到轩辕宫、周氏墓塔的来龙去脉，前因后果。感慨之余，令人沉入了深深的思索……

我爱读"荷风四面"栏，最爱其中《游园与"放春"》（2011-1），文中捃摭旧闻，故实连连，从《世说新语》《东京梦华录》到欧洲维也纳皇家花园；从《武林旧事》到《清嘉录》中的"游春玩景"，堪称古今中外，征引宏博。又检索到1931年再版的《苏州指南》、1947年《苏州游览指南》，由此引出了现代文学史上的一些名家，郁达夫、朱自清、王统照、曹聚仁，或几经曲折，或由叶圣陶引领……此文填补了苏州旅游史的近现代空白。

我爱读"书中趣味"栏，感到其中情味无限，如《正中求变——陈从周书画集》（2021-2），陈先生善于"悟"，文中写道："中国的书法，真可说是哲学、美学、文学与艺术的综合品。作者学问道德、人品修养、喜怒哀乐等尽见于此。甚至封建时代的科举取士，以书法作为标准之一，亦存有一定道理。"一番话说得深入浅出，启人心智，这可联系宋人姜夔《续书谱·情性》中"艺之至，未始不与精神通"的名言来解读……

以上只是"散点式"地随便点击而已，肯定会抱憾于几多遗珠，何况篇幅也不允许。

我在一篇序文中赞美《苏州园林》道："（对于此刊）我越来越爱读，上面的文章既有专业性、学术性，又有可读性、趣味性，可谓图文并茂，雅俗共赏，是园林界一本很有分量的刊物。不像有些园林杂志，很大部分是广告和图像，文字既没有一定的质，又没有一定的量，显得轻飘飘的。"而今，当我把这百期《苏州园林》翻阅一过，更感到每期无不是沉甸甸的，而且越来越沉，越来越美，我也越来越爱读。这绝不是捧场，而是有事实为证。据悉，《苏州园林》百期文章中，已被按类编辑出两部饶有学术文化价值的书：一部遴选自人物专稿，名曰《名师大匠与苏州园林》；另一部以文化学视角遴选，名曰《苏州园林文化研究》。除此而外，愚意为还可分门别类一部一部地编下去，据此一端，即可见其已成为园林苏州学术文化之"无尽藏"：渊乎博乎，雅哉美哉！以此为《苏州园林》百期赞。

原载《苏州园林》2022年第4期

# 历史的遗憾

## ——园林史上对沧浪亭出典的误读

### ·2023·

苏舜钦（1008—1049），字子美，曾官集贤校理，人称苏学士，有《苏学士文集》。苏舜钦不但是北宋著名文学家、书法家，而且是守正创新的杰出政治家。他是宋代诗文革新运动的倡导者之一。清代著名诗论家叶燮《原诗·内篇上》评道："宋初诗袭唐人之旧……苏舜钦、梅尧臣出，始一大变。"《原诗·外篇上》又云："开宋诗一代面目者，始于梅尧臣、苏舜钦二人。"此为的评。苏舜钦主张恢复和传承韩愈、柳宗元的古文运动，以反对当时雕章丽句的文风。《宋史本传》云：当时"学者为文多病偶对，独舜钦与河南穆脩好为古文、歌诗，一时豪俊多从之游"。对于苏舜钦的书艺，书学家欧阳修《试笔》甚至说，"自苏子美死后，遂觉笔法中绝。"

苏舜钦的诗作，继承了杜甫忧国忧民，"豪迈哀顿"（《题杜子美别集后》）的优秀传统，希冀实现"天下解倒挂"（《瓦亭联句》）的理想。其诗多方面反映了人民的深重灾难，并对统治者横征暴敛作了无情的揭露批判。

诗人关心国事，对异族侵凌和统治者的贪腐懦弱感到无比愤怒，感到"羞辱中国堪伤悲"（《庆州败》）！他的诗表达了"挺身赴边疆""跃马埽大荒""愿当发策虑，坐使中国强"（《舟中感怀寄馆中诸君》）的安邦壮志；凸显了"士渴饮胡血""死必填塞窟"（《吾闻》）的杀敌雄心；抒写了"何人同国耻，馀愤落樽前"（《有客》）的无穷忧愤……钱锺书先生指出："陆游诗的一个主题——愤慨国势削弱、异族侵凌而愿意'破敌立功'的那种英雄抱负——恐怕最早见于苏舜钦的作品"[①]。

他不仅是以欧阳修为盟主的诗文革新运动的主要倡导者，而且是以范仲淹为领导的政治革新运动的积极参加者。曾一再上疏反对大兴土木、燕乐无度等，而主张纳贤士，去佞人，严惩贪官，恤贫宽税，还说"烈士不避斧钺进谏，明君不讳过失而纳忠"（《火疏》）。他胸怀磊落，秉正直言，敢于批评皇帝，弹劾宰相，议政论军，指责时弊，反映下情，为民请命，如欧阳修《湖州长史苏君墓志铭》所写："官于京师，位虽卑，数上疏论朝廷大事，敢道人之所难言"。当时正值保守派执政年代，内忧外患，种种矛盾错综复杂。范仲淹、富弼、杜衍、韩琦、欧阳修等志士仁人力主革新，保守派则视之为眼中钉。庆历四年，苏舜钦[②]以细故被保守派劾奏，于是获罪除名，其他革新派也悉被贬逐，而保守派则欢呼"一举网尽"。至此，庆历新政宣告失败。

---

① 钱锺书：《宋诗选注》，人民文学出版社 1982 年版，第 24 页。
② 由于苏舜钦为范仲淹所推荐，又是杜衍之婿，故阴险的保守派看中了这一切入点……

苏舜钦既遭贬逐，其《沧浪亭记》开篇即云："余罪废无所归，扁舟南游，旅于吴中……"于是，建立了名闻遐迩的沧浪亭，而"沧浪"一词也广为流传……

但是，沧浪亭的典源何在？对此，不知而误读甚至曲解者大有人在。他们把两首同样的歌——《楚辞·渔父》中的《渔父之歌》含混地等同于《孟子·离娄上》中的《孺子之歌》，而这两首歌又往往均被通称为《沧浪之歌》，故更易混淆。此二歌的歌辞相较，一字不差，但在原文的不同语境里和不同接受视野中，其义则可谓天差地远，于是，不但易于生误读，而且易生意义背道而驰的曲解。

这种不明典源的误读、曲解，从历史上或现实中看，大致可分三类：

## 第一，明、清时代咏沧浪亭的某些诗人，其中不乏名家。

他们咏沧浪亭，对其典源往往若明若暗，混淆不清，认为"沧浪"一词，典出《孟子·离娄上》中的《孺子之歌》，例如：

> 不见濯缨歌《孺子》，空馀幽兴属支郎。（文徵明《赠草庵瑛上人》）
> 童子歌成音溺溺，尚书初对影堂堂。（黄国培《沧浪亭》）
> 何当新制沧浪曲，《孺子歌》残《渔父歌》。（尤侗《沧浪竹枝词八首〔其二〕》）
> 沧浪之歌出自楚，前有《孺子》后《渔父》。（石韫玉《沧浪亭图卷为顾湘洲题》）
> 孺子讴歌此地听，濯缨濯足皆自取……（王之春《登沧浪亭》）
> 清浊自取有名言，濯足濯缨视此水。（侯庚吉《游沧浪亭纪之以诗》）

他们的咏唱，或认定典出《孟子·离娄上》中的《孺子之歌》；或将其与《楚辞·渔父》中《渔父之歌》前后接续，相提互混，这都不符合苏舜钦建亭本意。其实，孟子在引此歌后，转述了孔子"清斯濯缨，浊斯濯足，自取之也"的评论，说明不仁而亡国败家，都是咎由自取的道理。这绝不符合正道直行的诗人苏舜钦的悲剧史实，而是恰恰相反，属于粗疏、不严谨，然而更有甚者，如上引王之春的"濯缨濯足皆自取"，侯庚吉的"清浊自取有名言"，这些诗句更是不分青红皂白，不问原文具体语境，胡乱套用孔子名言，以致大错而特错。推究二诗创作的主观出发点，原本为歌颂苏舜钦及其沧浪亭的，但其错误地用事的结果，客观上却反其道而行之，变成指斥诗人的悲剧"皆自取"，而且以孔、孟的"名言"为证。于是，这两首失误"诗"的主题，已转到了苏舜钦的对立面，竟变成批评、责备、挖苦这位正直善良的诗人了，不免令人痛心！而两首失误"诗"的作者，也在客观上成了残酷打击苏舜钦之保守派的代言人了！可悲的是，多少年来，对此失误"诗"也没有人指出，加以分析，予以纠谬，特别是至今还仍在流传……悲夫！苏舜钦竟长期蒙受了双重不白之冤——当时的政坛之冤和后来至今的诗坛之冤！

对此误读和曲解，笔者数十年来在不同场合一次次予以或简或详的辨正和解说，均见本文的第二部分。

## 第二，留传至今苏州古典园林在楹联上的误读残存。

其一是沧浪亭的"面水轩"有龙门对一副，现将其实录如下：

> 徙倚水云乡，拜长史新祠，犹为羁臣留胜迹；
> 品评风月价，吟庐陵旧什，恍闻孺子发清歌。
> 　　上款：吴门沧浪亭旧联，原甲申四月洪钧撰并书，散失已久；
> 　　下款：丙寅五月中瀞云在轩窗下，京华邓云乡补书。

联中其他一些典故都不错，能紧扣苏舜钦其人，尤其是"羁臣"一词，意谓羁旅流窜之臣，而且人们还往往将"羁臣"和"楚"字（楚地、楚辞）联系起来，如宋黄庭坚《听宋宗儒摘阮歌》中的"楚国羁臣放十年"；明高启《哭周记室》中的"万里一羁臣，悲歌楚水深"……至于联中的"吟庐陵旧什"，用事亦佳，令人想起欧阳修《沧浪亭》诗中欧、苏二人的友谊："子美寄我《沧浪吟》，邀我共作《沧浪篇》……又疑此境天乞与，壮士憔悴天应怜……"充满了深情厚谊，洋溢着怜悯同情。然而，楹联主题最后相反地以断崖式下滑而告终，竟出现了责备苏舜钦的《孺子歌》，如是，就不是"天应怜"而是"自取之"了，即咎由自取，罪有应得。作为苏州人，洪钧算得是中国近代史上的文化名人，光绪帝对其学问赞赏有加，不料竟失足于一副楹联的末尾——在这具体语境里，"孺子"之所发，并不是什么"清歌"，而是"浊歌""误歌"！它把前文的歌颂、赞赏，统统一笔勾消了。

其二，拙政园"小沧浪"室外北步柱上的板联：

> 清斯濯缨，浊斯濯足；
> 智者乐水，仁者乐山。

撰写者吴骞，是清代著名的藏书家、诗人，此联似乎是一副妙联绝对，下联是广为流传的儒家创始人孔子的哲理名言，它揭示了不同品格的人和自然在广泛样态上同质同构的对应关系；上联则出自孔子引评《孺子之歌》的原句，为求上下联对偶工整，省略去了孔子对其最重要的点评："自取之也"，于是上联就带有歇后语性质，它悬于"小沧浪"步柱上，从本质上说，同样是对苏舜钦"沧浪"一词曲解误导，不过只是将歇后的"谜面"呈现于人们之前，而将歇后的"谜底"——"自取之也"隐藏在整齐工稳的对偶后面罢了。正因为如此，长期来还赢得了一般人们的啧啧赞赏。然而殊不知，游园的人们不都是匆匆过客，其中也有藏龙卧虎的行家里手……他们深知苏舜钦"沧浪"的典源，能分清《楚辞》中《渔父歌》和《孟子》中《孺子歌》之质的区别，懂得不同语境所赋予同一首歌以不同的，甚至相反的含义……

对于苏舜钦及其沧浪亭种种如此这般的误读曲解，笔者曾一再从不同角度加以辨析、申述、说明，如：

早在 1984 年 3 月，笔者在一篇有关苏州古典园林的论文中就指出："苏州沧浪亭的园名就来自《楚辞·渔父》中的《渔父之歌》，此歌与苏舜钦的思想感情是同频共振的。"①

1999 年，笔者在《苏州文化丛书·苏州园林》一书中继而写道：

> 苏舜钦建亭名曰"沧浪"，有人认为是取意于《孟子》中的《孺子之歌》，其
> 实不然，而应是《楚辞·渔父》中的《沧浪之歌》。在《渔父》中，忠而被谤的
> "屈原既放，游于江潭，行吟泽畔，颜色憔悴，形容枯槁"，其遭遇和苏舜钦的谪
> 废，有相似之处。苏舜钦的《沧浪静吟》有"三闾遭逐便沉江"之句，看来《楚
> 辞·渔父》所说的"宁赴湘流"云云，对他来说，印象极深，故而提到"沧浪"，
> 就想起三闾大夫……归隐江湖的渔父是以歌劝解屈原的。苏舜钦以"沧浪"为
> 亭名，是接受了渔父善意之劝……这就是他在《沧浪亭记》中所说的"自胜之
> 道"。②

2000 年，笔者在《中国园林美学》里论及"标题园"时，又指出，苏舜钦"把《楚
辞·渔父》中开导屈原的古老的《沧浪之歌》引进园林，使园林突出地具有文学意味、抒
情功能和文化色彩"③。

2001 年，笔者在《苏舜钦及其沧浪亭（下）》一文中指出，诗人《沧浪静吟》"用
'三闾遭逐便沉江'之典，更可证明'沧浪'二字出自《楚辞·渔父》。他既继承了屈原
的精神，又接受了渔父的开导，以园抒怀，以酒排遣"，"使物质性特强的园林变成一
首抒情诗，一首哲理诗，或者说，苏舜钦以其首创精神……借助于古老的《沧浪之歌》，
把自己可歌可泣的生平以及整篇《沧浪亭记》均浓缩于园名——园林之中，使沧浪亭成
了中国园林史上'突出个性，突出主体情致，强调自我实现的文人写意园'的经典之
作"。④

2004 年，笔者在《苏州文学通史》的有关专节里，通过一条注释指出：

> 认为沧浪亭用典于《孟子·离娄上》的孺子之歌，这不符合苏舜钦的原意。
> 因为其歌虽同，但在不同的接受视野或语境里其义则异。孟子引此歌后，转述孔
> 子"清斯濯缨，浊斯濯足，自取之也"的评论，用以说明不仁而亡国败家，都是
> 咎由自取的道理，这与苏舜钦"沧浪亭"的命意全然无关。⑤

这一次次不厌其烦的解说，为的都是典故的纠误，以正本清源。

### 第三，对苏舜钦沧浪亭典源的误读，还表现对计成《园冶》的注释中。

《园冶·立基·台榭基》中有"倘支沧浪之中，非歌濯足"一句，注释家们大抵将典源

---

① 金学智：《苏州古典园林的艺术综合性》，《学术月刊》1984 年第 3 期。
② 金学智：《苏州文化丛书·苏州园林》，苏州大学出版社 1999 年版，第 281~282 页。
③ 金学智：《中国园林美学》，中国建筑工业出版社 2000 年版，第 40 页。中国建筑工业出版社
2005 年第 2 版亦有此语。
④ 金学智：《苏舜钦及其沧浪亭（下）》，《苏州园林》2001 年第 2 期，第 34 页。
⑤ 范培松、金学智主编主撰：《苏州文学通史》第 1 册，江苏教育出版社 2004 年版，第 436 页。

注错，甚而加以曲说。试列述如下，并加评论：

陈植先生《园冶注释》："沧浪濯足——《孟子》：'有孺子歌曰：'沧浪之水清兮，可以濯吾缨；沧浪之水浊兮，可以濯吾足。'"《宋史·苏舜钦传》："在苏州买水石作沧浪亭。"① 这两段注文之误，在于计成所引《沧浪之歌》之典，并非出自《孟子》，或者说《孟子》所引，并不符合苏舜钦沧浪亭的造园思想。

张家骥先生《园冶全释》则注道："濯足：本义洗脚。儒家引申为随遇而安，洁身自守的处世之道。典出《孟子·离娄上》……孔子说，水清就洗帽缨，水浊就洗脚，这是由水（金按：误，不是'水'，而是人，即'不仁者'，联系其上下文即可知）自身决定的。比喻随遇而安，洁身自守。"张的按语还指出："'倘支沧浪之中，非歌濯足。'这句话含《孟子·离娄上》'孺子歌'的典故……"② 其实，张注及其按语的出处均不出自《孟子》，解说亦失当，孔、孟引诗的命意，绝不可能推导出"随遇而安"之义……

梁敦睦先生《〈园冶全释〉商榷》，针对张说指出："释者引《孟子·离娄上》说和'孺子歌'典故后说：'孔子说，水清就洗帽缨，水浊就洗脚，这是由水自身决定的。'按，孔子说的是'自取之也'，释者释为'由水自身决定的，前指水，后指人，大相径庭，沧浪之水自有清浊，该洗什么，当决定于人。'"③ 这有所纠正，但没有讲清，而且同意出典于孔孟。他后来此文收入自己文集后，有所改动，云：孔子似应将'由水'改为'由人'才对。因为孔子听了沧浪歌后说：'小子听之，清斯濯缨，浊斯濯足矣，自取之也。'不是'水取'是'自取'。④ 应该说，"将'由水'改为'由人'"，这解释是对的，但梁误认为典出《孟子》，依然是错了。

直至2006年问世的杨光辉《中国历代园林图文精选·〈园冶〉注释》，依然认为是用《孟子》"孺子歌"之典，还引出下文孔子"自取之也"之语，并进而概述道："意谓如果在沧浪水中建起亭榭，并不一定非要学孺子唱《沧浪歌》。比喻可以自由赏景，不必太计较世俗功利。"又引宋晁补之"长歌遗世情，沧浪之水清"的诗句。⑤ 这些注释可说是一种杂糅，所引书证和所作概说，矛盾而不能自圆其说，且回避了对引典的忠实诠释。

以上诸家之说，"或误解，或混淆，或调和，甚至把截然不同的思想观念搅杂在一起"，但最后对《园冶》"非歌濯足"一句还是没有讲清，这里试发掘张家骥不合理注释中的合理成分，并推赞其说："是不用孺子歌中'沧浪之水浊兮，可以濯吾足'之意，而用其'沧浪之水清兮，可以濯吾缨'的意思"⑥。笔者在按语中进而概括道："即'非歌濯足于浊'，而'只歌濯缨于清'。"⑦

总之，诸家或多或少脱离、违背了《孟子》引歌的整体语境，故而导致了种种误读曲

① 陈植：《园冶注释》，中国建筑工业出版社1981年版，第69页。对于此误，曹汛全面纠误的《〈园冶注释〉疑义举析》也并未涉及。《园冶注释》1988年第2版2012年第14次印刷依然持此说，仅改《孟子》为《孟子·离娄》，见该书第77页。
② 张家骥：《园冶全释》，山西人民出版社1993年版，第209页。
③ 梁敦睦：《〈园冶全释〉商榷（续二）》，《中国园林》1998年第5期，第29页。
④ 收入于梁敦睦《中国风景园林艺术散论》，中国建筑工业出版社2012年版，第208页。
⑤ 见《中国历代园林图文精选》丛书，同济大学出版社2006年版，杨光辉《园冶》注释为该丛书第4辑第1篇。
⑥ 张家骥：《园冶全释》，山西人民出版社1993年版，第209页。
⑦ 以上见金学智：《园冶多维探析》上卷，中国建筑工业出版社2017年版，第205、208页。

说。为了避免诸家这类孤立绝缘、断章取义式的解读，故而这里将《孟子·离娄上》中包括《孺子之歌》在内的一章全录于下：

> 孟子曰："不仁者可与言哉？安其危而利其菑（金按：'菑'即'灾'），乐其所以亡者（金按：'安''利''乐'均为意动词，即'以……为……'）。不仁而可与言，则何亡国败家之有！有孺子歌曰：'沧浪之水清兮，可以濯吾缨；沧浪之水浊兮，可以濯吾足。'孔子曰：'小子听之，清斯濯缨，浊斯濯足矣，自取之也。'夫人必自侮，然后人侮之；家必自毁，而后人毁之；国必自伐，而后人伐之。《太甲》曰：'天作孽，犹可违；自作孽，不可活。'此之谓也。"

前几句意谓：不仁的人可以和他讲什么呢？他们以危为安，以灾为利，以国之所亡为乐。这样，怎么会没有亡国败家的可能呢！孟子在引了《孺子歌》及孔子"自取之也"一句之后，根据自己学说作了大段发挥，而这几句才是解读的关键。其实，《孟子》的引申发挥，根本没有"随遇而安，洁身自守"的意思，相反，意在批评不仁的人，应严格追究其自身造成严重后果的主观原因，从而强调修身、齐家、治国的仁学修养。这里试译《孟子》所发挥一段话，这是说：一个人必定先有自身招侮辱的行为，然后别人才会来侮辱他；一个家庭必定有自己造成毁败的缺陷，然后人家才会来毁坏它；一个国家必定有自致讨伐的原因，而后别国才来攻打它。孟子在这里是用了环环相套、步步推理的手法，由小至大，由"人（自身）"至"家"，由"家"至"国"，说明必须首先寻找和检讨自身缺陷和原因。这就是孟子对孔子"自取之也"的诠释，正如宋朱熹《四书章句集解》所释："不仁之人，私欲固蔽……祸福之来，皆其自取。"最后，孟子又进一步征引事理论据，用了《太甲》中的话："上天造作的孽，还是可以躲避的；而自己所造作的孽，却是不可逃避的。"其总的意思是批评不仁的人咎由自取[①]。《孟子》这些言论，都是根据其从修身（即修德养心）出发、最后"兼济天下"的仁学思想和儒家的入世原则推导出来的。

再看苏舜钦在苏州构建沧浪亭，这是他"兼济天下"之志遭到了悲剧性的彻底毁灭后对另条道路所作的选择，其《沧浪亭记》写道：

> 予以罪废，无所归，扁舟南游，旅于吴中……构亭北碕，号"沧浪"焉……予时榜小舟，幅巾以往，至则洒然忘其归，觞而浩歌，踞而仰啸，野老不至，鱼鸟共乐，形骸既适则神不烦，观听无邪则道以明……予既废而获斯境，安于冲旷，不与众驱，因之复能见乎内外得失之原……

这篇著名园记的主导思想，与《孟子·离娄上》所征引、所发挥的风马牛不相关。相

---

① 事实上，孔孟这番论述颇有其不合理处，至少是缺少普遍的真理性。就历史上的事实看，远古的"春秋无义战"，以强凌弱，以大吞小，难道弱小者均有自身招侮的主观原因吗？又如一部中国近代史，是割地赔款、受尽屈辱的血泪史，难道是由于当时殖民地、半殖民地的中国自身作孽，咎由自取，才招致列强一而再、再而三地前来欺凌的吗？再试看今日之天下，弱肉强食，霸凌侵犯，致使成千上万的无辜人民死伤流离，这难道要弱小的、受侮的、被掠夺的国家自己去找亡国败家的主观"原因"吗？所以说，"人必自侮，然后人侮之……国必自伐，而后人伐之"的理论，缺少普遍的真理性，而朱熹"祸福之来，皆其自取"的诠释，也不乏其片面性。

反，其主题是获罪、反思后的"独善其身"和退隐园林后的孤傲、畅神、明道。因此，苏舜钦建园并题名为"沧浪亭"，其出处绝非来自《孟子·离娄上》及其中的《沧浪之歌》，否则就认为自己之被倾陷获罪，是"自取之也"，是"自作孽"。假若认为沧浪亭出典于《孟子》中的《孺子之歌》，那么，对于因为积极主张改革、正直敢谏而遭倾陷的著名诗人苏舜钦，不是站在同情他的立场，而是客观上站到谴责他的立场上去了。

通过以上正面反面的对比，大量史实的丛证，充分证明了沧浪亭的典源是《楚辞》中的《渔父之歌》，其歌词虽然和《孺子之歌》完全相同，但由于引用者的学派不同，立场不同，出发点不同，它的含义——比喻义，也就完全不同，甚至截然相反。现将《楚辞·渔父》及其《沧浪之歌》摘录于下：

> 屈原既放，游于江潭，行吟泽畔，颜色憔悴，形容枯槁。渔父见而问之曰："子非三闾大夫与？何故至于斯？"屈原曰："举世皆浊我独清，众人皆醉我独醒，是以见放。"渔父曰："圣人不凝滞于物，而能与世推移……"渔父莞尔而笑，鼓枻而去，乃歌曰："沧浪之水清兮，可以濯吾缨；沧浪之水浊兮，可以濯吾足。"遂去，不复与言。

值得注意，渔父其人就是高蹈遁世的佯狂隐者，他劝屈原"不凝滞于物"，也就是劝其"独善其身"，此四字和"兼济天下"虽然都是儒家的处世原则，但这种豁达超脱，与世推移，特别是不凝滞于物，更多的是通向道家思想的。

质言之，渔父出世的《沧浪之歌》，不同于《孟子》入世的《沧浪之歌》，它突出地体现了道家的隐逸哲学。与《孟子·离娄上》的主旨相反，《楚辞·渔父》所写，是屈原遭放逐后的情况，而苏舜钦遭倾陷后的命运与屈原完全相同，这当然很容易引起苏舜钦的共鸣，故应肯定地说，《楚辞·渔父》中的《沧浪之歌》，或渔父所唱的《沧浪之歌》，才是沧浪亭的真正出典，而作为极有文学修养的宋代著名诗人苏舜钦，是不会不知道《楚辞·渔父》中《沧浪之歌》的。事实是在古代，《楚辞·渔父》流传颇广，不但见载于《史记·屈原列传》，而且早在唐代，也被写入童蒙读物（识字课本），如李翰所作的《蒙求》，就有"屈原泽畔，渔父江滨"之语，它也早已妇孺皆知，广为流传了。

遭贬后的苏舜钦，其《沧浪亭》诗云："迹与豺狼远，心随鱼鸟闲。"这两句是关键语。前句可诠释为：身与豺狼执政、残酷迫害的政治中心相远离；后句可诠释为：心与自由自在、悠然闲适的鱼鸟相伴随，意谓通过园林投入了大自然的怀抱……。因此可以这样说，苏舜钦建立沧浪亭，是通向"屈原泽畔"的另一条道路。在战国时代，屈原在《离骚》中先、后有这样两句，试释如下：

> 哀朕时之不当（意谓哀叹自己的生不逢时）……
> 欲远（远飞）集［《说文解字》："欆，群鸟（栖）在木（树木）上也。"］而无所止［《玉篇·止部》："止，住也。"《广韵·止韵》："止，息也。"］兮（全句意谓想要远飞而集于树上，却又无处可以止息安身）……

在宋代，苏舜钦却找到了另一可以自在居止、安闲栖息之处——这，就是举世仰慕、"诗意栖居"的沧浪亭。

笔者遍阅宋、明、清以来歌咏苏舜钦及其沧浪亭的诗，对于"沧浪"一词，除误读、曲解者外，可说是没有一首诗能揭橥其典源特别是能精准地发现并简要地概括苏舜钦和屈原之间的脉承关系的。在这自建立沧浪亭至今上下近千年间，仅仅只有一首极有价值，同样名为《沧浪亭》的诗。先引录、浅析于下：

> 《沧浪之歌》因屈平，子美为立沧浪亭。
>
> 亭中学士逐日醉，泽畔大夫千古醒。
>
> 醉醒今古彼自异，苏诗不愧《离骚》经。

此诗第一、二句开门见山，直接指出此《沧浪之歌》不出于《孟子》，而是因于屈平，苏子美由此而建立了沧浪亭。这揭示出二者先后的脉承关系，显得多么明快扼要，毫不含糊，可谓一语中的！

第三、四句采用了比较的艺术手法。德国古典哲学家黑格尔曾深刻指出："能比较两个近似的东西……而知其相似，我们也不能说他有很高的比较能力。我们所要求的，是要能看出异中之同和同中之异。"[①] 此三、四句能从相似中比较其"同中之异"：苏学士在亭中"逐日醉"，他的《沧浪静吟》就写道："我今饱食高眠外，惟恨醇醪不满缸。"苏诗此二句带有牢骚的意味。是的，屈原的《离骚》，其义也就是"牢骚"[②]。而"泽畔大夫千古醒"，《楚辞·渔父》中屈原就有"众人皆醉我独醒"之语。这就比出了二人的"同中之异"：醉和醒这一对比是多么鲜明！然而二者又不无异中之同，这就是通过"离骚（牢骚）"之间的"心有灵犀一点通"！

第五句进一步比较其异：二人不但有醉与醒之异，而且有今与古之异，真是彼此各自异。但第六句在反复比较之后，终于得出了异中之同——"苏诗不愧《离骚》经"的精准结论。此诗堪称生动形象的屈、苏比较论，其作者也堪称诗人苏舜钦的真正知音！

那么，这位《沧浪亭》诗可谓"屈指千载数第一"的作者究竟是谁？是哪个朝代的？说来也愧恧无地，笔者在《苏州园林》一书中误作"宋杰"，连朝代亦未交代。经查考，此误盖源于清康熙庚午影翠轩刻本徐崧、张大纯纂辑的《百城烟水》，其"沧浪亭"条引诗，第一首是苏舜钦的《沧浪亭》，第二首即是宋杰的《沧浪亭》，但"宋杰"系误，应作"杨杰"为是。

杨杰，无为（今属安徽）人，字次公，自号"无为子"。宋代著名音乐家，也是诗人，

---

① ［德］黑格尔：《小逻辑》，商务印书馆1981年版，第255页。

② "离骚"二字的含义，历来多有不同解释，司马迁、班固、王逸等均有所不足。朱东润先生指出，"近人或认为是……双声字，其含义相当于今语'牢骚'（见游国恩《楚辞论文集》）。"（朱东润主编高校文科教材：《中国历代文学作品选》上编第一册，上海古籍出版社1981年版，第229页。）

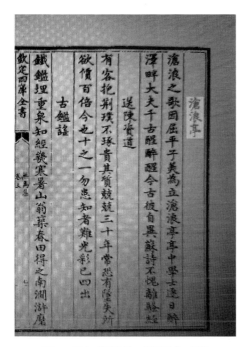

图7　杨杰《无为集·沧浪亭》书影
（文渊阁四库全书本）

一生爱好并吟咏山水，其诗甚丰。有《无为集》（图7）。[①] 杨杰与苏舜钦系同时代而稍晚，他为人正直，亲眼看到庆历新政及其失败（当时杨杰尚未进京），对苏舜钦的被倾陷深表同情，故而此诗写得深入浅出，情理双至，简明扼要而又鞭辟入里，馀意袅袅不尽！

呜呼！自《百城烟水》问世至今，这首几乎可作当年政事旁证的绝妙佳诗，作者被误传为"宋杰"业已三百余年矣，岂非又一历史之遗憾欤？又查《吴郡志》以来吴地之方志，及诸家《沧浪亭志》，均既无宋杰，又无杨杰，此诗更遗憾地埋没八百余年，默默无闻矣！

今逢盛世，百事待兴，被埋没的杨杰及其极有价值的《沧浪亭》诗，也应让其重见天日，解析而彰显之！

最后，笔者还建议将杨杰的《沧浪亭》诗刻碑，树立于沧浪亭中，并请人将拙文之意概括地刻于碑阴。这样，最能达到彰显杨杰此诗之目的。而且，这也许能成为沧浪亭内一个有意义的重要景点，并使其传之久远。这样，也尽了我们一代园林人应尽的职责。从理论上说，这也符合园林、旅游的"景咏相生"律。

原载《苏州园林》2023 年第 4 期

---

① 杨杰，仁宗嘉祐四年（1059 年）进士。神宗元丰中官太常博士。哲宗元祐中为礼部员外郎，出知润州，除两浙提点刑狱。卒年七十。《宋史》卷四四三有传。著有诗文集二十馀卷，《乐记》五卷，已佚。赵士粲编次其诗文为《无为集》十五卷，其有关释老二家诗文另编别集十卷（《直斋书录解题》卷一七）。今别集已散失。杨杰诗，以宋赵士粲无为军刻《无为集》（藏北京图书馆，其中诗五卷）为底本，校以《两宋名贤小集》所收《无为子小集》（简称"小集本"）。另有《宋百家诗存》所收《无为集》，及影印清文渊阁《四库全书》本；民国李之鼎校《宋人集》本（简称"李校本"）。《两宋名贤小集》中多有底本未收之诗。

# 《苏州园林》再版后记

## ·2023·

　　"江南园林甲天下，苏州园林甲江南。"我这本书就是写苏州园林的。记得当时苏州大学出版社正在策划一套"苏州文化丛书"，他们诚挚地邀我写一本《苏州园林》，而我却犹豫再三，不敢接受，虽然拙著《中国园林美学》早已问世，虽然书中以苏州园林为例的论述是大量的存在，但是，诚如陆文夫先生在《〈苏州文化丛书〉总序》中所说："苏州园林已经列入世界文化遗产，这仅仅是苏州文化的一个侧面，即使从这一个侧面来看，就能看出造园艺术的登峰造极需要多少精品的汇合，诸如建筑、绘画、雕刻、堆山叠石、花木盆景、诗词楹联、家具陈设……每一项都是苏州文化的一个门类，都能写几部书。"说得多么概括而又具体！然而让我写的这本《苏州园林》，却只能根据丛书的规格，限定在 20 万字，我的这支拙笔怎能穷尽它于万一！由于他们一再诚邀，我只能接受，因为比较起来，我所积累的有关思想资料与实例均比较多。

　　一般认为，建筑、山水（泉石）和花木，是园林艺术构成三要素，是的，而且这三种物质性明显表现为三维空间的存在，但还有一种极易忽视的另类物质，即在时间方面流动的春夏秋冬，这种美主要表现于花木，我将其称作"季相"，而把昼夜晨昏、阴晴雨雪等概称为"时景"，对此，我尽量多举例予以阐释，从而让读者能更好地把握和品味苏州园林四维时空之艺术美。

　　宏观与微观的结合，也明显体现在全书之中。宏观的布局方面，就是将苏州园林的物质构成分为"建筑构成""山水构成"和包括季相时景在内的"花木构成"三章，而将这些均归属于物质性的"艺术构成篇"；此外，人文性、精神性方面的"清静素朴""曲折幽深"等五章，则统称之为"意境风格篇"，而全书侧重于后者，从而更能突出苏州园林的鲜明个性。至于微观的赏析，则体现于全书特别是重点景观部分。

　　我在书中绝不搞平均分配，而是极大地凸显其中少量的重点，如第二章"山水构成"，突出环秀山庄的湖石大假山、网师园的彩霞池、留园的冠云峰；第七章第三节"精雕细饰"，则凸显网师园的"藻耀高翔"门楼，这些均注意微观方面的赏析。如"藻耀高翔"门楼，就从门上"字碑"四字的出处、解释、意蕴到木质门上钉以水磨砖；从屋顶上的"哺鸡脊""坐盘砖"、屋顶下极易脆折的砖质"牌科""凤头昂""花篮回纹网络"到被称为"兜肚"的微型戏台等所含高难度的砖雕、微雕、精雕、透雕、多层雕、戏文人物雕……以上用了不少篇幅加以详赏细说，不但结合细述介绍了读者感到大量生疏的术语，而且具体讲述了"郭子仪上寿"的戏文故事，甚至戏文人物的动作、表情、道具……

　　具体论析时，我总是用种种方法，或举一反三，或触类旁通，或从里到外，或从外到里，或由此及彼，或引申发挥……

　　如第一章"建筑构成"中的第二节"型式求异"，我参以清人毛宗岗的《读三国志法》，让小说与园林建筑沟通，从而让读者知道同一类型的园林建筑的建造，既要"善犯"，更要"善避"，如拙政园的亭子有二十余个，不但不能相同，而且必须求异、求不同，我通过比较作细微剖析，让读者得知其每个亭子都有其特异的个性。而这种比较法，不仅能让读者体悟苏州园林之妙，而且还能启发读者扩而大之，由此园联想到他园……这种注意求异求新，还有利于培育创造性思维。

又如第五章"曲折幽深"中的第一节"曲径通幽"，在引了几首咏苏州园林曲径的诗后，就参证以苏州小巷的曲曲窄窄，七折八弯；苏州小河的穿桥过巷，纡余盘互；吴门绘画的境界幽深，曲径纡回；苏州评书的曲折起伏，注重"落回"；苏州评弹的上抗下坠，悠扬悦耳；苏州昆曲的一唱三叹，"摇漾春如线"……接着又写到俞樾《曲园记》的"曲"，最后才介绍各种类型的曲径。这种由内而外、由外而内的循环，是用了对"曲"的丛证法、聚焦法，能极大地强化读者的印象，懂得外环境（物质环境、精神环境）对苏州园林艺术的制约或影响作用。

再如第七章"秀婉轻柔"中的第二节"小桥流水"，我引了《周易》的"坤道成女""柔顺利贞"；《老子》的"天下莫柔弱于水"；《红楼梦》"女儿是水做的骨肉"，并以"水秀"为对女儿最高的审美评价；笪重光《画筌》"水柔则秀"……从而推出苏州水、桥、船三者谱成的优美音画，并分析了马致远的《天净沙·秋思》，引出"小桥流水人家"这一名句，然后赏析苏州诸园的小桥之美，特别是多方面描析了网师园被誉为小曲拱桥之最的引静桥，最后以杜荀鹤的《送人游吴》作结："君到姑苏见，人家尽枕河。古宫闲地少，水港小桥多。"显得余音袅袅……

总之，我不是就事论事，而是以苏州园林为中心纵横穿插，或由浅入深，或旁征博引……既是讲述苏州园林，又不是讲述苏州园林，让哲学、美学、环境、众艺与园林互为交叉，相与融通。此外，我还注意锤炼辞格、锻造警句：

博喻，如作为园林大环境的苏州，是"城市内的桃源，红尘中的仙境，阛阓里的天堂"。

顶真，如"园林，就是缩小了的苏州；苏州，就是放大了的园林"；眼睛是心灵的"窗户"，窗户是屋宇的"眼睛"。

错综着其他辞格的排比，如"试看，台阶前，曲栏后，花架下，清溪旁，树林里，山路上，那婆娑的花树，整齐的柱槛，优美的挂落……滤下了日月光华，于是，光斑点点，银丝缕缕，阴阳相杂，不可名状，如音阶的高低，如旋律的抑扬，如乐思的呈现，如调性的升降，如织体的流动，如八音的交响，这一黑与白的回旋曲，光与影的协奏曲，是无声之音，无形之相"。

如此之类，不赘举。

由于我的写作既一丝不苟，又方法多样，各方面均较为欢迎，所以《苏州园林》1999年初版后，至今印刷了11次，共印26300册。2001年获江苏省第八届优秀图书一等奖，2006年获首届苏州阅读节"优秀地方文化读物"奖。中国建筑工业出版社曾先后两次向我建议，要我提出苏州大学出版社让权给他们，我都推说他们一套书不能从中抽掉一本，丛书还要再版，如今有幸而被我言中了，而且还要出精装本。

苏州大学出版社通知我要再版，我不但一丝不苟，又改出了极少量的错字，符合于苏州大学出版社一贯细致谨严的编辑作风，而且认真地返读全书，写出了方法方面的一些体悟，也许对读者更能有所裨益。

2024 年 5 月

# 第五辑

# 《中国园林美学》评

园林小中见大，其品类之盛，足以游目骋怀，极视听之娱，尤能使人萌生形而上的沉思。

——陈鸣树《综合艺术王国的巡礼》

平处见高低，直中有曲折。大处着眼，小处入手。以少胜多，其光景自然长新。

——陈从周《浑厚与空灵》

# 《中国园林美学》预告、简讯一组五篇

## （一）集学术、鉴赏与旅游于一身

### ——《中国园林美学》将出版

金学智撰写的《中国园林美学》是海内外第一部系统阐述中国园林美学特征的专著。

该书始终贯彻中西园林的比较、南方宅园和北方御苑的比较；以真、善、美分析南北园林的异同；并且论述了建筑、山水、花木的各种类型的价值；以及园林中的综合性艺术：诗、书、画、雕塑、工艺美术、盆景、音乐在园林中的综合与互相渗透。

该书集学术著作、园林鉴赏与旅游指南于一身，生动展示了祖国各类园林的丰采，对于旅游者，它教会你怎么游园；对于难得出门者，它让你为祖国的园林之多、之美倾倒。

《中国园林美学》由江苏文艺出版社出版，著名美学家王朝闻、李泽厚作序。

（泰伟）

原载［上海］《书讯报》1989 年 6 月 26 日，
在此之前，［上海］《文汇读书周报》1989 年 5 月 27 日还有
杨泰伟简讯：《江苏文艺出版社即将出版〈中国园林美学〉》

## （二）《中国园林美学》将于年底出版

据了解，金学智的《中国园林美学》（江苏文艺出版社 1989 年版），是一部多视角多层次地研究中国古典园林美学并自成完整体系的专著。其一大特色是把园林视作一种文化存在来研究园林美的形态内涵。

该书以辩证的发展观，在物质文化和精神文化的背景上展示园林美的历程，以真善美统一观和比较美学，对中国园林与西方园林、北方宫苑与江南宅园作文化鸟瞰，辨析其差异，探讨其根源；以物质精神交构的视角，对园林建构诸序列元素作详尽的微观分析。如建筑有意味的空间造型，石头文化的纵横透视，花木奇古名雅的价值系统，时间流程中的季相美等，均可谓阐人之所已发，扩人之所未发；以融合了接受美学的意境美学，双向地概括了园林意境客体向人生成的规律和审美主体的接受心理。

该书作者善于结合现存园林，深入到有关园林的文化底层爬罗剔抉，广征博引，使论述建立在客观审美实例和经过批判择取的翔实资料基础上。这种对大量传统文化典籍别具只眼的钩沉，也是有其学术价值的。

（闻牛）

原载［上海］《学术月刊》1989 年第 10 期

## （三）《中国园林美学》将出版

苏州教育学院中文系金学智先生所著《中国园林美学》，将由江苏文艺出版社出版。著名美学家王朝闻、李泽厚为之作序。理论的系统性、剖析的哲理性、描述的生动性是该书的一大特色，全书并有艺术彩照数十帧作为附图。

原载［杭州］《风景园林》1989 年第 4 期

## （四）一部具有开创性的理论专著：《中国园林美学》出版

**本报讯** 著名美学家王朝闻为金学智所著《中国园林美学》一书写的序言在《红旗》杂志发表后，曾引起广大读者的关注。日前，这部大家盼望已久的开创性著作，已由江苏文艺出版社出版了。

该书 44 万字，为国内第一部有完整谨严体系的园林美学专著。作者不仅吸收了中外古今有价值的园林美学思想，而且时有自己的新颖观点，展现了自己长期钻研的理论深度，所占材料宏富，文笔流畅优美，附插图多幅，颇有可读性。

作者把园林研究和爱国主义联系起来，弘扬优秀的民族文化传统，反对民族虚无主义，这在 1987 年有些人主张全盘西化之时，撰写能坚持正确的立场观点，是难能可贵的。

（利贞）

原载［南京］《扬子晚报》1990 年 9 月 6 日

## （五）《中国园林美学》即将出版

中国园林甲天下，苏州园林甲江南。中国园林驰名中外，脍炙人口，由苏州教育学院金学智著作的《中国园林美学》一书，凡 44 万字，其中彩色、黑白图片 48 幅，由我国著名文艺评论家王朝闻作序，最近已由江苏文艺出版社出版，填补了我国门类艺术美学研究的一项空白，堪称金学智先生的代表作。

金学智从 20 世纪 50 年代末就开始从事美学研究，造诣很深，三十多年来侧重于园林美学、书法美学、唐诗美学、艺术亲缘论、比较艺术论旁及建筑、雕塑、绘画、音乐等艺术探索研究，曾专著有《书法美学谈》《书概评注》和点校《兰亭考》《兰亭续考》以及《李白笔下的自然美》等论文 100 多篇，有的还译成英、法等国文字，驰名大江南北。

《中国园林美学》一书的出版，已在苏州园林界引起强烈反响，深受读者欢迎。

（沈国抚）

原载［北京］《中国市容报》<br>1991 年 12 月 9 日"新书架"栏

# 《中国园林美学》

·苏　环　云　五·

金学智的新著《中国园林美学》（江苏文艺出版社 1990 年出版），是我国第一部对中国古典园林美进行系统化研究的专著，它填补了门类艺术美学研究领域的一项空白。其特色有如下数点：

## 一、把园林美的历程置于双重文化的广阔背景上审视

该书以大量事实证明：在秦汉以前，其苑囿体现了后渔猎物质文化和渔猎意识积淀的摩荡；在魏晋至唐阶段，特定的精神气候、文化态势——隐逸意识 的流风远播，欣赏自然美的蔚然成风，诗画空间的山水方滋，园林中禽兽的价值嬗变……导致了山水园林、私家园林的萌生和发展；在宋元明清阶段，群体游园风的高涨，文学中园林情调的弥漫，文人写意画和文人写意园的竞起，建筑、园林技术和理论成就的飞跃……推动或标志着园林艺术逐步臻于高峰。这一结合着他律性和自律性的审美历程描述，是和对丹纳的艺术社会学予以改造和新释联系在一起的。

## 二、园林的真善美论和比较美学

真善美是西方的美学概念，以此阐述中国古典园林的特征尚属初见。对于"真"，该书不是机械地生搬硬套，而是从园林实践中抽绎推导，并以比较美学的方法，就中国范围内的北方宫苑系统和江南宅园系统，世界范围内的中国园林系统和西方园林系统等作多角度多层次的比较。作者认为，有真为假、人工而归于天然，是中国园林的特征。而南北园林的"善"，则主要表现为城市山林的现实空间和仙山胜境的理想模式之"异"，但二者又表现出感性实践要求之"同"和南北园林美之小巧与崇高、淡雅与浓丽之"不同"。这种"同"与"不同"的形成，有其经济、政治、哲学、美学、心理学乃至自然环境等多层面的原因。

对于中西园林的比较，该书着重指出二者的布局存在着自由式和规整式的背反现象。这是由于西方园林与科技为缘，将自然建筑化，表现出抽象性的人工技能之美；中国园林则与绘画为缘，将建筑自然化，融入自然怀抱之中，表现出具象性的天然风韵之美。西方美学偏于秩序统一，中国美学则偏于参差多样。西方园林坦荡开朗，以其整体的图案美见长，中国园林则曲折掩映，以其不断展开的意境美取胜。

## 三、物质精神交构论和艺术综合性

作者对以建筑、山水、泉石、花木为主的园林美物质性建构序列及其中繁复的元素，进行了合理的逻辑归纳，并结合实例对其性格、功能、价值作各别的微观美学分析，为园林学提供了一个具有理论价值的参照。他还认为，西方园林重艺术的单一性和建构的物质

性，中国园林重艺术的综合性，表现为在物质性建构的基础上，重视与之交渗互补的精神性建构序列。中国古典园林可说"是以建筑和山水花木的组合为主旋律，以文学、书法、绘画、雕刻、工艺美术、盆景以及音乐等门类艺术为和声协奏的，既宏伟繁富又精丽典雅的交响乐"。

## 四、时空交感论

园林是空间的并存序列，而园林的审美意义又在于使人面临的不是众多静止的景观，而是变化无穷的景观序列。在时间流程中，春夏秋冬是一年间有序交替的季相序列；朝暮昼夜是一天内有序交替的时分序列；风雨雪月是变化无序的气象序列，三者在园林空间中形成"景则由时而现，时则由景可知"的丰富景观。该书还把社会文化意识之流、历史人物胜迹这类社会性人文之美纳入园林美的研究之中。作者指出，种种门类史上胜迹的精神价值与其有关园林的审美价值成正比，从而论证了园以人重，人以园重，园因人传，人因园传的命题，以及审美接受中"发思古之幽情"的价值。一般园林学论著往往只重视园林空间景观的研究，《中国园林美学》还重视种种时空交感之美的系统理论研究，这也是一种有意义的研究方向。

## 五、园林意境美学和接受美学的结缘

该书结合审美主体的接受，概括和论述了园林意境客体的十大构成规律：空间分割律、奥旷交替律、主体控制律、标胜引景律、亏蔽景深律、曲径通幽律、脉连意聚律、互妙相生律、唯道集虚律，以及艺术同化律。

作者从贵无、尚虚的道家哲学落笔，论述了园林意境空间的集虚性，其中包括外部空间的超越意识、内部空间的开放系统，借景与对景、门窗框格的空间美学；对于艺术同化律，作者也从园林－诗画内面的互渗挪移、园林美与盆景美的交融、四维结构的无声韵律等层面，揭示了园林中诗、画、盆景、音乐"体匿而性存"的意境美。作者认为，古代意境说只涉及意境客体或主体创造，在现代，主体接受更应成为意境研究的重要对象。他除了把关于园林游赏的接受美学作为贯穿全书的线索，还特辟"审美主体的接受与意境的整体生成"专章，论述了从现实感受到迁想妙得的种种接受规律，特别是论及了园林的审美观照，空间距离欲其远，情感距离欲其近。此外，还论述了古典园林美的接受心境——闲静清和，这也是古典园林美学的一个新课题。总之，只有通过现实感受、迁想妙得、审美观照乃至接受心境，意境客体方能向主体生成；只有主客体相契合相和谐，才算实现了园林意境的整体生成。

作者还以文化积淀说贯穿全书，深入地对石头文化的个性特征，以及花木奇古名雅的价值系统进行剖析，既根植于传统的深层文化心理，又表现了现代的学术气息。

作者善于旁征博引，大而至于经史子集，小而至于诗词歌赋、笔记小说、画论诗话、园记散文、匾额楹联，无不广为采撷，而不囿于几本古典园论。该书内容丰赡，贯通古今，言而有据，言之有物。美中不足的是有的片断论述的覆盖面也还有局限，联系当代园林建设亦是一个薄弱环节。

原载［北京］《文艺研究》1990 年第 1 期"研究之窗"栏

# 从园林艺术看中国美学精神

## ——评《中国园林美学》

·朱　砂·

作为一种文化存在，中国古典园林走过了漫长的历程。回溯其历史，可以看到这是一道生命洋溢的洪流。它滥觞于殷商时代，源远而流长。当园林美的历程进入到宋元明清阶段，园林情调如香雾缭绕，弥漫于广阔的领域和各个艺术领域。现存的古典园林，作为经世世代代扬弃、储存、积淀和拓展了的历史形象，成为中国古典园林美的历程的一种感性的终结——过去动态的时间流程，现在以静态的、凝定的形式展现在人们面前；既往已经消逝了的东西，似乎都可以在现存的园林的形式中直接或间接地得到观照、品味、验证。

作为中华民族优秀文化的载体，中国古典园林艺术历来成就辉煌。中国的造园艺术，是与西方造园体系并驾齐驱的东方园林的主要代表，并以其在世界园林史中所占有的独特地位，历史地成为世界园林发展的主要动力源之一。基于对集萃式的中国园林艺术的礼赞，弘扬中国传统文化的精义，金学智教授的《中国园林美学》系统描述了中国古典园林的历史和美学特征。与三千年的中国古典园林艺术繁富的实践相比较，园林艺术理论显见薄弱。出于历史的原因，中国古典园林的构思、设计，大多出自文人、画家之手笔；相应地，历代的造园艺术理论便散出于画论、文论、园记、古文之中，缺乏明晰的系统性。《中国园林美学》的建树，令人欣慰地填补了这项空白。该书以江南宅第园林（主要代表为苏州园林）、北方皇家园林（主要代表为北京、承德的宫苑园林）、广东岭南园林为主要考察对象，以西方园林和日本园林为参照，完整地描述了中国古典园林艺术美的历程，阐释了物质与精审相交构的中国古典园林的美学品性以及古典园林审美意境的整体生成。全书结合现存古典园林，剔抉爬梳浩繁的传统文化典籍，以其厚实的资料和灵动的审美描述，藉园林艺术以发挥出中国的美学精神。

中国古典园林，无论是北方皇家宫苑还是江南私家宅园，都是建立在"宛自天开"的艺术真实的基础上，都是程度不等地体现自然美的自然风景园；这些园林或以仙家胜境，或以城市山林为企求目标的多功能构筑，其合目的性的"善"，都在中国艺术精神的基础上趋向于美。中国古典园林或崇高或小巧的造型格局，或秾丽或淡雅的色调风貌，以及自然天趣中不乏规整的构图章法，构成丰富多彩的美姿，生发出罕见而令人注目的境界，作为集萃式的综合艺术王国，金先生打了个比方：中国古典园林就是一部以建筑和山水花木的组合为主旋律，以文学、音乐、书法、绘画、雕刻、工艺美术以及盆景园艺等门类艺术为和声协奏的，既宏伟繁复又精丽典雅的交响乐。

《中国园林美学》的突出贡献，就是发掘中国园林的艺术内涵，揭示其物质性与精神性的交构，时间性与空间性的交融，有机地构建了中国古典园林的综合艺术美。在这一艺术美的王国里，建筑、山石、水泉、花木作为园林美物质性建构的主要元素，不同程度地分别起着引领、标景等作用。中国古典园林的这些物质性元素，无论是在内形式还是在外形式上，无论是取内部空间还是取外部空间看，都体现出迥异于西方的独特民族风格，它除了满足人们多层面的欣赏需求，还兼以其独特的形式孕含着发人寻思的审美意味。基于此，《中国园林美学》着重于用美学的眼光分析园林建筑、山石、水泉、花木等的营构形式，考察这些物质性元素系列的类型和性格功能，以及由此结合构成的有意味的空间造型。中国园林艺术是一种流动于过去、现在、未来的时间维度中的中华民族及华夏文化的创造，它在变动不居的时间维度上构筑出空间序列中丰富繁复的景观。作为形象地打开的历史画册，中国古典园林融社会文化意识之流、人文精神之美、历史遗迹之胜。它在物质建构的基础上，随着时代和地域的不同，反映出不断变化着的人类的审美心理需求。《中国园林美学》充分地论述了上述思想，概括出区别于西方文化的、富于中国特色的美学观。诚然，中国的这种传统的美学思想，不同于西方美学那样有着系统的逻辑性，它更多一些直观而少思辨，更多一些禅悟而少理性，但在《中国园林美学》里，由于借鉴了西方的艺术美学方法，显然将中国特色的美学观以学术理性的逻辑体系表达了出来。

中国古典园林在美学上的一个显著贡献，在于创造了艺术的境界。意境，在中国古典园林艺术和美学实践中，比较起其他门类艺术来，体现得最典型，最独特，也最有定性。中国的古典园林，不仅与建筑、山水、花木相亲，而且还与诗、书、画、乐为缘，春夏秋冬、昼夜朝暮、雪月风雨参与其中，综合生成了园林境界的虚虚实实、实实虚虚，即虚实相生的意境之美。中国园林艺术，无论是皇家宫苑如颐和园、宁寿宫花园、避暑山庄等，也无论是江南宅园如拙政园、网师园、留园等，都以其宛自天开、幽远清雅的境界启迪人们广阔丰富的想象。园林意境的美学描述，在《中国园林美学》中得到了突出的强调。该书的新意在于，从审美主体与审美客体相缔结的视角来讨论园林意境的整体生成。作者在旁征博引的基础上着力论说了作为客体的园林意境的营构规律。在中国传统文化和艺术精神中，儒、道两家思想无疑是居于重要地位的，但在园林文化和园林艺术中，贵虚尚无的老庄哲学则相对地更为充盈。园林空间的集虚、借景对景的灵动、园林－诗画的互渗挪移、四维结构的无声韵律等，无不受到道家思想的笼罩。从这里出发，《中国园林美学》归纳出的空间分割律、奥旷交替律、主体控制律、标胜引景律、亏蔽景深律、脉连意聚律、互妙相生律、曲径通幽律、唯道集虚律等，一方面在溯源而上立住了脚根，另一方面也以其严缜的学术思辨升华到美学逻辑的程度而独树一帜。然而，园林意境本身的客观存在，还不足以构建园林意境整体的生成，必须由审美主体的介入，这是园林意境的又一层面上的把握。只有作为以闲静清和的审美接受心境参与其间的审美主体的人，才有可能在对象化了的自然中寻觅到情感意趣，并借助于审美观照和迁想妙得，于是，在物质精神交构、时间空间交融生成的园林境界中相对应，相生发。于是，主客体两大层面交汇契合，便缔构出良辰美景、赏心乐事的园林整体意境美。在这里，《中国园林美学》匠心独运，把现代意识的主体接受，置于意境说的研究对象之中加以着重考察，这不仅饶有新意，而且更见著述功力。

中国古典园林是一个多层面、多元素复合的审美大系统。以中国传统美学的眼光来看，这个审美大系统中不仅包孕着良辰、美景，也包孕着赏心、乐事。从中国哲学的视角看，这个大系统则是一个"天地人合一"的系统：即天——天时与良辰，地——地利与美景，人——人和、赏心乐事。"天地人合一"的观念作为中国古典哲学的基本精神，历史地浸润到古代造园思想之中。与西方造园强调人工相比较，中国古典园林所追求的是人与自然的和谐统一，即在尊重自然的前提下创造和谐的形态，以期展示出人化的自然。基于中国古代哲学基础之上的这种民族心理积淀和民族文化的积淀，历史地形成了中国园林文化的质的规定性，这种规定性证之于古典园林尤其是宋元明清之际的园林，便是整体的、历史的、有法无式的、与自然界相呼应而富有生命的形态。在中国园林的艺术空间里，审美主体的人和作为良辰美景、天时地利的审美客体以及二者间相对应、相渗透的关系，构成《中国园林美学》研究的重要内容，作者循着这一线索着力展现了顺应自然而追求自由的园林美学思想。

由中国园林艺术看中国美学精神，足可见出中国美学精神品位上的崇高。庄学的境界、玄学的境界、禅学的境界，突出地在中国园林中昭示了出来。玄远淡泊，小中见大，以大观小，闲静清和，宇宙自然历史与人的交融，中国园林以其超逸之气、之景、之境，实在地展露出中国文化和艺术的精灵。对此的综合揭示，便是《中国园林美学》的主要价值和贡献。

原载［南京］《江海学刊》1990年第4期"新书评介"栏

# 民族的精神，民族的艺术

## ——读《中国园林美学》

·简 桦·

金学智先生的《中国园林美学》，由江苏文艺出版社出版了。这是一部弘扬中华民族优秀文化传统的佳作。它如数家珍地一路论叙着中国古典园林之美的历程，而恰恰是这番不厌其烦的论叙，让人们从中国古典园林的美妙中，看到了区别于西方文化的中国艺术特色和民族美学精粹。与文艺复兴时期的意大利园林、17世纪的法国皇家园林、18世纪的英国园林以及左近的日本园林强调人工造型相比较，中国古典园林无论是北方的皇家宫苑如北京的圆明园、颐和园、北海，承德的避暑山庄，还是江南的私家宅园如苏州的沧浪亭、拙政园、留园、艺圃、怡园，它们所追求的，都是人与自然的和谐统一，即在尊重自然的前提下创造出"天地人合一"的和谐空间，即建构出人化的自然。

中国传统文化的精义，显豁地在中国古典园林中昭示了出来：闲静清和、唯道集虚、奥旷交替、有无相生，中国古典园林以其超逸之气、繁富之景、灵动之韵，缩龙成寸地展现了中国文化和艺术的丰采。

读《中国园林美学》，舒心的是犹如打开连环图画似的教人生动地懂得并领悟中国哲学和文化的精灵。中国"天地人合一"哲学有其抽象的思辨性，读懂它无疑有难度，但通过中国古典园林的精妙和具象来"诠释"，却易于领略。中国古典园林是一个多层面、多元素复合的集萃式的审美大系统，既包孕良辰美景，也涵泳赏心乐事；既有客体的繁富，也不乏主体的灵性。人与自然的亲和，在中国园林的古典传统中，积淀为民族心理和民族文化情结，极致地规定了中国古典园林的审美质，这就是整体的、历史的、有法无式且与自然界相生发相呼应而又富于活力的型态，也就是通过顺应自然而实现自由。

作为一种文化存在，中国古典园林走过了两三千年的漫长历程。中国古典园林的突出贡献在于创造出了独特的艺术境界。在中国古典艺术和美学实践中，比起其他艺术门类（诸如小说、诗歌、散文、绘画、歌舞等）来，中国园林的艺术境界体现得最典型、最独特，也最有个性。特别是在追求风、骨、韵、味、神、趣的进程中，引领了中国艺术的风骚。《中国园林美学》一书，深入地考察了南北园林的历史和现状，以一种集大成的气概从容演述了其间的各个不同的规律。

中国古典园林的追求，于"宛自天开"中显出崇高和柔美，并以其自然天趣又不乏人工的灵动法式构造丰富多彩的美姿、生发罕见且兼震动心灵的艺术空间。这是一个有意味的集萃式的艺术天地。无论是晋祠、北海、乾隆花园、恭王府花园还是留园、豫园、瞻园、寄畅园，一一构成不同风格的以建筑和山水花木的组合为主旋律，以文学、音乐、书法、绘画、雕刻、工艺美术以及盆景园艺等艺术样式为和声的繁富精丽而典雅的交响乐章，说它是交响乐章，仅只是个比方而已，无法涵盖中国园林的美质，因其并非如音乐诗篇那样单一体现为时间的流程。中国古典园林的了不起，关键处在于时间与空间的交构，在于物质型态与精神意识的交融。中国古典园林作为一种物质存在，无论在内形式还是外形式上，无论在取内部空间还是取外部空间上，都体现出具有动势感的独特民族风格。如果说，西方园林就是死板的建筑，那么中国古典园林则是以山水花木建筑为物质材料的生气流动的音乐诗篇。这一独步世界的中国艺术杰构，不独满足人们多层面的欣赏的需求，更重要的在于，世界艺术之林中，中国古典园林蕴含着发人寻思的审美意味，并引领起一代风骚——依据苏州网师园"殿春簃"移植的"明轩"出口美国，"芳华园""燕秀园"的获世界国际艺展金奖便是佐证。基于此，《中国园林美学》一书，是把握住了中国古典园林的本质性格。

原载［北京］《人民日报》1990 年 11 月 9 日

# 综合艺术王国的巡礼

## ——读金学智的《中国园林美学》

·陈鸣树·

中国的古典园林，诚如作者所说，从形而上的意义来看，是真、善、美的三位一体，它比真山水更具有集中性、典型性，唯其假得像真，便取得了比真更真的意象，正如好的绘画比某些摄影更真，因为其中有真的灵魂在。说它具有善的品性，也正如作者所说，它具备了"物质生活和精神生活合目的性的功能要求"。园林之美，也就美在假中见真，是中国传统文化和精神美的一种物化形态，具有一种中国山水画的美学意趣。从形而下的意义来说，中国古典园林又具备山水、亭树、花柳相辉映的物质建筑，小园回廊、朱栏芳草，然而这又会使你升腾起一种形而上的遐想，逸兴遄飞，神采激扬，无怪乎杜丽娘要咏叹："不到园林，怎知春色如许！"正是园林的审美情趣唤醒了她青春的自我觉醒意识。园林不但假中见真，还能小中见大，其品类之盛，足以游目骋怀，极视听之娱，尤能使人萌生一种形而上的沉思，恰如王羲之的《兰亭序》中所感悟到的人生须臾与景物依旧那种刹那终古的伤感情怀。庭院幽径深如许，它给我们的绵绵情思也无尽深长。

中国园林美学应该是中国艺术美学中的一个重要方面，因为它涵盖着中国的文化意识、哲学意识和审美意识，它既是实体性的建筑，又产生一种超乎物质的空灵境界。我读过不少对中国古典园林如画美景的描述性的诗文，但还没有看到一本足以与中国古典园林艺术相匹配的具有哲学和美学沉思的系统性的专著，金学智教授的新著《中国园林美学》，填补了这方面的学术空白，因而具有开拓性的意义。王朝闻先生说它是作者长期寝馈于斯所取得的学术成果，殆非虚誉。

这本专著追溯了中国古典园林美的历程，从先秦直到晚清，可以作为中国园林史的纲要来读。在绵延的时间中，作者不忘空间里作中、西园林艺术和南、北园林艺术的美学比较，作者的视野既有纵向的历史感，也有注目于世界的广阔的空间意识。金先生从形而上的哲学角度出发，论述了中国古典园林真善美的浑然一体，又从形而下的园林的物质性建构序列中分析了园林建筑形式美，个体建筑类型诸功能；山水、花木的序列、类型与功能。此外，作者还探讨了"时间流程中的季相美""时分、气象所显现的景观美"等崭新的园林美学命题。

在"园林美的精神性建构序列"这部分里，作者提出了园林是"集萃式的综合艺术王国"这一具有独创性的概念，研究了"文学语言形而上的审美功能"，包括书法、绘画、雕塑等在内的"空间艺术汇成的艺术空间"，包括音乐、戏曲等在内的"时间艺术的流动与凝固"等，其中颇多创见。社会性的人文美同样是园林的时空交感。景为人设，宗教，重农，重文等意识都给园林美打上了烙印。同时，政治，民俗，科技，文学，艺术在园林的时空交感中也都留下了历史的积淀。作者还以较大篇幅探析了园林意境生成诸规律，考察了园林与诗、画，与盆景艺术深层同化的关系。最后，归结到人与园林的关系，至此才完成此书颇为庞大而又自成体系的系统。

康德提出，一本书的体系即理论框架的建构，必须具有自内生长性，金君此书，庶几近之。

原载［上海］《文汇报》1990 年 11 月 28 日
"文艺百家·三味书屋"栏

# 读《中国园林美学》

·朱建华·

金学智著《中国园林美学》，是一部水平颇高、新意迭出的学术专著，它让人们从中国园林的妙处中，见出了区别于西方文化的中国艺术精神和美学精神。与文艺复兴时期的意大利园林、17世纪的法国皇家园林、18世纪的英国园林的强调人工的型态相比较，大致同时期的中国宋元明清之际的园林如沧浪亭、狮子林、拙政园、留园乃至颐和园、圆明园等，无论体量大小，无论崇高柔美，无论北方的皇家宫苑或江南的私家宅园，所追求的都是人与自然的和谐统一，即在尊重自然的前提下创造天人合一、和谐共处的型态，以期构建出人化的自然。作者循着中国哲学的基调，发掘出了区别于域外园林的从宏观到微观的中国园林艺术共同特质和特殊个性。

中国园林，无论是艺术实践还是园林思想，本质上刻意追求真、追求善、追求美。与之相应，老庄学说的境界、禅学的境界以及儒、释、道汇流的倾向，显豁地在中国历代园林中昭示了出来。玄远澹泊、闲静清和、唯道集虚、奥旷交替、有无相生，中国园林以其超逸的气韵、流动的景观、灵活的境界，缩龙成寸地展现了中国文化和艺术的精义。

中国园林是一个多层面、多元素复合的集萃式的审美大系统。在这个系统中，既包孕良辰美景，也涵泳赏心乐事；既有客体的繁富，也不乏审美主体的灵性。天人合一作为中国哲学的基本精神，历史地具象地化为中国造园思想。人与自然的亲和，在中国园林中传统地积淀为民族心理和民族文化情结，极致地体现了中国园林灵动的境界和美的品质，这就是整体的、历史的、有法无式的且与自然界相生成、相呼相应而又富于活力的形相，借顺应自然从而超越自然，追求自由王国的实现。

中国园林作为华夏民族优秀文化的载体，起自先秦，经魏晋，过宋元明清，至于今，已走过漫长的历程。纵观这一美的历程，中国园林的突出贡献在于创造艺术的极致情景。可以说，艺术的情调和境界，在中国园林艺术和美学实践中，比较起其他门类艺术来，体现得最典型、最独特。特别是在追求风、骨、韵、趣、神、味的进程中，引领起中国艺美的风骚。勿庸讳言，中国园林离不开有法无式、匠心独运的物质性的建筑、山水、花木。与中国园林须臾不可离，物质性的构筑，造出了有意味的"形"的景境，而物质性的构筑造境，根本上又离不开人文精神的观照和审美主体意识的渗透和弘扬。在这一境界里，物质已深深被人文精神所灌注。可以说，人文精神、审美意识及文化的积淀促进了园林物质营造的延续和扩展，而物质性建构则又灵动地成了中国园林的起点和中心。在真善美交融、物质与精神交织的中国园林里，只有个性风姿的不同，而意境及其形成则是共同的。在中国，优秀的园林中可说很难寻觅到不具特色、没有意境的。缘于此，《中国园林美学》归纳出的空间分割律、脉连意聚律、奥旷交替律、标胜引景律、主体控制律、亏蔽景深律、互妙相生律、曲径通幽律、唯道集虚律等，标志出园林意境本身营构的客体存在和规律；而审美主体的介入，闲静清和的接受心境，审美观照的迁想妙得，促成主体客体两大层面相生相发的交汇契合，造就出"有意味"的人化的自然型态——既是人化的构筑，又是天成的自然。所谓"羚羊挂角，无迹可寻"，这就是中国园林独有的美学境界。

系统而周整地经过研究分析来概括中国园林美学的历史实践，是《中国园林美学》的建树，它令人欣慰地填补了这一领域里长期留下的理论空白。该书以其睿智的历史眼光和理性的综合揭示，融史论于一体，完整地描述了中国园林艺术美的历程，阐释了物质与精神相交构、时间与空间相交融的中国园林的美学品性以及园林审美意境的整体生成。作者结合现存的古典园林，剔抉浩繁的传统文化典籍，以集大成的勇气，借助丰厚的取证和活泛的审美叙述，藉园林艺术道出了真正属于中国的文艺的美学精神。

如果说，西方园林是凝定的建筑，那么中国园林则是以建筑、山水、花木为物质材料的流动的音乐，它的高明在于，不独满足人们多层面的欣赏需要，更重要的在于，在世界艺术之林中，中国园林孕含着发人寻思、世代不衰、愈古愈活的审美意味，并引领起古典美学的风骚。可以这么说，中国园林作为生动形象地打开的历史画册，融社会文化意识之流、人文精神之美、历史遗迹之胜、物质营构之巧，化意匠为神奇，通过全面展示满足着不断变化了的一代代广大人群的审美需求。

原载［北京］《文艺报》1990 年 12 月 8 日

# 佳园深深深几许

·朱 砂·

中国古典园林作为一个大系统，委实是一个富于东方情调的真、善、美三位一体的"自然的王国"。读过金学智先生的《中国园林美学》（江苏文艺出版社版1990年版），就不难发现，中国古典园林作为华夏民族优秀文化的载体，集中地体现了中华民族的别具的美学特色和源远流长的艺术风神。

中国古典园林，作为一种物质性的空间艺术，离不开它的物质建构。对于园林建构的物质要素，《中国园林美学》将其归结为"建筑：园林美的起始与中心""山水：艺术化了的生态环境""花木：大自然的英华"三大块。基于此，金学智先生着重于以美学的眼光分析解剖了古典园林建筑之美、山水泉石之美、花木之美，考察这些物质性元素系列的类型和性格功能，以及由此灵动地组构而成富于特色的"有意味"的空间型态。

中国古典园林，作为一种传统的艺术，它又有其突出的精神性。基于此，金学智先生又着重分析概括了"文学语言'形而上'的审美功能"，书法、绘画、雕刻"汇成艺术空间的空间艺术"等，此外，还有作为时间艺术的音乐、作为综合艺术的戏曲。由此出发，作者打了个生动而准确的比方：中国古典园林是一部以建筑和山水、花木的组合为主旋律，以文学、音乐、书法、篆刻、绘画、工艺美术以及盆景园艺等门类艺术为和声协奏的，既宏伟繁富，又精丽典雅的交响乐。

中国园林作为一种艺术现象，还不可避免地会烙上了深刻的社会性的印痕，这种印痕必然要和物质现实相交融，凝聚成一股合力，从而镕铸出中国园林艺术的魂灵。中国古典园林融社会文化意识之流、人文精神之美、历史遗迹之胜，在物质建构的基础上，随着时代和地域的不同，满足着不断变化的审美主体的心理需求。而这又必然会历史地受到了中国哲学的辐射和笼罩，从而在尊重自然的前提下创造"天人合一"的和谐形态，以营构出"人化的自然"，进而得以高于自然，达乎自由。

在中国古典园林的艺术天地中，作为审美主体的"人"和作为审美客体的良辰美景、天时地利，二者相贯穿、相对应、相渗透，这也是《中国园林美学》研究的重要内容。作者循着这一线索作了全力探究，得出的结论是：园林物质营构的境界，作为客观存在，尚不足以融合成园林意境的整体，必须待审美主体的介入，才能生成园林的审美意境。这里，作为审美主体的人的闲、静、清、和之审美接受心境极为重要，有了它，才可能在对象化了的自然即审美客体中寻觅到情志意趣。这两者交汇契合，相谐相和，才会有园林意境的整体生成，美的效应于是达到了极致。

《中国园林美学》在此基础上引绎和归纳出意境整体生成种种美学规律，是富于创造性的，这也是《中国园林美学》对中国古典园林艺术的一大贡献。

原载［北京］《中国图书评论》1991年第2期

# 《中国园林美学》（增订新版）

·顺　昌·

中国的园林艺术源远流长。和它的现今实存已进入 21 世纪相应，作为历史整体的中国园林及其理论遗产，也增添了新的价值意义：例如人们针对人类环境恶化而采取可持续发展对策的问题；李泽厚先生在《中国园林美学》序中指出的将人与自然交往提上议事日程的问题；随着避暑山庄、苏州园林、颐和园等列为世界遗产而拟继续申报、保护自然和文化遗产的问题；21 世纪休闲文化、旅游产业、环境艺术成为时代潮流的问题……统统可以在中国园林及其理论遗产中得到新的启示。于是，园林美学的研究就成为了时代之需。

苏州教育学院金学智先生在十年前出版了专著《中国园林美学》（江苏文艺出版社 1990 年版），经过"十年磨一剑"式的琢磨、修正、增补、更新，在 2000 年初又推出了增订新版（改由中国建筑工业出版社出版）。新版由原来的 44 万字扩至 70 万字，五编扩至六编，其内容无论从量和质来看，都上了一个新的台阶。

新版第一编回顾了"中国园林美的历史行程"，不但探溯了它的滥觞——"囿""圃"等，还进一步扩展到"台榭"，并对楚灵王与伍举讨论章华台之美作了新的解读，说明"作为中国园林美学史良好开端的这次讨论，是对世界美学史的一大贡献"——世界历史上关于美的最早定义，竟是从中国古典园林美中提升出来的。作者又通过宋代文人写意画和文人写意园的比较，指出宋代园林、景点题名较普遍地体现了"文心"，这一结论具有划时代的意义。

第二编"中国古典园林的真善美"，探讨了天地自然、园林艺术的"真"与"假"的审美关系；阐释了作为"善"的多层面的合目的性实践要求；特别是对中、西园林与南、北园林的美学比较——自由与规整、小巧与崇高、淡雅与浓丽，可说是比较美学的出色运用和比较艺术的可喜成果。

第三编"园林美的物质性建构序列"，不仅分析了园林建筑的结构形式，个体建筑类型及其性格功能，而且又扩展到微观领域，探讨了园林建筑与家具乃至古玩陈设的美学关系，概括出形式统一、体量适称、功能相应、环境协调、整体和谐诸规律。该编还列论了山水、泉石和花木之美，其中对注重天然水系的中国园林和日本充满禅意的枯山水庭园的比较，也颇能发人深思，而"绿色空间与生态平衡"一节，对于"人与自然协调论"或"人地系统论"研究，很有参考价值。至于园林中时空交感的"自然性天时之美"一章，其条分缕析之细谨，审美描述之精妙，尤具有可读性和感染性。

第四编"园林美的精神性建构序列"。作者通过比较，指出西方园林主要表现为物质性的人文艺术建构，其精神性则取弱形式的表现；中国古典园林特别是文人写意园，其精神性建构异常繁复，它是"以建筑和山水花木的组合为主旋律，以文学、书法、绘画、雕刻、工艺美术、盆景以及音乐、戏曲等门类艺术作为和声协奏的，既宏伟繁富而又精丽典雅的交响乐"。该编还系统地列论了园林中时空交感的"社会性人文之美"。

第五编"园林审美意境的整体生成"。这是该书最富于创见的重点之一。它在以分析法列论了园林美建构诸元的基础上，进而以综合法概括出园林意境生成的十大规律：空间分割律、奥旷交替律、主体控制律、标胜引景律、亏蔽景深律、曲径通幽律、气脉联贯律、互妙相生律、意凝神聚律以及体现了园林空间观的唯道集虚律，这些对于古典园林乃至现代园林的建造和欣赏，或具有普遍的指导意义，或具有重要的参考价值。

第六编"园林品赏与审美文化心理"，这是为适应 21 世纪国内外方兴未艾的休闲、旅游热的需要而新增的，它可以看作是园林文化心理学或园林审美心理学的雏形。对于园林中文化心理的积淀，该编作了如下的系列论述：古代"天圆地方"观念作为"集体无意识"，如何在建筑组群、个体建筑乃至工艺陈设方面有所积淀；"如鸟斯革，如翚斯飞"如何使屋顶型式的先行美学理想历史地转化为现实；"三神山"的蓬莱神话由昆仑神话演化而来，又如何积淀为园林中"一水三山"的组合模式；中国石文化史上的爱石情结又是如何形成，该节对石文化史上原始的"万物有灵"的崇拜因、"炼石补天"等的神话因、先民初步感受到的美石形质因、《周易》比德于君子的伦理因、孔子"仁者乐山"名言的哲理因、希羡如石之固吉祥长寿的意愿因的探索，概括得既深入，又全面，这种"石头文化接受链探因"，可谓阐前人之所已发，拓今人之所未发。此外，"山水、泉石、花木的第三性质"一章，也极富新意。它根据英国哲学家洛克"两种性质"的学说，结合中国美学，提出了"第三性质"的论题，用以论证园林中的"石令人古，水令人远"以及菊令人野、兰令人幽、竹令人韵等现象。此外，园林品赏中的审美距离、接受心境、审美心理层次，包括诗心、画眼、乐感、盆意等在内的艺术泛化品赏等的论述，也新意迭出，其丰富的内容，适合于不同的读者。

新版《中国园林美学》，理论联系实际，广征博引，资料翔实，弘扬了民族艺术的精神，发掘了中国美学的精义，具有理论的系统性、剖析的哲理性和描述的生动性等特点，可以说是一部研究中国园林艺术的集大成式的学术专著。

原载［北京］《文艺研究》2000 年第 5 期"研究之窗"栏

# 特别推荐《中国园林美学》

·《全国新书目》月刊编辑·

中国建筑工业出版社 2000 年出版的《中国园林美学》，是在 20 世纪 90 年代初由江苏文艺出版社进而推出的。

作者金学智先生是一个非常勤奋的学者，琴棋书画全都来得。老人家一门心思研究美学，因为是紧密结合着艺术实践，所以路子很正。其成果与那些满是"术语名词派"大相径庭。先生此书与他的《中国书法美学》一样，在学界口碑不错。

作者自云，本书采取"理论思辨、实际丛证、鉴赏分析三结合路子"。细读全书，信然。与同类书相较，确实是"丛证"，如在谈到气象所显现的景观时，仅"雨"一小节便有2000 字之多。像"类书"一样引了苏轼"西湖比西子"的诗；于敏《西湖即景》中"雨中观山水"一段；杜牧"多少楼台烟雨中"的名句；张岱《西湖梦寻》中转引董遇"雨色空濛，何逊激湍，深情领略，是在解人"；还博引了李商隐、胡震亨多人的记述，详叙雨不但能构成诉诸视觉的美，而且能构成、听觉、嗅觉的美。又如在谈"借景"时，除详举远借、近借、邻借、仰借、俯借的实例外，更比同类书增加了"借山、借水、借建筑、借花木"以及"借形、借色、借光、借声"等细项，"借声"一项，又分"借江声、橹声、樵歌、渔唱、钟声"等次项，详实细腻，无以复加。

为了满足近年来方兴未艾的休闲热、旅游热的需要，作者对初版作了较大的修改、更新和充实，并新增"园林品赏与审美文化心理"一编，更多从接受心理的角度谈赏园，堪称独到。

所评此书为中国建筑工业出版社 2000 年第 1 版，

被《全国新书目》列入"特别推荐"栏，

见该刊 2001 年第 8 期第 11 页；

《全国新书目》是由国家新闻出版署主管，

中国版本图书馆主办的杂志（月刊）

# 一个学人的艰辛探索

## ——读金学智先生的《中国园林美学》

·邓　愚·

金学智的名字伴随着中国园林美学走向全国，走向世界。10多年前，金学智先生《中国园林美学》的出版问世，填补了门类艺术美学研究的空白，更是园林史上的开山之作。为此，全国许多报刊发表文章，予以很高评价。该书曾荣获江苏省哲学社会科学优秀成果二等奖，华东地区优秀文艺图书一等奖，并入选匡亚明主编的《20世纪中外文史哲名著精义》。

余生也晚，我认识金学智先生，已是上个世纪后期的事了。1999年，苏州市文化局与苏州大学出版社联合出版"苏州文化丛书"（第一辑），其中有一本金学智先生的《苏州园林》，而我的《苏州状元》也忝列在内。后来，《苏州园林》编辑部约我写一篇有关金学智先生的文章，在编辑部同志陪同下叩开了金先生的家门，一番采访交谈之后，才对这位美学专家有所了解。

金学智先生是个"学人"。他没有沉醉于荣誉和喜悦中，以一个学者应有的态度和学识，对《中国园林美学》进行不断修改、更新、增补，经过10年的磨砺，在世纪之交的2000年又以崭新的面貌奉献给了广大读者，可谓是美学家献给新世纪的一份厚礼。说它崭新面貌，不仅仅是开本变了，由原来的大32开本改成了16开本；也不仅仅是出版社变了，由江苏文艺出版社改成了中国建筑工业出版社，装帧更加美观了，最主要的是观点的更新，内容的增新，字数篇幅也由原本的40万字扩增到了70万字，几乎增加了一倍。如果将两本《中国园林美学》作个比较，笔者以为前者着重是发现和揭示了中国古典园林固有的美，后者则着重在于探索中国古典园林美学在新世纪的现实价值与意义。

打开书卷，我们便可以触摸到作者那颗剧烈跳动的滚烫的心和思索的脉搏。金学智先生在新版《中国园林美学》"前言"中写道："中国古典园林及其理论遗产，在当代究竟有何意义？这是我长期以来一直在反复思考的问题。首先，我想到的是可持续发展的问题……在'城市病'广泛流行于世界各地的今天，回眸中国古典园林，重温其历史经验，不是没有意义的。而从可持续发展的需要来审视，中国古典园林又是地地道道的'环境艺术'……中国古典园林有着为今天时代需要的丰富'资源'。""其次，想到的是作为世界潮流的休闲文化问题……人与自然的谐和关系是世界性的重要课题，也是21世纪的重要课题，作为审美文化遗产的苏州古典园林，对于研究和解决这一重要课题是会有深远的启发意义的。""而现在有些游园的年轻人，不是饱游饫看的品赏者，而是走马观花的匆匆过客，或者外加留个影。正因为如此，就需要普及园林美学知识，深化园林美学研究。再把视域扩大到旅游，西方学者预测，在21世纪，这将是全球性的最大产业。"正是怀着这种强烈的责任感和使命感，金学智先生不断地探索中国古典园林美学在新世纪的作用与意义。

在金学智先生看来，探索和研究园林美学，对保护、改善人们生存环境，适应可持续发展的需要，适应作为世界潮流之一的休闲文化的需要……都有她特殊的意义和价值。金学智先生率先提出了中国古典园林是文人写意画发展为文人写意园的观点，全面而详细地论述了园林建筑与园林内部家具陈设、古玩陈设的美学关系。为普及和提高人们对园林品赏水平，新版《中国园林美学》新增了第六编"园林品赏与审美文化心理"，从古典园林的文化心理积淀举要，山水、泉石、花木的"第三性质"，园林品赏的审美心理层次与接受心境，到艺术泛化与园林品赏的拓展等，多方面作了详细论述，使之更具有现实意义。

在新版《中国园林美学》中，金学智先生不仅从可持续发展、人居环境、时代需求，以及中国古典园对世界文化、人类文明等方面，作了全方位的探索，而且在形式上也作了尝试，采用图文结合，并尝试着给每一幅图加上诗意的标题，这些标题绝大多数撷自包括计成《园冶》在内的古代名家诗文，力求使画面的美和文字的美结合起来，"力求题、图二者不粘不脱，若即若离。对于此举，或许有人不赞成，认为束缚了读者的想象，不尊重读者的主动性、创造性……但本人深感给景观以文学性标题，正是中国古典园林的传统特色。"可见其用心之良苦，做学问之严谨。

读罢全书，阖卷思索，可以深深感受和体味到，金先生撰写《中国园林美学》的过程，的确是在作一种全新的探索。这种探索性尝试，自然是十分艰苦的，当然也是十分有意义的，从中可以看出中国知识分子的良知。

著名美学家王朝闻先生为该书所作的序中写道："园林美学关系着园林艺术的美丑判断；它所要探讨的是园林艺术为什么能适应人们对它的审美需要，怎样才能适应人们的审美需要的问题。在人们还不很重视精神需要而比较强调物质需要的情势下，探讨与精神需要密切相关的园林美学，它的社会作用可能超越于园林建设本身。""园林艺术关系着人们的精神生活，对园林美学的探讨自身也是一种精神文明的建设。有志于在园林建设方面作出符合时代需要的出色贡献者，学习一点有关园林美学的知识，则是有益无害的。"读者如果能抽空读一读金学智先生的新作《中国园林美学》，对提高自己对中国古典园林美学价值及其意义的认识，提高自己的品赏水平，提高自己的生活质量，无疑会大有裨益。

原载《苏州园林》2002 年第 1 期

# 行到水穷处，坐看云起时

## ——读《中国园林美学》（第二版）

·周　峥·

天大寒，一早，金学智老师就送来了一本书，封面写着一行娟秀的钢笔字："赠苏州市遗产办　金学智 2006.1."

那是由中国建筑工业出版社出版的《中国园林美学》（第二版）。其实，《中国园林美学》早在 1990 年就由江苏文艺出版社出版。据我所知，该书出版后影响颇大，当时园林理论研究刚刚开始，学术界、教育界包括旅游界都开始关注园林，但园林研究的理论还十分苍白。《中国园林美学》可谓是生正及时，当即引起了震动，求购者络绎不绝，以至于出版社立即再次加印（本人有幸，曾得一精装本）。2000 年，该书修订后由中国建工出版社出版，2005 年又出了"第二版"，不仅说明该书的社会效应和需求，而且"二版"还将原书中某些文字再次作了修订。金老师打开书，对我说，"二版"第一编《中国古典园林的当代价值与未来价值（代前言）》是新增加的，其内容是近几年对工业文明与后工业文明快速发展时期对园林美学价值的再思考，再认识。他说希望我能重点看看这一部分。我很认真地打开书本，细读了这"第一编"，如同他一贯的文风，第一编对中国古典园林的生态学、文化学的未来学价值作了详尽的分析阐述。我没有水平对他的分析论述作什么评价，但读后还是很有感触的，想了一下，干脆将第一编全部"再版"，以供同好了解。于是，就有了《苏州园林》2006 年第一期开始连续刊登三期的"大家说园"栏目。

第一编有个小序，金老师在世纪之交对园林美学的思考较集中在小序中：

> 从世界历史发展的宏观视角看，20 世纪与 21 世纪之交，不仅是百年之交，也不仅是千年之交，而且还是整个人类历史的大时代之交——工业文明时代与后工业文明时代之交，现代社会与后现代社会之交，或者说，是传统工业文明时代与新的生态工业文明时代之交。这个大时代之交的一个重要特征，就是人类从非生态时代，不可持续发展时代，向生态时代，可持续发展时代的嬗变。
>
> "行到水穷处，坐看云起时"（王维《终南别业》）。本书——《中国园林美学》中国建筑工业出版社的 2000 年版亦即增订版，问世于 2000 年，适逢这百年，千年和人类历史大时代三个"之交"的关键时期，可谓千载难遇，三生有幸！而今，于 21 世纪初，在人类史上新出现的生态文明时代，又要对增订版进行再次增订，这就必须进一步策应时代精神的警钟，根据新世纪的急需，来更新全书的理念，

调整全书的理论和框架，从而一方面在强化、深化中国园林美学自律性的理论体系的同时，另一方面力求面向生态危机的世界，面向生态觉醒的现实，面向人类可持续发展的未来，其中包括我国建设小康社会重要目标之一的生态文明。

本书作为《中国园林美学》增订的增订版，即中国建筑工业出版社第二版，它的更新首先集中表现为新增了本编——"中国古典园林的当代价值与未来价值"，其中分章分节重点探究了中国古典园林美对人类社会的"绿色启示"，深入阐述中国古典园林所蕴含的生态学、文化学、未来学的意义和价值趋向，并且将本编置于全书之首，以代前言，以示强调，并以此作为全书的逻辑起点和贯穿线索。这是本书理念乃至体系更新的一个主要尝试；当然，还有其他方面或大或小的增改，多散见于全书，这里就不一一列举了。

20世纪90年代，刚涉园林之门时，曾认真阅读过《中国园林美学》，自认为也曾在该书中汲取过理解园林美学的养料，记得《中国园林美学》思考深广，分类明确，层次清晰，举例多而生动，语言雅而优美。书中关于园林美的历程，园林美的形态建构、精神建构、意境生成等作了详尽的阐述分析，读者只要认真阅读，循书序而渐进。定然会对中国园林之美有一个全面的了解把握。

需说明的是，金老师不仅进行中国哲学的研究，也进行西方哲学的研究，因此在分析论述中国园林美学时，往往能多角度，多方位地探视：即使是从中国文化哲学的角度分析论述，也常常广征博引，其范围往往是从"园林"着眼，其论述则是远远超出了"园林"概念，他那管笔，犹如牵着风筝的手，线长线短，信手收放。沿着他的笔触，我们走近了黑格尔、马克思、恩格斯、罗素、牛顿、车尔尼雪夫斯基、哈珀、海德格尔、霍华德、西蒙德，接触了刘敦桢、童寯、宗白华、李泽厚、刘纲纪、周维权、陈从周……并频频地和刘勰、司马相如、陶渊明、王维、白居易等古人相撞相识。一本透析中国园林美学的著作，却几乎涵盖了中国美学的内容。这些文化巨子及大师们对美的理解、对美的论述，印证中国园林美学完全是恰到其位，通过他们的论述，园林之美，园林之价值，园林之艺术，从中国厚实的文化长河中昭显了。诚如李泽厚先生在《中国园林美学》序言中写道："如果比较一下文艺复兴时期意大利的园林、17世纪的法国皇家园林、18世纪的英国园林，以及充满禅意的日本园林……把社会生活－历史－艺术－心理连成一气，作多方面的具体分析和考察，也许会是很有趣味的吧？"确实如此，掩卷而思会发现，园林就是一种心理，一种自适，一种追慕自然的心理；园林就是一门艺术，一门有诗、有画、有创造的艺术；园林就是一段历史，一段几乎伴随着中国文明史发展而发展的专门史；园林就是一类社会生活，一类富裕的、有文化修养的群体的社会生活……

还是说说"第二版"的"中国古典园林的生态学未来学价值"。这一编是金老师继《中国园林美学》2000年再次出版后对中国园林在全球工业化和一体化的大趋势下作出的思考，虽然还是写的园林，还是突出的园林之美，但在全球性的工业文明化的大趋势下（这种文明还在持续地发展），园林，除了传统的意义，还能给人类有某种深层次的思考和启示——绿色启示。这是金老师在新世纪提出的一个有关园林价值的前瞻性的思考！

园林，尤其是中国园林，其发展本身就是随社会发展而发展的，其功能也是随社会生活不断扩大而扩大的，正是在这种不断的发展扩大中，其艺术性，其美学价值也日益完善，最后达到了生活环境至善至美的境界。然而，诞生于农耕文明时代的艺术，带有隐居色彩的居住环境艺术，是否适合于现代工业文明社会的居住需求呢？即使它是"合理的存在"，在传统工业文明时代与新的生态工业文明时代之交时，这一"合理的存在"又具有何种未来价值呢？金老师没有沉浸在对"古典美"的陶醉中，而对这个不可知的问题作了探索。

"绿色启示"第一章有三小节，第一节：中国思想史上的"天人合一"观；第二节：西方的历史反思与东方的生存智慧；第三节：中国园林——天人合一的生态艺术典范。第二章有两小节，第一节：园林的精神文化生态与人性归复；第二节：中国古典园林生命拓展的未来趋向。从标题可看出，"绿色启示"着重于从东西方文化哲学对比中来观照园林，着重于从人类生存需求的精神层面来思考园林。显然，这在园林美学理论的论述上更深、更进了一步。

中国园林是中华优秀传统文化中一个极具特色的类型，近数十年来，学术界、文化界研究园林的专家、专著颇多，但翻阅数本，多数研究仅注重于园林的过去，对园林的现在和将来的发展趋势、生态价值、未来作用论述较少。仅这一点，我想，金老师的"绿色启示"对当代社会是有启示的。

原载《苏州园林》2006 年第 4 期

# 品味"天堂里的天堂"

## ——读金学智的新著《苏州园林》

·田　清·

　　金学智教授曾经全面研究过中国各类古典园林，并写出了具有独创理论体系的专著《中国园林美学》。其后，他又把他情有独钟的审美目光凝聚到中国园林中的精品——苏州园林上来。这目光是深情的，也是沉思的：其中既有宏观的审视，又有微观的品察；既有探赜索隐的睿智，又有迁想妙得的灵性。这一番凝视的成果，便是苏州大学出版社最近出版的他的新著——《苏州园林》（苏州文化丛书）。

　　捧读此书，从"艺术构成篇"到"意境风格篇"，新意迭出，令人爱不释手。我的感觉是仿佛又一次同金教授晤言一室，聆听他饶有情致地娓娓而谈，并时时能从他的妙语中获得一种探骊得珠的惊喜。

　　我惊喜于他审视苏州园林文化的独特视角。此书的前言中，作者写道："本书的目的之一，就是希望人们能带着天堂意识去游园。"他先征引西方和中国的有关资料，论证了人们自古以来就把园林和"天堂"联系在一起。再说苏州这个城市，至少自宋元以来又被称为"天堂"，那么，苏州园林就更是"天堂里的天堂"了。因此，游览苏州园林，应该具有"双重天堂意识"，即采取"天堂里的天堂"这一特殊视角，去品赏苏州繁华秀丽的大环境包围中"仙境别红尘"[①]的园林小环境。从这样一个独特的视角去观察苏州园林里的亭台楼阁、山水泉石、花木禽鱼……就会欣喜地发现并深入地领略其中厚重的文化积淀与浓郁的诗情画意。

　　我惊喜于他对苏州园林的艺术构成有那么精细的评析。他认为，建筑、山水（泉石）和花木，可以称为园林艺术构成的三要素。书中以理念与悟性并用、思辨与鉴赏结合的方式，对苏州园林的这三种要素表现出来的鲜明个性，作了精细、深入的评析。例如，分析建筑构成中"形式求异"这个特点时，作者参照了古典小说理论中既要"善犯"又要"善避"的观点，赏析园林建筑的犯中求避、同中求异。如拙政园中各种个体建筑类型是颇为繁富的，仅是亭子就有二十余个，这就不可能不相犯。然而，如果从不同层面作细致的剖析，这些亭子从屋基平面、立柱数量看，从屋顶型式看，从屋身构筑看，从结构类型看，从体量大小与所处环境看，每个亭子与其他亭子相比都显示出特异的个性和风貌。如果进而把苏州各个园林的亭子作比较赏析，那么其各自不同的艺术个性就更加突出了。记得朱自清先生赞赏过那些"细针密线的人"，他们"于每事每物，必要拆开来看，拆穿来看；无论锱

――――――――――

① 引自《红楼梦》第十八回林黛玉咏大观园"世外桃源"诗。

铢之别，淄渑之辨，总要看出而后已……这样可以辨出许多新异的滋味"（《山野掇拾》）。金教授的细针密线的风格，与此庶几近之。

我还惊喜于他对苏州园林的意境风格有那样独到的品味。意境，这是中国抒情写意类艺术的特构；风格，"这是艺术能企及的最高境界"，"和睿智之士谈论这个问题则更是一种崇高的享受"（歌德《自然的单纯模仿·作风·风格》）。此书对苏州园林意境和风格的研讨，是一种深层次的美学探索，也给了读者高品位的审美享受。作者从苏州园林的清静素朴、曲折幽深、透漏空灵、秀婉轻柔、综艺大观等五个方面，对其意境、风格作了独具只眼的品赏、体悟。以"清静素朴"为例，作者分析苏州园林的清静之境、素朴之风，从"居尘出尘""入口妙处""黑白光影""清静谐和"等不同角度去品味；且不谈其他，仅从"黑白光影"这一点来说，在作者的导引指点下，品赏那层出不穷的黑白景观，谛听那光与影协奏的和谐旋律，就能令人感受到其中不尽的意味。苏州园林色调上突出了黑与白，这不仅与历史上园林主人均为"迁客骚人"有关，而且更有其根植于中国黑白文化历史传统中的深刻的文化底蕴。从道家文化到周易哲学，从围棋、书法到水墨画，都凸现着黑白文化所独具的魅力。苏州园林，在作者看来，更是"中国黑白文化的杰出代表"：园林里的建筑展现了黑白的和谐；室内的布置陈设如匾额、对联、碑刻、大理石挂屏、插屏，乃至以大理石为饰的椅背、几面等，无不显示出黑白的互渗。而室外的山石、花木等各种景色，也往往以黛瓦粉墙作为画框粉本，而光与影的明暗变幻难道不也是绝妙的有意味的黑与白的协奏吗？相信许多读者展卷阅读到这些精妙之处，一定都会感受到如歌德所说的那种"和睿智之士谈论"的无穷意趣的。

原载《苏州园林》1999 年第 4 期

# 多视角的审视　多层面的创获

## ——评金学智的《苏州园林》

·陈本源·

　　在世纪之交，金学智教授推出了新著《苏州园林》，这是一个可喜的学术创获。金先生不仅凭借其园林美学功底而驾轻就熟，探骊得珠，而且在具体阐述苏州园林多质多元的本体内涵时，成功地运用了为学界所瞩目的独特方法论——"多视角的观照"，其中包括多学科交叉的观照。

　　从哲学的视角看，该书认为，是儒、道、佛诸家哲学思想的产物。且不说儒家"仁智之乐""独善其身""君子比德"等在园林里的表现已为众所周知，就说建筑的粉墙黛瓦和以易学太极为哲学底蕴的黑白文化之微妙联系，也被金先生作了独到的阐发。再说道家对苏州园林的深刻影响，如假山假水，既要模拟真山真水，又要杜绝矫揉造作，以自然天成为至境；而园林的意境风格处处以清静为怀，以淡雅为美。对此，此书能溯源于《老子》道法自然、致虚守静，《庄子》法天贵真、素朴为美的哲理。至于佛家艺境与苏州园林的关联，也不在该书的视野之外。对于狮子林的假山，褒贬不一，金先生却从佛陀艺术的新视角更多地肯定了其丛林特色与神异色彩。佛典中的"芥纳须弥"之说，更是苏州园林构成特别是其中山水构成的重要艺术准则。此书以网师园水池为例，多方面细致地分析了这半亩之池能给人以"沧波渺然，一望无际"之感的奥秘所在；即以水池东南隅"槃涧－引静桥"意象组合的独特景效而言，这虽只有一座袖珍式石拱桥架在一条狭溪窄涧之上，但其精妙的处理能引发了人们的审美幻觉，产生了如见深山荒涧、高峡幽谷的艺术效果，和环秀山庄的假山一样，这一艺术杰构把"芥纳须弥"的造园原则发挥到了极致。

　　从绘画美学的视角看，此书对苏州园林提出了更多的新见解。需要重点一说的有二：其一，此书一再引述叶圣陶名文《拙政诸园寄深眷》，充分肯定了"它一针见血地揭示了苏州园林的总体特征"。但金先生又认为，"这一近乎十全十美的范文，又略有美中不足之处"，如说对称的建筑是"图案画"，而苏州园林是"美术画"，所以要求自然之趣而不讲究对称。这里，"美术画"这一概念不太合理，因为"画"的概念从属于"美术"，而"美术画"与"图案画"并提也不相称，因二者不是同一等级的概念。金先生在揭示了美术中的"山水画"反图案对称的自由布局与苏州园林特殊章法的同构性后，得出了苏州园林是自由布局的"山水画式的园林"的精辟论断。其二，对于湖石的品赏，一般论者往往笼统浮泛地提"瘦、透、漏、皱"四字，难以深入，更无对画意的细致品赏，而该书"峰石情趣"一节则抓住狮子林"读画"的门额，说明园林中如画的山石必须像画一样来"读"，特别应从中国山水画皴法美的视角来"读"，这可谓另辟蹊径。书中指出，湖石之"皱"，其实就是山水画程式、技法之"皴"。金先生以国画皴法美的艺术视角来"读"现实山石的皴皱美，"读"出了不少全新的审美感受。如"读"留园冠云峰，就把它放在西天斜晖映照下细读、详读，获得了如诗人、画家所谓"峰岭层棱好皴法，都被夕阳拈将来"的丰富意趣。例如，此峰上停可感受到"古篆笔法所画披麻解索皴"，中停可感受到"老辣笔致所作乱柴皴"，而下停石面上"有芝麻皴破其寂，斧劈皴助其涩，乱柴皴显其峭……"同样，对网师园冷泉亭的"鹰石"、五峰书屋后的叠石等，也都能"读"出新意，从而丰富了人们品赏山石的艺术感觉。

以风格美学的视角品赏苏州园林独特的艺术个性，更是此书的一个重要内容。其"意境风格篇"的"清静素朴""曲折幽深""透漏空灵""秀婉轻柔"以及"黑白光影""曲径通幽""含蓄掩映""小廊回合""审美之窗""小桥流水"等章节，都是从苏州园林中抽绎、概括出来的，完全切合其意境风格特征。该书对园林意境风格的体悟，把对园林的研究、鉴赏提升到一个新的境界。

从文化学的视角看，正如此书前言所说，苏州园林可以看作是"天堂里的天堂""希望人们能带着天堂意识去游园"。这也就是引导人们联系吴文化的特定背景去观照、品味苏州园林文化的独特风采。"意境风格篇"中的大部分章节都联系吴文化的大环境来作分析，如该书指出苏州园林"秀婉轻柔"的审美特色，"与苏州特殊的水土所培育的苏州人的品貌、性格，存在着某种值得探究的对应关系"，与苏州的曲艺、工艺制作等艺术品类也可作比较、参照。这是从地域文化的视角来观照园林文化。此外，书中还以多种文化聚焦的视角来品赏园林，如对怡园东部石文化和绘画文化、音乐文化、工艺文化相交叉的系列景观，就作了探赜索隐的精妙赏析。

金先生在写作上力避"严肃有余、活泼不足"的通常写法，有意识地尝试着把此书写成既有一定学术深度，又有较大趣味性、可读性的"准学术性著作"，兼顾了专业人士和广大读者阅读、欣赏的双重需要。如"季相时景""黑白光影"等章节中的一些片段，都是非常优美的文化散文佳作。作者的叙述语言也不乏雅俗共赏的妙言隽句，如"园林，就是缩小了的苏州；苏州，就是放大了的园林""绘画是园林的范本；园林是立体的绘画"；等等，使人读来感到精彩纷呈，回味不尽。让学术研究的成果为广大群众所喜闻乐见，是此书努力追求的目标。

原载《苏州大学学报》2000 年第 4 期

# 第六辑

# 《风景园林品题美学》评

大都诗以山川为境，山川以诗为境。名山遇赋客，何异士遇知己，一入品题，情貌都尽。

——［明］董其昌《画禅室随笔》

如果没有历史例证，艺术理论将永远是一个抽象世界的贫乏纲要。

——［美］潘诺夫斯基《视觉艺术的含义》

# 《风景园林品题美学——品题系列的研究、鉴赏与设计》首发式学术座谈会发言摘要

（蔡斌据录音整理）

时间：2011年7月6日上午9时

地点：北京·中国建筑工业出版社新楼会议室

## 一、中国建筑工业出版社社长兼总编沈元勤致辞

金学智教授是我社优秀作者之一，他在我社出版的《中国园林美学》，先后共印了8次，广泛受到好评。今天我社之所以举办他的新著《风景园林品题美学》首发式学术座谈会，因为此书一是有学术价值，它从品题美学的角度研究风景园林，分理论、鉴赏和实践三块进行论述，在国内尚无先例，体现了原创性；二是有文化价值，弘扬了传统优秀文化，文化含量很高，符合当前文化大发展的时代要求；三是对我们行业发展有积极意义，最近国务院、教育部将风景园林列为一级学科，所以更需要这类书。金先生不但从事理论研究，而且将其应用到实践中，今天与会的还有苏州、上海从事园林地产开发的老总，这对我们行业会产生影响。

## 二、作者金学智介绍写作概况和有关内容（略[①]）

## 三、与会嘉宾自由发言

◎北京山水心源景观设计院总设计师、副院长夏成钢：

我今天是为金先生和他的新著鼓掌来的。他这项理论研究，意义重大，涉及风景园林行业的走向。胡锦涛主席最近的七一讲话，其中就是讲到了文化软实力，而《品题美学》恰恰显示了中华文化的软实力。但是我国园林规划与文化同步的却很少。出口的园林，常常仅仅是产品、商品，缺少文化；国内新造的园林，更往往只见"术"，而不见作为根本的"道"。

◎中国建筑学会编审、著名建筑评论家顾孟潮：

中国古代园林能达到世界园林之母的高峰，是造园家与诗人、学者、画家、书法家、雕塑家等共同合作的结果。金先生作为一位人文学者致力于园林理论建设，应向他致敬。

---

① 金学智的发言，收入上篇第四辑"设计实践论散记杂论"。

中国园林学有一个很高的起点，处于领先地位，如"造园"一词就是 380 年前《园冶》提出的，可见中国园林的影响。顺着这方面说，《品题美学》是探索园林学理论创新的可喜成果。

◎住房城乡建设部风景园林专家、原城建司副司长王秉洛：

金先生孜孜不倦研究园林美学，一本又一本，一个十年又一个十年，长时间执着追求，应感谢他的努力。《品题美学》把传统园林的成果，从理论到实践提到哲学、美学的高度，扩大了视野，走出了园墙，将其扩大为"大地景观"的规划，体现了理论与实践的结合。

◎中国城市科学研究会研究员鲍世行：

坐冷板凳，十年磨一剑，这样做学问的人真是不多了。目前，人们往往忽视哲学，而《品题美学》却把风景园林放在哲学的深层次上来研究。金先生把"品"字提出来，中国园林的特点也许就在"品"字上。"品"就是慢节奏，如品茗，而现在却是快餐文化。金先生能和房地产开发相结合，英雄有用武之地。

◎中国城市规划设计研究院教授级高级工程师刘家麒：

金先生对风景园林学科作了很大的贡献。"品题"点到了中国园林的核心问题。童寯先生说，园林的要素一是花木池鱼，二是室宇，三是叠石，其实不止这些，还应加上文字。以上三个是硬件，而文字是软件。中、西园林的区别主要在品题上。《红楼梦》十七回写到，若干亭榭，无字标题，断不能生色。品赏园林要全方位运用感官，声色香味，春夏秋冬，雨雾风雪……"品"后还要"题"，画龙点睛，把感受传达给别人，从而创造意境，启发联想。《品题美学》不但总结了古代的传统，而且很有新意。

◎中国科学院院士、生态环境研究中心研究员王如松：

在 20 世纪 50—60 年代，我们总讲认识自然，改造自然，而没有教我们去品味自然。认识自然是哲学层次；改造自然是科学、工程层次；而品味自然是美学层次。《品题美学》的理论编提出重"品"尚"味"，我很欣赏，要教会年轻人品味较虚的神态的东西；该书的鉴赏编，给了我们一个文化大餐，唐宋元明清直到现代，还有南北东西，把中国园林的精华作了全面展示；实践编是一种创新，体现了自然生态与人文生态的结合，物质生态与精神生态的结合，还原论与整合论的结合。

◎中国城市建设研究院教授级高级工程师陈明松：

《品题美学》具有开创性、综合性。风景园林品题的形式丰富多样。我也研究八景、十景，积累了大量资料，过去曾称之为风景园林集成文化，今天遇到了知音。金先生新著的价值是多方面的，如弘扬传统文化、提高审美情趣、引导旅游、解释景观……在很多方面都给我们带来新的启发。

◎中国社会科学院哲学研究所研究员王毅：

中国园林有着独特的、超越技术层面的文化内涵，需要很好研究。中国书法和中国园林在精神气质上有着深刻联系，金先生能把书法美学与园林美学结合起来，研究很到位。《品题美学》的封面选了书中一幅画，体现了风景园林的精神，也说明了园林和绘画的密切关系。

◎中国艺术研究院美术研究所研究员、《美术观察》主编李一：

金先生的研究，能抓住"品"字，抓住中国人审美的特点。中国古代美术批评的特点是重体验，重感受。抓住这一点，对建设中国特色的美学体系很有帮助，由此也可建立中国式的评价标准、评判体系。

◎中国人民大学哲学学院教授钱学敏（钱学森先生胞妹）：

金先生提到受钱老"山水城市"思想的启发，确实，他把绘画、诗词、古代园林建筑和传统文化等结合起来了。钱老还说，山水城市和园林建设，最终目的是要给人以意境美，金老师的书也体现了这一点。建议做一个光盘，这样可以有立体、直观的效果，更容易让老百姓接受。

◎苏州园林局遗产监管处处长、《苏州园林》杂志主编周苏宁：

我本来准备了一份发言稿，由于时间紧，今天来不及说了，我把稿子留交出版社。借此机会提两点建议：一、除精装本外，能否再出一些简装本，在普及上做些工作；二、国外对中国园林还不太了解，能否主动出击，对一些重头书搞些翻译，推广到国外去。

◎《品题美学》的主要摄影家蓝先琳：

金先生治学严谨，他的人品给我留下深刻印象，而这本书又是填补空白的，所以我愿意为他拍摄，感到特别高兴。过去我把景名称为"题景"或"景题"，没有一个规范，现在金先生提出"品题"等概念，意义深远。它对提高导游的品位也很有作用。

◎上海三盛宏业投资集团副总裁陈锡年：

金教授把风景园林文化导入我们开发的家园，让千家万户都能享受园林的美，也很好体现了我们"园林地产"的品牌，还使我们在建筑史上留下些痕迹。客户们对园林文化情有独钟，非常向往，如金老先生参与的南海颐景园，就广泛受到业主好评。

◎苏州万国房地公司董事长饶晓凡：

我专程从美国赶回来祝贺！此书的出版，不但是理论界、出版界的喜事而且是我们从业者、园林爱好者的喜事。十多年前我们承担"吴文化与现代化"项目时，发现了《中国园林美学》，这启发我们思考如何把园林文化遗产转化为生产力。在开发江枫园时，金教授还提出了"回归自然，天人合一；回归文化，人文合一"的理念，提高了我们的素养。他还一丝不苟地对建筑师甚至工人悉心指导，所以《品题美学》的出版，是在意料中的。我还感到，理论成果在市场过程中，正是消费者所追求的东西。因此可以说，这本书有无数的财富在里面。

◎另外，中国科学院院士、中国工程院院士、清华大学建筑学院教授吴良镛因身体欠佳未能与会，在家接见了金学智教授。他说，对《风景园林品题美学》这个题目很欣赏，认为有文化内涵。他的研究生学位论文也有写八景、十景的，这本书在这方面是一本专著。"品题"是园林建筑的好东西，但青年人文化修养不够，不一定都能欣赏，因为有些很深，所以需要研究。建筑和风景园林在人居环境上是相通的……最后，吴先生赠与了他的代表作《广义建筑学》。

原载《中国园林》2011 年第 10 期，题为《学术聚谈，情切意浓

——记〈风景园林品题美学：品题系列的研究、鉴赏与实践〉

首发式学术座谈会》，吴宇江、焦扬整理；

此摘要载《苏州园林》2011 年第 4 期，蔡斌整理，

因原文颇长，多交叉且不简洁，不如所选此文之简明扼要；

又，由于在暑假里，高校教师未能参加

# 风景园林，贵在"品""题"

## ——读金学智先生新作《风景园林品题美学》

·沈　亮·

金学智先生是我尊敬的一位学者，早在 20 多年前，金先生就以独到的眼光，对中国传统园林系统地用美学理论进行了深入的梳理和研究，完成了《中国园林美学》一书，该书甫一问世，顿使洛阳纸贵。其后，随着承德避暑山庄、苏州古典园林、颐和园等一批传统园林被列入联合国教科文组织《世界遗产名录》，金先生又对该书重新作了补充和修改，增加了近三分之一的篇幅。这种严谨的学风令人钦佩！

但金先生并不以此为终点，这几年继续笔耕不辍，近日出版的《风景园林品题美学》一书，即是金先生这几年来深入研究园林文化的倾心之作。

游览风景园林，每个游客都可以获得一系列不同层次的感受，浅尝即止的，可以感觉很"美丽"，很休闲、很放松；稍稍深入，会觉得如诗似画，感觉很陶醉；若再继续深入，进入"品"的境界，则意境随之展开，这是中国文化中特有的美学层次。而审美的最高的境界——意境的领略需要心境，也关乎审美者个人的文化和修养。读金先生这本书，对这种文化修养的引导和培养，具有豁然开朗的启迪作用。

其实，对园林品题来说，也是个老的话题。凡园必有景，有景必有题，园林品题，看似是一个司空见惯的问题，但仔细想想，我们往往浮光掠影在其表面现象。品，品题，品题系列究竟是什么？在美学上有哪些意义？在风景园林界，往往停留在初级阶段，对品题浓化人文环境，诗化园林景观，雅化园林空间，覆盖园林有形文化和无形文化的诸多方面的美学研究，始终没有很好的理清和讲清。

金先生基于它多年研究所得，从美学理论的视角，探究风景园林品题系列的生成因由、文化背景、历史发展及其分期、品题景数类型、景题字数类型、品题系列的组织原则和美学特征和情意内涵等等。在理论上力求纵贯古今、横贯地域（甚至超越国境），进行广视域、多方位的理论探析，并向深层开掘（如挖掘古籍中大量存在却无人问津的有关的原生态资料），还注意做到理论、历史、实例三者的有机结合。这样的写作内容和方式，最主要的特点就是书的内容不空洞，不晦涩，一下子就能引导读者的思路走进他的世界。比如，在谈到品题系列的美学特征时，分了绘画、诗意、音乐和建筑四个方面来讲，不但引用经典文字，还直接用图片来说明观点。这样，读者就不是受到抽象的、不可把握的空洞大道理。而是很直观、很清晰的参照物，留下深刻印象。相比目前有些学者行文故作高深、玄妙，越发显得金先生的功力扎实和朴实无华。

值得一提的是，对于风景园林品题这样一个课题的讨论，如果仅仅闭门造车式地翻故纸堆或凭空想象，很会写出一些酸腐或空洞的陈词滥调，和当代日新月异的社会脱节。而金先生专门辟出一节，提出了品题系列在当代的研究价值意义，将品题和中国古典园林的当代价值和生态学的未来价值——剖析，令人眼目一亮。园林和风景的品题不是个文字游戏，它对促进生态环境改善与精神文明建设，提高旅游文化生活品位，拓展旅游产业，带动地方经济发展有重大现实意义。对于我们文化遗产工作者来说，研究园林品题，也是弘扬地方文化，增进乡土情结，推动自然与文化遗产保护管理的一项重要内容。而在城市建设中，通过认真研究各种品题，对避免城市千城一面，保持自身独特的美学个性也很重要。可以说，通过细读这本书，可以举一反三，得到超出于本书更多的东西。

美国艺术史家潘诺夫斯基说过："如果没有历史例证，艺术理论将永远是一个抽象世界的贫乏纲要。"因此，该书力求体现理论思辨、鉴赏描述、实例论证三者的结合，论述时辅以各种历史或现实的例证，加上富有诗意的或有文学韵味的标题，提供了进一步的美感享受。难能可贵的是，在这样一本很"理论"的书中，为了让读者更有印象、更能对所阐述的问题产生直观效应和视觉冲击力，金老师花费了大量精力，四处奔波，向摄影家和园林工作者征求精美的照片，专门用铜版纸印刷，可以说，后半部配图部分，甚至能够与画册媲美。

好书不厌千遍读，期盼金先生会有更多的好书让我们这些后学者受益。

原载《苏州园林》2011 年第 2 期

# 品题系列美学体系的开创之作
## ——评介金学智的《风景园林品题美学》

·吴宇江·

2011 年是国家"十二五"发展规划的开局之年。这一年，风景园林界迎来了三大喜讯：一是 2011 年 3 月，风景园林学科被国务院学位委员会、教育部列为一级学科，这是风景园林学科发展的里程碑事件，它表明我国风景园林教育与风景园林事业的发展进入了一个崭新的阶段；二是 2011 年 6 月，中国以西湖十景为重要特征的"杭州西湖文化景观"，在第 35 届世界遗产大会上得以全票通过，并被列入《世界遗产名录》。三是 2011 年 2 月，金学智先生的《风景园林品题美学——品题系列的研究、鉴赏与设计》（以下简称《品题美学》）在中国建筑工业出版社出版，同年 7 月，该书首发式学术座谈会在京召开，与会代表一致认为，该书填补了学术空白，对风景园林学、艺术美学等学科有着重要的推动作用。鉴于以上喜人的形势，笔者作为《品题美学》的责任编辑，深感对该书应作一认真的评介。

《品题美学》是金先生继国内颇有影响、至今已加印了八九次之多的《中国园林美学》之后，将园林美学进一步提升、拓展为中国特色风景园林美学的开创性著作。该书分理论编、鉴赏编和实践编三部分，体系宏大，内涵丰富，笔者认真研读多次，拟从品题系列创作的角度，评介其最具开创意义的品题系列美学理论，兼及品题系列的设计理念和评判体系。

众所周知，品、品味、品题，是自古以来中国美学迥异于西方美学的重要概念。该书理论编正是以"中国特色，重品尚味"为标题，在详论了品、品味、品题之后，进而提出了"风景园林品题系列"这一核心概念。金先生下定义说，这是"指根据特定需要，通过品赏甚至反复酝酿，从某地或某一风景园林的众多景点中，自觉地、有意识地遴选一定数量的'景'，通过品题使其获得景名，作为某地或某一风景园林众多景点的突出代表，从而使之成为以'数'来贯穿、规范和约束的、具有整体统一性的艺术系列。"紧接着，他详尽地剖析了北宋的潇湘八景、南宋的西湖十景这两个举世闻名的典型案例，从而让人透彻地了解其诞生的历史因由、文化背景和审美特色，并让人对品题系列有足够的感性认识。

对品题系列这个最重要的核心概念，《品题美学》剖析了它的形式、内容、原则和特征，这对构建理论体系是十分必要的。

首先，该书精心梳理了品题系列的种种形式构成，认为在组合结构类型中，谨严类型优于松散类型；在品题景数类型中，八景、十景系列类型突出地体现了历史的选择，当然，景数更多的类型也有其存在的必要；在景题字数类型中，四字系列类型历来最受欢迎，三字型其次，其他类型则效果较差。

接着，广泛概括了品题系列的各类题材内涵，如"地理：自然景观之美"，包括山岭水流、农林动植等;"历史:人文物艺之美",包括文史哲理、宗教传说、建筑胜迹、古今园林等;"社会:人物活动之美",包括舟渔樵牧、商贸工业、点景人物等;"天时:季相时景之美",包括春夏秋冬、昼夜晨夕、烟雨风雪等。这种全方位的展示,大开人们眼界,为创作提供了无比广阔的空间和无限丰富的素材,还有利于灵感的孕育。

再次,又提炼、阐释了品题系列的组织原则,其中优选性是最重要的原则,它要求凸显重点、遴选精粹。金先生以晋祠内八景为例,指出其虽入选了"古柏齐年""难老泉声",但却遗忘了圣母殿、鱼沼飞梁、宋塑侍女等全国一流的优秀景观,而将次要、较次要的充入八景之数,这一教训让人们懂得应该美中选美,择优汰劣,不能"拾了芝麻丢了西瓜"。此外,还提出了整体性、有序性和适时性原则。适时性也很重要,它要求人们正确对待历史发展中品题系列及其景观的兴废,懂得这也离不开推陈出新、与时俱进的规律。书中还肯定了澳门八景中入选的"镜海长虹",羊城新八景中入选"珠水夜韵"等,而《品题美学》的鉴赏编还品赏了澳门八景中的"三巴圣迹""卢园探胜",羊城新八景中的"黄花皓月""五环晨曦"等近、现代的风景园林景观,让人知道除历史上传承下来的自然、文化遗产外,新的、现代的体现时代精神、面向着未来的景观,同样可以而且也应该进入品题系列。

最后,该书还独具只眼地阐发了品题系列的美学特征,如绘画美、诗意美、音乐美、建筑美,这更令人闻所未闻,它引导人去体味优秀品题系列所描述的山水画般的意境、多变的季相、诗一样的情怀、虚灵美丽的意象⋯⋯这些正是品题系列的魅力所在,也是审美的高级层次。此外,优秀的品题系列,在语言上还具有抑扬顿挫的节奏、规整齐一的形式,也令人赏心悦目,娱耳动听。

金先生通过层层深入的论述,把品题系列之美的有条不紊地一一呈献给读者,给人以举一反三的启发,这在我国风景园林发展史上确实是开创性的。

回顾我国一千多年来,风景园林品题系列遍布各地,创作持续不断,其中优秀之作固然如群星灿烂,但低劣之作也为数不少,它们陈陈相因,模仿抄袭,文句欠通,情趣低俗,而究其原因,如《品题美学》所说,"令人遗憾的事实是,自古至今,品题系列的创作始终处于自发状态,问题确实是存在着⋯⋯实践上没有专书对自古以来的品题系列多方位地广积资料,科学整理,系统解释,总结成功经验,剖析失败教训,或启发创作的灵感⋯⋯"因此,今天应通过理论研究,"使品题系列的创作在普的基础上得到提高,从而走向真正的、自觉成熟的艺术境地"。为此,《品题美学》又开设了鉴赏编,它在历史上纵贯唐代至当代,在地域上覆盖了北京、河北、河南、山西、山东、江苏、浙江、江西、陕西、四川、云南、广东、广西、台湾、澳门等地区,选出 100 多个优秀品题系列景点进行品赏。金先生所标举和鉴赏的这些典范,起到了良好的示范作用,能提升创作者、欣赏者的审美水平,从而在普及的基础上提高;人们通过不同时代、不同地区、不同类型、不同内涵、不同风格景观的鉴赏,确实能较好地把握风景园林及其品题的种种不同规律。

《品题美学》以理论编奠基,以鉴赏编过渡,最后以实践编收尾。在实践编,金先生不但介绍了自己一系列的品题系列设计文本,与人交流,供人参考,而且还介绍了自己从事创作实践的理念、准则等,这对当今如何进行品题系列的创作、设计、评判,也很有价值。在该书首发式座谈会上,他谈自己心得体会的发言也颇有启发性。

金先生首先根据时代、社会的现实需要,结合自古以来品题系列创作的发展,提出了五条设计理念,即以双重生态为主导,以地域文化为依托,以撷古题今为创造,以品题系列为模式，以艺术聚焦为方法。所谓"双重生态"，即自然生态和精神文化生态，其中精神文化生态的提法很有新意。之所以要强调精神文化生态，如他在座谈会上所说，是"由于现代人过度的经济开发等原因，导致了人类生存环境的严重失衡，不但使自然异化，而且还使人性异化，如人文精神失落，人情冷漠，人心浮躁……"而高雅的古典文化，则有可能较好地传承、发展和延伸文脉。他还说，他的设计受启发于钱学森先生的"山水城市"学说。钱先生曾建议，"把中国的山水诗词、中国古典园林建筑和中国的山水画融合在一起，创立'山水城市'的概念"；又说，"人离开自然又要返回自然，社会主义的中国，能建造山水城市式的居民区。"金先生所提出的"双重生态"，"回归文化"正是一种尝试，具体做法是"以撷古题今为创造"。不妨举其设计的岭南地区的南海颐景园十景中第一景为例，他采撷了岭南文化名人韩愈"水容与天色，此处皆绿净"的诗句，题此景区为"水天绿净"，以突出当今人们迫切的生态要求——绿化与净化。此区湖边又有主体厅堂"绿净堂"，进一步强调了"绿净"的时代主题，堂前还有另一位岭南文化名人康有为所书"天人一切喜；花木四时春"的名联，生动地展现了"中国传统的生存智慧和生态欣悦，呈示出万物与人交融统一的和谐愿景"。可见这类品题虽引自古代，但古今已融为一体，而其意蕴更是指向未来的，这令人联想起上海世博会某国所提"过去是未来的一部分"这一深刻理念。金先生在发言中还概括说，通过引古入今，品题系列就可能"含茹原生态的古典诗文书画，在一定程度上体现天人相和、山水相亲、诗画相融、美善相乐的人居环境理想，从而让人们在这里洗尘涤襟，静心养性，涵文赏艺，悦志畅神，走向'诗意地栖居'"。

《品题美学》为了品题系列创作的质量，不但在理论编展示了品题系列无比广阔、丰富多样的题材领域，提出了优选性、整体性、有序性和适时性的组织原则，而且还在实践编的"以品题系列为模式"一节里，总结历来品题系列创作的成败得失，联系自己的切身体会，提出了"六戒六求"的准则：戒蹈袭，求创新；戒浮泛，求深实；戒雷同，求殊异；戒平俗，求雅韵；戒奇涩，求通达；戒杂多，求齐一。对于这一系列准则要求，书中有理论，有实例，有分析，很有说服力。就这样，该书又进一步建立起品题系列创作的评价标准和评判体系，可供人们探讨、参照。

原载《苏州园林》2011 年第 4 期

# 《风景园林品题美学》述评

·陈亚利　陆　琦·

中国风景园林，是集自然生态、人文理想与人类智慧之大成的产物，而风景园林的品题，则是融合了大量哲学经典、诗词曲赋、书法绘画、民间传说、文人轶事等于一体的、独特的中国艺术，是别具一格的东方审美文化。

风景园林品题美学，对于中国风景园林的创作和研究有着深远的意义，它涉及风景园林的历史发展，以及联额题名、营造手法、功能作用、审美价值等的规律性研究。金学智先生的新著《风景园林品题美学——品题系列的研究、鉴赏与设计》（以下简称《品题美学》），是我国目前对风景园林品题进行系统化研究的专著，它对于建立具有中国特色的风景园林美学理论有着一定的推动作用。本文拟从理论、鉴赏、实践三方面予以述评。

## 一、理论体系

《品题美学》的理论编，建立在中国品题史的广阔背景上。其一，是以品风景、品园林为逻辑起点和研究重点，通过梳理，归纳出具有中国特色的美学范畴——品、品题；其二，通过对品人物、饮食、书画、花卉、峰石、风景、园林等多层次、多方面的探讨，衍生出对风景园林品题系列的价值及研究意义的思考；其三，通过研究品题系列的形式构成、题材内涵、组织原则、美学特征等，建立了特色独具的品题美学体系。

中国的审美文化，讲究物化与情化的双重表现。审美活动源起于人对客体物象的"品于形"，然后通过细细体会。慢慢琢磨、斟酌推敲、融合意象来感悟客体，最终获得"辨于味"的主体心理感受。例如中国人品梅，注重梅花与其生长环境的关系，讲究良辰、美景、赏心、乐事的交感，最终以情移入梅花的品性，达到品梅的最佳效果。中国人的审美过程，就这样交织着感性与理性的活动，讲究"言有尽而意无穷，余意尽在不言中"的重"品"尚"味"体验，这在中国历史上形成了根深蒂固、稳定性极强的审美文化传统。

金先生对此的探索研究，其理论建立在长期资料积累的基础之上，书中有关材料数量之多、内容之丰、考据之详、选材之严，涉及之广，在学术研究领域里实属难能可贵。他对浩如烟海的历史文化资料进行深度挖掘，以贯穿于两千多年来华夏民族文化中重"品"尚"味"的特色为逻辑线索，有理有据地论述了"品""味""品题""品题系列"以及它们之间的关系。同时，论著中还广泛涉及哲学、宗教、伦理学、文学、艺术、民俗等多学科领域，将其汇融于理论研究，从而构建起谨严的、具有中华民族气派的风景园林品题美学体系。

## 二、鉴赏体系

《品题美学》的鉴赏编，萃集了唐、宋、元、明、清至当代的风景园林系列品题景观进行审美鉴赏。他以品题系列的发展史为脉络，纵贯古今，横跨地域，以广视角、多方位的理论体系为构架，通过纵深的鉴赏实现了理论、历史、实例三者的有机结合，而给人印象尤深的是贯穿其中的历史感。

中国园林的发展起源很早，但是品题和品题系列的萌生则较晚。南朝至唐，为品题系列的萌生期。当汉代经学一统局面被玄学打破后，哲学得以解放，由此带来了自然审美意识的复苏。但即使在自然经济式私家山水庄园较兴盛，而人文园林尚未成熟的唐代，其品题系列仍以自然景观为主，而与人文风景园林相联系的品题系列就相对滞后，呈现为松散型、同质化的状态。

宋元至明，为品题系列的发展期。两宋人文极盛，中国所独有的山水画、山水诗、山水园林得到了长足的发展，出现了品题系列与人文思想的紧密联系，品题系列也呈现出整体性、系列性的发展状态。至明代，江南文人寄情山水，抒情表意，与人文结合的园林品题系列，呈现出多样化的发展态势，同时讲究撷古为题，于是，渗入了更多文化内涵的私家文人园林，其品题系列更走向成熟。

清代，为品题系列的鼎盛期。这时皇家园林的发展呈现出空前未有的宏大规模和壮丽风采，品题系列也臻于顶峰。除皇家园林品题系列外，私家园林也效仿皇家园林的经验，品题系列呈现出集约化、严谨化的广域性发展形态。

近代较为消沉，自当代开始，为品题系列的复兴期。20世纪80年代至今，园林品题系列进入复苏发展期，期间对传统园林的保存、传统模式的发掘均取得一定成果，同时品题系列开始补入具有现代内容和风采的新景观，至此，品题系列呈现出传承与更新的交融，出现了焕发时代精神的新特征。

遵循历史发展的序列，根据这四个发展阶段，金先生从中选择了一百多个富有代表性的系列景观实例，结合大量名家拍摄的实景彩照进行多学科、多角度的细品详评，给人以丰富的精彩纷呈的审美享受。它还让人们体悟到：鉴赏、品评这些不同时代背景下形成的不同品题景观，确乎离不开对品题发展历史背景的研究，或者说，历代品题系列的发展和演变的种种特征，离不开特定时代背景影响下园林客体景观和主体感受相结合的双重体验，因而可以断言：对品题系列发展史的特征性研究，对品题系列的鉴赏有着不容忽视的作用。

## 三、实践体系

金先生三十余年来从事于中国园林美学研究工作，著书立说，撰写了大量的优秀著作。在其新著《品题美学》的实践编中，他又将园林美学研究和创作实践进行了有机的结合。他重视吸取历史经验，特别注意发挥品题对于孕育艺术意境的作用。

从历史上看，中国园林重艺术的综合性表达，天时地理、历史人文、社会生活，都会通过品题对园林发生影响。如狮子林的"立雪堂"，其名就渗入了两个立雪的著名典故——南北朝慧可立雪和宋代游、杨程门立雪的故事，这就赋予厅堂以"精诚求学问道"的人文内涵，于是包括建筑在内的园林景观就孕育出虚实相生的意境——人与景会，景与文合，于是园林景观就有了"言有尽而意无穷"的独特魅力。这里，人文是重要的，就园林来说，虽然处处是景，但它们有待于人文的介入，这样，人们才能品悟园林艺术真正的审美价值。

据此，作者在其设计实践中，除"天人合一"外，还熔铸出"人文合一"的理念，导入了中国优秀的传统文化，特别是中国古典抒情诗词。金先生通过实践形成了独特的设计风格、创作方法和艺术体系。从理论上说，它表现为以双重生态为主导、以地域文化为依托、以"撷古题今"为创造、以品题系列为模式、以艺术聚焦为方法等；从实践上说，这种设计体系，采用了系列性的品题，着重于整体感的体现，还注意贯彻如下原则："戒蹈袭，求创新；戒浮泛，求深实；戒雷同，求殊异；戒平俗，求雅韵；戒奇涩，求通达；戒杂多，求齐一。"他以这些原则严以律己，在实践中检验自己的美学理论。

在科学与艺术、中国和西方相互渗透的现代社会，中国园林的发展呈现出异彩纷呈的多样化格局。就当代风景园林的品题设计实践来说，品题美学理论和设计理念的指导尤为重要。还更应看到，金先生的《品题美学》，古今中外，旁征博引，理论、鉴赏、实践三位一体，以多学科交叉聚焦的方法论建构理论体系，这不但在风景园林研究领域里具有开创性意义，而且对其他学科的理论研究也不无启发价值。

原载［广州］《建筑与环境》2011 年第 6 期

# 金学智：寻梦品题，雕琢时光

## （文化访谈）

·沈 亮 刘 放·

## 我以身为苏州人而自豪

**晚报会客厅：**金先生好！二十多年来，你的《中国园林美学》三次进行修改增订，每次都让我耳目一新。去年你出了《苏园品韵录》，今年又出了《风景园林品题美学》这部新著，在北京首发式学术座谈会，反应颇佳，在园林界、美学界，称得上是件大事，这里首先向你表示祝贺！

**金学智：**谢谢你们！《苏园品韵录》是我随笔小品和论文的结集，《风景园林品题美学》则是近十年理论联系实际之作。前者侧重谈园林具体的景象和美学韵趣，后者则是对风景园林品题系列理论层面和实践层面的整合，而以鉴赏层面作为过渡和中介。

**晚报会客厅：**"品题"，好像是个较难说透的；"风景园林品题系列"，又是个新的提法。您怎么会对此感兴趣，并写出这样一部大书来？

**金学智：**这些年来，我虽写过不少有关论著，也希望理论能与实践结合，并在社会生活中产生作用。适逢新世纪来临，苏州、上海有两位开发商看到我的书，先后前来找我，要我把苏州园林文化导入他们所开发的小区，以符合可持续发展的时代走向。晤谈之余，我感到他们确乎是很有学养的儒商，也是苏州园林的知音，于是慨然应允。但我原先研究的重点是苏州园林，这是典型的封闭型的"壶中天地"，而当今小区的室外环境却是开放型的，面积很大，这使我想起了风景区和大型园林常用的组景方式，如燕京八景、西湖十景等。以前，我感到其中没有多少学问，但钻了进去，发现其中魅力无限，值得深入寻幽探胜。如"品""品味"等，自古至今一直是很有魅力的热门词语，但遗憾的是，对由此衍生的"品题"及其灵动的系统功能和深永的美学内涵，现代学界却几乎无人问津，连中国的大型辞书也其缺少较全面、准确的释义；至于以"数"贯穿的八景、十景等这类中国人喜闻乐见的民族形式，唐宋至今更没有一个专用名称。多少年来，我通过对古籍的爬罗钩沉，多方收集有关书证，进行综合推敲，首次将其定名为"风景园林品题系列"。但是这类成千上万纵贯历史、横跨地域的品题系列，涉及哲学、美学、史学、文学、艺术、社会学等众多学科领域，它的鉴赏设计中问题也多，因此我广读博览，改变自己的知识结构，来适应这种综合性的研究。经过近十年的梳理打磨，整合生发，才终于写出了这部88万字的书，其中包括全国范围内征集摄影佳作数百帧，也费时四年之久，对含彩样在内的清样，也先后校阅七次之多。

**晚报会客厅：**《品题美学》这样厚重的书，出自"园林甲江南"的苏州学者之手，这也许会对苏州园林的建设和园林美学的研究，都会有一定影响，对苏州市民园林美学的普及也会有所裨益。先生是怎么看的？

**金学智：**我确实是这样想的。我寓居苏州已整整半个世纪，并以苏州人为自豪。因此不论是"园林美学"还是"品题美学"，苏州总占其中较多篇幅，还给予高度评价，这当然并非"手臂往里弯"，更由于苏州的风景园林确实高超，所谓"江南园林甲天下，苏州园林甲江南"。《品题美学》"鉴赏篇"里，就更多地品赏了苏州如下品题系列，如吴江八景中的垂虹夜月、华严晚钟、太湖春波，其中凸显了著称于中国诗史背景上的"海内绝景"垂虹桥，还赞赏了近年修复的垂虹桥遗址公园，表彰了对文化遗产的保护；又如狮子林的立雪堂、卧云室、指柏轩、问梅阁等，鉴赏时着重阐发其中难以言传的禅意；此外，如拙政园三十一景中的小飞虹、待霜亭、听松风处等；苏台十二景中的石湖烟雨、枫桥夜泊、胥江晚渡等；还有艺圃十景的浴鸥池、响月廊；虎丘十景中的白堤春泛、莲池清馥、风壑云泉；惠荫园八景中的林屋探奇、留园十八景中的绿荫晴波……都力图通过形象审美，高度评价苏州的风景清嘉、园林淘美及遗产保护、废园修复、技术进步、景观开发，同时，这也促进了园林美学知识的普及。

**晚报会客厅：**你讲了苏州许多风景园林品题系列，有些我们闻所未闻。那么，品题系列究竟有什么价值功能？能否举例说说？

**金学智：**可以。俗话说，"上有天堂，下有苏杭。"如杭州西湖的美，在宋代十景之名诞生后，其风韵文采就大为提升，一系列品题，如苏堤春晓、断桥残雪、雷峰夕照、南屏晚钟、三潭印月……真是镕铸情采，吐纳英华，凸显出幽雅的诗情画意，凝聚了自然、人文信息之美，其文字也琅琅上口，易记易诵，雅俗共赏，家喻户晓，让人品味不尽，还使其蜚声神州，流播久远。改革开放以来，杭州西湖又发起了西湖新十景大评选，全国有一多万人参与，盛况空前，评出的新十景有：龙井问茶、九溪烟树、吴山天风、宝石流霞……也以其斐然的文采吸引人们探寻西湖风景的精华。今年3月，以双十景为重要特征的"杭州西湖文化景观"，被列入了世界遗产名录，由此可见，品题系列的功能效应不容忽视。我们苏州在这方面有丰富的资源，但还没有很好宣传和挖掘。

## 园林的围墙我是走出去了
## 但大地景观的境界还远远没达到

**晚报会客厅：**领略风景园林的意境需要心境，此外，还关乎审美者个人的文化修养，也就是说，心境越好，文化修养越高，领悟就会越多越深。这种个人的文化修养怎么提升？

**金学智：**品园赏景，心境确乎非常重要。苏轼有一句名言："江山风月，闲者便是主人。"他在月夜欣然游承天寺，写道："庭中积水空明，水中藻、荇交横，盖竹柏影也。"这三句我是背得出的。它的意境，如诗似画，摇曳生姿，千古传诵。苏轼还说，哪里没有月和竹柏，但为什么自己心目中能产生这种意境呢，因为他是"闲人"。他在不大的庭院里，不但饱赏美景，而且还升华为深刻的美学领悟。不妨再举一个相反的例子。鲁迅笔下的阿Q，看到未庄村外的水田，满眼的新秧嫩绿，其中还夹杂着活动的黑点，便是农夫。小说写道，"阿 Q 并不赏鉴这田家乐"，这是为什么？是因为他饿得如此之乏，知道此景和他的"求食"之道很远。于是走着走着，看中了静修庵可以充饥的老萝卜，可见他缺少闲适赏美的心境，当然也缺少文化修养。陈从周先生说，园林让人百看不厌，其中还有文化和历史，能引发人的兴会和联想，因此人们不只是到此一游，吃饭喝水而已。又说亭榭匾额是赏景说明书，能发人遐思，而对联的文辞隽永，书法美妙，更令人一唱三叹，徘徊不已。陈先生说的亭榭题名、匾额对联，正是我所说的"品题"。总之，一个人要真正领略风景园林美，就必须多读一些园林历史、美学等方面的书，不断提升自己的文化水平和审美修养。

**晚报会客厅：**金教授书中体现了理论思辨、鉴赏描述、实例论证三者的结合，使其较之同类著述有了诸多出新。在风景旅游鉴赏中，导游的职责有些像传播知识的中小学教师，你对于有些导游无根无据，指鹿为马的解说，有何想法？

**金学智：**导游导游，要以正道去"导"人以游。这就要求导游不但要知识丰富、信息量多，讲得生动风趣，而且责任感要特别强，说话要有依据，以满足游人的需求。归纳起来，这就是真、善、美三字。真，是要示人以真；善，是要引人向善；美，是要启人以美。以这个标准来看目前的导游情况，好的固然是多数，但有些却不能尽如人意，如违反事实、胡编乱造者有之；自己不懂、指鹿为马者有之；流播绯闻、以讹传讹者有之；趣味低俗、哗众取宠者有之，长此以往，就会起到与正道背道而驰的作用。我们苏州还是历史文化名城，世界文化遗产地，对导游要求更高。人家不远千里而来，就需要引导游人去深情品味。苏州的风景园林，讲究意境，讲究含蓄，讲究虚实相生，讲究无画处皆成妙境……导游能领悟这些并讲清了，也就真正像个"传道授业解惑"的老师了。

**晚报会客厅：**有评论者认为，"品题美学走出了园林的围墙，把园林景观扩大到'大地景观'的规划"，也就是把风景园林的品题和生态环境改善、精神文明建设结合起来，这也是你写作的初衷之一吗？

**金学智：**"走出了园林的围墙，把园林景观扩大到'大地景观'的规划"，这是北京学术座谈会上住建部风景园林专家王秉洛先生对拙书的评价，这评价显然太高了，我把它当作鞭策和鼓励。我只是在《风景园林品题美学》的"实践编"里，写出我对苏式园林一系列的"外建"，在设计中把优秀文化导入于各地的小区环境。如佛山南海颐景园十景的第一景，我根据韩愈诗句概括出"水天绿净"的品题，表达了人们对环境绿化、净化的生态意向和理想追求，并觅得南海康有为手书"天人一切喜；花木四时春"的楹联，这也符合当今时代天人合一、人际和谐的愿景。该公司副总裁说，这些都很受好评，能让千家万户享受到园林及其文化的美。看来，园林的围墙我是走出去了，但大地景观的境界还远远没达到。再说在当今盛世造园、城市不断扩展的新时代，各地会通过城建规划，恢复、扩建或新建风景园林，予以加工和命名，从而构建新的品题系列（如澳门、广州、昆明等），作为地方的文化"名片"，以显示本地的文化软实力，这也是一种精神文明建设。

# 读大学是登堂而未入室

**晚报会客厅：**最后一个问题。当下又有新的"读书无用论"抬头，认为辛辛苦苦读了大学出来，收入很低，没出息。先生在古稀之后又有奇峰突兀的大著问世，所以有人说，中医、文化人都是越老越值钱，而普通人的创造生命却要短暂得多。先生怎么看这个问题？

**金学智：** 其实，读书是终身的事。对我来说，从小嗜书，积累虽重要，但读大学应看作是刚进入知识殿堂，是登堂而未入室，所以它是真正读书的起点，而不是终点。这时还谈不上"出息"等问题，只有当人们不再关注升学给自己带来的身份改变和学历提高，而是关心读书给自己带来的收获时，才会迎来自己的前程，因此应继续学习，不断积累知识，才能有所作为。我在大学阶段，就根据自己的兴趣和积累确定了主攻美学的方向。20世纪60年代开始，我边工作，边读书，边提高，慢慢地走上了学术研究的道路，至今已有半个多世纪了，我论著的数量虽不多，但我将其看作是生命的对象化。我认为，人不是只有一种生命，就我来说，除自然生命外，还有学术生命，这两种生命不是同时按比例延续的[①]。

我1990年出版的《书概评注》，2007年即17年后该社还主动加插图再版，这就是学术生命的延续。而今进入耄耋之年，我还感到是活到老，学不了。几年前，我的《中国园林美学》第2版在北京出版，先后印了8次。这一次次精心雕琢，既是给著作不断充电，也是给自己生命充电。古人励志语云："读读读，书中自有黄金屋……"而今，我把它改成"读读读，书中自有贤如玉；读读读，书中自有无穷乐。"所谓"贤如玉"，我感到选择好书，一卷在手，就是和古今中外冰清玉洁的名流贤士对话，于是，自己的一颗尘心就明澈起来，种种杂念烟消云散，于是坐定下来读书写作。所谓"无穷乐"，即读书是乐，写书是乐，通过参加种种社会活动来学习更是乐，用孔子的话说，是学而时习之，温故而知新，不亦乐乎！至于"文人越老越值钱"，打开天窗说亮话，我所得稿费很菲薄。关于越老越值钱，如是指我近期著作的出版，那也是全靠读书引路，知识垫底，知识垫得越高，成就也可能会越高，所以我崇拜郑逸梅、季羡林等先生接近期颐之年还能写书，有人戏称其为"电脑"，这证实了"用进废退"的规律。也许有人会说，你讲的是人文学者。其实不然，自然科学家高寿的也不少，李四光、竺可桢等均届高龄，特别是杰出科学家钱学森先生，更是"烈士暮年，壮心不已"，由导弹、系统论的领域转到美学、建筑科学……显示了旺盛的创造力，他们的价值，是金钱买不来的。

原载［苏州］《姑苏晚报》2011年8月28日"晚报会客厅"

---

① 编者特从文中提出如下几句，置于标题附近，以引起读者的注意："人不是只有一种生命，就我来说，除自然生命外，还有学术生命，这两种生命不是同时按比例延续的。"

# 品味园林再深研

## ——读金学智《风景园林品题美学》后感

·周苏宁·

近日，在金学智新著《风景园林品题美学——品题系列研究、鉴赏与设计》首发式学术座谈会上第一时间，获得他的一本签名书。这本新书，令我爱不释手，不仅因为金先生的书我都喜欢读，而且我只将此书匆匆翻阅了一下，已经感觉到这本书的厚重——内容之丰富，学术之创新，治学之严谨，文风之典雅，是一部可以反复阅读的好书！特别是开宗明义的几句话，引起我特别强烈的共鸣。金先生告诉我们：

"品"和"味"，这是中国人常挂口头的习惯用词，它们几乎用遍于中国人日常生活的每一个角落。

重"品"尚"味"，这是华夏民族两千多年来人们在生活、文化、艺术、审美中的普遍表现，也可说是中国美学的重要特色，而"品"和"味"，也早已是中国人批评的必要标准和重要依据。

金先生又告诉我们：

然而，"品"和与"品"有关的现象、词语、概念，在现代学术界，在风景园林界，却处于被遗忘的角落，它们不被运用，不被理解，不被研究，于是，连有些权威性的辞书，也没有很好把它们厘清、讲清……总之是，对与"品"有关的现象特别是以八景十景等"数"为模式的品题系列的研究，尚处于"前科学状态"。

金先生还告诉我们：

其实，"品"以及"味""品题""品题系列"等，正是建设具有中国特色的美学的出发点之一，当然，也是研究风景园林特别是系列性风景园林的出发点。因此，围绕"品"字，全面地研究中国风景园林品题系列的形成构成、题材内涵、组织原则、美学特征等，以冀初步构建具有中国特色的品题系列美学的理论体系。

由此我们已经看到了金先生宏愿和为此孜孜以求的旅途。他把品题与中国人文科学结合起来研究，从品人、人品到品学、学品到品景、品题，涵盖了中国文化的方方面面。这确实是一个值得关注的美学体系。

　　特别值得令人钦佩的是，金先生在学术领域已耕耘半个世纪，论著等身，而今已到古稀之年，仍然跋涉在学术研究的崎岖道路上，不畏艰辛，勇于创新，一路领先。品题系列在涉及哲学、宗教、伦理学、美学、文学、艺术、民俗等诸多学科领域，他为此改变自己的知识结构以适应这种综合性的研究，全身心扎进这片海洋，探幽中国文化中含蕴着的大量品题内容，并在风景园林品题系列中进一步探究，终于突破自己，取得了新的学术成就。

　　可以说，风景园林品题美学是构建具有中国特色的园林美学体系的一个重要方面。为什么这样说？

　　中国园林是世界造园之母。虽然其形式已多被移植还海外，但其文化影响力并未与之相匹配。原因很多，其中重要的原因是缺乏理论支撑，缺乏具有世界意义的理论体系和话语体系。而相反的是，在国内随着改革开放，甚至有人留了几年洋就全盘否定中华优秀传统文化，在风景园林界，往往认为凡是欧美的都是先进的，凡是中国的都是落后的，这是民族文化的"虚无主义"。另一个原因是理论界缺乏创新，一是学术浮躁；二是抄袭成风；三是掉进"故纸堆"，从考据到考据。

　　中国园林包含着丰富的美学内容，非常值得我们探索和研究。但很多时候人们往往"不识庐山真面目"，特别是我们从事园林工作的人更易忽视身边的美。而在这个圈外的人反而慧眼识珠。比如金学智先生，再比如远在国外的一些国际专家——教科文组织对苏州古典园林的评价非常能说明问题："没有哪些园林比历史名城苏州的园林更能体现出中国古典园林设计的理想品质。咫尺之内再造乾坤，苏州园林被公认是实现这一设计思想的典范。这些建造于11—18世纪的园林，以其精雕细琢的设计，折射出中国文化中取法自然而又超越自然的深邃意境。"认为其核心是"意境"——这是中国话语具有独特意义的一个重要领域。

　　意境是中国文化的精粹，最具有中国文化的气质特征。但意境又是最难表达的气质。"品题"理论的提出，从一个新的层面、新的层次来表述意境，用具象的方法来理解意境，使人可以读懂，可以感受，可以体味。品题与意境，具有异曲同工之妙，点到了中国园林的核心，即中国园林的实质就是传统文化精神。

　　正因为此，金先生的治学态度格外令人敬佩。他研究园林美学30余年，曾用10年时间完成《中国园林美学》，又用10年时间写出具有中国特色的品题系列美学体系力作，真可谓是一个开创之举，一个启迪之作，特别是在风气普遍浮躁（包括学术风气）的社会里，我们如何提高中国文化的品位、学术的品位？实在是值得我们深虑的问题。金先生为我们做出了表率，体现了治学品位的修炼。因此，《风景园林品题美学》既是此领域的一个理论开创，也是一个治学的范本。如继续深入下去，一定更能在提高中国的学术品位和民族的文化品位上发挥重要作用。

　　《品题美学》是一部重要著作，为此，我借座谈会之际，建议建工出版社除精装本外，再出一个简装本，不但及时将其介绍给全国，以利提高国民的修养和文化品位，同时，通过翻译将其介绍给世界。多年来国外对中国园林还不甚了解，几乎没有中国园林文化方面的外文出版物，能否主动出击，对一些重头书搞些翻译，推广到国外去。

　　特别期待！

原为［北京］《风景园林品题美学》首发式学术座谈会上的发言，

后载《苏州日报》2011年8月29日

# 风景园林美学的核心理论

## ——金学智先生《风景园林品题美学》读后

· 刘家麒 ·

进入 21 世纪以来，中国风景园林事业有了蓬勃的发展。随着经济增长和对生态环境的重视，各个城市都把园林绿化作为城市建设的重要组成部分，大力开展公共园林建设和城市生态环境绿化。对自然风景区的保护、利用工作更加着力，新增加了不少国家风景名胜区，著名的风景名胜区列入了世界自然和文化遗产。2008 年奥运森林公园的建成和 2009 年上海世博会，更把风景园林建设推向了高潮。广大群众对风景园林也加深了认识，对住房的要求从面积、建筑质量、价格进而到环境、园林方面，促使房地产开发从追求建筑容积率转向提升环境质量。2006 年中国风景园林学会正式加入国际风景园林师联合会；2011 年教育部把风景园林学列为一级学科，是我国风景园林事业发展的两件里程碑式的大事。我们除了为风景园林学科地位的提升感到鼓舞，更迫切感到应如何处理好对外交流，向世界弘扬中国风景园林的成就、特色和理论，以及如何建设好一级学科基础理论的问题。面对近年来如潮水般涌入的国外风景园林和"景观"理论，我们有些目不暇接。我们传统古典园林有大量的历史、园记、游记、花木、建筑、石材等方面的著作，但是有关园林美学和创作的理论除《园冶》《闲情偶寄》《长物志》等几本外并不很多。能够反映新时代中国特色的风景园林理论又在哪里呢？金学智先生多年潜心研究并总结自己实践经验的著作《风景园林品题美学——品题系列的研究、鉴赏与设计》的出版，满足了园林界对基础理论的渴求。

## 一、内容简介

全书包含理论篇、鉴赏篇、实践篇三部分。

"品"是具有中国特色的美学范畴。"品"就是细细体会，慢慢咀嚼，反复推想，精心琢磨，融和着意象来感悟。中国的诗、词、书、画、印、砚、墨、琴、棋、曲、石、花、茶、酒，无一不可以品。中国的各类艺术都离不开品，这个特色是西方艺术美学所没有的。中国的风景园林尤其注重品。品园赏景要留连盘桓，以心贴物，融情入景，细细把玩，慢慢深味。陈从周先生说过："不能品园，不能游园；不能游园，不能造园。"可见品园是造园的基础。由"品"进而到"题"，合称"品题"。品题园名、景物、匾额、对联、诗文、书法……品题不仅能提高园林的格调，而且还具有点题的导向作用。由一定数量的品题集合，如八景、十景等用数来贯穿、规范和约束的整体系列，构成了"风景园林品题系列"，这种品题系列，是作者新创的理论，是本书的核心范畴，特将其作为理论重点来研究。

理论篇从美学理论的视角，深入探究风景园林品题系列的生成因由、文化背景、品题景数类型、品题字数类型、品题系列的题材内涵、组织原则和美学特征等。填补了这方面研究的空白，是迄今为止在这个领域最系统、最深入的研究成果。

鉴赏篇从纵贯历史和横跨地域两方面，精选了唐、宋、元、明、清到近、现代，广及全国20个省、市、地区的37个品题系列100多个景点进行品赏。对每个景点结合精美的照片，分析其历史、地理、文化、美学特点，旁及有关诗词、书画、建筑、音乐、宗教、民俗等信息加以品评。加大了品赏的深度和广度，并从中抽绎出有关的规律。这不仅是作者在品赏，而且也是引领读者怎样去品赏，对于赏景、造园、审美、悟理等都会有所裨益。

实践篇根据作者自己的实践经验，归纳出风景园林品题系列设计的理念和原则：提出以双重生态为主导，以地域文化为依托，以撷古题今为创造，以品题系列为模式，以艺术聚焦为方法。这些理念与原则贯穿在作者从事风景园林创作实践的成果中。书中介绍了苏州、杭州、上海、佛山南海等七处实例的设计文本，为全书的理论做了检验和印证。

## 二、本书特点

1. 选题重要：品题是中国风景园林美学的核心范畴。也是中国风景园林的主要特色和重要构建元素之一。《红楼梦》第十七回"大观园试才题对额"说："若大景致，若干亭榭，无字标题，任是花柳山水也断不能生色。"可见品题对中国风景园林不可缺少。建筑、山水、泉石、花木是风景园林的物质性构建元素，品题则是精神性的构建元素。精神性元素可以影响物质性元素。品题决定建园主题，决定各个物质性构建元素的风格和各种物化要素的细部处理；也有助于风景园林的管理、保护和鉴赏。是属于风景园林学科理论中的重点课题。抓住了这个重点，可以带动一系列相关的研究课题。

2. 内容广博：本书以多学科参与的方法进行研究，广泛涉及东西方哲学、美学、历史、地理、文学、建筑等多个学科，引用文献遍及恩格斯、黑格尔、孔、孟、老、庄古今中外、诸子百家的著作，涵盖史志、诗词、绘画、书法、音乐、建筑等多方面，从而使本书内容达到十分广博的地步。

3. 研挖深入：本书从风景、园林的含义开始，以最具有中国特色的美学范畴——"品"作为起点，进一步论述"品题"和"品题系列"，再抽丝剥茧般逐层深入，挖掘剖析，依次演进到各有关章节。对于不同观点也不加回避。如对八景、十景持有批评态度的"景八股"的提法，也根据具体情况做了分析。这样正、反两方反复论证，达到了前人所未及的深度。

4. 体系完整：本书按照逻辑思维的路线，对品题系列每个部分的研究，进行挖掘、梳理、归纳、演绎、例证。每一节都是一个子系统，每一章形成一个中系统，全书三大部分又形成了从理论、鉴赏到实践的大系统，将品题系列演绎得完整周详。

5. 适应时代：本书既研究历史上形成的风景园林品题系列，又引入了近年来各地品评的"新八景""新十景"，能够与时俱进，符合当代审美要求。实践篇提出"戒蹈袭，求创新；戒雷同，求殊异"，提倡创作要有特色。正如唐代书法理论家孙过庭说的："贵能古不乖时，今不同弊。"

6. 文字流畅：本书遣词准确，修辞精炼，辞藻丰富，文采优美，读起来具有感染力。不像有些所谓理论文章的故作深奥，难以解读。

7. 图片精美：书中近两百张照片，是从一千多张照片中根据主题要求和审美原则反复遴选出来的，它们和文字配合贴切，相得益彰。给书籍配照片比配插图更难。插图可以根据需要制作，反复修改，达到要求。摄影是"瞬间艺术"，为了抓到精彩的瞬间，有时需要长时间的守候。如果错失了时机，往往不可再得。

## 三、创新之处

1. 把"品"作为构建中国特色美学的切入口。根据千百年来中国人重"品"尚"味"的审美特点，提出把"品"作为构建具有中国特色的美学体系的理论大厦的基石之一的论点。

2. 赋予"品题"含义以新意，扩大了"品题"的适用范围。从中国文化史中爬罗钩沉，发现"品题"的范围随着历史的发展不断拓展，除辞书上的品题人物外，还适用于品题饮食、书画、花卉、峰石、风景、园林等。

3. 首次提出以"风景园林品题系列"作为本书的核心范畴。历史上八景、十景等以"数"为约束的组景形式，没有专用名称。本书根据这些组景是经过反复遴选、品题而产生的特点，首次提出"品题系列"的概念，给予更全面、准确的定义，以区别于"八景文化"等笼统概念。

4. 提出"双重生态"理念。"双重生态"包括自然生态和精神文化生态，由此引申出"回归自然，天人合一""回归文化，人文合一"的理念，拓展了传统生态学的研究视角。

5. 归纳品题系列创作的原则、方法和"戒蹈袭，求创新；戒浮泛，求深实；戒雷同，求殊异；戒平俗，求雅韵；戒奇涩，求通达；戒杂多，求齐一"的"六戒六求"律则。这是作者自己对风景园林创作经验的总结，具有原创性。

## 四、应用价值

1. 提高风景园林美学的理论水平："风景园林品题系列"作为风景园林美学的核心理论范畴，经过本书在广度和深度方面的研究挖掘，初步形成了完整的理论体系。能够提高风景园林美学的理论水平，充实风景园林学科理论体系，推进学科发展，提升学科地位。足以列为风景园林立足一级学科的基本理论之一。

2. 增进对风景园林的鉴赏能力：通过鉴赏篇和实践篇的实例，能增进专业和非专业人士对风景园林的鉴赏能力，还有助于全民识美丑，知荣辱，提高社会的文明程度。

3. 提升风景园林规划设计的文化内涵及创作质量：理论原于实践，反过来又能推动实践发展。本书的理论是从历史上和当代风景园林品赏系列实例中总结出来的。通过鉴赏和实践，又证明了其能推进实践的作用。本书不是专业技术书籍，而是从美学、文化的角度，有助于推动风景园林创作提升文化内涵和质量。

4. 促进生态环境改善与精神文明建设：风景园林品题系列是以"双重生态"为主导。蕴涵着促进自然生态和文化生态的价值，符合今天生态文明的时代要求。

5. 有利于自然文化遗产保护：在全国各地的风景园林品题系列中，有许多是被列入世界或国家级、省、市、县级的自然遗产和文化遗产。通过对品题系列的研究和宣传，提高了对它们的认知度，更有利于保护和修复。如杭州雷峰塔的修复，恢复了"雷峰夕照"的景观。

6. 弘扬地方文化，创建地方特色：各地方的风景园林品题系列是地方的自然风光和文化积淀，具有浓郁的地域特色。当今城市化快速发展，往往产生"千城一面"的现象。保持地方原有的风景园林品题系列，或新构品题系列，都可以展现地方特色，显示本地文化，增进乡土情结，有很好的社会价值。至于能够招商引资，发展旅游，又具有经济价值了。

7. 拓展旅游产业，提高旅游的文化格调：风景园林和旅游是两个不同的行业，两者又有密切联系。风景园林是旅游资源，风景园林部门是资源的管理者和保护者。旅游是资源的利用者。风景园林要求以保护为前提，合理开发，让资源得以永续利用。旅游部门追求的经济效益，也可以间接增加保护、开发风景园林资源的经济实力。风景园林品题系列可以帮助导游和旅游者提高鉴赏能力，提升旅游的文化格调，更好地发挥开阔视野，增长知识，交流民风，陶冶性情，调节身心的作用。

8. 启导相关学科与风景园林学科的融合：风景园林品题系列的研究、鉴赏和设计、建设，需要具备文化、艺术、园林学、生物学、生态学、建筑学、工程学以及历史、地理、气象、社会、宗教、文物、旅游等学科知识的人才团队合作。这将会启导众多学科与风景园林学科的交流与融合。风景园林学科是一个包容性很强的学科，能够海纳百川，吸收相关学科参与并融入，充实风景园林学科的理论体系。

金学智先生，文化人也，多年钻研，在风景园林的理论研究和实践方面取得了这样好的成果，使我想起了前辈周瘦鹃先生和陈从周先生。他们都是以文人的身份从事园林研究和实践，取得了很高的成就。这种中国风景园林的传统，可以远溯到陶渊明、王维、白居易等。钱学森先生说："园林是中国创立的独特艺术部门"，"应该在中国文联下面成立独立的园林工作者协会。"这不是没有道理的。

原载［北京］《中国园林》2012 年第 2 期

# 从"燕京八景"说起

·景 贤·

　　居庸叠翠、玉泉趵突、太液秋风、琼岛春阴、蓟门烟树、卢沟晓月、西山晴雪、金台夕照，这名闻遐迩的"燕京八景"，最早见载于金代的《明昌遗事》，至今已有 800 余年了。它是北京地区风景园林在历史行程中遴选出来的美的精华、杰出的典型，它还联结着历史上可歌可泣的动人故事。

　　"金台夕照"：战国时燕昭王发愤图强，建造黄金台，上置千金以招贤纳才，终于使燕国进入鼎盛期。这一史事极具感召力，成了历代诗人吟咏的热门题材，初唐的陈子昂就写下了俯仰古今、震撼诗坛的《登幽州台歌》……虽然 1700 年前的黄金台，其故址何在，至今还引起人们是耶非耶的纷争；但从文化学上看，这是历史经验的复读，是对尊重人才政策的认同。

　　"居庸叠翠"：那萃集雄、奇、险、峻于一体的"天下第一雄关"——居庸关，是一道坚不可摧、浩气长存的风景线，它的崇高美也能给人以奋发和感悟。康有为在清王朝风雨飘摇的光绪年间，就单骑来到这里寻找民族之魂，从中汲取精神力量。他在日记里写道："登高极望，辄有山河人民之感"，还写下了"且勿却胡论功绩，英雄造事令人惊"这一气壮山河的诗句。

　　"卢沟晓月"：这座古桥不但具有极高的科学、史学、美学价值，而且今天仍能唤起人们对于 20 世纪 30 年代抗日烽火的回忆……

　　这些有意味的历史，在当今文化大发展大繁荣的时代，应该大力弘扬，唤起人们的文化记忆，培养人们的历史意识、美学精神。

　　再回眸往昔，与燕京八景的诞生先后，在中华大地上又出现了蜚声遐迩的西湖十景，它也浓缩、含茹和显现着种种诗情画意的美，让读者品味不尽，让游者惜别依依。去年，以西湖十景为代表的杭州西湖文化景观被列入世界遗产名录，这大大提升了城市的文化软实力，更引得人们纷至沓来。由此可见，风景园林品题系列可以生发巨大的文化效应。

　　最近偶阅金学智先生的《风景园林品题美学》（中国建筑工业出版社 2011 年版），该书穿越历史时空，列论和鉴赏了各地各类的品题系列，如洛阳八景、金陵（南京）八景、历城（济南）八景、关中（西安）八景、峨眉十景、苏台（苏州）十二景、桂林十六景、扬州二十四景、圆明园四十景、避暑山庄七十二景……让人们品尝了美不胜收的满汉文化大席。

　　风景园林品题系列这种来自历史深处的审美形式，是千百年来华夏文化风尚的悠远积淀，是广大民众喜闻乐见的普泛存在。特别是在现、当代，它并未凝定不前，而依然在不断发展，如澳门八景、羊城新八景、佛山新八景、杭州西湖新十景、昆明新十六景……它们应时代之需，特别能驱动文化走出国门。

澳门八景中的"妈阁紫烟",体现了"德周化宇,泽润生民"的妈祖精神,经过历史和现实的推衍、增值,"妈祖"不仅是善男信女们崇拜的护航海神,而且成为一种国际文化现象,妈祖文化已凝聚着千千万万中华儿女爱国爱乡、虔诚向善的心灵,成为一条维系海内外、沟通全世界的民族精神纽带。

羊城新八景中的"黄花皓月",首次将近代史上的黄花岗七十二烈士墓列入品题,不但突破了以往文人们风花雪月的品题传统模式,为整个系列增添了灿烂丽色和熠熠新意,而且给海内外人士提供了瞻仰、凭吊、重温百年辛亥之地。

佛山新八景中的"祖庙圣域",是具有浓厚地方特色的古建筑群,其中的万福古戏台不但可供酬神演戏,而且还见证了"南国红豆"——粤剧的诞生。随着粤籍侨民的散居海外,万福台成了颇具影响力的粤剧文化辐射源。

际此龙腾盛世,理应大力推崇品题系列的审美传统,使其成为各地出色的艺术名片,从而将华夏文化推向天涯海角,四面八方。

原载［北京］《光明日报》2012 年 3 月 2 日
"大观副刊·品书录"栏

# 风景园林与城市性格的规律探寻

·沈海牧·

风景园林，从城市学的视角看，它是一个城市的精粹，不可或缺的组成部分；从生态学的视角看，它是一个城市的"绿肺""氧吧"；从旅游学的视角看，它是一个城市的休闲游赏胜地；从经济学的视角看，它是一个城市地方经济的重要资源；从美学的视角看，它是一个城市自然美和人文美融汇的辐集点和辐射源；从社会学文化学的视角看，它是一个城市的文化名片，负载着深厚的历史内涵，彰显着城市的文化软实力……总之，风景园林与城市互为依存，休戚相关。

我国幅员广大，历史悠久，风景园林资源极其丰富。在中国文化史上，还形成了一种独特的传统，就是人们爱从该地风景园林中遴选出八个、十个或更多的景点，通过自觉地或反复地"品"和"题"甚至咏诗作画撰文，使其构成为具有整体合力的品题系列，作为该地风景园林的突出代表。这种模式，肇始于南朝，《宋书·徐湛之传》写道："广陵（扬州）城旧有高楼，湛之更加修整，南望钟山。城北有陂泽，水物丰盛。湛之更起风亭、月观、吹台、琴室，果竹繁茂，花药成行，招集文士，尽游玩之适，一时之盛也。"这是中国风景园林史上最早出现的"四景－二字"型品题系列，它对尔后风景园林及其品题均颇有影响，今天扬州瘦西湖仍有吹台，可看作是其历史性的延续。品题系列的发展，经过唐至宋而盛，到了明清时代，臻于顶峰。如《日下旧闻考》所说："十室之邑，三里之城，五亩之园以及琳宫梵宇，靡不有八景诗。"从时空维度看，这种风景园林品题系列自古至今，可谓成千上万，难以数计，并已形成为中国人喜闻乐见的悠久文化传统，这是一个值得重视并应深入研究的文化现象。

最近，喜读金学智先生《风景园林品题美学》这部全面研究风景园林品题系列的专著，感到这对城市美学的建设也颇有启发。本文拟据其理论特别是其所提供的北京、杭州、苏州、扬州四地风景园林的鉴赏性论述，结合金先生其他有关论述进一步联系这四大文化名城的历史和现实，深入探讨城市性格与风景园林及其品题系列之间互生互补的美学关系。

## 一、特色城市孕育品题系列，品题系列支撑特色城市

先以北京著名的燕京八景作一研究。贞元元年，金朝把都城从女贞故址上京迁往燕京即今北京，改称中都，从此，北京开始成为北部中国政治、文化的中心。尔后，元、明、清三相继建都于此，北京进而成为整个中国的政治、文化中心。姜宸英《日下旧闻考序》："自古帝王建都之地多且久莫如关中，今则燕京而已。"如果说，关中（西安）是上古、中古时代古都的代表，那么，燕京则是近古时代古都的代表。地处北国的燕京，仍需要风景园林作为其突出的表征，当然也为了满足帝王游乐的需要，于是数十年后，一个著名的品题系列孕育成熟。这八景为居庸叠翠、玉泉趵突、太液秋风、琼岛春阴、蓟门烟树、卢沟晓月、

西山晴雪、金台夕照。

"居庸叠翠"集雄、奇、险、峻于一体，历史上曾是兵家必争之地，后又被称为"天下第一雄关"。"卢沟晓月"一景，推出了著名的卢沟桥，是北京地区最大最长也是至今最古老的石拱桥。"金台夕照"，也是燕京八景之一，它联结着战国时燕国感人的历史事件——国破后流亡回国的燕昭王，誓志发愤图强，建造了黄金台，上置千金以招贤纳才，终于国力大振，使燕国进入最强盛的时期。再如"太液秋风""琼岛春阴"，乾隆为其所书的御制诗碑，分别立于今北京中南海水云榭和北海琼华岛。

可见，风景园林除了供人们休闲、游览、赏观，它还对城市性格、城市优势特色起着彰显、炫耀、标胜、烘托、呼应、点缀、调节、美化、优化等作用，总而言之，起着支撑、表征的作用。

## 二、品题系列能极大提升城市的文化软实力和知名度

杭州也是著名的历史文化名城。在南宋，诞生了著名的西湖十景：苏堤春晓、曲院风荷、平湖秋月、断桥残雪、柳浪闻莺、花港观鱼、雷峰夕照、双峰插云、南屏晚钟、三潭印月。这也是有个性特色的城市的产物。

回顾杭州城市的优势特色，一是拥有佳美的自然山水环境，即"三面云山一面城"的城湖空间组合，或者说，山明水秀的西湖和美丽的杭州城市，是相互孕育，互为环抱的；二是拥有著名的历史悠久、含量厚重的文化史迹，如唐、宋著名诗人白居易、苏轼均曾知杭州，政绩卓著，有口皆碑，他们不但倡导造景，美化环境，而且其咏杭诗文更是脍炙人口，西湖著名的白堤、苏堤就是其重要的物化表征，于是西湖开始扬名天下，这是名人效应孕育文化名湖的典型例证；三是社会环境适宜，南宋定都临安（杭州），于是生聚茂密，往来辐辏，繁华而旖旎，"暖风吹得游人醉"，加以诗人画家们的集聚……正是上述这些优越条件，孕育出了西湖十景品题系列。单看这具有永久魅力的西湖十景之名，让人闭目如诗似画，读来琅琅上口，它易记易背，雅俗共赏，以致当时就家喻户晓，不胫而走。同时还应看到，它在神州大地上还发挥着引领、催生等辐射功能，使尔后各地的品题系列如雨后春笋般涌现，甚至穿越了国境。

再如扬州，且不说李白、杜牧"烟花三月下扬州""二十四桥明月夜"等名句，就说清代，由于酷好园林的清帝乾隆多次临幸，盐商们竞相造园争宠，于是扬州风景园林臻于鼎盛时期，于是，就形成了著名的扬州北郊"卷石洞天""西园曲水""虹桥揽胜"等二十四景。美景引得游人如云，盛极一时，它们甚至被刻于牙牌之上，称为"牙牌二十四景"，于是不但妇孺皆知，众口相传，而且雅俗共赏，名闻遐迩，极大提高了在全国的知名度，并成为中国风景园林史上的一块丰碑。

## 三、历史文化名城，由一代代的名人文化累叠而成

总结历史经验，还应看到，燕京八景之所以著称于世，盛传不衰，除了燕昭王筑台招贤等，还离不开清帝乾隆的参与其事。他曾亲自对景名逐一精心推敲，甚至细加修改。他还为八景题咏、挥毫、立碑……这在文化史上传为美谈。因此，无论从风景园林的角度，还是从城市美学的角度，都应给这位多才多艺的历史文化名人、出色的风景园林规划家以应有的评价，肯定其在风景园林和城市性格方面所起的作用，特别应看到其超越时空的深远

影响。

对于燕京八景，除清帝乾隆外，历代诗人、画家、文士们的作用也不容忽视。他们热情创作了不少系列性的诗、书、画作品，如元代有陈高等的诗，明代有李东阳、赵宽等的诗，还有杨荣等八人联咏的八景组诗，特别是王绂影响颇大的绘画《北京八景图》……这些都是颇有艺术价值、认知价值的乡邦文献，同样也是文化名城的历史见证。

苏州也是历史文化名城，有二千五百余年的悠久历史，是世界上幸存至今最古老的城市之一。唐代以来，更有着辉煌的人文历史，如韦应物、白居易、刘禹锡等外地儒雅风流的著名诗人，几乎相继任苏州刺史，时人称"苏州刺史例能诗"。范成大《吴郡志·牧守》还说："吴郡，自古皆名人为守。"作为地方行政长官，名人郡守们道德文章的倡导，对一个地方的民风、学风、文风、艺风以及风景园林建设（如白居易开辟通往虎丘的七里山塘街），均有着深远的影响。再如，顾况、张籍、陆龟蒙、范仲淹、范成大、高启、沈周、唐寅、祝允明、文徵明、徐祯卿、冯梦龙、钱谦益、吴伟业、顾炎武、金圣叹……均为苏州人。这一连串发光的名字，如群星闪耀于吴地天空。时间是文化发展的空间。于是，唐以来的吴地历史上，名人文化，高潮迭起："姑苏诗太守"、"皮陆唱酬"、"首创郡学"、"田园绝唱"、"吴中四杰"、"北郭十子"、"吴门画派"、"吴中四才子"、"三言"通俗小说、虞山诗派……颇难逐一列举。

由此可见，凡是历史文化名城，往往诞生于一代代文化名人的诞生地、执政地、侨寓地、宦游地、活动地，名城正是这样历史地堆叠、层累而成的。而从另一角度也可以这样说，名城所在地的风景园林，也离不开一代代文化名人对它们的发现、遴选、加工乃至规划、建设，特别是离不开他们的悉心品赏、倾情题咏。

## 四、动态的城市比较，最能凸显似同城市的不同特色

德国古典哲学家黑格尔对于比较的方法曾这样说："我们所要求的，是要能看出异中之同和同中之异。"对于城市性格的比较，也应该以此来要求。

苏州和杭州，是两个地域上较接近的历史文化名城。由于它们具有相似性，所以自古以来，人们喜欢将其相提并论，这实际上已是将其推到比较地理学的领域。但是，20世纪，苏、杭两地人们却反复争议：为什么不称"杭苏"，而称"苏杭"？金学智先生《"苏杭比较论"溯源》一文对这一古谚的历史由来作了细密的考证，认为它大概定型于南宋至元代这一时段，但还可追溯到唐代。对此最有发言权的是诗人白居易，他先任杭州刺史，继任苏州刺史，喜爱和熟悉苏杭，写过不少咏唱苏、杭的名篇佳作，并为苏、杭百姓办过不少好事，是苏、杭比较论的倡导者，其《咏怀》诗第一句，就是"苏、杭自昔称名郡"。他还有一首《余尝典二郡……》也说，"江南名郡数苏杭……我为刺史更难忘。"在当时，他已习惯于将"苏"置于"杭"之前了，其依据是什么？宋代范成大《吴郡志》引白居易诗，有"霅川（吴兴）殊冷僻，茂苑（苏州）太繁雄。唯此钱塘郡，闲忙恰得中"之句。白居易通过对三个城市差异性的比较，作了这样的排序：苏州具有经济繁荣的特点，它以经济繁盛、人口稠密领先；杭州次之，闲忙得中；吴兴则较为冷僻。所以，他在诗中一再将"苏"置于"杭"之前。到了北宋，苏州更是"井邑之富，过于唐世，郛郭填溢，楼阁相望"，"珍货远物，毕集于吴市"（朱长文《吴郡图经续记》）。历史发展到南宋，范成大《吴郡志》里已出现"天上天堂，地下苏杭"之谚，与"上有天堂，下有苏杭"相比，其内容是一致的，

但语言上显得还不太成熟。到了元代，奥敦周卿《蟾宫曲·咏西湖》唱道："西湖烟水茫茫，百顷风潭，十里荷香。宜雨宜晴，宜西施淡抹浓妆。尾尾相衔画舫，尽欢声无日不笙簧。春暖花香，岁稔时康。真乃上有天堂，下有苏杭。"奥氏的散曲，是目前这一成熟的古谚的首见文献，当然，它在民间和文坛上可能是早已流行了。"上有天堂，下有苏杭"这既通俗易懂，又生动凝练的八字占谚，正是人们千百年来反复比较，精心锤炼的一个历史地理学结晶。

城市性格比较，既要察其同中之异，又要观其异中之同。细加分析，奥氏散曲之所以把这两个名城同时并提，主要着眼于异中之同——旅游地理的比较，即两地所共有的风光之美、游人之众；不过，也还涉及"春暖花香，岁稔时康"之类的自然地理、经济地理的比较，而这也点出了二者之同。

再对照宋、元时代的苏州，这里同样是气候适宜，物产丰茂，称得上"岁稔时康"，这正是苏州私家园林开始集聚、增多的重要原因之一。宋代的苏州已是著名的宜居城市，南宋词人吴文英《点绛唇·有怀苏州》写道："可惜人生，不向吴城住。"他以无缘居住于苏州为憾。再往上溯，北宋诗人苏舜钦在《过苏州》诗中也叹道："无穷好景无缘住"！这一恋苏情结，使他在遭倾陷后终于择地居住于吴，建造了姑苏名园"沧浪亭"。

明、清时代，苏州更涌现出大量的园林，品题系列也出现得更多，如高启等有《狮子林十二咏》，沈周有《东庄二十四景图册》，文徵明有《拙政园三十一景三绝册》，张宏有《苏台十二景图册》，汪琬有《艺圃十咏》，陈味雪有《留园十八景图》……这也是风景园林兴盛的标志之一。作为拥有宜居城市前提条件的名城苏州，早已位于园林城市之列了。

但发人深思的是，清代李斗《扬州画舫录》还引有刘大观对苏州的不同定性。刘氏关于名城比较的精彩话语是："杭州以湖山胜，苏州以市肆胜，扬州以园林胜，三者鼎峙，不可轩轾。"如果说，"上有天堂，下有苏杭"是比出异中之同，那么，刘氏这番话则侧重于比出同中之异。体味和衡量这三句话："杭州以湖山胜"是不会有争议的，湖山是杭州绝对的优势特色，因此它主要的可说是湖山城市；"扬州以园林胜"，这应在发展中作动态考察，因为到了清代，由于乾隆六次南巡，形成"扬州园林之胜，甲于天下"的局面，因此说扬州是园林城市是当之无愧的；那么，苏州既然早已是园林城市，为什么却称其"以市肆胜"呢？这还得从历史上细加寻绎。

原来在明代中期，资本主义已开始在苏州一带领先萌芽，主要体现于丝织业，所谓"以杼轴冠天下"。宋应星的名著《天工开物》写到，苏州一带出现了较为繁复完善的"提花机"，徐光启《农政全书》也记载了苏州的缫丝技术。随着生产工具的改良和技术的进步，商品生产达到了"不极奇巧不止"的程度。张瀚《松窗梦语》还说："东南之利，莫大于罗绮绢纻，而三吴为最。"这样，资本主义生产关系逐步形成，其表现就是"机户出资，机工出力"（《明万历实录》）。除了工业经济，在成化年间，苏州已是一个相当繁荣、八方交汇的著名商业城市。文化苏州竟同时出现了弃农经商和弃学经商的潮流。因此从特定视角来看，"苏州以市肆胜"的定性应该说是准确的，因为发展到清代中期，苏州早已具有工商业经济城市的特质，而园林城市则退居为一种次质了。当然，任何城市均有多质性，均共存着不同的侧面。杭州、苏州、扬州这三个城市均为历史文化名城，均有优美的湖山、园林，经济均不错，不过在特定时期，由于考察的重点不同，它们的主、次性质也就有所不同。这种将不同性格的名城作历史性的动态比较，是具有价值的。

## 五、风景园林的导引辐射，可能避免城市的同质化趋向

从美学的视角看，每个城市应该有自己不同的性格和风格。但是，当今的事实并非如此。我国大江南北的城市面貌逐渐呈现出千城一面的样态，表现为盲目地追求西方那种对称的、直线型的建筑，城市布局雷同，逐渐失去了地域文化和自然环境的个性……城市出现了严重的特色危机、性格危机，于是，泛化为千篇一律的同质化。

那么，是否能延缓或避免这类现象发生呢？回答是，在重视保护意识的园林城市里，是有可能的。

先看苏州。苏州园林有种种特色，如黑白分明的建筑外观，小中见大的空间艺术，小桥流水的水城意境……这同时是园林与城市环境互为影响的结果。作为世界文化遗产，苏州古典园林既深受城市环境的影响，又对城市环境具有突出的辐射功能，如苏州城区小巷的民居建筑，至今大多为粉墙黛瓦，简朴内敛，它们和苏州园林结成不可分割的一体，如将苏州园林从这些曲折小巷中剥离出来，就会失去园林那种隐逸不凡的品格。再如苏城的街头、广场，很少有具象雕塑，也很少有西方那种抽象雕塑，相反，绿地上，小河边，更多是园林里那种作为特殊抽象雕塑的太湖石立峰，瘦漏透皱，别具一格。而马路边的公交车站，较多地取亭、廊结合的古典建筑形式，设有"吴王靠"、空窗或花窗、洞门等，典雅婉秀，人文气息颇浓；至于环城河绿化风光带，也有花木掩映着种种古典建筑，从而构成优美的景观，还有棋布于街头巷尾的苏式"小游园"，吸引着城市的居民们……凡此种种，都给人以"身在园林"之感。可以说，这些都体现着园林精神的辐射，同时也是苏州绵长文脉的传承，它们共同演绎着富于姑苏神韵的城市表情。此外，山塘街历史街区，记忆着唐代白太守对于虎丘交通、游赏的卓著功绩，"自开山寺路，水陆往来频……好住湖堤上，长留一道春"（白居易《武丘寺路》），这山塘街又称白公堤，也就是后来"虎丘十景"中的"白堤春泛"。虎丘山塘是苏州城市的表征，评弹艺人唱道："上有天堂，下有苏杭。杭州西湖，苏州山塘……"还有唐代诗人杜荀鹤所咏："君到姑苏见，人家尽枕河。古宫闲地少，水港小桥多。"（《送人游吴》）其区别于其他城市的个性特色，亦颇鲜明。

一个城市不能没有过去。扬州的名城保护意识也颇为突出，其重要原因在于它拥有辉煌的过去，且不历数"当昔全盛之时"（鲍照《芜城赋》）以来扬州的历史文化，就风景园林方面说，南朝徐湛之在广陵率先创构"四景－二字"型的品题系列，一直曲折地发展到乾隆时代北郊二十四景的鼎盛，还有生活于乾隆年间的纪昀所咏："甲第分明画里开，扬州到处好楼台"（《扬州二绝句》其二）。它们的影响极为广远，代代相传，深入人心，"万井笙歌遗俗在"（欧阳修《和刘原父平山堂见寄》），这些会形成了一种巨大的合力，一种根深蒂固的情结，深深地扎根于广大市民心中。金学智先生认为品题系列的价值意义主要表现在能"弘扬地方文化，增进乡土情结"，并"推进自然遗产与文化遗产的保护"，这在扬州有着典型的体现。

再看扬州的文脉，至今也绵延不断，其中有些还成了城市的突出表征。如北郊二十四景中的"卷石洞天"，就显示了造园学上"扬州以叠石胜"的传统特色。再如作为"白塔晴云""四桥烟雨"等众多景点的借景或主景，白塔秀出于瘦西湖上，晴云临水，玉立亭亭，成了扬州的骄傲，并明显地区别于江南的其他园林和建筑。至于金碧闪耀、富丽繁复、显显翼翼、钩心斗角的五亭桥，更以举世无双的孤例，成了瘦西湖的标志性建筑以及名城扬

州的市徽。扬州园林与民居建筑风格的互为影响、相与融生，也值得称道，特别是含盐商住宅、园林会馆、名人故居于其内的东关历史文化保护区，同样是很好的文脉凸显。它让人体会到，名人故居确乎是一个城市灵魂的栖居地。此外，扬州既避免了现代化建设进程中走向与他城的同质化，又能逐步形成"东城西区，北市南港"的新城区合理布局，让古代文化和现代文明交相辉映。

在 18 世纪，德国理论家希勒格尔说："艺术家通过当代把过去的世界和未来的世界联结起来"。21 世纪，在以"城市，让生活更美好"为主题的上海世博会上，有些国家也提出："过去是未来的一部分。"见解深刻、精警。风景园林是大地的艺术，更能"把过去的世界和未来的世界联结起来"，它不仅能留住历史的脚步，而且能沟通未来，拥抱未来，让城市的居民们稳步地走向璀璨的明天。

原载［扬州］《中国名城》2012 年第 6 期，有删节

# 美学的中国特色何处寻

## ——读金学智的《风景园林品题美学》

·海　牧·

　　品、品味、品题，是自古以来中国美学迥异于西方美学的重要范畴。品题对于风景园林尤为重要，可说是有品题则活，有系列更灵。金学智先生的《风景园林品题美学——品题系列的研究、鉴赏与设计》（中国建筑工业出版社 2011 年出版，以下简称《品题美学》）一书，通过对浩如烟海的历史文化资料的爬罗钩沉，紧密联系现实中大量存在的优秀实例，并结合作者自身设计的实践体悟加以科学整合，提出了"风景园林品题系列"这一核心概念，从而建立起具有中国特色的风景园林品题美学理论体系。

　　我国学术界数十年来先后构建的种种美学体系，虽然颇有优长，但大多数还是西方美学在中国的不同编排或演绎，总令人感到缺少中国特色。当然，这仅仅是指这些著作的主要表现而言，其实，美学家中并不乏对美学中国化（本土化）的认识和追求，早在 20 世纪 60 年代初朱光潜先生就指出："历史持续性原则只能使我们在自己已有的基础上创造和发展。"

　　《品题美学》的价值意义不仅表现在风景园林领域，而且是在推动美学中国化的道路上迈进了一大步。此书的理论编，开宗明义以"中国特色，重品尚味"为标题，他首次把积淀着丰富灵活内涵的"品"作为具有中国特色的重要美学范畴，结合对"品"字的多种远古释义，引出一系列体现了历时性推衍的标题：从比较中看中国人重"品"；从人物品第走向艺术品第；从人物品藻到艺术的意象品评；从艺术品第向各类艺术品评拓展；品：中国艺术风格的分类；"品"与锺嵘的"滋味"说；"品"由历史至现实的进一步泛化……一系列标题，琳琅满目地向人们昭示：中国的文化艺术确乎是一个丰富不尽的"品"的王国。由此，该书不但概括了"品题"的对象和范围，包括人物、饮食、书画、花卉、峰石、风景、园林等，而且缜密区分了品题的单义性和复义性，动词性和名词性，非系列性和系列性，从而进一步提出了"风景园林品题系列"这一核心范畴。作者借助于西方有系统、有条理的逻辑思维方式，不但作纵向的动态评叙，而且作横向的比较分析，从而建立起既立足自身又超越自身，并拥有中国传统话语形式、与风景园林相关的"品－品题－品题系列"的美学理论体系。

　　不过，作者鉴于该书的性质，无意于对目标更为高远的中华民族特色美学及其体系多作深入研究，故而在书中特设"品题研究与中国特色的美学"这一专节予以点明和带过，但此举却留下了不尽的探索空间，它可说是全书最值得注意的理论生长点，极富学术张力，故本文拟按其思路，试将书中所提供大量思想、资料进一步加以选择、梳理、集中、归纳予以凸显：

　　该书中对"品"不但作了历史性追溯，而且企图作广域性的吸取概括，从而进一步予以美学的提升。它一是汲取儒家的比德美学，如花木（四君子、岁寒三友）、玉石、山水（仁者乐山，智者乐水）等的品性；二是汲取华夏民族特有的对艺术家区别等差、划分属类的品评，如通过艺术批评将艺术家或作品，分为上、中、下三品或神、能、妙、逸四品；三是汲取极具民族特色的艺术风格品鉴著作，如中国的诗、书、画，都有《二十四品》；四是汲取中国历史上特有的对人或艺术作品直观式、感悟式把握的品评，如《世说新语》；五是汲取中国古往今来作为从文人雅士到广大公众文化艺术生活中包括"辨于味"在内的种种"品"的过程性活动及其体悟，这更是大量的、无限而有成效的……在古代，《吕氏春秋》还有《本味》篇，其中不但有"伯牙鼓琴，子期听之"的品味典范性的著名故事，而且还有伊尹说汤的"凡味之本……"的大段言论，极富启发性。

　　总而言之，中国人所注重的"品"，具有多元的内涵。《品题美学》正是这样地以大量的事实启示：美学的中国特色，不妨联系着重品尚味——重直观、重消费、重主体感受的过程，即循着人们重鲜活的艺术体验的方向去寻找。

　　当然，前此二三十年间，也有些美学著作不同程度地注意到美学的中国化，但是总的说来，中国特色在其中并没占到应有的比例，忽视了中国美学重品尚味特色，亦即忽视了主体消费的层面。

　　《品题美学》则不然，它所传承的主脉，正是中国哲学儒、释、道三家，他们对经典、艺术、对美，都重视主体的品味。

　　儒家的代表人物孔子，不但注重主体人格的"品"其完成，如《论语·述而》中的"志于道，据于德，依于仁，游于艺"，而且注重对"美""和"等的深入品味，如《淮南子·主术训》载："夫荣启期一弹而孔子三日乐，感于和。"这就是持续的、联着身心愉悦的体验和回味。又如对于尽善尽美的《韶》乐，《论语·述而》写道："子在齐闻《韶》，三月不知肉味。曰：不图为乐之至于斯也！"这不只是"辨于味"，更是对"大乐""大和"持续的、沉潜式的品赏和感悟了。这些都极有魅力地启导中国特色美学的建设。

　　再说道家、佛家的"妙""玩""味"。朱自清指出，"魏晋以来，老庄之学大盛……后来又加上佛教哲学……于是乎众妙层出不穷"。所谓"众妙"，如妙味、妙句、妙理、妙义、妙解，等等。由于这些佛、道之"妙"是"微妙玄通，深不可识"（《老子》）的，因此必须细加品味揣摩，否则就很难深意领略，以至于慧远《阿毗昙心序》说："少玩兹文，味之弥久。"而僧肇对于《维摩诘经》，也是"披寻玩味"（《高僧传·僧肇传》）。这都说明要以一颗清净无碍的灵心去玩味、品悟佛学经典中的妙旨。这些也可作为建设中国特色美学的参照。

　　再有一些阐释中国美学范畴的专著或丛书，它们所拈出的众多范畴虽颇为可观，但其不足表现为零散的呈现、自为的存在，并未整合成为有机的学术体系。其实，这一系列的范畴，和"品味"这一范畴往往是相互对待而又紧密相联的。因为作为第一主体的艺术家所创造的艺术品——体现这类范畴的艺术品，均离不开作为第二主体的批评家、欣赏者的品味。对此，不妨借助西方接受美学来理解。有一学派认为，艺术史应该是第一主体的生产与第二主体的消费相联系的历史。据此推论，具有中国特色的美学体系，也应是体现为上述诸范畴产品的生产和对这类产品的消费二者互为联系、双向生成的整合性系统，正因为如此，体现了消费性的"品味"，应在中国特色的美学体系里占有较大的比重和不容忽视的地位。

中国文化环境里的中国人，崇尚味觉，或者说，往往甚至可以说是由味觉隐隐地融和、统摄着视觉、听觉、嗅觉（如品花之香）、触觉（如"玩""把玩"的品赏用语）、直观、感情等，总之，包括一切官能、思维，往往以自我享受的方式去占有对象、把握对象。而上文所提及联结着生产的诸多范畴所构成的层面，又与作为主体接受亦即自我消费享受的品味层面整体地相对应，二者体现着互为生成、互为因果的关系。由此大致可以说，具有中国特色的美学，应该是这两个层面的有机整合。当然，在整合过程中，可以也应该借助于西方有系统、有条理的美学及其逻辑思维方式。

原载［北京］《光明日报》

2011 年 9 月 23 日"第一书评"栏

# 浙江颐景园物业服务有限公司
# 佛山南海分公司的感谢信

说明：我在《苏州园林》2023年第3期杂志上发了一篇《走向"新古典式园林"》，其中举例论析的重点之一，是我曾为广东佛山小区园林南海颐景园设计的第一景——"水天绿净"，同时还附以图版。该小区一位热心的业主彭成宽先生a通过"苏州风景园林"微信公众号看到了我的这篇文章，亟欲找我。于是，《苏州园林》的主编周苏宁先生将其联系于我。不久，他发来了一封物业公司的感谢信，具录如下：

尊敬的金学智教授：

您好！首先祝您身体康健、寿比南山、福如东海！

2007年，您为坐落于佛山市南海区桂城街道的南海颐景园小区首创现代家居园林，景观营造蓝本更是源自中国园林艺术的典范——苏州园林。在约200亩的人居版图上，您为南海颐景园泼墨挥毫，擘画出"双十景十二峰"，以温文尔雅、天人合一的超然品格，为身处其间的人们缔造出一座让心灵休憩的都市私家桃源。②

这浑厚文化底蕴的背景上，更是离不开您对传统文化和艺术美学基因的倾心注入。您深入岭南历史文化底层，查阅《广东新语》《广东通志》等大量地方文化典籍，让苏式园林"嫁接"到岭南文化的"砧木"之上并迅速成活、茁壮生长。

在文学方面，您为了和地方文化结合，导入了韩愈《东都遇春》的诗句："水容与天色，此处皆绿净。"将其题为"水天绿净"，以符合人们对于绿化、净化的渴望。韩愈是岭南文化名人，曾一度贬为潮州刺史，在传播儒学、开发岭南文化方面有不可磨灭之功。

在书法方面，您为了和地方文化结合，引入了近代著名书法家康有为的手迹，制为"天人一切喜；花木四时春"一联，体现了人们的生态愿景。康有为是南海人，人称"康南海"。

在花木方面，您为了和地方文化相结合，考察了顺德清晖园、番禺余荫山房、佛山梁园等岭南名园，力求做到"知己知彼"甚至超越。芭蕉，是岭南重要的传统植物，金老师您特辟"蕉园听雨"作为一级景区，将它和广东音乐名曲《雨打芭蕉》联系起来，不仅尊重和继承文化传统，而且巧妙贯彻了"回归自然，天人合一"的理念，更是造就了独一无

---

① 彭成宽，南海颐景园的一位业主，系佛山地铁的机电高级工程师。南海颐景园的业主有个街坊会，和社区、物业一起共同维护家园。他在街坊会主要牵头宣传颐景园的园林文化，主要依据是我当年所写的文化导入资料以及园林的价值意义。他的家庭还被评为"学习型家庭"，其夫人受到了表彰。

② 在2011年中国建筑工业出版社举办的《风景园林品题美学》首发式学术座谈会上，上海一位老总说："金教授把风景园林文化导入我们开发的家园，让千家万户都能享受园林的美""客户们对园林文化情有独钟，非常向往，如金老先生参与的南海颐景园，就广泛受到业主好评"。

二的南海颐景园品质。

您方方面面，极尽构思，贯彻了"回归自然，天人合一"的理念，造就了独一无二的南海颐景园品质。

您孜孜以求、追求完美的精神更是与我们"追求卓越，止于至善"的企业价值理念不谋而合，更是为我们筑起了屹立不倒的文化脊梁。

时光荏苒，转瞬已过十六载，您的智慧和理念依然深入人心并受广大业主推崇，在今天以"党建引领，创新社区治理模式"下显得更加耀眼，这种文化基因和品质传承进一步得到了发扬，并独具特色，且成为小区共建、共治、共享的桥梁。在此，由衷地感谢您对南海颐景园小区及我公司在文化和品质方面作出的卓越贡献。

此致

敬礼！

浙江颐景园物业服务有限公司佛山南海分公司

2023 年 10 月

# 第七辑

# 《园冶多维探析》评

《园冶》不仅是讲造园，超前的生态意识也是其中一个闪光的亮点。

——《热望更多人读懂〈园冶〉》

须入乎其内，又须出乎其外……入乎其内，故有生气；出乎其外，故有高致。

——王国维《人间词话》

# 金学智：热望更多人读懂《园冶》

## （文化访谈）

·陶冠群·

2017 年 9 月，96 万字上、下两卷本的《园冶多维探析》问世，这是金学智先生花了整整六年多时间精心撰写的学术专著，期间七校其稿。在这几年中，金先生曾多次带着书稿住进医院，他常说，"衣带渐宽终不悔"，这让家人心疼不已，却又因理解他而积极支持他。他说，《园冶》是部探究不尽品赏不完的经典、奇书。他花费大量心血研究此书，是希望更多人能关注《园冶》，读懂、读通《园冶》，进而品赏和致用《园冶》。为此，他曾在不少场合呼吁建立"园冶学"及相应组织，并一度与苏州园林档案馆协作，尝试各种形式的学术实践，互利双赢，取得了可观的成效。

## 一部文化内涵丰饶隽永的经典

**苏周刊：**首先祝贺您的新作《园冶多维探析》问世！这在学术界是件喜事。您对《园冶》的研究始于何时？

**金学智：**1981 年陈植先生的《园冶注释》问世，从那时起，我就开始关注《园冶》，阅读并引用《园冶》。它是中国最早出现的，具有完整造园学体系的经典，既有深度，又有广度，对世界也颇有影响。它还是一部极富中国传统民族文化特色的名著。

我从 20 世纪末开始撰写《园冶》研究论文，与众不同的是先从文学、美学视角切入，用"滚雪球"的方式，循环阅读和多学科聚焦的方法，以求研究的深度和广度。

2011 年，适逢《园冶》诞生 380 周年，我的著作《风景园林品题美学》首发式学术座谈会在北京召开。会后，有些专家向我建议，大意是：在中国，《园冶》研究已届"而立"之年，虽然成绩斐然，论著可观，但也问题成堆，争论不断。《园冶》的注释研究者是林学、建筑学方面的知名专家，他们有种种的优势，但也有所不足。您出过几本园林美学方面的书，又是搞文科的，能不能从大文科角度注释或研究《园冶》，说不定有大的突破。一番话让我怦然心动。我此前虽写过有关文章，但从未有写系统研究《园冶》专著的奢望，因为它主要以骈文写成，难度极大，我把它比作难以登天的"蜀道"，尤其深知唯一的稀世明版三卷本——内阁文库本《园冶》被日本珍藏着，无法获观。于是，写书的信念虽在心田萌生，但刚开始执笔，却又颇感犹豫……

# 促成 96 万字《园冶》研究专著的机缘

**苏周刊：**那么，是什么机缘促成您下决心撰写《园冶多维探析》这部书的呢？

**金学智：**2012 年，有两件意想不到的事情发生，促使我坚定了写作此书的信念。

一件事是素昧平生的日本朋友田中昭三先生来访。他是日本园林文化研究家，园林摄影家，出版过多部园林文化方面的书。他既是日本庭园迷，又是苏州园林通。几经曲折，他好不容易来苏州找到了赋闲在家的我，并一下子拿出他在日本书店所买我的两本书（《中国园林美学》和《苏州园林》），书眉上写着一段段疑问，要我解答。接着他又问我在研究什么，知道我想研究《园冶》，他说《园冶》的好版本在日本，他愿意帮我设法拍摄所需的全部珍本。我们两人还抱着"到苏州园林去寻访《园冶》，拍摄《园冶》"的共同信念，从《园冶》书中选出名言两百句，奔波姑苏，出入名园。我们顶风冒雨去环秀山庄探奇觅胜，不怕岩陡路滑，也不顾衣服淋湿，全然忘记了两人都是七八十岁的高龄，终于把《园冶》中的"岩峦洞穴之莫穷，涧壑坡矶之俨是"……一帧帧纳入镜头；还在淙淙的泉声里领略到《园冶》所写"坐雨观泉"的韵趣。我们还踏着泥泞，到五峰园拍下一块块奇峰异石；在晴日的留园，待到夕阳西斜，终于伴着"咔嚓"声拍摄到了印月峰在水中的"月亮"倒影……

田中先生回日本后不久，先后寄来两张光盘。一张是按《园冶》名言在苏州诸园所拍摄的精美照片数百帧，另一张是日本内阁文库所珍藏的明版孤本《园冶》全三卷的翻拍照片，这是他不辞辛劳，三次特赴东京一张张拍摄的。这让我不胜雀跃！

此外，我女儿又在日本陆续觅得《园冶》的隆盛本、华钞本、上原本、佐藤本等。至此，日本版本的蒐集基本完毕，心里有了底，只是对西方的研究情况知之甚少。

**苏周刊：**您研究东方古籍，为什么要了解风马牛不相及的现代西方人的研究？

**金学智：**《园冶》不仅是讲造园，超前的生态意识也是其中一个闪光的亮点，如"花木情缘易逗"的警句，"荫槐挺玉成难"的体悟，"休犯山林罪过"的律则，"鸥盟同结矶边"的伦理……这种了不起的生态智慧，让 300 多年后的西方人惊讶、崇拜，并誉之为"生态文明圣典"。人们说《园冶》是部"奇书"，奇就奇在西方人怀着敬崇的心理，克服极大的语言障碍（中国的古汉语、骈文），一字字啃读、研究这本东方"奇书"。如英国、法国、意大利、荷兰、澳大利亚等，特别是英、法两国，译本竟然均出了两版。此外，东方也还有新加坡、韩国、中国台湾等，所以我必须了解西方的情况，才能掌握世界性"园冶热"的动态。

**苏周刊：**您后来是怎样掌握西方对《园冶》有关研究情况的？

**金学智：**这就要再说第二件意想不到的事。2012 年 11 月，我有幸参加在武汉召开的纪念计成诞生 430 周年国际学术研讨会，会上群贤毕至，少长咸集。我特别关心国际动态，多方收集信息。外国专家们得知我意欲撰写研究《园冶》的专著，都非常关注并极力支持。会后我刚回苏州，英国的夏丽森（Alison Hardie）女士已通过电子邮件将其英译本《园冶》书影发给了我，不久，又寄来了第二版珍贵的签名本。法国的邱治平（Chiu Che Bing）先生，则让其女儿不远万里，从巴黎来到苏州，将法译本《园冶》第一版亲手交到我手里。接着，澳大利亚的冯仕达（Stanislaus Fung）先生，也发来他《园冶》研究系列论文……至此，我基本掌握了世界研究动态。

至于国内各种版本的《园冶》和相关研究资料的收集，我也得到了很多人的帮助、支持，其中特别是苏州园林档案馆帮了很多忙。

# 计成其人其书曲折的文化苦旅

**苏周刊：**对于《园冶》的作者计成，大家知之甚少，这是为什么？根据您的研究，他经过了怎样的人生历程？

**金学智：**计成，明代末年人，出生于吴江一个中产知识分子家庭，他的父亲颇有文化修养，虽然家境日趋衰落，但他仍然坚持让计成读书明理，学文习画。计成少时就以绘画闻名，中年后回到吴地，居住在镇江，一次机遇让其改行从事造园之业。与一般的造园家相比，他的优势是哲学基础深，文学功底厚，诗也写得好，尤擅山水画，加以"臆绝灵奇"，这就使他的园林造诣臻于非常高的境地。他边从事造园实践，边将自己的心得体会不断记录，提升，在"崇祯辛未"即公元1631年，写成了《园冶》书稿三卷。

旧时，人们对山水画家很看重，往往要为其中名家立传，而称造园家为匠人，瞧不起。所谓"百工之人，君子不齿"。计成同样如此，其社会地位很低，名不见经传，连地方史志都不予记载一笔，自从他1635年为郑元勋造园后，其下落就不明了……

**苏周刊：**计成建造的园林，目前存世的有哪些？

**金学智：**园林的兴废和社会时代密切相关。据《园冶》的《自序》和《题词》可知，他造的园有好几个，如在仪征为汪士衡造的寤园，在扬州为郑元勋造的影园等，但很可惜，一个都没有留在下来。

总之，他的生平事迹，只有《园冶》书中的一鳞半爪可作内证，此外，则是在计成交往者少得可怜的有关诗文可见一些。可以说，计成这位中华文化史上最杰出的造园家和园林美学家，不幸被时代、社会、地位、遭遇等挤到了被遗忘的角落。计成的一生，是一个"大不遇时"的悲剧，所以他自称"否道人"。"否"（pǐ），就是"否极泰来"的"否"，意思是不亨通，不吉利。

**苏周刊：**那么，《园冶》书稿三卷是怎么出版的呢？

**金学智：**既然计成的社会地位低，经济条件差，他的书必然难以刊印，竟搁置了三年。1634年，倾倒于计成才华的阮大铖为其刻板印行《园冶》，并为其撰写了《冶叙》，还想拉拢他为自己的门下，但遭到了计成的拒绝。

阮大铖这个人品行极差，曾依附于专权乱政的魏忠贤，成为阉党骨干，崇祯时被废斥，匿居南京力求起用，受阻于正直的东林党和复社。弘光时马士英执政，他得任兵部尚书，对东林党和复社人员大加报复，手段毒辣。后又乞降清朝，从清兵攻仙霞岭触石而死，一说为清兵所杀，向为士林所不齿，留下了百世骂名。

由于阮大铖为其印书，殃及池鱼，故而《园冶》被列为禁书，长明湮没不闻。清乾隆时编《四库全书》，也没有收录《园冶》，于是此书几近绝迹……

**苏周刊：**《园冶》真的交了"华盖运"，就此绝迹了吗？

**金学智：**不。在清代，有些文人和民间书商仍认可《园冶》的价值，暗暗改名重印。据考证，伍涵芬的华日堂印了《夺天工》；晋阳书坊隆盛堂印了《木经全书》，都成了《园冶》的别名，"改名换姓"，这是《园冶》的"传奇性"之一。这个"传奇"还没有完。孔子说："道不行，乘桴浮于海。"后句用现代汉语来翻译，即乘船航行出海。《园冶》也有似于此，它隐姓埋名后，流亡到海外去了。

**苏周刊：**《园冶》流传到了哪里，后来又怎样？

**金学智：** 一次次出口到日本，有幸在日本被保存下来。《园冶》在中国沉寂近300年后，直至20世纪二三十年代，中国学者惊喜地在日本发现此书。经过朱启钤、阚铎、陈植等专家的努力，历尽曲折艰辛，《园冶》才从日本"返回"中国，这是《园冶》中国传播史的发现期。中华人民共和国成立后，尤其是20世纪五六十年代以来，随着中国高校学科建设发展的需要，《园冶》传播进入较为踏实的起始期。

20世纪80年代初到20世纪90年代，由于改革开放，盛世造园，高等教育相关专业也蓬勃发展，与之相应，《园冶》的研究也跨越式地进入了兴盛期，其标志是1981年陈植先生《园冶注释》的问世，开启了一个《园冶》研究的新时期。

## 《园冶》中有美丽中国的"大冶"理想

**苏周刊：**《园冶》面世至今已有380多年，这样一部古书，对今人有什么样的意义呢？

**金学智：** 这一言难尽。首先，不能不提及计成的至友、扬州名流胜士郑元勋，其人品、艺品、威望都很高。1635年，计成至扬州给他造影园，两人一见如故，无话不谈。他将《园冶》初版重印了一次，在阮大铖所写的《冶叙》后，另增了一篇《园冶题词》，这很有助抵消阮叙的负面影响。尤应一说的是，《题词》中披露了计成关于"欲使大地焕然改观"的"大冶"理想。但是，在明末山河破败的年代，他只能造造小园，当然这"不足穷其底蕴"。但是，其思想境界却已突破园林围墙的局囿，意欲使大地到处是"琪花瑶草，古木仙禽"……计成可谓"美丽中国"的先行者、追梦人。《题词》赫然居于《园冶》卷首，惜乎380多年来没人予以发现和解读，并作崇高评价。我在《园冶多维探析》中，特从人类宜居环境理论和历史主义视角聚焦了计成的"大冶"理想，认为中国文化史上有两位巨人，一位是诗圣杜甫，其《茅屋为秋风所破歌》写下"安得广厦千万间，大庇天下寒士俱欢颜"的名句，他关注的主要是广大人群居住的室内环境。另一位就是大师计成，他关注的是广大人群的室外环境，欲使中华大地都像人间仙境。室内和室外互补互映，相辅相成，就构成了理想的人类宜居环境。当然，他们的理想在当时是注定不能实现的，但是，不能不说他们都是胸怀天下的大写的"人"。应该说，计成的"大冶"理想，只有历史车轮驶进现代，才有可能提到议事日程上来；只有在改革开放的新时代，才真正有可能逐步实现。

## 宣传《园冶》，力求每句做到三个"一"

**苏周刊：** 听说您还有三个"一"的写作设想，有的还没有实现。

**金学智：** 是的，计成是我们苏州人值得自豪的乡邦先贤，其《园冶》的思想、艺术、文学等都值得挖掘、传承、弘扬、宣传，所以我定下了三个"一"的宣传设想，首先将其中字字珠玑的名言警句遴选出来，每句写一篇专文予以解析，这就是我所定的"每句一文"的目标，这是《园冶多维探析》的主要任务。

此书共五编，第一编"园冶研究综论"，把古今中外的研究情况作一概述，为研究其中的名言警句铺路。第二编就是"园冶选句解析"，这是全书的重中之重，是将《园冶》中选出的近 80 个警句，分门别类列为 79 个专节，既对其进行"本位性"的深入解读，诠释发微，又尽可能对其作"出位性"的发散引申，接受探析，从而服务于当今时代的社会实践。

**苏周刊：** 这样，任务基本完成，为什么还要下面三编呢？

**金学智：** 第二编虽是重点，但这都是对散句的分析。俗话说，"七宝楼台，拆散了不成片段。"第三编"园冶点评详注"，则让分散的选句仍旧回到原书的章节序列，让读者对全书有一个整体的把握。我以日本内阁文库本为底本，通过十个重要版本的会校（这在中国出版史上似属罕见），校出了错简、夺字、衍字、误字有数百之多，同时，厘定出"多维探析本"的新版《园冶》，也可单独称为《园冶点评详注》。特别是文中还加了传统阅读式的点评，这样就能真正让更多人读懂读通经典《园冶》。第四编是"园冶专用词诠"，是专为《园冶》而写的辞典，此"工具书"扫除文字障碍的作用不言而喻。第五编的是"园冶品读馀篇"，是以发散式思维从文化学、文学、美学、科学史等视角研读《园冶》所写心得体会，引导人们从不同角度联系自己的学科、专业、实践、生活等，从而他们不仅能读懂读通《园冶》，而且多能方致用《园冶》。

**苏周刊：** 我理解了，《园冶多维探析》主要是做到"每句一文"，那么还有两个"一"呢？

**金学智：** 还有就是"每句一印"。在吴江区委宣传部的大力支持下，《园冶印谱》于2013 年由古吴轩出版社出版。我从《园冶》书中选出近 80 句名言隽语作为镌刻的印面文字，并撰写了前言，推敲了全部"边款"，吴江垂虹印社的同仁们分工合作，欣然操刀。《印谱》融诗文、哲理、篆刻、书法、绘画、装帧工艺于一体，其中一方方风格各别、流派殊致的印章，一条条情趣横溢、极富创意的边款，均耐人细品，属雅文化范畴，它代表了吴江人献给乡邦先贤计成的一瓣心香。

再有这第三个"一"，就是"每句一图"，这也是北京一位专家建议的，我感到这能更有效地宣传《园冶》。因为《园冶多维探析》是以文字为主，有一定理论深度，故图版不宜多。为了普及，我决定再撰写《园冶句意图释》作为其续集，以一图（摄影作品或古代绘画作品约 300 幅）诠释一句之意，既作为该句形象化的实证，又可适当进行摄影、绘画的品赏，此书较有直观性、趣味性，现即将完稿，明年可望出版，届时再请读者批评。

原载《苏州日报》2017 年 11 月 24 日
被转载于 [ 杭州]《人文园林》2018 年 2 月刊

# 全粹之美：园冶研究的重大成果

## ——评金学智新著《园冶多维探析》

·周苏宁·

　　说重大，无疑是一个爆炸性新闻，有的读者或许会不以为然，但当你研读金学智先生的这套洋洋 96 万字 2 卷本《园冶多维探析》后，一定会油然而感认同。众所周知，《园冶》是中国典籍中的奇书，留下很多精辟之论和未解之谜，园冶学与红学一样，众说纷纭。自 20 世纪 30 年代《园冶》重新进入国人视野以后，园冶学出现了几次小高潮，从国内逐步影响到海外，呈现方兴未艾的景象。但是，由于《园冶》是一部骈文、散文结合的著作，文字古奥，含义艰深，内涵博大，涉及的社会文化面非常广泛，加之古代造园"从心不从法"，典籍中种种论说、文句多是精辟的"画龙点睛"之语，并无规矩可循，随着时间的流逝，这部典籍中的文句就被后人解读为"隐语""哑语""谜语"，以致后人对《园冶》有了许许多多想入非非的揣测，即使有少数潜心研究者，也多是沿着第一位校注者陈植考证的路子，进行补证、重勘、重释、判析、解读、品赏、研究，成果不能不说很丰盛，水平不能不说没有高度，但少有另辟蹊径的重大突破。

　　这一现象，一直成为苏州业内的热门话题。不难想象，《园冶》诞生在苏州，苏州园林又举世闻名，当代苏州人不仅一直在研究方面有所作为，而且希望能通过自身的努力使苏州真正成为《园冶》研究的学术圣地。这一期待终于由苏州学者金学智先生一举夺冠。他潜心园林学术研究数十年，勤奋耕耘，成果显卓，在全国园林美学领域引领学界之后，又在古稀之年倾心《园冶》研究，一磨十年，终于找到多维探析的突破口，一鼓作气，攻下多个难题，打开了人们认识《园冶》的新境界。

　　说重大成果，就在于金学智《园冶多维探析》（以下简称"金著"）的一个"多"字，即从多方位、多层面、多学科、多视角进行分层次、分步骤地全面思索解读探析，正如荀子在《劝学篇》中所云："君子知夫不全不粹之不足以为美也，故诵数以贯之，思索以通之。"这种追求"全粹之美"的治学态度和目标，决定了"金著"在结构框架、逻辑思路等方面与一般著作截然不同，它力求将几种不同体例、不同性质的研究有机地整合为一，融会一体，贯而通之，以读通经典、品味经典、致用经典为旨归，让读者在这种创造性的研究耕耘中得到收获和享受。我们不妨略加品赏一番：

　　第一编：园冶研究综论——古今中外的纵横研究。此编按计成其人其书展开，进行纵横交织、点面互补的综合性论述。由于《园冶》一书独特、曲折的历程，而其基本精神又符合于当今时代社会的需要，因此著的论述，不但由古及今，衔接时代，而且跨越国界，放眼未来，目的是让人们对《园冶》及其研究有一个较为全面深入的了解。

　　第二编：园冶选句解析——本位之思与出位之思兼融。《园冶》行文中往往有如珠似玉的名言警句寓含其间，启人心智，发人深思，极有价值意义。晋陆机《文赋》云："立片言而居要，乃一篇之警策。""石蕴玉而山辉，水怀珠而川媚。"意谓在紧要处用深刻而警辟动人话语来点醒文意，冶铸精粹，这犹如石中蕴玉，水中含珠，能使山川具有光辉和魅力。由于《园冶》以饶有累累如贯珠的名言警句为重要特色，故金著的解析，首先不用传统注释的解读模式，也不取学术专著自成体系的理论形态，而以"选句解析"作为探究的重中之重，即从《园冶》书中遴选出大量的警言秀句（也包括难句）作为基本单位，既对其进行"本位性"的深入解读、诠释、发微，又尽可能对其作"出位性"的发散、引申、接受、探析，用近人王国维《人间词话》的话说，既"须入乎其内，又须出乎其外……入乎其内，故有生气；出乎其外，故有高致"。这样，不仅凸显其言简义丰，意蕴不尽的内涵，而且力求使其服务于时代，联系于社会实践，展示其未来学的价值，使过去←→现在←→未来能一线贯穿，互为映射。同时，又根据其内蕴精义，将其分门别类，归纳为几个单元即专章，从而让人们系统了解《园冶》各方面的理论建树和多方面的价值意义。由此不难看出，《园冶》有"探奇合志"之语，金著亦有志于实现此语，在学术路径上与合志者一起探奇创新。

第三编：园冶点评详注——十个版本比勘与全书重订。此编由句、句群的解析仍归复到《园冶》原书的章节序列。这里有一个重要的史实，《园冶》由于遭遇特殊，流传域外几成绝版，尔后则版本复杂，残阙讹误，问题极多。金学智先生经多方努力，即由于非常难得的种种机缘巧合，得以选到中、日《园冶》流传史上具有代表性的十个版本，以日本内阁文库所藏珍稀明版全本作为底本进行比勘会校，厘为新本，并以详注确诂为追求的目标。为此，对文本各章节既取古代随文的夹注形式，又取现代页下的脚注形式，力求夹注、脚注双轨并进，从而使第二编经过探析的选句再回归到原书的语境，不致流为支离破碎的只言片语，也就是说，让人们能从章节的整体来把握语句的个别。本编除尽可能的详注外，还适当附以段落或层次乃至语句的点评，以助成对整体的把握。清人张潮《幽梦影》云："著得一部新书，便是千秋大业；注得一部古书，允为万世弘功。"黄交三评曰："世间难事，注书第一。大要于极寻常处，要看出作者苦心。"这是注书的高标准。此第三篇之突破，令人震叹欣喜之余，更能体会出金著注古书而欲立万世功之高标苦心。

第四编：园冶专用词诠——生僻字多义词专业语汇释。《园冶》素称难读，故金著专辟此编作为解读的特殊"工具书"，对一些字、词、术语、短语进行了汇释、考辨，甚至必要的详论，主要供解读第三编时查检，以便扫除障碍，为进一步深研《园冶》创造条件，同时在一定程度上起到拓展阅读、知识链接等的作用，亦是园冶研究的新篇章。

第五编：园冶品读馀篇——文化文学科学等视角的探究。这是全书的附编，是从文化学、文学、科技史等众多视角所作的发散性思维的补充，亦可引起读者举一反三的多维思考。

从以上的简介中，读者已经不难发现，金著不是局部、零星地有所建树，而是全面地、创造性、突破性研究，成果跃然纸上，所体现的"全粹之美"，令人应接不暇。

一般来说，对《园冶》古籍研究，首先应是"《园冶》点评详注"，让人们通读全书，有一个整体的印象，然后再作"《园冶》解析"，这才顺理成章。但金先生不落俗套，不畏险途，不仅从历史原点和造园学、建筑学上着手，而且借助西方阐释学的方法，应用多学科理论，如哲学、美学、文学、画论、生态学、文化学、历史学、社会学、心理学、民俗学、养生学、未来学、人居环境理论等，特别是引用了文本阐释所必需的校勘学、文字学、训诂学、音韵学、词汇学、修辞学、文章学等，让其共同参与，交互渗透，协作攻关，大大提升了研究的科学价值，也反映了当今学科交叉的时代潮流。

考证已属不易，多维注释分析更是难上难！金学智先生为作此书，前后七年有余，其研究道路上所遇困难之多、之大，犹如行于蜀道。我深知金先生是一个极为严谨的学者，对《园冶》的研究，早在他修改和写作《中国园林美学》《风景园林品题美学》等著作时就已经开始，十几年前他还在我办公室专门交谈过有关话题，希望对《园冶》有一个深入的研究，后来，我们又有过多次交流。弹指一挥，终于看到金先生的煌煌大作问世，这中间的许多"奇特"故事都在他作为后记的五千余字中婉婉道出，令人感动而敬佩！

完全可以相信，《园冶多维探析》的重大突破，不仅是著作本身，而且对园冶学研究的当下拓展和未来发展有着积极意义和作用，一个崭新的园冶学研究天地将开出更多的花朵，产出更多的成果。

原载《苏州园林》2017 年第 4 期

# 板凳竟坐六年冷

## ——《园冶多维探析》中的训诂考订

·鲁　清·

金学智先生的《园冶多维探析》（以下简称《探析》）出版了，这是一本值得欢迎的好书，笔者最欣赏其中扎实的注释考订功夫，这可从一系列是非正误的比较中看出来。

随着若干年前出现的《园冶》热，注释研究《园冶》的书越来越多，这是一件好事。但真正能坐下来、认真独立思考的并不多，较多是浮在表面，甚至人云亦云。而《探析》的写作则不然，字字句句，追根究底，有些字义竟探源于甲、金文字，如是持续了六载之久，正如《后记》所言："焚膏继晷，兀兀穷年，没有双休，没有春晚，'衣带渐宽终不悔'……"

功夫不负有心人，今天终于喜结硕果。它不仅足以订正一般《园冶》注释、译文之误，而且还校出了《园冶》诸版的错简、衍文、夺字、讹字数百个之多，其中包括计成原书之误。现分类而略述之：

### 一、尊重史实，注意核对

（一）《冶叙》:"余少负向、禽志"。

向、禽是什么人？《园冶注释》（中国建筑工业出版社 1981 年第一版、1988 年第二版）注道："向（长平）、禽（庆）。两个人名。"并引《后汉书·逸民传》："向长平，隐居不仕，与同好北海禽庆，俱游五岳名山。"注得似乎有根有据，但金先生仍通过核对发现了漏误。《后汉书》原文为："向长，字子平，河内朝歌人也，隐居不仕……"《园冶注释》竟把名和字混在一起了（见《探析》第 445 页）。当然，万事开头难，开创性的第一本注释的疏误可以谅解，问题是十余年后的《园冶全释》（山西人民出版社 1993 年版）仍然照抄，再过了二十年，《造园大师计成·园冶新译》（古吴轩出版社 2013 年版）依然译道："从小我想学向长平……"一条误注，竟延续了三十二年之久。

（二）《自序》写到他在常州造园，园主说基地"乃元朝温相故园"。明版及国内诸版均如此，误。

《园冶注释》："温相：元代温国罕达，蒙古族……"对此，《探析》（第 457 页）指出，查遍《元史》，未见"温相"踪影；乃上溯辽、金两朝，于《金史》中发现有温迪罕达，其名中之"迪"，被《园冶注释》误作"相"。此人亦非蒙古人，而是温迪罕部人。至于"元朝"，则可能是园主误语或计成误记，应为"金朝"。这几处错误，至今方得以澄清。

## 二、比勘谨严，推断合理

（一）《世说新语·言语》中有一段名言："简文入华林园，顾谓左右曰：'会心处不必在远，翳然林水，便自有濠濮间想也，觉鸟兽禽鱼，自来亲人。'"郑元勋《园冶题词》引此典曰："简文之贵也，则华林。"

《园冶注释》注道："简文：南北朝时南朝梁·简文帝……"这是违反历史的误注。《探析》第450页指出，南朝梁简文帝萧纲生卒年为503—551，而记载"简文入华林园"的《世说新语》作者南朝宋·刘义庆的生卒年，却是403—444，众所周知，南朝依次为宋、齐、梁、陈，刘宋在前，萧梁在后。那么，前人怎能写出后人的故事？或者说，比梁简文帝早生整整一百年的刘义庆，怎会预料到百年身后之事？其实，历史上有两个简文帝，除南朝的萧纲外，还有一个出现在东晋，名司马昱。正是东晋简文帝进入华林园，讲了一番俊语，被南朝宋的《世说新语·言语》记了下来，这就合乎逻辑了。《探析》还把其他书的同类误注作了集纳，如《园冶全释》（1993年版）、《园林说译注（原名〈园冶〉）》（吉林文史出版社1998年版）、《中国历代园林图文精选》本《园冶》（同济大学出版社2005年版）、《园冶新解》（化学工业出版社2009年版）、《园冶》（中华书局2011年版）等，均误释为南朝梁简文帝萧纲，由此可见长期以来陈陈相因的抄袭之风，这哪里是注书译书，分明是抄书。

（二）明版《铺地》结语："磨归瓦作，杂用钩儿。"

"钩儿"一词殊难理解。《园冶注释》："钩儿，明代苏州俗语，意为扛抬工。出处待考。"不合逻辑的是，时隔三百余年，又没有书证，怎知这是明代苏州俗语？对此虚无缥缈之注，其后的《园冶全释》等书，竟同样照抄。《探析》则不然，其第四编《园冶专用词诠》（见第678~679页）将"杂用钩儿"建为词条，作了千余字的考证，推断"钩儿"乃"鉋儿"的形讹。"鉤"为"鉤"的俗字，正字应作"鉤"；"刨"乃"鉋"的俗写简化，正字应作"鉋"。"鉤""鉋"二字，仅一笔之差——"勹"中的"口""巳"，一为左竖，一为"浮鹅钩"，刊刻时"鉋"极易讹作"鉤"。该条还据明宋应星《天工开物》、今人李浈《中国传统建筑木作工具》、姚承祖《营造法原·做细清水砖作》等指出，明代建筑、园林、家具文化均臻于一代高峰，其中作为创新工具的"起线刨"起了不可忽视的作用。"磨归瓦作，杂用鉋儿"，意谓砖细用磨的瓦作铺地时，要混合借用原为木工所用的"刨儿"。这完全符合历史事实。

## 三、训诂精确，丛证给力

（一）《兴造论》："自然雅称。"

《园冶注释》译作："自然亦能幽雅相称。"释"雅"为幽雅，不确，且开了各本误释之门，直至《园冶读本》（中国建筑工业出版社2013年版），依然译作"雅致相称"。然而《探析》第461页却注道："自然雅称：自然很适宜、很相称。雅：副词，表程度，极；甚；很。《词诠》：'表态副词，颇也，甚也。刘淇云：雅犹极也。'《后汉书·窦妃纪》：'及见，雅以为美。'《晋书·王羲之传》：'扬州刺史殷浩素雅重之。'……"在明确了词性之后，既引了经典训诂书作为理论论据，又引了多条书证作为实例论据，这种丛证方法，极富说服力。

（二）《相地·江湖地》："堪谐子晋吹箫。"

明版内阁孤本和以后诸本，此句均误作"吹箫"，这可能是当时刻工误刻或计成误记，三百多年来一直讹传至今。《探析》第486页指出，应为"吹笙"。它以最早的典源《列仙传·王子乔》为证，说明原文是"吹笙"而非"吹箫"，并排出后人援引此典，均一律作"笙"。如晋潘岳的《笙赋》，唐许浑的《送萧处士归缑岭别业》和《故洛城》，宋范仲淹《天平山白云泉》，明屠隆《彩毫记·泛舟采石》等，这种勘误，同样是用了有效的丛证方法。

（三）繁体竖排本《兴造论》次行，题有"松陵计成无否父著"字样。

这个"父"字什么意思？《造园大师计成》一书认为，此版本是"计成的儿辈所刻，署上父字的"。这显然是望文生义。《探析》第6页则精准地指出："这个'父'字，不是父亲之'父［读fù］'，而是男子的美称［读fǔ］。'父'亦作'甫'，《释名·释亲属》：'父，甫也。'《颜氏家训·音辞》：'甫，古书多假借为"父"字。'《穀梁传·隐公元年》：'父犹"傅"也，男子之美称也。'此字常附缀于表字之后。"据此再看《兴造论》所题，正是用在表字"无否"之后。笔者为了进一步证实此论，按《探析》所提供的版本线索，查了日本明版内阁文库本（1634年）、明版国家图书馆残本（1635年）、日本桥川藏宽政七年（清乾隆六十年）前隆盛堂翻刻本，次行均有这个"父"字。再看国内的喜咏轩丛书本（1931年）、营造学社本（1932年）、城建出版社本（1956年），此行"父"字均易为"甫"字，证明了"'父'亦作'甫'"，事实与《释名》《颜氏家训》之释合若符契。

（四）《兴造论》："世之兴造，专主鸠匠。"

后句误释者甚多，《园冶注释》译作"单纯地依靠工匠"。这是以"依靠"来解释"主""鸠"二字，失当。《园冶全释》注道："鸠匠：笨拙如鸠的工匠。"这更是误释，可见均不知"鸠"为何义。对此，《探析》第461页也用了丛证法，首先引《尔雅》《说文》等经典辞书的训释："鸠，聚也。"又引"一系列书证，说明'鸠'均为动词，均有集聚之义"。由此可知，后句意为：专门（单一）主张聚集工匠。除了以上两家，《园冶图说》（山东画报出版社2010年版）的解释更离奇："专主指园主，鸠匠指工匠。"若真是如此，那么联系上句来译，则成了"世上的兴造，园主、工匠。"语法上缺少动词谓语而不成句了。这说明解释不能随心所欲，应有可靠的书证，且不宜孤证，而应丛证。

以上各类训诂考订值得标举的佳例极多，可谓不胜枚举，书中还有一些词句的考订训释，如将《屋宇·楼》中的"懐懐然"订作"娄娄然"，如对《选石·灵璧石》中的"石在土中，随其大小具体而生"解释等，更有难度，但均训释得合情合理，令人服膺。

当然，《探析》亦非完美无缺，据《后记》说，其书先后竟审校了七八次之多，但笔者仍发现其书标点符号多处有误，还有一处《自序》应作《兴造论》……但相比这一部体系宏廓、结构复杂、皇皇96万字的巨著来，不过是白璧微瑕，还希望在第二次印刷时有所订正。

原载《苏州园林》2017年第4期

# 梦理走通《园冶》迷宫的阿里阿德涅线团

## ——金学智《园冶多维探析》读后

·蔡 斌·

于明末崇祯年间问世的《园冶》，时至今日，业已成为中国古典园林营造实践及其美学领域的经典之作。回顾该著将近四百年传播流衍的过程，或许是因为著者计成寄身僚友，名位不彰；或许是因为刊刻题词者阮大铖令名有损，连带累及；或许是因为事涉工巧，后世梓人每三缄其口、矜为中秘；也或许是因为易代板荡之际，文本海外孑存，遂使我禹域长期文脉中断，知者寥寥。然而狂沙澒尘，终难掩珠玉，一旦拨云见日，芳华重睹，近世以来备受多方关注，渐成显学。诸多方家从不同的知识背景和各自的专业领域入手，对《园冶》研究颇多建树，老树新花，横岭侧峰，启人心智处良多。但《园冶》仍然有其尚待今人指认甄辨的特殊性，比方说其骈四俪六的文字表达究竟在多大程度有着内涵上的确切实指，抑或仅仅是修辞上的措词陈说？比方说体现传统士夫精神风尚的人生审美寄托与体现工匠技作实践的程式法诀切口这两套话语如何在文本中共存与联结？而缺少既须追本溯源、又须正本清源的"重返现场"式的考索和董理，正所谓丝益治而益棼，就难免会有大量虚泛隔膜，甚而多郢书燕说之失，令人似入迷宫。金学智教授的新著《园冶多维探析》，即为今天我们如何来笃实细致而又从容深入地研读《园冶》，树立了一个很好的典范。

愚以为《园冶多维探析》读后让人印象最深的一点是：该著立足于正派、严谨、开放的学风基础上所呈现出的对话性。

（一）通过对《园冶》的文本细读，著者在与原作者计成以及计成所处的时代、环境对话。

《园冶》的作者计成，也和一部中华文明史上不少杰出人物一样，除文本外，我们对他个人的了解并不多。也正因为如此，随着《园冶》的影响逐渐扩大，人们也对其生平有了一些追索和猜想，尽管有些追索也有所依托，有些猜想还很有趣，但尚缺乏足够的说服力。如果是在史料证据仍不充分的情况下，仓促地将主观印象或某种进行简单比附后形成的相似性认作结论或事实，毫厘之失就容易导致千里之谬。

本书著者则在第一编中通过逐字寻找并辨别确认文本内有关作者线索所做的"内证"；通过已知的作者交往者线索做合理而恰当的延伸；通过已知的版本流通及研究历程状况评估目标现状，把可以确认的部分有理有据地揭示出来，有些外围线索则点到为止，不展开生硬联系，明晰源流，信实可靠。在考辨计成的"名、字、号"（分别是"成""无否""否道人"）时，著者根据古人起名时名、字意义相关的通则，指出并详细阐释了计成"名、字、号"互相勾联的特别之处，研究切口虽小，但却准确地揭示了体现在人物身上及周边的那种志趣和文化氛围；著者还留意到《园冶》在成书过程中由"园牧"到"园冶"的署题变更，揭示了一字之差所反映的治园境界的差异，可谓见微知著；而对已知的计成与之交往过从的四位士人阮大铖、吴玄、曹元甫和郑元勋事迹的梳理，也清楚地指明了计成的社会身份和倾向性。著者在这些方面所花的心力、所做的诠释，绝非什么颠覆性的惊人之论，但应该会在相当长的一段时期内，成为我们认知计成及其撰述的一个基础。

（二）通过对《园冶》的版本比勘，著者在与原作的研究者及研究成果对话。

英国作家 E.M. 福斯特曾经在他的《小说面面观》里设想过一个特殊的圆桌聚会：假设古往今来那些优秀的作家们能团团围坐在一张大圆桌旁，他（她）们都会说些什么？在笔者看来，金学智教授在这部分量很重的《园冶多维探析》中所做的一项主要工作，正是将历年来传播和解读《园冶》的所有值得重视的看法和声音请到一个超级会议圆桌上来，奇文共欣赏，疑义相与析，而著者自己既是主持人，又是评议人。为此，著者以"涸泽而渔"的学术探究精神找全了有关《园冶》的所有重要版本（由于《园冶》的早期版本几乎都珍藏于境外，给搜集工作增加了难度）和不同语种的译本，基本穷尽了已有的园冶注本、论著以及主要的学术论文，将已有的重要学术成果都摊开在同一个平台里来审视、来讨论。在第一编第三章的第二节"立基：《园冶注释》及其讨论"和第三节"前景：走向学术，走向世界"以及第三编"园冶点评详注——十个版本比勘与全书重订"中，即集中地体现了上述特点。除此之外，在全书展开的许多具体讨论，包括不少就其学术含金量而言，即使是一则相当于一篇小论文的脚注里，无不贯注着著者与学术同道间无论是否相识，无论地位年龄均一视同仁的如琢如磨、坦诚切磋的求知真精神。

著者求真务实，襟怀洒落，因而能在展开讨论时既尊重不同声音的历史处境和现实际遇，有善必录；又能不拘流俗，公开正面地指陈不同意见，实属难能。为此，著者在第二编起首扉语引张家骥先生语："人对事物的认识，在其本质上对漫长系列的世代来说，都是相对的，只能逐步趋向完善，人的认识是不会终结的。对《园冶》的解释同样如此……"；又在第三编起首扉语引曹汛先生语："商榷疑义本为探求真理，故需实事求是，直不伤人，婉不伤意，以读通释准《园冶》为鹄的"。其中，曹汛先生是著者十分欣赏却素未谋面的资深学者，但著者也正是本着"直不伤人，婉不伤意"这样的学人雅量评议了曹先生及其他学者的许多学术创见，并在持不同意见时直言不讳。这样的例子，在全书中比比皆是。尽管我们不能说著者凡有商榷，就都是正确的，但著者的"较真"绝不是赌气、抬杠、自视高明、为了反对而反对。充溢在全书中的那种真气淋漓的正派学风令人感佩。或许在著者心目中，由他所主持、所评议的这一场有关《园冶》的智慧盛宴，如果能带动业界的反批评，促进学界真刀真枪的真发展，正是金教授本人所乐见的。

（三）通过对《园冶》的义旨引申，著者在与所涉相关人文领域的不同研究者对话。

长期以来，《园冶》一直是主要被视为中国古代造园学著作而得到瞩目关注，基本的研究力量也集中在古建、园林、建筑学以及传统工艺文化领域，而金教授则在《园冶多维探析》的前言中开宗明义地指出："明末计成所撰《园冶》，是一部奇书，是一部文化内涵丰永，极富中国传统民族特色，值得'共欣赏'与'相与析'的奇书，当然它更是我国最早出现的、对世界颇有影响、具有完整造园学体系的经典名著，同时，也是一部骈、散结合，以骈文为主写成的文学佳作。"这就将《园冶》的价值延伸到了文学层面、美学层面以及文化层面，开拓了研读《园冶》的新路径和新天地。事实上，如果对《园冶》所涉的古代文字、文学文体以及美学、文化内涵的认知不足，即便是在造园学意义上的把握也会大打折扣。在金学智教授的治学之路上，他曾多年从事汉语及汉语文学的教学研究工作，20世纪60年代起即参与不同世代的美学理论研讨，并且在具体的民族特色鲜明的书法美学及园林美学方面成就卓著，而且在多种形式的艺术实践，像书法、演奏等方面都有自身切实的感性体验。这就使得他在阐发《园冶》内涵丰富性时，因神思遄飞，武库充备而左右逢源、游刃有余。比方说著者"从文字学、训诂学、词源学等学科入手，来研究'冶''铸'二字的形与义"，结合商周早期的金文字形字义以及青铜器纹饰之美，从而扩充汉代许慎《说文解字》之后的训诂学家未及言明的"冶"字之"美"义，兼具底气和创见。

关于《园冶》原文中多次"输（公输盘，即鲁班）、雲（陆雲）"并举的现象，著者也进行了充分而又深入的思考，首先从字义上明确这里的"雲"指的是西晋吴地士人陆雲，而不是其他，故此著者坚持此处不能用简化的"云"字；其次是后来大家所熟悉的文学家陆雲，何以能与工匠之祖并举，由此挖掘出陆雲《登台赋》所具有的未经人留意过的园林史文献价值，并且与当代古典文学学者肖华荣所阐述的陆雲"清省"的美学观构成对话，将其继续生发，从而引入园林美学领域；更为精彩的是，著者还将"输、雲"并举的现象上升到本书中一个非常突出的核心观点：中国古典园林不但是物质性建构，更是一种"精神性创意工程"的认知高度来理解。在这里我们可以感受到，完备、多元、开放的知识结构在形成创造性的思维链时所具有的能量。同样启人心智的不同学科间的综合性对话还体现在从"青绿"引发的对计成色彩装饰美学观的讨论和澄清、辨析沧浪亭之"沧浪"并非源于《孟子·离娄》，而是源于《楚辞·渔父》、如何从修辞和美学上来认知《园冶》的文体特点以及将传统文艺理论中的"清"的审美范畴引入园林美学等众多例案中，让读者在通览时有如行山阴道中，目不暇接，美不胜收之感。

（四）通过对《园冶》的价值重估，著者在与《园冶》背后的传统文化以及现代文明对话。

在研读过程中，笔者还有一个较深的感触是：著者以不放过文本每一个字的扎硬寨、打硬仗般的态度，四面围山，八面受敌，每一个字词句（甚至可以是虚词）、每一个意象都可以触发引譬连类似的人文关联，其所想之广袤，所思之精当令人赞叹。这一方面说明著者思维的活跃与开放，另一方面也让我们窥见站在著者背后支撑着他的那个人文精神世界的宽度与深度。从这个意义上来说，著者在《园冶多维探析》中开启的是一条双向道，一条是从四面八方向"园"走过去的路，另一条是从"园"走向外面的世界的路。《园冶》原文作为一部古典造园学著作，园林营造思想中原本就包含着明显的隐逸思想，著者将这些"氤氲着、贯穿着浓重的隐逸情氛"的文辞逐一挑出并进行分类解读，并且指出历来对隐逸现象的评价无非是否定、肯定和对半开，而自己的态度是："肯定其中的文化价值而给以较高评价"，接下来著者从独立人格的实现、经典古籍的整理、学术研究的深化、文艺创作的新变、文人园林的营构、生态环境的护建以及山川名胜的增辉七个方面极具说服力地阐明了"隐逸"的文化功用，这并不仅是在为传统意识做翻案文章，而是在为当今时代的人们提升生活品质植入文化基因。著者在前面所述及的对"冶"字重新释读的基础上，联系

《园冶》原文中"使大地焕然改观"的表述，抽绎出其内在关联，建构和宜居环境观相互呼应的"大冶理想"，同样体现了著者的理论锐气和思想活力。

（五）通过对《园冶》的多维探析，著者在研究方法上会通中西，使发轫于西学的现代多学科推演和中国传统的治学路径形成对话。

《园冶》这部奇书，之所以能够经受时间的洗礼，跨越历史场景的、文化上的以及语言上的诸多障碍，成为今天建构中国造园学的源头性经典，关键的因素还在于其质地：能将体现人的主体自由的创造性审美自如而合理地建立在对营造技术的熟谙和内行之上，给技术的躯干安上想象的翅膀。也正是鉴于《园冶》及其相关研究的丰富性，金学智教授比照了人文领域相似情形，梳理了后世研究者重视《园冶》内蕴复合性的意见，提出了成立"园冶学"的倡议。《园冶》能成学，必须要经得起现代建筑科学的检验，也必须要经得起现代审美理念的检验，而这两者于当代中国的发生发展，无可回避的是西学的驱动。在《园冶多维探析》中，著者用精当的西方哲学、美学和文艺学的思想来印证《园冶》之处，可以说是随处生发，不胜枚举；而在第五编第五节中，著者围绕着《园冶》的"等分平衡法"，分别从中、西科学史的两个入口做了巧妙的对接；在第五编第六节《桃李不言，似通津信——从潜科学视角探园冶中预见功能》，著者把思想探索的触角伸向了科学与通灵的神秘边缘地带，耐人寻思。与此同时，著者还十分重视有域外背景的《园冶》研究者们对《园冶》的认知与解读，并在第一编第三节中逐一指出这些出于不同甚至是全新视角的开启之处。作为园林美学研究领域的年长一辈，著者也将赏识、期待的目光投向了更为年轻更为专业化的当代学人们，鼓励后学"尝试着采取多学科、多视角交叉的研究方法，亦即除造园学、建筑学外，选择哲学、美学、文学、艺术学、文化学、历史学、社会学等不同学科协同参与，力求有新的突破，这是符合于时代学术潮流的"。

《园冶多维探析》另一个很有特点、很见功力之处，就是该著不但有时代的当下维度，更有历史的现场维度。这不仅体现在每揭示一个原文本意旨时，著者总是尽最大可能地从字源词源及其演变、第一手史料以及有助理解的周边情形出发，抽丝剥茧，由近及远；也体现在著者理解并尊重中国古代的解经传统，并将其灵活而恰当地运用在对《园冶》的阐释中，精彩，有效。试以第三编《园冶点评详注——十个版本比勘与全书重订》为例，此编在逐字释读《园冶》的过程中，纵横开阖，旁逸斜出，狮子搏兔，火力全开，将传统解经手段的十八般武艺展现得淋漓尽致，使读者充分领略到中国古典解经传统的知性魅力，这正是走出迷宫的阿里阿德涅线[①]。

著者在研究方法上的会通中西，或许会让我们受到这样的启示：即现代学术的发展和进步，并不总是截然地与古典传统居于线型的两端，它必然是有生命力的传统可以继续向前无限延伸的结果。

原载［杭州］《人文园林》2017 年 12 月刊；
又选载于《苏州园林》2019 年第 4 期

---

① 注：阿里阿德涅线团：源出古希腊神话，阿里阿德涅是神话中克里特岛国王米诺斯的女儿，雅典王子忒修斯凭借阿里阿德涅给他的线团，顺利地走通怪物米诺斯牛所盘踞的迷宫。后世遂用以指称找到解决问题的方法。

# 行走"大冶"之途，聆听文化繁响

·陆嘉明·

## 一

一个行者。一个沉醉而清醒的行者。

从青葱岁月走向暮年晚景，始终在路上。一条愈走愈远的治学之路。

走过文学艺术的葱郁丛林，走过书法美学的丰茂高地，走过园林美学的春波秋月，走过风景园林品题美学的诗境画桥……今又毅然决然地登上"园冶"研究的巍巍巅峰……

一路走来一路探索；一路探索一路发现；又一路迁想妙得运思笔耕，悠悠文心累累硕果坦然奉献于学界和社会。

他，金教授，金学智先生，一个学术道路上孜孜矻矻永不知疲倦的行者。

哲人有言，人的一生都在寻找。

那么，他在寻找什么呢？

可揽流光，可系扶桑。宋人有词曰："摩挲老剑雄心在，对酒细评今古。"答案不用找了，就在他不断"摩挲老剑"的"雄心"里，在他的一部部"细评今古"美学著作里。晚岁又集中精力探究明代计成的造园学、建筑学经典《园冶》，不惜"冶"七年时间、智慧、心力和生命，"铸"就《园冶多维探析》这一自然和文化生态相与圆凝的美学巨著。洋洋乎大观庶几臻于"全粹之美"了。

金先生一生研究文学和美学，向来抱持"多质观"的哲学思想和"系统论"逻辑体系。新作则以多学科的全方位介入，在多维视角的观照下"探赜索隐，钩沉致远"，并以"纵横交织，点面互补"的方法论，在综论、析读、校注以及专业工具书的"四合一工程"中，构建了一个罗集三十余门学科有机贯通和交融的大文化生态体系。

原来金先生要寻找的不是残砖片瓦的文化碎片，也不是一鳞半爪的历史断简，而是通透古今叩响未来的历史精神，是萌于自然生成于社会生活的人文精神。

这部新著，不就是他的美学思想和"生命对象化"的精神写照吗？

## 二

金先生始终秉持一种开放意识，把《园冶》作为母本，据之以"一"而发散于"多"，探析于"多维"而又聚焦于"一本"；据之以选句的"点"而照应全书的"面"，在宏观笼罩"面"的同时，又历历映衬于"点"；据之以"本位之思"而兼融"出位之思"，从而在"出""入"之间提升旨义和生发新意；据之以多种版本的"比勘"而回归原版的"重订"，但在"重订"之际不离"比勘"的版本；据之以造园的物态要素，而充盈以精神文化的内质，随即又从"形而上"复归于"形而下"的感性表达；据之以审美感性而提升于哲学理性，即时又从理性的内核敷染出感性的色彩……一的一切，一切的一，彼此不断回环往复，岂不具有循环式螺旋上升的意味？

这种循环往复而"互释互成"的彼此关系所形成的张力，实因借德国狄尔泰等哲学家的"阐述学循环理论"，并形之于时间和空间错综交织的"互见网络机制"。这无疑极大地扩展了研究思路和理论的广度、深度及高度。

由此所引发出来的学术思想以及方法论，支撑了一个古今中外时空并进的宏大的繁复结构系统。这不仅打通了多向度思维的通道，而且在时间维度上，历时性与共时性可相互置换和呈现：在空间维度上，可致科技范畴的"广域理论""创造理论""园林兴造规律理论""传播学理论""园林史和文化史理论"……皆可在人文领域的不同时空间流转变迁，予以自由灵活地阐述和论证。于是，各单一学科的知识特征、功能和应用，在打破各学科的藩篱之后，皆可纳入这开放的时空结构，相互之间或贯通渗透，交汇消化；或提炼融会，对接叠合；或倚伏消长，吐故纳新……进而在相互作用下整合为一个物质与精神浑然如一的新的有机整体，也即园林时空的结构系统。

不是园林在于时空，而是时空在于园林。

前者的"时空"，是单一性的物理时空，园林的"时空"则具多向性的文化内涵，除外显的物质性形态而外，更有精神方向的形成，因而能从"有形"走向"无形"，从"有限"走向"无限"。

无怪乎金先生对《园冶》的笺注、诠释、阐述和论证，竟有如此幽微的理性深度和阔远的美学境界。

# 三

丝桐合为琴，相谐拨和声。

我惊喜地发现，在金著的诠释和论述的节奏旋律中，隐现着一个富有独特个性魅力的美学形态，不妨称之为"对话型叠合式美学"。

对话，原指一种语言方式和现象，后现代主义文化藉此扩大了概念外延，使之逐渐演化为一种"对话意识"，不同的对象在"对话"的不断作用间生发、生长、生成新的事物、新的形态和新的意义。

因而，严格说来，"对话"，是一种哲学，也是一种美学。

金著所构建的"园冶"大文化体系，就是在不同学科的"对话"中完成的，其拥有的"涌现特征"，也仅为这一系统所拥有，这是与之相互作用的各个单一学科所没有的群体特征。因而便从化约到统摄，消除了科学与人文乃至各个文化类别和层面的隔阂，相与叠合为界域交叉的审美的新"边缘地带"。

"落霞与孤鹜齐飞，秋水共长天一色。"

这是王勃所感觉到的不同对象之间的时空对话。"落霞"与"孤鹜","秋水"与"长天"的"涌现特征"化为时空相应、水天相映、动静相衬和诗画相谐的叠合式的美来。

金著藉一古代的经典著作，偕多学科而"齐飞"："共"多维探析于"一色"，建一对话型叠合式美学范本，展露出一个富有创造性的园林美学新世界，同时又循环往复地赋予经典原本以新视野和新理念，以及欣赏与研究的新思路和新方法。

鉴于计成的"名、字、号"和《园冶》书名改"牧"为"冶"的过程和丰赡的文化意范。在某种程度上可看作是解读《园冶》的钥匙之一，金先生不遗余力地对其进行了缜密的考证和解析。仅就计成的"名、字、号"的考察，就调动了易学、哲学、文学、史学、美学、名字学、逻辑学、生态学、文化学的等十多门学科进行"对话"，或相互碰撞分化而趋于对立的统一，或相与印证生发而臻于和谐的圆融，从而揭示出"无否－否－成"的多元文化内涵和深沉的哲理内核，进而又从"艺隐"的审美态度，还原了计成超脱世俗的"隐心"生活的新人生理念。

至于对"牧"与"冶"的考证、辨析、勘误和解释，则更在自然科学和社会科学以及客观世界的物质性存在和主观世界的精神性存在之间，进行广阔而深刻的"对话"，偕之"齐飞"于远大的园林时空，携之共"一色"于绚烂的园林美学，从而在循环阐释的文化畛域中展现出"多元含义共处于一体"的"科技"与"历史文化，哲理内蕴"三者的圆融，也即展现出"冶"之"一名而三训"的"铸""美""道"的丰饶深永的新境界。同时，又进而在"道"与"术"、"主"与"匠"、"雅"与"俗"的三重奏的旋律中，漫出《淮南子·俶真训》所说的"储与扈冶，浩浩瀚瀚，不可隐仪揆度"的大文化体系中精神性的美学韵律。

# 四

"冶"，是《园冶》的点睛之笔，是游走于园林文化的灵魂。

金先生在富有现代意识的对话型叠合式美学的观照下，不仅扩展了审美的眼界，而且更提升了园林时空的文化意蕴和思想品位。通览金著，我发现其中凸显出来的三重境界，既是自然生态的无言默示，也是园林时空的感性呈现；既是人性本质的天地精神，也是社会前进的人文图景；既是历史传承的艺术薪火，也是现实生活的诗意呈现……于兹不断拓展三重叠合的美学境界。

## （一）传统与现代相与圆融的生态世界

传统，是文化时间的历史形成，历经时间的长河，汩汩汤汤地从过往流到现实的大地再向未来的文化空间流去。当文化一旦形成传统，便永远与时间同行，与历史的文化灵魂同行，与人的生活和习俗同行，从而获得永恒的生命，也即一种古今相通血脉相连的文化生命。

金先生既熟稔古典文化，又精通中西的现代文化。这部《园冶》研究专著，无论是"选句解释"还是"点评详注"，无论是"专业语汇释"还是"文化、文学、科学视角的探究"，笔墨落处，睿智漫染，远远近近，敷敷核核，无一不在隐现离合间，游走着一个充满生命活力的生态文明的精灵——跳动着一个传统与现代融会贯通的对话型叠合式美学的精灵。

"紫气青霞，鹤声送来枕上；白苹红蓼，鸥盟同结矶边。"（《园冶·园说》）

金先生与之心有灵犀一点通，由解语而滋生对自然生态无限向往的愿景：这一"极有水乡风味"的景象，"是宜赏宜游宜居住的原生态环境"，进而在解析其人文意义时，极力"向生态哲理的深处发掘"，并向往于人和自然"和谐相处，共生共存，建立亲和的生态关系的美好理想"。

金先生从"鸥盟同结"一路生发开去，从发掘中国传统的"天人合一"的生态哲学思想，到链接西方现代的尊重生命的"生态伦理学、大地伦理学、生物保护主义"以及诸如"人与动物平等论""人物双向交流论""大地共同体论"等一系列富有现代意识和前瞻意味的生态理论学说，旨在把西方的现代生态理论与"东方生存智慧"有机结合起来，"构建具有中国特色的生态哲学、生态伦理学的理论体系"。

"嘤其鸣矣，求其友声。"金先生发出的声音，叩响了晴空下悠远的钟声，不知能否激起大地河山雄浑的回响？

### （二）科学与人文珠联璧合的共存境界

日日新，又日新。21世纪是一个"大科学"时代，金先生在融古今于一体的"大视域"中，打通了这部"科技"的古代经典与人文科学的通道，并以"统观"的综合方法论，使其同时纳入一个立体化的时空结构，既全面地揭示了《园冶》的科技创造、逻辑思路和科学精神，又深切阐述了精湛的造园工艺、技艺规律和工匠精神，并凝聚于"三分匠，七分主人"（《园冶·兴造论》）这一造园理论的出发点和核心之上，从中挖掘出文学、艺术、美学、哲学等丰饶深永的人文内涵及其审美的表达效应，其中无一不充满着迷人的艺术魅力。

钱学森曾说过："科学需要艺术，艺术也需要科学。"《园冶》提供了一个可信的古典范例，《园冶多维探析》也提供了一个充满现代意识和创新精神的更有说服力的范例。其实，早在2004年，金先生就在与范培松教授合作主编的《苏州文学通史》中，专列一节对《园冶》的文学品位、艺术成就和在文学史上的地位作过精到的评析，他指出："计成的《园冶》，不但是中国造园理论史上的经典名著，不但其本身也是苏州文学史上一朵艳丽的奇葩，而且是园林与文学发展至明代在理论上、实践上交融结缘的一个丰硕的成果。"迄今新著问世，更对《园冶》在科学和人文的有机结合上，作出了更为深切细致的透析和高屋建瓴的判断。

科学的人文，人文的科学，古今遥相呼应；科学之美与人文之美，双泉涌为一水，双璧互为辉映。

### （三）生活与美学交叉生成的"大冶理想"

在生活与美学接壤和交叉之处，是一条生生不息的河流，一片辽阔的大地风景。生活美学的文化诗意，在历史长河音乐般地流动，从传统流到人的现实生活，流到人的生命和灵魂深处。

这是海德格尔所说的"诗意的栖居"吗？

这是丰子恺所向往的生活的艺术化和艺术化的生活吗？

一个行者，一个执着追求艺术"力和美"的行者，终于丢弃了拐杖，洒洒然走到这里。

他虽然不时通过古今哲人的眼睛看这片风景，却又始终通过自己的慧眼尤其是心看这片风景。他把眺望的目光收回的瞬间，蓦然发现这片风景的高地上，闪现着一种"融合着现实理性的美学憧憬"，那就是计成的"大冶"理想——"使大地焕然改观"（《园冶·题词》）。金先生为人为文，向来凝思沉静含蓄蕴藉，但见一位，古人有此大视野、大胸襟，再也按捺不住仰慕感佩的炽热情愫，心声发越，铿锵作响："这是何等的视野！何等的襟抱！何等的美学！何等的快语！掷地可作金石声。"情凝静思，思接造化，所论更见精辟，认为计成这一按造化的旨趣，以大地为对象的"大冶理想"是"他希望自己的造园实践能突破园林围墙的局囿，走向浩浩瀚瀚，广阔无拘的境界，使广袤的大地实现园林化……成为仙界般的美境。""这是为后人提出了努力实现的宏伟远大的目标。"据金先生对"冶"字多义性考释和丛证，确可推衍"大冶"更为深邃的历史、文化、哲学意蕴，笔者据此似可抽绎"大冶理想"的三重叠合式的美学境界。

第一重：宜居环境的物化境界。

由"冶"的"熔铸、铸造"本义，引申出"打造、创造"别一义项，因而在此可理解为对宜居环境物质性建构的打造或创造，包括人居建筑以及周遭的山水景观、花草树木等生态空间的丰富充盈和得宜时间的节奏动态。立其大者，"大冶"可上溯杜甫之愿得"广厦"千万以庇"天下寒士"；是计成更高境界之"使大地焕然改观"的宏大愿景。

第二重：美居环境的审美境界。

从"冶"之另一义项"美、美化"，可知"大冶"者即"大美"也。这是对基于科技和自然的物化环境的审美性提升，也是对人的物我相契甚至相忘的生活素质和情感世界的提升，诚如李泽厚所说："人是一种感性现实存在""生命、感性与美有关系"，因而"中国最高的境界就是审美境界"。因而可以说，"大冶理想"所蕴含的"大美"思想，氤氲出一种生命的气息，生命的活力和生命的情调，是一种悦志怡神的艺术美致和审美意趣。

第三重：乐居环境的哲学境界。

"冶"之"技"，又可通"道"，也即相当于古代哲学范畴的"道"。"冶"，可谓"道"创造的高境界。"大冶"者，"大道"也，亦即大"创造"，确可与天地、造化、阴阳以及的精神世界相应相和。可见计成的"大冶"，还通向更为深邃广远的思想境界，恰如金先生所指出的那样，这就是从《庄子·大宗师》中"以天地为大炉，以造化为大冶"脱胎而出的"使大地焕然改观"的崇高美学思想。

由上可见，由一"冶"而统摄"铸""美""道"三境，构成了宜居环境的物质性和精神性和谐统一的"大冶"，借《淮南子·俶真训》所云，可谓"包裹天地，陶冶万物，大通混冥，深闳广大"矣。

从园林美学走向大地美学，充满光晕的新的地平线正在向我们招手。

从宜居理念走向"大冶"理想，明天的太阳必将照耀在"焕然改观"的大地上。

随着行者的目光和脚步——

放眼未来，期待与奋进同在；

向前走去，生活与美学同行……

原载《苏州教育学院学报》2018年第2期

# 石蕴玉而山辉

## ——评金学智新著《园冶多维探析》

·吴　人·

　　清人张潮《幽梦影》云："著得一部新书，便是千秋大业；注得一部古书，允为万世弘功。"《园冶》诞生在苏州，苏州园林又举世闻名，当代苏州人不仅一直在研究方面有所作为，而且希望能通过自身的努力使苏州真正成为的《园冶》学术圣地。这一期待终于由苏州学者金学智先生以新问世的力作《园冶多维探析》打开了人们认识《园冶》的新境界。

　　计成原先将其书名为《园牧》，其友曹元甫凭其慧眼卓识，易之而称《园冶》。这个"冶"字，一锤定音，其意无穷。一是于全书探得骊珠，二是为全书画龙点睛，三是据全书极大地发掘和拓展了个中意蕴，给人以不尽之想。针对"冶"这个关键词，金先生带领我们返回商周春秋的冶铸现场，以古老的甲金文字为形象实证，援引经典文献进行丛证，反驳了"书名只能一义，不能兼项越界"的狭隘观念，复以工艺学、美术学、文化学、历史学、经济学、神话学、文学、哲学诸种学科聚焦，阐发《园冶》之"冶"字亦有三个义项：为"铸"、为"美"、为"道"。金先生还找到了春秋中期青铜器的经典之作"莲鹤方壶"，赏析其臻于极致的工艺造型、美学神韵及蕴于其中的时代精神，形象地体现着"铸""美""道"三义。

　　《园冶》中往往有如珠似玉的名言警句嵌寓其间，发人深思，极有意义。陆机《文赋》云："立片言而居要，乃一篇之警策。石蕴玉而山辉，水怀珠而川媚。"意谓在紧要处用深刻而警策动人话语来点醒文意，冶铸精粹，这犹如石中蕴玉，水中含珠，能使山川具有光辉和魅力。《园冶多维探析》遴选出大量的警言秀句进行解析，同时又引进西方接受美学对于所选句意，既作"本位性"的深入解读、诠释、发微，又尽可能作"出位性"的发散、引申、接受。比如"任看主人何必问，还要姓氏不须题"，通过晋人故事，指出它"符合于园林逐步趋于开放即'与众乐乐'这一历史走向的"，而这种园林开放共享的理念，既遥接着过去的一端，而另一端又是通向未来的。比如"休犯山林罪过"，引《周易》的经典命题"天地之大德曰生"作为此语的大前提，揭示了"生"是中国哲学的本体论，破坏山林即是"缺德"，而保护绿水青山，实现诗意栖居，正是人类生活的愿景图画。

　　在"园冶题词"里，《园冶多维探析》生动而真实地透露了计成欲"使大地焕然改观"的心声，这伟大的心声就蕴含着通向未来的东西，"这是何等的视野！何等的襟抱！何等的美学！何等的快语……它是计成造园到最后阶段所凝聚而成的最高理想……按造化的旨趣，以大地为对象的'大冶'理想……他希望自己的造园实践能突破园林围墙的局囿，走向浩浩瀚瀚、广阔无拘的境界，使广袤的大地实现园林化……成为仙界般的美境。"

　　数十年来，《园冶》研究问题成堆，往往不能跳出误区，第一是由于满足于已有成就，或浅尝辄止，或人云亦云，缺少追本溯源、追根究底的深入探析。第二是缺少多学科全方位的参与、聚焦，并将其联系于实践应用，作有机贯通式的探究。而《园冶多维探析》则不然，它除了基于造园学等学科，还大量引进了哲学、美学、文学、画论、生态学、文化学等，让其共同参与、协作攻关，故而赢得了可贵的硕果。

原载《苏州日报》2018 年 4 月 25 日"文艺评论"栏

# 《园冶多维探析》：读通经典，品味经典，致用经典

## （学术访谈）

·金学智　时　新·

2018 年 1 月 22 日，在金学智先生的书房，《苏州教育学院学报》就《园冶多维探析》一书对金先生进行了采访。金先生的书房门楣有"心斋"之匾，窗旁有"室雅何须大，花香不在多"之联，墙上悬有书画镜片，书橱之侧挂有乐器多种，让人联想起《园冶》中"移将四壁图书""静扰一榻琴书"等语。以下为采访整理稿。

## 重返历史冶铸现场，探寻书名义涵

**时新（下文简称"时"）：**首先祝贺您的《园冶多维探析》上、下两卷本由中国建筑工业出版社出版！您这部大著的核心关键词是"《园冶》"，但对《园冶》书名中的这个"冶"字，研究者们大多识不透，而日本所收藏的作为《园冶》异名的《木经全书》《夺天工》也不贴切。对此，您是怎么破解的？

**金学智（下文简称"金"）：**曹元甫是计成的知音，是他把原来的书名《园牧》改为《园冶》，这一字之改，借《老子》的话说，是"微妙玄通，深不可识"。而研究界或释为"园林建造、设计"，或释为"培养造园艺术人才"，都不无问题。我想到，如果这第一关闯不过，就不可能深入虎穴，探得虎子，会影响以后书稿的品位和质量。对于《园冶》书名这一文化密码，我破之以"一名而三训"，是出于三方面的驱动：

第一，是我在 20 世纪 90 年代萌生出的"多质性"哲学观点。20 世纪 80 年代，书学界对书法性质展开了持续的大讨论，我经过反思，认识到对几千年来形成的极其复杂的中国书法，绝不能用一个简单的性质或定义来限定它。我在梳理西方哲学史时受到启发，在《中国书法美学》里提出了"事物不是只有一种质，而可以具有多质性"这一新命题。而《园冶》作为内涵异常丰富的经典，它也应有其多质性。

第二，直接取自钱锺书先生的《管锥编》。这部巨著，开卷即对《易》《诗》《论语》三部经典提出了"一名而含三义"之说，我以"多质观"将其移植过来。

**时：**这样，也就站得住了，怎么还有第三个驱动？

**金：**这第三个驱动还不能少，就是回顾商周时代的冶铸实践，重返历史现场。我以甲骨文、钟鼎文为形象实证，并以文献法进行丛证，说明当时冶铸的高难度、先进性，复以史学、工艺学、艺术学、经济学、哲学、神话文化等多学科进行聚焦，最后提出"冶"之三义：一是铸，二是美，三是道。《园冶》即以园为冶，意谓造园是"冶"，是一种弥纶广大、

镕铸万有、显现艺美的创造之道。我还觉得先秦时代青铜器至宝、典型地体现"冶"之三义的莲鹤方壶作为例证，在书中进行深度诠释，在此就不展开了。

**时：**《园冶》在晚明时代出现，是否标志着中国园林文化达到了发展巅峰？

**金：**可以这么说。明代是中国社会中古期的结束、近古期的开始。明中期以后，资本主义萌芽，商品经济兴起，科技与文艺得到生气勃勃的发展，成果丰硕而辉煌，闪耀出喜人的近代曙光。《园冶》不仅总结了江南园林的历史经验，而且呼吸着时代气息，以"等分平衡法"等显现了时代精神，成为中国园林文化的一代巅峰。

# 发现《园冶》的当代价值和未来价值

**时：**第二编《园冶选句解析》，章节林林总总，行文洋洋洒洒，篇幅几占全书一半，在此编开头，您引入西方接受美学的动机是什么？

**金：**这样，可以不断引进今天接受公众的"现时视野"。西方的接受美学认为，历史视野总是包含在现时视野中。据此，我也就便于使学术研究和服务时代紧密联系起来。

**时：**大著非常强调《园冶》包含着未来价值，一般读者对此不太理解，能否请您作进一步诠释。

**金：**我在书里写道："人类思想史昭示人们：在高品位、高层次的著作中，有可能包含着作者自认为提供的思想和他并没有完全意识到而实际上却提供了的思想，后者甚至还可能具有未来价值……"这一提法，相当于文艺理论所析作品的主观思想和客观思想，人们常用来分析列夫·托尔斯泰或曹雪芹等伟大作家的伟大作品。在哲学史上，黑格尔的《历史哲学讲演录》也说，"历史上的伟大人物……在实现自己的利益"的同时，"某种更为遥远的东西也因此而实现"。我又引马克思的话："对一个著作家来说，将某个作者实际上提供的东西和只是他自认为提供的东西区分开来，是十分必要的。"这里讲得很明白："自认为提供的东西"，就是作品的主观思想；"实际上提供的东西"，就是作品的客观思想或意义，其中就可能包含走向未来的东西。比如我在《杜甫悲歌的美学特征》（《文学遗产》1991年第3期）一文中，以杜甫的《同诸公登慈恩寺塔》等为例，指出其透过升平景象看到了潜藏的危机，其间我还引用了鲍列夫《美学》里的话："在艺术中总是存在'卡桑德拉因素'——预言未来的能力"作为依据。

**时：**您引经据典讲了许多，我明白了，伟大的作品不论是哲学还是文学，都可以有预言功能。今天看来，计成也可称得上是"历史上的伟大人物"。能否请您结合《园冶》举例说说其中的未来价值？

**金：**好。最典型的莫如《立基》中的"桃李不言，似通津信"之语。通，意为通晓；津，意为传送；信，意为信息。两句似已预见到植物也有感知这一潜科学的命题。

再如《掇山·涧》中的："理涧壑无水，似有深意。"研究界均认为后句有误，这是不理解计成创新思维的穿越性。无水而有深意的涧壑，与日本的枯山水具有一定的同构性，这种与异域文化实践与理念的遥相呼应，也可以看作是一种空间维度上的普遍性或时间维度上的预见性。

《相地·郊野地》中"任看主人何必问，还要姓氏不须题"两句借晋人故事，表达了园林开放共享的理念，这也是通向未来的。

"休犯山林罪过"（《相地·郊野地》），"湖平无际之浮光，山媚可餐之秀色"（《借景》）。保护绿水青山，美化生态家园，实现诗意栖居，也是人类生活的愿景图画。

再如郑元勋《园冶·题词》中，透露了计成欲"使大地焕然改观"的心声，其中就蕴含着"某种更为遥远的东西"。计成可说是"美丽中国"的先行者、追梦人，这是从生态觉醒的现实、生态文明的时代这一"现时视野"来接受的。

**时：** 那么，《园冶》的当代价值、实用价值有哪些？能否扼要举例说说？

**金：** 这真可以说不胜枚举，如"得体合宜"（《兴造论》）的原则，"当要节用"（《兴造论》）的叮嘱，"巧于因借"（《兴造论》）的灵性，"凡尘顿远襟怀"（《园说》）的品格，"鸥盟同结矶边"（《园说》）的伦理，"亭台突池沼而参差"（《山林地》）的景构，"有真为假，做假成真"（《掇山》）的哲学，"略成小筑，足征大观"（《相地·江湖地》）的创造，"深意画图，馀情丘壑"（《掇山》）的物化，"多方景胜，咫尺山林"（《掇山》）的境界……《园冶》中这类警语秀句俯拾即是，遗憾的是人们不去开掘这个富矿，看到的、所引的不过是"虽由人作，宛自天开"（《园说》）。我在书里之所以大量摘举，并糅合了理论、历史、现实、鉴赏、实用五者进行诠释发微、引申接受，正是为了力求使其联系于社会实践，服务于当今时代。

# 别开生面、多元共处的《专用词诠》

**时：** 大著中安插了篇幅不小的工具书《专用词诠》，这在学术著作中极为罕见，这样的架构出于什么样的考虑？

**金：** 中国近现代建筑经典著作有这个传统。梁思成的《清代营造则例》附有《辞解》及索引，篇幅不多，言辞简约，却很有作用；姚承祖的《营造法原》也编有《辞解》。我评注《园冶》，理应继承这个传统，但在今天，又必须开启新局。

**时：** 那么，这与一般辞书有什么区别？新意又何在？

**金：** 区别在于似与不似之间。"似"，是二者都可用来查检，都是工具书。"不似"则更有种种：1. 非《园冶》所涉之词，一律不收，并且注重收书中非建筑专业读者感到生疏的词，如"草架""重椽""定磉""隔间""复水""替木""偷柱"等。2. 有些词成双作对地出现，如"间"与"进"、"前悬"与"后坚"、"敞卷"与"馀轩"、"馀屋"与"半间"等，通过对比或比较，能更好地诠释其反义、近义或同义性。3. 详解专章的标题，如"相地""立基""借景"以及"假山"等关键词条，甚或梳理其文献史，这样有助于读者理解全书或进而深究撰文。4. 通过对"娄娄然""杂用钩儿"等进行长篇考证，订正了《园冶》原版之误。5. 在对"鸠匠""尔室""风窗""方飞檐砖"等进行诠释时，适当联系以往对《园冶》及其注释的讨论，以促进读者深思和抉择。6. 通过对"便娟""沽酒"的训释，揭示语言学研究落后于语言现实的规律、优势形旁同化邻字而致误的现象等。总之，此编行文长短不拘，任其多元共处。此外，还对国内大型辞书有所纠正或补充。如在"草架"条中，指出20 世纪中叶至今，国内权威性辞书均误将《木经》《营造法式》二书及其作者张冠李戴；又如"成壁"的"成"，亦缺"全、整"之义项……

# 中国园林文学史上一朵艳丽的奇葩

**时：** 一般的研究论著，都将《园冶》作为造园学名著来研究，而您怎么会另辟蹊径，将其同时作为文学名著来重点品赏的？

**金：**《园冶》一书，为人们提供了不尽的美感。我研究《园冶》，最初就是从文学、美学的视角切入的。我写《园冶》文学品赏，先后凡三次。第一次是 20 世纪 90 年代末，我与苏州大学范培松教授共同主编《苏州文学通史》，其中明代卷就有我写的一节——《〈园冶〉：古典园林的文学陶染》（以下简称《陶染》），从全国范围来说，这是首次将《园冶》列入文学史，并给予其特定的历史地位。第二次是 2010 年出版的我的个人文集《苏园品韵录》（上海三联书店 2010 年版），其中收录了《〈园冶〉的文学解读》，这是对《陶染》文的加工提升。我采用了"滚雪球"的方法，将"文学品赏"之球一路滚来，这第三次就"滚"得更大了，见于《园冶多维探析》第五编。我把文学品赏也作为多维探析中的一维，并在《园冶》中找出我觉得最美的骈语为题："隐现无穷之态，招摇不尽之春——经典《园冶》的文学品赏。"

从文学的视角看，《园冶》是园林与文学喜结良缘所诞生的宁馨儿，也是园林、科技、文学三位一体发展至明代在理论和实践上成熟交融所结出的丰硕成果。通过文学视角的品读，还有助于全面理解其造园学的深刻思想，因为计成所造园林，是文人写意山水园，它离不开一颗"文心"，一双"画眼"。

# 《园冶点评详注》中的工夫与功夫

**时：** 第三编《园冶点评详注》最费工夫，也最见功夫，既不同于古代的注疏，又不同于现代的脚注，扎实严密，细谨深厚，这套本领您是如何练就的？

**金：** 这谈不上是什么高强本领，只是我经过一次次实实在在之"历练"的结果。第一次是 20 世纪 80 年代中期，点校宋人的《兰亭考》《兰亭续考》（见《中国书画全集》，上海书画出版社 1993 年版）。第二次是 20 世纪 80 年代末的《书概评注》（上海书画出版社 1990 年版），由于学术界长期存在着理论研究与考证校注的对立，我认为应消除这种隔阂，实现互补相济，故尝试着"一身二任"，兼而为之。我学习乾嘉学派的朴学方法，寝馈于书山文海的古籍原典，熔句读、训释、爬梳、考订、校雠、评述、汇辑于一炉，同时以《刘熙载及其书艺的辩证思想》的万字论文作为代前言，以求注与论的相得益彰。第三次，苏州市园林局组织各园林编写园志，我为以石文化见长的留园小组用夹注形式注释了唐白居易的《太湖石记》、清刘恕的《石林小院说》（皆收录于《苏园品韵录》），这是又一次演练。

《园冶点评详注》可说是在以往基础上的集成之作。我首先取法乎上，选定《杜诗详注》《六朝文絜笺注》为范例，又大胆创新，采用双注并进形式，有分工地让古代（下转第82 页）（上接第 5 页）的夹注（即随文注）与现代的脚注（即页下注）双管齐下，并存互补，再将传统的段意、点评插于夹注之末，实现了三者的结合。点评，是最传统的文本阅读方式，也可说是地道的中国式的接受美学，我尽量注意锤炼词句，力求点评做到简、稳、雅、美。

在校雠、考订方面，我锱铢必较，既尊重明版，又择善而从，校出了包括明版内阁本在内的十个版本中的讹字、夺字、衍文等（包括错简）数百个之多，列为长达13页的《十个版本比勘一览表》，让人一目了然。经过六年多时光的打磨，我终于尝试着厘订出了《园冶》的新本，并加详注和点评。

**时：**最后还想问，您的著述特别是《园冶多维探析》在苏州园林史上的意义如何？去年《现代苏州》第8期《是他们让苏州园林成为永远的网红》一文中，举出了有关苏州园林的九位名人：计成、文震亨、姚承祖、叶圣陶、刘敦桢、谢孝思、陈从周、金学智……，苏州市风景园林学会还授予您终身成就奖，我们为您感到高兴！

**金：**这一系列闪光的名字，都是我终身景仰的前辈！这些彪炳史册的大名家、大功臣，我断难望其项背！有人将我忝列其间，使我愧恧不已，无地自容！回忆我自安家苏州，就绾下解不开的园林情结，半个多世纪来，我确曾含毫操觚，为苏州文学写史，为苏州园林撰文，书也写了一些，但都不过是区区芹献，不值一提。有人对我的《园冶多维探析》评价颇高，也使我不胜汗颜，其实，我不过是为光灿灿的苏州古典园林史破解了一个谜、推崇了一部书而已。

原载《苏州教育学院学报》2018年第2期

# 识得真火三昧，大冶洪炉

## ——金学智《园冶多维探析》阐释学方法论探议

·蔡 斌·

明崇祯年间计成所著《园冶》一书，是中国古典园林营造实践及其美学领域的经典之作，由于种种原因，其人其著之后的数百年间一度沉寂。近世以来，时风丕变，《园冶》从域外重新返回国人视野中，融艺心入匠心，渐受重视。时至今日，研究者从不同视角入手，对《园冶》奥义多所发覆。但是，《园冶》仍有其尚待今人指认甄辨的疑义极夥，而缺少既须追本溯源、又须正本清源的"重返现场"式的考索和董理。

金学智教授的新著《园冶多维探析》，即为今天我们如何笃实细致而又从容深入地研读《园冶》，树立了一个很好的典范。全书厚重扎实，精义纷呈，其中第三编《园冶点评详注——十个版本比勘与全书重订》在人文阐释学领域所展现的方法论意义，尤其值得我们深思和探讨。在笔者看来，金著在以下五个方面都取得了很好的成绩：

## （一）解经传统的当下盘活

在中国传统学术体系中，无论是在儒家、道家和释教的思想层面上，抑或在医学、匠作等技艺层面上，都存在着一个"经部"的居于统领地位的内容及价值观核心。在儒家，是为"五经""九经""十三经"等。道家则以《老子》《庄子》《列子》为《道德》《南华》《冲虚》三经。佛教大藏经中也和儒家经典一样，列有经部门类，而民国印光法师以《佛说无量寿经》《观无量寿佛经》《阿弥陀经》《大势至菩萨念佛圆通章》《普贤菩萨行愿品》为《净土五经》，更是为近世净土宗振兴奠定了思想基础。流风所及，乃至百工技艺，莫不有经，像中医学有《黄帝内经》，木作有《鲁班经》①，甚而植桑养牛，也都有经。正因为"经"在传统知识体系中的核心地位，事实上，千百年来，人们认知、解读、阐发经典的手段和方法是十分丰富和多元的。"经"者，正如《文心雕龙》所言："三极彝训，其书曰经。经也者，恒久之至道，不刊之鸿教也"，具有本源性、权威性和稳定性。然而近代以来，随着王纲解纽、社会剧变，知识结构和教育体系也发生了根本性的变化，西风东渐，几乎在每一个思想和知识领域，原有的"经"的地位都差不多完全动摇，藉旧"经"建构起来的一系列原则、理念和价值观均遭到否定、质疑和轻视，于是与之连带一起的解经诸手段和方法也被弃如敝履，而种种不尊重旧"经"文本内在肌理的外来的、趋时的理解，常常不无隔膜悬想、鲁莽割裂之失。旧有的解经方法即有保留，也往往遭到或简单、或笼统地应用。

---

① 特别应指出，《园冶》因"道不行，乘桴浮于海"，在国内曾被改名为《木经全书》（书名四字之右，还刻"新镌图像古板鲁班经夺天工原本"字样），渡海出口至日本去了。

《园冶》这部奇书，将体现人的主体自由的创造性审美自如而合理地建立在对营造技术的熟谙和内行之上，给技术的躯干安上想象的翅膀，经受了时间的洗礼，跨越历史场景的、文化上的以及语言上的诸多障碍，业已成为今天建构中国造园学的源头性经典。也正是鉴于《园冶》及其相关研究的丰富性，金教授比照了人文领域相似情形，梳理了后世研究者重视《园冶》内蕴复合性的意见，提出了成立"园冶学"的倡议。从这个意义上来说，《园冶》书名虽然没有"经"这个字，但在中国古典造园学中却有着"经"一般的地位。而《园冶多维探析》一个很有特点、很见功力之处，即在于该著不但有时代的当下维度，更有历史的现场维度。著者理解并尊重中国古代的解经传统，并将其灵活而恰当地运用在对《园冶》的阐释中，精彩而有效。

在第三编《园冶点评详注——十个版本比勘与全书重订》里，著者在逐字释读《园冶》的过程中，纵横开阖，旁逸斜出，有针对性地灵活运用校、订、注、笺、疏、解、证、评等传统治学方法，使读者充分领略到中国解经传统的知性魅力。在中国解经传统出现、发展、变迁的漫长进程中，形成了各有功用、行之有效的诸多解经手段，这些方法丰富而驳杂，笃实而细密，涉及字的音形义确认考辨、字词句章的理解和疏通、典故和今典的揭示发覆、读者通过文本的中介与著者之间构成的精神主体对话，乃至义理层面的阐释引申。要之，出入于文本世界所关联起来的言语与现实之间、微观与宏观之间、主观与客观之间、历史与当下之间，以达"辨章学术，考镜源流"（章学诚《校雠通义》）之旨。

## （二）穷尽文献的基深础固

正像历史上很多居于"经"的位置上的文本一样，《园冶》一万八千字左右，本身的篇幅并不大；而从明末出版一直到近世，知者也甚为寥寥。但是随着时代变迁，吹沙见金，《园冶》在经历了奇妙的跨国界文本旅行之后，无论是出版、翻译，还是介绍、研究，已有了相当的成果积累，殆至今日，渐成显学；而在该著呈井喷式传播的态势之下，核心的种种难解难索的问题依然板结，而种种讹舛和歧见却层出不穷。正如金学智所说：

> 计成《园冶》的传播史、研究史、接受史，肇始于明代末年，至今已有380年了，其间曲折起伏、由潜而显的历程，它所层累沉积的理论内涵和丰富的经验教训，均值得认真地进行梳理总结。

有鉴于此，《园冶多维探析》扎硬寨，打硬仗，用的是全景勘察、穷尽文献的视野下的是真火三昧，大冶铸金的功夫。

首先，著者梳理了有关《园冶》的版本流衍状况，并"以《园冶》流传史上首印、再版、钞写、翻刻以及经校雠重刊而极有价值者为限"（P443）遴选了十个版本，包括日本内阁文库明版全本，国家图书馆藏明版残本，华日堂《夺天工》钞本，隆盛堂《木经全书》翻刻本，喜咏轩丛书本，营造学社本，城建出版社本，陈植《园冶注释》第一版、第二版以及《中国历代园林图文精选（第四辑）》作为对比校勘的基础。其次，著者还对已有的园冶注本、论著以及相关学术论文进行了逐一审视。对于先前在《园冶》研究领域有独到建树的陈植、曹汛、张家骥诸家的释读和观点，著者都本着切磋琢磨、实事求是的态度，进行了认真仔细的研读和思考，从而不只是在点评详注部分，乃至整部著作中，都呈现出一种既活跃又从容、素心论学的对话性。再次，《园冶多维探析》还对围绕《园冶》世界范围内不同语种的译本（包括英译和法译）以及不同国别的研究（包括日本、英国、瑞典、法国、澳大利亚、韩国等）进行了整体介绍和评价。不是抓取信息的一条条罗列，而是穷尽文献式的一件件研读，使得金著所提供的《园冶》版图广袤、准确而详实。

### （三）释以经典的意蕴充盈

英国当代历史学家迈克尔·斯坦福在其著作《历史研究导论》中曾区分对事件或现象予以解释的两种类型，即妥当解释与全盘解释，所谓妥当解释，"则是可令针对某一目的而提出的特殊问题得到满意回答"，"实为听众取向，解释是提供给听众的，因听众不同而不同"。而他认为优秀的历史学家不能只是满足于应时便给，而是要在阐述历史时追求"全盘解释"，"可以满足所有的可能问题"，即便是实不能至，也仍需心向往之。《园冶多维探析》就是一次对《园冶》进行全盘解释的极具抱负的尝试。著者不放过文本的任何一个问题，不放过任何一个细节，还常常引譬连类、延衍生发，就此投注的巨大心力形成了一个关联学科涉及相当广阔的辐射扇面，同时也成就了著作在深度和广度上的品质保证。

以《园冶》题词中"简文之贵也，则华林"为例，此语源出《世说新语·言语》"简文入华林园，顾谓左右曰：'会心处不必在远，翳然林水，便自有濠濮间想也，觉鸟兽禽鱼，自来亲人'"，这里的简文帝实指东晋简文帝司马昱，而由于后世的南朝梁简文帝萧纲声名更彰，历来的《园冶》注家习焉不察，大多误注为后者，金著既纠正了此误，又爬梳了这一误注产生流播的详细过程，十分具有说服力。在金著中，同样精彩的例子还有著者辨"倘支沧浪之中，非歌濯足"源自《楚辞·渔父》而非《孟子·离娄》等，这里所体现出来的精准特识，是建立在著者对传统文史经典具备相当的熟悉和理解程度的基础上的。

在进行文本阐释的过程中，著者从解读原文的四六俪句出发，除源流上的准确指认外，还常以经典诗文或文化故实和文本章句平行互动，扩充义旨。如释读"静扰一榻琴书"之"扰"字，与王维《鸟鸣涧》"月出惊山鸟"之"惊"字类比引申，指出均为写"反常合道"之静境的杰例。如以苏轼《后赤壁赋》、冯延巳《酒泉子》、欧阳修《阮郎归》合释"隔林鸠唤雨，断岸马嘶风"。再如用诗、画、园林的三种情境来阐发被著者誉为"《园冶》中最富于艺术含蓄美的俊语之一"的"不尽数竿烟雨"。这些解读对于理解文本意蕴来说都是契合语境、恰如其分的。

### （四）审鉴行文的诗性选择

金著在释读"驾桥通隔水"一句时有一段按语，特别值得留意：

> "驾桥通隔水"的"驾"字，各本均如此，喜咏本亦然，仅《图文本》作"架"，此改似无必要。驾，本有架构之义。《淮南子·本经训》："大构驾，兴宫室。"高诱注："驾，材木相构驾也。"何况"驾"既不误，亦非繁体字。不妨比较：若作"架桥通隔水"，显得平俗呆板；若作"驾桥通隔水"，则较雅致，擅文采，妙有凌驾的气势，这体现了行文的一种诗性选择。

《园冶》诚然是一部包含着中国古代造园规律以及实践智慧的奇书，但同时又有着浓郁的文学性，在语言表达上，骈体文的形式将汉语文言文言简义丰、富有弹性、韵味和暗示性的特点表现得非常充分。著者在释读《园冶》时所拈示的"行文的诗性选择"一说，是在对"驾"本有架构之义的"字有达诂"基础上，进一步上升到"诗无达诂"的认知层面。在这个问题上，著者还进一步指出：一方面，《园冶》用骈文"这种独特的文学形式，弘扬了独特的园林艺术"；另一方面，"品赏《园冶》的文学美特别是骈文美，又不能完全以六朝、初唐那种规范来要求它，而应适当放宽尺度"。这些看法对文体特殊性和作者时代性的辩证认识都十分中肯而深刻。而在"岭上谁锄月"和"临濠蜒蜿，柴荆横引长虹"的两句释读中，关于如何来理解"锄月"，如何来理解"临濠"之"濠"，著者也同样指出了文句的诗性立意。山东大学龚天雁曾在其博士学位论文《中国园林美学三种研究视野之对比分析》中，将金学智的园林研究视为"将园林视为艺术品，并从艺术学角度出发的'艺术视野'"的典型代表，不为无因。

### （五）字确义逊的主体决断

人文学术，从某种意义上来说，是因人而起，因人而立，有时候需要研究者拿出主观判断的领域。在文本本身有局限性、字词无误而意义有差，从而造成释读障碍的关节处，需要研究者具有超越文本下判断的经验和勇气，而通常这也伴随着风险，"大胆假设，小心求证"并不容易。在金著的释读《园冶》中，就有两个很有意思的例子。一是《园冶自序》里关于"元朝温相故园"，原文里既明确无误地说是"相"，而后来的注家承之，称"温相"为"元代温国罕达，蒙古族，曾任集庆军节度使"，著者通过查考正史，发现这位温公既非元人，实为金人，为相这一点也与史录相出入，且注家误认姓名中的"迪"字为"国"。这里就存在着一个问题，就是当文献的文字记载清晰无疑义时，我们是否仍然可以"于无疑处生疑"，对事实上的偏差"有所勘正"？二是"倘有乔木数株，仅就中庭一二"一句，所有的《园冶》版本里均为"有"字无歧异，然而著者认为如果是"有"字的话，那整句句子的意思就是：如果地基上有几株大树的话，只保留中庭的一两棵。著者觉得这与《园冶》作者计成一贯的"芳草应怜""花木情缘"以及"休犯山林罪过"的生态学立场是相悖的。由此著者提出："'育''有'二字形近，疑为刊刻时音近、形讹所致，于是误作'有'字至今。"在很难再会有确凿的实证来证明这一点时，著者的判断是有说服力的。

长期以来，《园冶》一直是主要被视为中国古代造园学著作而得到瞩目关注，基本的研究力量也集中在古建、园林、建筑学以及传统工艺文化领域，而金学智教授则在《园冶多维探析》的前言中开宗明义地指出：

> 明末计成所撰《园冶》，是一部奇书，是一部文化内涵丰永，极富中国传统民族特色，值得"共欣赏"与"相与析"的奇书，当然它更是我国最早出现的、对世界颇有影响、具有完整造园学体系的经典名著，同时，也是一部骈、散结合，以骈文为主写成的文学佳作。

这就将《园冶》的价值延伸到了文学层面、美学层面以及文化层面，开拓了研读《园冶》的新路径和新天地。在金学智教授的治学之路上，他曾多年从事汉语及汉语文学的教学研究工作，20世纪60年代起即参与不同世代的美学理论研讨，并且在具体的民族特色鲜明的书法美学及园林美学方面成就卓著，而且在多种形式的艺术实践，像书法、篆刻、演奏等方面都有自身切实的感性体验。这就使得他在阐发《园冶》内涵丰富性时，因神思遄飞，武库充备而左右逢源、游刃有余。在《园冶多维探析》中，著者一再强调了一个非常突出的核心观点：中国古典园林不但是物质性建构，更要从一种"精神性创意工程"的认知高度来理解。在这里我们可以感受到，完备、多元、开放的知识结构在形成创造性的思维链时所具有的能量。

原载《苏州教育学院学报》2018年第4期

# 可贵的探索，合时的接受

## ——试评金学智《园冶多维探析》

·开 仁·

诞生于明末的《园冶》，是一部奇书，是一部文化内涵丰永、生态哲理精微、百科全书式的名著杰作，在生态文明成为时代主旋律的今天，对《园冶》的研究已形成为一门显学。它不但被东方的中国、日本等尊为"世界造园学最古名著"，而且被西方誉为"生态文明圣典"，并译为英文、法文等版本，东、西方互为呼应，汇为世界性的《园冶》热。《园冶》研究，除中国大陆外，还遍及日本、新加坡、澳大利亚、英国、法国、意大利、荷兰、韩国，以及中国台湾等。

回首以往，对其文本的注释、翻译、解读、接受、研究等，虽有较大的收获，成绩颇丰，但依然存在着大量的问题，长期地争论不休，三十多年来，纠结、沉积为一系列的难解之谜……

有感于此，金学智教授在撰写了《中国园林美学》《苏州园林》《苏园品韵录》《风景园林品题美学》等学术专著后，以八十岁高龄，在此基础上花了六年多时间，写出了上、下两卷本近百万字的《园冶多维探析》（以下简称《探析》），为人们解惑析疑、读懂《园冶》作了不懈的努力，其成果可喜，精神可贵！

现对其突破性的可喜成果，作一系统的梳理：

## 一、对作者计成其人、其书名所作的可贵探索

### （一）关于计成的名、字、号

《园冶》的作者计成，生于动乱的明朝末年，其身世行踪，明清的史书、当地的方志均无载，我们只能从原书的序、跋及其印章中，得知他是吴江松陵人，名"成"，字"无否"，号"否道人"。金先生抓住这个"否（pǐ）"字，以其为切入点，既从社会学层面联系古人的名、字、号往往意义相关的习俗常规，又从哲学层面联系于作为群经之首、体现中国智慧的《周易》，从其中"否"卦（意为不吉、不顺利、不亨通），推测出其父以趋吉意识，深情地为其子取名"成"，即祈愿其学业有成、事业有成；字"无否"，即希望其一切都顺利亨通。至于别号，则均为成年后自取的，计成自号带有自嘲性的"否道人"，说明他此后的命运并不如其父所期待，而恰恰是这个不吉不利的"否"，于是，我们似从中听到了其《自跋》里"自叹……不遇时也"的悲凉之音。金先生还从《周易》中归纳出"成"这个哲学范畴，联系计成名、字、号，探寻出"无否＋否＝成"这一体现了辩证逻辑的命题公式。由此推断

计成既敢于面对惨淡的悲剧性现实,又推断出其父子均有深厚的易学修养,进而有理有据地将计成的有关思想均提到易学的高度来认识、来剖析。总之,"否道人"这个别号,既是纷乱悲怆时代的反映,又是其蹇涩命运的写照,还是其心路历程的哲理性概括。这一发现,堪称警辟!

### (二)关于《园冶》的书名

计成原先将其书名为《园牧》,友人曹元甫凭其慧眼卓识,易其名而称之为《园冶》。这个"冶"字,一锤定音,其意无穷!一是于全书探得骊珠;二是为全书画龙点睛;三是据全书极大地发掘和拓展了个中意蕴,给人以不尽之想。针对"冶"这个关键词,金先生带领我们从文字学、训诂学、词源学等通道走进遥远的历史,返回商周春秋的冶铸现场,以古老的甲骨文、金文为形象实证,援引经典文献进行丛证,见证了当时冶铸技术的高难度、先进性以及工艺美,反驳了"书名只能一义,不能兼项越界"的狭隘观念,证之以钱锺书先生《管锥编》所举《周易》《诗经》《论语》三部经典均"一名而含三义"之说,复以工艺学、美术学、文化学、历史学、经济学、神话学、文学、哲学诸种学科聚焦,阐发经典《园冶》之"冶"字亦有三个义项:为"铸"、为"美"、为"道"。《园冶》即以园为"冶",以"冶"为园,具体地说,园林营造即是"冶",是一种弥纶广大、镕铸万有、显现艺美的创造之道。特别是其中这个"道",先秦至汉的道家哲学均释之以"陶冶万物"的大创造,它还能令人神与物游,让人得以"储与扈冶"之境。绝妙的是,金先生还找到了春秋中期青铜器的经典之作莲鹤方壶,赏析其臻于极致的工艺造型、美学神韵及蕴于其中的时代精神,恰恰形象地体现着"铸""美""道"三义。金先生站于哲理境层,在这方面所作的高品位诠释,用易学语言说,可谓"探赜索隐,钩深致远"。

## 二、对《园冶》域外珍本、译本所作的可贵搜寻

计成出身于一个中产知识分子家庭,家境日趋衰落,渐入"否"境。不过,其年少时仍有条件读书明理、学文习画,后改行从事造园之业。由于他深通哲学、诗画,"臆绝灵奇",故其造园得通于"道",闻名大江南北。他边实践,边写作,螺旋式上升,终于在"崇祯辛未"(1631)写成了《园冶》书稿。

但他社会地位低下,经济条件很差,其书必然难以刊印,竟搁置了三年。1634年,万不得已,只能让臭名昭著的阮大铖刻板印行,并为其写了《冶叙》。于是,连累殃及,《园冶》在清代竟被列为禁书,长期不闻,乾隆时编纂《四库全书》,也没有收录《园冶》,于是此书几近绝迹……但是,有眼的识文人和民间书商仍尊崇《园冶》的价值,暗暗地将其改名重印,或易名《夺天工》,或易名《木经全书》,一次次通过渡船运至日本,有幸在日本被保存下来,特别是日本内阁文库珍藏着全三卷的明版稀世孤本。20世纪以来,"否"极而"泰"来,有些版本得以返回中国本土,英、法等国也争相翻译……"否道人"如天上有知,当为之欣慰!

金先生千方百计寻觅日本内阁文库珍本而无着。"自助者天助",有幸一位日本朋友来访金先生,表示愿意全力襄助,回国后不久,即寄来金先生延企为望的内阁文库明版孤本《园冶》的翻拍光盘。又一次,他参加在武汉召开的纪念计成诞生430周年国际学术研讨会,他在主旨发言中吁求外国专家们支持。希望提供西方译本和论文,英国、法国、澳大利亚

专家们闻知后均积极响应，于是他终于掌握了世界研究动态。种瓜得瓜，功夫不负有心人。《探析》终于在第一编第三章中，以三个专节分别详细评述了日本和中国明代至今十一个重要版本，和当代的十部研究论著、五位外国专家的论著……这是一种广及古今中外的述评，极大地开拓了《园冶》研究的视域。

### 三、对《园冶》种种误注、误译所作的可贵商榷

重订重注《园冶》全书，其重要的任务之一，就是必须"对事不对人"地对所有误注、误译提出商榷，志在求是、纠正。《探析》第三编内封扉语引有曹汛语云："商榷疑义本为探求真理，故需实事求是，直不伤人，婉不伤意，以读通释准《园冶》为鹄的。"《探析》在这方面，主要集中于第三编的注释考订，其中求是纠谬的实例极多，姑举数则：

#### （一）关于"简文"

《世说新语·言语》中有一段名言："简文入华林园，顾谓左右曰：'会心处不必在远，翳然林水，便自有濠濮间想也，觉鸟兽禽鱼，自来亲人。'"郑元勋《园冶题词》引此典曰："简文之贵也，则华林。"那么简文是谁呢？《园冶注释》1981年第一版至其后第二版，凡印十几次，均注道："简文：南北朝时南朝梁·简文帝……"这是违反历史的误注。《探析》指出，南朝梁简文帝萧纲生卒年为503—551，而记载"简文入华林园"的《世说新语》，作者为南朝宋·刘义庆，其生卒年却是403—444，众所周知，南朝依次为宋、齐、梁、陈，刘宋在前，萧梁在后，那么，前人怎能写出后人的故事？或者说，比梁简文帝早生整整一百年的刘义庆，怎会预料到百年身后之事？其实，历史上有两个简文帝，除南朝的萧纲外，还有一个出现在东晋，名司马昱。正是东晋简文帝进入华林园，讲了一番妙言俊语，被南朝宋的《世说新语·言语》记了下来，这就合乎逻辑了。《探析》还把其他书中同类误注作了集纳，如《园冶全释》（1993年版）、《园林说译注》（1998年版）、《中国历代园林图文精选》本《园冶》（2005年版）、《园冶新解》（2009年版）、《园冶》（中华书局2011年版）等，均释为南朝梁简文帝萧纲。有些论文，也同样以讹传讹，由此可见长期来陈陈相因的抄袭之风，这哪里是注书译书，分明是抄书，照抄误书，这值得学界深思！

#### （二）关于"向、禽"

阮大铖《冶叙》："余少负向、禽志。"向、禽是什么人？《园冶注释》注道："向（长平）、禽（庆）。两个人名。"并引《后汉书·逸民传》："向长平，隐居不仕，与同好北海禽庆，俱游五岳名山。"注得似乎有根有据，但金先生仍通过核对发现了漏误。《后汉书》原文为："向长，字子平，河内朝歌人也，隐居不仕……"《园冶注释》竟把名和字混在一起了。直至十余年后的《园冶全释》（1993年版），仍然照抄，再过了二十年，《造园大师计成·园冶新译》（2013年版）依然译道："从小我想学向长平……"一条误注，竟延续了三十二年之久，未能纠谬。

#### （三）关于"倘有乔木数株"

明版内阁文库本《园冶·立基》："倘有乔木数株，仅就中庭一二。"其他版本亦然。这是《园冶》刻本自身的错误，于是引起了注家们的误释。《园冶注释》第一、二版释文："如

果基地上原有几棵大树，仅就中庭保留一二。"其他注本亦如是说，认为应将原有乔木大树均砍光，仅仅保留一二株，如果真是这样，这岂非犯了计成自己所说的"山林罪过"，岂非与计成生态主义相悖逆？试看《园冶》一书中，《借景》提出了"芳草应怜"之语，《掇山》提出了"花木情缘"的重要概念。《相地·郊野地》提出了"休犯山林罪过"的生态律则……再具体地看，如《相地》："多年树木，碍筑檐垣，⌊建筑物⌋让一步可以［自身］立根，［或］斫数桠不妨封顶（不妨碍其树冠长得硕大丰厚）。"《相地》还说："雕栋飞檐构易，荫槐挺玉成难。"《立基》又说："开林须酌有因"……这都体现了计成一贯的生态学立场。既然如此，此处怎会突然一反常态，否定了自我？金先生考证，"有"乃刻工误镌，原应为"育"字，刊刻时由于音近、形讹所致，于是误作"有"字至今。再从本节文意看，在中国文化史上，古代园圃本来就是生长养育草木果蔬之处。甲骨文"圃"字，像田畦种植有苗生成之形。《周礼·天官·冢宰》："园圃，毓草木。"《周礼·地官·大司徒》："以毓草木"……这类经典训释颇多，几成模式。"毓"就是"育"，《说文》："毓：'育'，或从'每'。"再看《园冶·立基》开篇落笔："凡园圃立基……倘育乔木（'育乔木'亦近'毓草木'）数株……"这是《周礼·地官》文意在明代的延续。"倘育乔木数株，仅就中庭一二"，两句意谓：如果园内要种乔木，靠近庭院至多种一二株（这是由于树冠大会影响正屋采光），这样的考释，就令人一清二楚了。

### （四）关于"堪谐子晋吹箫"

《相地·江湖地》："堪谐子晋吹箫。"明版以来诸本均如此。这个"箫"字，如不是当时刻工误镌，就是当时计成误记，三百多年来一直讹传至今。金先生指出应作"吹笙"。他不但以最早的典源《列仙传·王子乔》为证，说明原文是"吹笙"而非"吹箫"，而且排出后人援引此典，均一律作"笙"。如晋潘岳的《笙赋》、唐许浑的《送萧处士归缑岭别业》和《故洛城》、宋范仲淹《天平山白云泉》、明屠隆《彩毫记·泛舟采石》等，这种必要的勘误，是用了有效的丛证方法。

## 四、对《园冶》选句之意所作的可贵解析

经典《园冶》存在着大量的名言警句，启人心智，发人深思，极有价值意义。正因为如此，《探析》在篇幅最多的第二编，遴选出大量的警言秀句进行解析，同时，又引进西方接受美学，这样，对于所选句意，既作"本位性"的深入解读、诠释、发微，又尽可能作"出位性"的发散、引申、接受，因为接受美学认为，历史视野总包含在现时视野中，这样，《探析》就可不断引进今天接受公众的"现时视野"，从而使学术研究服务于时代和社会实践，姑以生态学、未来学为例。

### （一）关于"鸥盟同结矶边"

《探析》第二编第五章第十节："白蘋红蓼，鸥盟同结矶边——建立中国生态伦理学的思考"，通过《列子·黄帝篇》中一则寓言故事，以副标题将历史视野包含在现实视野中来加以接受，从而表达了"人类和鸟类应和谐相处，共生共存，建立亲和的生态关系的美好理想"……

### （二）关于"任看主人何必问"

《探析》第二编第二章第四节："任看主人何必问，还要姓氏不须题"，通过晋人故事，指出它"符合于园林逐步趋于开放即'与众乐乐'这一历史走向"。而这种园林开放共享的理念，既遥接着过去的一端，又是通向今天和明天的，体现了未来学的思想。

### （三）关于"休犯山林罪过"

《探析》第二编第五章第五节："休犯山林罪过"，引了《周易》的经典命题——"天地之大德曰生"作为此语的大前提，揭示了"生"是中国哲学的本体论，所以破坏山林即是"缺德"，而保护绿水青山，实现诗意栖居，正是人类生活的愿景图画。

### （四）关于"使大地焕然改观"

《探析》第二编第二章第三节，郑元勋《园冶题词》生动而真实地透露了计成欲"使大地焕然改观"的心声。据此，金先生在《园冶》研究史上首次指出，这伟大的心声就蕴含着通向未来的东西，并热情赞道："它是计成造园到最后阶段所凝聚而成的最高理想……按造化的旨趣，以大地为对象的'大冶'理想……他希望自己的造园实践能突破园林围墙的局面，走向浩浩瀚瀚、广阔无拘的境界，使广袤的大地园林化……成为仙界般的美境。"计成可说是"美丽中国"的先行者、筑梦人，这正是从生态觉醒的现实、生态文明的时代这一"现时视野"来接受的。

## 五、对《园冶》难句所作的可贵解读

所谓难句，包括在内容上的难解之句和语言上的难解之句，它们很容易让人产生误读，故必须深入细致地加以解析。

### （一）关于"输、雲"

第二编第二章第五节，概括了《园冶》在论及"能主之人"时，多次"输（公输盘，即鲁班）、雲（陆雲）"并提，这引起了一场颇激的争论，如认定先秦的鲁班是匠家之祖，而陆雲则是西晋的文士，两人风马牛不相及，故有的研究家认为标举陆雲"实属不伦"，因其"不会设计""不懂建筑艺术"；有人更主张在译文中取消陆雲；或将作为人名的"雲"等同于简化字"云"……进而改释"云"作"道"（作为中国古典哲学最高范畴的"道"）；有的还说"抬高陆雲更属谬误"，如此等等，不一而足。金先生对此也进行了充分的思考，他首先从字义上明确这里绝不能用简化的"云"字，又挖掘出陆雲《登台赋》所具有而未被人留意的园史文献价值，还考证了《园冶》所强调的清、雅、减、疏的装饰风格，是上承了陆雲的"清省"美学观……特别是金先生还亮出自己园林美学体系中的一个重要观点——园林构成的物质、精神二分法，推衍出如下结论：中国古典园林的营造，不但需要"能主物质性创构工程的人"，而且需要"能主精神性创意工程的人"。据此，如果说鲁班是前者的杰出代表，那么陆雲正是后者的杰出代表。金先生还以足够的篇幅，举出了大量有关的事实论据和事理论据，力排众议，破除了研究家们三十多年来对计成"输、雲"并提这一"破天荒的理论创新"之不应有的误解。

### （二）关于"倘支沧浪之中"

《探析》第二编第三章第八节："倘支沧浪之中，非歌濯足"，这一典源之被误引。金先生通过分辨解析，指出沧浪亭之"沧浪"，并非源于《孟子·离娄》。而是源于《楚辞·渔父》。假若所引书名、篇名有异，就会造成语境之异，结果必然是差之毫厘、谬以千里……

数十年来，《园冶》研究特别是注释之所以问题成堆，往往不能跳出误区，其一是由于满足于已有成就，或浅尝辄止，或人云亦云，缺少追本溯源、追根究底的深入探析；其二是缺少多学科全方位的参与、聚焦，并将其联系于实践应用，作有机贯通式的探究。而《探析》则不然，它的研究除了基于造园学、建筑学等学科，还大量引进了哲学、美学、文学、画论、生态学、文化学、历史学、社会学、心理学、民俗学、养生学、未来学、人居环境理论等，特别是引用了文本阐释所必需的校勘学、文字学、训诂学、音韵学、词汇学、修辞学、文章学等，让其共同参与、协作攻关，故而能结出了可贵而又可喜的硕果，特别是这种方法论也完全符合当今学科交融的时代潮流。

原载《苏州文艺评论》2018年（上）"文学时空"栏

［上海］文汇出版社2018年6月版

# 一部图文并茂、别开生面的美学著作

## ——读金学智新著《园冶句意图释》，兼论其"园冶研究三部曲"

·周苏宁·

《园冶》，明代苏州吴江人计成所撰，是一部关于造园的经典之著。其重要性，可用"读唐诗不读李杜，等于未读唐诗"来比喻。但由于其"文体特殊，用辞古拙，令人生畏，夙称难解"（陈植《园冶注释序》）。几十年来，经陈植等先生不懈努力，为之注释、直译或意译，已多有晓解，然而不容否认的是，由于时代的变迁，文化的断层，《园冶》中大量哲理、情致、美意、警言、难句及术语，等等，依然令人困惑不解，疑云不散，因而仍不可能"活"在现代读者心里。如果说让博物馆里的国宝文物"活起来"，是文化界的一大创举，那么，同为苏州人的金学智先生别出心裁以种种方式有效地让沉睡了三百八十余年的骈文古籍《园冶》真正"活起来"，其价值也不容低估。试看在其笔下，接二连三有关《园冶》研究的新著，如同老枝新芽，绽开出绚丽的花朵，令人爱不释手，展卷即感到清芬满室；而他这一既连续、又交叉地撰著的漫长过程，可用"园冶研究三部曲"来具体概述——

**第一部：是一句一文，探赜发微地启人解读的《园冶多维探析》**（中国建筑工业出版社2017年版，以下简称《探析》）

忆往昔，自陈植先生1981年《园冶注释》问世以来，金先生即萌发了浓厚兴趣，与《园冶》结下不解之缘，并勤于研读，其感其识多收入其早期重要著作《中国园林美学》（江苏文艺出版社1990初版，中国建筑工业出版社2005年第2版）之中，至今已近30年；后又不断切磋琢磨，渐入佳境，另从文学角度切入，多次撰文并编史，至今也有20年之久；而自2011年始，他更立志全面深入研究《园冶》，以中西方哲学、美学、阐释学、训诂学等数十种学科多元关注的方法论切入，融会引申，触类旁通，因此在整整七年时间里，没有双休，没有春晚，夜以继日……他跋涉于布满荆棘的山路、艰难重重的险径，力求获取其中"真经妙谛"。这部由一人所撰、上下两卷本96万字的《探析》，将"综述概观""选句解读""点评详注"及"专用辞典"等有机地镕冶以聚焦一部经典的"四合一"工程，其框架结构的创新，可说为中国出版史上所罕见！功夫不负有心人，此书荣获江苏省哲学社会科学优秀成果二等奖、联合国教科文组织亚太地区世遗中心古建筑保护联盟学术成果奖。《探析》全书匠心别具的结撰，体现了金先生治学眼光的犀利、独到、精准，这也可说是他能登上《园冶》研究高峰的一个"秘诀"。其"选句解读"部分，体现了一句一文，一篇篇精彩纷呈。

**第二部：是一句一印，供人品味鉴赏、体现高雅文化的线装书《园冶印谱》**（古吴轩出

版社 2013 年版，以下简称《印谱》）

金先生负责主编策划此书，先后花了两年时间。他以书法美学、篆刻艺术的国粹高度引领切入，精心地进行设计、选句、撰款、作序、把关，启导计成故乡吴江垂虹印社的印人们将所选的一系列名句隽语作为印面文字，刻作朱文白文灿然交辉、异彩纷呈的 80 方印章，刊成古色古香的《印谱》，谱前还特篆以遥远地撷自珍藏于日本的明版孤本中的计成姓名印、别号印特别是表字连珠印，既首次飨以国人，更作为献给乡邦先贤——计成大师诞辰 430 周年的一瓣心香，可谓匠心别具，爱心有加！

**第三部：是一句一图，直观地释义的《园冶句意图释》**（中国建筑工业出版社 2019 年版，以下简称《图释》）

顾名思义，此书是以"各类图版＋文字解意"的方式来诠释名著《园冶》中的重要文句，起到通过形象以解惑、答疑的读典目的，这是金先生别辟蹊径的又一力作。

当时，正值 2015 年，其《园冶多维探析》尚未完稿，出版社资深编辑又竭诚建议再撰《园冶句意图释》，金先生思考之余，欣然接受，不避艰辛任重，毅然让二书的撰写同时并进，让《园冶》进一步与摄影、绘画等门类艺术结缘，以求通过形象化的实证、释意、阐发，使之进一步普及、拓展，这对当今看图时代的读者来说，古代的经典《园冶》，就有可能更感性地跃然眼前，更直观地活在心里。

总的说来，新著《图释》有四大特色，例析如下：

### （一）美不胜收的艺术性

书中用以诠释句意的 280 张彩图，除选入五代的荆浩、关仝，金代的李山，元代的卫九鼎、张渥，明代的沈周、王仲玉、周臣，清代的袁江、华岛、沈铨、上官周等稀世山水画杰作和人物、花鸟画等名作外，金先生更向国内外摄影界广泛征集到数千张照片，在宁缺毋滥的前提下，使两百余帧"合格"照片从中脱颖而出，其中较多为一流著名摄影家精美极品，还有一些则同样是紧扣句意并一再反复拍摄而成的切题佳作。

此书的方法论，因题而异，重点从摄影美学切入。首先，金先生巧妙地将计成胸有炉冶的园论演绎成"园画同构"的美学境界，把近代以来以"写实主义"为主要特征的摄影艺术与具有中国优秀传统"写意"风格的绘画艺术对接相融，并与摄影家们广泛密切联系，力求其摄影作品在对接中国传统园林景观时，除了能准确如实地表现主题，还更具"画意""传神""意境"，从而使《园冶》中大量抒情写意的语句具象地展现在读者眼前，达到如画似绘的效果。如"洗出千家烟雨""醉颜几阵丹枫""曲曲一湾柳月，濯魄清波""动'江流天地外'之情，合'山色有无中'""悠悠烟水，澹澹云山""吟花席地，醉月铺毡""莫言世上无仙，斯住世之瀛壶"等传神文句，都能通过摄影作品充分地显现出来。金先生将这种突出主体情感、意境理想、写意造美等表现型的摄影作品称之为"画意摄影"，在书中予以弘扬并出色地运用，这不能不说是此著的又一创新之处。它的精妙不在"唯美"的意象，而在写实与写意的交融，让人既能通过画面看到历史的"真实"，又能在想象中生发出无限的意境。中国摄影大师金宝源先生曾在 20 世纪末拍摄苏州园林时说过一段颇含艺术哲理的话："如实拍摄，那只是照相；唯美摄影，那也只是艺术照片；唯有在写实中达到'象外之象'，才是杰出的摄影作品。"这一高妙的摄影美学观，与金学智先生的"画意摄影"论不期而遇，异曲同工，令人惊艳！

《图释》所选照片不但张张切合题意，而且还点评、点赞该摄影作品自身的艺术美，发掘、总结或弘扬其成功的独特经验，这对摄影艺术的创作和品赏都颇有裨益，因此，《图释》不妨看作是一部高品位的、丰富多彩的摄影集，一部摄影艺术品赏录，或看作是一部具象化的景观摄影美学著作。

### （二）精准确凿的知识性

《园冶》书中不但有百科全书式的各类知识，而且有不少专业术语，连今天古建方面人士都颇感生疏，如麻柱、替木、隔间、棋盘方空、方飞檐砖等，《图释》发挥了摄影机善于直观传达的认识功能，将此类知识信息精准切实地图示于读者。此外，《图释》还重视对知识进行有理有据的考证，如明版《园冶》有"杂用钩儿"的误排，《探析》将其勘正为"杂用铇儿"，《图释》则在此基础上以"起线铇"的照片作实证，更让人疑误冰释。如此等等，读者可一一从中细读体会。

### （三）发微启智的学术性

在当下这个看图时代，"图说""图释"颇为流行，但均属于普及性、浅层次的，金先生则不然，同时将其提升到学理甚至哲理的境层，书中将图例诠释和理论探索结合起来，尽可能从中发现、抽绎或强调一些规律性的东西，这样既提升了读者的感性认知和理性思维，又避免了就事论事式的局囿于历史的解释。

此书的学术性，更突出表现为不但善于发掘《园冶》只言片语中的深奥义蕴，阐释其微言大义，而且阐释时还尽量地控制，只是点到为止，绝不把话说尽，而是留下空白，即留下供读者发现、思考、联想、推理的空间，这样，读者就能变被动接受为主动参与，走进书中，和作者同样地进行积极的理论创造。这种启人心智的实例，书中比比皆是，如：图释"移将四壁图书"，将其引申到园林藏书、书香，与园林的人文品位成正比的规律；图释"常馀半榻琴书"，则从文化心理史的角度追溯中国士大夫琴书自娱的悠久传统；图释"月隐清微"，着重在阐发千百年来中国人特别是中国诗人所积淀的月亮情结；图释"不尽数竿烟雨"，分内涵层、数量层、形态层三方面阐析，从文学、绘画、风景园林领域链接到"少以蕴多"，重含蓄，尚朦胧的中国意境美学；图释"深意图画，馀情丘壑"，以一帧"画意摄影"精品的诞生为基点，往两个向度链接，一是情意相生的创作心理学，一是云山相融的绘画美学，二者又汇聚为景观摄影美学；图释太湖石宜"点乔松下"，由此上溯古代绘画、园林的景物配置，从题材史领域链接到"映带气求"的关系美……

为此，《图释》还创制了一个特殊符号【∞→】，意为链接到"无穷大"，或走向无限的时空。这一符号，既可以是读者灵感的触发点，又可以是研究课题的切入点，还可以是学术论文中论述的生长点……金先生如此地处心积虑，为的是引发读者自己进行更多的再创造、更深的再探索。

### （四）触类旁通的广延性

引申发挥，触类旁通，在本位中作出位思考，这是《图释》最重要的方法论，正因为如此，书中涉及的学科面极广：生态哲学、园林美学、摄影美学、绘画美学、艺术设计学、文化史学、审美心理史、题材史、未来学……从而使此书不但具有较高的学术品位和艺术鉴赏价值，而且颇多前景空间；不但可走向风景园林领域，而且可走向旅游生态、摄影绘画、景观设计、文艺品赏、美学研究、文化史论、古建保护等领域，获得内容上的延展性、致用性——具有多方面的实用价值，能联通当今的时代精神，参与生动的社会实践。

例如，图释"门窗磨空，制式时裁"，用丛证法、引申法，进而大胆超越，链接到艺术设计学的与时俱新，显示《园冶》理论应用的广域性、未来性，证以 G20 杭州峰会会议大厅的装修，又进而链接上"创新中国"的时代命题，这种入位后的出位，是大胆的，又是合理的。

再如图释"墙垣·白粉墙"，则延展其种种构景功能：一是以古典哲学阐释苏州平江路黑白构成的新建民居；二是以一首诗阐释上海松江颐景园的一道题名墙；三是以中国画题诗传统阐释苏州江枫园小区的景观墙；四是以形式美学、色彩美学阐释江西"婺源晒秋"的摄影构图美。这样，《园冶》就不再是抽象的古代理论，而是参与了今天活生生的现实创造，这有助于今人的造景、赏景、摄景、研景……

金先生以其《园冶句意图释》，谱写了他"园冶研究三部曲"的最后一阕华彩乐章。《图释》之后，还附有《园冶版本知见录》，叙录了协同苏州园林档案馆一起收集到的古今中外《园冶》版本四十余种，形形色色、林林总总，可谓世界园林文化所绽放的一大奇葩，这也证实了《园冶》的普世价值。

金先生在《园冶》研究历程一开始，就和苏州园林档案馆互动建立了"《园冶》研究协作组"，除版本外，至今还收集到有关论文 400 余篇。他还将自己收藏的多种中外珍稀版本，连同自己多年来在各类书刊所发表的《园冶》论文数十篇，统统捐赠该馆，并助推筹建"《园冶》研究资料中心"，以便《园冶》研究者、爱好者查阅，此举已取得了实效，这也是金先生理论研究密切联系社会实践的一个侧面。

原载《苏州园林》2019 年第 3 期

# 园冶学研究的集大成之作

## ——金学智先生《园冶多维探析》述评

·吴宇江·

明末计成所撰《园冶》，是一部境界探不尽、意蕴析不完的奇书，是一部我国最早出现、对世界深有影响、具有完整造园学体系的经典，被西方誉为"生态文明圣典"。同时，它又超越风景园林学的范畴，走向更加广阔的文化领域。东晋陶渊明诗云："奇文共欣赏，疑义相与析。"对于《园冶》也应如此，其极富中国传统民族特色的文化内涵，值得我们深入探析和大力弘扬。

当今，历史已进入了 21 世纪的生态文明新时代。回顾数十年来，学术界、风景园林学界对它的校勘、注释、翻译、解读、研究等方面，均有了不同程度的收获，但依然存在着较多的问题。为此，金学智先生以八十余岁高龄，整整花了六年有余的时间，正如其书的后记所言：

> 焚膏继晷，兀兀穷年，没有双休，没有春晚，"衣带渐宽终不悔"，往往还无可奈何地带着书稿住进医院。病情多次反复，书稿各部分也多次反复，功夫不负有心人，"生命的对象化"见出了成果。

他以惊人的毅力，最终写成这部洋洋 96 万字、上下两卷本的煌煌大著——《园冶多维探析》，其精神让人感动，令人敬佩！清人张潮《幽梦影》云："著得一部新书，便是千秋大业；注得一部古书，允为万世弘功"。这不正是对金学智先生撰写《园冶多维探析》一书的最好写照么？

纵观《园冶多维探析》一书，其结构宏伟而特殊、内容充实而繁富，这在中国出版史上也许是空前未有的，作者在后记中自称为"四合一"工程，意思是全书是由四本带有独立性的书所合成的一本大书。具体说，此书既是一本对经典著作的综论，又是一本对名言难句的析读；既是一本古籍名著的校注点评，又是一本供查阅的专业工具书。正因为此书篇幅庞大、内容结构复杂，本人作为全书的责任编辑，理应对其作简要的推介与必要的解读。以下拟按《园冶多维探析》全书五编的次序，边作介绍，边作述评：

（一）园冶研究综论——古今中外的纵横研究

作者金学智先生怀着对计成《园冶》的景仰，在此编中以计成其人其书为起点展开，进行纵横交织、点面互补的综合性论述。其中对计成"名、字、号"的深切解密，被置于

《周易》的背景上展开，颇能发人深思。至于对《园冶》书名的"一名而含三义"，发掘和论述更为精彩，其中展开了融通哲学、史学、经济学、美学等的宏阔描叙，并可喜地找到了体现先秦时代精神的莲鹤方壶这个典型作为形象印证，更令人兴味盎然。

计成，字无否，号否道人，明末江苏吴江人，也就是苏州人，生于明万历壬午十年（1582 年）。计成字"无否"，它寓含着一种希望、一种衷心祝福和对吉利、幸福、事业有成等的期待。

计成又号"否道人"，主要是受了其友人吴玄的影响。吴玄即是晋陵方伯吴又于，他自号"率道人"。吴玄信奉《老子》，故取号率道人；而计成信奉《周易》，则取号否道人。计成根据自己"无否"的字，反其义而取号为"否"，表现出他对《易》理的熟谙深通，其理正如《易·序卦》所说："泰者，通也。物不可以终通，故受之以否。"《易·否·象辞》亦云：否，"天地不交，而万物不通也；上下不交，而天下无邦也"。尚秉和《周易尚氏学》则指出："当否之时，遁入山林，高隐不出也。"由此可见，计成自号"否道人"是多么地恰切！这个别号，既是那个纷乱时代的反映，又是蹇涩命运的写照，更是其心路历程的哲理性概括。

崇祯辛未，计成的《园冶》写于汪士衡寤园的扈冶堂中，其最初的书名取作《园牧》。牧即法也，可训为法式、范式、规范等，因此《园牧》就是造园的范式或法式，这是计成最早所取书名的原意。后来作为著名鉴赏家的曹元甫先生恰好游于其友汪士衡的寤园，并在扈冶堂中慧眼识珠，一下子看出了计成此书的价值，并作了高度评价，而且还将计成原先拟定的书名《园牧》改作了《园冶》。计成在其《园冶》自序中这样写道："暇草式所制，名《园牧》尔。姑孰曹元甫先生游于兹，主人偕予盘桓信宿。先生称赞不已，以为荆、关之绘也，何能成为笔底？予遂出其式视先生。先生曰：'斯千古未闻见者，何以云"牧"？斯乃君之开辟，改之曰"冶"可矣。'"计成欣然同意。

《园冶》的"冶"，其原意为镕铸、铸造、陶冶之意，又可引申为营建美、营造美、广大地创造等，这是一种集大成式的创造，呈现着磅礴天地、囊括万有的深阔之境界。可见，《园冶》这一书名较之《园牧》其意蕴要丰饶深永得多了。总之，《园冶》一书它有着更为深邃广远的思想境界，这就是"以天地为大炉，以造化为大冶"，"使大地焕然改观"的崇高美学思想。

第一编还从版本学的角度详叙了众多有价值的《园冶》版本，特别是亮出了日本国立公文书馆所藏明版原刻三卷三册这一稀世孤本，也就是内阁文库本，金先生在书中将其作为底本，也就是让其在国内首次面世，这是《园冶多维探析》的一个重要价值所在。作者又将其和中国国家图书馆残本反复比较其异同，并确认国图本是初版的第二次印刷，付梓于 1635 年。其后，还详叙列评了日本的华钞本、隆盛本；返回中国后的喜咏本、营造本、城建本以及陈植先生具有里程碑意义的《园冶注释》第一版、第二版，还有 21 世纪的图文本等。于是，300 余年来的《园冶》版本，被梳理得流传有序，显示了高品位层次上搜集齐全的研究成果。

此外，作者还概括了 20 世纪 80 年代以来围绕着《园冶注释》所展开的热烈讨论、争辩及其意义，以及《园冶》研究的两个走向：走向学术、走向世界，并对现代的、西方的、日本的研究、翻译著作也都作了恰当的述评。至此，确乎可见此编是对古今中外有关《园冶》的概括性的纵横研究，它不但由古及今、衔接时代，而且跨越国界、放眼未来，目的是让人们对《园冶》及其研究有一个较为全面深入的了解，也为学术界进一步研究《园冶》

提供了种种线索，并展开了广阔的视野。

### （二）园冶选句解析——本位之思与出位之思兼融

《园冶》行文中往往有如珠似玉的警语嵌寓其间，极有含金量。《园冶多维探析》上卷第15页写道："计成在以骈文为主的写作中，又注意融通哲学、美学、文学等来锤炼语句，因此，《园冶》中出现了大量闪烁着智慧之光的名言警句，既有理论价值和美学意义，又有实用价值和现代意义。然而，'不识庐山真面目'，当前园林建筑界所引用的，往往只局囿于'虽由人作，宛自天开'等有限的几句，也很少有人深入开掘这个富矿。总之，《园冶》的引用面很窄，引用率极低，与这部既极有深度，又极有广度的文化经典很不相称"。有感于此，《园冶多维探析》第二编从《园冶》中遴选出一系列名言警句将其提到哲学、美学的高度来解读，来接受，"来含英咀华，悟妙发微"。

此编从接受美学和阐释学入手，沟通了西方的"接受"和中国的"引申"。全编将选出的大量名言警句（还包括难句）均列为专节，并分门别类地厘为五章，即广域理念篇、建筑文化篇、山水景观篇、花木生态篇、因借体宜篇等。有人说，《园冶》不重花木，故无专论，此说不当，因为不设专论不一定就是不重视，故《园冶多维探析》特设"花木生态篇"，既进而呼应了当今生态文明新时代，又回应了西方认为"中国古代哲学没有本体论"的误解，并指出《周易》的"天地之大德曰'生'"，就是古代哲学的本体论（见《园冶多维探析》上卷第351页、第352页、第367页）。还有人说，《园冶》未讲理水，其实也并非如此，书中往往是山水并提对举，甚至《掇山》章中也有涧、曲水、瀑布，所以特设"山水景观篇"也甚有必要。

《园冶多维探析》第二编，几占全书篇幅的一半左右，可见为重中之重。它以名言警句（含难句）为基本单位，既对其进行"本位性"的深入解读、诠释、发微，又尽可能对其作"出位性"的发散引申、接受、探析，这也就是此编扉语所引陈善所说的"出入法"，既入乎其内，又出乎其外，这样就不只是挖掘其言简义丰、意蕴不尽的内涵，而且力求使其服务于当今时代、联系于社会实践、展示其未来学的价值，使过去←→现在←→未来能一线贯穿，互为映射。

此编五章具有颇多精彩的专节。以"广域理念篇"为例，如"大冶理想：'使大地焕然改观'"一节，论析后自然地引导到"美丽中国梦"；"任看主人何必问……'一节，辨正后归纳到"园林开放共享的理念"；"论计成缘何推举陆云"一节，更以大量的事例、充分的论据、深入的论证，阐释了和鲁班一样，陆雲亦可以是"能主之人"的杰出代表，事实胜于雄辩，足以辟除流行的种种"陆雲否定论"。至于有些专节之题，如"目寄心期，意在笔先""景到随机，意随人活""略成小筑，足征大观""制式新番，裁除旧套""相间得宜，错综为妙"等，有些均很有指导意义、实践意义，大可引用不拘。再说《园冶》中有些难句，如"建筑文化篇"中的"临溪越地，虚阁堪支；夹巷借天，浮廊可度""全在斯半间中，生出幻境""出幕若分别院，连墙拟越深斋"等，长期来聚讼纷纭，悬而未决，《探析》均联系大量具体实例，解释得合情合理，绝不空泛，令人信服。

### （三）园冶点评详注——十个版本比勘与全书重订

《园冶》由于遭遇特殊，流传域外几成绝版，尔后则版本复杂，残阙讹误，问题极多，要厘清难度极大。金学智先生经多方努力，得以遴选出中、日《园冶》流传史上具有代表性的十个版本，以日本内阁文库所藏珍稀明版孤本作为底本进行比勘会校，订为新本，并以详注确诂为追求的目标。

此编对文本各章节既取古代随文的夹注形式，又取现代页下的脚注形式，力求夹注、脚注双轨并进，从而使第二编经过解析的一个个零散选句再回归到原书的整体语境，而不致流为支离破碎的只言片语，也就是说，让读者能从章节的整体来把握语句的个别。此编除尽可能地详注外，还适当附以段落或层次乃至语句的点评，以助成对整体的把握和意蕴的领悟。这种夹注、脚注各司其职，又互为照应的方法，也体现为一种创新。

再略举被《园冶多维探析》校出的明版原书或以后诸本之误，以见一斑：

一是郑元勋《园冶题词》中的"简文之贵也，则华林"，系引《世说新语·言语》简文帝入华林园的著名典故，这写的分明是东晋的简文帝，却被各家误注为南朝梁的简文帝，其间竟整整相差了100年，此历史性"颠倒"之误，竟延续了三十多年而未能"颠倒"过来。

二是《自序》写计成在常州造园，园主说基地"乃元朝温相故园"，这是当时园主误语或是计成误记。其实"元朝"应为"金朝"，此误延续了300多年，而诸本又将"温相"误注为温国罕达，其实应是温迪罕达。

三是明版《相地·江湖地》："堪谐子晋吹箫。"亦不确，各本承袭此误至今，《园冶多维探析》以大量书例进行丛证，将其订正为"吹笙"。

古训有云："文章切忌随人后。"金先生给人的启示是，治学贵独立思考，切忌人云亦云。以往《园冶》的注译本，对字词的误释颇多，在此不赘。但值得一提的是此编最后还附有"十个版本比勘一览表"，长长的表格凡13页，共校出《园冶》诸版的错简、衍文、夺字、讹字有数百个之多，当然其中也包括原书之误，由此可见，《园冶多维探析》一书作者金学智先生对《园冶》一书所下功夫之深之细之实。

### （四）园冶专用词诠——生僻字多义词专业语汇释

《园冶》素称难读难解，故《园冶多维探析》一书专辟此编作为解读的特殊"工具书"，其所收较多的为多义词，还收了一些罕用字、古今字、正俗字、正误字等，目的是为阅读《园冶》扫除文字障碍。其中正误字，如明版以来《屋宇·楼》中的"慺慺然"，而"慺"就是误字，又被注家们误释作"恭谨"，此欠通。金学智先生通过长篇考证，将其订正为"娄娄然"，恢复了窗牖交通、空明洞达的本意。

此编为体现"专用词诠"的特殊性，收了大量专业术语，如敞卷、馀轩、前悬、后坚、替木、方飞檐砖、棋盘方空等，又给草架、风窗等作了详细的考辨，还其本来面目。又如有一词条，指出《铺地》"杂用钩儿"应勘正为"杂用鉋儿"，其大篇考证也头头是道，令人顿消疑云。还《园冶》原书每章的标题，如相地、立基、装折、墙垣、铺地、借景等也均将其视为关键词而单独列条，以供读者更好地把握全书，或作进一步深入的理论探究。

此编除风景园林学、建筑学外，又大量引进古汉语、文化学等学科，从深度和广度这两个维度实现学术化，以求开阔读者知识领域，明显具有拓展阅读和知识链接的功能。

### （五）园冶品读馀篇——文化文学科学等视角的探究

这是全书的附编，是将《园冶》置于风景园林学、建筑学之外的众多学科的不同领域里来观照，来探析，来品悟，来发微。这些不同领域是：隐逸文化、养生学、文学鉴赏、中国美学范畴、科学史（科技史）、潜科学等。这一系列与《园冶》相交的课题领域，至今似未见有人涉足，金学智先生却甘作弄潮儿。其中有些篇章，或观点可谓闻所未闻，是全新的领域——被刚开垦的处女地；或虽有人约略提及，但《园冶多维探析》却能阐人之所已发，发人之所未发，自成完整的学术体系；或运用发散性思维，洋洋洒洒，洒脱纵横，但又是扎扎实实，实事求是……总之，这一组大多长达一二万字的论文，让人真正体会到《园冶》是一部境界探不尽、意蕴析不完的奇书，值得深入其中赏美探宝。

**结语：**本人作为《园冶多维探析》一书的责任编辑，与作者金学智先生交往长达 30 余年。从最初编辑其《中国园林美学》《风景园林品题美学》学术著作，再到编辑其跨学科的学术巨著《园冶多维探析》，笔者深知金学智先生治学之严谨、做事之认真、工作之忘我。古人云："十年磨一剑。"这部《园冶多维探析》可以说是金学智先生尽一生之积累，用心血和生命"磨"成的辉煌力作，也可说是他学术生涯中的一个重要里程碑。在此，笔者对金学智先生表示由衷的钦佩与敬意！同时，也深信《园冶多维探析》一书必将对中国风景园林学界、建筑学界、城乡规划学界、艺术学界、美学界、文化学界特别是生态学界等会产生有益的深远影响。

"哲匠营造——纪念计成诞辰 440 周年学术研讨会"论文
载《中国园林博物馆学刊》09 辑，
中国建材工业出版社 2022 年版

# 第八辑
## 综合叙评

质潜在地就是量,反之,量潜在地也就是质。

——[德]黑格尔《小逻辑》

马克思主义最本质的东西,马克思主义的活的灵魂:具体地分析具体的情况。

——《列宁选集》

# 姑苏才子

·陈鸣树·

缅怀复旦亡友情谊，必须把这篇不敢承当标题之赞誉的短文收入本书；回望他的学术道路，必须收藏这位鲁迅研究名家、文艺学方法论研究[①]翘楚的执着精神，为了不能忘却的记念。

苏州山明万水秀，园林万方多仪，是以灵气所钟，代有才人。金学智先生虽籍常州，但数十年定居苏州，一开口也是吴侬软语。他早慧，琴棋书画，无所不能，才子也。在原金陵女大（当属南京师大）的校园，唤醒了他美的自觉。后执教于苏州教育学院，并开始有别于哲学式的具象艺术美学研究。百余名篇均数见报刊，其中有的被译成英、法等文。

他侧重于园林、书法、建筑、绘画、塑等美学研究，他的巨著《中国园林美学》（1990）甫一出版，就赢得海内外人士的欢迎。前无古人，后启来者。王朝闻、李泽厚等名家都为他作序。这本书不是描述式的介绍，而是站在哲学美学高度，总结中国园林的人文精神和审美规律。其中有历时性的研究，涵盖面很大，从秦汉以前一直到宋元明清，又有共时性的物质性建构和精神性建构序列。其中第五编《园林审美意境的整体生成》，如"空间分割与奥广交替""主体控制与标胜引景""曲径的导引功能与表现形态""脉连意聚与互妙相生"，真是深入堂奥，匠心独运。最近由他策划、遴选、作序、题图、创意的大型摄影册《留园》，业已成为珍品，同为彼邦人士所激赏，因为留园已属世界文化遗产。如入口处经过夹弄敞厅，又到曲折环廊，他题曰："曲折处还见端方，端方中须寻曲折"，可谓妙语纷呈，才气横溢。

金学智这位才子不仅文采风流，还雄才大略，他的《中国书法美学》（1994）近百万字，其书中的理论框架也表现了高度的哲学睿智，如"中国书法艺术的多质性""书法在艺术群族的关系网络中"，历代对书法的品评特点以及他自拟的《新二十四书品》，无不启人新知。

不幸金先生有一天去上课，他骑的自行车被一位女青年违章横截过来，致使我们这位美学家、人大代表，连人带车摔倒在地，撞断了股骨颈，治愈后又坏死。当时已不能坐。因此这本近百万字的著作是站着在五斗橱面前写的。为此，感动得此书责编写了一篇《金学智先生印象》附在书末。谁说苏州才子温柔软弱，也有他坚忍不拔的铮铮铁骨。可惜的是，他预想中的建筑、绘画、戏曲等美学研究已无力完成。他给笔者信上说："这是一个悲剧。"惜哉！何以天不佑人？

---

① 陈鸣树先生的代表作有《鲁迅论集》《文艺学方法论》等。

目前，金先生等受苏州市委之嘱，作为主编之一，正为撰写历时 2500 年的《插图本苏州文学通史》而努力。祝愿他健康长寿，再有机会了他的夙愿，完成他一本本大著，使祖国文化空间更加充实。

原载［上海］《新民晚报》2000 年 12 月 17 日
第 15 版"夜光杯人物"栏

# 会心不远：寻觅最美桃花源

## ——记当代中国园林美学集大成者金学智

·周苏宁　何大明·

金学智，在当代中国园林文化艺术领域中是一个如雷贯耳的名字。

他，学识广博，学术精深，著作等身，自 20 世纪 50 年代后期开始从事以学科交叉为方法特征的美学研究以来，已有整整 60 年之久。他勇于在美的堂奥中寻觅真谛，在荆棘丛生的探索之路上不断前行，攀上一座座高峰，开掘一个个宝藏，有些创获更如宝石般光辉灿烂，如一部《中国园林美学》，经修改从南京到北京，就再版 2 次、第 3 版竟重印了 13 次，创下同类学术专著之最，被中国建筑工业出版社评为优秀作者；从时间维度上看，该书自 1990 年出版伊始至 2018 年，与时俱进，历时 28 年而不衰，至今仍广受欢迎，可见其学术时效之长；再从拓展的园林专业领域看，《中国园林美学》一马当先，接着是《苏州园林》《苏园品韵录》《风景园林品题美学》《园冶印谱》《园冶多维探析》，还有年底将出的《园冶句意图释》，他总是这样乐此不疲地耕耘、收获、再耕耘、再收获……徜徉在美学天地间。

金学智以一个美学家的视野和胸怀，融通中外古今，美境会心不远，在文学、书法、绘画、园林等艺域中探索人类精神世界最美的桃花源。他成就了自己，也成就了当代园林美学学科。他无愧为中国园林美学的集大成者。

## 美学起步：从文学赢得灵感

金学智，1932 年生于江苏常州。因父母早亡而进入了寄人篱下、形影相吊的人生苦旅，少年时因贫困无依而失学，也因贫困无依而发奋学习，这更成为他终身求艺治学、激励自我的内在动力。正如上海《书法》杂志 1996 年第 3 期一篇报道所概括："他自幼失怙，继而失恃，孤苦伶仃，生活无依，读中学未竟，复遭失学。这连续的'三失'，在其幼小的心灵深处留下了累累创伤，然而又使其更发愤地刻苦自学。"

失学不失志。少年金学智从小就好求上进，也许是由于天赋，他对书法、绘画、音乐、文学等都有着浓厚的兴趣，还是一个小戏迷，常常偷偷钻进戏园看京戏。一个偶然的机会，他有幸认识了一位哑巴画师。为了谋生，他虚心拜于其门下学书画。画师见少年痴迷执着，决定不要任何报酬教他书画，并背诵书论画论。尽管哑巴不会说话只能"手语"，但心有灵犀一点通，金学智很快即心领神会。不久，他就能照着古典绣像小说描摹人物，着了色送给少年朋友。

1948 年初，由于再也交不起学费，还要糊口，金学智不得不离开常州，来到武进县一个偏僻的乡村小学当一名义务小先生。学校借用一座小祠堂，全校只有三个半教员。金学智是非正式的，只算半个，没有薪水只有饭吃。到了星期六晚上，三位老师都回家了，金学智独处阴冷的祠堂，倍感茕茕然形单影只，只能在油灯下临摹《芥子园画传》，以艺术美来慰扰孤寂痛苦的心灵。如豆的青灯时明时暗，但金学智的志趣却始终不渝。他不怕"吃尽苦中苦"，只希望将来当一名画家，能在艺术的天宇中自由翱翔。这种追求和意愿，终于在中华人民共和国成立后有了实现的可能。他成了正式教师，拿到工资，欣喜若何！于是，攒积下来的钱，除了上城买书画用具，还购置了多种乐器，不但练独奏曲，而且为乡人伴奏京剧、锡剧和民间小曲……

20 世纪 50 年代中期，金学智凭借自己的对艺术美的感悟，联系工作中所见所闻，在《江苏教育》《辅导员》等杂志上，发表了一些教育漫画。这也许就是在他在心田里所撒下的美学种子。

1956 年，金学智通过自学，考入南京师范学院中文系。不久，全国的美学大讨论拉开序幕，朱光潜、李泽厚这些名家都参与其中，但金学智对纯理论性的美学讨论有自己的见解。他认为：从哲学角度单一地研究美的问题固然必要，但对广大人群来说，未免太深奥太抽象太枯燥，似乎离开了文艺创作和鉴赏的实践。于是，决定另辟蹊径，尝试着把美学和具体的文艺品类嫁接起来，他的灵感首先让其首选足以代表华夏文化的唐诗。

1958 年"大跃进"，金学智时读"大三"。他带着《李太白全集》和同学们至野外筑铁路。由于劳动奋力，后来南师筑路大队还给他以"保尔工作者"的荣誉称号。这使金学智得以夜晚在大帐篷中的汽油灯下读完李诗全集，而免遭"走白专道路"的批判。回到学校，他就将李诗和美学挂上钩。当时的美学，只有俄国车尔尼雪夫斯基一家。金学智借以阐发李诗的"光明洞彻"之美，写成处女作《在李白笔下的自然美》交给老师，结果挨了批评。老师说："中国唐代的李白，怎么和 19 世纪俄罗斯美学联系起来？非驴非马，不能胡乱凑合！"年轻气盛的金学智很不服气，将论文寄给了《光明日报》"文学遗产"专栏，后来接得中华书局录用通知，论文刊于《文学遗产增刊》第 13 辑（1963 年），均用繁体字排版。这篇处女论文新意迭出，一炮打响，令研究界对这个"初生之犊"刮目相看。

金学智也从中悟出治学之道，确定自己今后的美学研究方向是博综众艺，"非驴非马"地移花接木，而不搞纯理论的美学研究。后来，又陆续写了《杜甫悲歌的美学特征》《王维诗中的绘画美》《白居易〈琵琶行〉中的音乐美》……发表在国内一流的《文学遗产》《学术月刊》上，影响所及，引起了法国学界的兴趣，巴黎的 Comp'Act 拟为其出法译专著……

2004 年，应邀去沈阳鲁迅美术学院作为期一周的讲学，该院学报采访时，金学智概括了他的治学方法，这就是艺术亲缘论、艺术比较论特别是交叉嫁接论。他就如此这般地将文学、书法、绘画、音乐、园林、建筑、雕塑等艺术门类综合起来。如在上、下两卷本的《中国书法美学》里，特设艺术交叉专编，在广度和深度上将书法和文学、绘画、音乐、舞蹈相比较、相沟通；在和范培松教授联合主编的四卷本《苏州文学通史》中，很多朝代都辟有园林文学、绘画文学乃至戏曲、评弹文学等专章……这些无疑在众多领域里开辟了艺术比较、学科交叉的研究新天地。他谈自己的体会说：读唐诗而不读李白杜甫，就不可能真正参透唐诗；学园林而不懂其他艺术，就不可能真正参透园林。这可说是至理名言。

# 美学入门：从书法辟出蹊径

1960 年，青年金学智从南京师范学院毕业，分配到苏州中医专科学校工作。当时作为教师的老中医还都用毛笔开处方，书法功底都不错，金学智灵机一动，自告奋勇自编教材开设书法课。他希望青年学生同时能继承中国医药和中国书法这两个优秀传统。那时，全国还没有哪所高校开设书法课。苏州中医专科学校这一"开先河"之举，被《解放日报》所报道，于是有些高校纷然来信索取教学大纲。这份以辩证观、历史观编写的《书法教学大纲》，可说是他书法美学观的一个雏形。1963 年底，金学智再接再厉，搜集整理卡片，写成《书画论》《诗画论》两本小书稿，探讨这三门艺术的亲缘关系。书稿寄给人民美术出版社，可惜机不逢时，不久，"文化革命"的火药味开始浓起来，书稿最终石沉大海。

改革开放后，金学智遇上了学术研究的黄金时期。他认为，美学联系艺术实践并实现中国化，首先应从中国特有而西方没有的两门艺术切入，这两门艺术就是中国书法和中国园林。

他认为，中国书法源远流长，它以毛笔为工具、以线条美为特征，这不但是中国独一无二的"土特产"，而且中国的各门艺术几乎都不同程度地具有线条性的特点，所以书法是最典型的线条艺术，足以代表中国艺术的性格。

1980 年前后，他在《书法教学大纲》的基础上写成探讨书艺辩证范畴的系列论文，发表在《书法研究》上，进而又将其扩展、整合为处女著作《书法美学谈》。该书虽不无瑕疵，也脱不了幼稚的痕迹，但却是国内首部书法美学著作，对广大书法爱好者颇有启蒙意义，故 1984 年在上海书画出版社出版后，印了四次计三万余册。1988 年还获江苏省社科优秀成果三等奖。令作者哭笑不得的是：台湾华正书局未经作者授权，私下出版了繁体竖排本，1989、1990 年印了两次，2008 年又印了一次，这在客观上见证了此书启蒙时效达 24 年之久。

他另一本《书概评注》，注释和评价了清代刘熙载《艺概》中最难读的《书概》。该书 1990 年在上海书画出版社出版，影响及于东瀛。1993 年，日本相川政行教授通过国家教委亚非处来苏州作交流访问。再补叙一句，该书问世 17 年后，出版社主动将其再版为《插图本书概评注》，还获中国书法兰亭奖理论奖三等奖，相川教授由于看到书中有刘熙载书迹，再度来苏州晤言。

1989 年初，风云不测，祸从天降。金学智因骑自行车被撞，跌断了股骨。术后不到两年，医生检查确诊坏死，说以后只能躺在床上，绝对不能久坐，更不能走动。这使他顿时惊呆，一连几天躺在床上心潮澎湃，思绪激荡。实在耐不住寂寞，他决定对抗医嘱，尝试挂着拐杖挪动脚步，若干天后就开始到校上课，回家再写签约了的《中国书法美学》。于是，其教学工作、科研生涯均有幸断而复续，他凭着拐杖坚持了 17 年之久，有人称他为蹒跚于探索之路的"拐杖学者"。有人还幽默地说："八仙中有铁拐李，金先生则是铁心研究美学的铁拐金。"

正是这种"铁心"精神，使其克服重重困难向高峰攀登。他凭着以往深厚的哲学基础和长期的书学积累，铸就了集大成的、与《中国园林美学》并列为姐妹著作的《中国书法美学》，这首先是金学智挑战生命、挑战极限的胜利，奏响了意志和毅力的凯歌。该书洋洋 92 万字，上、下两卷。1994 年由江苏文艺出版社出版，学界赞这部学术专著为"多视角、多学科、多层面地揭示了中国书法的多质系统（'多质性'观点的提出，是哲学史上的新突破），"对中国书法提出了多判断、多向度的立体交叉的全新定义"。1997年，该书荣获江苏省第五次哲学社会科学优秀成果一等奖；2002年，又荣获首届中国书法兰亭奖理论奖。这两度蟾宫折桂，可看作是对金学智艰辛付出的慰藉和回报。

# 美学探究：从园林发现富矿

历史悠久、博大精深、美轮美奂的中国园林，是金学智教授中老年阶段学术研究的主攻方向。他认为：中国具有自己鲜明民族特色的艺术，除书法外，与之并驾齐驱、交相辉映的就是园林。西方虽也有园林，但与中国园林截然不同。哲学观不同，所以艺术观也迥异。西方园林，本质上是规整划一的"面"，而中国园林则不然，主要是曲径通幽的"线"。他又以园林与绘画艺术相比较（董其昌强调画和禅一样，应分南北宗），北方皇家园林，就像李思训父子的青绿山水，金碧辉煌，璀璨夺目。江南私家园林特别是苏州园林，则像南宗王维的水墨画，清淡自然，风格雅致。在园林美学领域，金先生早在20世纪80年代末就率先提出"文人山水写意园"的概念，广为学界所接受。

金学智认为：园林是绘画的重要题材，绘画是园林的极佳范本，园与画，特别是园论与画论之间的互动关系，是很有价值的美学研究课题。现在有些人，搞古典园林设计而不懂文学和绘画，不懂园林美学，这样设计出来的园林景观，必然是空而无文、淡而无味，只有物质的躯壳。中国园林应该是美学的载体，是物质的诗、立体的画、凝固的音乐……园林设计者、鉴赏家不但宜有"诗心"和"画眼"，而且宜有"乐感""书情"和"盆意"，金先生在其广域视野中，认为中国园林和中国戏曲一样，是门类相互融通，众美繁富交响的大型综合艺术，他以上这些崭新的美学观点，开启了园林综艺研究的学术新天地。

金学智的园林美学思想，体现在其一系列的专著中，有必要对其作逐一的简介：

《苏州园林》，1999年由苏州大学出版社出版，其中艺术构成篇分建筑、山水、花木构成等章；意境风格篇分清静素朴、曲径通幽、透漏空灵、秀婉轻柔、综艺大观等章，写得条分缕析，生动具体，是在普及层面上对苏州园林要而不烦的总括，故而先后印了五次，计24000册。

《中国园林美学》，1990年由江苏文艺出版社出版（获江苏省社科二等奖），修订后中国建筑工业出版社2000年、2005年再版。该书是我国第一部对中国园林美学进行系统化研究的专著，《人民日报》曾发书评：《民族的精神，民族的艺术》。此外，《文艺研究》《江海学刊》《中国图书评论》《文艺报》《文汇报》等多家报刊都载有评价文章。后来该书又被列入《二十世纪中外文史哲名著精义》。著作被置于"文史哲名著"之列，无疑是很高的荣誉，但金先生却同时陷入沉思：自己的著作缘何不被编入该书的"审美的奥秘"篇，而编入"文化的反省"编？他通过反思，悟出了一个道理：即将来临的21世纪，生态文明更是时代主题，应吸取西方传统工业文明负面影响的教训，面向环境危机的世界，面向生态觉醒的现实，面向人类可持续发展的未来，应注意从中国园林里吸取"东方生存智慧"，而栖居绿色大地才是园林美学的终极愿景。于是，2005年再版书稿中增加了一编："中国古典园林的当代价值与未来价值"，他还把中国古典园林定义为"最能充分体现天人合一精神和东方生存智慧的生态艺术"。

《苏园品韵录》，2010 年由上海三联书店出版，是金学智的随笔小品和论文的结集，分"园蹊屐痕""园缘散叶""园论馀沈""园史文薮"四个部分，仅从第一部分的文题看，《入口的空间艺术》《审美之窗》《古建的美饰》《在起伏上思考》《品读冠云峰》《彩霞池赞》《艺镜缘》《兰亭行》《斟酌色调，捕捉光影》《写影》《"读画"与"听香"》《开放耳管，深情谛听》……令人如行山阴道上，移步换景，目不暇接。

《风景园林品题美学》，1911 年由中国建筑工业出版社出版，是风景园林研究理论联系实际的专著。全书将风景园林品题系列分为理论、鉴赏、设计实践三块，强调理论层面和实践层面的整合，并以鉴赏层面作为过渡和中介。其"鉴赏编"中，更多地鉴赏了苏州的品题系列，如吴江八景、狮子林十二景、苏台十二景、虎丘十景、惠荫园八景等，并高度评价了苏州园林之美以及遗产保护、废园修复等。"设计编"则成功地运用品题系列理论于当代居住环境的开发实践。如对苏州"江枫园"楼盘的开发，他提出了"回归自然，天人合一；回归文化，人文合一"的理念，得到了开发商和公众的赞许，于是楼盘声名鹊起。广东佛山南海颐景园住宅项目，也慕名请其参与景观设计，他根据历史地理人文，提炼出"水天绿净"等系列品题，广受消费者好评。这种园林美学，走出了书斋，突破了园墙，扩大了视野，拓展到了"大地景观"的建设，实现了园林美学的生活化。

金先生就是这样孜孜不倦，一本又一本，一个十年又一个十年，把传统园林的艺术成果，从理论到实践提到哲学、美学的高度来研究，并融入到现代化、生活化中去。《现代苏州》杂志有一篇《是他们使苏州园林成为永远的网红》的文章，提出了九个闪光的名字：计成、文震亨、姚承祖、叶圣陶、刘敦桢、谢孝思、陈从周、金学智、詹永伟，金学智列于其中，不是没有道理的。

## 全粹之美：园冶研究的重大成果

2017 年 9 月，96 万字上、下两卷本的《园冶多维探析》（以下简称《探析》）问世。金学智教授这部园林美学的扛鼎之作，在《园冶》解读史上具有里程碑意义。这是他花了将近十年时间，七校其稿，殚精竭虑而写成的。撰稿期间，金先生曾多次带着书稿住进医院，但他痛苦并快乐着，还说"衣带渐宽终不悔"，这让家人心疼不已，却又因理解他而积极支持他。金学智认为：《园冶》是一部探究不尽、品赏不完的经典奇书。为此，他曾在不少场合呼吁建立"园冶学"及相应组织，并一再与苏州园林档案馆协作，并与苏州园林档案馆协作，尝试探索"园冶学"各种形式的建档方式，取得了可观的成效。

明代末年，计成通过总结历史文化和实践两方面经验而精心撰写的经典《园冶》，结果却难以付梓，竟搁置了三年。1634 年臭名昭著的阮大铖为其刻板印行并写了《冶叙》，于是在清代被列为禁书，幸运的是在日本《园冶》有多种版本被保存下来，其中明版内阁文库本还成为日本的"国宝"。《园冶》在中国沉寂近 300 年后，直至 20 世纪二三十年代，中国学者才惊喜地在日本发现此书，历尽曲折艰辛让其从日本返回中国本土。

1981 年，陈植先生的《园冶注释》问世。从此，金先生开始关注《园冶》，引用《园冶》，他还密切注视着当时国内对《园冶注释》的研究和争鸣，并初步酝酿成了自己的一些观点，拟从更广更深的视角来进行研究，这正是他一贯的治学风格。

2011年，适逢《园冶》诞生380周年，金学智的《风景园林品题美学》首发式学术座谈会在北京召开。会后有些专家向他建议："《园冶》的研究在中国已届'而立'之年，虽然成绩斐然，但仍然问题成堆，争论不断。这由于《园冶》的注释研究者是林学、建筑学方面的知名专家，他们有种种优势，但也有所不足。您出过几本园林美学著作，又是搞文科的，能不能从大文科角度注释或研究《园冶》，说不定有大的突破。"一番话让金学智怦然心动，但又因困难重重而犹豫不定，特别是《园冶》唯一的稀世明版全本——内阁文库本在日本被珍藏着，无法看到……2012年，两件意想不到的事促使金学智坚定了研究信念。一是素昧平生的日本园林文化研究家田中昭三先生来访，得知他想研究《园冶》，表示愿意助力，不久即寄来了日本所藏明版珍本《园冶》的光盘；二是2012年11月参加在武汉召开的纪念计成诞辰430周年国际学术研讨会。外国专家们获悉金先生意欲撰写《园冶》研究专著，也极力支持。会后不久，英国夏丽森女士即将其英译本《园冶》书影发来，接着又寄来了珍贵的签名本。法国邱治平先生则让其女儿不远万里从巴黎来到苏州，将法译本《园冶》亲手交到他手里。澳大利亚的冯仕达先生，也发来《园冶》研究系列论文。此外，金学智的女儿又在日本陆续觅得《园冶》的隆盛本、华钞本、上原本、佐藤本等。至于国内《园冶》各种版本和论著的收集，也得到很多人的助力，特别是苏州园林档案馆（需要插述，金先生又从版本学的视角撰成《园冶版本知见录》，评述了古今中外《园冶》的四十余种版本，发表于《人文园林》2017年12月刊，是"园冶学"研究的重要文献）。于是，他充分掌握了国内外的《园冶》研究动态，助成了这部巨著的撰写。

《探析》具有"全粹之美"，是经典《园冶》研究的重大成果。与一般著作截然不同，它力求将书中几种不同体例、不同性质的研究著作有机地整合为一，贯而通之，这被他自己称为"四合一工程"，并以"读通经典、品味经典、致用经典"为旨归。这种创造性的逻辑结构颇为复杂，不妨逐编欣赏一番：

第一编：园冶研究综论——古今中外的纵横研究。此编按计成其人其书展开，进行纵横交织、点面互补的综合性论述。由于《园冶》一书独特、曲折的历程，而其基本精神又符合于当今时代社会的需要，因此《探析》的论述不但由古及今，衔接时代，而且跨越国界，放眼未来，目的是让人们对《园冶》及其研究有一个较为全面深入的把握。

第二编：园冶选句解析——本位之思与出位之思兼融。《园冶》以行文饶有累累如贯珠的名言警句为重要特色，故《探析》首先以"选句解析"作为探究的重中之重，既对其进行诠释、发微，又尽可能对其作引申、发挥，又根据其内蕴精义，将其分门别类，归纳为广域理念、建筑文化、山水景观、花木生态、因借体宜几个大单元，从而让人们系统了解《园冶》各方面的理论建树和多方面的价值意义。

第三编：园冶点评详注——十个版本比勘与全书重订。此编由大量句、句群的解析仍回归到《园冶》原书章节序列的整体。由于《园冶》遭遇特殊，流传域外几成绝版，尔后则版本复杂，残阙讹误，问题极多。金先生经多方努力，遴选出中、日《园冶》流传史上具有代表性的十个版本，以日本内阁本作为底本进行比勘会校，厘为新本，并以详注确诂为追求目标。为此，对《园冶》各章节既取古代随文的夹注形式，又取现代页下的脚注形式，力求双轨并进，还适当插以对段落层次乃至语句的点评，这在中国古籍校注史上具有首创意义。

第四编：园冶专用词诠——生僻字多义词专业语汇释。《园冶》素称难读，故《探析》专辟此编作为解读的特殊"工具书"，对一些字、词、术语、短语进行了汇释、考辨，甚至必要的详论，主要供解读第三编时查检，以便扫除障碍，为进一步深研《园冶》创造条件，同时在一定程度上又能起到拓展阅读、知识链接、普及古汉语等作用。

第五编：园冶品读馀篇——文化文学科学等视角的探究。这是全书的附编，是从文化学、文学、科技史等众多视角所作的发散性思维的补充，可引起读者举一反三的多维思考。

《探析》还突出地体现着金教授一贯的学科交叉方法论，书中多学科的参与，如哲学、美学、文学、画论、生态学、文化学、历史学、社会学、心理学、民俗学、养生学、未来学、人居环境理论以及阐释学等，特别是引用了古典文本解读所必需的校勘学、文字学、训诂学、音韵学、词汇学、修辞学、文章学等，让其交互渗透，协作攻关，这也反映了当今学科交融的时代潮流。完全可以相信，《探析》多方面的重大突破，对"园冶学"研究的当下拓展和未来发展有着重大意义和积极作用。

金学智自 20 世纪 50 年代开始研究美学，至今已有学术专著十余部，曾多次获中国书法兰亭奖理论奖，江苏省社科优秀成果一、二、三等奖，江苏省"五个一工程"奖等，另有唐诗美学、艺术亲缘论、艺术养生论以及绘画、雕塑、篆刻、建筑、音乐、戏曲等美学论文三百余篇。有的被译成英、法等国文字。

原载《苏州园林》2018 年第 2 期；
又载［上海］《园林》2018 年第 10 期；
复被收入周苏宁主编的《名师大匠与苏州园林》，
中国建材工业出版社 2020 年版

# 迈步建构中国特色艺术美学之路

## ——金学智先生六十年学术人生小记

·时 新·

在金学智先生六十年的学术人生中，"美学"是一个贯穿其间的具有特别分量的关键词。从 20 世纪 50 年代末下笔初试，用车尔尼雪夫斯基的美学理论阐发李白诗歌"光明洞彻"之美的《在李白笔下的自然美》，到 20 世纪 90 年代将西方创作美学、接受美学、形式美学、符号论美学等引入，与中国《周易》等传统方法论并举撰著而成的《中国书法美学》，直到今天以多学科视角交叉、中西古今多种方法论交融而拓展出美学新境界的《园冶多维探析》，金学智先生的著述丰赡，却都始终围绕着建构中国特色艺术美学的理论体系而展开。

## 人生苦旅中闪烁的希望之光

金学智先生的学术生涯始于 1958 年至 1959 年，但远在他苦难的少年时代，就开始了"无心插柳"的起步，这也是其集腋成裘、聚沙成塔的美学起步。

上海《书法》1996 年第 3 期《雄视古今，求索上下——记书法美学家金学智先生》一文曾记："先生自幼失怙，继而失恃，孤苦伶仃，生活无依，读中学未竟，复遭失学。这连续的'三失'，在他心灵深处留下了累累创伤，然而又使他更发愤地刻苦自学。他钟情于书画、音乐、戏曲、诗文等传统艺术，藉以寄托自己苦寂的心灵。"事实正是如此。

1948 年，寄人篱下、饱受凌辱的金学智由于交不起学费，只能到武进县一个偏僻乡村小学当没有薪水、只有饭吃的义务教员，他积攒了仅有的零用钱去买乐器和书画用具，一头钻进了艺术的迷宫，在二胡、琵琶、京胡、箫笛的咿呀呜咽中，排解了无依的孤苦；在《芥子园画传》的临摹中，也描进了对未来的憧憬。在早期的人生苦旅中，是艺术为他阴暗的青少年时代涂上了一抹亮色；对艺术的热爱与实践，为开启他今后人生中的新天地奠定了基础。

1956 年，金先生通过自学考入南京师范学院中文系，开始了他对美学的热切向往。他决定以过去的艺术爱好为起点，探索走一条美学联系艺术实际之路。决心虽下，但因社会形势的变化，在发表处女作及数篇文章之后，金先生被迫暂停了美学探索之路。但这一愿望一直盘桓在他心底，片刻未消。直到改革开放，春风送暖，金先生终于开始了至今四十年的不倦创作期！

# 中国书法美学研究的三阶段

1960 年南师毕业后，金学智先生被分配至苏州中医专科学校工作。为了让学生继承中医用毛笔开处方的传统，他自编教学大纲，开设书法理论与实践课——这在全国高校中是首创，《解放日报》等曾有报道。

20 世纪 70 年代末开始，金先生终于可以放开手脚进行美学研究了！他决定从中国特有而西方没有的门类艺术切入，正如《苏州日报》2009 年 12 月 25 日《金学智：研究中国美学从书法起步》所记："这第一门就是书法，它是中国的'土特产'。中国的各门艺术，不同程度上都具有线条性的特点，而中国书法是最典型的线条艺术，它足以代表中国艺术的性格。"

之后，便有了 1984 年至 1994 年这 11 年间出版的《书法美学谈》《书概评注》《中国书法美学》三部专著，这与其大体上同时发表的一系列有关论文，清晰地标示出了金先生书法美学研究的进路大致可分为三个阶段：

第一阶段，以《书法美学谈》（上海书画出版社 1984 年版，后 1988 年获江苏省第二届哲学社会科学优秀成果三等奖）为代表，是为起始期。虽然金先生日后自评此著"还脱不了处女著作幼稚机械的印痕"，其中有的观点还引起了学界的争鸣，但确是我国最早的书法美学著作之一。书中将辩证法与书法美学理论结合，论述了形式美是书法美学研究的重点等问题，图文并茂，具有明显的普及、应用价值，受到了广泛关注，多次重印达七万余册。甚至在 2008 年，台湾华正书局未经授权仍在继续盗印！可见其普及应用的广泛程度。

第二阶段，以《书概评注》（上海书画出版社 1990 年版，后 2007 年又出插图本，2009 年获中国书法兰亭奖理论奖三等奖）为代表，是为沉潜期。金先生沉入古籍深处，探讨了被誉为"中国黑格尔"的刘熙载《艺概》中最难读的《书概》，在切实回归中国传统的考据校注基础上，再以辩证、逻辑的方法阐释、评述刘熙载的书法美学思想。此著是打通理论与考据校注隔阂的实践之作，这在金先生的美学研究中具有"强基"的意义。

第三阶段，以《中国书法美学》（江苏文艺出版社 1994 年版，1997 年第 2 次印刷，后 1997 年获江苏省第五届哲学社会科学优秀成果一等奖，2002 年获首届中国书法兰亭奖理论奖）为代表，是为集成期。《中国书法美学》全书 92 万字，上、下两卷，分为四大部分，融会中西哲学与中国传统书论，站在哲学的高度，多视角、多学科、多层面地揭示了中国书法的多质系统，对中国书法提出了多判断、多向度立体交叉的全新定义。此著得到了学界的充分肯定，但回看其写作的过程，却因金先生罹患股骨头坏死而倍加艰难，金先生甚至不得不藉杖以挪动脚步，然而，他凭着惊人的毅力竟坚持了下来。金先生曾说，此书是"生命和意志的收获"！

此后，又撰有《书法美学引论——新二十四书品探析》（湖南美术出版社 2009 年版）、《园冶印谱》（古吴轩出版社 2013 年版）等著作。中国书法美学的研究实践，是金先生实现构建中国门类艺术美学理想最具有实质意义的一步。金学智先生储备了丰厚的知识和理论、积累了丰富的治学经验，为后续研究打下了扎实的基础。

# 开掘中国园林美学的富矿

金先生选择的第二门具有鲜明中华民族特色的门类艺术就是园林,"西方虽也有园林,但和中国园林截然不同。西方园林本质上是……坦荡得一览无余的'面',而中国园林则是遮遮掩掩、曲径通幽的'线'"。

中国园林美学也成了金先生的主攻方向,其代表作为《中国园林美学》,江苏文艺出版社 1990 年版,1991 年获江苏省第三届哲学社会科学优秀成果二等奖、华东地区优秀文艺图书一等奖。其后,中国建筑工业出版社 2000 年出了第 2 版,2005 年再出第 3 版。每版改写,金先生既对己严苛,又与时俱进,如以生态美学作为主线进行更新、充实,达到了几乎"伤筋动骨"的地步,故而此版印刷了十余次,几乎每年一次,在国外也颇有影响。

此外,还有《苏州园林》,苏州大学出版社 1999 年版,五次印了 2 万余册,2001 年获江苏省第八届优秀图书一等奖,2006 年获苏州市优秀地方文化读物奖,可见其普及层面上的影响;《苏园品韵录》,是金先生有关文章的结集,上海三联书店 2010 年版;《风景园林品题美学》,中国建筑工业出版社 2011 年版,出版社在北京举办了首发式学术座谈会,2011 年第 10 期《中国园林》特辟专栏,刊发了以前王朝闻先生发在《红旗》杂志上的《中国园林美学》序,以及座谈会专家们的座谈纪要,与会专家均予以高度的评价。

在国内、国际的《园冶》研究热中,金学智先生的《园冶多维探析》于 2017 年由中国建筑工业出版社出版。此著可谓金学智先生的巅峰之作,它历时七年、七校其稿才完成,又是 96 万字,上、下两卷,共五编。全书以造园学、建筑学为主,论述时引进了哲学、美学、文学、艺术学、生态学、文化学、历史学、社会学、心理学、未来学等,极大地开拓了研究的理性深度和文化广度;评注时则采用了传统的校勘学、考证学、文字学、训诂学、音韵学、词汇学、修辞学、文章学等,使著作扎根于国学传统的土壤;同时,还借鉴西方接受美学、阐述学循环理论等,以求贯通全书,使学术研究联系于当今时代,服务于社会实践;在成书过程中,又与日、英、美、澳等国专家互动,产生了良好的双赢效果,体现了国际间的文化交流。这一集大成之作,对"园冶学"研究的当下拓展和未来发展会产生积极意义和作用。2018 年,《园冶多维探析》荣获江苏省第十五届哲学社会科学优秀成果二等奖,可谓实至名归!

# 文学研究·小品随笔·方法论

金学智先生的学术研究,始于 20 世纪 50 年代末的唐诗美学,此后断断续续持续至八九十年代,先后以中西美学理论对李白、杜甫、王维、白居易、李贺诗作进行了美学探寻,发表于《文学遗产》《文学遗产增刊》《学术月刊》等,其中《王维诗中的绘画美》被译为英文、法文,在法国产生了反响。

在 20 世纪末至 21 世纪初,金学智先生投入了五年时间,与苏州大学范培松教授联手主编主撰了上自先秦下至当代的四卷本《苏州文学通史》(江苏教育出版社 2004 年版),这是苏州市委宣传部的重点项目,也是全国唯一的市级文学史专著。书中有很多首创,如将绘画、书法、园林、评弹等艺术引进文学史进行交叉。金先生虽主要承包明代卷,但整个框架和其他各卷都是他花费很多精力进行审改甚至补阙撰文的，凝聚了他的诸多心血，故而他对此著甚为看重。此著亦不负金先生的厚望，2005年获江苏省第九届哲学社会科学优秀成果二等奖，又获江苏省及苏州市"五个一工程"奖。

金先生除一系列各类学术论文外，还以艺术随笔、美学小品等散文形式广泛品鉴文学以及绘画、雕塑、建筑、音乐、舞蹈、戏曲等艺术，发表于《文艺研究》《文艺理论研究》《文汇报》《艺术世界》《美的研究与欣赏》《雨花》《江苏画刊》《江苏戏剧》《艺谭》《语文教学通讯》《美育》《东方艺术市场》等各级各类报刊，从而既实现了艺术美学的大众化普及，又充实了自身丰富多彩的美学世界。

综观金学智先生迄今60年的学术生涯，"交叉嫁接论"是其不二法门，让人充分体悟到了学科交叉所具有的创新性、跨越性、开拓性优势。此外，金先生还喜欢读哲学，不只因为美学原本属于哲学，还由于它是方法论、智慧学，能够给写作提供一个掌控全局的制高点。

对于金学智先生的治学，《中国书法美学》的责编朱建华先生曾概括道："在地道的传统基础上，也还不短少对西学的吸纳，大胆的'拿来'，表现出古今中外交糅、文学艺术融通、思辨鉴赏结合，'由下而上、由上而下'往复的学术风格。"此语切中肯綮！

60年的深耕细作，学术研究已然成为金学智先生生命的一部分。金先生对著述质量的坚持近乎苛求，才使他赢得了如今的学术声誉和学术地位。金先生不倦写作、不倦学习，在不断接受新思想、新观点、新方法的同时，始终扎根于中华文化、吴地文化异常丰赡的土壤，建基于"踬步"的积累，最终蔚成立足于本土现场的中国艺术美学开放而多面向的大观。金先生对学术理想、学术品格和学术品质的坚守，体现了一种"求道"者的境界，对当下学术生态的重建具有启示意义。

原载［南京］《新华日报》2019年2月15日；
后收入金学智《书学众艺融通论》下卷，
苏州大学出版社2022年版

# 试论金学智中国特色艺术美学体系的建构

## ——以《园冶多维探析》为中心

·时　新·

金学智先生是国内研究中国门类艺术美学的知名学者，其持续六十年的学术研究涉及文学、书法、园林、绘画、音乐、建筑、雕塑等多种艺术类型，始终立足中国传统文化艺术语境，以西方相关理论为镜鉴，力主多质观哲学思想，坚持艺术亲缘论、艺术比较论、交叉嫁接论，博综众艺，将各艺术门类进行有机贯通与融会，以宏阔的视野，着力构建中国特色艺术美学理论体系，其中国园林美学、中国书法美学、风景园林品题美学、《园冶》等研究均取得了令人瞩目的成果。

《园冶多维探析》于 2017 年由中国建筑工业出版社出版，全书 96 万字，分上、下两卷，共五编，金学智先生费时七年七校其稿才得以完成。这既是一部《园冶》研究的集大成之作，更是金学智近六十年学术生涯中的又一高峰之作。这一高峰的出现，在金学智的学术生涯中并不突兀，此前，他在《中国园林美学》《中国书法美学》《苏州文学通史》《风景园林品题美学——品题系列的研究、鉴赏与设计》等著作中就多有突破之处。本文对金学智在构建中国特色艺术美学体系过程中的实践及价值作一探论。

### 一、中国特色美学体系建构：基于民族门类艺术的探索

金学智的学术起步年代，正是 20 世纪五六十年代中国学术界因受西方古典美学、苏联美学思想影响而展开"美学大讨论"的时期，他用车尔尼雪夫斯基美学理论阐发李白诗歌"光明洞彻"之美的《在李白笔下的自然美》[①] 一文，是其探索美学与艺术实践的结合研究之肇始。此后六十年的研究中，他以中西美学相融的理论对中国书法、园林、文学、绘画、建筑、雕塑、篆刻、音乐等进行了研究，虽然所涉门类众多，著述数量丰硕，但因无一不立足于中国语境展开论述，故而蔚成中国艺术美学开放而多面相的大观。

金学智基于民族门类艺术构建的中国特色美学体系，大致可分为三个层面：一是始于 20 世纪 50 年代持续到 21 世纪初的文学美学研究，以唐诗美学研究、鲁迅美学研究及苏州文学通史研究为代表，注重中学为体、西学为用和多学科交叉、融通，其结果则是超越了时代的局限。二是 20 世纪 80 年代开始的门类艺术美学研究，以《书法美学谈》、《书概评注》、《中国园林美学》（江苏文艺出版社 1990 年初版）、《中国书法美学》等著述为代表，从事于以中国书法、园林为重要支柱的中国艺术美学体系的构建。三是进入 21 世纪后的生态

---

① 金学智：《在李白笔下的自然美》，《文学遗产增刊》第 13 辑，［北京］中华书局 1963 年版，第 105~114 页。

艺术美研究，以 2005 年第二版《中国园林美学》（中国建筑工业出版社 2000 第一版）、2017 年《园冶多维探析》为代表，从生态文明的视角对中国文化多面向艺术类型的集合体——园林——进行深入研究，从而使其中国艺术美学体系向纵深发展。

综观金学智的艺术美学研究进路，一方面利用西方文论深化对中国文学艺术的理解与阐释，另一方面则由其个人经历中的文学艺术体验与实践出发，致力于西方文艺美学理论在中国的落地，其间多有创见。

《中国园林美学》是第一部在美学范畴内对中国园林建筑艺术进行系统性美学研究的著述，首次赋予"中国园林美学"以独立的研究地位[①]。2005 年的"第二版"更是首创以"生态艺术"的视角观照中国古典园林，这种对时代的及时回应显示了研究者高度的理论自觉及理论研究紧密关联实践的意识，对此，金学智曾自述其写作目标："在各个不同的门类艺术的研究中，我想找到一个中国与西方完全不同的切入点，我的重点有两个，一个是中国书法，一个就是中国的古典园林。这两项艺术都是西方所没有的。……中国古典园林是最具典范性的生态艺术，是最能充分体现天人合一精神和东方生存智慧的生态艺术。"[②]学界及社会注意到了此著显现的"中国特色"："（该书）弘扬优秀的民族文化传统，反对民族虚无主义"[③]；"让人们从中国古典园林的妙处中，见出区别于西方文化的中国艺术精神和美学精神"[④]；"藉园林艺术道出了真正属于中国的文艺的美学精神"[⑤]；"中国园林美学应该是中国美学的一个重要方面，因为它涵盖中国的文化意识、哲学意识和审美意识……金学智教授的新著《中国园林美学》填补了这样的空白，因而具有开拓性的意义。"[⑥]；等等，充分肯定了金学智的探索方向。

《中国书法美学》（江苏文艺出版社 1994 年版），是在《书法美学谈》（上海书画出版社 1984 版）、《书概评注》（上海书画出版社 1990 年版）基础上的集大成之作，是首部"融会中西哲学与中国传统书论，站在哲学高度多视角、多学科、多层面地揭示中国书法的多质性，对中国书法提出多判断、多向度立体交叉的全新定义的书法美学论著"[⑦]。有学者评价此著是"当前书法美学乃至艺术美学别开生面的新建树新贡献"[⑧]，"其一，是建构了比较艺术论的书法美学……其二，是建构了多风格系统的书法美学……它被有些评论称为'书法美学的当代文献''书法美学的宏伟建筑群'……"[⑨]。"作为艺术美学专著，还有其超越性的学术

① 龚天雁：《中国园林美学三种视野之对比分析》，山东大学，2015 年，第 63 页。
② 郭建华：《金学智：栖居绿色大地——一次对金学智先生的采访》，见苏州大学文学院生态文艺学研究室主办：《精神生态通讯》，2005 年 4 月第 2 期。
③ 利贞：《一部具有开创性的理论专著〈中国园林美学〉出版》，［南京］《扬子晚报》，1990 年 11 月 18 日。
④ 简桦：《民族的精神，民族的艺术》，［北京］《人民日报》1990 年 11 月 9 日。
⑤ 朱砂：《读〈中国园林美学〉》，［北京］《文艺报》1990 年 12 月 8 日。
⑥ 陈鸣树：《综合艺术王国的巡礼——读金学智的〈中国园林美学〉》，［上海］《文汇报》1990 年 11 月 28 日。
⑦ 时新：《迈步建构中国特色艺术美学之路——金学智先生六十年学术人生小记》，［南京］《新华日报》2019 年 2 月 15 日。
⑧ 鲁愚：《氤然卓荦，一何壮观——略评金学智〈中国书法美学〉及其书艺风格论》，［南京］《艺术百家》1995 年第 4 期。
⑨ 林一鹤、王志仁：《雄视古今，求索上下——记书法美学家金学智先生》，［上海］《书法》杂志 1996 年第 3 期。

价值"①。这超越性价值，就是超越书法美学本学科，拓展为中国艺术美学乃至中国美学方面的价值。

同年，金学智还主编了《美学基础》（苏州大学出版社 1994 年版），特设专章讨论"中国美学范畴"："中国的美学范畴，不但构成系列，而且富有深刻的意蕴，它以其强烈的民族特色，丰富、充实了世界美学宝库。鉴于长期以来中国美学范畴常为美学界低估甚至忽略的明显缺陷，本书在介绍西方主要美学范畴的同时，也介绍中国美学的主要范畴，以冀使读者对中国美学范畴的特色有所了解，从而推动我国美学理论的建设和普及。"② 这在同类学术论著中是一个创举，"改变中国美学界低估甚至忽视中国美学范畴的明显缺陷"③。

2004 年金学智与苏州大学范培松教授联手主编主撰的四卷本《苏州文学通史》（江苏教育出版社）出版，这是全国唯一的市级文学史专著。书中有很多首创，如将绘画、书法、园林、评弹等艺术引入文学史进行交叉，因为"凡是文学渗透于其他姐妹艺术，就能极大地提高其美学品位，升华其精神境界，深化其文化内涵，并促使种种边缘文学、交叉文学新品种的诞生"④。正因为发挥了"文学研究与艺术研究之汇通"⑤ 的优势，此著才得以"别开生面地成为跨门类乃至跨文化的文学史著作"⑥。

2011 年出版的《风景园林品题美学——品题系列的研究、鉴赏与设计》（中国建筑工业出版社）中，金学智先生又提出了"风景园林品题美学"这一核心概念："此书第一编'理论编'的标题定为'中国特色，重"品"尚"味"'……品、品味、品题这类概念……有着丰饶的民族文化内涵，"⑦ 揭示了与西方美学不同的、重体验、重审美感受的中国美学的特点，构成了"拥有传统话语形式、与风景园林相关的'品–品题–品题系列'的美学理论体系"⑧，是又一填补空白之作。

综上，在撰著《园冶多维探析》之前，金学智已在书法、园林、文学等的美学研究实践过程中，逐步确立了民族艺术美学研究中"多质观"的哲学思想，出色地运用了系统论的方法体系和生态艺术的崭新视角，对应于研究对象的多样性、历时性与共时性，他在多学科、多角度、多方法的聚焦中，始终立足于艺术实践，牢牢把握着研究目标："促进门类艺术的发展，建设具有中国特色的艺术美学。"⑨

① 启明：《弃蔽阃一隅，得全象之实——读〈中国书法美学〉的方法论启示》，《北京大学学报（哲学社会科学版）》，1997 年第 3 期。
② 金学智主编：《美学基础》，苏州大学出版社 1994 年版，第 110~111 页。
③ 王长俊：《深入浅出，自成体系——读金学智主编的〈美学基础〉》，[南京]《江苏教育报》1995 年 7 月 26 日第 4 版。
④ 金学智：《苏州文学通史·前言》，范培松、金学智主编主撰《苏州文学通史》第 1 册，江苏教育出版社 2004 年版，第 19 页。
⑤ 王锺陵：《评金学智〈中国书法美学〉》，[南京]《江海学刊》1996 年第 5 期第 190 页。
⑥ 金学智：《苏州文学通史·前言》，范培松、金学智主编主撰《苏州文学通史》第 1 册，江苏教育出版社 2004 年版，第 19 页。
⑦ 吴宇江、焦扬：《学术聚谈，情切意浓——记〈风景园林品题美学〉首发式学术座谈会》，[北京]《中国园林》2011 年第 10 期，第 43 页。
⑧ 沈海牧：《美学的中国特色何处寻——读金学智先生〈风景园林品题美学〉》[北京]《光明日报》2012 年 9 月 23 日第 10 版。
⑨ 金学智：《"虚"与"实"——中国书法印章的结构布白艺术》，载邓福星主编《1979—1989 艺术美学文选》，重庆出版社 1996 年版，第 136 页。

## 二、《园冶多维探析》中国特色艺术美学研究的集大成之作

计成，明末人，字无否，号否道人。他所撰写的《园冶》是中国园林史上最早出现的、具有完整造园学理论体系的经典之作，内涵丰赡、意蕴深永，极富中国传统民族文化特色，对世界影响深远。《园冶》不单具有造园学方面的价值，因其主要以骈体文写成，故还具有文学价值；从艺术美学角度观之，更是一部艺术美学理论杰构，其重要性不言而喻。

受所处时代人事的影响，成稿于明崇祯四年（1631）、刊行于崇祯七年（1634）的《园冶》，其价值不仅未能在当时得到普遍承认，反而被湮没沉寂了近三百年，直至 20 世纪 20 年代初才被中国学者重新发现。《园冶》重见天日后，受版本、文句古奥难懂等因素的制约，对它的读解歧见迭出。金学智在得到存世最早、最全的日本内阁文库珍藏明版《园冶》后，即在多年关注《园冶》研究成果的基础上，开始了《园冶多维探析》的撰写工作。他给自己定下的研究目标是：析出《园冶》的"全粹之美"（见该书前言）。为达成"全""粹""美"的目标，金学智在《园冶多维探析》中，集中呈现了其多年艺术美学研究中形成的思想论和方法论，不仅使《园冶》研究达到了新的广度和高度，更使其艺术美学研究进一步深化和细化。

### （一）《园冶多维探析》中的思想论

金学智注意到了《园冶》中反映出的社会时代的观念秩序、精神追求与审美风范，注意到了其中体现出的人的生存方式与价值取向，并对此进行了深入的考察，揭示了《园冶》的园林人文美学价值。

1. 立足传统文化，探究《园冶》的哲学本源，揭示"大冶"理想，阐明《园冶》超越时空的当代艺术美学意义

《园冶多维探析》从作者计成、《园冶》书名的深入探究入手，明确《园冶》的哲学思想高度，使全书具有深厚的理论研究基础。第一编第一章第一、二节通过探析计成籍贯、行状及"名、字、号"，根据《周易》的辩证逻辑，推演出"无否＋否＝成"这个公式，辨析计成其人的学养，明确指出其易学修为[1]，为下文分析计成造园艺术的方法论给出了合理的逻辑基础。第三节对《园冶》题名，特别是"冶"义的分析，演绎归纳出了"铸""美""道"三个义项[2]，揭示了计成"使大地焕然改观"的"大冶"理想——这一"融和着实践理性的美学憧憬"，"在一定程度上是通向美丽中国梦"的"崇高美学理想"，这是金学智的灼见！[3]他还结合现代人类居住环境理论的视角深入论析："计成的'大冶'理想，应该说它是《园冶》宜居环境理论向更高境层的升华，是计成思想体系最后的光辉顶点。"[4]金学智对计成造园学哲学思想基础的辨析、造园理想的彰显，一是对《园冶》的思想进行了哲学定位，即从哲学、艺术美学视角来进行审视、观照和归纳；二是对《园冶》的探析，充分关注其民族文化艺术特色，并指出其对构建现代生态文明社会，特别是建设现代人类居住环境等均具有重大的现实意义。

---

[1]　金学智：《园冶多维探析》上卷，中国建筑工业出版社 2007 年版，第 3~15 页。
[2]　金学智：《园冶多维探析》上卷，中国建筑工业出版社 2007 年版，第 16~30 页。
[3]　金学智：《园冶多维探析》上卷，中国建筑工业出版社 2007 年版，第 104 页。
[4]　金学智：《园冶多维探析》上卷，中国建筑工业出版社 2007 年版，第 105 页。

再说"目寄心期，意在笔先""景到随机，意随人活""稍动天机，全叨人力""略成小筑，足征大观"……均为从《园冶》一书中梳理出来的具有民族特色的艺术创造论，它们"出色地表现了计成的美学大智慧"①。在具体阐发时，金学智不但多方联系各类艺术创作，而且进一步追本穷源，找出其理论源头，如计成的"天机"论，在中国形象思维理论发展史上，指出陆机《文赋》"从艺术美学意义上最早提出了'天机'的概念"，《园冶》的"天机"论由此而来；又如"略成小筑，足征大观"，在举出《周易》"其称名也小，其取类也大……"后指出："这一哲理，对尔后'小中见大'的艺术美学影响至为深远。"所有这些，也都是《园冶多维探析》给中国艺术美学增添的一砖一瓦。在论述《园冶·园说》中的"制式新番，裁除旧套"，金学智也接续民族传统，结合着内容来谈形式，指出："再联系艺术美学来看，纵观中国美学史，也不乏美随着时代的变化而变化的精辟言论……不论从何种艺术门类出发，它们有一个共同点，就是不墨守成规，而是遵随时代，注意鼎新、创造。明代的计成同样如此，他不但注重园林建筑'构合时宜''与世推移'的理论建树，而且对此作了大量有力的论证和细致的例说……"② 反复论说，为的是强调求变，倡导创新，并将其提到《周易》"变而行之谓之通"的哲学高度来体悟。

2. 以开放意识架构全书，在"本位之思"与"出位之思"结合中，阐释《园冶》的生态美学价值

借用金学智评价《园冶》"是一部奇书"之语，可以说《园冶多维探析》也是一部"奇著"。一是不拘于成说，大胆质疑，仔细考证，"十个版本比勘与全书重订"即为典型；二是不受限于单一之法，多学科渗透，多形式并举，自创融通综合论，析读、校注、专业工具书为一体的"四合一工程"③，在尽可能穷尽古今中外相关资料的基础上，力求读通、读透经典，品味经典，致用经典④；三是不固执一端，既对传统技艺、文化哲学大加显扬而作"本位之思"，又在现代语境里阐释其生态学、未来学意义，更引入西方接受美学、阐释学理论而作"出位之思"，传统与现代、东方与西方，融会贯通，互补互鉴，共铸"大冶"理想，显现了金学智的开放意识——立足传统、兼容并蓄、与时俱进、视野开阔、立意高远，因之而有《园冶多维探析》之"四合一工程"再加"馀篇"的奇特架构。

金学智对《园冶》生态学意义的体认，体现于对计成"'爱怜芳草－结缘花木－休犯山林罪过'这样明确而坚定的理性原则"的认可，更集中体现于对"白蘋红蓼，鸥盟同结矶边"的解析中。金学智以未来学的眼光由计成的隽语进一步引申发挥，这样写道："计成举出鹤和鸥作为鸟类的代表，表达了人类和鸟类应该和谐相处，共生共存，建立亲和的生态关系的美好理想……中国本土早已存在着种种生态伦理了……求和谐，反欺诈，去机心，这正是今天社会精神文明建设最需要的……中国不但有接受西方生态伦理学的语言环境，而且还有足够的条件和绝对的优势以建立具有民族特色的生态伦理学和生态哲学……因为中国天人合一的传统哲学谋求人和自然的和谐统一……在广泛深入爬罗剔抉传统文献资料的基

---

① 金学智：《园冶多维探析》上卷，中国建筑工业出版社2017年版，第127页。
② 金学智：《园冶多维探析》上卷，中国建筑工业出版社2017年版，第140~141页。
③ 金学智：《园冶多维探析》下卷，中国建筑工业出版社2017年版，第760页。
④ 金学智、时新：《〈园冶多维探析〉：读通经典，品味经典，致用经典》，《苏州教育学院学报》2018年第2期，第2~5页。

础上，逐步建构具有中国特色的生态哲学、生态伦理学的理论体系。"①金学智这种对古籍的爬罗剔抉，对理论建设倡议和主张，是符合时代趋向和社会需要的。

3. 对艺术与现实的美学关系进行充分的观照

金学智对《园冶》艺术与现实的美学关系的分析，主要见于"虽由人作，宛自天开"以及"有真为假，做假成真"两个专节。

金学智认为，"虽由人作，宛自天开"八字两句，是《园冶》全书的美学纲领。他将"宛自天开"联系于《老子》的"道法自然"；将"虽由人作"联系于《淮南子》的"事""功"论、"有为"论，从而指出："计成在新的历史条件下，把'无为'和'无不为'有机地统一起来了，或者说，在新的理论层面上将其综合、贯通、冶铸为一个石破天惊的警句。此句虽仅八个字，却深永厚重，是中国艺术美学的一个丰硕成果。"②从而既予以大段论证，又提纲挈领、深刻概括，阐发了计成对于"天""人"这一根本关系的艺术美学至理名言。

在《园冶·掇山》中，计成提出了"有真为假，做假成真"的原则。对此，金学智早在1994年出版的《美学基础》中就列了"真"与"假"、"形"与"神"、"情"与"景"、"虚"与"实"四对辩证的美学范畴。在《园冶多维探析》中，就"真"与"假"及其相反相成这一命题，金学智进行了详细的论述："真与假，是体现艺术与现实之美学关系的一对重要范畴。……相比而言，明末计成的园林美学专著《园冶》这方面的论述却要早得多。其《自序》开门见山就……亮出了'真''假'这对美学范畴。""'真'与'假'的相生相形，体现了《老子》'反者道之动'的规律。对于'做假成真'，《园冶》中还有其他相类似的表述，如：'掇石莫知山假，到桥若谓津通。'（《相地·村庄地》）'岩、峦、洞、穴之莫穷，涧、壑、坡、矶之俨是。'（《掇山》）'片山块石，似有野致。'（《掇山·结语》）这都是对"'做假成真'的不同阐释，而这种'真'，是返回自身的'真'，是经过'真→假→真'循环往复后的'真'，这还应看作是对《园冶·园说》中'虽由人作，宛自天开'这一总纲具体的延伸、精彩的演绎。《园冶》中这两则名言，既有机相融，又互为区别，集中体现了计成的'真假'观和'天人'观，对此，应从'吾以观复'其'真'的视角来深入观照、体悟。"③

金学智对计成体现了艺术对现实美学关系的"天人"观、"真假"观的详细阐述，不但指明其在中国美学史历程中的重要的地位，而且在今天仍有着多方面的现实意义。

## （二）《园冶多维探析》中的方法论

由于《园冶》作者起点的高水平、高理论，金学智在研究中，也非常注重从方法论上与之对应。

首先，在《园冶多维探析》中将造园学、建筑学研究与哲学、美学、文学、艺术学、生态学、历史学、心理学、未来学等研究交叉、融会，极大地拓展了艺术美学研究的理性深度和文化广度。

---

① 金学智：《园冶多维探析》上卷，中国建筑工业出版社2017年版，第380~381页。
② 金学智：《园冶多维探析》上卷，中国建筑工业出版社2017年版，第86页。
③ 金学智：《园冶多维探析》上卷，中国建筑工业出版社2017年版，第95~96页。

其次，对《园冶》所作的评注，凭借其扎实的文字学、音韵学、训诂学功底，运用传统的校勘、考证等方法，对文本内容作了周详细致的研读。就注释形式而言，在第三编点评详注中就并用了夹注与脚注。还大胆创新了研究方法，比如为避免与前后文重复，点评详注中以"详见""参见"指明参阅路径，是金学智为此著以"循环阅读法"所建的"互见网络机制"的体现①。

再次，《园冶多维探析》开篇即引进西方接受美学、阐释学，与传统的《易》学对接，将其深深移植于中国的土壤，这种水乳交融的中国化的努力，是金学智美学研究中对西方文论在本土落地的一贯的自觉追求，以期揭示《园冶》在现代社会发展中的价值与启示，使园林艺术美学研究适应时代现实发展的需要，服务于文化发展的需要。

最后，撰著过程中与日、英、法、美、澳等国专家的积极互动，体现了中西文化交流，共同探寻应对后现代社会面临危机的解决之道。

《园冶多维探析》这一集大成之作，对"园冶学"以及中国特色艺术美学研究的当下拓展和未来发展必将产生积极意义和作用。

## 三、结语

对于美学体系的建设，金学智认为："中国现代美学基本上是从西方引进和发展起来的，其体系、骨架总令人感到缺少中国的民族气派和民族特色。因此，我们更应该侧重构建具有中国特色的美学体系。"②

在研究中，金学智始终紧密结合中国经验与具体的艺术实践，从文学美学研究到门类艺术美学研究，再到以《园冶多维探析》为重点的生态艺术美学研究，逐步构建起了具有中华民族特色的艺术美学体系。

在《园冶多维探析》中，集中呈现了金学智艺术美学研究的思想、方法和目标，对《园冶》的多重阐释，解析了计成"使大地焕然一新"的"大冶"理想，这又何尝不是金学智在阐述自己的艺术美学理想呢？诗意地栖居于大地园林，这是金学智艺术美学研究的终极命题与目标。

原载《苏州教育学院学报》2019 年第 3 期

---

① 金学智：《园冶多维探析》上卷，中国建筑工业出版社 2017 年版，第 86 页。
② 吴宇江、焦扬：《学术聚谈，情切意浓——记〈风景园林品题美学〉首发式学术座谈会》，［北京］《中国园林》2011 年第 10 期，第 43 页。

# 中国园林美学第一家

·李嘉球·

19世纪初，常州叠山名家戈裕良应邀来到苏州，以其独特的匠心、高超的技艺，为家住苏州景德路的孙古云叠造了一座酷似真山的假山，给苏州、给中国乃至世界文化宝库留下了一件精美绝伦的艺术珍品，这座假山被称为"中国园林现存假山第一佳构"。

不知是不是上苍的有意安排，还是历史的巧合，一个半世纪后又有一位常州人来到苏州，他以一双睿智的眼睛，发现了苏州古典园林中蕴藏的无限的美，并由此延伸至全国。经过多少年多少回的品赏、挖掘、总结、梳理，终于撰成了洋洋数十万言的《中国园林美学》，为中国园林走向世界献上了一份精美的礼品，同时也成为一份世界级的珍贵文化学术精品。

1999年冬的一天，笔者叩开了这位"园林美学第一人"——金学智先生的家门。

不知从什么时候起，我的脑海中留下这么个印象：搞美学的专家学者，一定是脾气性格清高、孤僻、古怪的人。因为只有这样与众不同的人，才会用与众不同的眼睛去发现在平常人视而不见的美。然而，见到金学智先生之后，彻底打消了这个印象。金学智先生是著作等身的全国美学界的知名人士，没想到他是那样的朴实、随和、谦逊、热情。

金学智先生出生于常州一户文化人家庭。父亲是个数学家，曾编著过《地积计算表》等书，著名教育家蔡元培先生欣然亲笔为之题签；还当过镇江地质测量局局长。然而，金学智先生没有得到父亲的教育熏陶，1942年，日本侵略者的炸弹将他父亲炸死在重庆一处地下室。当时，金学智先生才九虚岁。不久，母亲也恋恋不舍地离开了他。家中的房子亦被人占去。从此，金学智成了一名无家可归的孤儿，只得去过寄人篱下的生活。

孤儿能上学读书已是件不容易的事，然而聪明好动的金学智恰恰又不安分守己，常常逃学，偷偷钻进戏园看戏，或着魔似的照着绣像小说描摹人物，或向人学琴、棋、书、画，像饥饿的婴儿拼命地吮吸着艺术母亲的乳汁。

对金学智先生一生产生深刻影响，令他至今难以忘怀的是家乡一位知姓不知名的哑巴画师。哑师以绘制连环画和扇面为生，写得一手好字，许多人都向他买书画。一心想学本领的金学智十分仰慕，于是来到他案前看哑师绘画作书，常常一站就是半天。善良的哑师见少年如此痴迷，便不收分文地教他绘画书法，并将自己珍藏的《芥子园画传》《八法生化之图》《钟鼎字源》《草字汇》等书籍借给他。灵性的少年极讨哑师的喜欢，于是毫无保留地教他执笔、运笔，画人物，画山水……然而好景不长，金学智先生十五岁那年，那位心地善良的恩师也离他而去，他为失去了这样一位亦师亦友的哑师而大声恸哭。性格坚毅刚强的金学智知道只有眼泪是没有用的，他为了将来能好好生活下去增添了学艺的动力和决心。

翌年，金学智先生被迫离开了学校，孑然一身，去一所乡村小学当先生，开始了以教书谋生的生涯。由于生活困顿，营养不良，小先生身材还不如高小学生高呢。穷苦的孩子早懂事。金学智先生并没有因饭碗有着落而满足、松弛，他在繁重的教学之余，仍拼命地钻研着琴棋书画，吟唱着艺术。

1949 年后，金学智先生依然当他的小学教师。但毕竟时代不同了，他感到天上的空气清新了，自己的心情轻松、舒畅多了，于是人们常常能看到他"与民同乐"的场景，吹拉弹唱、绘画作书，献演给关心、照顾他的村民。年龄在不断地长大，新中国正在发生日新月异的变化。忽然有一天，金学智先生产生了再去读书的念头。凭着他聪明的脑袋和夜以继日的刻苦自学精神，终于如愿以偿地跨进了高等学府的大门，成了南京师范学院中文系的一名学生。

对失而复得的读书机会，金学智先生自然是格外珍惜。他是班上的积极分子，曾获得过"保尔荣誉证"，白天去炼钢铁、筑铁路，晚上则如饥似渴地读书。他是学校的文艺骨干，还是南京市大学艺术团成员，曾与世界一流的德累斯顿交响乐团联欢。一曲琵琶独奏《春江花月夜》，赢得了人们的热烈掌声。他没有像其他同学一样沉迷于长篇小说中，而是像蜜蜂一样广泛采集，博采众长，逐渐对唐诗和西方现代美学产生了浓厚兴趣，他的《李白笔下的自然美》等美学论文就是在学校里写成的。

真的也许是老天安排的一种缘分，大学毕业分配原本有希望到南京艺术学院的金学智先生，阴错阳差地分配到了苏州中医专科学校。1960 年 9 月开学后，他才接到分配通知匆匆报到。从此，园林之城的苏州成了他的第二故乡。

那时，金学智单身一人，闲着无事，苏州古典园林便成了他星期天寻"芳"的好去处。一份大饼油条，一本书，五分钱一张的门票，早上进了园直到关门才出来，他渐渐地迷恋上了苏州园林这位"美人"。然而，1962 年，正当他与"美人"密切往来时，他所在的学校停办了，他被下放到沙洲梁丰中学（今属张家港市），当一名语文教师。

金学智先生是因 20 世纪 60 年代初发表过几篇美学论文，"文化大革命"中被视为"反动学术权威"挨批斗，关入"牛棚"，随即因"革命需要"而"解放"。十年间，他曾绘画过多幅巨幅毛泽东标准像和《毛主席去安源》，春节时为农民书写过大量春联；手执一把京胡，什么"西皮""二黄"都能自拉自唱，李玉和、杨子荣、郭建光、李勇奇、李铁梅……全演唱过。而最让人叫绝的是他在《沙家浜·智斗》一场中，演唱阿庆嫂、刁德一、胡传魁三个角色，惟妙惟肖；还能犹抱琵琶半遮面，嗲声细气、阴柔无比地弹唱弹词《蝶恋花》——如此这般，他依然没有放下心里的苏州古典园林。

春风终于吹散了乌云。1978 年，金学智先生又重新回到了古城苏州，回到了"美人"身边，真有点"前度刘郎今又回"的感觉。他喜欢用散步的方式与"美人"交往，独自漫步于假山下、长廊里、水池边、曲桥上……用金先生自己的话来说："散步出智慧，散步出美学。"经过多少回的观赏、品味，金学智先生发现：苏州的古典园林的主题是典型的文人写意画，"它是以建筑和山石花木的组合为主旋律，以文学、书法、绘画、雕刻、工艺美术、盆景以及音乐、戏曲等门类艺术作为和声协奏的，既宏伟繁富而又精丽典雅的交响乐。它是把各种不同门类的作品有机地荟萃在一起，从而给人以丰富多样的审美感受的综合艺术博物馆。"基于这样的发现，身为苏州教育学院教授的他，更加觉得苏州古典园林文化价值的重大，他要为苏州古典园林高歌，于是又经过了多少个不眠之夜，终于写成了园林史上第一部美学专著《中国园林美学》。著名美学家王朝闻、李泽厚先生欣然为之作序，予以充分肯定和高度赞扬。出版问世后，《人民日报》《文艺报》《文汇报》《文艺研究》《中国图书评论》《江海学刊》等十多家报刊先后发表评论,认为弘扬了民族优秀文化传统,填补了门类艺术美学研究的空白;曾荣获江苏省哲学社会科学优秀成果二等奖,华东地区优秀文艺图书一等奖。

苏州古典园林是金学智先生永远的"恋人"。"衣带渐宽终不悔,为伊消得人憔悴。"1989 年 1 月,他骑车去苏州教育学院上班,在胥门桥下交叉路口被违章横穿马路的骑车者撞倒,左腿股骨折断。按照医生当时的治疗方案要截肢。搞园林的宁可没有手不能没有腿,在多方设法之下,总算保住了腿,但至今骨头里仍留着两只二三寸长的钢钉。

为了向世人宣传介绍苏州古典园林,弘扬民族优秀文化,张扬民族艺术精神,金学智先生拄着拐杖,行走于园林之间。去年,为撰写"苏州文化丛书"中的《苏州园林》,金学智先生还特意赶到吴县东山等地实地考察,拄杖数登骆驼山。为参加《苏州园林品赏录》的编撰,他曾断然拒绝其他出版社的约稿。由于学术研究成就显著,1992 年他开始享受国务院政府特殊津贴,1994 年获曾宪梓教育基金奖。

1999 年,他被邀请担任《留园》画册的顾问。顾问是个虚衔,而他则一本正经,不但为画册作序,还对画册每一帧照片的选景、立意、构图等都提出了严格的要求,还亲自从古典诗词文章中挑选出契合于照片的文字作标题,并于"题图说明"中一一注明出处,甚至连书中文字、标题都逐一把关。这样的顾问,眼下恐怕打着灯笼也难找出第二个了。从中也足以看出他严谨的治学态度和对苏州古典园林的呵护。

美学是讨论真、善、美的学问,而基础核心是真。金学智先生作为美学家对苏州古典园林的很多史料都花工夫考证过,以求"真谛"。他对沧浪亭取名出处的考证便是一例。沧浪亭是苏州园林中最古老的名园,以前许多人都认为"沧浪"一词取意于《孟子》中的《孺子之歌》,其实不然,而应是《楚辞·渔父》中的《沧浪之歌》。苏舜钦官场失意,自然想起三闾大夫,需要找一处安宁的环境以求解脱。而沧浪亭当时"崇阜广水,荒湾野水"的自然环境与《渔父》中的意境正好一致,苏舜钦自然爱而徘徊不愿离去,于是按《渔父》的意境来构筑自己理想的栖身之地。而前者的意境是不同的,为此他最近特地写了《诗人苏舜钦与沧浪亭》。

金学智先生为自己有幸生活在苏州这个园林城市而感到骄傲。苏州园林也为有金先生这样的学者而感到欣慰,因为"人生难得一知己"!金先生思考着 21 世纪园林的定位,他在《苏州园林》杂志举办的"苏州古典园林世界文化遗产·申报专栏"中曾这样写道:"人与自然的谐和关系是世界性的重要课题,也是 21 世纪的重要课题,作为文化遗产的苏州古典园林,对研究和解决这一重要课题是会有深远的启发意义的。"经过十多年之后,金先生对自己的《中国园林美学》作了较大的修改、更新、增补,最近已以增订本形式由中国建筑工业出版社出版,这是金先生献给新世纪的一份厚礼。

原载《苏州园林》2000 年第 1 期;
又被收入周苏宁主编的《名师大匠与苏州园林》,
中国建材工业出版社 2020 年版

# 众艺融通　美美与共

## ——初识金学智新著《书学众艺融通论》

·周苏宁·

一见这书名就觉得挺有意思。这个"书学"，绝对不是单纯关于"书"的学问。就我所认识和熟悉的金学智先生而言，他的"书学"一定是"书法"与其他艺术门类联系在一起的。

长期以往，我因为在园林部门工作，很早就接触书法，大家都知道，书法与园林有着非常密切的渊源关系（例如园林里的匾额、楹联、碑刻、书条石等），因此，要理解园林，不能不懂书法，而要懂书法，就不能不作一些"研究"。然而，古今之书法辉煌灿烂，蔚为大观，真能读懂书法已属不易，何况"书法研究"，更不是一件轻松简单的事。纵观当今社会，用毛笔写字、而且写得不错的大有人在，而真正既有书写功底、又有理论水平的人却不多，而把书法当作一门"学问"来研究的，且颇有成果的，就更几乎是凤毛麟角，特别是 20 世纪八九十年代，研究出成果的更是少而又少。就从那时开始，我在关注"书法艺术"并想作一些"研究"时，接触到一个陌生的名字"金学智"以及他的《中国书法美学》（上、下卷 1994 年版），从此，在他的学术熏陶下，渐入门道，我已成为他"美学"的忠实学生，并与他结下忘年之交，特别是在他另一部重要著作《中国园林美学》（2000 年中国建筑工业出版社第一版）问世后，有了更多的共同话语和学术交流，也顺理成章参与进入金先生的许多学术活动中。比如 2009 年，我与金先生一起策划出版了他的园林美学小品文集《苏园品韵录》；2011 年金先生《风景园林品题美学》著作出版，我作为特邀嘉宾出席了在北京举办的这本大部头著作的首发式，并作主题发言；2020 年我们园林学会同仁又与金先生共同策划出版了他的《诗心画眼：苏州园林美学漫步》；多年来我还一直关注或参与他的"《园冶》研究"课题——金先生曾在十年前决定"搁笔"，但因他的"美学情缘未了"吧，在他八十岁高龄时又提笔撰文，著书立说，先后完成了他的"园冶研究三部曲"（《园冶印谱》《园冶句意图释》《园冶多维探析》），我作为长期跟随金先生治学的园林人，义不容辞对此作了述评，认为这是"园冶研究的新突破"，在《苏州园林》期刊上连续刊发了他的学术论文；之后又撰写了他的人物专访，为他的"苏州风景园林终身成就奖"整理材料……二三十年光阴，点点滴滴汇集起来，竟成涓涓溪流。我深感，金先生的美学思想不仅极大地推动了中国园林美学发展，滋润着当代园林文化的思想园地，并扩展到其他艺术领域；也让我在美的陶冶中逐渐读懂了金先生的"艺术亲缘论"，受益多多。

再回头说他的"书学"和"众艺融通"。从金先生几十年的学术生涯看，书法美学虽然是他早年成名之作，但闻名海内外的却是"中国园林美学第一家"，而他在书法美学上的造诣和成就渐渐淡出人们的视野。实不其然，只要认真读过金先生若干著作或仅读过《中国园林美学》的人就不难发现，金先生做学问有一个特点，就是"1+1 > 2"。从整体性学术结构上讲，他总是把一个专门学问放在一个宏观视域中进行综合研究、交叉互证，而得出"美美与共"的美学结论，从而不断突破前人，创新当代美学思想。从具体研究对象上讲，他不论是研究书法，还是研究园林，或者研究城市、研究生态，都极为重视与古今中外众多学科交叉融合进行综合系统研究，追求理性思辨深度，也就是他所创新的治学方法，即他强调的"艺术亲缘论"以及"艺术比较论""交叉嫁接论""中外交糅论"。所以，在他的众多著作中都能看到如此这般地将文学、诗词、书法、绘画、音乐、舞蹈、园林、建筑、雕塑、摄影等艺术门类以及人与自然和谐共生的生态等综合起来，交叉、互补、沟通、融合，亲缘为一个整体，在广度和深度上开辟了美学研究的新天地。

　　作为一个先读为快者，我从金先生耄耋之年出版的这本《书学众艺融通论》中，不仅能深深感佩到了他一生严谨的治学精神，还能心领神会把握他的学术思想精华——"艺术亲缘论"这把钥匙，去解读"书学"与众艺融通之间的关系。一如近代著名学者王国维创造性地在其《人间词话》中的精辟之论："古今之成大事业、大学问者，必经过三种之境界……"，即"艺术创造三境界"。"艺术融通论"何尝不是如此！如果你仅仅把王国维的"境界论"读成有关"诗词"的"三境界"，那就失之浅陋了！反之，用"融通"之思，从"治学""为人""处事"的视角，用金学智先生的"艺术亲缘论"来统领，去理解王国维的"艺术创造三境界"，你就能发现其意义和价值涉及一切艺术门类，甚至我们日常的"生活美学""学习美学""工作美学"，一切的一切，都有一个境界问题，故而就能领悟到，在中国传统文化中"境界"命题始终一脉相承——早在先秦时代，孔子就说过"求知三境界"——既是讲学习，也是讲人生，是一个密切联系的整体。

　　这样理解这本书，我们就能发现，《书法众艺融通论》之书名虽然有点"生疏"，不够"时尚"，但却是货真价实，特别是在当今高度融合、高质量发展的今天，单向思维早已走进"死胡同"，多元融合已具有新时代的多重意义和价值。就人的素质而言，高质量发展时代，首先应是人的高质量，而人的高质量要义之一应是美的素质不断提升，各美其美，博采众美，尔后美美与共，美学早已从学术殿堂走进平常人间。金先生这部《书学众艺融通论》可以说既是一部美学文集，也是美学通俗科普读物，可谓适逢其时。文集不仅是这位美学大师多年来为我们酿造的甘醇美酒，浅斟低吟有余香；更可以让常人在悠闲的阅读中，散发思维，触类旁通，举一反三，互鉴互补，或在学习研究中，或在工作生活中，或在拼搏创造中，获得新的灵感和启发，提高美的综合素质。正如金学智先生在本书前言中所言："艺术融通，这是地道的中国美学特色、中国艺术风采、中国传统文化精神"，古今中外彼此打通，"那么这一加一就有可能大于二了"。

　　值得一提的是，这本专著中有一篇《"杂"而有感——〈苏州杂志〉百期赞》，正巧，收到金学智先生这本专著并初读时，同时也收到金先生发给《苏州园林》编辑部的《苏州园林百期赞》（2022 年第 4 期总 100 期）。这使我想起陆文夫先生曾说过：《苏州杂志》与《苏州园林》是苏州文化的"姐妹花"——从美学的"艺术亲缘论"角度看，这多么形象而生动啊！谁能否认这值得研究的苏州"美美与共"的文化现象，正暗合了金学智先生的"艺术亲缘论"呢？

原载《苏州园林》2022 年第 4 期

# 金学智：江南是美学的高地

## （文化访谈）

·苏州日报记者 张 丫·

近日，年届耄耋的美学家金学智老师，出版了一套新书《书学众艺融通论》，可谓真正笔耕不辍。二十世纪五六十年代，他走上美学研究之路，半个多世纪过去了，他持之以恒，在美学的道路上越走越远、越挖越深。他曾多次写到"费新我左笔书艺"的故事，赞叹大师精诚奋惕、顽强进取的意志。而他自己也是如此，在书写美、研究美、推广美的征程上从未停歇。

## 审美或美学、美育和人们生活是密切相关的，
## 我认为人终身离不开美

**苏州日报：**金老师，您一生关于美学的著作颇多，书法方面的、园林方面的，为什么会想到再出版这套新书《书学众艺融通论》？

**金学智：**我自小就喜爱各门传统艺术，如书法、中国画、民族器乐、戏曲、唐诗等。1956 年，我作为一个乡村小学教师考入了南京师范学院中文系读书，就决定把艺术美学作为自己研究的方向。当时美学界正在开展大讨论，一些名家都参加了，但讨论的内容大多是哲学层面上的，所以影响较小，而广大文艺、知识界都没有参与。当时，我感到美学理论应该联系艺术创作和鉴赏的实际，才能深入下去，扩展开来。于是，我就联系到唐代诗人李白笔下的自然美来写，后来居然发表了。从 50 年代末到 60 年代初，是我走上美学道路的起点，屈指算来，至今已有 60 年了，应该回头收集和总结一下这些年来基本上马不停蹄所写的长长短短的文章，于是，向苏州市文联申报"晚霞工程"，终于出版了作为"六十年学术生涯文集"的上、下两卷本《书学众艺融通论》。

**苏州日报：**我看这套《书学众艺融通论》中涉及艺术随笔、书画印章，以及中国特色艺术美学的研寻。您觉得中国特色艺术美学的核心是什么？应该有哪些标签或者显著的特征？

**金学智：**艺术随笔是文体的形式，书画印章是鉴赏的内容，对于中国特色艺术美学，我在这部新书的"代前言"里将其概括为四点：第一是"中"字当头，我 1990 年出版了《中国园林美学》，1994 年出版了《中国书法美学》，都出得比较早，我将其看作是芹献给中国特色艺术美学大厦的一砖一瓦。第二是艺术融通，这是区别于西方的地道的中国美学特色，是中国艺术风采、中国传统文化精神。1961 年，我在《文汇报》发表的艺术随笔处女

作，就是《中国画的题跋及其他》，也在全国率先从理论上结合例证初步论述了诗、书、画、印四者的艺术融通。其三是线条艺术，指中国书法，它在我这部书里占了很大篇幅，"代前言"还写道："旨在弘扬书法这门最具中国特色而西方所没有的艺术，而弘扬中国书法，适足以坚定民族自信，文化自信。"我将"线条艺术"和"艺术融通"在深度上结合起来，就构成了我的书名《书学众艺融通论》。至于第四点，是中体西用，这次就不谈了。

**苏州日报：**我们常常说"审美"，那么审美或美学对人们生活都有哪些现实意义？

**金学智：**审美或美学、美育和人们生活是密切相关的。先说"衣"，人们的穿着注意美观，时装讲究流行色。我曾在20世纪80年代写过一篇美学小品《从"古典美"到"现代美"——谈时装的变异》，被收在一本《实用美学》的书里，文中讲到宽幅式上衣、喇叭裤等，这些如一阵风一样地过去了，而过了若干年后，又可能轮回一次，甚至连18世纪末至19世纪初的德国古典主义哲学家黑格尔，在《美学》里竟也写到近代时装的不断革旧翻新，可见美学不能完全置人们的穿着打扮于不顾，19世纪俄国的车尔尼雪夫斯基说"美是生活"，也可涵盖衣食住行的问题。再说"食"，中国有独特的"菜品"，就是清代著名诗人袁枚的《随园食单》，随园今已不存，我求学的南京师范学院就建在其旧址上。后来我在苏州教育学院开美学课，也适当讲烹饪美学。人们常说色、香、味俱全，其实还不够，还应加形、质、器、意、境五字。形，就是造型，一道菜堪称可吃的雕塑美。质，就是食材，要求新鲜而不变质。器，就是器皿，为精美的瓷器工艺品，也能增进人们的美感和食欲。意，就是意趣、题名，如八宝鸭、东坡肉、松鼠鳜鱼等，响油鳝糊还让人听声音。至于"苏帮菜"，有的还伴随着名人的故事而增人情趣，有的在大师手里则成了非遗。境，就是环境，壁上镜片里装着诗、书、画作品，诗情画意助力人们吃得风雅，吃得有韵味。再说"住"，现在生活水平提高了，注意室内装修的美。我家现在的客厅是我自己设计的，背景墙为临摹八大山人的简笔写意画，从而作为石刻四屏条嵌在墙上；顶上为富于节律感的茶壶档轩；又以"十字海棠"图案的窗垣作为"隔断"，配上一堂明式家具，这是我的一方美学小天地。由它通过种种元素体现出古色古香的园林风。再说"行"，苏州古城区的公交车站大抵取飞檐翘角的亭廊结合式，这也是苏州园林精神辐射的成果，堪称艺术车站，或车站艺术。

我认为人终身离不开美。我在主编的《美学基础》中提出了"大美育系统工程"之说，阐发了蔡元培的"说美育，一直从未生以前，说到既死以后"。未生以前，这是指胎教；既死以后，今天联系革命史来说，如刘胡兰"生的伟大，死的光荣"，她的行为美、品格美、心灵美至今还深深地教育着人们。

## 以苏州为代表的江南，确乎是美学的一个高地

**苏州日报：**以苏州为代表的江南，应该是美学的一个高地吧？

**金学智：**在这部新书中，我以两篇长文重点评论了唐代苏州两位大名鼎鼎的书法家兼书法美学家。第一篇题为《孙过庭书艺、书论及籍贯行状考——兼探〈书谱序〉名实诸种悬案》。众所周知，孙过庭的《书谱》，是书艺的杰构、书学的经典、中国美学主体论的一代高峰，但关于他的籍贯，则不确定，有陈留、富阳、苏州三说，我通过多方考证，不但肯定了他是苏州人，而且解决了自唐太宗以来一千多年间关于他的一系列历史疑案，于是，

苏州——吴郡坚实地成了古代吴门书派的重镇。第二篇题为《掇拾与论评：唐代诗文中的草圣张旭》，我通过对唐代大量零星诗文的爬罗剔抉，分析整合，让人们看到了性格、才能多元化，既是大书家、书论家又是诗人的张旭。这不但弥补了正史之不足，而且挖出了唐诗中"时称太湖精""呜呼东吴精"这两个关键句，这"太湖"与"东吴"，其实都是从不同的角度指称江南。我在文中还提炼出一条人才学规律："一方水土养一方人才"。也就是说，"杰出人才的出现，需要种种条件的聚合交臻，其中离不开优越灵秀的地理环境的孕育。苏州地处太湖之滨，山明水秀甲于东南，物华天宝，人杰地灵。作为草圣张旭的身上，也体现了太湖的山川灵气，东吴的人文传统……"吴郡孙过庭同样如此。故而可以说，以苏州为代表的江南，确乎是美学的一个高地。还可以补叙一下，明代吴门画派的代表性人物文徵明在一篇文章里也这样说："吾吴为东南望郡，而山川之秀亦惟东南之望。"这种古与今的多向对话，"东南""太湖""东吴"，一词以蔽之曰"江南"，这是一种历史性的共识。

**苏州日报：** 刚刚您说到书画、说到吴门画派，当下的苏州书画艺术发展处在一个什么样的位置？

**金学智：** 我觉得不论是古代或是现代，书画自娱是存在的，特别是在古代，如元四家之一的倪云林，他就主张"逸笔草草，聊以自娱"。在现代，以书画这种高雅的艺术来陶冶心灵，养生促健，也是广泛的存，如各地的老年大学，都开设了书画班，当然就其内容而言，学员们除了书写古代诗词，更多的也是讴歌时代。但是，作为专业的书画艺术家，则理所当然应该为人民、为社会主义服务，应该不负使命，勇于担当。我书中还有一篇长文，题为《岁月如流，不断新我——论费新我的左笔书艺》。费新我五十六岁时病腕，右手不能作书画，这对他无疑是沉重的打击，可以导致其艺术生命的终结，但他却用左手刻苦"从头"练书。他还常书"雄关漫道真如铁，而今迈步从头越"以自励，其所书《六我辞》中有"岁月如流，不断新我"的警策之语，其《行书八六初度》，则有"苦思精研，难也可克；缘木求鱼，鲩竟两出"的精诚奋惕之语，等等。他那独一无二的事迹，算得上一个很好的"中国故事"——我最了解的、最让我感动"中国故事"，所以20年来，我不厌其烦地一次次加工、修改、发表，目的是讲好这个故事。在书里这篇文章中，我开头就点题，强调了"他孜孜不倦、锲而不舍的顽强进取意志"，末尾又说，"今天我们纪念费新我先生，应从思想和艺术两方面学习其'不断新我'的顽强意志和进取精神"。从艺术方面说，他还是我"书学众艺融通论"的典型例证，其书中有诗有文有画有乐，体现为书法与众艺的融会贯通，他应是今日吴门书派一座高地。再遥想当年，吴门画派由文徵明"主中吴风雅之盟者三十余年"的全盛期，其成员包括外围无不是诗文书画融通、全面发展的才子。王世贞《艺苑卮言》赞道："天下法书归吾吴。"稍后的赵宧光也赞道："吾吴以书画甲天下。"这样的位置，这样的阵容，是今日吴门书派奋力追求的目标。

# 我把对《园冶》的研究成果，
# 作为我的中国特色艺术美学的一个重要部分

**苏州日报：** 我看到，您对苏州园林也知之甚深，出版了一系列园林专著，像《苏州园林》《中国园林美学》，包括被园林界赞为"园冶研究三部曲"的《园冶多维探析》《园冶句意图释》和《园冶印谱》，等等。苏州园林应该说是中国特色艺术美学的典范了。

**金学智：**那肯定是。陈从周有两句名言："江南园林甲天下，苏州园林甲江南。"苏州园林可说是代表中国特色艺术的典范，作为文人写意园，它与北方宫苑相比，有朴、丽之别；与岭南宅园相比，有雅、俗之异。我在《苏州园林》书中打了个比方：如果说，北方宫苑凸显了富丽堂皇的崇宏气派，其"规整式布局表现了对称齐一、端方整肃之美"，那么苏州园林"自由式布局则表现了参差不齐、自由活泼之美。前者令人产生严肃、庄重、敬仰、惊叹乃至拘束、压抑、不自由之感，它本质上是一个'惊叹号'；后者则令人产生轻快、松弛、自在、随便乃至无拘无束之感，再加上苏州园林曲折幽深、含而不露给人的特殊感受，它本质上是一个'省略号'，使人感到亲切怡悦，余味无穷"。

苏州园林还有其他优长，其一，是文人情趣特浓，如沧浪亭联："清风明月本无价；近水远山皆有情。"原为宋代欧阳修、苏舜钦两位诗人的名句，到了清代，经过中国最杰出的楹联学家、《楹联丛话》作者梁章钜的再创作，将两句集为一联，这就把两位诗人的友谊缩结起来并凸显了出来。但由于"屡书不工"，并没有悬挂。后来又到了清末，国学大师俞樾才为之书写，终于被镌刻在沧浪亭的石柱上，十四字一联，竟积淀了如许的历史文化！其二，是精致程度高。把苏州园林升华为美学理论，就是计成的《园冶》。试看："虽由人作，宛自天开""巧于因借，精在体宜""片山多致，寸石生情""多方景胜，咫尺山林"……《园冶》中的一系列名句，句句都好像是特为苏州园林而写。

对于经典《园冶》，我花了七年时间，出版了《园冶多维探析》上下卷、《园冶句意图释》和《园冶印谱》，这三本书对《园冶》里大量的名言警句做到了"三个一"：一句一文，一句一图，一句一印，意在让其普及，用马克思的话进一步要求，则是让"理论掌握群众"。《园冶》是一部深奥难读的书，争议特多，尤其是《园冶》的"冶"字，研究界都识不透，我以《中国书法美学》里的"多质性哲学"切入，将其解密为"一名而三训"：一是"铸"，二是"美"，三是"道"。我在郑元勋《园冶题词》中发现了计向郑披露自己的心曲："欲使大地焕然改观。"我认为计成的了不起，在于能不局囿于园林之内，他要突破和超越园林的围墙，走向大地景观的创造，使大地上处处都是"琪花瑶草，古木仙禽"。计成的心曲可谓"大冶"理想，他应该是"'美丽中国'的先行者，追梦人"。我把对《园冶》的研究成果，作为我的中国特色艺术美学的一个重要部分，又把我寻梦的中国特色艺术美学，看作是中国特色社会主义的一个微观成分，力求在方向上保持一致性。

**苏州日报：**江南曾是中国的经济重镇、文化高地，在国家文化强国的大背景下，您觉得当下的江南，在文化发展上还应该在哪些方面进行突破？

**金学智：**文化强国作为一个整体，是由无数大局部、小局部、微细局部汇合而成的。所以既要从大处着眼，有战略眼光，又要从微小处入手。就我来说，只要方向对，有可能，文章就要一篇一篇地写下去。江南曾经是中国的经济重镇、文化高地，今天，在文化发展方面应进一步夯实基础，打造文化高地，传承和发扬吴门画派的精神，就书法来说，应像费新我一样，精诚奋惕、自强不息。他的左笔书法在日本、新加坡很有影响力，但他的可贵在于能一次次走出去，又一次次回转来，他还在国内培养了一批知名书家。联系当前的情境来说，在书法方面，我觉得，今天的吴门书家既应研墨对话江南，更应挥毫书写中国，展华夏之风采，发时代之先声。再就园林方面来说，要像保护眼睛一样保护好作为世界文化遗产的中国古典园林。此外，还特别要讲好与园林有关的中国故事：计成的故事，苏舜钦的故事，文徵明的故事，拙政园的故事，瑞云峰的故事，网师园的故事，沧浪亭联的故事……对外讲好园林故事，和中国园林输出一样，是一种魅力展示，外国朋友通过欣赏接受，能增进对华夏文化的认识，深化对中国美学精神的了解。

《苏州日报》2022 年 10 月 28 日 B01

# "金氏四法"学术研究的方法论意义

## ——以金学智《书学众艺融通论》及有关论著为中心

·李金坤·

金学智的《书学众艺融通论》，是作者六十余年来以书学为主兼及绘画、雕塑、音乐、舞蹈、园林等艺术美学门类的自选集。由此集及有关论著，可从中抽绎出"古今中外丛证法""纵横异同比较法""学科交叉嫁接法""考论结合评赏法"四种学术研究法。具体到每篇文章，则又因其内容、材料和论证路径等差异情形，抑或采用其中一法，或二法并用，或三法兼行，或四法全上，因文而异，灵活采择。这是金先生一生上下求索的经验总结，是行之有效的研究秘宝与神器，也是学术研究者们值得借鉴的楷式与良方，堪称"金氏四法"。沾溉学林，功莫大焉。

我是怀着十分崇敬、感动与喜悦的心情，一口气读完了金学智先生的煌煌巨著《书学众艺融通论》的。① 崇敬的是，在60年学术生涯中，金先生始终以屈原"路漫漫其修远兮，吾将上下而求索"（《离骚》）之名句为座右铭，"咬定青山不放松"，"任尔东西南北风"（郑板桥《竹石》），矢志不渝地艰难迈步于建构中国特色艺术美学体系的道路上，跋山涉水，披荆斩棘，在书法与园林两大艺术美学门类取得了空前卓异、举世瞩目的学术硕果。② 围绕《中国书法美学》与《中国园林美学》这两大核心巨著，作者共出版了20余部有关著作及300余篇论文，由点到面、点面结合、论证严密，体系完美。真可谓："书法""园林"双著巨，美学高地一树香。感动的是，金先生年轻任教时，尽管收入微薄，但坚持购买书籍及乐器之类，乐此不疲，如痴如醉。他还将自己学会的二胡等乐器无偿为附近村民的演出宣传活动服务，深受民众欢迎。更令人感动的是，1989年初，他因骑车被撞，跌断了股骨颈，术后不久检查发现股骨颈坏死。医嘱只能躺在床上，或偶尔稍微坐坐，更不能走动。金先生是个意志坚强、从不服输之人，他依然抗拒医嘱，凭拄着拐杖练习走步，几天后就到学校上课，回家后坚持写作不辍。就这样上课、写作坚持了17年之久，人称"拐杖学者"。为了完成《中国书法美学》，或坐着伏案写，或站着凭五斗橱写，一小时左右轮换一次写作

---

① 金学智《书学众艺融通论》（上、下册），73.5万字，苏州大学出版社2022年版，以下简称《融通论》。
② 《中国书法美学》（江苏文艺出版社1994年版），1997年获江苏省第五届哲学社会科学优秀成果一等奖，2002年获首届中国书法兰亭奖理论奖；《中国园林美学》（江苏文艺出版社1990年版），1991年获江苏省第三届哲学社会科学优秀成果二等奖，1991年获华东地区优秀文艺图书一等奖；另有《园冶多维探析》（全二册，中国建筑工业出版社2017年版），获江苏省第十五届哲学社会科学优秀成果二等奖，2018年获联合国教科文组织亚太地区世界遗产中心古建筑保护联盟学术成果奖等。

姿势。如此"折腾"年余，终于完成了 90 余万字的书稿。这是自然生命与顽强意志融入学术生命的"感动中国"的不朽华章。喜悦的是，《融通论》中金先生成功采用了学术研究的科学新方法，即"古今中外丛证法""纵横异同比较法""学科交叉嫁接法""考论结合评赏法"，我称名为"金氏四法"，金针度人，意义重大。本文拟就《融通论》及有关论著所体现出来的研究"四法"，结合有关著作，作一浅谈，以就教于金先生及方家同仁。

由《融通论》书名可知，"其内容广及与书学或共存或融通的诸多门类艺术，还包括众艺之间的相互融通。"① 很显然，这里就包含了两层意思：一层是书学与众艺的融通，一层是众艺之间的融通。大融通映带着小融通，上下牵挂，层层相应。如果书学是纲，众艺是目，那么，论及书学涉及之众艺，便具有纲举目张、"牵一发而动全身"的艺术表现效果。"吴昌硕《刻印诗》云：'诗文书画真有意，贵在深造求其通。'事实真是如此，从本质和总体上看，书法是联系众艺的纽带，体现众艺的表征。本书正是这样以书学为中心轴、贯穿线，借此通过具体赏析和深入领悟绘画、篆刻、诗文、雕塑、园林、建筑、音乐、舞蹈、摄影等众艺之美，进而管窥中国特色艺术美学的优秀传统。"（《融通论·中国特色艺术美学的寻索》第 8 页）下面就《融通论》及有关论著所蕴含的"金氏四法"，结合实例论析之。

## 其一，古今中外丛证法

金先生学贯东西，博通古今，腹笥丰盈，引用贤文，顺手拈来，可谓八面来风，论证充分。作者认为："强调中国特色，并不是与世界隔绝，闭关自守，而应中西相互学习，互鉴互通。长期以来，'西学中用'也是我科研的主要方法之一。"（《融通论·中国特色艺术美学的寻索》第 5 页）早在 20 世纪 50 年代末期，他就引进西方美学思想与观念，融入中国美学来研究唐诗，在《文学遗产》等有关重要刊物上发表了一系列甚有影响的论文。② 这些都是作者在引用中国古今贤哲经典言论的基础上，又恰如其分地引用西方大家们哲学与美学名著予以佐证，古今中外共论话题，水乳交融观点鲜明，极大提升了论著的理论水平与学术价值。也正因为此，读金先生的论著，总给人以丰沛、圆润、厚重、大气、新奇、踏实的审美感受。如《王维诗中的绘画美》中"色彩美"特色，《融通论》先引黑格尔《美学》（卷三上册）关于"颜色应该是艺术家特有的一种品质，是他们所特有的掌握色调和就色调构思的一种能力，所以也是再现的想象力和创造力的一个基本因素"（《融通论》第 230 页）的一段论述，然后例举了王维描写色彩美的不少诗句，尤其是特别指出王维喜欢写夕阳之景，如"返景入深林，复照青苔上"（《鹿柴》）、"寂寞掩柴扉，苍茫对落晖"（《山居即事》）、"落日山水好，漾舟信归风"（《蓝田山石门精舍》）、"斜光照墟落，穷巷牛羊归"（《渭川田家》）"风景日夕佳"（《赠裴十迪》）等，这是王维诗歌绘画美的一个饶有情韵意趣而耐人寻味的一个特殊意象。为了有效地说明这个问题，作者分别引用了达·芬奇与车尔尼雪夫斯基的论夕阳之美的两段经典语言。前者说："西落的太阳余辉……照亮了乡间的大树，给它们了染上了自己的颜色，形成一幅奇景"。后者说："落日的金光透过层层彤云赤霞，照

---

① 　《融通论·中国特色艺术美学的寻索》第 1 页。以下本文所引《融通论》原文，径标书名简称与页码，以括号随文注出。
② 　如《李白笔下的自然美》《杜甫悲歌的审美特征》《王维诗中的绘画美》《白居易〈琵琶行〉中的音乐美——兼谈白居易的音乐美学思想》《〈长恨歌〉的主题多重奏——兼论诗人的创作心理与诗中的性格悲剧》等一系列论文。

射着一切（这令人有点感伤），但是，它不是很动人吗？……一个敏感的诗人在甜蜜的忘怀中观察这一切，没有察觉半个钟头是怎样过去的。"通过对国外两位美学家钟情夕阳语言的引用，自然破解了王维喜欢歌吟夕阳的情感密码，也自然加深了读者对于王维诗歌绘画美艺术韵味的理解与体悟。金先生《中国园林美学》（第二版）在"依水体景观类型之美"中论述"桥梁"之美时，先是列举了古诗中描写桥梁的精彩诗句，如"两水夹明镜，双桥落彩虹"（李白《秋登宣城谢朓北楼》）、"绿浪东西南北水，红栏三百九十桥"（白居易《正月三日闲行》）、"二十四桥明月夜，玉人何处教吹箫"（杜牧《寄扬州韩绰判官》）等。接着就引用了挪威建筑学家诺伯格·舒尔兹的一段话："'桥'更是有深刻意义的路线，它一方面结合两个领域，同时还包含着两个方向，一般处于令人感到力动均衡的状态。海迪加曾说：'桥在河流周围聚合大地而构成景色。'"至于"通体洁白纯净，桥面高高隆起，呈陡曲形"的"颐和园西堤六桥之一——著名的玉带桥"的审美评价，该书又自然引用了桥梁专家茅以升的评价："在艺术上体现出既现实又浪漫的美妙风姿，如北京颐和园的玉带桥。它的石拱作尖蛋形，特别高耸，桥面形成'双向反曲线'与之配合，全桥小巧玲珑，柔和中却寓有刚健，大为湖山增色。"引用中外贤哲对于桥梁之美的论述，轻松拿来，更加增添桥梁的艺术魅力。还有金先生的巨著《园冶多维探析》[1]，一以贯道，依然坚持他的"古今中外丛证法"，第一编"园冶研究综论"，副标题则为"古今中外的纵横研究"。正如作者于《探析》"前言"所说："由于《园冶》一书独特、曲折的历程，而其基本精神又符合于当今时代社会的需要，因此本书的论述，不但由古及今，衔接时代，而且跨越国界，放眼未来，目的是让人们对《园冶》及其研究有一个较为全面深入的了解。"作者研究惯用的"古今中外丛证法"，有利于读者增加可信度、理解度和审美度。正如作者所说的那样："我还把古今中外打通，任何论述和实例只要有理，对我有用，就不管是哪国、哪派、哪家，都大胆地加以吸收、引用。"（《融通论》第 579 页）这无疑是金先生的经验之谈，启人良多。

### 其二，学科交叉嫁接法

与"古今中外丛证法"甚相联系的就是"学科交叉嫁接法"。金先生即为此法难能可贵的发轫者与行之有效的践行者。他在总结自己治学经验时深有体会地说："我从切身治学经验中体悟到学科交叉容易出成果、出新意，具有优越性、跨越性、开拓性、开创性。"这在《中国书法美学》"书法在艺术群族的关系网络中"、《中国园林美学》"艺术泛化与园林品赏的拓展"等篇章及有关书法与园林的论文中，都有行之有效的实践案例。他曾颇为自得地列举 2005 年由中国建筑工业出版社第二版《中国园林美学》为例，该书至 2017 年已印了12 次，一部学术著作如此连续重印，几乎是个奇迹。毋庸置疑，此著的社会效益与经济效益是十分可喜的。因此，作者十分自豪而自信地说："可见'张冠李戴''移花接木''杂种'等在我学术生涯中不是贬义词。特别是有一次，中国建筑工业出版社还将我评为优秀作者，给予奖金一万元，这让我匪夷所思。"（《融通论》第 579 页）这在当下作者出书难且大多作者都需自费的情况下，而出版社除付稿酬外，还给予奖金，实在是意外之喜，令人感动。何以至此，一言以蔽之：学科交叉，水平提升。内容厚实，皆大欢喜。

金先生认为："书法是中国各类艺术的突出表征，可用它来绾结众艺，从而求得纵横贯

---

[1] 金学智《园冶多维探析》（全二册），96 万字，中国建筑工业出版社 2017 年版，下文简称《探析》。

穿，谐和互通。"（《融通论》第 8 页）在《融通论》第四辑"比较：艺术群缘中的亲缘美"中所列《王维诗中的绘画美》《论建筑与音乐的亲缘美学关系》《论建筑与雕刻的亲缘美学关系》《论书法与文学的亲缘美学关系》《"书画同源"新解及其他——关于书、画的比较艺术论》等一组文章，都是详论众艺各门类之间交叉重合、自然嫁接的务实杰作。此仅举《论书法与文学的亲缘美学关系》为例，看书法与文学之间究竟存在哪些亲缘美学关系。此文从"书法艺术的诞生离不开文字，即离不开有序字群所组成的文学""书与文又是交相为用的""书法家书写成熟的文学作品，特别是书写自己非常熟悉的作品，在一定程度上有利其行、草章法中的行气""文学作品的文意，对书法作品的感兴（启动情性）有着启发、孕育的作用""文意和文风对于书风的特定影响，还表现在书法家自觉的审美选择上""文学作品中的个别文意，有可能促成书中'艺术中的符号'的出现"等六个方面全面深刻地论述了书法与文学的"剪不断，理还乱"（李煜《相见欢》）的千丝万缕相关联的亲缘关系，有理有据，有情有趣，令人信服。在《书法与中国艺术的性格》一文中，作者从中国书法"一不靠色彩，二不靠光影，三不靠团块"的"最典型的线条艺术"的个性特征出发，条分缕析地明确指出雕塑、音乐、舞蹈、戏曲等各种门类都含有线条美韵的特质。在引用李泽厚《美的历程》中"净化了的线条同音乐旋律一般，它们竟成了中国各类造型艺术和表现艺术的灵魂"论断之后，作者指出："中国书法是线条的艺术，表现的艺术，它是从艺术家心田流出来的线条。而中国艺术也往往以表现为主，区别于以再现为主的西方艺术。中国艺术的这一美学性格，能够从中国书法的线条流动中得到最有代表性的体现。因此，学习和研究中国美学的途径虽多，但也不妨从中国特有的艺术——书法起步。"（《融通论》第 49 页）作者正是抓住中国书法与其他艺术门类的亲缘关系这一核心问题，以"十年磨一剑"的勤苦之功，铸造了《中国书法美学》《中国园林美学》这两座光芒四射、独具魅力的艺术美学殿堂。《诗·小雅·车舝》云："高山仰止，景行行止。"金先生及其大著，必将百世流芳，学林敬仰！尽管如此，他还不无遗憾地叹息道："我除了两本（按：即《中国书法美学》与《中国园林美学》）'中'字的门类艺术美学，本想再写第三本中国绘画美学，还有中国音乐美学、中国戏曲美学……但年龄（按：时年 87 岁）已不允许了，宝贵的光阴花在以上两种门类美学的外围著作上了。"（《融通论》第 578 页）不管是金先生已完成的艺术美学门类两本大著，还是未及完成《中国绘画美学》等宏著，它们与各种艺术美学门类之间都有亲缘关系，其所呈现出来的便是学科交叉嫁接的现象。可见，此法是金先生的科学之法，可行之法，成功之法，自然也是贯用之法。

### 其三，纵横异同比较法

"有比较才能有鉴别。"用比较法进行学术研究，这是一般学者常常运用的方法。而作为学富五车、海纳百川的金先生，他在研究中所采用的综合比较法，较之于一般学者多为单一而局部的比较方法来，便显得堂庑特大、气象万千而新人耳目。浏览《融通论》目录的部分题目，便可一目了然蕴含其中浓浓的"比较"意味，如：《从"观诗""读画"谈起》《线条与旋律》《书法与中国艺术的性格》《书学与哲学》《"深几许"与"半遮面"》《"虚"与"实"》《"一"与"不一"》《中西美学的综合艺术观》《中西古典建筑的比较》《释道互补的"法–无法"体系》等，而《比较：艺术群族中的亲缘美》全辑的五篇论文，则全用比较方法加以论说者。其中《中西美学的综合艺术观》一篇，比较法的运用尤为娴熟而突出。

作者首先认为:"西方美学侧重于强调艺术的区别性、独立性、不相关性;中国美学则侧重于强调艺术的相通性、包容性、综合性,正因为如此,中国艺术的综合性就比西方艺术的综合性强得多。"继而作者则从诗、乐、舞,诗、书、画,戏剧与园林四组综合艺术门类进行比较分析,区分出中西美学综合艺术观的明显差异,引经据典,辨析清楚。正因为作者如此全景式、多角度、立体化的比较分析与细密阐析,遂更加彰显出中国美学综合艺术观的优长之处、鲜明之点与完美之质。

还有《融通论》中关于明代江南四大才子中沈周与文徵明题画诗的比较,则十分精准而出彩。《文徵明:主中吴风雅之盟》这样评价文徵明学习沈周又发展沈周题画诗的价值与意义说:"既是诗人又是画家的文徵明,有大量的题画诗流传于世,成为其诗歌创作中极为重要的组成部分。他的题画诗,不仅继承而且发展了沈周的题画诗传统,题材广泛,形式多样,以不同的方式产生了'丹青、吟咏,妙处相资'(蔡绦《西清诗话》)的艺术效果……特别值得重视的是,其中有些诗篇含意深长,发人深思,表现了诗人对社会、人生和艺术的一些独特的思考和感悟,堪称题画诗中的精品。"(《融通论》第508页)作者通过比较,自然清晰呈现出诗画作家文徵明与沈周之间"胜蓝寒水"的承传发展的艺文脉络。可见比较手法之运用,对于彰显特色,厘清脉络,加深印象,是甚有积极意义的。

### 其四,考论结合评赏法

此法在《融通论》中运用较多,对于那些有争议的人物、是非不明的观念、提法欠妥的名称等,作者敢于直面,勇于克服,善于处理,慎于结论。他首先坚持"实事求是"的研究原则,用事实说话,细心考证,精心分析,然后得出切合实际的结论。程千帆先生说得好:"考证与批评是两码事,不能互相代替。但如果将它们完全割裂开来,也会使无论是考证还是批评的工作受到限制和损害。从事文学研究的人,同时掌握考证与批评两种手段,是必要的;虽然对具体的人来说,不妨有所侧重。"又说:"从事文学研究,不能缺乏艺术味觉。用自己的心灵去捕捉作者的心灵,具有艺术味觉是必备的条件。否则,尽管你大放厥词,都搔不到痒处。"[①]金先生可谓既是考证与批评两手并用的文学与艺术研究的高明大雅,而且是能自然"用自己的心灵去捕捉作者的心灵,具有艺术味觉"的通才学者。因此,他的考证严密,辨析明确,评赏精到,内涵深厚,别具可信性、可读性、学术性、权威性的学术隆誉。

先看其对明代文艺名家赵宦光的考证、挖掘和重新评价。自晚明经清而至民初,三百年间赵宦光备受种种贬抑、歧视、冷遇,其书艺、书论几乎无人问津,处于被历史遗忘的角落。"(《融通论》第446页)于是,作者本着公正公平、实事求是而不偏颇的立场进行全面深入的考证与评价,破旧立新,以还赵宦光的艺术、学术多学科领域颇有建树的历史真面目。经过深入挖掘与潜心考证,原来赵宦光是一位非常出色的造园家、诗人及诗论家、文字学家、著名的书法家及书论家,还是印人和印论家,的确是"一位既崇古复古,又不蹑遗迹、立意创新的艺术家、理论家。"(《融通论》第446页)金先生的努力挖掘考证、精当评价,使得堪称文艺通才的赵宦光珠玉重光,金先生劳苦功高,功德无量。

再看《试说"吴门书道"》一文对"书道"的考辨阐释,可谓竭泽而渔,资料搜尽,论

---

① 程千帆《闲堂文薮》,齐鲁书社1984年版,第345~346页。

证全面而精细，观点新颖而服人。作者针对当时人们对正在建设中的"吴门书道馆"称谓的不同意见，主要是认为"'吴门'二字接以'书道'，不伦不类，因为'书道'是日本的专用名词，不宜移于中国。"（《融通论》第 525 页）于是，金先生铁肩道义，勇于争鸣，焚膏继晷，遍翻典籍，细加考论，终于将"吴门书道"之语词，尤其是"道"的复杂内涵，条分缕析，抽丝剥茧，阐释得头头是道，明明白白。他认为，中国书法影响日本这一文化历史事实，本是连日本学者自己也都俯首承认；至于"书道"一词，根本不是传自日本，而是由中国传于日本的。"在秦汉时代，书法家、书论家们就高屋建瓴地提出书道、书妙了，要比日本早提一千七八百年甚至更久。"（《融通论》第 534 页）而对于"书道"义涵六种解释，可谓释义精要，逻辑缜密，圆融全面，令人称道。试看作者六项之释义："万物的本质、本体""法则、规律""门派的主张、学说、思想体系""方法、途径""技艺、技巧、门道""启迪、教导、教育，又延伸为游艺、社交、雅集"。如此考释，堪称全面、完善而精美。

更值得称道的，是金先生对于明代计成所著千古奇书、我国第一部造园学巨制《园冶》书名的精微解释。作者由文字语言学、哲学、美学、艺术学、经济学等多种学科出发，结合对历代学者解释的比对情况，最后得出这样的结论："'冶'字应该说有三个义项——'铸''美''道'……'一名而三训'。由此出发，《园冶》的书名可有如下多种解释：（一）《园冶》，是造园之'道'；（二）《园冶》，是园林艺术美的创造之'道'；（三）《园冶》，是将造园创美技艺提升为无限创造力之'道'；（四）《园冶》，是通过造园以弥纶广大，熔铸万有之'道'。"（《探析》第 29 页）如此训释，石破天惊，委实是金先生天才之发明，令人肃然起敬，拍案叫绝！金先生极其崇拜计无否（成），他不无虔诚而恭敬地说道："我认为计成的了不起，在于能不局囿于园林之内，他要突破和超越园林的围墙，走向大地景观的创造，使大地上处处都是'琪花瑶草，古木仙禽'。计成的心曲可谓'大冶'理想，他应该是'美丽中国'的先行者，追梦人。"[①] 作者用诗一般的语言在礼赞计成，敬仰与爱戴之情溢于言表。

以上就《融通论》及有关论著的品赏解读，抽绎出"古今中外丛证法""纵横异同比较法""学科交叉嫁接法""考论结合评赏法"四种学术研究法，具体到每篇文章，根据每篇文章的内容、论证材料的不同情况等，或采用其中一法，或二法并用，或三法兼行，或四法全上，因文而异，灵活取舍。一句话，只要有利于论著主题精神与艺术面貌的彰显，在四法中自可任由选择。的是金先生六十年上下求索的经验总结，是行之有效的研究秘宝与神器，也是学术研究者们值得仿效的楷模与良方，如此"金氏四法"，"采铜于山"，自具面目，沾溉学林，功莫大焉。

金先生六十年间治学的重中之重，始终围绕建构中国特色艺术美学殿堂之核心内容而展开，在"中"字头上下功夫，在中国书法美学与中国园林美学两大园地拓荒辟疆，深耕细作，闻鸡起舞，矢志不渝，终究完成了《中国书法美学》与《中国园林美学》两部享誉世界的空前杰作。试问金先生何以艰难玉成、成果卓异、独领风骚？"问渠那得清如许？为有源头活水来"（朱熹《观书有感二首》其一），主要在于金先生难能可贵的勤学苦钻的可贵品质，博采谦逊的求知态度，兴趣广泛的天赋才艺，中外打通的美学慧眼，学科嫁接

---

① 张丫《金学智：江南是美学的高地》，2022 年 10 月 29 日《苏州日报》B01 版。

的杂交神手，勇于创新的学术雄心，四面出击的研究方法，上下求索的不竭动力，当然更重要的，还是在于金先生敬畏学术的赤子情怀与奉献事业的无私精神！如果说这十种美德与精神是其成功的内因的话，那么，成功的外因便是，他身处"江南园林甲天下，苏州园林甲江南"（陈从周）的得天独厚的姑苏园林浓烈的审美氛围中，成年累月自然熏陶，潜移默化增强美质。所有这些，八面来风，春雨滋润，便自然催发了金先生"书法""园林"的"并蒂莲"在学术园地里竞相绽放，鲜艳夺目，香飘四海，播誉五洲！

行文至此，忽然想起了《融通论》"后记"末尾，年逾九十的金先生所说文心脉脉、情怀幽幽的语重心长的几句话："只要能反复突出书学众艺融通这个第一主题，同时反复显现本人一生对中国特色艺术美学的研寻这个第二个主题，全书目的就算是达到了。如能进而显现我这个少年悲苦孤独、老年喜获众人相助的求索者形象，那更是我所希望的。"（《融通论》第597页）由此，笔者特草拟七言小句，聊表对金学智先生的回应之声、崇仰之意和祝愿之情。诗云：

融通众艺辟新蹊，书法园林最入迷。
乐度金针贻四法，忘乎鲐背向天嘶！

原文载［成都］《华文月刊》2024年6月号，略被删节；
压缩稿载《人民日报（海外版·中文版）》
2023年10月20日A12版"华文文学"栏

# 后　记

　　即将付梓于 2025 年 1 月的《园林美学的理性年轮》，是我的最后一本文集；它的姐妹文集是 2022 年 9 月出版的《书学众艺融通论》上、下卷。回忆后者的出版，主要因我是苏州市作协、书协、评论家协会顾问，所以苏州市文联推助我出版了《书学众艺融通论》；又主要因我是苏州市园林局、风景园林学会顾问，所以他们优先推助我出版了这本《园林美学的理性年轮》。这对于我来说，都是莫大的好事，能让我将一生书法美学、园林美学研究成果双轨并进地保存下来，故而我非常感激！

　　具体回顾近十余年来的学术人生，在我周围，对我帮助最多，给我印象最深而我最应该感谢的人有三位：

　　第一位，是我年轻的同事蔡斌先生，我习惯地称他为小蔡，忘年交，友谊情深。2011年，我的《风景园林品题美学》首发式学术座谈会在北京举行，我不但邀他参加，而且请他整理了会议上的发言录音（见本书）。2012 年，纪念计成诞辰 430 周年国际学术研讨会在武汉召开，则是他陪同我去的，两人还在黄鹤楼留了影，弥足珍贵。再说我到学校图书馆借书极不方便，何况也拿不动，而我如发要借的书目给他，第二天他就骑着电瓶车送来我家，一袋就装几十本，其中包括学校里没有而他自己有的。他是一位藏书大家，他的藏书有五、六万册，家里放不下就到学校里另辟一个藏书室。我只去过他家顶楼的藏书室，书从地面整齐地堆到近一人高，这样，书堆与书堆之间就形成了一条条狭弄。人在弄里行，让人想起"书山有路"的成语来。他不仅仅是藏书，而且自己也是博览群书，古今中外的"学海"多所涉足。我在一次微信中对他说："小蔡真是一座图书馆，而且是查阅既迅速又准确的图书馆。"这并非虚语，可举出本书中二例为证。一是论证远古"美"字的形态内涵，需要马叙伦的《说文解字六书疏证（卷 7 页 119）》，到处找不到，于是给他发微信，白天他人还在上海，当天晚上他就发给了我，这不能说不迅捷。二是研究前人和今人对沧浪亭出典的误读，不能离开《沧浪亭》一诗的作者为什么一再被误作宋杰，我要追本穷源，问题究竟出在哪里。他很快给我发来康熙庚午影翠轩刻本《百城烟水》，其上赫然印有宋杰的《沧浪亭》诗，说明错就错在这里；另有端正而清晰的文渊阁四库全书本杨杰《无为集·沧浪亭》的书影，以供我作为图版插在书里，这是杨"冠"宋"戴"的明证，省却了我多少麻烦周折。我感谢他的支持，他却说："能为您略尽绵薄，是我的荣幸，同时也是很好的学习，受益良多。"这种热心，这种谦虚精神，令我感动至深！他的这些功劳，我要把它写在后记里，晒出来。

　　第二位，是周苏宁先生。他是苏州市园林局公务员中笔耕不辍的学人，推助我出过三本书：《苏园品韵录》《诗心画眼：苏州园林美学漫步》，还有现在这本《园林美学的理性年轮》。他又是《苏州园林》杂志的主编，通过微信，他和我交往最多，为了办好《苏州园林》，组织好一次次笔会讨论，他常和我商量、向我约稿"《园冶》研讨""纪念陈从周百年诞辰笔会""新古典式苏州园林探讨"等。2022 年适逢《苏州园林》创刊一百期，他约我撰稿，我给他的就是本书中的《〈苏州园林〉百期赞》。他收到后不胜雀跃，赞许有加，于此可见他办刊的事业心和自己在其中注入越来越多的心血。他为人热情，虚心，收到我赠予《书学众艺融通论》的书后，说："拜读了大著的前言，很受教！我觉得此书虽然不是直接讲园林，但艺术是融通的，园林与书学也是密不可分……所以我极力推荐给《苏州园林》杂志的读者。"我在为他所写《名典品读：拙政园文史揽胜》一书的序中曾说，他主编的《苏州园林》，"既有专业性、学术性，又有可读性"，是很有分量的文化刊物；不像有些园林杂志，较多是广告、图像，所刊载的文章不但没有一定的质，而且没有一定的量，所以我乐意为《苏州园林》写稿。多年来，他一再为我的书撰评：《风景园林品题美学》《园冶多维探析》《书学众艺融通论》……于是，"理性年轮"就增加了厚度。在评文中他还创造了一个新名词："《园冶》研赏三部曲"。

这第三位，是时新老师，她是《苏州教育学院学报》的副主编。我和她没有建立微信，这是由于她工作实在太忙，要处理全国各地的来稿，不敢去惊扰她。2017年，我的《园冶多维探析》上、下卷出版，她为此书在学报上组织了专题，自己来我家访谈，并一再动手撰写评论。为了报奖，她费尽了心机，将材料整理得有条不紊，交代得清清楚楚，并装订成厚厚的一本，终于能让此书获得江苏省哲学社会科学优秀成果二等奖。再说她那篇发于《新华日报》上全版的《迈步建构中国特色艺术美学之路——金学智先生六十年学术人生小记》，不但概括得明晰而实事求是，而且反映得全面而富于历时性。此文我在《书学众艺融通论》里收了一次，本书又将其再收一次，因为其内容既涉及书学，又涉及园林。最近，她在百忙中为我寻觅园林美学方面遗佚的评论文章，此外，还帮我查找古代评介历史人物的资料，以应我《"江山之助"辨及其他》一文之急需。

此外，中国建设科技出版社的策划编辑时苏虹，她认真细致，热情能干，对拙书的出版特别重视。为了力争在今年1月份出版，她带动其他编辑一起争分夺秒，放弃休息，连续"作战"。我听说她身体有恙，便劝她立即休息，去看病，她却还要带病坚持工作，而且用专业校对软件"方正"对全书一字字、一行行检查，寻寻觅觅，竟把拙书稿全部寻觅了一遍，让我逐一辨其正误。她还说："您的书能圆满出版，是我最欣慰也是最开心的……"我写了几十年的文章，出了几十年的书，还没有遇到过这样高度负责的编辑，不料在出最后一本书时，却幸遇了。这种高度负责的精神，执着忘我的品质，让我感佩不已！

作　者
2025 年 1 月 7 日

# 作者著作目录

1. **《书法美学谈》**，上海书画出版社 1984 年版，1987 年第 4 次印刷。
   1988 年获江苏省第二届哲学社会科学优秀成果三等奖。
2. **《书法美学谈》**[繁体竖排本]，
   中国台湾华正书局 1990 年第 1 版，2008 年第 2 次印刷。
3. **《书概评注》**，上海书画出版社 1990 年版。
4. **《中国园林美学》**，江苏文艺出版社 1990 年第 1 版。
   1991 年获江苏省第三届哲学社会科学优秀成果二等奖；
   1991 年获华东地区优秀文艺图书一等奖；
   1992 年被列入《20 世纪中外文史哲名著精义》一书，内容提要较详。
5. **《历代题咏书画诗鉴赏大观》**[与吴启明、姜光斗教授合著]，
   陕西人民出版社 1993 年版。
6. **《中国书法美学》**[上、下两卷]，江苏文艺出版社 1994 年版，
   1997 年第 2 次印刷。
   1997 年获江苏省第五届哲学社会科学优秀成果一等奖；
   2002 年获首届中国书法兰亭奖理论奖；
   2003 年获江苏省书法家协会嘉奖状。
7. **《美学基础》**[主编、主撰]，苏州大学出版社 1994 年版，
   1997 年第 2 次印刷。
   1994 年入选全国第三届教育图书订货会优秀图书。
8. **《兰亭考》**[点校]，载卢辅圣主编《中国书画全书》，
   上海书画出版社 1993 年版。
9. **《兰亭续考》**[点校]，载卢辅圣主编《中国书画全书》，
   上海书画出版社 1993 年版。
10. **《苏州园林》**[苏州文化丛书]，苏州大学出版社 1999 年版，
    2002 年第 11 次印刷，2025 年再版为精装。
    2001 年获江苏省第八届优秀图书一等奖；
    2006 年获首届苏州阅读节"优秀地方文化读物"奖。
11. **《中国园林美学》**[增订第一版]，中国建筑工业出版社 2000 年版。
12. **《留园》画册**[题图、作序、艺术把关]，长城出版社 2000 年版。
13. **《网师园》画册**[题图、作序、艺术把关]，古吴轩出版社 2003 年版。
14. **《插图本苏州文学通史》**[四卷本，与范培松教授联合主编、主撰]，
    江苏教育出版社 2004 年版。
    2005 年获江苏省第九届哲学社会科学优秀成果二等奖获；

2006 年获江苏省精神文明建设"五个一工程"奖；

2006 年获苏州市第七届精神文明建设"五个一工程"奖；

2015 入选"苏州地方文化精品出版物"。

**15.**《**中国园林美学**》[增订第二版]，中国建筑工业出版社 2005 年版；

该版已第 15 次印刷；2009 年本人因此书

获中国建筑工业出版社"优秀作者"奖，并由出版社给予奖金。

**16.**《**插图本书概评注**》，上海书画出版社 2007 年版。

2009 年获第三届中国书法兰亭奖理论奖三等奖。

**17.**《**书法美学引论——"新二十四书品"探析**》[二人合著]，

湖南美术出版社 2009 年版。

**18.**《**苏园品韵录**》，上海三联书店 2010 年版。

**19.**《**风景园林品题美学——品题系列的研究、鉴赏与设计**》，

中国建筑工业出版社 2011 年版，2013 年第 2 版。

**20.**《**园冶印谱**》[有函]（艺术策划，作序，提供印面文字与边款，与何斌华联合主编），古吴轩出版社 2013 年版。

2013 年被评为"苏版（江苏版）好书"。

**21.**《**园冶多维探析**》（上、下两卷），中国建筑工业出版社 2017 年版。

2018 年获江苏省第十五届哲学社会科学优秀成果二等奖；

2018 年获全国建筑科技图书奖三等奖；

2018 年获联合国教科文组织亚太地区世遗中心古建筑保护联盟学术成果奖。

**22.**《**园冶句意图释**》，中国建筑工业出版社 2019 年版。

**23.**《**诗心画眼：苏州园林美学漫步**》，中国水利水电出版社 2020 年版。

**24.**《**书学众艺融通论**》（上、下两卷），苏州大学出版社 2022 年版。

2004 年入选第八届中国书法兰亭奖获奖名单（理论研究方向）。

**25.**《**园林美学的理性年轮**》，中国建设科技出版社 2025 年版。